普通高等教育"十五"国家级规划教材

 "十三五"江苏省高等学校重点教材

（编号：2016-1-092）

食品化学

（第二版）

主编 江 波 杨瑞金

FOOD CHEMISTRY

(SECOND EDITION)

中国轻工业出版社

图书在版编目（CIP）数据

食品化学 / 江波，杨瑞金主编. —2版. —北京：中国轻工业
出版社，2024.8
普通高等教育"十五"国家级规划教材
ISBN 978-7-5184-1775-9

Ⅰ.① 食… Ⅱ.① 江… ② 杨… Ⅲ.① 食品化学—高等学校—
教材 Ⅳ.① TS201.2

中国版本图书馆CIP数据核字（2018）第058674号

责任编辑：张　靓　　　　　责任终审：唐是雯　　整体设计：锋尚设计
策划编辑：李亦兵　张　靓　　责任校对：吴大朋　　责任监印：张　可

出版发行：中国轻工业出版社（北京鲁谷东街5号，邮编：100040）
印　　刷：河北鑫兆源印刷有限公司
经　　销：各地新华书店
版　　次：2024年8月第2版第8次印刷
开　　本：787×1092　1/16　印张：31.75
字　　数：730千字
书　　号：ISBN 978-7-5184-1775-9　定价：68.00元
邮购电话：010-85119873
发行电话：010-85119832　010-85119912
网　　址：http://www.chlip.com.cn
Email：club@chlip.com.cn

第二版前言

食品化学是食品科学与工程专业及其他相关专业中一门重要的专业基础课。该课程的目的是使学生了解食品材料中主要成分的结构与性质，食品组分之间的相互作用，在食品加工和保藏中的变化（物理变化、化学变化和生物化学变化），以及这些变化和作用对食品色、香、味、质构、营养和保藏稳定性的影响。同时它为研究人员在从事食品加工、保藏和新产品开发时提供了一个较宽广的理论基础，也为研究人员在了解食品加工和保藏方面的新的理论、新的技术和新的研究方法时提供重要的基础。

本书第一版由王璋、许时婴和汤坚教授编写，于1999年出版发行。该书出版近二十年间，被国内广大食品科学院校选作专业教材，广受师生及业界人士好评，具有非常大的影响。主编王璋教授作为国内食品科学专业奠基人之一，多次翻译、编写国内外食品科学相关书籍，更是在本书第一版编写工作中倾注了全部心血，编写过程态度严谨，精益求精。由于食品科技和食品产业的飞速发展，人们对食品安全和自身健康的不断关注，知识不断更新，原有教材已不能很好地满足新世纪食品学科发展的需要，急需进行修订。

本书第二版修订，编者认真汲取国外优秀教材的精华，并结合我国食品工业的实际，以期充分反映食品化学及相关领域最新进展。在第一版的基础上，增加了食品化学领域的新知识、新成果、新应用和新趋势，其中包括高科技应用于食品工业后所引起的食品材料和产品的变化。第二版涵盖第一版中水、碳水化合物、脂类、蛋白质、酶、矿物质与维生素、色素与着色剂、食品添加剂章节内容，增加了食品风味及应用反应动力学原理预测食品货架期的内容。在阐述食品中各种成分的性质时，特别强调它们的结构与功能之间的关系，并着重讨论这些成分在食品加工和保藏中的相互作用及对食品质量的影响。同时，新教材充分贯彻理论与实际相结合的原则，能帮助学生及其他学习本教材的人员提高解决实际问题的能力。

本书可以作为高等院校食品、粮油和农产品加工等专业本科生、研究生和教师的教科书或参考书，对于在上述领域工作的科技人员也有参考价值。

参与本书编写的人员均为多年从事食品化学教学和研究的教师，都曾多次翻译和编写食品科学领域专业书籍。本书具体编写分工如下：江南大学食品科学与技术国家重点实验室江波（第一、九章），江南大学食品学院杨瑞金（第六、八、十二章）、华欲飞和孔祥珍（第五章）、夏书芹（第二、十章）、张文斌（第四章），江南大学食品科学与技术国家重点实验室张涛（第三章）、沐万孟（第七章）和缪铭（第十一章）。

由于编者水平有限，书中难免有错误和不妥之处，欢迎读者批评指正。

编　者

第一版前言

食品化学是食品专业的专业基础课程之一。食品化学的内容包括：食品材料（原料和产品）中主要成分的结构和性质；这些成分在食品加工和保藏过程中产生的物理、化学和生物化学变化；以及食品成分的结构、性质和变化对食品质量和加工性能的影响等。因此，对于一个食品科学与工程专业的本科生和研究生来说，必须掌握食品化学的基本知识和研究方法，才能在食品加工和保藏领域中较好地从事教学、研究、开发、生产和管理方面的工作。

食品化学是食品科学与工程学科中发展很快的一个领域，在此领域中新的研究方法和成果不断地涌现。因此，新编的食品化学教科书必须能充分地反映这方面的进展。

鉴于在新的教学计划中专业基础课和专业课程的学时有较大幅度的削减，同时为了避免与食品工艺课程（或食品加工与保藏课程）在内容上的重复，本书在编写时没有专设章节讨论各类食品材料的组成和化学，对这方面内容有兴趣的读者可参阅食品工艺教科书。为了能反映食品化学领域中的最新进展，本书某些章节的内容在深度和广度上或许稍微超出食品科学与工程专业（本科）食品化学教学大纲的要求，教师在使用此教材时，可以指导学生自学这些章节。本书还可以供食品学科和相关学科的教师和研究生，以及从事食品研究、开发和生产的工程技术人员参考。

参与本书编写的有无锡轻工大学食品学院王璋（第一、二、五、六、十章）、许时婴（第三、四章）和汤坚（第七、八、九章），全书由王璋主审。无锡轻工大学食品科学专业研究生陈劼、钟芳、吴昊、周红霞、徐良增和曹咏梅协助抄写和绘图，在此谨表谢意。

由于编者水平有限，书中难免有错误和不妥之处，欢迎读者批评指正。

编　者

目录

第一章

引　论

第一节　食品化学的定义

食品化学作为食品科学的一个重要研究领域，主要研究食品的组成、特性以及食品处理、加工和储藏过程中的化学变化。它与化学、生物化学、物理化学、植物学、动物学以及分子生物学联系紧密。

对于生物物质，食品化学家除了与生物科学家具有很多共同的兴趣外，还有着一些显著不同的并且对人类更重要的兴趣。生物学主要关注的是在与生命相似的环境条件下生物物质的繁殖、生长和变化情况。而食品化学主要关注已经失去生命或生命力正在下降的生物物质及其在各种不同环境条件下的变化规律。

第二节　食品化学的历史

由于食品化学的历史与农业化学关联较深，所以直到20世纪食品化学才取得明确的地位。

在18～19世纪，一些著名化学家的许多重要科学发现，构成了现代食品化学的基础。瑞典药物学家Carl Wilhelm Scheele是历史上最伟大的化学家之一，除了发现氯、甘油和氧以外，他还分离并研究了乳糖的特性，通过乳酸氧化制备了粘酸，设计了加热保藏醋的方法，从柠檬汁和醋栗中分离了柠檬酸，从苹果中分离了苹果酸，并测试了20种常见水果的柠檬酸、苹果酸和酒石酸含量。他的探索性研究已被视为农业与食品化学领域分析研究的起源。

法国化学家Antoine Laurent Lavoisier建立了燃烧有机分析的基本原理，首次证明了发酵过程可以用平衡反应方程来描述，并首次测定乙醇的元素成分，也是最早发表有关水果中有机酸的论文作者之一。

瑞士化学家Nicolas Theodore de Sanssure通过大量工作澄清了Lavoisier提出的农业和食品化学原理。他还研究了植物呼吸期间CO_2和O_2的变化，通过灰化方法测定植物的矿物质含量，同时首次完成了乙醇的精确元素分析。Joseph Louis Gay-Lussac和Louis-Jacques Thenard发明了蔬菜干物质中碳、氢和氮百分含量的测定方法。

英国化学家Sir Humphrey Davy于19世纪初分离了元素K、Na、Ba、Sr、Ca和Mg。他对农业和食品化学的贡献主要来自他的农业化学系列著作，并首次开设了《农业化学原理》课程。

瑞典化学家Jons Jacob Berzelius和苏格兰化学家Thomas Thomson的探索性研究为有机化学方程奠定了基础。Berzelius测定了约2000种化合物的元素组成，从而证实了定比定律。他还发明了一种精确测定有机物水含量的方法，以纠正Gay-Lussac和Thenard方法中存在的缺陷。

法国化学家Michel Eugene Chevreul在《有机分析及其应用概论》中，列出了当时已知存在于有机物质中的元素（O、Cl、I、N、S、P、C、Si、H、Al、Mg、Ca、Na、K、Mn、Fe），作为有机物分析的先驱者，他在动物脂肪方面的经典研究导致了硬脂酸和油酸的发现和命名。

美国陆军外科医生William Beaumont开展了经典的胃消化实验，该实验否定了希波克拉底时代的概念，即食品只含有一种营养成分。他以加拿大人作为试验对象，后者因受枪伤而形成了一个能直接进入胃内部的旁流管，因此可将食物引入胃中并监测随后的消化变化。

Justus von Liebig一生取得了诸多令人瞩目的成果，其中包括证实乙醛是发酵产醋过程中乙醇和乙酸之间的中间产物。他将食品分为含氮物质（植物血纤维蛋白、清蛋白、酪蛋白以及动物肉和血）与非含氮物质（脂肪、碳水化合物和含酒精饮料）两类。同时还优化了采用燃烧法定量分析有机物质的方法，并于1847年出版了食品化学领域的第一本著作《食品化学研究》。

食品掺假的现象普遍存在且非常严重，食品化学的发展历程与食品掺假同步，食品中杂质的检测是分析化学特别是分析食品化学学科发展的一个主要推动力。化学研究的进展也确实被用于食品的掺假，因为一些缺乏良知的食品供应商借助于科学进展，从中获得掺假食品的配方，并利用科学原理，开发更有效的方法，以取代之前低效的经验进行食品掺假。

发达国家的食品掺假历史可分为三个不同的阶段。第一阶段是1820年以前，当时食品掺假问题并不严重，也没有建立检测方法的必要。因为食品是从小商贩或个人购买获得，买卖主要基于人与人之间的相互信任。第二阶段始于19世纪早期，当时食品有意掺假出现的频率和严重程度都显著增加。这一变化主要归结于食品加工和销售的日益集约化，同时现代化学的发展也是食品掺假增加的部分原因。直至1920年左右，食品的恶意掺假仍是一个相当严重的问题。此后，法规的制约加之有效的检测方法，将有意掺假的频率和严重性减少至可以接受的水平，从而进入食品掺假历史的第三阶段。直到今天，食品掺假状况仍然存在且掺假手段不断翻新。

19世纪早期在公众意识到食品掺假的严重性后，纠正的力度逐渐加大，包括制定新的法规使掺假非法化、了解食品的天然性质及确定常被用作掺假物的化学物质，以及确定检测掺假物的方法。因而在1820—1850年期间，化学和食品化学的重要性在欧洲逐渐被认可。这一方面得益于科学家的贡献，另一方面高校为青年学生建立的研究实验室和创办的新科学期刊，为抑制掺假起到了极大的推动作用。

1860年德国建立了第一个由政府资助的农业实验站，在前期研究的基础上，他们开发了一种可用于测定常规食品中主要组分的重要方法，即分别测定食物中的水、粗脂肪、总氮、粗纤维及无氮提取物。令人遗憾的是，在很长的一段历史时期，化学家和生理学家都错误地认为，不管是什么食物，用此方法获得的值等同于食物的营养价值。

1871年，Jean Baptiste Duman认为仅含有蛋白质、碳水化合物和脂肪的膳食不足以维持生命。直至20世纪上半叶，人们发现并鉴定了大多数的必需营养素，其中包括维生素、矿物质、脂肪酸及氨基酸。

第三节　食品化学的研究内容

食品化学家特别关注对食品材料分子的鉴别以及对食品组分特性的了解，同时关注如何将这些规律应用于食品配方的改进、加工工艺的优化以及储藏稳定性的提高。最终目的是建立不同种类化学组分之间的因果和构效关系，从而使得对一个食品或模型体系的研究结果可用于分析和了解其他的食品体系。食品化学研究主要包括以下四个部分：

（1）确定安全、高品质食品所应具有的关键特性；

（2）确定导致食品质量和/或卫生水平下降的关键化学反应和生物化学反应；

（3）综合前两点以了解关键的化学反应和生物化学反应如何影响食品的质量和安全；

（4）将上述认识应用于解决食品配制、加工和贮藏中出现的各种问题。

第四节　食品化学家的社会作用

鉴于以下的原因，食品化学家有义务参与到那些涉及相关技术问题的社会活动中。

（1）食品化学家接受过高水平教育并掌握特殊的科学技能，这就使他们能担当起高度的职责；

（2）食品化学家的活动影响到食品供应的充足程度、人体的健康、食品的成本、废物的产生和处理、水和能源的使用以及食品法规的性质。由于这些事务紧密关系到公众的福利，因而食品化学家应该有责任服务于社会；

（3）如果食品化学家不参与社会问题，那么其他专业的科学家、职业说客、媒体工作人员、消费者活动家、骗子和反技术的狂热分子等人的意见将会占主导。他们之中大多数不如食品化学家更有资格对食品相关的问题发表观点；

（4）对于那些影响或可能影响公众健康和公众对科技发展看法的社会争论，食品化学家有机会也有责任去帮助解决。目前的相关争论包括：克隆或转基因的安全性、在农作物中使用动物源激素、有机与传统方式种植的农产品的相对营养价值等。

食品化学家的社会责任包括良好的工作表现、良好的公民道德和指导科学社会的伦理道德，然而仅具备这些仍不够。还有一个非常重要但食品化学家们往往没有履行的责任是，如何解释和使用科学知识。尽管这不应仅仅由食品化学家或其他食品科学家做出，但是他们必须在做出明智决定的过程中表达并让决策者考虑自己的观点。食品化学家如果接受这一无可争辩的社会责任，应参与以下社会活动：

（1）参加有关的职业团体；

（2）受邀为政府咨询委员会服务；

（3）自发开展社会服务性质的活动。

　　尽管人们已经掌握了大量的食品科学知识，且知识还在不断增长，但有关食品安全和其他食品科学问题的争论依然存在。大多数有知识的人认为目前的食品供应满足安全和营养需要，而且那些经法律许可添加的食品添加剂不存在任何无保障的危害。当然，对其可能产生的不利影响人们一直保持着警惕。

　　科学家比没有受过正规科学教育的人应对社会承担更多的义务，人们期待科学家以建设性和合乎职业道德的方式创造知识。此外，他们还应该承担责任以保证科学知识被用来为社会创造最大的财富。为完成这一历史使命，科学家不仅要在他们的日常职业活动中追求卓越，并与高职业道德标准保持一致，还要密切关注公众健康和科学启蒙。

| 第二章 |

水

第一节 引 言

水是生命之源，也是食品中最重要的组分之一。几乎所有食品都有一定含量的水（表2-1）。水的含量、分布以及存在形式会影响食品的质构、风味、色泽和保藏期，进而影响消费者对其的接受程度。在许多食品质量标准中，水分是一个重要的指标。

表 2-1　主要食品的水分含量　　　　　　　　　　单位：%

食品		水分含量	食品		水分含量
水果、蔬菜等	新鲜水果（可食部分）	90	**谷物及其制品**	全粒谷物	10 ~ 12
	果汁	85 ~ 93		早餐谷物	<4
	番石榴	81		通心粉	9
	甜瓜	92 ~ 94		面粉	10 ~ 13
	成熟橄榄	72 ~ 75		饼干	5 ~ 8
	牛油果	65		面包	35 ~ 45
	浆果	81 ~ 90		馅饼	43 ~ 59
	柑橘	86 ~ 89		面包卷	28
	水果（干）	≤ 25	**高脂食品**	人造奶油	15
	豆类（青）	67		蛋黄酱	15
	豆类（干）	10 ~ 12		食用油	0
	黄瓜	96		沙拉酱	40
	马铃薯	78	**乳制品**	奶油	15
	红薯	69		干酪（切达）	40
	小萝卜	78		鲜奶油	60 ~ 70
	芹菜	79		乳粉	4
畜、水产品等	动物肉和水产品	50 ~ 85		液体乳制品	87-91
	新鲜蛋	74		冰淇淋等	65
	干蛋粉	4	**糖及以糖为基本原料的产品**	果冻、果酱	≤ 35
	鹅肉	50		白糖、硬糖、纯巧克力	≤ 1
	鸡肉	75		蜂蜜及其他糖浆	20 ~ 40

了解水在食品中的存在形式是掌握食品加工和保藏技术原理的基础。食品加工中所采用的各种操作单元，绝大多数都和水相关。例如，浓缩或干燥处理是为了从食品材料中减少或除去水分，便于运输和贮藏（如果汁、乳粉）；冷冻处理是为了使水变成非活性成分，延长保存期（如冷冻草莓）；凝胶化处理是将水固定在网络结构中，赋予食品独特的质构（如果冻、豆腐）；通过增加食盐、糖的浓度，使食品中的水分形成结合水，可有效抑制微生物的生长，延长食品的货架期（如腐乳、果脯）。然而，迄今为止，人们尚未成功采用复水、解冻等方式，将经上述处理的食品复原到它原来的新鲜状态。因此，全面了解食品中水的特性及其对食品品质和保藏期的影响，对食品加工具有重要意义。

第二节　水和冰的物理性质

表2-2所示为水和冰的一些物理性质数据。与周期表中氧原子邻近位置氢化物（CH_4、NH_3、HF、H_2S、H_2Se、H_2Te）的物理性质相比，其具有以下特点：

（1）水的熔点、沸点均较高。因此在浓缩果蔬饮料时，为防止高温造成食品品质的劣变，常采用减压低温方法。

（2）水的表面张力较高。因此在制备乳饮料时，为了获得稳定的乳状液，常需添加乳化剂以降低界面张力。

（3）水的介电常数远高于大多数生物体内的干物质，因此水溶解离子型化合物的能力较强。

（4）水的比热容和相转变热（熔化焓、蒸发焓和升华焓）等物理常数值很高，这对于食品加工中冷冻和干燥过程有重大影响。

（5）水的密度较低，水结成冰时体积增加，表现出膨胀特性，导致食品冷冻时组织结构的破坏。

（6）水的热导率较高，而冰与其他非金属固体相比，热导率也更高。0℃时冰的热导率为同一温度下水的4倍，这表明冰的热传导速度比非流动的水（如在生物组织中）快得多。

（7）水的比热容大约是冰的2倍，冰的热扩散速率约是水的9倍。热扩散速率表示某一物质温度变化速度，所以在一定的环境条件下，冰的温度变化速率比液态水快得多。由此可见，在相同的温差范围内，冻结的速度远比解冻的速度快。

表 2-2　水和冰的物理性质

性质	数值
相对分子质量	18.0153
熔点（0.1MPa）/ ℃	0.000
沸点（0.1MPa）/ ℃	100.000
临界温度 / ℃	373.99

续表

性质	数值
临界压力 / MPa	22.064
三相点温度 / ℃	0.01
三相点压力 / Pa	611.73
蒸发焓（100℃）/（kJ/mol）	40.657
熔化焓（0℃）/（kJ/mol）	6.012
升华焓（0℃）/（kJ/mol）	50.91

其他性质	温度			
	20℃	0℃	0℃（冰）	−20℃（冰）
密度 /（g/cm³）	0.99821	0.99984	0.9168	0.9193
黏度 /（Pa·s）	1.002×10^{-3}	1.793×10^{-3}	—	—
表面张力（空气–水界面）/（N/m）	72.75×10^{-3}	75.64×10^{-3}	—	—
蒸汽压 / kPa	2.3388	0.6113	0.6113	0.103
比热容 /［J/（g·K）］	4.1818	4.2176	2.1009	1.9544
热导率（液体）/［W/（m·K）］	0.5984	0.5610	2.240	2.433
热扩散率 /（m²/s）	1.4×10^{-7}	1.3×10^{-7}	11.7×10^{-7}	11.8×10^{-7}
介电常数	80.20	87.90	~ 90	~ 98

第三节　水和冰的结构与性质

一、水分子

1. 水分子的结构

水物理性质的特殊性是由水的分子结构所决定的（图2-1）。水分子中氧原子具有4个sp³杂化轨道，两个氢原子的1s电子云与氧原子中的两个sp³成键轨道相互作用，形成了两个共价σ键，每一个σ键的离解能为460kJ/mol。由于氧具有高电负性，因此，O—H共价键具有部分（40%）离子特征。蒸汽状态下单个水分子的键角为104.5°，接近完美四面体角109.5°。其中，O—H核间距离为0.096nm，氧和氢的范德华半径分别为0.14nm和0.12nm。

纯水不仅含有普通的HOH分子，而且含有许多其他微量成分。除了普通的¹⁶O和¹H，还存在¹⁷O、¹⁸O、²H（氘）和³H（氚），因而能形成18种HOH分子的同位素变异体。此外，水中还含有离子，包括氢离子（以H₃O⁺存在）、羟基离子（OH⁻）及其他同位素变异体。因此，"纯"水中含有33种以上HOH的化学变异体，但由于这些变异体的量非常少，所以水的特性主要由HOH决定。

7

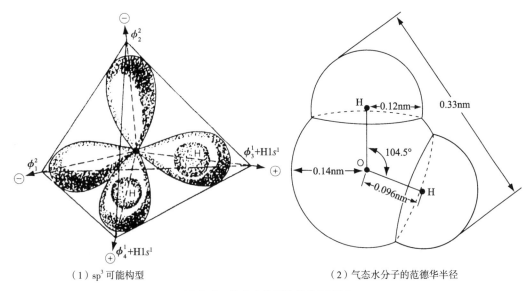

（1）sp³ 可能构型   （2）气态水分子的范德华半径

图 2-1　单个水分子的结构示意图

2．水分子的缔合

水分子中的氢、氧、氢原子呈V字形排序，O-H键具有极性，所以分子中的电荷为不对称分布。纯水在蒸汽状态时，分子的偶极矩为1.84D。该极性使分子之间产生了吸引力，因而水分子具有强烈的缔合倾向。水分子间异常大的吸引力不完全是由于其具有较大的偶极矩，因为偶极矩没有反映水分子中电荷的暴露程度和水分子的几何形状。

水分子参与形成三维空间多重氢键的能力，显著加强了分子间的作用力。水分子中的氧原子电负性大，O-H键的共同电子对强烈地偏向于氧原子一侧，使得氢原子带有部分正电荷。而氢原子无内层电子，极易与另一个水分子上氧原子的孤对电子通过静电引力形成氢键，由此水分子发生缔合。尽管与共价键（平均键能约335kJ/mol）相比，氢键较为微弱（2～40kJ/mol），并且具有较大且多变的键长，但是，每个水分子都具有两个氢键的供体和受体部位，这促成其能以三维氢键的形式排列。因此，每个水分子最多能与另外4个水分子形成氢键，形成四面体结构（图2-2）。与同样能形成氢键缔合的其他小分子（例如NH_3、HF）相比，存在于水分子间的吸引力要大得多。

水分子之间形成三维氢键的能力可以用来解释水的许多物理性质的特殊性。例如，水的高热容、高熔点、高沸点、高表面张力和高相变热，都与断开分子间氢键所需的额外能量有关。水的介电常数也受氢键的影响。水分子通过氢键缔合后形成众多的水分子簇，产生了多分子偶极，有效地提高了水的介电常数。

图 2-2　水分子通过氢键形成四面体构型

空心球代表氧原子，实心球代表氢原子，虚线代表氢键

二、冰和水的结构

1. 冰的结构

冰是水分子有序排列形成的晶体。水冻结成冰时，水分子之间通过氢键连接在一起形成低密度的刚性结构。冰中最邻近的O—O核间距离是0.276nm，O—O—O键角约为109°（图2-3）。在此结构中，每一个水分子和四个其他水分子缔合（配位数4），如图2-3所示的晶胞中水分子W及与它相邻的四个水分子（1、2、3和W′）。

当几个晶胞重叠在一起时，若从顶部（沿着C轴向下）观察，可看出冰的正六方对称结构（图2-4）。如图2-4（1）所示，分子W与其周围四个最相邻的分子形成了明显的四面体亚结构，其中1、2和3是可见的，而第四个分子正好位于W分子所在的纸平面的正下方。图2-4（2）是基于图2-4（1）的三维图，它包含水分子的两个平面（由空心和实心圆分别表示）。这两个平面非常接近且相互平行；当冰在压力下滑动或流动时，这两个平面作为一个单元移动，类似于冰川。这种平面对构成了冰的基面，将几个

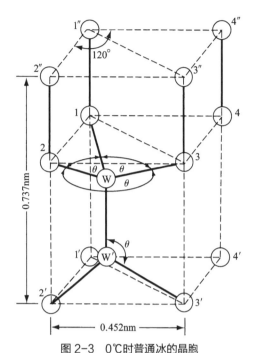

图 2-3 0℃时普通冰的晶胞

圆圈代表水分子的氧原子，最邻近的 O—O 核间距离
为 0.276nm；$\theta=109$°

基面堆积起来就可以获得扩展的冰结构（图2-5）。三个基面结合形成了如图2-5所示的结构。沿着C轴向下观察，其外观与图2-4（1）所示的完全一致，这表明各基面沿该方向呈现规则地线性排列。冰在此方向观察是单折射的，而在所有其他方向是双折射的，因此，C轴是冰的光轴。

从结晶对称性的角度而言，普通冰属于六方晶系中的六方形双锥体晶型。此外，冰还能以其他9种多晶型结构存在，或者能以无定形或玻璃态结构存在。但在这11种可能的结构中，常压下只有普通六方晶型冰在0℃时是稳定的。

冰的真正结构并非如上述的那样简单。首先，除了普通的HOH分子外，纯冰还含有HOH的同位素和离子化变异体，但是这些同位素变异体的量非常低，在大多数情况下可以忽略不计。因此，在研究冰和水的结构时，主要考虑HOH、H^+（H_3O^+）和OH^-。

其次，冰晶结构从来都不完美，主要的结构缺陷由质子错位引起，包括定向型（伴随中和定向调节）和离子型（伴随着H_3O^+与OH^-的生成）；而且存在于冰晶间隙中的单个HOH分子能缓慢地扩散通过晶格。因此，冰不是静止的或均一的体系。冰的特征还取决于温度，仅当温度接近-180℃或更低时，所有的氢键才是完整的，而当温度升高时，完整（固定）的氢键的平均数将逐渐地减少。

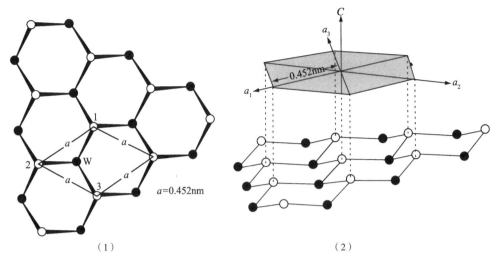

（1）   （2）

图2-4　冰的基面（由高度略有差异的两层组成）

每个圆圈代表一个水分子的氧原子，空心圆和实心圆分别代表上层和下层基面的氧原子

（1）沿 C 轴向下观察到的六边形结构，编号的分子代表图2-3 中的晶胞；

（2）基面的三维图，这个视角的前缘对应着图（1）中下缘，晶轴定位与外部对称性是一致的

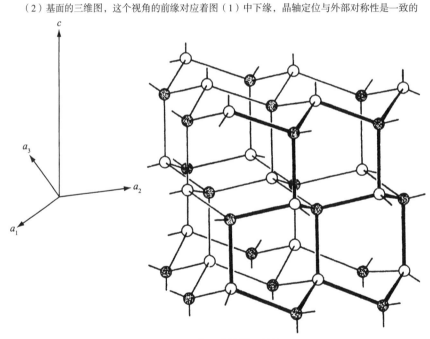

图2-5　普通冰的扩展结构

图中仅标出氧原子，空心圆和实心圆分别代表上层基面和下层基面中的氧原子

溶质的种类和数量影响冰晶的结构。一般而言，只要避免极端快速冻结，且溶质的性质和浓度均不会显著妨碍水分子迁移时，那么在食品中冰总是以最有序的六方型结晶存在。然而，高浓度明胶的存在会导致形成较无序的冰结晶形式。

2.（液态）水的结构

液态水具有一定的结构。虽然在长距离内不具有刚性结构，但是比起蒸汽状态的水分子其排列要规则得多。因此，一个水分子的定向和运动会受到它邻近水分子的影响。

液体水的结构有三种模型：混合型、填隙型和连续型。混合模型体现了分子间氢键缔合的概念，由于水分子间氢键相互作用，它们瞬间地浓集在庞大的水分子簇中。这些水分子簇中的水分子与其他更密集的水分子处于动态平衡（水分子簇的瞬间寿命为10^{-11}s）。连续模型是分子间氢键均匀分布于整个水体系中，当冰融化时，存在于冰中的许多氢键发生扭曲而不是断裂。据此模型可以认为水分子间存在动态连续的网络结构。填隙模型认为水保留着一种似冰状或笼形物的氢键网络结构，未参与氢键连接的水分子填充在网络结构的间隙中。

在上述三种模型中，水主要的结构特征表现为液态水分子通过氢键缔合形成短暂、扭曲的四面体结构，各个水分子快速地终止一个氢键并形成一个新的氢键将其取代，通过此方式频繁地改变更其键合排列。而在恒温条件下，整个体系的氢键缔合和结构化程度保持不变。

温度对水分子间的氢键键合程度有显著影响。在0℃时，冰的配位数（邻近的水分子数目）为4.0，最邻近的水分子间的距离为0.276nm。当冰融化时，部分氢键断裂（最邻近的水分子间的距离增加），而其余的被拉紧，此时水分子呈现一种流体状态，而水分子间的缔合较冰更为紧密。随着温度的上升，水的配位数增多，水分子之间的距离加大。1.50℃时水的配位数为4.4，83℃时为4.9；最邻近的水分子间的距离相应地从0.29nm增加至0.305nm。

因此，水的密度取决于水分子间的缔合程度（周围分布的水分子数）和分子间的距离。冰融化成水的过程中，水分子间的缔合程度增加，使其密度增加；最邻近的水分子间距离增加，使密度减小。在0～3.98℃之间水分子间的缔合程度占主导，因此水的密度在3.98℃时最大。进一步提高温度，由于水分子间的距离增大占了主要地位，密度又随之逐渐减小。温度对水密度的影响如图2-6所示。通常，将4℃的水密度定为1（g/mL），以此作为衡量密度的标准。

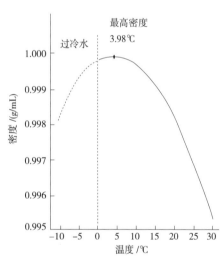

图2-6 不同温度下水的密度特性

此外，水的低黏度也是由其结构所决定的。由于水分子的氢键排列呈现高度动态，在纳秒至皮秒间个别的水分子可以改变与它邻近的水分子间的氢键关系，因此增加了水的运动和流动。

第四节 溶液中水－溶质相互作用

一、宏观水平

水结合（Water binding）和水合作用（Hydration）常表示水与亲水物质缔合的一般倾向，包括与细胞物质的缔合。水结合或水合作用的强弱取决于体系中非水成分的性质、盐的组成、pH和温度等许多因素。

"持水力"通常指由分子（通常是以低浓度存在的大分子）构成的基体通过物理方式截留大量水而阻止其在外力（通常是重力）作用下渗出的能力。以此方式截留水的常见食品基体包括果胶、淀粉凝胶以及动物组织细胞。

物理截留的水即使在组织化食品被切割或剁碎时仍然不会流出。然而，在食品加工中，这部分水却表现出几乎与纯水相似的性质，在干燥时易被除去，在冻结时易转变成冰，并可以作为溶剂。虽然这部分水的整体流动受到严格地限制，但是各个分子的运动基本上与稀盐溶液中的水分子相同。

物理截留的水占组织和凝胶中水的绝大部分，因此食品截留水能力（持水力）的降低会显著影响食品的品质。如凝胶食品的脱水收缩，冷冻食品解冻时渗水，动物宰后生理变化使肌肉pH下降导致香肠品质劣变等。

二、分子水平

食品中含有大量的水分，水与食品中的各种复杂成分以不同方式结合，如：水与离子或离子基团易形成双电层结构；水与具有氢键结合能力的中性基团形成氢键；水在大分子之间可形成由几个水分子所构成的"水桥"。所以，即使用刀切开水分含量很高的新鲜水果，水也不会很快地渗出。溶质的存在使得食品中水分的存在状态不同。根据水与食品中非水成分结合力的强弱程度不同，可把食品中的水分成结合水和自由水（表2-3）。

表2-3 食品中水的分类与特征

	分类	特征	典型食品中比例/%
结合水	构成水	食品非水成分的组成部分	<0.03
	邻近水	与非水成分的亲水基团强烈作用形成单分子层；水－离子以及水－偶极结合	0.1～0.9
	多层水	在亲水基团外形成另外的分子层；水－水以及水－溶质结合	1～5
自由水	自由流动水	自由流动，性质同稀的盐溶液；水－水结合为主	5～96
	滞化水和毛细管水	容纳于凝胶或基质中，水不能流动，性质同自由流动水	5～96

1. 结合水

结合水通常指存在于溶质和其他非水成分相邻处，且与同一体系中自由水性质显著不同的那部分水。结合水有以下属性：

①结合水是样品在一定温度和较低相对湿度下的平衡水分含量；

②结合水在高频电场下对介电常数没有显著影响，因此它的转动受到与它缔合的物质的限制；

③结合水在低温（通常为-40℃或更低）下不会冻结；

④结合水不能作为外加溶质的溶剂；

⑤结合水不能为微生物所利用；

⑥结合水在质子核磁共振试验中产生宽带。

因此与自由水相比，结合水具有"被阻碍的流动性"而不是"被固定化的"。在一种典型的高水分含量食品中，结合水仅占总水量很小的一部分，大约相当于邻近亲水基团的第一层水。

根据结合水被结合的牢固程度不同，结合水也有几种不同的形式，包括构成水、邻近水和多层水：

（1）构成水　结合最强的水，已成为非水物质的整体部分。如存在于蛋白质分子空隙区域的水和成为化学水合物一部分的水。

（2）邻近水　占据着非水成分的大多数亲水基团的第一层位置。如与离子或离子基团相缔合的水。

（3）多层水　占有第一层中剩下的位置以及形成了邻近水外的几层。虽然结合程度不如邻近水，仍与非水组分靠得足够近，其性质明显不同于纯水的性质。

结合水另一种分类法包括单分子层水和多分子层水：

（1）单分子层水　氨基、羧基等强极性基团常以离子形式存在，这些离子可以与水通过静电相互作用结合。在他们周围结合的第一层水—单分子层结合水，蒸发能力弱，不易去除，可看作食品的一部分。

（2）多分子层水　与酰胺基、羟基、巯基等极性基团结合的以及离子基团单分子层以外的几层水，其蒸发仍然需要较多能量。

2. 自由水

自由水（Free water）或体相水（Bulk water）指没有与非水成分结合的水。自由水具有水的全部性质（表2-4），微生物可利用自由水生长繁殖，各种化学反应也可在其中进行，因此，自由水的含量直接关系着贮藏过程中食品的质量。自由水又可分为三类：滞化水或不移动水、毛细管水和自由流动水。

（1）滞化水（Entrapped water）　是指被组织中的显微和亚显微结构与膜所阻留住的水，由于这些水不能自由流动，所以称为不可移动水或滞化水。

（2）毛细管水（Capillary water）　是指在生物组织的细胞间隙、制成食品的结构组织中，存在着的一种由毛细管力所截留的水，在生物组织中又称为细胞间水，其物理和化学性质与滞化水相同。

（3）自由流动水（Free flow water）　是指动物的血浆、淋巴和尿液、植物导管和细胞内液泡中的水，因为可以自由流动，所以称为自由流动水。

食品中结合水和自由水之间的界限很难定量地划分，只能根据物理、化学性质作定性的区分（表2-4）。

表 2-4　食品中水的性质

性质	结合水	自由水
一般描述	存在于溶质或其他非水组分附近的水。包括构成水、邻近水及几乎全部多层水	位置上远离非水组分，以水 – 水氢键存在
冰点（与纯水比较）	冰点大为降低，甚至在 -40℃ 不结冰	能结冰，冰点略微降低
溶剂能力	无	大
平均分子水平运动	大大降低，甚至无	变化很小
蒸发焓（与纯水比）	增大	基本无变化
微生物利用性	不能	能

　　水分含量的定量测定一般是用烘箱在 95～105℃ 温度范围内进行常压干燥直到样品恒重，从此计算的水分含量包括自由水和多分子层结合水。单分子层结合水在通常的干燥条件下很难蒸发逸出，若要测定食品的全部含水量，需进行减压干燥。即在相对真空条件下，食品中的水分可以在较低的温度下较快地逸出，并且自由水和结合水都能全部挥发出来。

三、水与溶质的相互作用

（一）概述

　　溶质和水混合同时改变了这两个成分的性质。亲水溶质会改变邻近水的结构和流动性，水会改变亲水溶质的反应性甚至结构。溶质的疏水基团优先选择非水环境，仅与邻近水分子微弱作用。

　　水与各种溶质之间的结合力见表 2-5。

表 2-5　水 – 溶质相互作用的分类

种类	实例	相互作用的强度（与 H_2O-H_2O 氢键[1]比较）
偶极 – 离子	H_2O- 游离离子 H_2O- 有机分子上的带电基团	较强[2]
偶极 – 偶极	H_2O- 蛋白质 NH H_2O- 蛋白质 CO H_2O- 侧链 OH	近乎相等
疏水水合	H_2O+R[3]→ R（水合）	远低（$\Delta G > 0$）
疏水相互作用	R（水合）+R（水合）→ R_2（水合）+H_2O	不可比较[4]（$\Delta G < 0$）

注：① 约5～25kJ/mol；
　　② 远弱于单个共价键的强度；
　　③ R是烷基；
　　④ 疏水相互作用是熵推动的，而偶极-离子和偶极-偶极相互作用是焓推动的。

（二）水与离子和离子基团的相互作用

与离子或离子基团相互作用的水，是食品中结合最紧密的一部分水。从实际情况来看，所有离子均破坏了水的正常结构，典型特征就是水中加入盐类以后，水的冰点下降。

当水中添加可离解的溶质时，纯水的正常结构，即靠氢键键合形成的四面体排列遭到破坏。由于水分子具有大的偶极矩，因此会与简单的无机离子产生偶极-离子相互作用。图2-7所示为NaCl离子对的水合，图中仅描述了纸平面上由离子的放射状电场定位的第一层水分子。由于Na^+与水分子的结合能力约是水分子之间氢键结合能力的4倍，因此

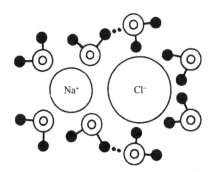

图2-7　邻近NaCl离子对的水分子的可能排列方式（图中仅显示纸平面中的水分子）

离子或离子基团加入到水中后，会破坏水中的氢键，导致水的流动性改变。在稀离子水溶液中，第二层的水分子同时受第一层水分子和处在更远位置的自由水分子的影响，在结构上也处在被扰乱的状态。在浓盐溶液中，不存在自由水分子，离子决定着水的结构。

在稀水溶液中，离子对水结构的影响各不相同。某些离子具有净结构破坏效应（Net structure–breaking effect），此时溶液具有比纯水更高的流动性；而某些离子具有净结构形成效应（Net structure forming effect），此时溶液流动性比纯水低。净结构（Net structure）涉及所有类型的结构，包括正常的水结构和新形式的水结构。

离子改变水的净结构的能力与它的极化力（电荷除以半径）或电场强度紧密相关。小离子和/或多价离子产生强电场，它们有助于水形成网状结构，因此是净结构形成体。这些离子大多是带正电荷的阳离子，例如：Li^+、Na^+、H_3O^+、Ca^{2+}、Ba^{2+}、Mg^{2+}、Al^{3+}、F^-和OH^-。这些离子可与4个或6个第一层水分子强烈作用，使它们比纯水中的水分子具有更低的流动性且堆积更紧密。大离子和/或单价离子产生较弱的电场，它们能破坏水的网状结构，因此是净结构破坏体。上述离子大多数是电场强度较弱的负离子和离子半径大的正离子。例如：K^+、Rb^+、Cs^+、NH_4^+、Cl^-、Br^-、I^-、NO_3^-、BrO_3^-、IO_3^-和ClO_4^-，这类盐的溶液比纯水的流动性更大，其中K^+的作用很小。

除了影响水的结构外，离子还有很多其他的重要效应。通过水合能力（争夺水）的差异，影响水的介电常数，同时改变胶体粒子周围双电层的厚度。此外，离子还显著影响水对其他非水溶质和悬浮物质的相容程度。离子的种类和数量也可能影响蛋白质的构象和胶体的稳定性（盐溶、按照Hofmeister或离子促变序列的盐析）。

（三）水与具有氢键形成能力的中性基团（亲水性溶质）的相互作用

水与食品中的蛋白质、淀粉、果胶、纤维素等成分可通过氢键结合，它与非离子、亲水性溶质之间的相互作用弱于H_2O与离子之间的相互作用，而与H_2O和H_2O间的氢键强度大致相同。

能够形成氢键的溶质通常可以强化纯水的正常结构，或至少不会破坏这种结构。然而，在某些体系中，一些溶质的氢键位点分布和定向在几何构型上与正常水不相容，因此，这些溶质通常

对水的正常结构具有破坏效应。如尿素这种与水形成氢键的小分子溶质，由于几何上的原因，它对水的正常结构有明显的破坏作用。

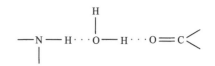

图 2-8　水与蛋白质分子的两种功能团形成氢键

当体系中加入能形成氢键的溶质时，虽然它能破坏水的正常结构，但是每摩尔溶液中的氢键总数没有明显地改变。这是由于 H_2O-溶质氢键取代了被破坏了的 H_2O-H_2O 氢键。具有这种特征的溶质对净结构的影响很小。

氢键结合水和其邻近的水虽然数量有限，但其作用和性质却非常重要。例如，水能与各种潜在的适宜基团（例如羟基、氨基、羰基、酰胺基、亚氨基等）形成氢键。有时还会形成"水桥"，此时一个水分子与一个或多个溶质分子的两个适宜的氢键部位产生相互作用，从而维持大分子的特定构象。图 2-8 所示为水与蛋白质中两类功能团之间形成的氢键（虚线）的示意图，而图 2-9 所示为木瓜蛋白酶之间存在一个三分子水构成的"水桥"。

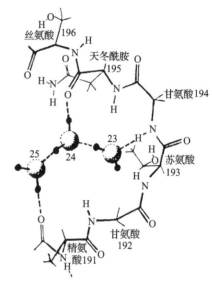

图 2-9　木瓜蛋白酶中的三分子"水桥"（23、24 和 25 是 HOH 桥的三个水分子）

（四）水与非极性物质的相互作用

水与非极性物质相混合是一个在热力学上非自发的过程（$\Delta G>0$），这些非极性物质包括烃类、稀有气体以及脂肪酸、氨基酸和蛋白质的非极性基团。该过程的自由能增大并非由于 ΔH 为正（对于低溶解度溶质一般确是如此），而是由于 $T\Delta S$ 为负。熵的减少意味着有序性增强，此处是由于水在不相容的非极性物质的附近形成了特殊的结构，该过程被定义为疏水水合（Hydrophobic hydration），见图 2-10（1）。

由于疏水水合在热力学上是非自发过程，所以体系会通过自身调整以尽可能地减少与非极性物质的缔合。因此，当有两个分离的非极性基团存在时，不相容的水环境会促使它们缔合，从而减少水-非极性界面面积，这是一个热力学上自发的过程（$\Delta G<0$）。此过程是疏水水合的部分逆转，被称为"疏水相互作用"（Hydrophobic interaction），可以用下式简单地描述：

$$R（水合）+R（水合）\longrightarrow R_2（水合）+H_2O$$

式中 R 是非极性基团，见图 2-10（2）。

由于水和非极性基团存在着对抗关系，为了尽可能地减少其与非极性基团的接触，邻近非极性基团处水的结构可能发生变化。图 2-11 所示为与非极性基团相邻的水的结构。基于食品体系中上述对抗关系的存在，非极性基团还具有两种特殊的性质：笼状水合物的形成和水与蛋白质疏水基团的缔合。

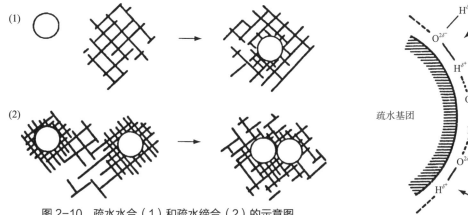

图 2-10 疏水水合（1）和疏水缔合（2）的示意图

（空心圆球代表疏水基团，阴影区域代表水）

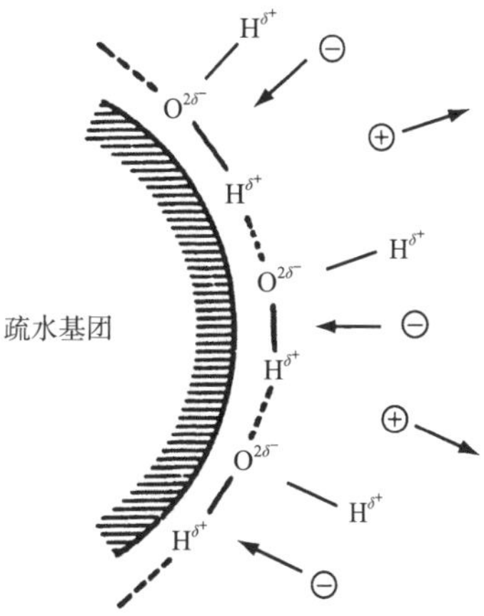

图 2-11 疏水表面水分子的定向

1. 笼状水合物

笼状水合物是冰状包合物，它是水分子力图避免与疏水基团接触所产生的特殊产物。笼状水合物的"主体"物质即水通过氢键形成笼状结构，后者通过物理方式将"客体"物质即非极性小分子截留。笼状水合物的主体一般由20～74个水分子构成，客体是低相对分子质量化合物，只有它们的大小和形状与笼子的大小相匹配才能被截留。典型的客体分子包括烃和卤代烃、稀有气体、短链伯胺、仲胺及叔胺、烷基铵盐、锍盐和磷鎓盐等。水和客体之间的直接相互作用很小，通常不超过弱范德华力，因此客体分子在笼内可自由旋转。

笼状水合物代表了水对一种非极性物质的最大程度的结构形成响应，而且在生物物质中可能天然存在着相似类型的超微结构。笼状水合物可以结晶，且其晶体易于生长至可见大小，只要压力足够高，一些笼状水合物在0℃以上仍然是稳定的。在生物物质中存在着类似于结晶笼状水合物的结构，可能会影响蛋白质等分子的构象、反应性和稳定性。例如，在裸露的蛋白质疏水基团周围存在着部分笼状结构。

2. 水与蛋白质疏水基团的相互作用

水分子与蛋白质疏水基团不可避免的缔合对蛋白质的功能性质具有重要的影响。蛋白质分子中大约40%的氨基酸侧链含有非极性基团，包括丙氨酸的甲基、苯丙氨酸的苯基、缬氨酸的异丙基、半胱氨酸的巯基甲基、亮氨酸的异丁基和异亮氨酸的仲丁基。因此，水分子与这些非极性氨基酸侧链相互作用的程度可能相当高。

由于蛋白质的非极性基团暴露于水中在热力学上不利，因此促进了疏水基团的缔合或"疏水相互作用"（图2-12）。疏水相互作用为蛋白质的折叠提供了主要的推动力，使疏水残基处在蛋白质分子的内部。尽管存在疏水相互作用，非极性基团一般仍占球蛋白表面积的40%～50%。这些处于表面的疏水性基团的存在，使得疏水相互作用在维持大多数蛋白质的三级结构上发挥着重要作用。降低温度导致疏水相互作用变弱和氢键变强，这对蛋白质的结构复杂性相当重要。

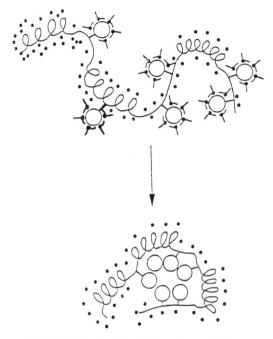

图 2-12　球蛋白内部疏水相互作用示意图

空心圆代表疏水基团，围绕着空心圆的"L- 状"图标
代表定向于疏水表面附近的水分子，实心圆点代表与极性基团缔合的水分子

（五）水与双亲分子的相互作用

水也能作为双亲分子的分散介质。在食品体系中这些双亲分子包括脂肪酸盐、蛋白、脂质、糖酯、极性脂类和核酸。双亲分子的特征表现为在一个分子中同时存在亲水和疏水基团［图2-13（1）~（4）］。水与双亲分子亲水部位的羧基、磷酸基、羟基、羰基或一些含氮基团的缔合导致双亲分子的表观"增溶"。双亲分子在水中形成大分子聚集体，被称为胶团，参与形成胶团的分子数从几百到几千不等［图2-13（5）］。双亲分子的非极性部分指向胶团的内部而极性部分定向至水环境［图2-13（5）］，可用于增溶非极性物质，改善其在水相中的分散性。

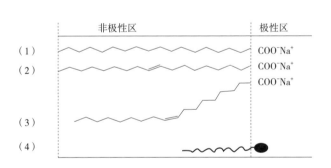

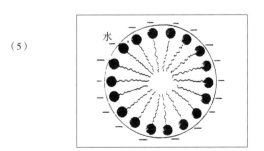

图2-13　双亲脂肪酸盐的各种结构（1）~（3）；双亲分子的一般结构（4）；双亲分子在水中形成的胶团结构（5）

第五节　水分活度和相对蒸汽压

食品的易腐性与其水分含量有密切联系。食品加工中浓缩和脱水过程的主要目的是降低食品的水分含量，同时提高溶质的浓度和降低食品的易腐性。然而，人们也发现不同类型的食品虽然水分含量相同，但它们腐败变质的难易程度存在较大差异。因此，仅基于水分含量无法确切判断食品的腐败性。出现这种情况的部分原因是食品中水与非水成分缔合强度上的差别：参与强缔合的水比起弱缔合的水参与变质反应的程度低，例如对于微生物生长和水解化学反应。水分活度（water activity，a_w）能反映水与各种非水成分缔合的强度。相比水分含量，a_w能更可靠地预示食品的稳定性、安全性和其他性质，所以目前它是更有实际意义的重要食品质量指标。

一、水分活度的定义和测定方法

根据平衡热力学定律，按下式定义水分活度a_w：

$$a_w = (f/f_o)_T \tag{2-1}$$

式中　f——食品中溶剂（水）的逸度（逸度是溶剂从溶液逃脱的趋势）；

f_o——相同条件下纯溶剂（水）的逸度。

T表示测试需在恒定的温度下进行。在低压（例如室温）时，f/f_o和p/p_o（p和p_o分别为食品中水的分压、在相同温度下纯水的蒸汽压）之间的差别小于1%，因此可根据p/p_o定义a_w。于是：

$$a_w = (p/p_o)_T \tag{2-2}$$

严格地讲，式（2-2）仅适用于理想溶液和热力学平衡体系。然而，食品体系一般不符合上述两个条件，因此应将式（2-2）看作为一个近似，更合适的表达式应是如下：

$$a_w \approx (p/p_o)_T \tag{2-3}$$

由于p/p_o是可测定的，并且有时不等于a_w，因此使用$(p/p_o)_T$项比a_w更为准确。尽管对于食品体系使用相对蒸汽压p/p_o（RVP）在科学意义上比使用a_w更确切，但是a_w是普遍使用的术语，因此本书在大多数情况下仍使用a_w，如果在引用的一些图表上出现p/p_o时，可以根据式（2-2）理解它与a_w的关系。

如果式（2-2）的假设不成立或者存在溶质的特殊效应，就不能采用a_w-RVP方法估计食品的稳定性和安全性，甚至在式（2-2）可以成立的条件得到充分满足时，这种情况也可能产生。这一点从图2-14提供的数据可以得到充分的证实，金黄色葡萄球菌（*Staphylococcus aureus*）生长所需的最低$(p/p_o)_T$取决于溶质的种类。

相对蒸汽压（RVP）与食品环境的百分平衡相对湿度（ERH）有关，如式（2-4）所示：

$$RVP = (p/p_o)_T = \%ERH/100 \tag{2-4}$$

对此方程，必须关注两点：第一，RVP是样品的内在性质，而ERH是与样品平衡的大气的性质；第二，仅当产品与它的环境达到平衡时，式（2-4）关系才能成立。即使对于很小的试样（小于1g），平衡的建立也是一个耗时的过程，对于大的试样，尤其是温度低于20℃时，平衡几乎不

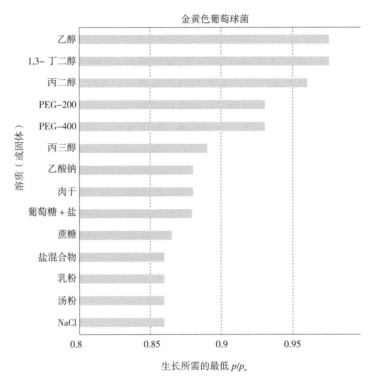

图2-14 金黄色葡萄球菌生长的最低相对蒸汽压（p/p_0）$_T$与溶质的关系

（温度接近最适生长温度，PEG是聚乙二醇）

可能实现。

由于物质溶于水后该溶液的蒸气压总要低于纯水的蒸汽压，因此水分活度介于0～1之间。水分活度反映了食品中的水分存在形式和能被微生物利用的程度。测定水分活度是食品保藏性能研究中经常采用的方法之一，目前一般采用各种物理或化学方法进行食品中水分活度的测定。常用的方法有：

（1）水分活度仪扩散法　利用经过氯化钡饱和溶液校正过的相对湿度传感器，通过测定一定温度下样品蒸气压的变化，可以确定样品的水分活度（氯化钡饱和溶液在20℃时的水分活度为0.90）。利用水分活度仪测定水分活度准确且快速，可满足不同使用者的需求。

（2）恒定相对湿度平衡室法　置样品于恒温密闭的小容器中，用不同的饱和盐溶液（溶液产生的ERH从大到小）使容器内样品–环境达到水的吸附–脱附平衡，然后测定样品的含水量。通常情况下，温度是恒定在25℃，扩散时间依据样品性质变化较大，样品量约在1g；通过在密闭条件下，样品与系列水分活度不同的标准饱和盐溶液之间达成扩散–吸附平衡，测定样品重量的变化来计算样品的水分活度。在没有水分活度仪的情况下，这是一个很好的替代方法，不足之处是分析烦琐、时间较长。部分常用饱和盐溶液所产生的相对湿度见表2-6。

（3）化学法　用化学法直接测定样品的水分活度时，利用与水不相溶的有机溶剂（一般采用高纯度的苯）萃取样品中的水分，此时在苯中水的萃取量与样品的水分活度成正比；通过卡尔–费休滴定法测定样品萃取液中水含量，再与纯水萃取液滴定结果比较，可以计算出样品中水分活度。

表2-6 一些饱和盐溶液所产生的恒定湿度

盐类	温度/℃	相对湿度/%	盐类	温度/℃	相对湿度/%
硝酸铅	20	98	溴化钠	20	58
磷酸二氢铵	20~25	93	重铬酸钠	20	52
铬酸钾	20	88	硫氰酸钾	20	47
硫酸铵	20	81	氯化钙	24.5	31
醋酸钠	20	76	醋酸钾	20	20
亚硝酸钠	20	66	氯化锂	20	15

（4）康卫氏皿扩散法 在密封、恒温的康卫氏皿中，试样中的自由水与水分活度较高和较低的标准饱和溶液相互扩散，达到平衡后，根据试样质量的变化量，求得样品的水分活度。

GB 5009.238—2016《食品安全国家标准 食品水分活度的测定》中规定，用康卫氏皿扩散法（适用水分活度范围0.00~0.98）和水分活度仪扩散法（适用水分活度范围0.60~0.90）测定食品中的水分活度。

二、水分活度与温度的关系

固定组成的食品体系的a_w与温度有关，因此测定样品水分活度时，必须标明相应的温度。经修改的Clausius-Clapeyron方程表示了a_w与热力学温度之间的关系：

$$\frac{\mathrm{d}\ln a_w}{\mathrm{d}(1/T)} = \frac{-\Delta H}{R} \qquad (2-5)$$

式中 T——热力学温度；

R——气体常数；

ΔH——在试样水分含量时的等量吸附热。

式（2-5）经重排后成为直线方程，$\ln a_w$对$1/T$作图（在恒定的水分含量）是线性的，$\ln p/p_o$对$1/T$作图也应是线性的。其意义是：在不太宽的温度范围内，一定样品的水分活度的对数随热力学温度升高而呈正比例升高。

图2-15所示为天然马铃薯淀粉在不同水分含量时的$\ln a_w$-$1/T$直线图。显然，$\ln a_w$和$1/T$两者间有良好的线性关系，且a_w随温度的变量是水分含量的函数。设定起始a_w为0.5，温度系数在275~313K范围内是0.0034K^{-1}。对于高碳水化合物或高蛋白质食品，a_w的温度系数（温度范围5~50℃，起始a_w为0.5）范围为0.003~0.02K^{-1}。因此，根据产品种类的不同，10K的温度变化能导致0.03~0.2的a_w变化。当食品中水分含量增加时，温度对a_w的影响程度也提高。这一现象对于包装食品非常重要，因为温度变化会导致RVP的变化，使包装食品的稳定性对温度依赖的程度大于未经包装的相同食品。

当温度范围扩大时，$\ln a_w$ – $1/T$关系图并非始终是一条直线，在冰开始形成时，直线一般出现明显的折断。冰点以下食品水分活度按式（2-6）定义：

$$a_w = \frac{p_{ff}}{p_{o(scw)}} = \frac{p_{ice}}{p_{o(scw)}} \quad (2-6)$$

式中　p_{ff}——部分冻结食品中水的蒸汽分压；

　　$p_{o(scw)}$——相同温度下过冷纯水的蒸汽压；

　　p_{ice}——相同温度下纯冰的蒸汽压。

图2-16所示为典型的水溶液的$\lg(p/p_o)_T$ –$1/T$关系图，图中显示：①此关系在冰点以下仍呈线性；②在冰点以下，温度对a_w的影响远大于在冰点以上的情况；③冰点附近$\lg(p/p_o)_T$ –$1/T$直线出现突然的转折。

在比较冰点以上和冰点以下温度的a_w时，应注意到几个重要的差别：①在冰点以上的温度，a_w是样品组成和温度的函数，而前者起着主要的作用；在冰点以下温度，a_w与样品的组成无关，仅取决于温度，即冰相存在时a_w不受溶质的种类或比例的影响。因此，不能根据a_w来正确预测体系中溶质的种类和含量对冰点温度以下体系发生变化的影响，例如扩散控制过程、催化反应、低温保

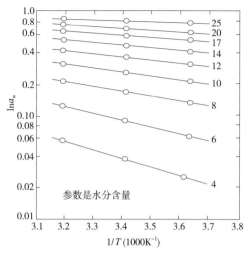

图2-15　不同水分含量的天然马铃薯淀粉的a_w和温度的关系

（每条直线上标明了水分含量，单位 gH₂O/g 干淀粉）

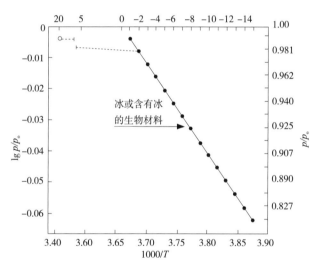

图2-16　复杂食品在冰点以上和冰点以下时a_w与温度的关系

护剂影响的反应、抗微生物剂影响的反应和化学试剂（改变pH和氧化还原电位）影响的反应。总而言之，比起冰点以上，a_w在冰点以下作为物理和化学过程的指示剂的价值要低得多，而且不能根据冰点以下温度的a_w数据预测冰点以上温度的a_w。②当温度变化至足以形成冰或熔化冰的范围时，就食品稳定性而言，a_w的意义也发生了变化。例如，一个产品在-15℃（a_w=0.86）时，微生物不能生长，而化学反应能缓慢地进行。然而，在20℃且a_w仍为0.86时，某些化学反应将快速进行，部分微生物则以中等速度生长。

第六节　水分吸着等温线

一、定义和区

在恒定温度下，食品的水分含量（用每单位质量干物质中水的质量表示）与其水分活度a_w之间的关系称为水分吸着等温线（Moisture sorption isotherms，MSI）。

MSI曲线中的信息可用于：① 研究和控制浓缩与干燥进程，因为浓缩和干燥过程中样品脱水的难易程度与a_w有关；② 指导食品混合物的配方以避免水分在配料之间的转移；③ 确定包装材料是否具有足以保护特定体系的阻湿性质；④ 确定抑制体系中特定微生物生长所需的水分含量；⑤ 预测食品的化学和物理稳定性与水分含量的关系。

图2-17所示为高水分含量食品的MSI，它包括了从正常至干燥的整个水分含量范围。当食品中含水量超过干物重时，a_w接近于1.0；当食品含水量低于干物重时，a_w小于1.0；当食品含水量低于干物重的50%时，含水量的轻微波动就会引起a_w的极大变动。这在MSI图上不能详细地表示出来。因此扩展低水分含量区就得到更有实用价值的MSI，如图2-18所示。

MSI曲线的绘制可通过回吸和解吸两种方式。将水加入到预先干燥的试样中可以测定物质的回吸（或吸附）等温线；反之则可测定物质的解吸等温线。不同物质的MSI形状各异，如图2-19所示。大多数食品的回吸等温线呈S形，而水果、糖果和咖啡提取物等由于含有大量糖和其他可溶性小分子，且聚合物含量不高，因此它们的等温线可能会呈现

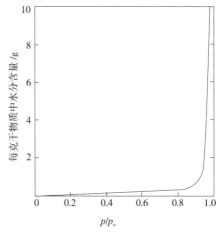

图2-17　高水分含量范围食品的水分吸着等温线

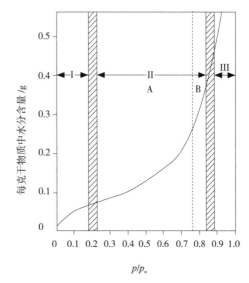

图2-18　食品在低含水量范围内的水分吸着等温线的一般形式（20℃）

如图2-19中曲线1所示的J形。决定水分吸着等温线的形状和位置的因素包括样品的组成（例如溶质的分子质量分布和亲水/亲油平衡）、样品的物理结构（例如结晶或无定形）、样品的预处理、温度和制作等温线的方法。

根据含水量和水分活度的关系，可将水分吸着等温线分为三个区段（图2-18）进行讨论，各

区中水的性质存在显著的差异（表2-7）。

（1）Ⅰ区　存在于等温线Ⅰ区中的水是吸附最牢固和最不易流动的水。这部分水通过H_2O-离子或H_2O-偶极相互作用与食品成分中的羧基和氨基等极性基团紧密结合。它在-40℃不能冻结，没有溶解溶质的能力，且其量不足以对固形物产生增塑效应，因此可简单地将这部分水看作固体的一部分。

Ⅰ区的高水分末端（Ⅰ区和Ⅱ区的边界）位置的这部分水相当于食品的"BET单层"水分含量。因此，可将BET单层值理解为在干物质中可接近的强极性基团周围形成一个单层所需水的近似量。就淀粉而言，BET单层水量相当于每个脱水葡萄糖基结合一个水分子。在高水分含量食品中，Ⅰ区水仅占总水量的极小部分。

（2）Ⅱ区　继续加水控制总水量在Ⅱ区边界以内，新增水分定位于第一层结合位点中未被占据的部位。这部分水主要通过氢键与第一层中相邻的水分子和溶质分子缔合，它的流动性比自由水稍差，

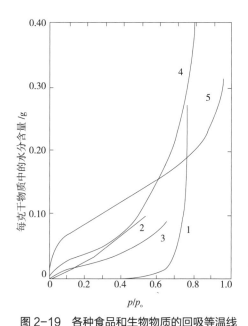

图2-19　各种食品和生物物质的回吸等温线

（除曲线1采用的温度是40℃外，其余的都是20℃）

1—糖果（主要成分是蔗糖粉）
2—喷雾干燥的菊苣提取物　3—焙烤哥伦比亚咖啡
4—猪胰酶提取粉　5—天然大米淀粉

其中大部分在-40℃不能冻结。靠近Ⅱ区低水分端的水对溶质具有显著的增塑作用，并导致固体基质的初步溶胀。上述作用和开始出现的溶解过程会使大多数反应的速度加快。Ⅰ区和Ⅱ区的水通常占高水分食品原料中总水分的5%以下。

（3）Ⅲ区　是毛细管凝聚的自由水。这部分水是食品中结合最不牢固和最易流动的水，通常占高水分食品总水分的95%以上。在凝胶或细胞体系中，由于自由水以物理方式被截留，因此宏观流动性受到阻碍。但这部分水的所有其他性质都类似于稀盐溶液中的水，这是因为处于Ⅲ区的水分子与溶质分子之间被Ⅰ区和Ⅱ区水分子隔离。Ⅲ区的水既可能被冻结也可以作为溶剂，并有利于化学反应的进行和微生物的生长。

虽然水分吸着等温线分为三个区，但除了化学吸附结合水外，水分子能在等温线每一个区间内及区间之间发生快速交换，因此水分吸着等温线各个区之间存在过渡带。另外，向干燥物质中增加水能够略微改变原来所含水的性质，即基质的溶胀和溶解过程。然而，当向已具有完全或近乎完全的水合壳的体系中加入水时，原有水分子的性质几乎保持不变，因此，任何食品的稳定性取决于其中流动性最强的那部分水。

二、水分吸着等温线与温度的关系

如前所述，a_w具有温度依赖性，因此MSI也与温度有关。图2-20所示为不同温度下马铃薯

片的水分吸着等温线。在一定的水分含量下，食品的a_w随温度的上升而提高，这种变化符合Clausius-Clapeyron方程。

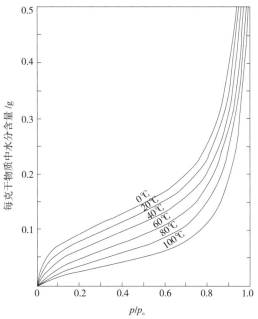

图 2-20　在不同温度下马铃薯片的水分吸着等温线

三、滞后现象

对于食品体系，水分回吸等温线（将水加入干燥的样品中）很少与解吸等温线重叠，一般来说，不能从水分回吸等温线预测解吸现象。水分回吸等温线和解吸等温线之间的不一致被称为滞后现象（Hysteresis），图2-21所示为某种食品的水分吸着等温线滞后环（Hysteresis loop）。

如图2-21所示，在一定的a_w时，解吸过程中样品的水分含量大于回吸过程中的水分含量。除了食品种类和温度外，其他因素如除去水分和加入水分时食品发生的物理变化、解吸速度和解吸过程中水分除去的程度都会影响滞后的程度、MSI曲线的形状以及滞后环的起点和终点。温度对滞后现象的

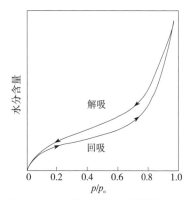

图 2-21　水分吸着等温线的滞后现象

影响在高温（约80℃）时往往不易显现，但随着温度下降，滞后现象逐渐变得明显。

对于食品体系，可以观察到各种形式的滞后环，并且脱水食品滞后环的形状取决于食品的类型和温度。可将4.4℃时滞后环的变异归纳为三种类型（图2-22）。

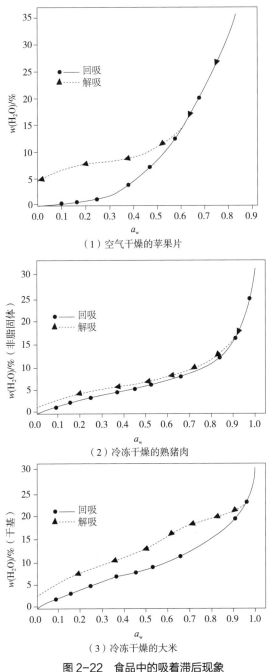

（1）空气干燥的苹果片

（2）冷冻干燥的熟猪肉

（3）冷冻干燥的大米

图 2-22　食品中的吸着滞后现象

对于高糖-高果胶食品，例如空气干燥的苹果片，滞后现象主要出现在单分子层水区域（a_w=0～0.25），虽然总的滞后现象是显著的，但是当a_w超过0.65时就不存在滞后现象。对于高蛋白质食品，例如冷冻干燥的熟猪肉，在a_w=0.85附近（相当于毛细管凝聚区）开始出现适度的滞后现象，并一直延伸至等温线的其余部分，直至a_w=0，且吸附和解吸等温线都保留S形的特征。对于淀粉质食品，例如冷冻干燥大米，存在一个大的滞后环，最高程度的滞后现象出现在a_w=0.70。此外，随着温度的提高，总的滞后现象减轻，并且滞后环沿等温线的跨度减小。后者的变化尤为显著，例如：对于苹果，当温度从2.8℃提高至37.9℃时，滞后现象的起始点从a_w=0.65移至a_w=0.20；对于猪肉，相应地从a_w=0.95移至a_w=0.60。也有研究工作表明，对于纯的蛋白质试样（例如牛血清清蛋白），其滞后现象的程度与温度无关。

引起水分吸着等温线滞后现象的原因包括：溶胀现象、局部结构亚稳定、化学吸附、相转变、毛细管现象以及低温下非平衡状态更持久。然而，目前仍没有理论可以确切地解释水分吸着等温线的滞后现象。

水分吸着等温线的滞后现象具有实际意义。例如，同样是将鸡肉和猪肉的a_w调节到0.75 ~ 0.84范围，如果采用解吸的方法，样品中脂肪的氧化速度要高于用回吸的方法。因为在相同的a_w下，解吸样品的水分含量高于回吸样品，因而催化剂具有较高的流动性，基质的溶胀也使催化部位更充分地暴露，同时氧的扩散系数也较高。此外，采用解吸方法制备样品时需要达到较低的a_w（与回吸方法制备的样品相比）才能阻止部分微生物的生长。

四、蛋白质的水合过程

食品体系由多种组分构成，进一步探讨食品组分对水的吸收，以及在此过程的每一阶段中水所处的位置和性质具有很好的指导意义。由于蛋白质是食品中最重要的成分之一，而且其中含有水合过程中所有重要的功能基团，因此选择蛋白质作为对象讨论它的水合过程。

以溶菌酶为例，即便是"干"的溶菌酶也含有一些构成水，这些水是溶菌酶完整结构的一部分，其水含量约为8mol/g干蛋白质。随着环境RVP升高，水分子首先吸附在离子、羧酸和氨基酸侧链上，每克干蛋白质大约需要40mol的水来完成这些吸附，相当于形成BET单层、或者达到Ⅰ区和ⅡA区交界处的水分含量，对应的a_w在0.2左右。提高a_w至0.25左右（ⅡA区高水分末端）后，羧氨基团等吸附活性相对较小的位点开始吸附水分子，再进一步吸附至a_w=0.75（ⅡB区高水分末端）会导致表面饱和覆盖，水分含量达到0.38g水/g蛋白质。这时（ⅡB区和Ⅲ区边界）蛋白质表面的所有可能位点都完成水合。在此a_w之上（Ⅲ区），水就成为多层（体相）水。酶最初表现出活力是当水分含量达到BET单层覆盖时，而最高活力要在实现表面全覆盖后才能获得。这些现象有助于了解按照水合效应类型对MSI进行分区描述的意义。然而，需要注意的是，在任一特定水分含量时，所有的水分子都可以在不同区域间自由交换，因而随着水分含量的增大，水的性质是连续变化的。

表2-7所示为球蛋白（主要根据溶菌酶）在不同水合阶段缔合的水的性质；图2-18所示为相应的吸着等温线。表2-7和图2-18中划分的水合"区"有助于讨论，然而实际上并不存在这些区，更可能的情况是水性质的连续变化。

区Ⅰ和区Ⅱ接界处的水分含量通常被认为是BET单层水分含量："BET"是由Brunauer, Eminett和Teller提出的概念。在此实例中BET单层水分含量约为0.07g/g干蛋白质，此值约相当于0.2p/p_0。BET相当于一个干制品在呈现最高稳定性情况下含有的最大水分含量。例如，淀粉的BET约相当于每个脱水葡萄糖基结合一个水分子。

表2-7中使用"真实单层"，此术语的含义不同于BET单层。真实单层指的是在区ⅡB和区Ⅲ接界的水分含量（在此实例中，真实单层水分含量约为0.38 g/g干蛋白质和p/p_o约为0.85）。此值约相当于300 mol H_2O/mol溶菌酶和27.5%水分含量，一个H_2O平均占0.2nm^{2}的蛋白质表面积。这个水分含量代表蛋白质"完全水合"所需的水分含量，即占据所有的第一层部位所需的水分含量。进一步加入的水将具有与体相水类似的性质。

表 2-7 不同水合作用阶段的水 / 蛋白质性质[①]

性质	构成水[②]	水合壳（距离表面≤0.3nm）			体相水	
					自由[③]	截留[④]
在吸着等温线上的位置[⑤]						
水分活度（a_w）	<0.02	0.02 ~ 0.2	0.2 ~ 0.75	0.75 ~ 0.85	>0.85	>0.85
区	区Ⅰ，靠左末端	区Ⅰ	区ⅡA	区ⅡB	区Ⅲ	区Ⅲ
近似的水分含量：						
gH_2O/g 干蛋白（h）[⑦]	<0.01	0.01 ~ 0.07	0.07 ~ 0.25	0.25 ~ 0.58	>0.38	>0.38
molH_2O/mol 干蛋白	<8	8 ~ 56	56 ~ 200	200 ~ 304	>304	>304
水的质量分数 /%（以溶菌酶为基础）	1	1 ~ 6.5	6.5 ~ 20	20 ~ 27.5	>27.5	>27.5
水的性质						
结构	天然蛋白质结构不可缺少的部分	水主要与带电基团相互作用（~ 2H_2O/基团）；在0.07h：表面水从无序状态过渡至有序状态和/或从分散状态过渡至成簇状态；完成带电基团的水合	水主要与蛋白质表面的极性基团相互作用（~ 1H_2O/极性部位）；水簇集中在带电和极性部位；水簇在大小和/或排列上波动；在0.15h：表面水长距离的连接建立	在0.25h：水开始凝聚在蛋白质表面未占满的弱相互作用的区域；在0.38h：单层水覆盖蛋白质表面，水相开始形成，玻璃－橡胶态转变出现	正常	正常
热力学转变性质[⑥]						
$\Delta \bar{G}$/(kJ/mol)	>|-6|	-6	-0.8	接近体相		
$\Delta \bar{H}$/(kJ/mol)	>|-17|	-70	-2.1	接近体相		

续表

性质	构成水②	水合壳（距离表面≤0.3nm）			体相水	
					自由③	截留④
近似的流动性（抵抗时间 /s）	$10^{-2}\sim10^{-8}$	$<10^{-8}$	$<10^{-9}$	$10^{-9}\sim10^{-11}$	$10^{-11}\sim10^{-12}$	$10^{-11}\sim10^{-12}$
冻结能力	不能冻结	不能冻结	不能冻结	不能冻结	正常	正常
溶剂能力	无	无	无~轻微	轻微~适度	正常	正常
蛋白质性质						
结构	折叠状态稳定	水开始增塑无定形区	进一步增塑无定形区			
流动性（反应酶活力）	酶活力可以忽略	酶活力可以忽略	蛋白质内部运动	在 0.38h：溶菌酶的比活力为稀溶液的 10%	最大活性	最大活性
				从 0.04h 时的 1/1000 增加至 0.15h 时的完全溶解。在 0.1~0.15h：胰凝乳蛋白酶和其他一些酶的活力增加		

注：① 数据取自Rupley和Careri、Otting等、Lounnas和Pettit、Franks和其他来源，主要根据溶菌酶。
② 水分子占据大分子溶质内部的特殊位置。
③ 宏观流动不受分子基质的物理限制。
④ 宏观流动受大分子基质的物理限制。
⑤ 见图2-18。
⑥ 水从体相转移至水合壳的偏摩尔值。
⑦ h表示水合。

第七节 水分活度和食品稳定性

与食品质量密切相关的微生物生长、生物及化学反应（脂类自动氧化、非酶褐变和酶促反应）等往往需要在合适的水分活度范围才会发生。图2-23所示为在25~45℃范围内几类重要反应的速度和a_w的关系。试样的成分、物理状态和结构、大气组成（尤其是氧的含量）、温度和滞后效应都会改变反应速度、曲线的位置及形状。如图2-23所示，在解吸过程中，最低反应速度均在等温线区I和区Ⅱ的边界（a_w=0.20~0.30）处首次出现。当a_w进一步降低时，除氧化反应外的所有反应仍保持此最低反应速度。在解吸过程中，首次出现最低反应速度时的水分含量相当于"BET单层"水分含量。因此，控制水分活度，可以提高食品的稳定性。

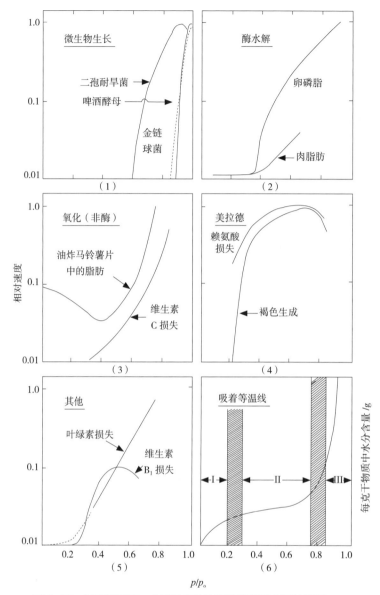

图2-23 相对蒸汽压、食品稳定性和吸着等温线之间的关系

（1）微生物生长与a_w的关系；（2）酶水解与a_w的关系；（3）氧化（非酶）与a_w的关系；（4）美拉德褐变与a_w的关系；
（5）其他的反应速度与a_w的关系；（6）水分含量与a_w的关系。除（6）外，所有的纵坐标代表相对速度

一、食品中水分活度与微生物生长的关系

在食品的加工、贮存和销售过程中，微生物可能在其中生长繁殖，影响食品质量。在中等至高a_w条件下，微生物生长曲线表现出最高反应速度（图2-23），因此水分活度的控制是阻止微生物生长的关键因素。表2-8中列出了各种常见微生物可以生长的a_w范围和相应范围内的部分食品。一般说来，当$a_w<0.90$，细菌不生长；当$a_w<0.87$时，大多数酵母菌受到抑制；当$a_w<0.80$时，大多数霉菌不生长；在$a_w<0.60$时，绝大多数微生物都无法生长。

表2-8　食品中水分活度与微生物生长的关系

a_w范围	在此范围内的最低水分活度一般所能抑制的微生物	在此水分活度范围内的食品
1.00 ~ 0.95	假单胞菌、大肠杆菌、变形杆菌、志贺氏菌属、克雷伯氏菌属、芽孢杆菌、产气荚膜梭状芽孢杆菌、一些酵母菌	极易腐败变质（新鲜）食品、罐头水果、蔬菜、肉、鱼以及牛乳；熟香肠和面包；含有约40%（质量分数）蔗糖或7%氯化钠的食品
0.95 ~ 0.91	沙门氏杆菌属、溶副血弧菌、肉毒梭状芽孢杆菌、沙雷氏杆菌属、乳酸杆菌属、足球菌、一些霉菌、酵母（红酵母、毕赤氏酵母）	干酪、腌制肉（火腿）、某些浓缩果汁；含有55%（质量分数）蔗糖或12%氯化钠的食品
0.91 ~ 0.87	许多酵母(假丝酵母、球拟酵母、汉逊酵母)、微球菌	发酵香肠、海绵蛋糕、干奶酪、人造奶油、含65%（质量分数）蔗糖或15%氯化钠的食品
0.87 ~ 0.80	大多数霉菌（产毒青霉菌）、金黄色葡萄球菌、大多数酵母菌属（拜耳酵母）、德巴利氏酵母菌	大多数浓缩果汁、甜炼乳、巧克力糖浆、槭糖浆和水果糖浆；面粉、米、含有15%~17%水分的豆类食品；水果蛋糕
0.80 ~ 0.75	大多数嗜盐细菌、产真菌毒素的曲霉	果酱、加柑橘皮丝的果冻、杏仁酥糖、糖渍水果、某些棉花糖
0.75 ~ 0.65	嗜旱霉菌（谢瓦曲霉、白曲霉、*Wallemia Sebi*）、二孢酵母	含有约10%水分的燕麦片；颗粒牛轧糖、砂性软糖、棉花糖、果冻、糖蜜、粗蔗糖、一些果干、坚果
0.65 ~ 0.60	耐高渗酵母（鲁氏酵母）、少数霉菌（刺孢曲霉、二孢红曲霉）	含约15%~20%水分的果干、某些太妃糖与焦糖；蜂蜜
0.60 ~ 0.50	微生物不增殖	含约12%水分的酱、含约10%水分的调味料
0.50 ~ 0.40	微生物不增殖	含约5%水分的全蛋粉
0.40 ~ 0.30	微生物不增殖	含3%~5%水分的曲奇饼、脆饼干、面包硬皮等
0.30 ~ 0.20	微生物不增殖	含2%~3%水分的全脂奶粉；含约5%水分的脱水蔬菜；含约5%水分的玉米片、家庭自制的曲奇饼、脆饼干

二、食品中水分活度与组分变化的关系

1. 对脂肪氧化的影响

富含脂肪的食品易受空气中氧的作用而发生自动氧化。食品中水分对脂肪氧化既有促进作用，又有抑制作用。在很低的a_w时，脂肪氧化速度和a_w之间展现出不寻常的关系［图2-23（3）］。从等温线的最左端开始，随着水分活度上升至BET单层值，体系脂肪氧化速度逐渐下降。这表明具有氧化特性的样品在过分干燥状态下的稳定性并非最佳。原因可能有以下几方面：①最初加入至干燥样品的水会与氢过氧化物结合，妨碍它们的分解，从而阻碍氧化进程。②这部分水还能水合催化氧化的金属离子，从而降低其催化效率。

继续加水并超过区Ⅰ和区Ⅱ边界［图2-23（3）和图2-23（6）］导致氧化速度增加。此等温线区域的水能提高氧的溶解度和促使大分子溶胀，从而暴露更多的氧化部位，有利于氧化作用的形成。在更高的a_w（>~0.80）加入的水能阻滞氧化，主要是因为水会稀释催化剂导致催化效率

降低。

2. 对其他反应的影响

美拉德反应、维生素B_1降解等反应在中等至高a_w条件下表现出最高反应速度（图2-23）。在中等至高水分含量食品中，反应速度随a_w升高而下降的原因可能是：

（1）在这些反应中水是反应产物之一，水含量的增加导致产物抑制作用；

（2）当样品的水分含量已使组分的溶解度、可接近性（大分子表面）以及速率限制组分的流动性不再是反应速度限制因素，进一步加水将稀释速度限制成分并降低反应速度。

3. BET单层值的量化

基于上述实例分析，在食品化学反应中，最低反应速度一般出现在等温线区Ⅰ和区Ⅱ的边界附近。当水分含量进一步降低时，除了氧化反应外，其他反应速度全都保持在最小值，这时的水分含量是BET单分子层水分含量。因此，干燥产品具有最高稳定性时的水分含量可以通过BET单层值很快作出最初的估计，这具有重要的实际意义。

基于食品水分吸着等温线低水分末端的数据，采用Brunauer等建立的下述BET方程式可以计算出相应的BET单层值：

$$\frac{a_w}{m(1-a_w)} = \frac{1}{m_1 c} + \frac{c-1}{m_1 c} a_w \tag{2-7}$$

式中　a_w——水分活度；

　　　m——每克干物质吸附水的量，gH_2O/g干物质；

　　　m_1——每克干物质吸附水的单层值，或BET单层值；

　　　c——与吸附热有关的常数。

根据此式，将$a_w/m(1-a_w)$对a_w作图可以得到一条直线，称为BET曲线。图2-24所示为天然马铃薯淀粉的BET图，当a_w约大于0.35时，此线性关系开始出现偏差。

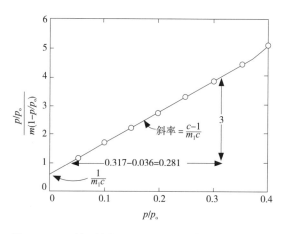

图2-24　天然马铃薯淀粉的 BET 图（回吸数据，20℃）

BET单层值按下式计算：

$$单层值=m_1=\frac{1}{(Y_{截距})+(k_{斜率})}$$

从图2-24得到$Y_{截距}$为0.6，$k_{斜率}$为10.7，于是可求出m_1：

$$m_1=\frac{1}{0.6+10.7}=0.088（gH_2O/g干物质）$$

在此实例中，BET单层值所对应的a_w为0.2。

三、食品中水分活度与质构的关系

水分活度对保持干燥食品和半干燥食品的质构具有重要作用。例如，饼干、爆米花和马铃薯片等各种脆性食品，必须保持在较低的a_w下，才能维持其酥脆的口感。砂糖、奶粉和速溶咖啡也需要保存在较低的a_w下，才能避免结块。使干燥产品保持期望性质所允许的最高a_w范围在0.35~0.5。另外，对含水较多的食品，如布丁、果糕等，为避免软质构变硬需要保持适度较高的a_w，由于它们的水分活度大于环境空气的相对湿度，保存时需要防止水分蒸发。通过各种各样的包装可以赋予维持食品质构的小环境，满足不同食品对水分活度的要求。

第八节 分子流动性与食品稳定性

一、概述

除了a_w是预测、控制食品稳定性的关键指标外，分子流动性（Molecular mobility，Mm，移动或转动）也是一个重要的参数。分子流动性是分子的旋转移动和平动移动性的总度量（不包括分子的振动），它与食品中许多重要的扩散限制性质有关。决定分子流动性关键成分是水和食品中占支配地位的非水成分。这类食品包括含淀粉食品、蛋白质类食品、中等水分含量食品、干燥或冷冻干燥食品。表2-9所示为食品中与分子流动性相关的某些性质。

表2-9 一些由分子流动性决定的食品性质和特征（在含无定形区的产品中由扩散限制的变化）

干燥或半干食品	冷冻食品
流动性和黏性	水分迁移（冰结晶）
结晶和重结晶	乳糖结晶（在冷冻甜食中的"砂质"）
巧克力糖霜	酶活力
食品在干燥时碎裂	在冷冻干燥的升华（第一）阶段发生无定形区的结构塌陷
干燥和中等水分食品的质构	食品体积收缩（冷冻甜食中泡沫状结构的部分塌陷）

续表

干燥或半干食品	冷冻食品
在冷冻干燥第二阶段（解吸）发生的结构塌陷	
微胶囊化产品中挥发性芯材的逸失	
酶活力	
美拉德反应	
淀粉的糊化	
焙烤食品在冷却阶段的爆裂	
微生物孢子的热失活	

在深入讨论分子流动性和食品稳定性的关系之前，先介绍几个相关的专业术语：

（1）无定形（Amorphous） 这是一种物质的非平衡、非结晶状态。当饱和条件占优势并且溶质保持非结晶时，此过饱和溶液可被称为无定形。此时微观粒子无规则排列，近程有序，远程无序。

（2）玻璃态（Glass state，Glassy） 是聚合物的一种状态，它既像固体一样有一定的形状和体积，又像液体一样分子间排列只是近程有序，因此是非晶态或无定形态。处于此状态的聚合物的链段运动被冻结，只允许小尺寸的运动。其形变很小，类似于坚硬的玻璃，因此称为玻璃态。

（3）玻璃化转变温度（Glass transition temperature T_g，T_g'） 高聚物转变为柔软而具有弹性的固体，称为橡胶态。无定形食品从玻璃态到橡胶态的转变称为玻璃化转变，此时的温度称为玻璃化转变温度。T_g'是特殊的T_g，仅适用于含有冰的试样。对于一个复杂试样，当温度低于T_g或T_g'时，除水分子外的所有分子停止移动，仅保留有限的转动和振动。当食品发生玻璃化转变时，其物理和力学性能都发生急剧变化，如比热容、膨胀系数等发生突变。该变化可用差示扫描量热法测定。

（4）大分子缠结（Macromoleculer entanglement） 这是指大的聚合物以随机的方式相互作用，没有形成化学键，有或者没有形成氢键。当大分子缠结很广泛时（需要达到大分子的一个最低临界浓度和时间），会形成黏弹性缠结网。

当一个食品被冷却或水分含量减少，以至于全部或部分转变成玻璃化状态时，Mm显著降低，食品的扩散限制的性质也将变得稳定。在大多数情况下，a_w和Mm方法对研究食品稳定性有较好的互补性。a_w方法主要用于反映食品中水的可利用性，如水作为溶剂的能力，而Mm方法则主要用于衡量食品的微观黏度（Microviscosity）和化学组分的扩散能力。因此，从a_w与Mm方法适用对象来看，二者各有优劣：就预测不含冰的产品中微生物生长和非扩散限制的化学反应速度而言，应用a_w法更有效；针对扩散限制的性质（如冷冻食品物理性质、冷冻干燥的最佳条件和结晶、胶凝等物理变化）评估，Mm方法更有效。

二、状态图

状态图（State diagrams）可用于说明冷冻或水分含量减少的食品的*Mm*和稳定性之间的关系。通常以水和在食品中占支配地位的溶质作为二元物质体系绘制食品的状态图。在恒压下，以溶质含量为横坐标，以温度为纵坐标作出的二元体系的简化温度–组成状态图，如图2-25所示。

图中粗虚线代表介稳定平衡，所有其他的线代表平衡状态，如果食品状态处于玻璃化曲线（T_g线）的左上方又不在其他稳态或介稳态线上，食品就处于不平衡状态。

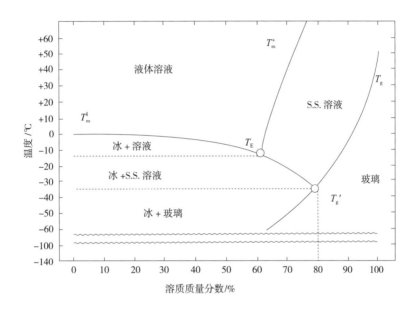

图 2-25　二元体系的状态图

假设：最大冷冻浓缩，无溶质结晶，恒定压力，无时间相依性。T_m^l是熔点曲线，T_E是低共熔温度，T_m^s是溶解度曲线，T_g是玻璃化相变曲线，T_g'是特定溶质的最大冷冻浓缩溶液的玻璃化相变温度

三、分子流动性与食品属性的关系

（一）许多食品含有无定形组分并且以介稳平衡或非平衡状态存在

复杂的食品往往含有无定形区（非结晶固体或过饱和液体），参与形成这些区域的组分包括蛋白质（例如明胶、弹性蛋白和面筋蛋白）和碳水化合物（支链淀粉和直链淀粉）；许多小分子，如蔗糖也能以无定形状态存在。所有干燥、部分干燥、冷冻和冷冻干燥食品都含有无定形区。

无定形区是以介稳平衡或非平衡状态存在，此时食品稳定性不会很高。但是优良品质往往需要食品处于非平衡态，例如硬糖果（无定形固体）是一个常见的介稳状态食品的例子。所以食品加工的重要目标是使食品在非平衡状态下能达到可接受的稳定性，同时最大限度地使食品具有好的品质。

（二）大多数物理变化和一些化学变化的速度由分子流动性（*Mm*）决定

由于大多数食品是以介稳或非平衡状态存在的，所以动力学方法比热力学方法更适于了解、预测和控制它们的性质。因为当物质处于完全的玻璃态时，其*Mm*值几乎为零，即此时体系的自由体积很小，使分子的移动和转动变得困难。因此，当食品保藏的温度低于T_g时，由扩散限制的食品性质的稳定性一般是很好的。

然而，基于分子流动性评价食品性质时，在以下情况下该方法仍有待商榷。这些情况包括：

（1）其反应速度未显著受扩散影响的化学反应；

（2）通过特定的化合物的作用（例如改变pH或氧分压）所达到的期望或不期望的效应；

（3）试样的*Mm*是根据一个聚合物组分（聚合物的T_g）估计的，而渗透进入聚合物基质的小分子的*Mm*才是决定产品重要性质的关键因素；

（4）微生物细胞的生长（a_w是比*Mm*更可靠的估计指标）。

在温度和压力恒定时，3个主要因子决定着化学反应的速度。它们是：①扩散因子D（反应物相互接触的状况）；②碰撞频率因子A（单位时间碰撞的次数）；③化学活化能因子E_e（反应物能量必须超过活化能）。如果D对反应的限制性大于A和E_e，那么反应就是扩散限制反应，例如质子转移反应、自由基重新结合反应、酸–碱反应（包括H^+和OH^-的输送）、许多酶催化反应、蛋白质折叠反应、聚合物链增长反应以及血红蛋白和肌红蛋白的氧合/去氧等。

此外，当温度下降至低于冰点或水分减少至溶质饱和/过饱和时，许多非扩散限制反应可能转变为扩散限制反应。这可能是由于温度的下降也提高了黏度，水分含量的减少也会导致黏度的显著提高。因此，用分子流动性预测具有扩散限制反应的速率很有用，而对那些不受扩散限制的反应变化（如微生物的生长），应用分子流动性是不恰当的。

（三）自由体积在机制上与*Mm*相关

自由体积（Free volume）是指没有被分子占据的空间。当温度下降时，自由体积减少，使分子移动和转动（*Mm*）更加困难，这对聚合物链段的运动和食品中局部的黏度有直接的影响。当冷却至T_g时，自由体积变得非常小，以至于聚合物链段的移动停止。于是，当温度$<T_g$时，食品扩散限制性质的稳定性一般是好的。

加入一种低相对分子质量的溶剂，例如水，或者提高温度，或同时采取这两个措施，可以增加自由体积（通常是不期望的），这不利于食品的稳定性。自由体积与*Mm*呈正相关，减少自由体积在某种意义上有利于食品的稳定性，但不是绝对的，而且，迄今为止自由体积还不能作为预测食品稳定性的定量指标。

四、分子流动性与状态图的关系

（一）大多数食品具有玻璃化相变温度（T_g或T_g'）或范围

食品一般都具有无定形区。在生物体系中，溶质很少在冷却或干燥时结晶，所以无定形区和玻璃化相变是常见的。Mm和所有扩散限制的变化，包括许多变质反应，在低于T_g时通常受到严格的限制。然而，许多食品保藏的温度T高于T_g，比起保藏温度低于T_g的食品，其Mm要高得多且稳定性差得多。

对于仅含有几个组分的试样，已有几个方程式可用来计算它们的T_g，当试样的成分和各个组分的T_g已知时，这个方法能提供一个有价值的估计。应用于二元体系的最早、最简单的方程式是由Gordon和Taylor提出的：

$$T_g=\frac{W_1T_{g1}+KW_2T_{g2}}{W_1+KW_2} \tag{2-8}$$

式中　T_{g1}和T_{g2}——分别代表试样中组分1（水）和组分2的玻璃化相变温度，K；

　　　　W_1和W_2——试样中组分1和组分2的质量分数；

　　　　　K——经验常数。

（二）在T_m（融化或溶解温度）和T_g之间，分子流动性、扩散限制性食品的性质与温度的相关性很强

在10～100℃的温度范围内，含有无定形区的食品的Mm和黏弹性质显示出较强的温度依赖性。大多数分子的流动性在T_m时很强，而在T_g或低于T_g时被抑制。Mm的温度依赖性和与Mm相关的食品性质的温度依赖性，在T_m–T_g区间内远强于此范围以外的温度。

（三）水的增塑作用及对T_g的影响

对于亲水性和含有无定形区的食品材料，水是一种特别有效的增塑剂，并且显著地影响着T_g。一方面，水的分子质量较食品中其他成分（蛋白质、糖等）小得多，可以方便地提供分子链活动所需的空间，进而降低体系T_g。另一方面，当组分与水相溶后，水可以与其他成分分子上的极性基团相互作用，减少本身分子内外的氢键作用，从而刚性降低、柔性增强，T_g降低。一般情况下，每加入1%（质量分数）水，T_g降低5～10℃。需注意的是，水必须被吸收至无定形区时才会发挥增塑作用。

（四）溶质的类型和相对分子质量对T_g和T_g'的影响

T_g'是特定溶质的最大冷冻浓缩溶液的玻璃化转变温度，是T_g的一个特定值。溶质的类型和水分含量显著影响T_g，而T_g'主要取决于溶质的类型，水分含量（起始）对T_g'的影响较小。

对于蔗糖、糖苷和多元醇，随着溶质相对分子质量（M_r）增加，T_g'（和T_g）成比例提高。这是由于分子的移动随分子质量增大而降低，因此大分子质量的分子需要更高的温度才能运动。然而，当溶质的M_r大于3000（淀粉水解产物的葡萄糖当量DE<～6）时，T_g与M_r无关。图2-26所示为不同水解程度的淀粉水解产物的数均相对分子质量M_n和T_g'的关系图。由图可见，不同水解产品的功能性质与其平均分子质量及T_g'相关。

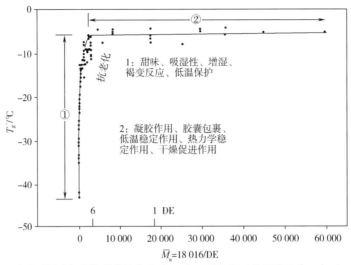

图2-26　商业淀粉水解物的葡萄糖当量（DE）及数均相对分子质量（M_n）对 T_g' 的影响

T_g' 是从最大冷冻浓缩溶液测定的，溶液的起始水分含量为80%（质量分数）

绝大多数高 M_r 的生物聚合物具有类似的玻璃化曲线，并且它们的 T_g' 都在-10℃左右。多糖（如淀粉、糊精、纤维素、半纤维素、羧甲基纤维素、葡聚糖和黄原胶）及蛋白质（如面筋蛋白、麦谷蛋白、麦醇溶蛋白、玉米醇溶蛋白、胶原、明胶、弹性蛋白、角蛋白、清蛋白、球蛋白和酪蛋白），它们的 T_g' 都在此范围。

一般当温度在低于 T_g 而高于 T_g' 这一范围内，食品能更好地保留其性质，尤其是物理性质。相比之下，采用 T_g 预测化学性质的稳定性时可靠性较低。温度低于试样的 T_g 时，一些化学反应的速度被抑制。例如，某温度（T）下，试样中非酶褐变的反应速度随 T 与 T_g 差值（$T-T_g$）的增加而提高；当温度远低于试样的 T_g 时，反应终止（图2-27）。

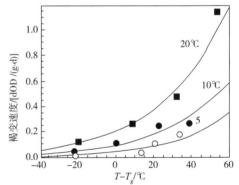

图2-27　$T-T_g$ 对模型体系中非酶褐变速度的影响

体系的组成为麦芽糊精（DEIO）：L-赖氨酸：D-木糖 =13：1：1

保藏温度是恒定在图中为每条曲线指出的温度，$T-T_g$ 是通过改变试样中的水分含量而被改变的

（五）分子的缠结能显著地影响食品的性质

当溶质分子足够大（以碳水化合物为例，$M_r > \sim 3000$，$DE < \sim 6$）并且溶质浓度超过临界值时，在足够的时间内大分子的缠结能形成缠结网状结构（EN）。除碳水化合物，蛋白质也能形成EN，这方面的实例包括面团中的面筋蛋白和仿制马苏里拉奶酪（Mozzarella）中的酪蛋白酸钠。

EN对食品性质产生显著的影响。例如，一些实验证据显示EN能减缓冷冻食品的结晶速度，阻滞焙烤食品中水分的迁移，这些有助于保留早餐谷物食品的脆性，减少糕点和馅饼外壳的湿润性，以及促进干燥、凝胶形成和胶囊化过程。一旦形成EN，进一步提高M_r不仅会使T_g或T'_g的进一步提高，而且会产生坚硬的网状结构。

五、与分子流动性有关的工艺过程

（一）冷冻过程和冷冻食品

冷冻法是长期保藏大多数食品的最有效方法之一，其作用主要来自低温而不是形成冰。在具有细胞结构的食品或凝胶食品中，冰晶的形成会导致两个非常不利的后果：①未冻结相中非水组分的浓度变大；②水结成冰时，体系体积增加9%。

1. 水的冷冻曲线

水的冷冻曲线即液态水的温度-时间曲线。将曲线的水平部分YZ外延至与线WX相交（图2-28），此点即为纯水的冰点（T_{fp}）。冷冻曲线下降至冰点以下表明存在过冷现象。在水的晶核以及接下来的冰结晶形成之前，存在着一个短促的温度下降时期，随后温度上升，这是由水的熔化潜热所导致。水溶液的冷冻曲线在熔化潜热释放后一般不出现一个水平部分，这是因为冰结晶形成时溶液逐渐被浓缩，导致冰点T_{fp}逐渐下降。

虽然过冷和熔化潜热的释放也出现在食品的冷冻过程中，但是食品中水的实际冷冻曲线是很少与图2-28中所示的理想冷冻曲线相同。纯水的冰点为0℃，而大多数食品由于存在着各种溶质，冰点范围为-5~0℃。

随着冷冻浓缩的进行，未冻结相的诸多性质，包括pH、离子强度、黏度、冰点、张力和氧化还原电位等都将发生明显的变化。此外，还将形成低共熔混合物，溶液中过饱和的氧和二氧化碳逸出，水的结构、水-溶质相互作用也剧烈的发生改变，同时大分子之间互相靠近可能会导致聚集的发生，有利于提高反应速度。

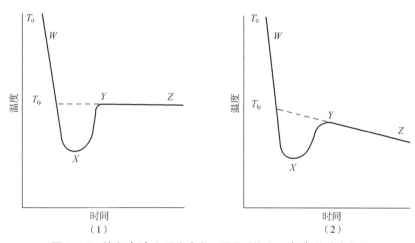

图2-28 纯水（1）和至少含有一种溶质的溶液（2）的冷冻曲线

由此可见，冷冻对反应速度会产生两个相反的效果：降低温度使反应速度下降，而冷冻浓缩效应有时却使反应速度提高。因此，在冰点以下温度时，反应速度不能很好地符合Arrhenius关系。

2. 复杂食品的缓慢冷冻状态图

结合状态图能够更为详细地解释冷冻食品的冻结过程。因为缓慢冷冻会使体系更好地遵循液-固平衡曲线变化，并最终接近最大冷冻浓缩状态，所以首先考虑一个复杂食品的缓慢冷冻过程，如图2-29所示。

（1）从A点出发，除去显热后产品移至B，即试样的初始平衡冰点。

（2）由于晶核形成困难，进一步的热量除去会导致过冷而非冻结，直至到达C点体系才开始形成晶核。

（3）晶核形成后晶体会立即长大，在释放结晶潜热的同时温度升高至D。

（4）进一步除去热导致更多的冰形成，非冻结相浓缩，试样的冰点下降和试样的组成沿着D至T_E路线改变。对于复杂食品，T_E是具有最高低共熔点的溶质的T_{Emax}。在复杂的冷冻食品中，溶质很少在它们的低共熔点或低于此温度时结晶。在冷冻甜食中乳糖低共熔混合物的形成是一个例外，乳糖结晶会导致产品"砂质感"的质构缺陷。

（5）假定没有形成低共熔混合物，冰的进一步形成导致许多溶质的介稳定过饱和，未冻结相的组成沿着T_E至E的途径变化。E点对应温度是推荐的大多数冷冻食品的保藏温度，即-20℃。但是，E点温度高于玻璃化相变温度，因而在此温度下，Mm较强，受扩散限制的食品物理化学特性仍然具有较高的温度依赖性。

（6）从E点继续冷却，会有更多的冰形成，同时未冻结相进一步冷冻浓缩，直至温度到达T_g'。在T_g'，大部分过饱和未冻结相转变成包含冰晶的玻璃化状态。

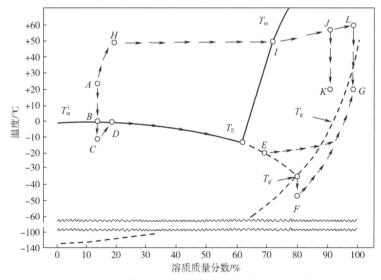

图2-29　包含冷冻、干燥和冷冻干燥途径的二元体系状态图

冷冻（不稳定途径 ABCDE，稳定途径 ABCDET$_g'$P）、干燥（不稳定途径 AHIJK，稳定途径 AHIJLG）和冷冻干燥（不稳定途径 ABCDEG，稳定途径 ABCDET$_g'$FG）图 2-25　中的假设也适用于此

（7）继续冷却不会导致进一步冷冻浓缩，仅仅是除去显热和朝着 F 点的方向改变产品的温度。低于 T_g'，分子流动性 Mm 大大地降低，且扩散限制的性质通常是非常稳定的。

3．一些食品组分或食品的相变参数

在表2-10、表2-11、表2-12和表2-13所示为淀粉水解产物、氨基酸、蛋白质和食品的 T_g'。这些是 T_g' 的观察值或表观值，因为在测定 T_g' 的条件下，最大冰形成（最大冷冻浓缩）几乎不可能达到。当产品含有的主要化学组分以两种构象形式存在时，或者当产品的不同区域中大分子与小分子溶质的比例不同时，会出现不止一个 T_g'。此时，最高的 T_g' 通常被认为是最重要的。

表 2-10　纯碳水化合物的玻璃化转变值和相关性质[1]

碳水化合物	M_r	$T_m/℃$	$T_g/℃$	T_m/T_g	$T_g'/$（$\approx T_c \approx T_r$）[5]	$W_g'/\%$（质量分数）[2]	$\overline{M}_w$[3]	$\overline{M}_n$[4]
丙三醇	92.1	18	−93	1.62	−65	46	58.0	31.9
木糖	150.1	153	9 ~ 14	1.49 ± 0.01	−48	31	109.1	45.8
核糖	150.1	87	−13 ~ −10	1.37 ± 0.01	−47	33	106.7	44.0
葡萄糖	180.2	158	31 ~ 39	139 ± 0.02	−43	29	133.0	49.8
果糖	180.2	124	7 ~ 17	139 ± 0.03	−42	49	100.8	33.3
半乳糖	180.2	170	30 ~ 32	1.45 ± 0.01	−42 ~ −41	29 ~ 45	107 ~ 151	35.6 ~ 50
山梨醇	182.2	111	−4 ~ −2	1.45 ± 0.01	−44 ~ −43	19	151	66.7
蔗糖	342.3	192	52 ~ 70	1.40 ± 0.04	−46 ~ −32	20 ~ 36	225.9	45.8
麦芽糖	342.3	129	43 ~ 95	1.19 ± 0.1	−41 ~ −30	20	277.4	74.4
海藻糖	342.3	203	77 ~ 79	1.35 ± 0.01	−30 ~ −27	17	288.2	85.5
乳糖	342.3	214	101	1.37	−28	41	209.9	41.0
麦芽三糖	504.5	134	76	1.17	−24 ~ −23	31	353.5	53.7
麦芽五糖	828.9		125 ~ 165		−18 ~ −15	24 ~ 32	569.6	53.8
麦芽己糖	990.9		134 ~ 175		−15 ~ −14	24 ~ 33	666.6	52.1
麦芽庚糖	1153.0		139		−18 ~ −13	21 ~ 33	911.7	80.0

注：① 摘自Owen R. Fennema. Food Chemistry. Third edition. 1996，P66；
②在 T_g' 时试样中未冻结的水（质量分数%）；
③重均相对分子质量；
④数均相对分子质量；
⑤ T_c=塌陷温度，T_r=开始出现重结晶的温度。

表 2-11　商业淀粉水解产品（SHP）的玻璃化转变温度（T_g'）和 DE

SHP	制造商	淀粉来源	T_g'/°C	DE
Stalev 300	Staley[a]	玉米	−24	35
Maltrin M250	GPC	Dent 玉米	−18	25
Maltrin M150	GPC	Dent 玉米	−14	15
Paselli SA−10	AVebe	马铃薯	−10	10
Star Dri 5	Staley	Dent 玉米	−8	5
Crystal gum	National	木薯	−6	5
Stadex 9	Staley	Dent 玉米	−5	3.4
AB 7436	Anheuser−Busch	蜡质玉米	−4	0.5

注：摘自 Owen R. Fennema. Food Chemistry. third edition. 1996，P74。

表 2-12　氨基酸和蛋白质的玻璃化转变温度（T_g'）和相关的性质[1]

物质	M_w	pH	T_g'/°C	W_g'/%（质量分数）[2]	W_g'/（g 未冻水/g 干物质）
氨基酸					
甘氨酸	75.1	9.1	−58	63	1.7
DL−丙氨酸	89.1	6.2	−51		
DL−苏氨酸	119.1	6.0	−41	51	1.0
DL−门冬氨酸	133.1	9.9	−50	66	2.0
DL−谷氨酸·H_2O	147.1	8.4	−48	61	1.6
DL−赖氨酸·HCl	182.7	5.5	−48	55	1.2
DL−精氨酸·HCl	210.7	6.1	−44	43	0.7
蛋白质					
牛血清清蛋白			−13	25 ~ 31	0.33 ~ 0.44
酪蛋白			−13	38	0.6
胶原［牛，Sigma（9879）］			−6.6 ± 0.1		
酪蛋白酸钠			−10	39	0.6
明胶（175 bloom）			−12	34	0.5
明胶（300 bloom）			−10	40	0.7
面筋蛋白（Sigma）			−7	28	0.4
面筋蛋白（商业）			−5 ~ −10	7 ~ 29	0.07 ~ 0.4

注：① 摘自 Owen R. Fennema. Food Chemistry. Third edition. 1996，P75；
　　② 在温度 T_g' 时未冻结水。

　　由于大多数水果具有很低的 T_g'，而保藏的温度一般又高于 T_g'，因此在冷冻保藏时水果的质构稳定性往往较差。蔬菜的 T_g' 一般是很高的，或许可以预测它们的保藏期长于水果，然而，事实并非总是如此。限制蔬菜（或任何种类的食品）保藏期的质量特性随品种而异，有可能一些质量特性受Mm影响的程度不如其他质量特性。

根据表2-13中肌肉的T_g'，可以推断在典型的商业冻藏条件下，所有扩散限制的物理和化学变化均被有效地阻滞。由于鱼和肉中贮藏脂肪存在于与肌纤维蛋白分离的区域，因此在冻藏条件下，它们不受玻璃态基质的保护，表现出不稳定性。还需要指出，W_g'（温度在T_g'时食品中的未冻结水）的大部分应被认为是处在介稳定状态，它的流动性受到极大地阻碍。

表 2-13 食品玻璃化相变温度的估算值

食品	T_g'/℃	食品	T_g'/℃
果汁		**蔬菜新鲜或冷冻**	
柑橘	-37.5 ± 1.0	甜玉米（超市新鲜）	-8
菠萝	-37	马铃薯（新鲜）	-12
梨	-40	菜花（冷冻茎）	-25
苹果	-40	豌豆（冷冻）	-25
梅	-41	青刀豆（冷冻）	-27
白葡萄	-42	冬季花椰菜	
柠檬	-43 ± 1.5	冷冻茎	-27
水果		冷冻头	-12
草莓（中间部分）	-38.5 和 -33	菠菜、冷冻	-17
桃	-36	**冷冻甜食**	
香蕉	-35	冰淇淋（香草）	$-31 \sim -33$
苹果	-42	冰奶冻（香草，软）	$-30 \sim -31$
番茄	-41	**干酪**	
鱼		切达	-24
鳕鱼肌肉	-11.7 ± 0.6	牛肉肌肉	-12.0 ± 0.3

注：摘自Owen R. Fennema. Food Chemistry. Third edition. 1996，P76。

通过下列措施可提高产品由扩散限制的稳定性：一是将保藏温度降低至接近或低于T_g'；二是在产品中加入高相对分子质量的溶质以提高T_g'。一般情况下，在低于一个所指定冰点的保藏温度下，高T_g'（通过加入水溶性大分子达到）和低W_g'使得冷冻结构坚硬并且保藏稳定性良好；反之，低T_g'和高W_g'（通过加入单体物质达到）易造成冷冻结构柔软并且保藏稳定性较差。

（二）干燥过程

干燥是食品贮藏加工中的主要方法之一，有利于延长货架期。在该过程中分子流动性逐渐减小，扩散受阻，从而削弱了食品中各组分间相互反应的能力。本部分就食品中常用的两种干燥方法加以讨论。

1. 气流干燥

食品在恒温下经气流干燥的途径（温度-组成）见图2-29。图中指出的温度低于商业上使用的温度，以便与本章的标准状态图相联系。食品是一个复杂的体系，图中的T_m^s曲线以食品中对曲线位置有着决定性影响的组分为基础制作。

（1）从A点开始，随着气流干燥的进行，产品的温度上升且水分散失，直至到达点H（空气的湿球温度）所描述的状态。

（2）进一步除去水分使产品到达并通过溶解度曲线上的I点，即起决定作用的溶质（DS）的饱和点，此时有少量或没有溶质结晶。

（3）当继续干燥至J点时，产品的温度达到空气干球温度。如果在J点终止干燥并将产品冷却至K点，那么产品此时的温度在玻璃化相变曲线之上，Mm较强，扩散限制性质的稳定性较差，且与温度有很强的依赖性。

（4）如果干燥继续从J点至L点，然后产品冷却至G点，它将处在T_g曲线的下方，此时Mm显著下降，同时扩散限制特性稳定，温度依赖性小。

总而言之，在气流干燥过程中需要清楚地了解食品状态图中的干燥曲线，从而选择适宜的干燥温度和条件。

2. 真空冷冻干燥

图2-29所示为真空冷冻干燥时产品的变化途径。真空冷冻干燥包括干燥与升华途径，冷冻干燥的第一阶段非常近似于缓慢冷冻的途径ABCDE。如果在冰升华（最初的冷冻干燥）期间，体系温度不能降至低于E点对应的温度，那么EG或许是进一步变化的典型途径。

EG途径的早期步骤包括冰的升华（最初的干燥），但在这期间由于食品中有冰晶存在，因而不会出现塌陷。然而，在沿着E至G的一些点，冰已经完全升华，同时解吸期（第二阶段）已经开始。此时，能提供结构支持的冰已不存在，而且在$T>T_g$的区间，Mm已经足以消除刚性。因此，不管是对于流体产品还是较低组织程度的食品，产品便有可能在冷冻干燥的第二阶段出现塌陷。塌陷造成产品的多孔性降低，进而导致干燥速度减慢和复水性能变差，无法得到最佳品质的产品。因此，为了防止食品在真空冷冻干燥时产生塌陷，必须按ABCDEFG途径进行冷冻干燥操作。

六、基于分子流动性预测食品的相对货架期

由扩散性质决定的食品稳定性的温度–组成状态图如图2-30所示，其中指出了食品具有不同稳定性的区域：

（1）根据不存在冰时的T_g曲线和存在冰时的T_g'区推导出了稳定参数线。低于此线（区），物理性质一般是十分稳定的；同样，对于受扩散限制的化学性质也是如此。

（2）高于此线（区）和低于T_m^l和T_m^s交叉曲线，物理性质往往符合WLF动力学方程，即随着产品温度的提高和/或水分含量的增加，稳定性显著下降。

（3）在T_m曲线以上，与扩散（Mm）相关的性质较不稳定，当产品的条件移向图的左上角时，这些性质变得更加不稳定。

总而言之，对于受扩散限制影响的食品，在低于T_g和T_g'的温度下保藏是非常有利的，可以明

显提高其货架期，高于此温度则容易腐败和变质。在食品贮藏过程中，如果保藏温度不能<T_g或<T_g'时，则需要尽可能地缩小保藏温度与T_g或T_g'的差别。

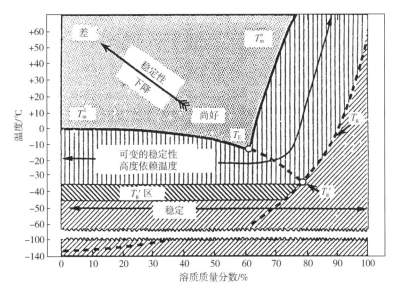

图2-30　由扩散决定的食品稳定性的二元体系状态图

在图2-25中的假设也适用于此

七、分子流动性和水分活度预测食品稳定性的有效性

分子流动性Mm、产品温度高于T_g的数值或产品中的水分高于W_g的数值是检验食品中由扩散限制的重要性质稳定性的有效指标。当食品保藏温度$T<T_g$（或T_g'）时，一般能很好地保留原有的由扩散决定的性质。与Mm有关的两个关键组分是水和起支配作用的一个或几个溶质（这一个溶质或几个溶质构成了溶质的主要部分）。大分子能有效地降低Mm和提高T_g'，水具有相反的效应。

与a_w方法相比较，Mm方法具有以下特点：①在估计由扩散限制的性质，如冷冻食品的物理性质（a_w方法在预测冷冻食品物理或化学性质上是无效的）、冷冻干燥的最佳条件和包括结晶作用、胶凝作用和淀粉老化等物理变化时，Mm方法明显更为有效；②在估计导致产品（室温保藏时）结块、黏结和脆性的条件时，两种方法具有大致相同的有效性；③在估计不含冰的产品中微生物生长和非扩散限制的化学反应速度（如高活化能反应和高水分食品中的反应）时，Mm方法实用性明显较低且不可靠，此时应用a_w法更有效。

思考题

1. 用氢键理论解释水特殊的物理性质（高热容、高熔点、高沸点等）。
2. 名词解释：持水力、结合水（构成水、邻近水、多层水），体相水（截留水）。

3．简述水分活度的概念，a_w和RVP的关系，RVP的测定方法。

4．简述水分活度和温度的关系，冰点以上和以下的a_w的差别。

5．为什么说BET单层是相当于干制品能保持最高稳定性而能含有的最大水分含量，和真实单层有什么区别，如何测定BET值？

6．简述水分活度和食品稳定性的关系（共同的规律，特殊的情况）。

7．利用水分吸附等温线描述食品非水组分的水合过程。

8．简述滞后现象及其实际意义。

9．简述蛋白质的疏水相互作用对于蛋白质空间结构的影响。

10．笼状水合物结构是怎样形成的？

第三章

碳水化合物

碳水化合物是一类范围很广的化合物，它包括单糖、低聚糖以及多糖，存在于谷物、蔬菜、水果以及其他人类可食用植物中，占所有陆生植物和海藻干重的3/4，主要提供膳食热量和食品所期望的质构、适宜的口感和喜爱的甜味。早期认为，这类化合物是由碳和水组成的，表达式为$C_x(H_2O)_y$，即碳水化合物含有碳、氢和氧，其中氢和氧的比例与在水中相同，因此采用碳水化合物这个术语。地球上蕴藏最丰富的碳水化合物是纤维素，其主要存在于植物细胞壁中。但人类消费的主要膳食来源的碳水化合物是淀粉和糖（D-葡萄糖、D-果糖、乳糖以及蔗糖等），占总摄入热量的70%～80%。大多数天然植物如蔬菜和水果中糖含量很低（表3-1和表3-2），谷类中也只含有少量的糖，因为转运至种子中的大部分糖转化成了淀粉。

表3-1　水果中的游离糖　　　　　　　　　　单位：%（以新鲜水果计）

水果	D-葡萄糖	D-果糖	蔗糖	水果	D-葡萄糖	D-果糖	蔗糖
苹果	1.17	6.04	3.78	生梨	0.95	6.77	1.61
葡萄	6.86	7.84	2.26	樱桃	6.49	7.38	0.22
桃子	0.91	1.18	6.92	草莓	2.09	2.4	1.03

表3-2　蔬菜中的游离糖　　　　　　　　　　单位：%（以新鲜蔬菜计）

蔬菜	D-葡萄糖	D-果糖	蔗糖	蔬菜	D-葡萄糖	D-果糖	蔗糖
甜菜	0.18	0.16	6.11	洋葱	2.07	1.09	0.89
花椰菜	0.73	0.67	0.42	菠菜	0.09	0.04	0.06
胡萝卜	0.85	0.85	4.24	甜玉米	0.34	0.31	3.03
黄瓜	0.87	0.86	0.06	甘薯	0.33	0.30	3.37
莴苣	0.07	0.16	0.07	番茄	1.12	1.34	0.01

玉米颗粒含有0.25%～0.5%D-葡萄糖、0.1%～0.4%D-果糖和1%～2%蔗糖。但甜玉米相对较甜，是因为在蔗糖转化成淀粉之前就采摘，如果在采摘后立即进行烧煮或冷冻，使糖转变成淀粉的酶系失活，大部分糖就保留下来。如果在成熟时采摘甜玉米或者在采摘后未及时将糖转变成淀粉的酶系失活，大部分蔗糖将转变成淀粉，玉米即失去甜味，且变硬变老。

为了方便运输和贮藏、水果一般在完全成熟前采摘，在贮藏与销售期间，与后熟有关的酶促过程使贮藏淀粉转变成糖，水果的质构逐渐变软，变甜，且风味增强。

动物产品含有能代谢的碳水化合物比其他食品少得多，存在于肌肉和肝中的糖原是一种葡聚糖，结构与支链淀粉相似。

大多数天然的碳水化合物是以单糖的低聚物（低聚糖）或高聚物（多糖）形式存在，天然高聚物解聚得到低相对分子质量的碳水化合物。

第一节 单 糖

碳水化合物含有手性碳原子。手性碳原子在空间存在两种不同的排列（构型），它连接四个不同的基团，四个基团在空间的两种不同排列（构型）呈镜面对称，如图3-1所示。

单糖是一类不能再被水解的碳水化合物，所以有时又称为简单糖类。单糖相互连接能形成较大的分子，即低聚糖和多糖，而低聚糖和多糖通过水解能转化成单糖。

D-葡萄糖是最为丰富的碳水化合物和有机化合物（包括所有结合的形式）。

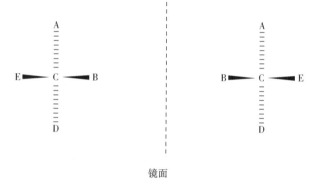

镜面

图3-1 手性碳原子

图注：A、B、D和E分别代表接到手性碳原子C的不同原子、功能基团或其他原子基团，楔子代表从纸平面往外的化学键，虚线代表进入纸平面或在纸平面以下的化学键

D-葡萄糖与其他含有6个碳原子的糖称为己糖，它们是具有6个碳原子的醛糖又称为己醛糖。有两种醛糖只含有3个碳原子，它们分别是D-甘油醛糖和L-甘油醛糖，它们只有一个手性碳原子。具有4个碳原子的醛糖称为四糖，它们有2个手性碳原子。具有5个碳原子的醛糖称为戊糖，它们有3个手性碳原子。以此类推，具有6个碳原子的醛糖称为己糖，因此从D-甘油醛可以得到8种D-己糖，见图3-2。

糖分子中除了C1外，任何一个手性碳原子具有不同的构型称为差向异构。例如：D-甘露糖是D-葡萄糖的C2差向异构，而D-半乳糖是D-葡萄糖的C4差向异构。

在其他种类的单糖中，羰基为酮基，称为酮糖。D-果糖（D-己酮糖）是此类糖的最佳实例（图3-3）。在高果糖浆（HFS）中含有55%果糖，蜂蜜中含有40%果糖。D-果糖仅有3个手性碳原子，即C-3、C-4和C-5，因此有8种己酮糖。D-果糖是最早大规模商业化的酮糖，在天然食品中游离存在，但是存在量极少。

天然存在的L-糖数量非常稀少，尽管如此，L-糖具有重要的生物化学作用。在食品中发现的两种L-糖：L-阿拉伯糖（图3-4）和L-半乳糖，两者均以碳水化合物的聚合物（多糖）形式存在。

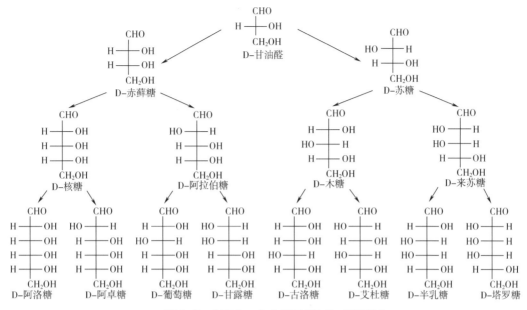

图 3-2　含有 3～6 个碳原子的 D- 醛糖结构

图 3-3　D- 果糖

图 3-4　L- 阿拉伯糖的环式结构

一、环式单糖

　　醛类羰基非常活泼，容易受羟基上氧原子亲核进攻生成半缩醛。半缩醛中羟基进一步与醇上羟基反应（缩合）生成缩醛（图3-5）。酮羰基具有相似的反应。

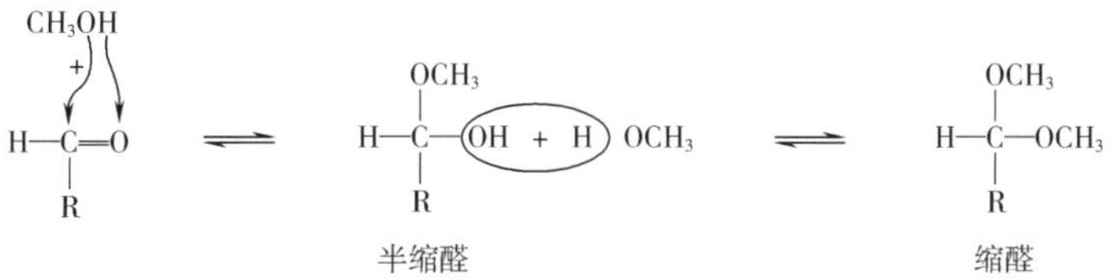

图 3-5　醛与甲醇反应生成缩醛

　　在同一个醛糖或酮糖分子内，分子中的羰基与自身合适位置的羟基反应可形成半缩醛，如图3-6中所示D-葡萄糖形成的环状半缩醛。D-葡萄糖中C5上羟基氧与C1上醛基相互作用（图3-6），由于C5旋转180°，将氧原子带到成环的主平面，则使C6处在环平面的上方，形成的六元糖环称为吡喃环，图3-6所示为D-吡喃葡萄糖环的形式称为Haworth投影。由于C1与四个不同基团相接，因此它是手性原子，具有两种不同的端基异构体。如果C1上的氧与C6羟甲基位于环平面同一侧，形成的是β-D-吡喃葡萄糖；相反，C1上的氧与C6上的羟甲基处于环平面的两侧，形成的是α-D-吡喃葡萄糖（图3-7）。

当β-D-吡喃葡萄糖溶于水时，形成了具有开环、五元环、六元环及七元环等不同异构体组成的混合物。在室温下，以形成六元环（吡喃）为主，其次是五元环（呋喃），七元环出现的量很少，开环的醛只占0.003%（图3-8）。

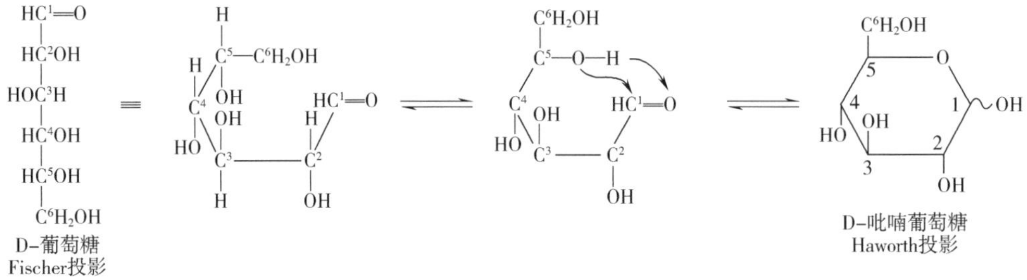

图3-6 D-葡萄糖吡喃半缩醛环状形成

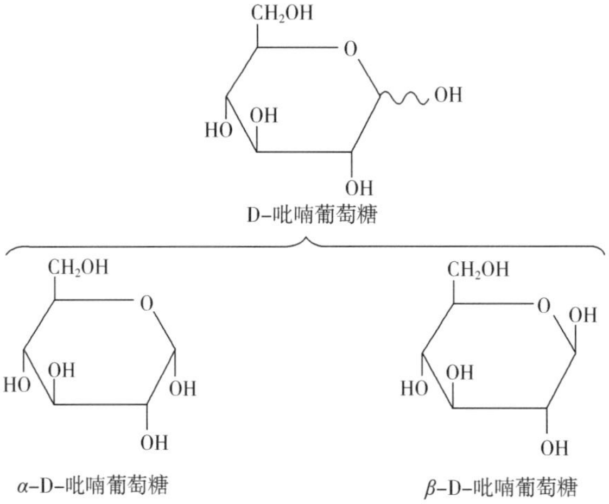

图3-7 D-葡萄糖的端基异构体

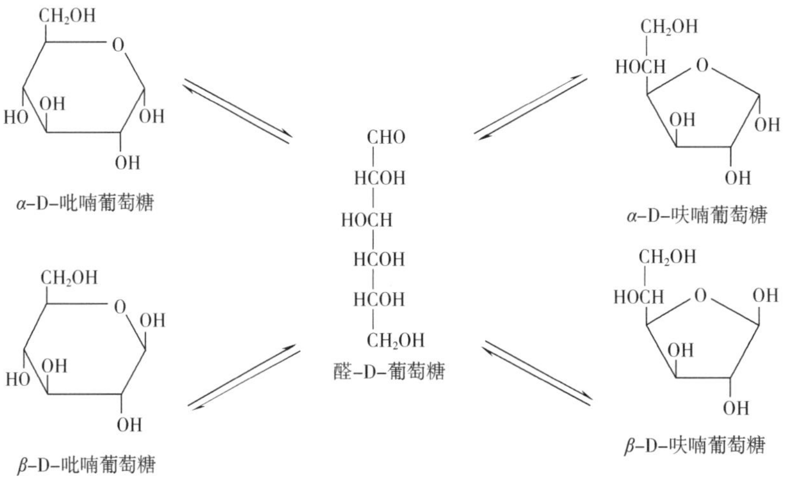

图3-8 D-葡萄糖环式与开环相互转换

二、糖苷

糖在酸性条件下与醇发生反应，失去水后形成的产物称为糖苷（O–糖苷，见图3-9），糖苷一般含有呋喃或吡喃糖环。为了得到较高的糖苷产量，必须在反应中除去水分。与糖结合形成糖苷的母体醇基R称为糖苷配基，糖苷的形成往往提高了不溶性糖苷配基的水溶性程度。

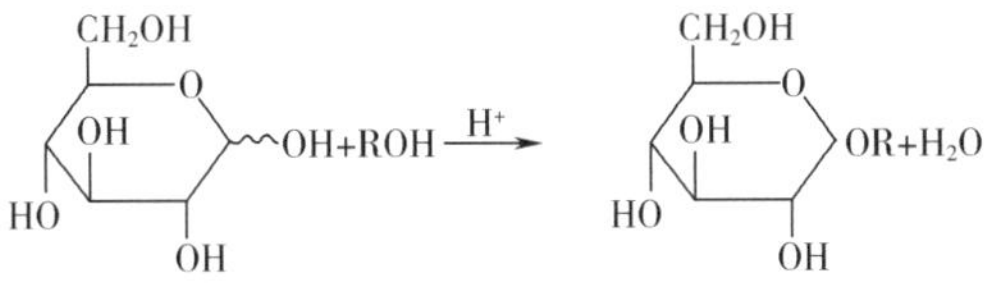

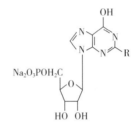

图 3-9 O– 糖苷的形成

如果糖与硫醇RSH作用，则生成硫糖苷（S–糖苷），与胺RNH$_2$作用生成氨基糖苷（N–糖苷，见图3–10）。

糖苷的重要性在于它们的生理功能。天然存在的糖苷如类黄酮糖苷，可使食品具有苦味和其他的风味及颜色。当糖苷配基大于甲基时，糖苷一般呈现涩味和苦味。天然存在的其他糖苷如毛地黄苷是一种强心剂，皂角苷（甾类糖苷）是起泡剂和稳定剂，甜菊苷是一种甜味剂。

肌苷 5′– 单磷酸盐，R=H
黄苷 5′– 单磷酸盐，R=OH
鸟苷 5′– 单磷酸盐，R=NH$_2$

图 3-10 N– 糖苷的结构

O–糖苷在中性和碱性条件下一般性能稳定，在酸性条件下易被水解，糖苷亦可被糖苷酶如果胶酶和淀粉酶等水解。

N–糖苷不如O–糖苷稳定性好，它在水中容易水解。但有些N–糖苷相当稳定，特别是N–葡基酰胺、N–葡基嘌呤和N–葡基嘧啶，例如肌苷、黄苷以及鸟苷的5′–单磷酸盐，它们都是风味增效剂。

一些不稳定的N–糖苷（葡基胺）在水中通过一系列复杂的反应而分解，同时使溶液的颜色变深，从起始的黄色逐渐转变成暗棕色，上述反应导致了美拉德（Maillard）褐变。

芥菜籽与辣根中含有S–糖苷，S–糖苷被称为硫代葡萄糖苷。由于天然存在的硫代葡萄糖苷酶的作用，导致糖苷配基的裂解和分子重排，如图3–11所示。异硫氢酸盐即为芥子油，其中R为烯丙基、3–丁烯基、4–戊烯基、苯基或其他的有机基团。烯丙基硫代葡萄糖苷称为黑芥子硫苷酸钾，含有这类化合物的食品具有某些特殊风味。

在形成O–糖苷时，如果O–供体基团是同一分子中的羟基，即形成了分子内糖苷（图3–12），如D–葡萄糖通过热解生成1，6–脱水–β–D–吡喃葡萄糖。在焙烤或加热糖或糖浆至高温的热解条件下会形成少量的1，6–脱水–β–D–吡喃葡萄糖。由于产生苦味，因此在食品中尽量控制产生大量的1，6–脱水–β–D–吡喃葡萄糖。

此外，在一些食品中还存在一种生氰糖苷，它们在降解时产生氰化氢。为了防止氰化物中毒，杏仁、木薯、高粱、竹笋等必须充分煮熟后再充分洗涤，以尽可能除去氰化物。

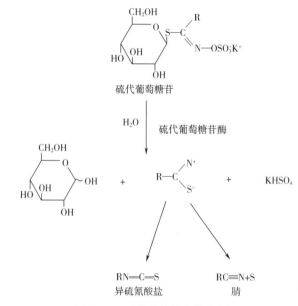

硫代葡萄糖苷

图 3-11　硫代葡萄糖苷的酶分解

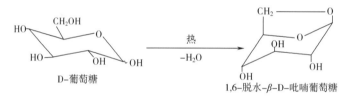

图 3-12　分子内 $O-$ 糖苷的形成

三、单糖异构化

含有相同数量碳原子的简单醛糖和酮糖互为异构体，即己醛糖和己酮糖两者均具有经验式 $C_6H_{12}O_6$，可通过异构化相互转化。单糖的异构化涉及到羰基和邻近的羟基。通过异构化反应，醛糖转化成另一种醛糖（C2具有相反的构型）和相应的酮糖，酮糖转化成相应的两种醛糖。因此，通过异构化，D-葡萄糖、D-甘露糖以及D-果糖可以相互转化（图3-13），异构化可以通过碱或酶进行催化。

图 3-13　D- 葡萄糖、D- 甘露糖和D- 果糖异构化的相互关系

四、单糖反应

所有碳水化合物分子都具有参与反应的羟基，单糖和大多数其他低分子质量碳水化合物分子也具有参与反应的羰基。

（一）氧化反应

醛糖的醛基极易被氧化成羧基/羧酸酯基，称为糖酸。D-葡萄糖酸是果汁和蜂蜜中的天然组分。商品D-葡萄糖酸及其内酯的制造如图3-14所示。D-葡萄糖酸-δ-内酯（GDL）（系统命名为D-葡萄糖酸-1,5-内酯）在室温下的水中完全水解需要3h，pH随之下降。GDL的缓慢水解，可缓慢酸化以致产生柔和的口感，使其成为一种独特的食品酸化剂，适用于肉制品与乳制品，特别在冷冻面团中作为化学发酵剂的一个组分。

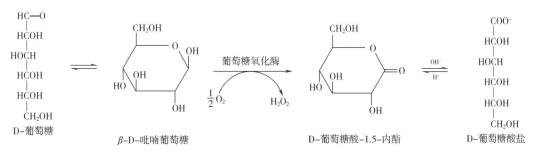

图3-14　D-葡萄糖在葡萄糖氧化酶催化下氧化

（二）还原反应

双键加氢称为氢化。D-葡萄糖在一定压力由催化剂镍加氢氢化（图3-15），产物为D-葡萄糖醇，通常称为山梨醇。醛糖醇是多羟基醇，也可称为多元醇。D-葡萄糖醇（山梨醇）由己糖制得，因此也称为己糖醇。山梨醇广泛分布于植物界，从藻类直到高等植物水果和浆果类，但是它们的存在量一般很少，其甜度仅为蔗糖的50%，以两种形式糖浆和结晶出售，一般用作保湿剂，即一种维持/保持产品湿度的物质。

图3-15　D-葡萄糖还原

D-甘露糖或D-果糖氢化得到D-甘露糖醇，商品D-甘露醇是果糖氢化时，其产物是D-甘露醇与山梨醇为共产物（图3-16）。与山梨醇不同，它不是一种保湿剂，非常容易结晶，而且微溶，可以作为糖果的非黏性包衣。D-甘露糖醇的甜度为蔗糖的65%，被用于不含糖的巧克力、咀嚼的薄荷糖、止咳糖以及硬糖和软糖等。

木糖醇（图3-17）是由半纤维素，尤其是桦树中的半纤维素制得的D-木糖经氢化而成的一种糖醇，它的结晶溶解时具有吸热效应，因此将其放在口中时具有清凉感觉。这种清凉感觉使得它可应用于薄荷糖和不含糖的口香糖中，使其甜度与添加蔗糖相当。食用木糖醇，不会产生龋齿，因为木糖醇不能被口腔中的微生物代谢生成牙菌斑。

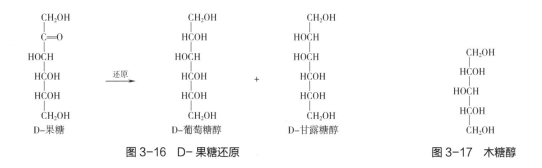

图3-16　D-果糖还原　　　　　　　　　图3-17　木糖醇

（三）糖醛酸

单糖的末端碳原子（碳链中远离醛基的一端）能以氧化形式（羧酸）存在。C6以羧酸基形式存在的己醛糖称为糖醛酸，自然界中存在比较多的天然糖醛酸，其中一些是构成多糖的组分，例如半乳糖的6位碳以羧基形式存在时即为D-半乳糖醛酸（图3-18），它是果胶的主要组分，D-甘露糖醛酸和L-古洛糖醛酸是海藻胶的主要组分。这些多糖在食品加工中起着重要作用，如可形成凝胶或作为增稠剂。

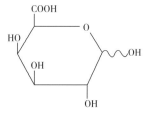

图3-18　D-半乳糖醛酸

（四）酯化反应

碳水化合物中羟基与简单醇的羟基相同，它与有机酸和一些无机酸相互作用生成酯。天然多糖中存在醋酸酯、琥珀酸一酯以及其他羧酸酯，例如，马铃薯淀粉中含有少量磷酸酯基，玉米淀粉中存在的量更少。为了制备特殊用途的淀粉，往往使一个淀粉分子形成酯基，或在两个淀粉分子之间形成酯基，或两者兼而有之。其他最重要的酯淀粉有乙酸酯、琥珀酸酯、琥珀酸一酯以及二淀粉己二酸酯。它们都属于改性食品淀粉。商品蔗糖脂肪酸酯是一种很好的乳化剂，红藻多糖类包括卡拉胶，含有硫酸酯基（硫酸一酯，$R-OSO_3^-$）。

（五）醚化反应

碳水化合物中的羟基除形成酯外，还能形成醚。与酯类不同，通常不存在天然状态的碳水化合物醚。但是多糖通过醚化可以改善性质使其具有更广的用途。例如甲基纤维素、羧甲基纤维素钠（$-O-CH_2-CO_2^-Na^+$）以及羟丙基（$-O-CH_2-CHOH-CH_3$）纤维素醚和羟丙基酯淀粉等产品都已获批准用于食品。

在红藻多糖中发现一种特殊类型的醚，它是由D-半乳糖基的C3和C6间形成的一种内醚（图3-19），例如琼脂、红藻胶、κ-卡拉胶和ι-卡拉胶。这种内醚又称为3,6-脱水环，该名称源于它由C3和C6上的羟基脱去水分子而形成。

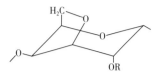

图 3-19 红藻多糖中存在的
3,6-脱水-α-D-吡喃
半乳糖基

（六）非酶褐变

食品的褐变可由氧化和非氧化反应引起。氧化或酶促褐变是氧与酚类物质在多酚氧化酶催化作用下发生的一种反应，例如，当苹果、梨、马铃薯或甜薯切片暴露在空气中时，可见到褐变现象。另一类是非氧化或非酶促褐变在食品中极具重要性，它包括焦糖化反应和美拉德反应。

食品在油炸、焙烤、干燥等加工或贮藏过程中，还原糖（主要是葡萄糖）同游离氨基酸或蛋白质分子中氨基酸残基的游离氨基发生羰氨反应，这种反应被称为美拉德反应。美拉德反应可以产生许多风味与颜色，其中有些是期望的，有些是不希望的。美拉德反应有可能使营养损失，甚至产生有毒的和致突变的化合物。

美拉德反应包括许多反应，但至今仍未得到非常透彻的了解。当还原糖（主要是葡萄糖）同氨基酸、蛋白质或其他含N的化合物一起加热时，还原糖与胺反应产生葡基胺，溶液呈无色，葡基胺经Amadori重排，得到1-氨基-1-脱氧-D-果糖衍生物（图3-20）。在pH≤5条件下继续反应，最终可以得到5-羟甲基-2-呋喃甲醛（HMF）（图3-21）。在pH>5条件下，此活性环状化合物（HMF和其他化合物）快速聚合，生成含氮的不溶性深暗色物质。因此在食品加工过程中，只有在早期色素尚未形成前加入还原剂如二氧化硫或亚硫酸盐才能产生一些脱色的效果，如在美拉德反应的最后阶段加入亚硫酸盐，则已形成的色素不可能被除去。

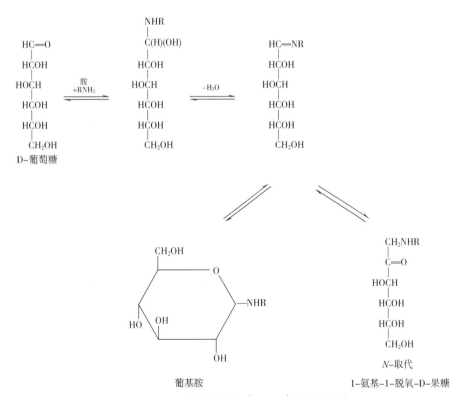

图 3-20 D-葡萄糖与胺（RNH₂）反应的产物

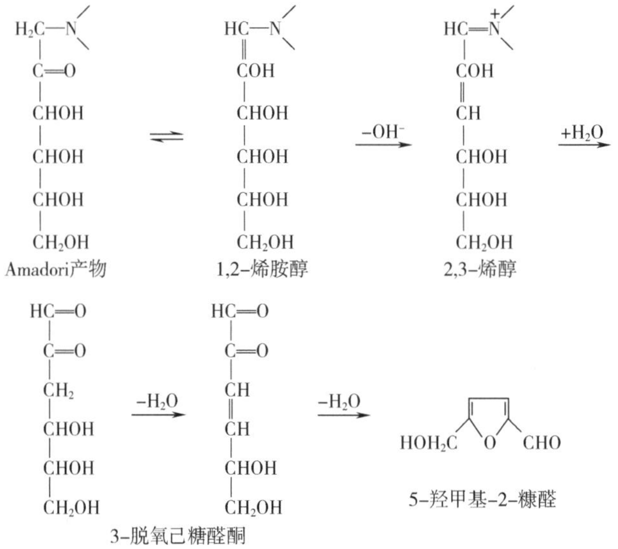

图 3-21　Amadori 产物转变成羟甲基糖醛（HMF）

当还原糖同氨基酸、蛋白质或其他含氮化合物一起加热时产生美拉德反应产物，包括可溶性与不可溶的聚合物，例如酱油与面包皮。美拉德反应能产生牛奶或巧克力的风味，如当还原糖与牛奶蛋白质反应时，美拉德反应产生乳脂糖、太妃糖及奶糖的风味。

一般在中等水分含量条件下以及pH为7.8～9.2范围内褐变速度最快，金属离子特别是铜与铁能促进褐变，Fe（Ⅲ）比Fe（Ⅱ）更为有效。D-葡萄糖褐变速度超过D-果糖。如果不希望在食品体系中发生美拉德反应，可采用如下方法：将水分含量降到很低；如果是流体食品则可通过稀释、降低pH、降低温度或除去一种作用物。一般除去糖可减少褐变，例如在加工干蛋制品时，在干燥前可加入D-葡萄糖氧化酶以氧化D-葡萄糖，可以减少褐变。

美拉德反应不利的一面是还原糖同氨基酸或蛋白质的部分链段相互作用会导致部分氨基酸的损失，特别是必需氨基酸L-赖氨酸所受的影响最大。赖氨酸含有ε-氨基，即使存在于蛋白质分子中也能参与美拉德反应，在精氨酸和组氨酸分子的侧链中都含有参与美拉德反应的含氮基团。因此，从营养的角度来看，美拉德反应会造成氨基酸与营养成分的损失。

（七）焦糖化反应

碳水化合物特别是蔗糖和还原糖在不含氮化合物情况下直接加热产生的复杂反应称为焦糖化反应，少量酸和某些盐类可以加速此反应。虽然并不涉及氨基酸或蛋白质，焦糖化反应和非酶褐变有很多地方很相似，其终产物焦糖，也是一种复杂的混合物，由不饱和的环状（五元环或六元环）化合物产生的高聚化合物组成。和美拉德反应一样，焦糖化反应也会产生一些风味物和香气物质。大多数热解反应能引起糖分子脱水，并把双键引入或者形成无水环。与美拉德反应类似，焦糖化反应会形成诸如3-脱氧邻酮醛糖和呋喃。不饱和环会聚合产生共轭的不饱和双键，生成具有颜色的高聚物。催化剂可以加速反应，使反应产物具有不同的色泽、溶解性以及酸性。

焦糖不仅可作为色素物质，也可作为风味物质。生产焦糖，可以单独或在含酸、含碱或含盐的情况下加热碳水化合物。最常用的碳水化合物是蔗糖，也可使用D-果糖、D-葡萄糖（已糖）、转化糖、葡萄糖浆、高果糖浆、麦芽糖浆、糖蜜等。使用的酸必须是食用级的硫酸、亚硫酸、磷酸、乙酸和柠檬酸。可使用的碱包括铵、钠、钾和钙的氢氧化物。盐包括铵盐、钠盐、碳酸盐、碳酸氢盐、磷酸盐（单磷酸和二磷酸）、硫酸盐和亚硫酸盐。在焦糖化生产中，还受到很多因素的影响，如温度。铵可以和3-脱氧邻酮醛糖这样的中间体反应，通过热解产生吡嗪和咪唑等衍生物（图3-22）。

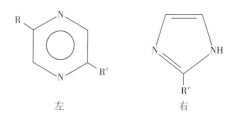

图3-22 铵存在时发生的焦糖化反应中形成的吡嗪（左）和咪唑（右）衍生物

R=—CH₂—(CHOH)₂—CH₂OH，

R′=—(CHOH)₃—CH₂OH

有四种类型的焦糖。第一种焦糖，也称普通焦糖或耐酸焦糖，是加热碳水化合物，不加入铵或亚硫酸离子，可能会加入酸或者碱。第二种，也称耐酸硫化焦糖，是在亚硫酸盐存在时加热碳水化合物，但不含有铵离子，可能会加入酸或者碱。这种焦糖，可以增加啤酒或者含醇饮料的色泽，是红棕色的，含有略带负电荷的胶体颗粒，溶液的pH为3～4。第三种，也称铵化焦糖，是在含有铵离子的条件下加热碳水化合物，但不存在亚硫酸盐，可能会加入酸或者碱。这种焦糖，可应用于焙烤制品、糖浆和布丁中，为红棕色，含有带正电荷的胶体颗粒，溶液的pH为4.2～4.8。第四种焦糖，也称硫铵焦糖，是在同时含有亚硫酸和铵离子时加热碳水化合物，可能会加入酸或者碱。这种焦糖，用于可乐饮料、其他的酸性饮料、烘焙食品、糖浆、糖果、宠物食品以及固体调味料等，呈棕色，含有带负电荷的胶体颗粒，溶液的pH为2～4.5。对于这种焦糖，酸性的盐类会催化蔗糖糖苷键的断裂，铵离子参与Amadori重排。这四种焦糖色素都是复杂、多变、结构尚不明确的大的高聚物分子，正是这些高聚物形成了胶体粒子，而且形成的速率随温度和pH的增加而增加。当然，在烧煮和焙烤过程中也会发生焦糖化反应，尤其是含有糖类的时候。在制备巧克力和奶油软糖的时候，焦糖化反应伴随着非酶褐变同时进行。

（八）食品中丙烯酰胺的形成

许多食品在制备和加工过程中会涉及高温处理，此时发生的美拉德反应会产生丙烯酰胺。丙烯酰胺是一种公认的神经毒素或是一种微弱的致癌因子，但其致病浓度远高于从食品中的摄入量。表3-3反映了通过油炸、焙烤、膨化、烤制等方法制备的食品中丙烯酰胺的含量。在未经热处理或者煮熟的食品（如煮熟的马铃薯）中，都不会检测到丙烯酰胺，因为即使煮沸温度都不会超过100℃。除了去核的成熟橄榄之外，在罐藏或冷冻的水果、蔬菜以及植物蛋白制品（植物汉堡及相关产品）中，不含或者很少含有丙烯酰胺（含量为0～1925μg/kg）。

表3-3 常见食品中丙烯酰胺的含量范围

食品种类	丙烯酰胺含量/（μg/kg）[①]
烤制杏仁	236～457
硬面包圈	0～343

续表

食品种类	丙烯酰胺含量/（μg/kg）[1]
面包	0 ~ 364
谷物早餐	34 ~ 1057
可可	0 ~ 909
咖啡（未冲调）	3 ~ 374
含菊苣的咖啡	380 ~ 609
曲奇	36 ~ 432
饼干及相关产品	26 ~ 1540
油炸薯条	20 ~ 1325
薯片	117 ~ 196 [2]
椒盐脆饼	46 ~ 386
玉米粉圆饼	10 ~ 33
片状玉米饼	117 ~ 196

注：①通常只有少量样品会出现极端值（尤其是最高值）。
②甜的薯片含有4080μg/kg丙烯酰胺。

丙烯酰胺来自于还原糖（羰基部分）和游离L-天冬酰胺的α-氨基的二次反应（图3-23）。油炸马铃薯产品，如薯片和薯条，由于马铃薯中同时含有游离葡萄糖和天冬酰胺，因此非常容易产生丙烯酰胺。该反应可能起始于席夫碱中间体，通过脱羧基反应，然后C—C键断裂，从而产生丙烯酰胺，丙烯酰胺的原子组成来自L-天冬酰胺。虽然丙烯酰胺不是这一系列复杂反应（反应效率约为0.1%）的期望产物，但是当食品在高温下持续加热时，它会不断积累而达到可检测的含量范

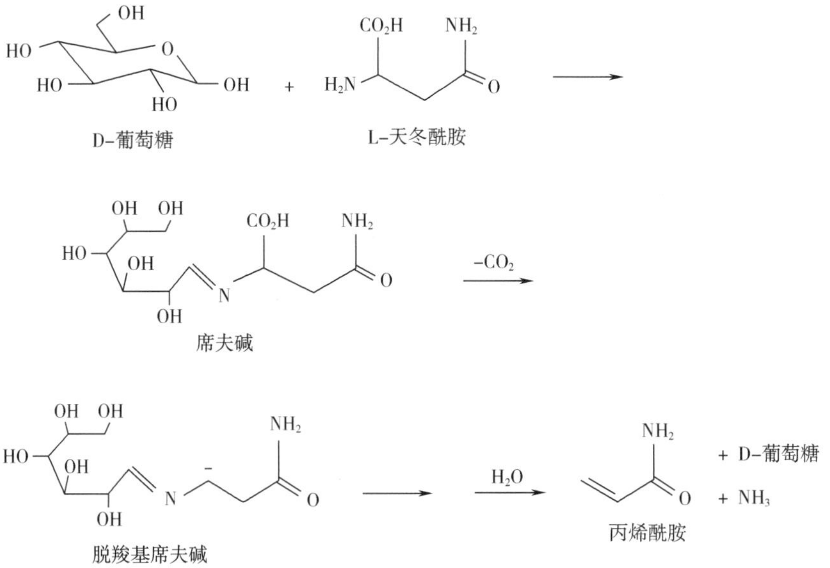

图 3-23　食品中丙烯酰胺可能的形成机制

围。食品中的丙烯酰胺含量受到加工pH的影响，当pH增加到4~8以上时，含量会增加。在酸性条件下，丙烯酰胺生成量会减少，主要是由于天冬酰胺的α-氨基质子化，降低了它的亲核能力；而且，当pH降低时，丙烯酰胺的热降解速度也会增加。随着加热的进行，食品表面的水分逐渐去除，表面温度升高至120℃以上时，丙烯酰胺的含量会快速增加。表面积较大的产品，例如薯片，是高温处理的食物中丙烯酰胺含量最高的代表。因此，食品的表面积也是一个影响因素，它为反应底物和加工温度提供了充分的条件，有利于丙烯酰胺的生成。

通常防止食品中丙烯酰胺的形成可通过一个或多个途径来实现：①去除一种或所有的底物；②改变反应条件；③丙烯酰胺一旦形成，立即去除。对于马铃薯制品，通过在水中漂白或浸泡，去除反应底物（还原糖和游离的天冬酰胺），可以减少60%以上的丙烯酰胺。化学改性，例如通过降低pH使天冬酰胺质子化，或者通过天冬酰胺酶将天冬酰胺转化为天冬氨酸；增加竞争性底物，使其无法产生天冬酰胺，例如加入天冬酰胺以外的氨基酸或蛋白质；或者加入一些盐可以减轻丙烯酰胺的生成。如果可能，更好地控制或优化热处理条件（温度/时间）也对减轻丙烯酰胺的生成有所帮助。多种方法的联合使用将更为有效，可减少食品中丙烯酰胺的形成。但要根据特定的食品体系的性质而选择适宜的方法。

虽然现阶段研究表明食品中丙烯酰胺的摄入与致癌风险之间没有明显关联，但是人们正在研究它对长期的致癌性、致突变以及神经毒性方面的影响，同时也在致力于减少食品加工中丙烯酰胺的产生。

第二节 低聚糖

由2~20个糖单位通过糖苷键连接的碳水化合物称为低聚糖，超过20个糖单位则称为多糖。天然存在的低聚糖很少，大多数低聚糖是由多糖水解而成的。

一、食品中常见的低聚糖

（一）麦芽糖

麦芽糖（图3-24）是由淀粉水解制得的二糖，在环的末端具有潜在的游离醛基，因此，为还原端；其类似于单糖，具有α六元环和β六元环两种构型并达到平衡。由于O-4被另一个吡喃葡萄糖基阻挡，因此不能形成呋喃环。麦芽糖为还原糖，因其还原端醛基能与氧化剂反应，几乎可以发生所有单糖的还原反应。

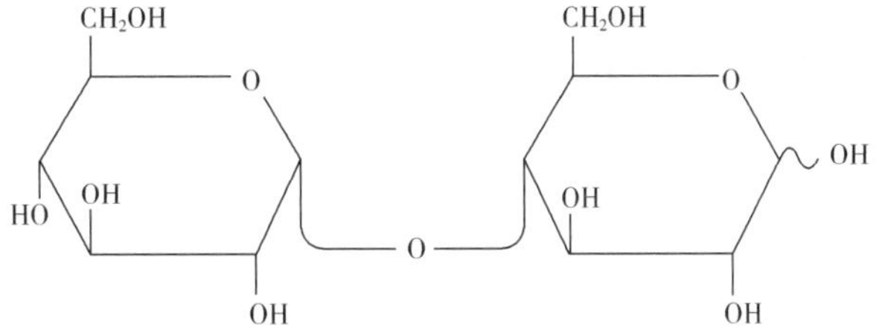

图3-24 麦芽糖

麦芽糖在植物中含量很少，它主要来源于淀粉部分水解，谷物特别是大麦麦粒发芽时产生麦芽糖。工业上采用细菌β-淀粉酶催化淀粉水解，有时也使用来自大麦麦粒、大豆和甜马铃薯中的β-淀粉酶。麦芽糖也可用作食品的温和甜味剂，可还原为麦芽糖醇，用于无糖巧克力的生产。

（二）乳糖

乳糖是存在于乳中的二糖（图3-25）。乳糖浓度随哺乳动物的来源而变，一般在2.0%~8.5%。牛乳和羊乳含有4.5%~4.8%的乳糖，人乳含有7%的乳糖，乳糖是哺乳动物发育期间的主要碳水化合物来源。人类婴儿哺乳期内，乳糖占能量消耗的40%。乳糖在水解成单糖D-葡萄糖和D-半乳糖之后才能作为能量被利用。

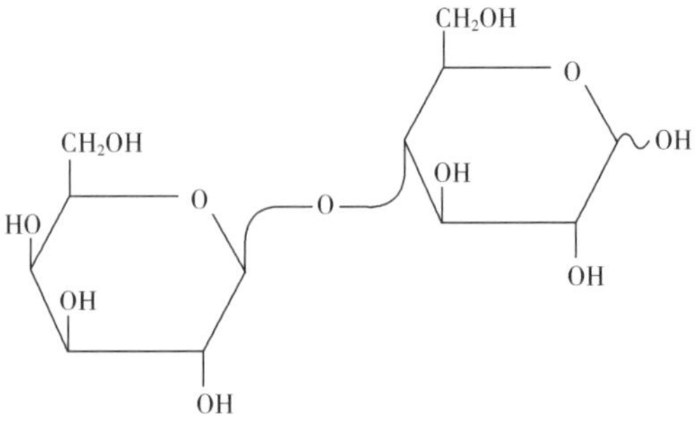

图 3-25　乳糖

人们从乳和其他未发酵乳制品如冰淇淋中摄取乳糖。但发酵乳制品，如大多数酸奶和干酪，其中的乳糖含量很少，因为在发酵过程中，一些乳糖被转化成乳酸，具有刺激小肠吸附和持留钙的能力。乳糖到达小肠后在乳糖酶的作用下被消化，催化乳糖水解生成单糖：D-葡萄糖和D-半乳糖，可被快速吸收并进入血流：

$$乳糖 \xrightarrow{\text{乳糖酶}} D\text{-葡萄糖} + D\text{-半乳糖}$$

如果由于某种原因，摄入的乳糖仅部分水解，即部分被消化，或根本无法水解，这种临床症状称为乳糖不耐症。如果缺少乳糖酶，乳糖保留在小肠肠腔内，由于渗透作用，乳糖有将液体引向肠腔的趋势，这种液体会产生腹胀和痉挛。

乳糖不耐症一般在超过6岁的儿童中发现，在整个生命期中随着年龄增大而加剧。乳糖不耐症的影响与程度同种族有关，这意味着有无乳糖酶是受基因控制的。

有三种方法可以克服乳糖酶缺乏的影响。一种方法是通过发酵，如在生产酸奶和发酵乳制品时除去乳糖。另一种方法是加入乳糖酶减少乳中乳糖。但是两种水解产物D-葡萄糖和D-半乳糖都比乳糖甜，如水解80%，味道变化非常明显。因此，大多数低乳糖乳将乳糖含量尽可能减少70%以接近国家规定的标准。第三种方法就是在食用乳制品的同时服用β-半乳糖苷酶。

（三）蔗糖

不同于麦芽糖与乳糖，蔗糖是非还原二糖。蔗糖是由α-D-吡喃葡萄糖基和β-D-呋喃果糖基头与头相连（还原端与还原端相连），而不是采用头—尾相连（图3-26）。由于蔗糖没有还原端，因而是非还原糖。商品蔗糖有两种主要来源：甘蔗糖与甜菜糖。

由于蔗糖和其他低相对分子质量的碳水化合物（例如单糖、二糖及

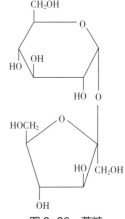

图 3-26　蔗糖

其他低相对分子质量低聚糖），具有极大的吸湿性和溶解性，因此它们能形成高度浓缩的高渗透压溶液。在碳水化合物溶液中，部分水不能结冰，当水冷冻结晶形成冰时，余下的液相中溶质浓度增加，冰点下降，导致黏度上升，因此液相就固化为玻璃态，所有分子运动受到限制，扩散控制反应很慢。处于玻璃态的水分子不能结晶，因而碳水化合物具有冷冻保护剂的功能，可防止脱水与冷冻造成的结构与质构的破坏。

人肠道内的转化酶可以催化蔗糖水解生成D-葡萄糖和D-果糖，使蔗糖成为能提供人类能量的三种碳水化合物（除单糖外）之一，其他两种碳水化合物为乳糖和淀粉。单糖（在我们膳食中只有D-葡萄糖和D-果糖是具有意义的糖）在吸收前无需经过消化。

二、具有生理功能的低聚糖

功能性食品（或称保健食品）是目前受到普遍关注的一类食品。随着研究工作的日益深入，已证实具有特殊保健功能的功能性因子愈来愈多，其中低聚糖（寡糖）和短肽（寡肽）占有重要的地位。

目前已证实具有特殊保健功能的低聚糖主要有低聚果糖、低聚木糖、低聚异麦芽糖、低聚半乳糖和低聚氨基葡萄糖等，其中有些已产业化规模生产，下面介绍几种具有特殊保健功能的低聚糖。

低聚果糖又称为寡果糖或蔗果三糖族低聚糖（图3-27），其中分子式为$G-F-F_n$，$n=1 \sim 3$（G为葡萄糖，F为果糖），它是由蔗糖和1~3个果糖基通过β-2，1-糖苷键与蔗糖中的果糖基结合而成的蔗果三糖、蔗果四糖和蔗果五糖组成的混合物。它是利用微生物或植物中具有果糖转移活性的酶作用于蔗糖而得到。

低聚果糖具有优越的生理活性：①能被大肠内对人体有保健作用的一种菌——双歧杆菌选择性利用，使体内双歧杆

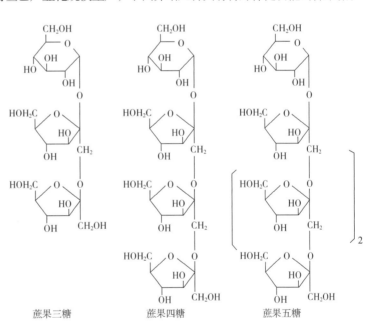

蔗果三糖　　　蔗果四糖　　　蔗果五糖

图3-27　低聚果糖的化学结构

菌数量大幅度增加；②很难被人体消化道酶水解，是一种低热量糖；③可认为是一种水溶性食物纤维；④抑制肠内沙门氏菌和腐败菌的生长，促进肠胃功能；⑤防止龋齿。低聚果糖存在于人们经常食用的天然植物如香蕉、蜂蜜、球葱、大蒜、番茄、芦笋、菊芋和麦类中。然而作为一种新型的食品甜味剂或功能性食品配料，低聚果糖主要是采用含有果糖转移酶活性的微生物生产。能

催化蔗糖产生低聚果糖的酶为β-D-果糖基转移酶（β-D-Fructosyl transferase），文献上也将微生物生产的具有此活力的酶称为β-D-呋喃果糖苷酶（β-D-Fructofura nosidase），生产此酶的微生物有米曲霉和黑曲霉等。

低聚木糖产品的主要成分为木糖、木二糖、木三糖及少量木三糖以上的木聚糖，其中木二糖为主要有效成分，木二糖含量越高，低聚木糖产品质量则越高。木二糖是由两个木糖分子以β-1，4-糖苷键相连而成（图3-28），甜度为蔗糖的40%。

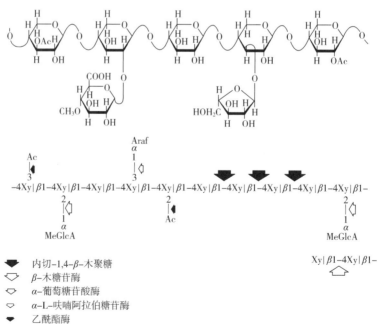

图3-28　木二糖的分子结构

低聚木糖具有较高的耐热性和耐酸性，在pH 2.5～8.0的范围内相当稳定，在此pH范围内经100℃加热1h，低聚木糖几乎不分解。木二糖和木三糖属不消化但可发酵的糖，因此是有效的双歧杆菌增殖因子，它是使双歧杆菌增殖所需用量最小的低聚糖。除上述特性外，低聚木糖还具有黏度较低，代谢不依赖胰岛素（可作为糖尿病患者食用的甜味剂）和抗龋齿等特性。

低聚木糖的生产技术包括从玉米芯、棉子壳以及蔗渣等原料中提取木聚糖和木聚糖的酶法水解两部分，它可通过内切木聚糖酶水解木聚糖得到。许多丝状真菌都产木聚糖酶，但往往不止产一种酶，如还产β-1，4-木糖苷酶。β-1，4-木糖苷酶会水解木二糖为木糖。因此筛选产木聚糖酶酶活高而β-1，4-木糖苷酶酶活低的菌株对于酶法生产低聚木糖是极其重要的。图3-29所示为推测的植物木聚糖结构和微生物木聚糖酶对它的作用点。

图3-29　推测的植物木聚糖结构和微生物木聚糖酶对它的作用点

甲壳低聚糖是一类由N-乙酰-D-氨基葡萄糖或D-氨基葡萄糖通过β-1,4-糖苷键连接起来的低聚合度水溶性氨基葡聚糖，其结构式见图3-30。由于分子中有游离氨基，在酸性溶液中易成盐，呈阳离子性质。随着游离氨基含量的增加，其氨基特性愈显著，这是甲壳低聚糖的独特性质，而许多功能性质和生物学特性都与此密切相关。

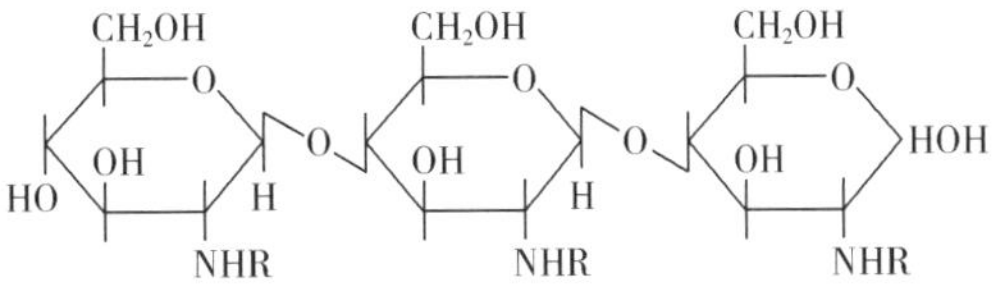

R=H　氨基葡萄糖；R=—C—CH₃ ，N-乙酰氨基葡萄糖

图3-30　甲壳低聚糖的结构

甲壳低聚糖具有如下的生理活性：它能降低肝脏和血清中的胆固醇；提高机体的免疫功能，增强机体的抗病和抗感染能力；具有强的抗肿瘤作用，聚合度5~7的甲壳低聚糖具有直接攻击肿瘤细胞的作用，对肿瘤细胞的生长和癌细胞的转移有很强的抑制效果；甲壳低聚糖是双歧杆菌的增殖因子，可增殖肠道内有益菌如双歧杆菌和乳杆菌；亦可使乳糖分解酶活性升高以及防治胃溃疡，治疗消化性溃疡和胃酸过多症。

甲壳低聚糖可采用盐酸将壳聚糖水解至一定的程度，然后经过中和、脱盐以及脱色等步骤制得，其聚合度为1~7。也可采用壳聚糖酶（Chitinase）水解壳聚糖再经分离和纯化制备甲壳低聚糖。目前用微生物方法生产的壳聚糖酶的活力偏低，因此其产业化应用受到一定限制。

低聚半乳糖，又称转移半乳糖基低聚糖。通过对母乳哺养婴儿的肠道微生物菌落研究认为：婴儿肠道中双歧杆菌的性质应归结于母乳中的低聚糖。

低聚半乳糖是含有半乳糖基并由2~6个单糖组成的低聚糖，它是通过半乳糖基转移酶作用于含有半乳糖的物质如乳糖而获得，其反应过程如下：

$$\text{Gal–Glu} + \text{Gal–Glu} \longrightarrow \text{Gal–Gal–Glu} + \text{Glu}$$

　　乳糖　　　乳糖

三、环状低聚糖（环糊精）

环状低聚糖是一类比较独特的碳水化合物，它是由D-吡喃葡萄糖通过α-1，4-糖苷键连接而成的环糊精，分别是由6、7、8个糖单位组成，称为α-环糊精、β-环糊精、γ-环糊精，其结构见图3-31。通过X射线结晶学研究得到环糊精形状和几何参数如图3-32所示。环糊精结构具高度对称性，分子中糖苷氧原子共平面，是环形和中间具有空穴的圆柱结构。在β-环糊精分子中7个葡萄糖基C6上的伯醇羟基都排列在环的外侧，而空穴内壁则由呈疏水性的C—H键和环氧组成，使中间的空穴为疏水区域，环的外侧则亲水。由于中间具有疏水的空穴，因此可以包合脂溶性物质如风味物、香精油、胆固醇等，并作为微胶囊化的壁材。

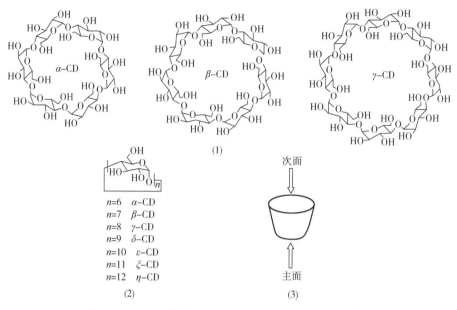

图 3-31 α－环糊精、β－环糊精及 γ－环糊精的结构

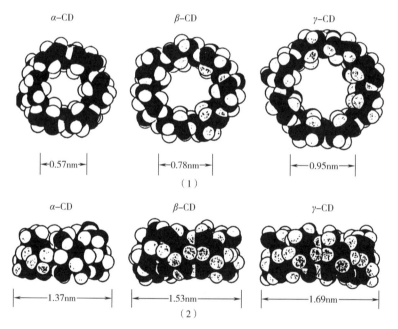

图 3-32 α－环糊精、β－环糊精、γ－环糊精的晶体结构
（1）从顶上观察（2）从侧面观察

第三节　多　糖

一、多糖的化学结构和性质

超过20个单糖的聚合物称为多糖，单糖的个数称为聚合度（DP）。很少见到DP<100的多糖，大多数多糖的DP为200～3000，纤维素的DP最大，达7000～15000。多糖具有两种结构：一种是直链多糖；一种是支链多糖。由相同的糖组成的多糖称为均匀多糖如纤维素、直链淀粉以及支链淀粉，它们均是由D-吡喃葡萄糖组成。具有两种或多种不同单糖组成的多糖称为非均匀多糖，或称为杂多糖。

二、多糖的溶解性

大多数多糖含有糖基单元，糖基平均含有三个羟基。多糖是多元醇，每个羟基均可和一个或几个水分子形成氢键。环氧原子以及连接糖环的糖苷氧原子也可与水形成氢键。多糖中每个糖单元都具有结合水分子的能力，因而多糖具有较强亲水性和水合能力，在水溶液中，多糖颗粒溶胀，然后部分溶解或完全溶解。

在食品体系中，多糖和低分子质量碳水化合物一样，具有改变和控制水分移动的能力，同时水分也是影响多糖的物理与功能性质的重要因素，因此，食品的许多功能性质包括质构都同多糖和水分有关。

与多糖通过氢键相结合的水被称为水合水，这种水的结构由于多糖分子的存在发生了显著的变化，这种水合水不会结冰，也称为塑化水，它使多糖分子溶剂化。从化学角度来看，这种水并没有牢固地被束缚，但它的运动受到阻滞，它能与其他水分子快速进行自由交换，在凝胶和新鲜组织食品中，水合水占总水中的比例极小。水合水以外的水存在于凝胶、组织的毛细管或者空穴之中。

多糖是冷冻稳定剂，不是冷冻保护剂，这是由于多糖是一种分子质量很高的大分子，它既不能增加渗透压，也不会显著降低水的冰点，而这两种性质都是依数性。当多糖溶液冷冻时，形成两相体系，一相是结晶水（即冰），另一相是由70%淀粉分子和30%非冷冻水组成的玻璃相。如同低分子质量碳水化合物溶液一样，非冷冻水是高度浓缩的多糖溶液的组成部分，由于黏度很高，因而水分子的运动受到限制。当大多数多糖处于冷冻浓缩状态时，水分子的运动受到了极大的限制，水分子不能吸附到晶核或结晶长大的活性位置，因而抑制了冰晶的长大，提供了冷冻稳定性。

在冻藏温度（-18℃）下，无论是相对分子质量高或低的碳水化合物都能有效保护食品的结构与质构不受破坏，提高产品的质量与贮藏稳定性，这是因为控制了冰晶周围的冷冻浓缩无定形介质的数量（特别是存在相对分子质量低的碳水化合物情况下）与结构状态（特别是存在高聚物的碳水化合物的情况下）。

除了分叉的多枝树状结构外，大多数多糖（不包括全部多糖）以螺旋形存在。有些直链均匀多糖如纤维素呈丝带平面结构，均一的直链彼此通过氢键形成结晶区，结晶区之间由无定形区隔开（图3-33）。正是这些直链结晶区形成含纤维素的纤维，如木头和棉花纤维，这种纤维强度极大，不溶解且抗破裂，它之所以能够抗破裂是由于酶几乎不能穿透结晶区。高度定向的多糖具有定向性和结晶性，但不是千篇一律，也有例外。大多数多糖不具有结晶，并不是水不溶性，而是非常容易水合和溶解。

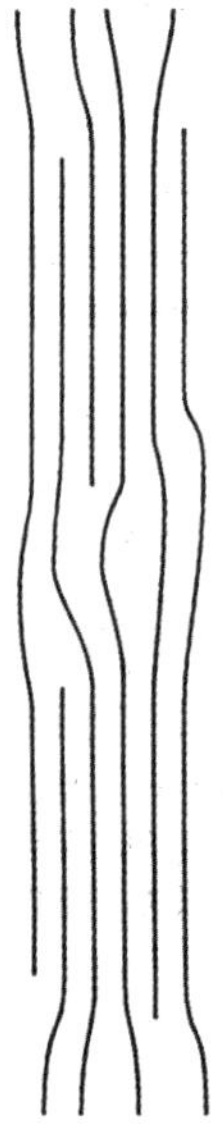

大多数无侧链的二杂多糖含有非均匀糖基单元块，大多数具侧链的多糖不能形成胶束，这是因为形成分子间强键才能使链段紧密堆积受到阻碍，因此随着链相互间不能靠近，其溶解度也随之增加。一般来说，多糖的溶解性与分子链的不规则程度成正比，换句话说，分子相互结合减弱，溶解性增大。

在食品工业和其他工业中使用的水溶性多糖和改性多糖被称为胶或亲水胶体，食品胶是以不同目数大小的粉末形式出售。

图 3-33　在结晶区内链是平行和定向的

三、多糖溶液的黏度和稳定性

多糖（胶、亲水胶体）主要用于增稠和胶凝，此外还能控制液体食品与饮料的流动性与质构以及改变半固体食品的变形性等，在食品产品中，一般使用0.25% ~ 0.5%浓度的胶即能产生黏度和形成凝胶。

高聚物溶液的黏度同分子的大小、形状及其在溶剂中的构象有关。一般多糖分子在溶液中呈无序的无规线团状态（图3-34），但是大多数多糖的状态与严格的无规线团存在偏差，它们形成紧密的线团；线团的性质同单糖的组成与连接有关，有些为紧密型，而另一些则呈松散形式。

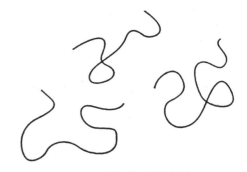

图 3-34　随机线圈的多糖分子

溶液中线性高聚物分子旋转时占有很大空间，分子间彼此碰撞频率高，产生摩擦，因而具有很高黏度。线性高聚物溶液黏度很高，甚至当浓度很低时，其溶液的黏度仍很高。黏度与高聚物的相对分子质量大小、溶剂化高聚物链的形状及柔顺性有关。高度支链的多糖分子比具有相同相对分子质量的直链多糖分子占有的体积小得多（图3-35），因此，高度支链的分子相互碰撞频率也低，溶液黏度比具有相同DP的直链分子低得多，即高度支链的多糖分子溶液与直链多糖分子溶液在相同的浓度下具有相同的黏度时，高度支链多糖分子一定比直链多糖分子大得多。

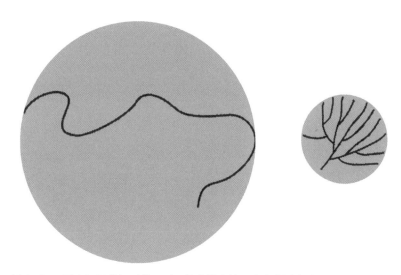

图 3-35　具有相同的相对分子质量的直链多糖和高度支链多糖占有的相对体积

对于带某种电荷的直链多糖（一般是带负电荷，它由羧基或硫酸半酯基电离而得），由于同种电荷产生静电斥力，引起链伸展，使链长增加，高聚物占有体积增大，因而溶液的黏度大大提高。

一般情况下，不带电的直链均匀多糖分子倾向于缔合和形成部分结晶。这是因为不带电的直链多糖分子加热溶于水中形成了不稳定的分子分散体系，会非常快地出现沉淀或胶凝。此过程的主要机理是不带电的多糖分子链段相互碰撞形成分子间键，因而分子间产生缔合，在重力作用下产生沉淀或形成部分结晶。例如，直链淀粉在加热条件下溶于水，当溶液冷却时，分子立即聚集，产生沉淀，此过程称为老化。

面包和其他烘焙食品冷却时，由于直链淀粉分子缔合而变硬，长时间贮藏后，支链淀粉分子也会缔合产生老化。但是带电的直链多糖由于静电斥力阻止链段相互接近，因而形成稳定的溶液。前面已提及，链间静电斥力引起链的伸展，因而产生高的黏度。例如，海藻酸钠、黄原胶以及卡拉胶等都具有带电基团，因而能形成稳定的具有高黏度的溶液。卡拉胶直链分子中具有很多带负电的硫酸半酯基，它是带负电的直链混合物，这些分子即使在pH很低时也不会沉淀，因为在所有实用的pH范围内，硫酸基始终保持电离。

亲水胶体溶液的流动性质同水合分子的大小、形状、柔顺性、所带电荷的多少有关。多糖溶液一般具有两类流动性质：一类是假塑性；一类是触变性。

假塑性流体属剪切变稀类，随剪切速率增高，黏度快速下降。流动越快，则意味着黏度越小，流动速率随着外力增加而增加。黏度变化与时间无关，线性高聚物分子溶液一般是假塑性的，即剪切变稀。一般来说相对分子质量越高的胶，假塑性越大。假塑性大的称为"短流"，其口感并不太显黏性，假塑性小的液体称为"长流"，其口感相对较黏稠。

另一类流动是触变，也称剪切变稀，随着流动速率增加，黏度降低不是瞬时发生的，在恒定的剪切速率下，黏度降低与时间有关。剪切停止后，需要一定的时间才能恢复到原有黏度，触变性溶液在静止时显示弱凝胶结构。

大多数亲水胶体溶液的黏度随温度升高而下降，因而可在高温下溶解较高含量的胶，溶液冷下来后就变稠。但是黄原胶溶液除外，黄原胶溶液在0~100℃内黏度基本保持不变。

四、凝胶

在许多食品产品中，一些高聚物分子（例如多糖或蛋白质）能形成海绵状的三维网状凝胶结构（图3-36）。连续的三维网状凝胶结构是由高聚物分子通过氢键、疏水相互作用、范德华引力、离子桥联、缠结或共价键形成连结区，网孔中充满了液相，液相是由低相对分子质量溶质和部分高聚物组成的水溶液。

凝胶具有二重性，既具有固体性质，又具有液体性质。海绵状三维网状凝胶结构是具有黏弹性的半固体，显示部分弹性与部分黏性。虽然多糖凝胶只含有1%高聚物，含有99%水分，但能形成很强的凝胶，例如甜食凝胶、果冻、仿水果块等。

不同的胶具有不同的用途，选择标准取决于所期望的黏度、凝胶强度、流变性质、体系pH、加工温度、与其他配料的相互作用、质构以及价格等。此外，也必须考虑所期望的功能特性。亲水胶体具有多

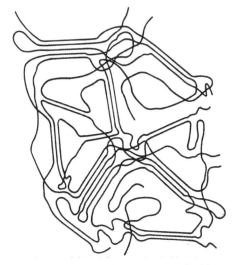

图3-36　在凝胶中典型的三维网状结构示意图

肩并肩平行链代表结合区的定向结晶结构，结合区之间空洞充满可溶性高聚物链段和其他溶质的水溶液

功能用途，它可以作为增稠剂、结晶抑制剂、澄清剂、成膜剂、脂肪代用品、絮凝剂、泡沫稳定剂、缓释剂、悬浮稳定剂、吸水膨胀剂、乳状液稳定剂以及胶囊剂等。每种食品胶都有一种或几种独特性质（表3-4）。

五、多糖的水解

在食品加工和贮藏过程中，多糖比蛋白质更易水解，但多糖不会发生变性。因此往往添加相对高浓度的食用胶，以免由于水解导致食品体系黏度下降。

在酸或酶的催化下，低聚糖或多糖的糖苷键水解，伴随着黏度下降，解聚的程度取决于pH（酸度）、温度、在该温度和pH下保持的时间以及多糖的结构。在热加工过程中最容易发生水解，因为许多食品都是酸性的，加工时一般在配方中添加较多的多糖（胶）以弥补多糖解聚产生的缺陷，常使用高黏度耐酸的胶。解聚也是决定货架寿命的重要因素。

多糖也可采用酶催化水解。酶催化水解的速率和终端产品的性质受酶的特异性、pH、时间以及温度的影响。

表 3-4 常用的水溶性、非淀粉食品多糖

胶	来源	分类	一般形状	单体及连接方式（近似比）	非碳水合物取代基团	水溶性	主要性能	食品中主要用途
海藻胶（海藻酸盐，一般为海藻酸钠）	褐藻（海藻提取物，一般为海藻酸）	海藻提取物聚糖醛酸	线性	下列单元共聚物块 →4)-βManp A(1.0) →4)-αLGulp A (0.5~2.5)		海藻酸钠可溶	与 Ca^{2+} 形成凝胶 具有黏性但非高度假塑性的溶液	形成不溶化凝胶（甜食凝胶、仿水果、其他结构水果）仿肉制品
						海藻酸不可溶		海藻酸形成软的、触变性的非熔化凝胶（番茄胶质点心，凝胶类烘焙产品的早餐合物产品）
					藻酸丙二酯中羟丙基酯基（PGA）	可溶	具有表面活性 其溶液对酸与 Ca^{2+} 是稳定的	奶油色拉调味料的乳化稳定剂 低热量色拉调味料的增稠剂
羧甲基纤维素 (CMC)	改性纤维素	由纤维素衍生	线性	→4)-βGlcp-(1→	羧甲基醚 (DS0.4~0.8)*	高	形成透明稳定的溶液（或具有假塑性或具有触变性）	在冰淇淋和其他冷冻甜食中抑制冰晶生长 在各种调味料、汤料、浇料中作为增稠剂；悬浮剂、保护胶体，改善口感与质构，膨化产品的润滑剂、成膜剂以及加工助剂 蛋糕面糊的增稠剂与保湿剂 糖霜、布丁及浇头等的持水剂，抑制结晶和脱水收缩 糖浆增稠剂 固体饮料的增稠剂与悬浮剂 宠物食品中的调味汁

续表

胶	来源	分类	一般形状	单体及连接方式（近似比）	非碳水化合物取代基团	水溶性	主要性能	食品中主要用途
卡拉胶	红藻	海藻苯取物硫酸化半乳聚糖	线性	κ型： →3)-βGalp4-SO$_3^-$ (1→4)-3,6An-αGalp (1→ ι型： →3)-βGalp4-SO$_3^-$ (1→4)-3,6An-αGalp 2-SO$_3$(1→ λ型： →3)-βGalp 2-SO$_3^-$ (1→4) αGalp 2,6-diSO$_3^-$ (1→	硫酸化半酯	κ型：Na$^+$盐溶于冷水，K$^+$盐与Ca^{2+}盐不溶；所有盐超过65℃全部溶解；溶于热牛奶，不溶于冷牛奶 ι型：Na$^+$盐溶于冷水，K$^+$盐与Ca^{2+}盐则不溶；所有盐在55℃以上全部溶解；溶于热牛奶，不溶于冷牛奶 λ型：所有盐均溶于冷的和热的水与牛奶中	与K$^+$形成硬而脆的热可逆凝胶；在低浓度牛奶中产生增稠和胶凝；与LBG产生协同凝胶 与Ca^{2+}形成软的、有弹性的热可逆凝胶；凝胶不会脱水收缩，并具有良好的冻融稳定性 增稠冷牛奶	冰淇淋与相关产品的次要稳定剂 制备炼乳、婴儿配方奶、冻融稳定的发泡稀奶油、乳制甜食以及巧克力奶 肉制品涂层 提高黏着力，增加肉糜制品持水力 改善低脂肉制品的质构与质量

续表

名称	来源	类型	结构	一级结构	溶解性	性质	应用
凝结多糖	发酵中间体	微生物多糖	线性	→3)-βGalp-(1→	可溶	溶液加热时可形成不可逆凝胶	分层的、不会熔化的甜点用胶
结冷胶	发酵中间体	微生物多糖	线性	→4)-αLRhap-(1→3)-βGlcpA-(1→4)-βGlcpA-(1→4)-βGlcp-(1→ 天然类型的在每个重复单元中含有一个醋酸盐和一个甘油酯基	溶于热水	阳离子促进凝胶形成 低酰基类型形成坚硬的、脆性的、非弹性的凝胶 高酰基类型形成柔软的、弹性的、非脆性的凝胶	焙烤涅料 营养棒 营养型饮料 水果型浇头 发酵奶油和酸奶制品
瓜尔胶	瓜尔豆种子	半乳糖甘露聚糖	具有单糖基支链的线性分子(具有线性高聚物的性质)	→4)-βManp(∼ 0.56) αGalp 1 ↓ 6 →4)-βManp(∼ 1.0) (Man:Gal= ∼ 1.56:1)	高	形成稳定的、不透明、高度黏度的具有中等程度假塑性的溶液 价廉的增稠剂	在冰淇淋与雪水中,具有持水、抑制冰晶长大、改善口感、软化 卡拉胶与LBG形成凝胶结构,减慢熔化速率 乳制品、方便食品、焙烤食品、汤料以及宠物食品等
阿拉伯胶	阿拉伯树	分泌胶	分支上接有分支、高度分支化	结构复杂,可变含有多肽	高度水溶	乳化剂与乳清稳定剂 与高浓度糖相容 高浓度情况下黏度很低	糖果中阻止糖的结晶 糖果中乳化、分散脂肪组分 制备风味物质的O/W型乳状液 糖果包衣组分 制备固体风味物
菊粉	菊苣根部	植物萃取物	线性	→2)-βFruf(1→	可溶	热溶液冷却时形成凝胶 可用作脂肪替代物	添加于营养物、早餐、能量棒、果蔬馅饼,作为膳食纤维和脂肪替代物的来源
刺槐豆胶 (LBG)	刺槐豆的种子	半乳糖甘露聚糖	具有单糖基支链的线性(具有线性高聚物的性质)	→4)-βManp(∼ 2.5) αGalp 1 ↓ 6 →4)-βManp(∼ 1.0) (Man:Gal= ∼ 3.5:1)	仅溶于热水,90℃下才能完全溶解	同黄原胶和卡拉胶相互作用形成硬的凝胶,很少单独使用	在冰淇淋与其他冷冻甜食中提供优良的抗热波动性能、期望的质构与咀嚼性

续表

胶	来源	分类	一般形状	单体及连接方式（近似比）	非碳水化合物取代基团	水溶性	主要性能	食品中主要用途
甲基纤维素(MC)和羟丙基甲基纤维素(HPMC)	由纤维素衍生	改性纤维素	线性	→4)-βGlcp-(1→	羟丙基 (MS 0.02~0.3)* 和甲基 (DS1.1~2.2)* 醚	冷水溶，热水不溶	透明溶液，热胶凝，表面活性	MC：提供类脂肪特性；在油炸食品中减少脂肪吸收；通过形成薄性赋予牛奶油感；提供润滑性；焙烤中具有持气能力；焙烤产品中可保持水分，并控制水分分布（增加货架寿命，保持弹性）；HPMC：应用于非乳液打泡头，具有稳定泡沫、改进搅打性。阻止相分离以及提供冻融稳定性
果胶	水果皮，苹果渣	植物萃取物 聚糖醛酸	线性	主要是由→4)-αGalpA单元组成	甲酯基 可能含有胺基	可溶	在糖和酸或 Ca^{2+} 存在下形成果冻与果酱型凝胶	HM果胶：高糖果冻，果酱，蜜饯及橘皮果汁，酸性乳饮料；LM果胶：低糖果冻，果酱，蜜饯及橘皮果冻
黄原胶	发酵	微生物多糖	线性主链上每隔一个糖单元具有一个三糖侧链（具有线性高聚物的性质）	βManp 1 ↓ 4 βGlcp A 1 ↓ 2 αManp 6-Ac 1 ↓ 3 →4)-βGlcp-(1→4)-βGlcp-(1→	乙酰酯 丙酮环缩醛	高	高度假塑性，高黏度，优良的乳化剂和悬浮稳定剂；溶液黏度不受温度和pH影响；与盐相容性；与瓜尔豆胶相互作用协同增加黏度；与LBG相互作用形成热可逆凝胶	稳定分散体系、悬浮体系及乳状液；增稠剂

注：*DS和MS分别为取代度和摩尔取代度，具体解释见80页和84页。

六、淀粉

淀粉是以颗粒形式存在于植物中的。淀粉颗粒结构比较紧密，因此不溶于水，但在冷水中能少量水合。它们分散于水中，形成低黏度浆料，甚至淀粉浓度增大至35％时，仍易于混合和管道输送。当淀粉浆料烧煮时，黏度显著提高，起到增稠作用。如将5％淀粉颗粒浆料边搅拌边加热至80℃，黏度大大提高。大多数淀粉颗粒是由两种结构不同的聚合物组成的混合物：一种是线性多糖称为直链淀粉；另一种是高支链多糖称为支链淀粉。

淀粉具有独特的化学与物理性质以及营养功能。淀粉和淀粉的水解产品是人类膳食中可消化的碳水化合物，它为人类提供营养和热量，而且价格低廉。淀粉存在于谷物、面粉、水果和蔬菜中，淀粉消耗量远远超过所有其他的食品亲水胶体。

商品淀粉是从谷物如玉米、小麦、米以及块根类如马铃薯、甜薯以及木薯等制得的。淀粉与改性淀粉在食品工业中应用极为广泛，可作为黏着剂、混浊剂、成膜剂、稳泡剂、保鲜剂、胶凝剂、持水剂以及增稠剂等。

（一）淀粉的化学结构

大多数商品淀粉具有两种结构不同的多糖成分，即直链淀粉和支链淀粉。直链淀粉是由葡萄糖通过α-1，4-糖苷键连接而成的直链分子（图3-37），呈右手螺旋结构，在螺旋内部只含氢原子，是亲油的，羟基位于螺旋外侧。许多直链分子含有少量的α-D-1，6支链，平均每180~320个糖单位有一个支链，分支点的α-D-1，6糖苷键占总糖苷键的0.3％~0.5％。含支链的直链淀粉分子中支链有的很长，有的很短，但是支链点隔开很远，因此它的物理性质基本上和直链分子相同。大多数淀粉含有约25％的直链淀粉，有两种高直链玉米淀粉，其直链淀粉含量约为52％和70％~75％。直链淀粉具有不同的晶型，谷物直链淀粉是A型，块根直链淀粉是B型，A型与B型都是双螺旋结构，每一圈由6个葡萄糖基组成，直链淀粉相对分子质量约为10^6。

支链淀粉是一种高度分支的大分子，葡萄糖基通过α-1，4-糖苷键连接构成它的主链，支链通过α-1，6-糖苷键与主链连接，分支点的α-1，6-糖苷键占总糖苷键的4％~5％。也可以根据图3-38描述支链淀粉的结构。支链淀粉含有还原端的C链，C链具有很多侧链，称为B链，B链又具有侧链，与其他的B链或A链相接，A链没有侧链。支链淀粉的相对分子质量为10^7~5×10^8。支链淀粉的分支是成簇和以双螺旋形式存在，它们形成许多小结晶区，这个结晶区是由支链淀粉的侧链有序排列生成的（图3-39）。蜡质玉米淀粉虽然不含有直链淀粉，同样存在结晶区。

大多数淀粉中含有75％的支链淀粉，含有100％支链淀粉称为蜡质淀粉。马铃薯支链淀粉比较独特，它含有磷酸酯基，每215~560个α-D-吡喃葡萄糖基有一个磷酸酯基，88％磷酸酯基在B链上，因而马铃薯支链淀粉略带负电，在温水中快速吸水膨胀，使马铃薯淀粉具有黏度高、透明度好以及老化速率慢的特性。一些淀粉中直链淀粉与支链淀粉比例见表3-5。

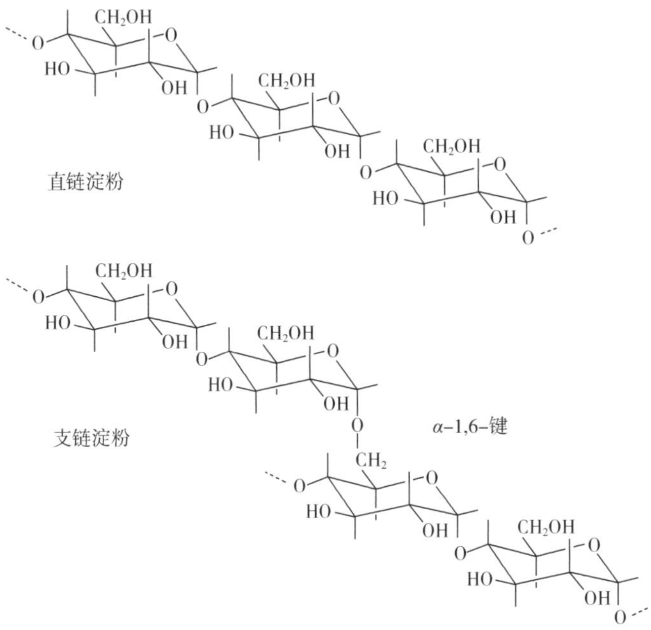

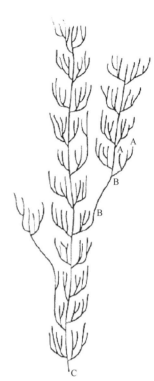

图 3-37　直链淀粉和支链淀粉的结构

图 3-38　支链淀粉分子结构示意图

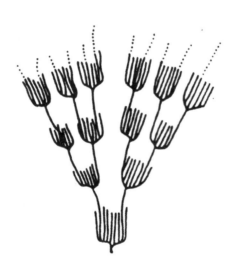

图 3-39　支链淀粉分子排列示意图

表 3-5　一些淀粉中直链淀粉与支链淀粉的比例　　　　　　　　　　　　　　单位：%

淀粉来源	直链淀粉	支链淀粉	淀粉来源	直链淀粉	支链淀粉
高直链玉米	50 ~ 85	15 ~ 50	米	17	83
玉米	26	74	马铃薯	21	79
蜡质玉米	1	99	木薯	17	83
小麦	25	75			

（二）糊化

淀粉在植物中以颗粒形式存在，它的大小一般为2～100μm。在淀粉颗粒中直链与支链淀粉分子呈径向有序排列，如图3-40所示。淀粉颗粒具有结晶区与非结晶区交替层的结构，这与洋葱的层状结构相似。从偏光显微镜观察淀粉颗粒的结构，可以发现偏光十字，这也证实了结晶区的存在。由于支链淀粉与支链淀粉通过氢键缔合形成结晶胶束区，因此在冷水中是不溶的。通过加热提供足够的能量，破坏了结晶胶束区弱的氢键后，颗

图3-40　淀粉颗粒中支链淀粉与直链淀粉排列示意图

粒开始水合和吸水膨胀，结晶区消失，大部分直链淀粉溶解到溶液中，溶液黏度增加，淀粉颗粒破裂，双折射消失，这个过程称为糊化。糊化一般有一个温度范围，双折射开始消失的温度为糊化开始温度，双折射完全消失的温度为糊化的终了温度。开始糊化的温度与糊化温度范围同测量方法、淀粉与水的比例以及颗粒类型有关。糊化温度可用具热合的偏光显微镜进行测定，也可使用差热扫描量热仪（DSC）测量糊化温度与糊化热。由于同测定方法有关，因此采用偏光显微镜与DSC测定的糊化温度不完全相同。在具有足够的水（至少60%）条件下加热淀粉颗粒到达一特定温度——玻璃化相变温度（T_g），淀粉颗粒的无定形区由玻璃态转向橡胶态。直链淀粉与脂肪形成单螺旋结构的络合物，其熔化温度在100～120℃。蜡质玉米淀粉中不含直链淀粉，因此在DSC图中没有这个熔化峰。

在正常的食品加工条件下，淀粉颗粒吸水膨胀，直链淀粉分子扩散到水相，形成淀粉糊，这可用布拉班德黏度仪记录黏度随温度的变化。从图3-41可知，随温度升高，黏度逐步增加，在95℃恒定一段时间后，黏度逐步减小。到达峰黏度时，一些颗粒通过搅拌已经破裂，进一步搅拌，颗粒不断破裂，黏度进一步下降。冷却时，一些淀粉分子重新缔合形成沉淀或凝胶，这个过程称为老化（图3-42）。凝胶强度与形成连结区数量有关，连结区的形成同存在的其他配料如脂肪、蛋白质、糖、酸以及水分含量有关。在烘焙食品中，淀粉的糊化程度影响到产品的性质，包括贮藏性质与消化率。有些烘焙食品如曲奇饼与油酥饼干，由于脂肪含量高和水分含量少，因此有90%的淀粉颗粒未糊化，不易消化。有些产品如白面包，由于水分含量高，96%的淀粉颗粒均糊化了，因而容易消化。

（三）老化

热的淀粉糊冷却时，一般形成具黏弹性的凝胶，凝胶连结区的形成意味着淀粉分子形成结晶的第一步。稀淀粉溶液冷却时，线性分子重新排列并通过氢键形成不溶性沉淀。浓的淀粉糊（5%～10%）冷却时，在有限的区域内，淀粉分子重新排列较快，线性分子缔合，溶解度减小，淀粉溶解度减小的过程即为前述的老化。许多食品在贮藏过程中质量变差，如面包陈化，汤的黏度下降并产生沉淀，这些都是由于淀粉老化的缘故。

以面包陈化为例，面包陈化表现在面包心变硬，面包新鲜程度下降。实际上在烘焙结束冷却

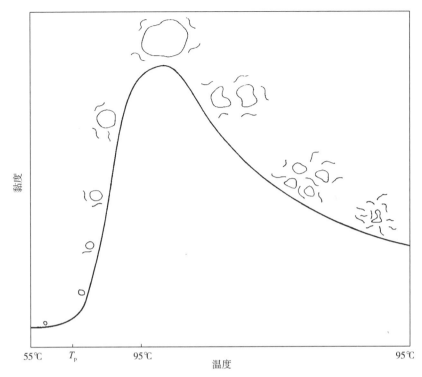

图 3-41　淀粉颗粒悬浮液加热到 95℃并恒定在 95℃的黏度变化曲线（T_P- 糊化温度）

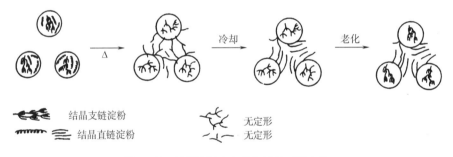

图 3-42　淀粉颗粒在加热与冷却时的变化

时，陈化已开始。陈化的速率同产品的配方、烘焙工艺以及贮藏条件有关；陈化的原因是淀粉的无定形部分转变成结晶的老化状态。当烘焙食品冷却到室温时，大部分直链淀粉已经老化，而支链淀粉的老化则需较长时间才能完成，支链淀粉的老化是由支链缔合引起。将具有表面活性的极性脂如甘油一酯及其衍生物硬脂酰乳酰乳酸钠（SSL）添加到面包中，可以延迟面包心变硬，延长货架寿命。直链淀粉具有疏水内心的螺旋结构，因此能与极性脂分子的疏水部分相互作用形成络合物。极性脂类能影响淀粉糊以及以淀粉为主的食品就是由于形成了直链淀粉–脂的络合物，从而影响淀粉的糊化，改变淀粉糊的流变性质以及抑制淀粉分子的结晶，最终推迟了淀粉的老化。

（四）淀粉水解

正如其他多糖分子一样，淀粉易受热和酸的作用而水解，糖苷键水解是随机的。淀粉分子用酸进行轻度水解，只有少量的糖苷键被水解，这个过程即为变稀，也称为酸改性或变稀淀粉。酸改性淀粉提高了所形成凝胶的透明度，并增加了凝胶强度。它有多种用途，可作为成膜剂和粘结剂。如果酸水解程度加大，则制得低黏度的糊精，具有成膜性或黏结性，可用于烤果仁或糖果的涂层，也可用于喷雾干燥法制备微胶囊化风味物的壁材（胶囊剂）。

商业上采用玉米淀粉为原料，使用α-淀粉酶和葡萄糖淀粉酶进行水解，得到近乎纯的D-葡萄糖后，再使用葡萄糖异构酶将葡萄糖异构成D-果糖，最后可得58%D-葡萄糖和42%D-果糖组成的玉米糖浆，高果糖玉米糖浆（HFCS）的D-果糖含量达55%，它是软饮料的甜味剂，这可由异构化糖浆通过Ca型阳离子交换树脂结合D-果糖，最后进行回收得到富含果糖的玉米糖浆。淀粉转化成D-葡萄糖的程度可以根据葡萄糖当量（DE）来衡量，它的定义是还原糖（按葡萄糖计）在玉米糖浆中所占的百分数（按干物质计）。DP是聚合度，DE与DP的关系式为DE=100/DP。DE<20的水解产品称为麦芽糊精，DE为20～60的水解产品为玉米糖浆。表3-6所示为淀粉水解产品的功能性质。

表3-6 淀粉水解产品的功能性质

水解程度较大的产品性质[1]	水解程度较小的产品性质[2]
甜味	产生黏性
吸湿性	增稠
冰点下降	稳定泡沫
增味剂	抑制糖结晶
具发酵能力	抑制冰晶长大
褐变反应	

注：① 高转化（高DE值）玉米糖浆；
② 低DE值玉米糖浆和麦芽糊精。

（五）改性食品淀粉

食品加工者一般选择性质优于天然淀粉的淀粉产品，天然淀粉烧煮时形成质地差、黏性、橡胶态的淀粉糊，在淀粉糊冷却时形成不期望的凝胶。淀粉的性质可通过改性进行改善，经改性的淀粉糊能耐热、剪切以及酸等加工条件，并具有特殊的功能性质。改性食品淀粉是一种具有功能性的、有用的、产量丰富的食品大分子配料和添加剂。

改性可以采用化学法或物理法。化学改性能生产交联、稳定化、氧化和解聚（酸改性淀粉、变稀淀粉）淀粉。物理改性能制备预糊化和冷水溶胀淀粉。化学改性对功能性质的影响最为显著，大多数的改性淀粉都是通过衍生试剂与羟基反应从而形成醚或者酯。可以单独采用某一种方法改性，但更多的是两种、三种，有时是四种方法组合使用。

在美国，目前生产改性食品淀粉允许采用的化学反应如下：采用醋酐、琥珀酐、醋酐和己二酸酐的混合物、1-辛酰基琥珀酐、磷酰氯、三偏磷酸钠、三聚磷酸钠以及磷酸一钠等对淀粉进行酯化；采用氧化丙烯对淀粉进行醚化；用盐酸和硫酸进行酸改性；用过氧化氢、过乙酸、过锰酸钾以及次氯酸钠进行漂白；用次氯酸钠氧化以及上述这些反应不同的结合。

被许可经过醚化或者酯化的改性食品淀粉包括：

稳定化淀粉

• 羟丙基淀粉（醚淀粉）

• 乙酸酯淀粉（酯淀粉）

• 辛酰基琥珀酸酯淀粉（一酯淀粉）

• 磷酸一酯淀粉（酯）

交联淀粉

• 磷酸二酯淀粉

• 己二酸二酯淀粉

交联和稳定化淀粉

• 磷酸羟丙基二酯淀粉

• 磷酸磷酰基二酯淀粉

• 磷酸乙酰基二酯淀粉

• 己二酸乙酰基二酯淀粉

交联淀粉具有更高的糊化温度，增强了对剪切的抗性，增强了对低pH的稳定性，比未处理的淀粉黏度高并且稳定。

稳定化淀粉具有较低的糊化温度，预糊化后易于再分散，淀粉糊和凝胶的老化减弱，也就是稳定性好，冻融稳定性提高，透明度提高。

次氯酸盐氧化产品色泽白，糊化温度低，黏度峰值降低，可形成柔软透明的凝胶。

既交联又稳定化的淀粉通常糊化温度都很低，产品黏度高，并表现出交联淀粉或稳定化淀粉的其他一些特征。

变稀淀粉，经过轻微解聚，糊化温度降低，产品黏度降低。

任何一种淀粉（玉米、蜡质玉米、马铃薯、木薯、小麦、大米等）都能被改性，但实践主要针对常规玉米、蜡质玉米和马铃薯淀粉，对木薯和小麦淀粉改性得比较少。改性蜡质玉米淀粉在美国食品工业中特别受欢迎。未改性的普通玉米淀粉糊会形成凝胶，凝胶一般是黏性、橡胶态、易于脱水收缩（即易于渗水）。蜡质玉米淀粉糊在常温下不太容易形成凝胶，这就是为什么一般选择蜡质玉米淀粉作为食品淀粉中的主要淀粉。但蜡质玉米淀粉糊贮存在冷冻或冷藏的条件下将变成混浊、结实以及呈现脱水收缩，所以蜡质玉米淀粉的改性是为了提高淀粉糊的稳定性。最通常使用的稳定化淀粉是羟丙基醚淀粉。

几种改性方法的结合能使某种性质得到改善，如：降低烧煮所需能量（加速糊化和成糊），改善烧煮性质，提高溶解度，或是增加淀粉糊的黏度，或是降低淀粉糊黏度，增加淀粉糊冻融稳定性，提高淀粉糊的透明度，增加淀粉糊的光泽，抑制或减弱凝胶的形成和凝胶强度，减少凝胶的脱水收缩，增强与其他物质的相互作用，增加稳定性，提高成膜能力和膜的阻湿性，降低淀粉糊的黏合性以及提高耐酸、耐热和耐剪切等。

正如其他碳水化合物一样，淀粉可以在不同的羟基位置上发生反应。在改性食品淀粉过程中，只有极少量羟基被改性。一般接很少量酯基或醚基，DS*值（取代度）很低，DS一般<0.1，常常为0.002~0.2，即平均每5~500个D-吡喃葡萄糖基有一个取代基。轻度的改性却大大改变了淀粉的性质并扩大了应用范围。

采用单官能团试剂进行酯化或醚化的淀粉产品阻止了链间缔合，用单官能团试剂衍生的淀粉减少了分子间缔合、淀粉糊形成凝胶以及产生沉淀的能力。因此，这种改性方法称为稳定化，所得产品称为稳定化淀粉。采用双官能团试剂改性生成了交联淀粉。改性食品淀粉往往既经过交联又经过稳定化处理。

食品中淀粉乙酰化最大的DS允许值为0.09，它能降低糊化温度，提高淀粉糊的透明度，提高抗老化能力以及冻融稳定性（但不如羟丙基改性有效）。淀粉与三聚磷酸钠或磷酸一钠一起干燥可制得磷酸酯化淀粉（图3-43）。可将它制成淀粉糊，该淀粉糊透明而且稳定，具有乳化性和冻融稳定性。磷酸一酯淀粉具有较高的黏度，但可通过改变反应试剂浓度、反应时间、温度以及pH控制淀粉糊的黏度。磷酸酯化淀粉降低了淀粉的糊化温度，酯化度（DS）的最大允许值为0.002。

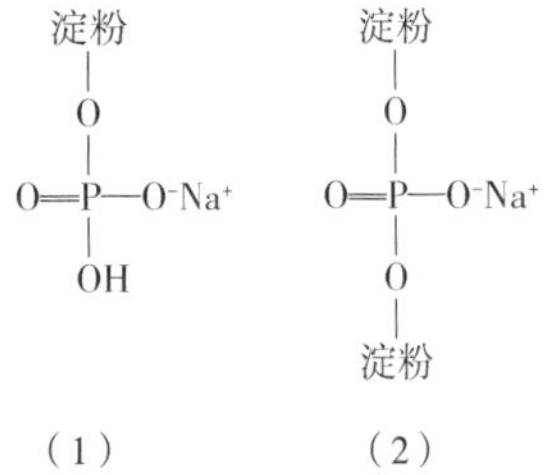

图 3-43　磷酸一酯淀粉（1）和磷酸二酯（2）的结构
二酯将2个分子结合形成交联淀粉颗粒

将疏水烃链接到高聚物分子上制得烯基琥珀酸酯淀粉（图3-44），即使取代度很低，1-辛烯基琥珀酸酯淀粉分子也会集中在水包油（O/W）乳状液的界面上，因为它具有疏水的烯基。由于该淀粉具有这种特性，因此可以作为乳状液稳定剂。1-辛烯基琥珀酸酯淀粉产品在食品中有广泛的应用，如稳定风味饮料乳状液。由于淀粉衍生物中存在脂肪族链，使它具有脂肪的感官性质，因此在某些食品中可作为脂肪代用品代替部分脂肪。高DS的产品不容易浸润，可用于片状沾糖面团的加工助剂。

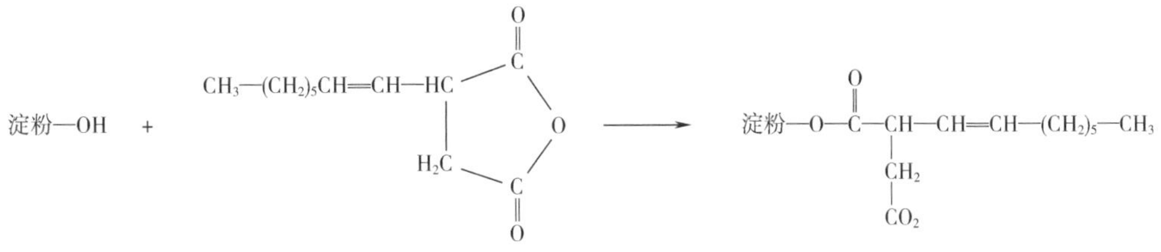

图 3-44　2-(1-辛烯基)琥珀酸酯淀粉的制备

---

* 所谓取代度（DS）是指每个单糖单元平均酯化或醚化的羟基数。由吡喃己糖基单元组成的具支链或直链多糖中，每个单糖单元平均有3个羟基，所以，多糖 DS 的最大值为3.0。

羟丙基化是制备稳定化淀粉最常用的方法。羟丙基淀粉（淀粉–O–CH₂–CHOH–CH₃）由淀粉与氧化丙烯反应制得，其醚化程度较低（DS为0.02～0.2，0.2为最大允许值）。该淀粉的性质与乙酸酯淀粉相似，淀粉高聚物链具有相似的隆起块，可防止链之间的相互缔合，这种缔合会造成老化。羟丙基化降低了淀粉的糊化温度。羟丙基淀粉糊透明，不会老化，冻融稳定性好。羟丙基淀粉可以作为增稠剂和延展剂。为了提高黏度，特别是酸性条件下，乙酰化和羟丙基化淀粉也常通过磷酸基进行交联。

大多数改性食品淀粉都是交联淀粉，当淀粉颗粒与双官能团试剂反应时，双官能团试剂与淀粉颗粒内两个不同分子上的羟基反应产生交联，通过交联形成双淀粉磷酸酯（图3.43）。淀粉也可与磷酰氯PO₃Cl₂反应，或在碱性浆料中与三偏磷酸钠反应进行交联。淀粉链通过磷酸二酯或其他交联连接在一起加固了淀粉颗粒，并减少了颗粒溶胀的速率和程度，随后也减少了颗粒的破碎，于是淀粉颗粒对加工条件（高温、延长烧煮时间、低pH、在混合、粉碎、均质以及用泵输送时的高剪切）的敏感性降低。经烧煮的交联淀粉糊比较黏*、稠度较大、质构较短、即使在延长烧煮时间或处于比天然淀粉糊更低pH、更剧烈搅拌条件下，颗粒也不易破碎。仅需少量交联就能产生显著的效果。在低度交联时颗粒表现出的溶胀与DS成反比。随着交联增大，淀粉颗粒耐受物理条件和酸度的能力越来越大，但在烧煮时的分散性越来越小，溶胀和黏度达到最大值所需的能量也增加。例如淀粉仅用0.0025%三偏磷酸钠处理大大降低了颗粒溶胀的速率与程度、大大增加了淀粉糊的稳定性以及极大程度改变了黏度和淀粉糊的质构特性。用0.08%三偏磷酸盐处理淀粉形成的产品颗粒的溶胀受到限制，因此在保温阶段黏度也达不到峰值。由于交联度增加，淀粉的酸稳定性大大增加，虽然在酸性水溶液中加热糖苷键会水解，但通过磷酸盐相互交联的链可以继续提供大的分子和较高的黏度。在食品淀粉中许可的其他交联只有己二酸二酯淀粉。

大多数食品淀粉每1000个α–D–吡喃葡萄糖基单元交联少于1个，连续烧煮的淀粉需要增加淀粉抗剪切的能力和对热表面的稳定性。交联淀粉也提供增稠的贮藏稳定性。在罐头食品杀菌时，由于交联淀粉可降低淀粉糊化与溶胀的速率，因此可保持较长时间的初始低黏度；这样有利于快速热传递和升温，在淀粉颗粒溶胀前达到均匀的杀菌，最终可以达到所期望的黏度、质构以及悬浮特性。交联淀粉用于罐头汤、肉汁和布丁以及面糊混合物。交联的蜡质玉米淀粉糊是透明的而且具有足够的硬度，因此用于制作馅饼馅时，使馅饼切片能保持它们的形状。

通过次氯酸钠（在碱性溶液中的氯）的氧化作用，也可以解聚、降低黏度以及糊化温度。氧化造成直链淀粉分子的解聚，也就是，通过引入少量的羧基和羰基增加稳定性。氧化淀粉黏度低，凝胶比较柔软（与未改性淀粉相比），可用于适当的场合。还可提高鱼肉面糊的黏结性。用次氯酸钠、过氧化氢或高锰酸钾中度处理，可漂白淀粉，并减少其中的可生长微生物。

变稀淀粉的制备是将天然或衍生淀粉悬浮液与稀释的无机酸在低于糊化温度下进行处理。当产物已达到理想的黏度，进行酸中和，产物回收洗涤，然后干燥。即使只有少量的糖苷键被水

---

* 如图3–42所示：当淀粉颗粒高度溶胀时达到最大黏度；在剪切力存在时，交联的淀粉颗粒结合在一起不易破碎，因此黏度达到峰值后损失较小。

解，颗粒在轻微溶胀后也会很容易破碎。酸改性淀粉形成的凝胶透明度得到改善，凝胶强度有所增加，尽管溶液的黏度有所下降。变稀淀粉可用做成膜剂和黏结剂如沾糖的坚果和糖果，以及形成一种强凝胶的胶质软糖（软心豆粒糖、凝胶软糖、橘子软糖、留兰香胶姆糖）以及经加工的长方形干酪中的成膜剂与黏结剂。欲制备特别强和快凝的凝胶，采用高直链玉米淀粉作为主要淀粉基料。

特制的改性食品淀粉具有特殊的应用。玉米淀粉、蜡质玉米淀粉、马铃薯淀粉及其他淀粉通过交联、稳定化以及变稀等改性后复合可得到具有各种功能性质的改性食品淀粉，这些功能性质包括：胶黏力、淀粉溶液或淀粉糊的透明度、色泽、乳状液稳定能力、成膜能力、风味释放、水合速率、持水力、耐酸、耐热、耐冷、耐剪切、烧煮所需温度以及黏度（热的淀粉糊与冷的淀粉糊）。它们赋予食品的性质包括：口感、减少油滴移动、质构、光泽、稳定性、胶黏性及其他。

交联淀粉和稳定化淀粉都能用于罐头、冷冻、烘焙和干燥食品。在婴儿食品、罐装或瓶装水果与馅饼馅中使用，可提供长的货架寿命，也能使冷冻水果馅饼、锅饼在长期贮存中保持稳定。

（六）冷水可溶（预糊化或速溶）淀粉

一旦淀粉形成淀粉糊，在尚未过度老化前进行干燥，它能重新溶解于冷水中。这种淀粉称为预糊化或速溶淀粉。这种淀粉已经糊化，也就是说，许多颗粒已经被破坏，因此也可以称为预煮淀粉。大致有两种生产预糊化淀粉的方法。一种是将淀粉-水浆料引入两个相互接触但反向旋转的由蒸汽加热的滚筒间隙中，或者通入蒸汽加热的单个滚筒顶部；当淀粉浆糊化，并几乎立即形成淀粉糊时，把淀粉糊涂在滚筒上，进行快速干燥。从滚筒上把干燥的膜刮下来并磨碎，最终产品可溶于冷水，在室温的水中可以产生黏稠的分散相，当然，适当加热可达到最大的黏度。另一种方法是采用挤压法，通过挤压机中的加热和剪切可以糊化，并破碎潮湿的淀粉颗粒，蓬松、易碎、玻璃状的积压物被碾碎成粉末。

化学改性淀粉和未改性淀粉都能用来制造预糊化淀粉。如果采用化学改性淀粉为原料，那么由改性得到的性质会转移到预糊化产品中，于是淀粉糊的性质如冻融循环的稳定性也是预糊化淀粉的性质，预糊化、轻度交联的淀粉可用于即食汤、意大利馅饼的浇头、挤压方便食品以及早餐谷物。

使用预糊化淀粉无需烧煮。类似于一种水溶性胶，细颗粒的预糊化淀粉形成小的凝胶颗粒，加水后，经合适的分散和溶解，形成的溶液具有高黏度。粗颗粒产品较易分散并形成低黏度的分散体系，并具有某些产品所期望的颗粒状或柔软性。许多预糊化淀粉用于固体混合物如即食布丁粉中，它们通过高剪切或与糖混合，或与其它固体配料混合后易于分散。

（七）冷水溶胀的淀粉

将普通的玉米淀粉在75%～90%乙醇中加热，或通过特殊的喷雾干燥制得的颗粒状淀粉在冷水中极易吸水溶胀。这类产品也可以归类于预糊化或速溶淀粉。它与传统的预糊化淀粉的区别在于：虽然颗粒的结晶排布被破坏，但颗粒完整。因此，加入水后，颗粒溶胀，如同被烧煮过一般。该产品通过快速搅拌分散在糖溶液或玉米糖浆中，将此分散体系灌入模中，形成一种硬的凝胶，此凝胶非常容易切片，产品是胶质软糖。冷水溶胀淀粉也能用于制造甜食和含有蓝莓颗粒的烤饼面糊，否则，在烘焙加热使面糊增稠前，颗粒将会沉到底部。

七、纤维素

纤维素是由 β-D-吡喃葡萄糖基单元通过1→4糖苷键连接而成的高分子直链不溶性的均一高聚物（图3-45）。α-D-吡喃葡萄糖基单元通过轴向→平伏的1→4糖苷键连接而成的高分子淀粉形成一个环绕结构（α-螺旋）。β-D-吡喃葡萄糖基单元通过平伏→平伏的1→4糖苷键连接而成的纤维素分子形成一个平直的、丝带状的结构，每一个葡萄糖基单元都是上下颠倒着与前后的糖基互相连接的。由于这种平直、线性的特点，纤维素分子在广泛区域内缔合，形成多晶纤维束。结晶区被无定形区隔离，也通过无定形区相连接。纤维素不溶于水，欲使纤维素溶于水，必须立即打破大多数氢键，因而可通过取代作用将纤维素转变成水溶性胶。

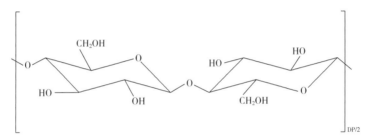

图3-45　纤维素（重复单元）

纤维素和改性纤维素是一种膳食纤维，当它们通过人的消化系统时不提供营养与热量，但是膳食纤维对人类的营养是非常重要的。

纯化的纤维素粉末被用作食品配料，从木材制浆并纯化可制得高质量纤维素。用于食品的纤维素不需要达到化学纯，因为纤维素是所有水果和蔬菜以及许多其他食品产品的细胞壁的主要组分。食品中使用的粉末状纤维素可以忽略其风味、色泽以及微生物污染。纤维素粉末常常被加入到面包中，它不提供热量。添加纤维素粉末的低热量烘焙食品，不仅增加了膳食纤维含量，而且增加了持水力和延长了面包的保鲜期。

（一）微晶纤维素

食品工业中使用的微晶纤维素（MCC）是一种纯化的不溶性纤维素，它是由纯木浆纤维素部分水解并从纤维素中分离出微晶组分制得。纤维素分子相当硬，是由3000个 β-D-吡喃葡萄糖基单元组成的直链分子，非常容易缔合，具有长的接合区。但是长而窄的分子链不能完全排成一行。结晶区的末端是纤维素链的分叉，不再是有序排列，而是随机排列，形成无定形区。当纯木浆用酸水解时，酸穿透密度较低的无定形区，由于这些区域中分子链具有很大的运动自由度，当水解断裂，就得到单个穗状结晶。

已制得两种MCC都是耐热和耐酸的。第一种MCC为粉末，是喷雾干燥产品。喷雾干燥使微晶聚集体附聚，主要用于风味载体以及作为切达干酪的抗结块剂。第二种MCC为胶体，它能分散在水中，并具有与水溶性胶相似的功能性质。为了制造MCC胶体，在水解后加很大的机械能将结合较弱的微晶纤维拉开，使主要部分成为胶体颗粒大小的聚集体（其直径小于0.2mm）。为了阻止干燥期间聚集体重新结合，可加入羧甲基纤维素钠（CMC），黄原胶或海藻酸钠。由于CMC提供了稳定的带负电的颗粒，因此将MCC隔开，防止MCC重新缔合，有助于重新分散。

MCC胶体的主要功能如下：特别在高温加工过程中能稳定泡沫和乳状液；形成似油膏质构的凝胶（MCC不溶解，也不形成分子间结合区，更确切地说是形成水合微晶网状结构）；提高果胶和淀粉凝胶的耐热性；提高黏附力；在色拉调味料和冰淇淋中替代脂肪和油，以及控制冰晶生长。MCC之所以能稳定乳状液与泡沫，是由于MCC吸附在界面上并加固了界面膜。MCC是低脂冰淇淋和其他冷冻甜点的常用配料。

（二）羧甲基纤维素

羧甲基纤维素（CMC）是一种广泛使用的食品胶（表3-4）。采用18%氢氧化钠处理纯木浆得到碱性纤维素，碱性纤维素与氯乙酸钠盐反应，生成了羧甲基醚钠盐（纤维素-O-CH_2-CO_2^- Na^+）。大多数商业化的CMC产品的取代度DS为0.4~0.8。作为食品配料使用和销售量最大的CMC的DS为0.7。

由于CMC是由带负电荷的、长的刚性分子组成，大量的离子化的羧基产生静电斥力，因而使CMC分子在溶液中呈伸展状，而且相邻链间也相互排斥。因此，CMC溶液具有高黏性和稳定的倾向。已能生产各种黏度类型的CMC产品。CMC能稳定蛋白质分散体系，特别是在体系pH接近等电点时的蛋白质。

（三）甲基纤维素和羟丙基甲基纤维素

碱性纤维素经一氯甲烷处理引入甲醚基（纤维素-O-CH_3），就可得到甲基纤维素（MC）（表3-4）。这类胶中的许多品种含有羟丙基醚基（纤维素-O-CH_2CHOH-CH_3）。羟丙基甲基纤维素（HPMC）是由碱性纤维素与两种物质即氧化丙烯和一氯甲烷反应而制得。商品MC的甲醚基取代度为1.1~2.2，商品羟丙基甲基纤维素的羟丙基醚基摩尔取代度MS*为0.02~0.3（这类胶中MC和HPMC一般都简称为MC）。两种产品都溶于冷水，因为甲基和羟丙基醚基沿着主链伸向空间，因此阻止了纤维素分子间缔合。

在纤维素主链上接上少量醚基，其水溶性大大增加了（这是由于分子内氢键），由于极性较小的醚基替代了持水的羟基，因而水合能力有所下降，这是此类胶的独特性质。醚基限制纤维素

---

* 摩尔取代度 MS 是接到多糖的糖基单元上的摩尔平均数。由于羟基与氧化丙烯反应产生的新羟基能进一步与氧化丙烯反应，生成的聚氧化丙烯链中每个端基都具有游离羟基。由于单个吡喃己糖基单元能与 3 个 mol 以上的氧化丙烯反应，所以必须使用 MS，而不是使用 DS。

链的溶剂化达到一个水溶性的极限程度。因此，当水溶液加热时，高聚物溶剂化的水分子从主链上解离出来，水合明显下降，分子间缔合加强（可能是通过范德华相互作用），产生胶凝。一旦温度降低，又开始水合和溶解，所以是可逆胶凝。

由于醚基存在，纤维素胶链有些表面活性并吸附在界面上，这有助于稳定乳状液和泡沫。食品产品中使用MC可以减少脂肪用量，它具有两个机理：①它们能提供类脂肪的性质，所以产品的脂肪含量可以减少；②可以减少油炸食品中的吸附，这是由于由热胶凝产生的凝胶结构具有阻油和持水的能力，它好似一种黏合剂。

八、海藻酸盐

海藻酸是从褐藻中提取得到，商品海藻酸大多是以钠盐形式存在。海藻酸是由β-1，4-D-甘露糖醛酸和α-1，4-L-古洛糖醛酸（图3-46）组成的线性高聚物（图3-47），商品海藻酸盐的聚合度为100～10000。D-甘露糖醛酸（M）与L-古洛糖醛酸（G）按下列次序排列：

（1）甘露糖醛酸块　—M—M—M—M—M—
（2）古洛糖醛酸块　—G—G—G—G—G—
（3）交替块　—M—G—M—G—M—

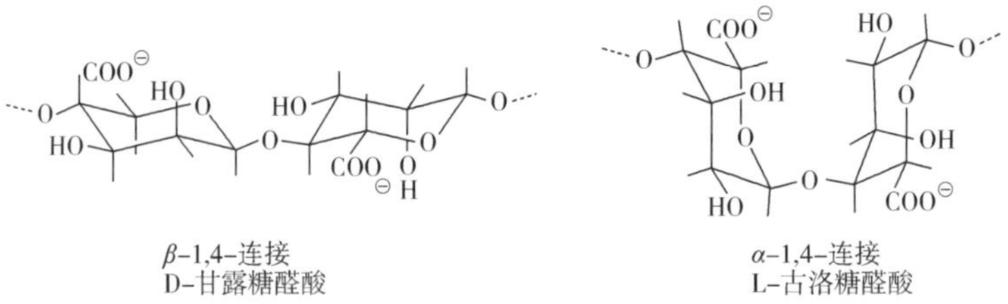

β-1,4-连接
D-甘露糖醛酸

α-1,4-连接
L-古洛糖醛酸

图 3-46　D-甘露糖醛酸和L-古洛糖醛酸

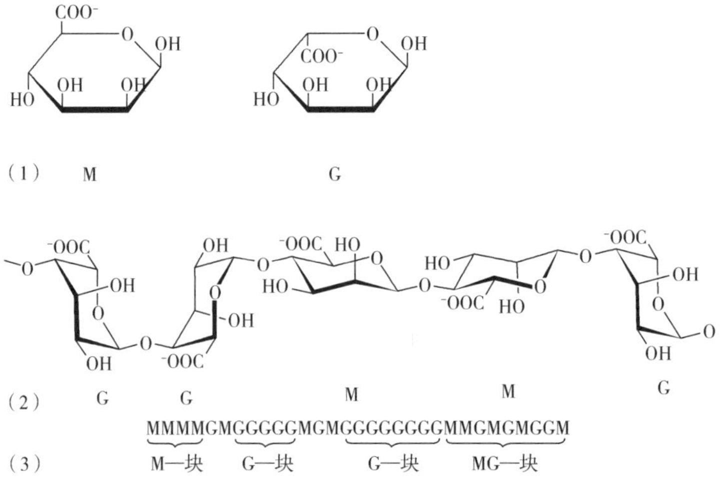

（1）　　M　　　　　　G

（2）　　G　　G　　　　M　　　M　　　　G

MMMMGMGGGGMGMGGGGGGGGMMGMGMGGM
　　　M—块　　G—块　　　G—块　　　MG—块
（3）

图 3-47　海藻酸盐分子链示意图

84

海藻酸盐分子链中G块很易与Ca^{2+}作用，两条分子链G块间形成一个洞，结合Ca^{2+}形成"蛋盒"，模型如图3-48所示。海藻酸盐与Ca^{2+}形成的凝胶是热不可逆凝胶，凝胶强度同海藻酸盐分子中G块的含量以及Ca^{2+}浓度有关。海藻酸盐凝胶具有热稳定性，脱水收缩较少，因此可用于制造甜食凝胶，不需要冷藏。

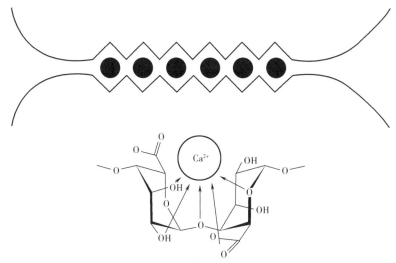

图3-48　海藻酸盐与Ca^{2+}相互作用形成"蛋盒"模型

海藻酸盐还可与食品产品中其他组分如蛋白质或脂肪等相互作用。例如，海藻酸盐易与变性蛋白质中带正电氨基酸相互作用，用于重组肉制品的制造。高含量古洛糖醛酸的海藻酸盐与高酯化果胶之间协同胶凝，应用于果酱、果冻等，所得到凝胶结构与糖含量无关，是热可逆凝胶，应用于低热产品。

由于海藻酸盐能与Ca^{2+}形成热不可逆凝胶，使它在食品中得到广泛应用，特别是结构重组食品如仿水果、洋葱圈以及凝胶糖果等；也可用作汤料的增稠剂，冰淇淋中抑制冰晶长大。

九、果胶

商品果胶是用酸从苹果渣与柑橘皮等中提取制得的天然果胶（原果胶），它是可溶性果胶，由柠檬皮制得的果胶最易分离，质量最高。果胶的组成与性质随不同的来源有很大的差别。果胶分子的主链是由150～500个α-D-半乳糖醛酸基（相对分子质量为30 000～100 000）通过1,4-糖苷键连接而成（图3-49），在主链中相隔一定距离含有α-L-鼠李吡喃糖基侧链，因此果胶的分子结构由均匀区与毛发区组成（图3-50）。均匀区是由α-D-半乳糖醛酸基组成，毛发区是由高度支链α-L-鼠李半乳糖醛酸组成。

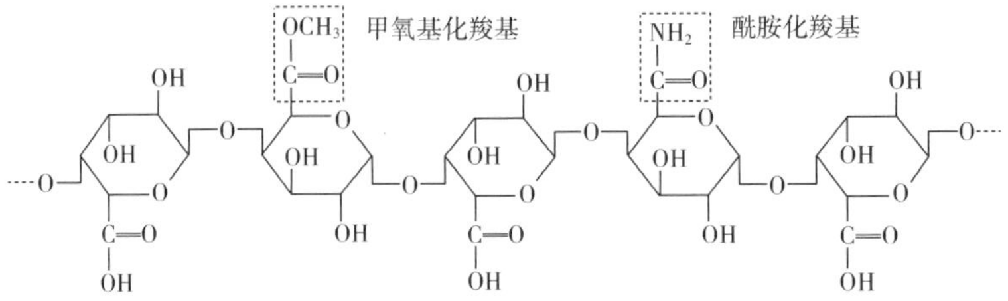

图 3-49　果胶的结构

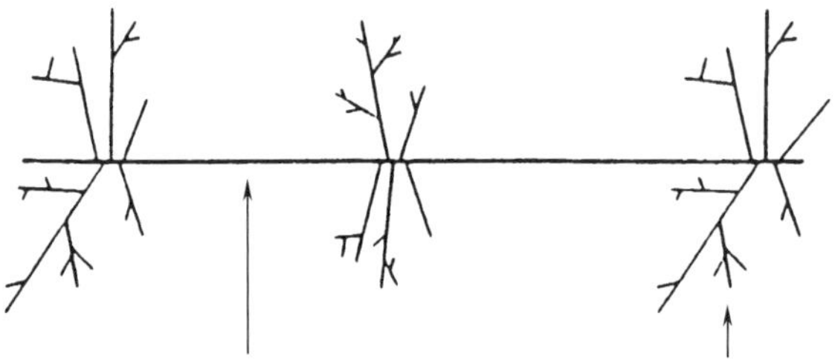

均匀区　　　　　毛发区

图 3-50　果胶分子结构示意图

　　天然果胶一般有两类：其中一类分子中超过一半的羧基是甲酯化（—COOCH₃）的，称为高甲氧基果胶（HM），余下的羧基是以游离酸（—COOH）及盐（—COO⁻Na⁺）的形式存在；另一类分子中低于一半的羧基是甲酯型的，称为低甲氧基果胶（LM）。羧基酯化的百分数称为酯化度（DE），当果胶的DE>50%时，形成凝胶的条件是可溶性固形物含量（一般是糖）超过55%，pH2.0～3.5。当DE<50%时，通过加入Ca^{2+}形成凝胶，可溶性固形物为10%～20%，pH为2.5～6.5。

　　HM与LM果胶的胶凝机理是不同的。HM果胶溶液必须在具有足够的糖和酸存在的条件下才能胶凝，又称为糖-酸-果胶凝胶。当果胶溶液pH足够低时，羧酸盐基团转化成羧酸基团，因此分子不再带电，分子间斥力下降，水合程度降低，分子间缔合形成接合区和凝胶。糖的浓度越高，越有助于形成接合区，这是因为糖与分子链竞争水合水，致使分子链的溶剂化程度大大下降，有利于分子链间相互作用，一般糖的浓度至少在55%，最好在65%。凝胶是由果胶分子形成的三维网状结构，同时水和溶质固定在网孔中。形成的凝胶具有一定的凝胶强度，有许多因素影响凝胶形成条件与凝胶强度，最主要的因素是果胶分子的链长与连结区的化学性质。在相同条件下，相对分子质量越大，形成的凝胶越强，如果果胶分子链降解，则形成的凝胶强度就比较弱。凝胶破裂强度与相对分子质量具有非常好的相关性，凝胶破裂强度还与每个分子参与连结的点的数目有关。HM果胶的酯化度与凝胶的胶凝温度有关，因此根据胶凝时间和胶凝温度可以进一步将HM果胶进行分类（表3-7）。此外，凝胶形成的pH也与酯化度相关，快速胶凝的果胶（高酯化度）在pH3.3也可以胶凝，而慢速胶凝的果胶（低酯化度）在pH2.8可以胶凝。凝胶形成的条件同样还受可溶性固形物（糖）的含量与pH的影响，固形物含量越高及pH越低，则可在较高温度下胶凝，因此制造果酱与糖果时必须选择Brix（固形物含量）、pH以及合适类型的果胶以达到所希望的胶凝温度。

表 3-7　果胶的分类与胶凝条件

果胶类型	酯化度	胶凝条件	胶凝速率	果胶类型	酯化度	胶凝条件	胶凝速率
高甲氧基	74 ~ 77	Brix>55 pH<3.5	超快速	高甲氧基	58 ~ 65	Brix>55 pH<3.5	慢速
高甲氧基	71 ~ 74	Brix>55 pH<3.5	快速低	甲氧基	40	Ca^{2+}	慢速
高甲氧基	66 ~ 69	Brix>55 pH<3.5	中速低	甲氧基	30	Ca^{2+}	快速

LM果胶（DE<50）必须在二价阳离子（Ca^{2+}）存在情况下形成凝胶。胶凝的机理是由不同分子链的均匀区（均一的半乳糖醛酸）间形成分子间接合区（蛋盒模型，如图3-51所示）。胶凝能力随DE的减少而增加。正如其他高聚物一样，相对分子质量越小，形成的凝胶越弱。胶凝过程也和外部因素如温度、pH、离子强度以及Ca^{2+}的浓度有关。凝胶的形成对pH非常敏感，pH为3.5，LM果胶胶凝所需的Ca^{2+}量超过pH中性条件。在一价盐NaCl存在条件下，果胶胶凝所需Ca^{2+}量可以少一些。在相同的高聚物与Ca^{2+}浓度下，弹性模量随离子强度增加而增加，这是因为一价离子大大地屏蔽了高聚物的电荷，因此需要较多的Ca^{2+}建立接合区。LM果胶在糖存在的情况下胶凝，由于pH与糖双重因素可以促进分子链间相互作用，因此可以在Ca^{2+}浓度较低的情况下进行胶凝。

果胶与海藻胶之间相互作用主要是同海藻胶的甘露糖醛酸与古洛糖醛酸的比值有关，也同果胶的DE与pH有关。由高甲氧基果胶与富含古洛糖醛酸的海藻胶制得的

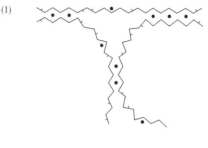
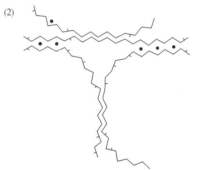

图 3-51　LM 果胶胶凝模型（低甲氧基果胶模型为半乳糖醛酸残基间离子相互作用）（·为 Ca^{2+}）

凝胶性能较好。pH也非常重要，pH>4，完全妨碍胶凝。对于LM果胶与海藻胶形成凝胶时，必须在酸性条件下（pH<2.8），这意味着相互作用前尽量不带电，那就是说需要酯化以减少静电斥力。

为了得到满意的食品质构，多糖与蛋白质的相互作用也是非常重要。例如，pH在明胶的等电点以上，以及NaCl浓度<0.2mol／L时，果胶与明胶混合可以得到稳定的单相体系；如果盐浓度提高，则产生不相容性，因而有利于明胶分子的自缔合；pH高于等电点，相容性增加。

果胶的主要用途是作为果酱与果冻的胶凝剂。果胶的类型很多，不同酯化度的果胶能满足不同的要求。慢胶凝的HM果胶与LM果胶用于制造凝胶软糖。果胶另一用途是在生产酸奶时用作水果基质，LM果胶特别适合。果胶还可作为增稠剂与稳定剂。HM果胶可应用于乳制品。它们在pH3.5 ~ 4.2范围内能阻止加热时酪蛋白聚集，这适用于经巴氏杀菌或高温杀菌的酸奶、酸豆奶以及牛奶与果汁的混合物。HM与LM果胶也能应用于蛋黄酱、番茄酱、混浊型果汁、饮料以及冰淇淋等，一般添加量<1%；但是凝胶软糖除外，它的添加量为2% ~ 5%。

十、瓜尔胶与刺槐豆胶

瓜尔胶与刺槐豆胶都是重要的增稠多糖（表3-4）。瓜尔胶是所有天然的商品胶中黏度最高的一种胶。两种胶都是磨碎的种子胚乳，两种胚乳的主要组分都是半乳甘露聚糖，半乳甘露聚糖的主链由β-D-吡喃甘露糖基单元通过1→4键连接而成，在O-6位连接一个α-D-吡喃半乳糖基侧链（图3-52）。瓜尔胶的特殊多糖组分是瓜尔多糖，组成瓜尔多糖主链的D-吡喃甘露糖基单元中约有1/2具有D-吡喃半乳糖基侧链。

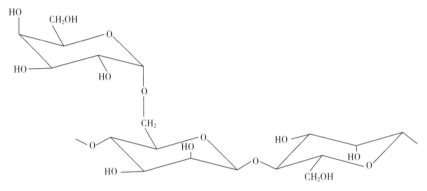

图3-52　半乳甘露糖分子的代表性片段

刺槐豆胶（LBG，也称角豆胶）的半乳甘露聚糖的侧链比瓜尔胶少，而且结构不太规则，约由80个未衍生的D-甘露聚糖基单元组成很长的光滑区，与约由50个D-甘露糖基单元并且每个单元在O-6位通过糖苷键连接α-D-吡喃半乳糖基组成的交替区。

由于结构上的差异，瓜尔胶与LBG具有不同的物理性质，尽管两者都是由长的、刚性较强的链组成，两者的溶液黏度都很高。由于瓜尔多糖中半乳糖基单元相当均匀地分布在主链，因此在主链几乎没有位置适合于形成接合区。然而，LBG主链中具有无侧链的长的光滑区能形成接合区。LBG也能同黄原胶和卡拉胶螺旋相互作用形成具有弹性的凝胶。

瓜尔胶为许多食品产品提供价廉的增稠剂。它常与其他食品胶复配使用，如在冰淇淋中，它与CMC、卡拉胶以及LBG复配使用。

LBG与瓜尔胶的应用基本相同。85%LBG产品应用于乳制品和冷冻甜点中，它很少单独使用，一般和其他胶如CMC、卡拉胶、黄原胶以及瓜尔胶复合使用。它与κ-卡拉胶和黄原胶复合使用，对凝胶的形成有协同效应。用量一般为0.05%～0.25%。

十一、黄原胶

在甘蓝族植物的叶子上常能发现一种微生物黄杆菌，黄杆菌能产生一种多糖。这种多糖可以通过大罐发酵来生产，并作为一种食用胶。这种多糖商业上称为黄原胶（表3-4）。

黄原胶与纤维素具有相同的主链（图3-53）。黄原胶分子中，纤维素主链上每隔一个β-D-

吡喃葡萄糖基单元就在O–3位上连接一个β–D–吡喃甘露糖基–(1→4)–β–D–吡喃葡萄糖基–(1→2)–6–O–乙酰基–β–D–吡喃甘露糖基三糖单元[*]。约有一半端基的β–D–吡喃葡萄糖基单元连接丙酮酸形成4,6–环乙酰。三糖侧链通过次级键与主链相互作用，形成较硬的分子，相对分子质量约为2×10^6，已有报道相对分子质量较大是由于聚集的缘故。

黄原胶与瓜尔胶相互作用，由于协同作用，溶液黏度增加，黄原胶与LBG相互作用形成热可逆凝胶（图3-54）。

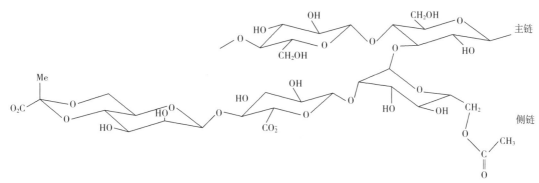

图 3-53 黄原胶五糖重复单元结构

注意三糖侧链的 4,6–O– 丙酮酸基 –D– 吡喃甘露糖基非还原端单元，约有 1/2 侧链是正常丙酮酸化的

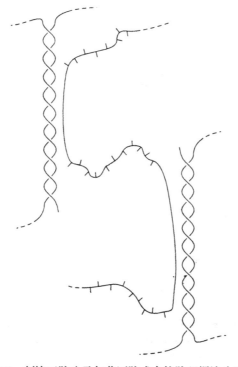

图 3-54 刺槐豆胶分子与黄原胶或卡拉胶双螺旋分子相互
作用形成三维网状结构凝胶的示意图

---

[*] 微生物杂多糖与植物杂多糖不同，一般具有规则的重复单元结构。

黄原胶是应用非常广泛的一种食品胶，这是因为它具有下列重要的特性：能溶于热水或冷水；低浓度的溶液具有高的黏度；在宽广的温度范围内（0~100℃）溶液黏度基本不变，这在食品胶中非常独特；在酸性体系中保持溶解性与稳定性；与盐具有很好的相容性；与其他胶如LBG相互作用；能稳定悬浮液和乳状液以及具有很好的冻融稳定性。黄原胶的独特性质无疑是与其分子具有直链的纤维素主链以及有阴离子的三糖侧链保护的刚性和分子性质分不开。

黄原胶对于稳定水溶液分散体系、悬浮液和乳状液非常理想，其溶液黏度随温度变化非常小，即当溶液冷却时不会变稠，所以它在增稠和稳定可以倾倒的色拉调味料和巧克力浆料等产品时不可替代，因为这些产品从冰箱中取出与在室温下一样需要易于倾倒，如肉汁在冷却时不应该明显变稠，加热时不希望变得太稀。在普通的生菜调味料中，黄原胶既是增稠剂又是稳定剂，它能悬浮颗粒和稳定O/W乳状液。在无油的（低热量）生菜调味料中，黄原胶也是一种增稠剂和悬浮剂。在含油和无油的生菜调味料中，黄原胶总是和藻酸丙二醇酯（PGA）复合使用。PGA降低溶液黏度并具假塑性，这两种胶复合使用可以得到所期望的与黄原胶假塑性有关的倾倒性和与非假塑性溶液有关的奶油感觉。

十二、卡拉胶、琼脂和红藻胶

卡拉胶是指从红藻中分离提取得到的一组或一族硫酸化半乳聚糖，是由红藻采用稀碱溶液分离提取制得；一般制得的是卡拉胶钠盐。卡拉胶是几种相关的在糖单元上连接硫酸一酯基的半乳聚糖的混合物（表3-4）。它是由D-吡喃半乳糖基通过(1→3)-α-D和(1→4)-β-D-糖苷键交替连接而成的直链分子，其中大多数糖单元具有与C-2或C-6位置上的羟基酯化的一个或两个硫酸盐基团。卡拉胶中硫酸酯含量为15%~40%，常含有3,6-脱水环。卡拉胶主要结构有三种：kappa（κ）、iota（ι）和lambda（λ）（图3-55）。图3-45中二糖单元代表每种类型卡拉胶的主要结构块，但不是重复的单元结构。分离提取得到的卡拉胶是非均一多糖的混合物，卡拉胶产品含有三种不同比例的κ-卡拉胶、ι-卡拉胶和λ-卡拉胶，它们具有超过上百种的不同的用途。在制得的卡拉胶粉末中，也会加入一些钾离子或者糖，以提高稳定性。

卡拉胶产品溶于水形成黏度很高的溶液，在宽广的pH范围内黏度十分稳定，这是因为硫酸一酯即使在强酸条件下也总是离子化的，因此分子带负电荷。但是，卡拉胶在热的酸性溶液中会发生解聚，因此在使用卡拉胶时要避免这种环境条件。

κ-卡拉胶和ι-卡拉胶分子的链段以双螺旋的平行链存在，如果有钾或钙离子存在，含有双螺旋链段的热溶液冷却时形成热可逆的凝胶。卡拉胶水溶液的浓度至少达到0.5%才产生胶凝。κ-卡拉胶溶液在钾离子存在情况下冷却，形成一种硬而脆的凝胶。钙离子促进胶凝的作用较小，钾离子与钙离子复合会形成高强度的凝胶。在卡拉胶凝胶中，κ-卡拉胶凝胶最强。这些凝胶具有脱水收缩的倾向，这是因为结构内部接合区扩大的缘故。添加其他胶将会减少脱水收缩。

ι-卡拉胶比κ-卡拉胶溶解度略大一点，但只有钠盐型溶于冷水中。ι-凝胶最好使用钙离子，所得的凝胶软且有弹性，并具有好的冻融稳定性，而且不会脱水收缩，这是因为ι-卡拉胶亲水性

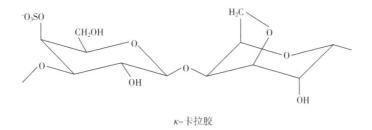

κ-卡拉胶

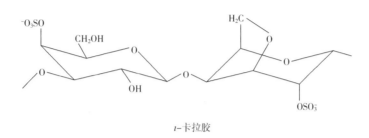

ι-卡拉胶

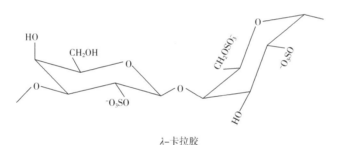

λ-卡拉胶

图3-55　κ－卡拉胶、ι－卡拉胶和 λ－卡拉胶的理想单元结构

比较强，形成的接合区比κ-卡拉胶少。

　　κ-卡拉胶或ι-卡拉胶溶液在冷却时产生胶凝，这是由于存在结构的不规则性，直链分子不能形成连续的双螺旋。螺旋的线性部分在合适的阳离子存在情况下缔合成一种比较硬的稳定的三维结构凝胶（图3-56）。所有λ-卡拉胶的盐都溶于水并且不能胶凝。

　　卡拉胶特别是κ-卡拉胶分子产生双螺旋链段，它们与LBG的光滑链段形成接合区生成硬、脆并脱水收缩的凝胶。胶凝浓度仅为形成纯κ-卡拉胶凝胶所需浓度的1/3。

　　卡拉胶是一种常用胶，它们能与牛乳和水形成凝胶。卡拉胶与不同量的蔗糖、葡萄糖、缓冲盐或胶凝助剂如氯化钾混合经标准化得到各种各样的产品。商品卡拉胶产品能形成各种不同的凝胶：透明的或混浊的、刚性的或弹性的、硬的或嫩的、热稳定的或热可逆的，以及会或者不会产生脱水收缩的。卡拉胶凝胶不需要冷藏，因为它们在室温下不会融化，它们具有冻融稳定性。

　　卡拉胶具有一种有用的性质，即它们与蛋白质反应，特别是与牛乳蛋白质相互作用。κ-卡拉胶与牛乳的κ-酪蛋白胶束复合形成一种弱的、触变性的、可倾倒的凝胶。κ-卡拉胶在牛乳中

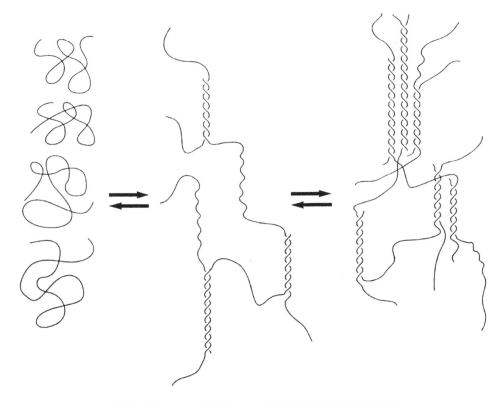

图 3-56 κ - 卡拉胶和 ι - 卡拉胶的假想胶凝机理示意图

在热溶液中，聚合物分子以卷曲状态存在；当溶液冷却时，它们相互缠绕成双螺旋结构；随着溶液进一步冷却，这种双螺旋结构会在钾离子或钙离子的作用下交织成网状结构

的增稠效果比在水中大 5～10 倍。制备巧克力牛乳时，利用卡拉胶这一性质形成具触变性的凝胶结构可以阻止可可粒子沉淀，仅需添加 0.025% 卡拉胶即可达到稳定的目的。利用卡拉胶这一性质也可制造冰淇淋、炼乳、婴儿配方奶粉、具冻融稳定性的搅打稀奶油以及用植物油取代牛乳脂肪的乳状液。

κ-卡拉胶和刺槐豆胶的协同作用（图3-54）可以形成弹性较大和凝胶强度较强的凝胶，而且其脱水收缩比单用钾型κ-卡拉胶形成的凝胶小。与单一的κ-卡拉胶相比，κ-卡拉胶-LBG复合在冰淇淋中能提供较大的稳定性和持泡能力（膨胀率），但是咀嚼感太强了一点，所以加入瓜尔胶可以软化凝胶结构。

当冷火腿和家禽肉卷含有 1%～2% 的κ-卡拉胶时，能多吸收 20%～80% 盐水，于是改善了切片性。肉外面涂上一层卡拉胶能起到机械保护作用，并可作为调味料和风味物的载体。有时将卡拉胶加入到由酪蛋白和植物蛋白制成的仿制肉制品中。卡拉胶另一个逐渐增加的用途是持水和保持水分含量，所以它能保持肉制品如维也纳香肠和香肠在烧煮时的软度。将κ-卡拉胶或ι-卡拉胶钠盐或Euchema海藻/菲律宾天然级（PES/PNG）卡拉胶加入低脂牛肉糜中能改善质构和汉堡包的质量。一般来说，脂肪具有保持软度的作用，而卡拉胶具有结合蛋白质的能力和强的亲水性，因此卡拉胶具有在瘦肉制品中部分替代天然动物脂肪的功能。

也有制造和使用碱改性海藻粉，它们被称为经加工的PES或PNG卡拉胶，如今也称为卡拉胶。为了制备PES/PNG卡拉胶，红海藻经氢氧化钾溶液处理。这些海藻中卡拉胶的钾盐型不溶于水，因此它们不溶解，不能被分离提取出来。在碱处理过程中，植物中低分子质量可溶性组分被除去，剩余下来的海藻经干燥并磨成粉末，因此PES/PNG卡拉胶是一种复合材料，它不仅含有从稀氢氧化钠溶液中分离提取出来的卡拉胶分子，还有其他的细胞壁材料。

两种其他食品胶，琼脂和红藻胶（也称丹麦琼脂）也是从红藻中分离提取得到的，它们的结构与性质同卡拉胶非常相似。与结冷胶相似，琼脂主要用于焙烤混合物，以提高终产品的水分含量，但不会增加初始面团或面糊的黏度（因为它在室温下不溶）。

十三、结冷胶

结冷胶是一种商业化的胶类（表3-4），是由*Sphingomonas elodea*（一种鞘胺醇单胞菌）产生的一种阴离子胞外多糖。结冷胶是线性分子，由β-D-吡喃葡萄糖基、β-D-吡喃葡萄糖醛酸基和α-L-吡喃鼠李糖基按摩尔比2∶1∶1组成。天然的结冷胶（也称为高酰基结冷胶）含有两种酯基：一个乙酰基和一个甘油基，都结合在同一个葡萄糖基上。每一个四糖重复单元就含有一个甘油酯基，每两个重复单元即含有一个乙酰酯基。

一些结冷胶可通过碱处理去酯化。去除酰基对结冷胶的凝胶特性有非常显著的影响。去酯化后形成低酰基结冷胶。这样的一个四糖重复单元的结构为→4)-αLRha*p*-(1→3)-βGlc*p*-(1→4)-βGlc*p*A-(1→4)-βGlc*p*-(1→。有三种基本形式：高酰基（天然）、纯化的低酰基以及未纯化的低酰基。在食品中主要使用的是纯化的低酰基。混合使用高酰基和低酰基可得到介于两者之间的一些特性。

结冷胶可在一价或二价阳离子的作用下形成凝胶，二价阳离子的作用（Ca^{2+}）是一价离子的十多倍，即使是0.05%的胶（99.5%的水分）也能形成凝胶。将含有阳离子的热溶液冷却可制得凝胶。在热凝胶溶液冷却的过程中施加剪切，可防止出现常规的凝胶，而形成光滑、均一、触变的流体（可倾倒的凝胶），从而有效地稳定乳状液和悬浮液。

低酰基结冷胶能形成坚硬的、脆性的、非弹性的凝胶（其质构类似于琼脂和κ-卡拉胶形成的凝胶）。高酰基结冷胶形成柔软的、弹性的、非脆性的凝胶（其质构类似于黄原胶和LBG形成的凝胶）。将两种类型的结冷胶混合使用可得到质构居中的凝胶。

当结冷胶用作焙烤基料添加剂时，在室温下不会发生水合作用，也不会增加面糊的黏度。但是，加热时会发生水合并在焙烤制品中保持水分。结冷胶由于具有持水能力而用于营养棒配方中。由于其低浓度溶液很容易分散（不会产生高黏度），因而可用于营养和保健饮料中。

十四、凝结多糖

凝结多糖是由*Agrobacterium biovar*（一种土壤杆菌）产生的微生物多糖（表3-4）。它是1,3-连接的β-葡聚糖，当溶液加热时，具有独特的凝胶特性。凝结多糖能形成两种热可逆特性不同的两种凝胶：一种是加热到65°C左右，然后冷却到60°C时形成的热可逆凝胶；另一种是加热到80°C左右，形成硬的、热不可逆凝胶。凝胶强度随着温度升高至130°C而不断增强。

十五、阿拉伯胶

阿拉伯胶的成分很复杂，它有两种成分组成。阿拉伯胶中70%是由不含N或含少量N的多糖组成，另一成分是具有高相对分子质量的蛋白质结构，多糖是以共价键与蛋白质肽链中的羟脯氨酸与丝氨酸相结合的总蛋白质含量约为2%，但是特殊部分含有高达25%蛋白质。与蛋白质相连接的多糖是高度分支的酸性多糖，它具有如下组成：D-半乳糖44%，L-阿拉伯糖24%，D-葡萄糖醛酸14.5%，L-鼠李糖13%，4-O-甲基-D-葡萄糖醛酸1.5%。在主链中β-D-吡喃半乳糖是通过1,3-糖苷键相连接，而侧链是通过1,6-糖苷键相连接。

阿拉伯胶易溶于水，最独特的性质是溶解度高，溶液黏度低，溶解度甚至能达到50%，此时体系有些像凝胶。阿拉伯胶既是一种好的乳化剂，又是一种好的乳状液稳定剂，具有稳定乳状液的作用，这是因为阿拉伯胶具有表面活性，能在油滴周围形成一层厚的、具有空间稳定性的大分子层，防止油滴聚集。往往将香精油与阿拉伯胶制成乳状液，然后进行喷雾干燥得到固体香精。此类产品可以避免香精的挥发与氧化。而且在使用时能快速分散与释放风味，并且不会影响最终产品的黏度。固体香精可用于固体饮料、布丁粉、蛋糕粉以及汤料粉等。阿拉伯胶的另一个特点是与高糖具有相容性，因此可广泛用于高糖含量和低水分含量糖果中，如太妃糖、果胶软糖以及软果糕等。它在糖果中的功能是阻止蔗糖结晶和乳化脂肪组分，防止脂肪从表面析出产生"白霜"。

十六、菊粉

菊粉（表3-5）是一种天然的贮藏碳水化合物，存在于成千上万的植物中，包括洋葱、大蒜、芦笋、菊芋、菊苣、洋蓟和香蕉。主要的商业来源是菊苣及菊苣根，有时也可从洋蓟的块茎中获得。

菊粉是由β-D-呋喃果糖基以2→1糖苷键连接而成。菊粉的聚合度（DP）值很少会大于60。在植物中常与低聚果糖共存，DP平均值为2~60。

含有呋喃单元的分子（例如菊粉和蔗糖）比含有吡喃单元的分子较易发生酸水解。菊粉是一种贮藏多糖，因此任何时候分子都处于不同的合成阶段，然而同时又在发生降解。

菊粉常会被人为地解聚为低聚果糖。由菊粉和低聚果糖制备得到的产品都是益生元（益生元是不会被消化的食品添加剂，可以选择性地促进肠道的某一种或特定菌群的生长和活动，而产生对宿主有益的作用。益生元最常用于增强营养和保健）。

可以制备浓度为50%的菊粉水溶液。当浓度高于25%的菊粉热溶液被冷却时，会形成热可逆的凝胶。菊粉凝胶常被描述为颗粒状凝胶（尤其是在剪切后），具有奶油状的、类似脂肪的质构。因此，菊粉可用于低脂食品中的脂肪替代物。它可以改善低脂冰淇淋和色拉的质构和口感。菊粉可添加于营养品、早餐、膳食替代棒、运动/能量棒、大豆饮料和植物馅饼中。

菊粉不能被胃和小肠中的酶消化，因此它们是膳食纤维的组分。它们的血糖指数为零，因此不会升高血液中的葡萄糖和胰岛素水平。

第四节 膳食纤维和碳水化合物的消化率

碳水化合物是人体代谢能量的主要来源和保持人体胃肠道健康的保证。碳水化合物还提供了食品产品的容积和形态。

植物细胞壁材料（主要是纤维素）、其他非淀粉类的多糖和木质素，都是膳食纤维的组成部分。这些高聚物的唯一共同点是它们的不可消化性，这是归类于膳食纤维的主要标准。因此，不仅食品的天然组分提供了膳食纤维，而且具有功能特性的胶类也有类似的作用。膳食纤维还包括高聚物以外的一些物质，这些物质的一个关键特点是在人类小肠内不被消化。因此，一些不可消化的低聚糖，例如棉子糖和水苏糖，也可作为膳食纤维。

低聚糖和多糖有些是可以消化的（大多数淀粉类产品）、有些是部分消化的（老化的直链淀粉，称为抗性淀粉）、而有些是非消化的（基本上包括所有其他多糖）。当多糖被消化水解成单糖时，消化产物就会被吸收或代谢（只有单糖能被小肠壁吸收）。有些碳水化合物不能被人体小肠内酶消化成单糖[除蔗糖、乳糖以及与淀粉有关的产品（如麦芽糊精）以外的所有其他物质]，也许可通过大肠内的微生物进行代谢，产生低分子质量的酸，可被部分吸收和分解代谢以产生能量。因此所有碳水化合物可以分为具有热量、具有部分热量或基本上不具有热量三大类。

天然食品中最普通的填充剂是不能被消化道酶水解的植物细胞残余物质。这些物质包括纤维素、半纤维素、果胶以及木质素。膳食纤维增稠剂是人体营养的重要物质，因为它们能保持胃肠道的正常功能，它们能增加肠道和粪便的数量，减少肠道内通过的时间，防止便秘。在吃饭时，食品中存在膳食纤维能产生饱腹感，营养学家认为膳食纤维的需求量为25～50g/d。已断定水不溶性的纤维可以减少血液胆固醇水平、减少心脏病及结肠癌的发生，这大概是因为它们具有清扫作用。

水溶性胶在胃肠道和降低血液胆固醇水平方面具有相似的作用，仅是程度不同而已。已证实效果较好的胶有：果胶、瓜尔豆胶、黄原胶以及半纤维素。例如，每天摄入5 g瓜尔豆胶可以降低血糖指数，血清胆固醇可降低13%，同时不会降低胆固醇的有益载体高密度脂蛋白（HDL）含量。除了谷物麦麸，四季豆和豌豆也是特别好的膳食纤维来源。用亚麻籽壳制得的一种膳食纤维具有高的持水性，在肠道内通过时间非常快，可以防止便秘。销售以甲基纤维素（MC）为基料的产品也是出于相同的目的。

淀粉多糖是唯一的能被人体消化酶水解的多糖，从淀粉水解得到的D-葡萄糖被小肠微绒毛吸收，为人体提供主要的代谢能。其他来自于蔬菜、水果以及其他植物材料的多糖，以及加入至加工食品中的食品胶，由于胃的酸度不够强，或者多糖在胃中停留的时间不够长，不会引起显著的化学键断裂，因而在人体胃和小肠中不被消化。未消化的多糖到达大肠后与正常的肠道微生物接触，其中有些微生物产酶催化某些多糖水解或多糖分子的某些部分水解，最终在上消化道不能分解的多糖可以在大肠内进行分解，并被微生物利用。

多糖链经分解得到的糖用于大肠中微生物厌氧发酵的能源，发酵产生乳酸、丙酸、丁酸以及戊酸。这些短链酸通过肠壁吸收，并在肝脏中进行代谢。另外，少量的糖由肠壁吸收并传送到门静脉血流，再转运到肝脏进行代谢。有些多糖经过整个胃肠道后几乎完整地保留下来，这些多糖加上其他多糖较大的链段使肠道内容物增加并减少了传送时间，它们可以降低血清胆固醇浓度、清扫胆汁盐并减少它们在肠道内的重新吸收的机会，因而是促进健康的有利因子。另外，由于存在大量的亲水性分子，可保持肠道内容物的水分含量，产生软化并易于通过大肠。

膳食纤维中另一个天然的水溶性多糖组分即 β-葡聚糖，燕麦和大麦中含有较多的 β-D-葡聚糖。燕麦 β-葡聚糖已成为一种商品食品配料，已证实它能有效降低血清胆固醇。燕麦 β-葡聚糖是由 β-D-吡喃葡萄糖基单元组成的直链多糖，其

图 3-57 燕麦和大麦 β-葡聚糖的结构示意图
其中 n 一般是 1 或 2，有时可能大于 2（缩写表示）

中约70%是1→4连接，约30%是1→3连接。2或3个1→4连接隔1个1→3连接，因此分子是由（1→3）连接 β-纤维三糖基 $[→3)$-βGlc$p$-$(1→4)$-βGlc$p$-$(1→4)$-βGlc$p$-$(1→]$ 和b-纤维素四糖基单元组成（图3-57），这种$(1→4,1→3)$-β-葡聚糖常称为混合连接 β-葡聚糖。

正常人和糖尿病患者从食物中摄食 β-葡聚糖后，可减少饭后血清葡萄糖水平和胰岛素响应，即减轻血糖响应。这个作用似乎与黏度有关。β-葡聚糖也可减少大鼠、雏鸡和人的血清胆固醇浓度，这些都是水溶性膳食纤维所具有的典型的生理作用。其他的水溶性多糖也有相似的作用，但是作用的程度不同。

思考题

1. 举例说明单糖的氧化反应和还原反应，并阐述反应产物在食品中的应用。

2. 美拉德反应在食品加工中有哪些有利的作用和不利的影响？

3. 低聚果糖、低聚木糖、甲壳低聚糖具有的生理活性有哪些？

4. 为什么具有表面活性的极性脂（甘油一酯，硬脂酰乳酰乳酸钠）等添加到面包中，可延迟面包心变硬，延长货架寿命？

5. 淀粉和纤维素的结构及在体内的作用有什么不同？

6. 从 β-环状糊精的结构特征说明其在食品中为何具有保色、保香、乳化的功能。

7. 为什么MC（甲基纤维素）和HPMC（羟丙基甲基纤维素）可用于油炸食品？

8. 果胶在食品工业中有何应用？阐述ＨＭ和ＬＭ果胶的凝胶机理。

第四章

脂　类

第一节　脂类的定义、组成和分类

一、脂类的定义

脂类是对一大类不溶于水而能被乙醚、氯仿、苯等非极性有机溶剂抽提出的化合物的统称，通常是由脂肪酸和醇作用生成的酯及其衍生物。有些被认为是脂类的化合物，比如C_1~C_4极短碳链脂肪酸，能与水充分互溶而不溶于非极性溶剂。按溶解性的严格定义，可将C_1~C_3碳链的脂肪酸排除在脂类之外，而又因乳脂中存在脂肪酸C_4（丁酸），又可将其纳入脂类。考虑到脂类的复杂性和异源性，给出一个更为精确和有效的定义仍然相当困难。

为了进一步了解脂类的定义，本节将对脂肪酸的结构、脂类的分类和命名以及甘油酯、磷脂、糖脂、蜡和固醇等主要脂类进行介绍。

二、脂肪酸

脂肪酸是脂类的主要成分，是含有一个羧酸官能团的脂肪链化合物。绝大部分天然脂肪酸的直链中含有偶数个碳，因为在脂肪酸扩展的生物合成过程中总是有两个碳被同时引入。在自然界中大多数脂肪酸含有14~24个碳，但热带植物的油脂和乳脂肪也含有相当量少于14个碳原子的短链脂肪酸。

脂肪酸一般可分为饱和脂肪酸与不饱和脂肪酸，不饱和脂肪酸含有双键。脂肪酸可以用系统命名、俗名和缩写名来描述。脂肪酸的系统命名是基于脂肪酸母体碳水化合物的碳数的。绝大部分偶数碳脂肪酸和多数奇数碳脂肪酸都有俗名（表4-1）。很多脂肪酸的俗名源于其传统来源，如棕榈酸、花生四烯酸。数字系统命名可用于名字缩写。在此系统中第一个数字指脂肪酸的碳数，而第二个数字指双键数（如十六烷酸，即棕榈酸，也可表示为16∶0）。对于双键位置的标注，在IUPAC（国际纯粹与应用化学联合会）系统中双键位置由Δ系统标出，指从脂肪酸的羧酸尾部到双键的位置，如亚油酸可以表示为18∶2Δ9。另外一种方法是从脂肪酸分子的末端甲基开始确定第一个双键的位置，如亚油酸可以表示为18∶2ω6（或18∶2 n6）。天然多烯酸（一般含有2~6个双键）的双键均被亚甲基隔开，所以第一个双键定位后，其余双键的位置也随之确定。

表 4-1　食品中常见脂肪酸的命名

系统命名	俗名	数字缩写
丁酸	酪酸	4：0
己酸	己酸	6：0
辛酸	羊脂酸	8：0
癸酸	癸酸	10：0
十二酸	月桂酸	12：0
十四酸	肉蔻酸	14：0
十六酸	棕榈酸	16：0
十八酸	硬脂酸	18：0
顺 -9- 十八烯酸	油酸	18：1n9
顺 -9,12- 十八碳二烯酸	亚油酸	18：2n6
顺 -9,-12,-15- 十八碳三烯酸	亚麻酸	18：3n3
顺 -5,-8,-11,-14- 二十碳四烯酸	花生四烯酸	20：4n6
顺 -5,-8,-11,-14,-17- 二十碳五烯酸	EPA	20：5n3
顺 -13- 二十二烯酸	芥酸	22：1n9
顺 -4,-7,-10,-13,-16,-19- 二十二碳六烯酸	DHA	22：6n3

　　不饱和脂肪酸中，天然存在的形式为顺式构型。在顺式构型中，烷基位于分子的同一侧，而反式构型则位于分子相反的两侧（图4-1）。顺式构型的双键会使脂肪酸形成弯曲构象，因此不饱和脂肪酸为非线性结构。这种非线性的结构与饱和脂肪酸共存时，分子间的范德华作用相当弱，因此室温下它们主要以液态

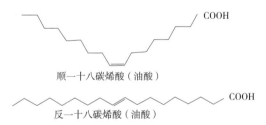

顺—十八碳烯酸（油酸）

反—十八碳烯酸（油酸）

图 4-1　不饱和脂肪酸中顺式双键和反式双键的差异

油存在。具有反式双键的不饱和脂肪酸比有顺式双键的不饱和脂肪酸有更好的线性，因此其分子间的包裹更紧，熔点更高。例如硬脂酸、油酸、反式油酸的熔点分别约为70℃、5℃和44℃。

　　植物油中天然存在的最常见的脂肪酸有8种，约占脂肪酸总量的97%（表4-2），动物脂肪和鱼油中的脂肪酸则主要有16：0、16：1、18：0、18：1、20：4n6、20：5n3及22：6n3等。如表4-2所示，植物油中棕榈酸、油酸以及亚油酸含量较高，即不饱和脂肪酸占主要成分。人体内不能合成足够量的具有重要生理活性的亚油酸和α-亚麻酸，因此它们都是必需脂肪酸。

表4-2　植物油中最常见的脂肪酸

俗名	符号	百分比/%
月桂酸 (lauric acid)	12：0	4
肉豆蔻酸 (myristic acid)	14：0	2
棕榈酸 (palmitic acid)	16：0	11
硬脂酸 (stearic acid)	18：0	4
油酸 (oleic acid)	18：1	34
亚油酸 (linoleic acid)	18：2	34
α- 亚麻酸 (α-linolenic acid)	18：3	5
芥酸 (erucic acid)	22：1	3

三、脂类的分类

　　根据脂类在常温环境下的物理状态，可将其分为脂肪（固体）和油（液体），但脂类的固态和液态随温度而发生变化，因此脂和油这两个名称通常可以互换使用。根据脂类的溶解性和功能性质的差异，也可将它们分为非极性脂类（如甘油三酯和胆固醇）和极性脂类（如磷脂）。极性脂类通常含有高度亲水的"头"官能团，它能够黏附在高度亲油的"尾"官能团上。

　　更常见的方式可按脂类的结构组成分类，如表4-3所示。大多数脂类中甘油三酯含量最高，约占总量的95%以上。其他成分有甘油一酯、甘油二酯、游离脂肪酸、磷脂、固醇、脂肪醇和脂溶性维生素等。

表4-3　根据组成对脂类进行分类

主类	亚类	组成
简单脂类	酰基甘油	甘油 + 脂肪酸
	蜡	长链脂肪醇 + 长链脂肪酸
复合脂类	磷酸酰基甘油 (或甘油磷脂)	甘油 + 脂肪酸 + 磷酸盐 + 其他基团（通常含有氮）
	神经鞘磷脂	鞘氨醇 + 脂肪酸 + 磷酸盐 + 胆碱
	脑苷脂	鞘氨醇 + 脂肪酸 + 简单糖
	神经节苷脂	鞘氨醇 + 脂肪酸 + 包含唾液酸的复杂碳水化合物部分
衍生脂类	符合脂类定义又非简单脂类或复合脂类	类胡萝卜素、类固醇、脂溶性维生素等

食用油脂的来源非常丰富，一些常见的食品中的脂肪酸组成见表4-4。

表4-4　常见食品中的脂肪酸组成

单位：%

食用油脂	4:0	6:0	8:0	10:0	12:0	14:0	16:0	16:1Δ9	18:0	18:1Δ9	18:2Δ9	18:3Δ9	20:5Δ5	22:6Δ4
橄榄油							13.7	1.2	2.5	71.1	10.0	0.6		
菜籽油							3.9	0.2	1.9	64.1	18.7	9.2		
玉米油							12.2	0.1	2.2	27.5	57.0	0.9		
大豆油					0.1		11.0	0.1	4.0	23.4	53.2	7.8		
亚麻籽油							4.8		4.7	19.9	15.9	52.7		
椰子油		0.5	8.0	6.4	48.5	17.6	8.4		2.5	6.5	1.5			
可可脂						0.1	25.8	0.3	34.5	35.3	2.9			
乳脂	3.8	2.3	1.1	2.0	3.1	11.7	26.2	1.9	12.5	28.2	2.9	0.5		
牛脂肪				0.1	0.1	3.3	25.5	3.4	21.6	38.7	2.2	0.6		
猪脂肪				0.1	0.1	1.5	24.8	3.1	12.3	45.1	9.9	0.1		
鸡肉					0.2	1.3	23.2	6.5	6.4	41.6	18.9	1.3		
大西洋鲑鱼						5.0	15.9	6.3	2.5	21.4	1.1	0.6	1.9	11.9
鸡蛋脂肪						0.3	22.1	3.3	7.7	26.6	11.1	0.3		

在一般动物脂肪（如猪脂和牛脂）中，含有大量的C_{16}脂肪酸和C_{18}脂肪酸，在不饱和脂肪酸中最多的是油酸和亚油酸，也含有一定量完全饱和的甘油三酯，具有相当高的熔点。在乳脂中，主要的脂肪酸为棕榈酸、油酸以及硬脂酸，但也含有相当数量的$C_4 \sim C_{12}$的短链脂肪酸。在海生动物鱼油中，一般含有大量的长链多不饱和脂肪酸，如EPA与DHA。

在植物油脂中，如菜籽油、花生油、棉籽油、玉米油、葵花籽油、红花籽油、橄榄油、棕榈油和芝麻油等，含有大量的油酸和亚油酸，它们的饱和脂肪酸含量均低于20%。而大豆油、亚麻籽油和核桃油等含有丰富的亚麻酸，椰子油中含有大量的月桂酸。

四、甘油酯

动植物中的脂肪酸99%以上都与甘油发生了酯化。甘油与脂肪酸结合可形成甘油一酯、甘油二酯和甘油三酯，其中甘油三酯在食品中最常见。甘油一酯和甘油二酯也被用作食品添加剂（如乳化剂）。如果甘油两个尾碳上连接不同的脂肪酸，那么中心碳原子就具有手性。因此，甘油三酯中甘油部分的三个碳可以用立体标号来区分。通常将甘油按Fisher平面投影分类取名，其中间的羟基位于中心碳的左边，将三个碳原子从上到下依次编号为sn-1、sn-2和sn-3（图4-2）。

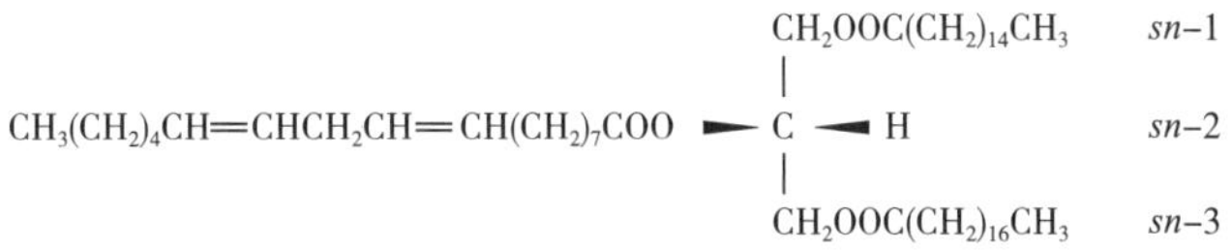

$$CH_3(CH_2)_4CH=CHCH_2CH=CH(CH_2)_7COO \blacktriangleright C \blacktriangleleft H$$

CH₂OOC(CH₂)₁₄CH₃   sn-1

CH₂OOC(CH₂)₁₆CH₃   sn-3

sn-2

图 4-2　甘油三酯的 *sn* 系统命名示例（1- 棕榈酰 -2- 油酰 -3- 硬脂酰 -*sn*- 甘油酯）

甘油三酯可用几种不同的系统命名，比较常用的方法是采用脂肪酸的俗名命名。对于只含有一种脂肪酸（如缩写成St的硬脂酸）的甘油三酯，可命名为三硬脂酸甘油酯、三硬脂酸酯、甘油硬脂酸酯、StStSt或18：0-18：0-18：0。含有不同脂肪酸的甘油三酯根据每个脂肪酸立体结构是否已知而有不同的命名。如果立体位置不确定，那么一个含有棕榈酸、油酸和硬脂酸的甘油三酯可以被命名为棕榈酰-油酰-硬脂酰-甘油酯。如果脂肪酸的空间位置已知，则*sn*会被引入命名中，如1-棕榈酰-2-油酰-3-硬脂酰-*sn*-甘油酯、*sn*-1-棕榈酰-2-油酰-3-硬脂酰或*sn*-甘油-1-棕榈酰-2-油酰-3-硬脂酰（图4-2）。

甘油三酯中脂肪酸的分布对脂肪的结构和性质具有重要的影响。在牛油、橄榄油和花生油等脂肪中，大部分脂肪酸均匀地分布在甘油的三个位置。但也有些脂肪的脂肪酸分布呈现特殊的规律。

在常见的植物种子油脂中，不饱和脂肪酸如亚油酸优先排列在sn-2位上，而饱和脂肪酸只出现在sn-1和sn-3的位置。可可脂即为一个典型实例，其中85%以上的油酸位于sn-2位，而棕榈酸和硬脂酸均匀地分布在sn-1位和sn-3位。在动物脂肪中，sn-2位上饱和脂肪酸含量高于植物脂肪。在大多数动物脂肪中16：0优先在sn-1位置，但猪油中16：0主要集中在sn-2位。不同种类的动物之间与同一种类动物不同部位之间的甘油三酯分布模式也有很大差别。例如，猪油中18：0主要位于sn-1位，18：2位于sn-3位，油酸大量集中在sn-1位与sn-3位，而海生动物油中高度不饱和脂肪酸（如DHA和EPA）优先位于sn-2位。脂肪酸的空间位置是影响其营养的一个重要决定因素。当甘油三酯在小肠中消化时，在sn-1位和sn-3位的脂肪酸被胰脂酶释放，生成两个游离脂肪酸和一个sn-2单酯。如果长链饱和脂肪酸在sn-1位和sn-3位，它们的生物利用率会更低，因为游离脂肪酸会形成不溶性钙盐。因此，在乳脂中脂肪酸位于sn-2位可能有利于人体对这些脂肪酸的吸收。由于在sn-1位和sn-3位的长链饱和脂肪酸不能被有效吸收，所以它们提供的热量以及对血脂形成的影响均更少，这是近年来结构甘油三酯（structured triacylglycerides）研究的热点。

五、磷脂和糖脂

磷脂或磷酸甘油酯是甘油三酯的改性产物，其磷酸根官能团通常在sn-3位上。最简单的磷脂是磷脂酸，其sn-3位磷酸根官能团上的取代基为—OH。在sn-3位磷酸根官能团上的一些改性会产生卵磷脂（PC）、磷脂酰丝酸氨（PS）、磷脂酰乙醇胺（PE）和磷脂酰肌醇（PI）（图4-3）。磷脂的命名方法与甘油三酯的相似，磷酸官能团的位置写在最后（如1-棕榈酰-2-硬脂酰-sn-甘油-3-磷脂酰乙醇胺）。

在食品工业中，卵磷脂通常是指大豆卵磷脂和蛋黄卵磷脂，尽管如此，作为食品添加剂的卵磷脂通常不是纯物质，而是含有不同磷脂以及其他一些组分的混合物。在磷脂中，强极性磷酸根使这些磷脂的表面具有活性。这一表面活性使磷脂按双分子层排布，这对生物细胞膜的性质至关重要。因为细胞膜需要维持流动性，磷脂中的脂肪酸通常是不饱和的，以防止在室温下结晶。磷脂的表面活性意味着它们可以被用来改变油脂的物理性质。

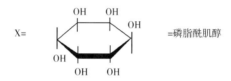

X=OH=磷脂酸

X=O—CH₂—CH₂—NH₂=磷脂酰乙醇胺

X=O—CH₂—CH₂—N⁺(CH₃)₃=磷脂酰胆碱

X=O—CH₂—CH(NH₂)—COOH=磷脂酰丝氨酸

X= =磷脂酰肌醇

图4-3　食品中常见磷脂的结构

糖脂指结构中含有糖基的脂质化合物。鞘糖脂和甘油糖脂是食品工业涉及较多的两类糖脂。这些油脂通常与细胞膜有关，特别是和神经组织，一般不是食用油脂的主要成分。

六、蜡质和固醇

按严格的化学定义，蜡质是由长链酸和长链醇得到的酯。实际上，工业用和食品用的蜡质是一个综合的化学类别，包括蜡质酯、固醇酯、酮、醇、碳水化合物和固醇类。蜡质可以根据来源分为动物源（蜂蜡）、植物源（棕榈蜡）和矿物源（石油蜡）。在植物表面和动物组织中的蜡质能够限制水分流失或防水。蜡质通常被加在水果表面，以降低在贮藏期间的脱水。

固醇是类固醇的衍生物，该类非极性油脂均含有三个六碳环和一个连在脂肪链上的五碳环（图4-4）。固醇在A环碳3位有一个羟基官能团。固醇酯由固醇和脂肪酸碳3位羟基发生酯化而成。在植物中发现的固醇为植物甾醇，在动物中则称为动物固醇。胆固醇是在动物油脂中发现的主要固醇。植物油脂中含有很多种固醇，主要是β-谷甾醇、菜油甾醇和豆甾醇等。在植物油脂中也发现少量的胆固醇。固醇碳3位的羟基官能团使得这些化合物具有表面活性。

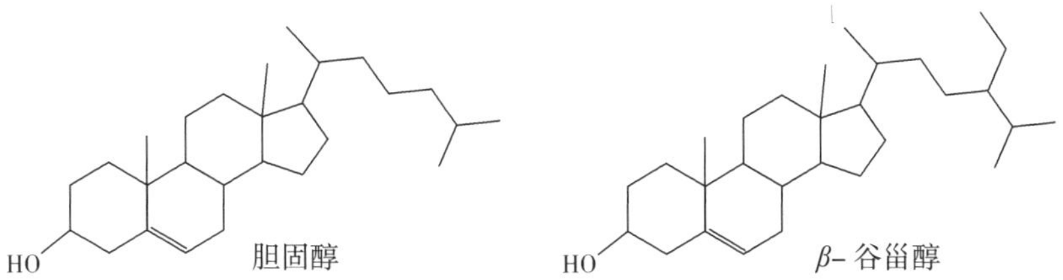

图 4-4　食品中常见的固醇类结构

第二节　脂类的物理性质

食用油脂的分子结构和组织状态可以决定其功能特性（如熔点、结晶形态以及相互作用），而这些功能特性又会决定食品的理化特性及感官特性（如质构、稳定性、外观及风味）。尽管在食品体系中存在多种不同种类的油脂，但是在此主要讨论甘油三酯，因为甘油三酯含量丰富，在食品中具有非常重要的作用。

一、甘油三酯的物理性质

根据脂类定义，不同脂类在不同溶剂中的溶解度存在差异。脂类溶解度的差异很大程度上归因于其脂肪酸溶解度的不同。通常短链脂肪酸如甲酸和乙酸可与水互溶，C_6~C_{10}脂肪酸少量溶于水，C_{12}以上脂肪酸在水中溶解度极小。一般情况下，油脂在水中的溶解度比相应的脂肪酸在水中的溶解度小得多。脂肪酸在有机溶剂中通常具有较好的溶解性，且随着碳链长度的降低与不饱和度的增加而增大。表4-5所示为几种主要脂肪酸在典型溶剂中的溶解度。

表 4-5　几种主要脂肪酸在不同溶剂中的溶解度　　　　单位：g/100g

溶剂	脂肪酸	溶解度							
		20℃	10℃	0℃	−10℃	−20℃	−30℃	−40℃	−50℃
丙酮	16：0	5.38	1.94	0.60	0.27	0.10	0.038		
	18：0	1.54	0.80	0.21	0.023	0.025			
	18：1		87.0	15.9	27.4	5.1	1.4	0.5	
	18：2	∞	∞	∞	1200	147	27.2	8.6	3.3
甲醇	16：0	3.7	1.3	0.8	0.16	0.05			
	18：0	0.1		0.09	0.031				
	18：1		1522	250	31.6	4.0	0.9	0.3	
	18：2		∞	∞	1850	233	48.1	9.9	3.3

续表

溶剂	脂肪酸	溶解度							
		20℃	10℃	0℃	−10℃	−20℃	−30℃	−40℃	−50℃
90% 乙醇	16：0	4.93	2.1	0.85					
	18：0	1.73	0.65	0.24					
	18：1	∞	1470	235	47.5	9.5	2.2	0.7	
	18：2	∞	∞	1150	70	47.5	11.1	4.5	

　　油脂在其熔点之上的温度下，可与大多数有机溶剂混溶。油脂在溶剂中溶解可分为两种情况：①油脂与溶剂完全混溶，当降温至一定温度时，油脂会以晶体形式析出，这一类溶剂称为脂肪溶剂；②某些极性较强的有机溶剂在高温时可以和油脂完全混溶，当降温至一定温度时，溶液变浑浊分为两相，一相以溶剂为主，含少量油脂，另一相以油脂为主，含少量溶剂。这种溶剂称为部分混溶溶剂。油脂在溶剂中的溶解性是对其进行分析和分离纯化的重要基础。

　　大多数的液态油脂是具有中等黏度的牛顿流体。作为油脂的重要组成成分，脂肪酸因其分子间的氢键作用而往往具有较高的黏度。饱和脂肪酸的黏度随着碳原子数增加而增高，并大于同碳数不饱和脂肪酸的黏度；同碳数不饱和脂肪酸的黏度随着不饱和度的增加而减小；共轭脂肪酸的黏度大于非共轭脂肪酸；诸如蓖麻酸等羟基脂肪酸黏度最大。油脂黏度的变化规律与脂肪酸类似。油脂黏度一般随温度升高而降低，但变化幅度不大，这可能与脂肪酸烃链间的疏水相互作用有关。

　　油脂的密度是指一定质量油脂所占的一定体积。液态的油滴密度在室温下约为0.910~0.930g/cm³，并随温度的上升而减小。完全固态的脂肪的密度约为1.000~1.060g/cm³，且随温度的升高而迅速下降。对脂肪酸而言，同碳数饱和脂肪酸的密度小于不饱和脂肪酸，同碳数不饱和脂肪酸的密度随不饱和度增加而稍微增大，共轭脂肪酸的密度大于同碳数的非共轭脂肪酸；含羟基或酮基的脂肪酸密度最大。由于甘油三酯具有同质多晶现象，其密度变化较为复杂。一般而言，晶型越稳定，分子排列越紧密，密度就越大。例如甘油三酯具有 α、β、β' 三种晶型，它们的密度分别为1.014g/cm³（−38.6℃）、1.017g/cm³（−38.0℃）、1.043g/cm³（−38.6℃）。大多数脂肪在常温下表现为"固体"，而实际上是固液两相组成的混合体系，其密度取决于该温度下固液两相的比例，因此密度变化更为复杂。通过测定不同温度下油脂密度的变化可以计算塑性脂肪的固体脂肪指数。

二、结晶和同质多晶

　　油脂的物理状态（固态或液态）对食品起着重要作用，决定了产品的最终质量。比如，所含油脂的结晶性质极大地影响着人造黄油、奶油、冰淇淋、鲜奶油和焙烤食品等的理化性质和感官性质。油脂结晶的过程大体分为以下几步：过冷、晶核形成、晶体生长、后结晶。因此，油脂结晶所形成晶体的大小、形状和分布受许多内部因素（如分子结构、组成、堆积和相互作用）和外部因素（如温度–时间、机械搅动和杂质）的影响。一般来讲，液态油快速冷却到熔点以下时会形成大量的小晶体，而缓慢冷却到熔点以下时则会形成少量的大晶体。其原因是成核和结晶速率对温度的依赖性差异。

由于构成甘油三酯的脂肪酸及其在甘油上排列的多样性，甘油三酯结晶时往往会形成不同的晶体形态。这种化学本质相同而在不同条件下形成多种晶型的现象称之为同质多晶。不同形态固态的结晶则称为同质多晶体。油脂晶型的差异是同质多晶现象的本质所在。

甘油三酯一般具有"音叉"结构，在甘油分子尾部连接的两个脂肪酸分子指向同一个方向，在sn–2位的脂肪酸指向相反的方向（图4-5）。当脂肪固化时，甘油三酯分子可通过高度有序排列形成三维晶体结构。晶体是由晶胞在空间重复排列而成的。X射线衍射研究表明，晶胞一般是由两个短间隔（a、b）和一个长间隔（d）组成的长方体或斜方体（图4-6），在斜方体晶胞中，每一条棱上有一对脂肪酸分子，柱的中心也有一对脂肪酸分子。中心的一对脂肪酸与一条棱上的一对脂肪酸（共4个）分子组成一个晶胞单位。其他三条棱上的三对分子则与另外有关中心的三对分子组成晶胞。图4-6所示晶胞结构中，极性端基相互缔合形成由a和b轴组成的面，c为2个脂肪酸分子非极性链伸展轴，α为倾斜角，它们是区别不同晶体的主要结构参数。通常α角越小，晶体所含的能量越低，也越稳定。

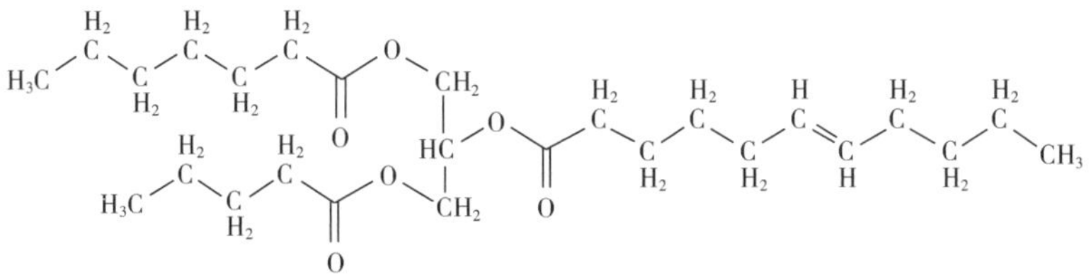

图 4-5 甘油三酯的分子结构

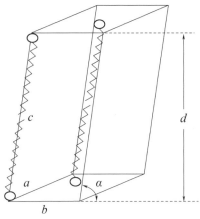

图 4-6 晶胞结构示意

通常，晶胞有三种常见的堆积排列方式，即三斜、正交和六方晶系，见图4-7。三斜晶系中，亚晶胞结构之间相互平行；正交晶系中，亚晶胞轴向排列呈相互垂直的状态；六方晶系中，亚晶胞之间大致保持轴向接近的状态。这种结构特点决定了三种晶胞的稳定性呈如下排列：$\beta>\beta'>\alpha$。由于β、β'、α三种晶型所具有的自由能不同，其物理性质也显著不同。表4-6所示为含有相同脂肪酸的甘油三酯三种不同晶型的主要特征。

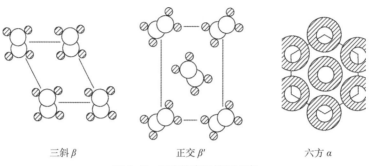

三斜 β　　　　　　　正交 β'　　　　　　　六方 α

图4-7　晶胞的常见堆积示意

表4-6　具有相同脂肪酸的甘油三酯的晶型特征

结晶类型	链堆积	短间隔/nm	特征红外吸收	熔点	密度
α	六方	0.415	$720cm^{-1}$ 单条带	低	小
β'	正交	0.38、0.42	$727cm^{-1}$ 和 $719cm^{-1}$ 双条带	中	中
β	三斜	0.37、0.39、0.46	$717cm^{-1}$ 单条带	高	大

商品油脂中甘油三酯往往含有不同种类的脂肪酸，因此与具有相同脂肪酸的甘油三酯的同质多晶型物存在一定差异。一般来说，混合型甘油三酯的多晶型结构更为复杂，含有不同脂肪酸的甘油三酯的β'晶型的熔点比β晶型的高。经氢化的大豆油、红花籽油、葵花籽油、橄榄油、猪油、玉米油、椰子油、芝麻油以及可可脂等倾向于形成β型结晶，而经氢化的棉籽油、棕榈油、改性猪油、牛脂等倾向于形成β'结晶。可可脂含有3种主要的甘油三酯：POSt（40%）、StOSt（30%）以及POP（15%），它具有6种同质多晶型物（Ⅰ~Ⅵ），Ⅰ型最不稳定，熔点最低；Ⅴ型很稳定，是所期望的结构，它使巧克力涂层具有光泽的外观；Ⅵ型比Ⅴ型的熔点高，在巧克力贮藏过程中从Ⅴ型转变为Ⅵ型，导致巧克力的表面形成一层非常薄的"白霜"。巧克力起霜往往归因于贮藏过程中温度的波动，它会导致脂肪熔化和重结晶，从而导致起霜。通过使用表面活性剂可限制晶体转化，或者严格控制贮藏条件以避免脂肪晶型转变，进而达到避免起霜的目的。

脂肪的结晶对食品整体质构非常重要，蛋黄酱生产就是一个很好的实例。首先，必须选用含有甘油三酯的混合油相，使最终产品具备理想的固体脂肪浓度-温度特性和晶体形态。这些油相通过与水相均质得到油包水乳状液。然后通过控制时间-温度-剪切条件，得到理想的结晶度、晶体大小、同质多晶形态和晶体相互作用程度。理想条件下，最终产品中一些较小的脂肪晶体将以β'晶型聚集成一种三维网络结构，从而提供良好的质构和稳定特性。蛋黄酱加工中，脂肪晶体首先形成α晶型,然后在晶体形成阶段逐渐转化成更加稳定的β′晶型。两者的比例将决定脂肪晶体间形成的键的数量和强度以及最终产品的流变学性质,因此在生产过程中控制该转化的程度非常重要。另一方面,防止在贮存过程中β′晶型向β晶型转化也很重要,因为这将导致大晶体(>30μm)的形成,从而导致食用时产生砂砾感。这种转化通常可以通过添加表面活性剂,或者选择一种不会形成β晶型的油脂,或者通过适当的混合形成β′晶体来实现。

起酥油也是体现脂肪结晶对产品质构重要性的典型实例。起酥油是一种可以给蛋糕、面包、糕点、油炸产品和烘焙产品等不同食品提供特征性功能特性的脂肪。这些功能特性包括嫩度、质构、口感、结构完整性、润滑、空气混入、传热和延长保质期等。起酥油的命名本身是因为它会阻止蛋白或者淀粉分子相互作用,这些分子可以通过降低面筋聚合和酥化质构从而嫩化产品,其对食品质构的影响主要是由于形成了三维脂肪晶体网络。为了获得特定的质构特征,首先要选择一种可以提供合适的熔化特性和同质多晶特性的油脂混合物,然后采用控制冷却和剪切条件加工油脂,这样可以得到理想的晶体类型和结构,使油脂在贮存温度下部分结晶保持结构完整性,同时在食用时较易熔化,从而获得良好的口感。

三、熔化和凝固

如前所述,油脂的物理状态对食品起着重要作用,诸如人造黄油、奶油、冰淇淋、鲜奶油和焙烤食品等产品所含油脂的存在状态极大地影响着产品的理化性质和感官性质。这不仅包括脂肪结晶的晶型,也包括其熔化和凝固的动力学过程。对于纯物质而言,其熔点与凝固点相同,但对于商品油脂这类混合物而言,熔点与凝固点并不相同,通常甘油三酯的熔点要比凝固点高1~2℃。

固体脂肪含量(SFC)是常被用于描述油脂熔化或所处状态的重要指标,它是指在特定温度下固态脂肪所占的比例(0~100%)。SFC的温度依赖性决定了它是在特定食品中选择应用不同油脂的最重要的考虑,因为它在很大程度上影响着产品加工的效率和含脂食品的最终性质。尽管纯甘油三酯的熔化发生在接近熔点(T_{mp})的一个极小温度范围内,但食用油脂含有多种不同类型的复杂甘油三酯分子,每种含有不同的熔点,因此通常在一个较宽范围温度内而不是某个具体的温度下熔化(图4-8)。典型的甘油三酯混合物熔化时,在X点以下,体系完全是固体,到达X点开始熔化,Y点代表完全熔化,Y点以上脂肪完全变成液体,曲线XY代表体系中固体脂肪的熔化过程。熔化起点和熔化终点所对应的温度范围称为熔程。

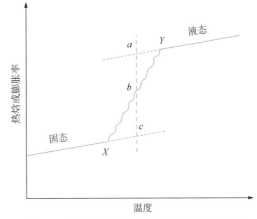

图4-8 甘油酯混合物的热焓或膨胀熔化曲线

食用油脂的SFC通常可用量热法、体积变化法或核磁共振法（NMR）来测定。NMR是测定SFC较好的方法，因为所需样品量少，操作简单、快速。另一方面，脂肪在熔化时体积膨胀，在同质多晶型转换时，体积收缩。以比体积对温度作图，得到的膨胀率–温度图与热熔–温度图是完全相似的，因此也常采用膨胀率变化来测定脂肪的熔化。作为评价食用油脂的主要参数，SFC提供了重要的质量信息，比如在冷藏温度下的结晶性质会影响产品的浊点和乳化稳定性，在不同温度下的熔化行为会影响口感、焙烤品质以及油脂在冷藏或室温下的涂抹性等。例如，人造黄油在冷藏或室温下要足够"硬"以维持其形状，但在用刀进行涂抹时又能足够"软"。因此，针对特定应用需求，有必要选用具有合适的SFC–温度特性与流变性–温度特性的油脂。

凝固是脂肪熔化的逆过程，凝固过程不仅涉及脂肪的结晶，也与油脂的应用特性如塑性和稠度密切关联。脂肪的塑性是指固体脂肪在受到超过分子间作用力的外力作用下开始流动而当外力停止后又恢复原有稠度的性质。脂肪的塑性受下列因素影响：①在一定温度下的固体脂肪含量；②脂肪中甘油酯组分的熔化温度；③甘油酯组分的同质多晶型。通常，如果脂肪中固体含量很少，脂肪非常容易熔化，如果固脂含量很高，脂肪变脆，两者都不是理想的塑性范围。因此，食用脂肪的固体脂肪含量大多在10%~30%范围

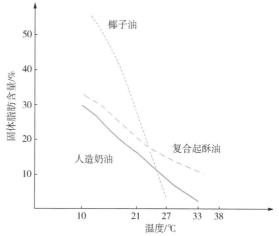

图4-9 人造奶油、椰子油及起酥油不同温度下的固体脂肪含量

内。图4-9所示为人造奶油、椰子油以及起酥油在不同温度下的固体脂肪含量。从图中看到，含30%固体脂肪的人造奶油熔化温度很低，因此人造奶油比椰子油相对软得多，容易涂抹。从图中还可看到，在高温范围内（20~30℃）人造奶油比起酥油的斜率大，这意味着人造奶油在嘴中比起酥油熔化速率快。

通常，含有大量简单甘油酯的脂肪的塑性范围很窄，椰子油与奶油含有大量简单的饱和甘油酯，因而熔化速率很快。具有不同熔化温度的甘油酯混合物组成的脂肪，熔程越大，其塑性范围也越大，因为不同的甘油酯组分的熔化温度不同，可以达到所期望的塑性。

稠度是表征脂肪可塑性或者塑性脂肪软硬度的指标。影响商品脂肪稠度的因素众多，脂肪中固体含量越高，脂肪越硬。因此由高熔点的甘油三酯组成的晶体通常比低熔点的甘油三酯组成的晶体硬。当固体脂肪含量一定时，如果晶种数量越多，结晶越小，则脂肪越硬。如果凝固时冷却速率越慢，产生结晶越大，则脂肪越软。此外，熔化的脂肪在凝固时进行机械搅拌，所得到的脂肪比较软，在静止条件下固化，得到的脂肪比较硬，因为在静止条件下结晶形成的结构相对比较强。结晶脂肪一般具有触变性，因此剧烈搅拌时会发生可逆的软化，停止搅拌可以慢慢恢复到原有的黏度。在一定温度下，黏度不同的油将会影响熔融物的黏度以及固–液脂类混合物的稠度。

第三节　脂类的化学性质

一、脂类的化学变化

油脂是甘油三酯的混合物，具有酯的化学性质，可进行水解、酯交换、氧化等多种反应。水解产生的脂肪酸则可以发生成盐、酯化和还原反应等。如果甘油三酯或脂肪酸碳链上具有双键，它们还可以发生加成、异构化、聚合等反应。由于甘油三酯和脂肪酸官能团的差异，其可以发生的化学反应也不尽相同。然而，目前主要发现的油脂的化学反应往往对其风味、外观、营养价值以及安全产生重要影响，例如水解可产生不期望的蛤败味、氧化导致的过氧化值的大幅升高等，都会造成脂肪品质的劣变，甚至不可食用。

与其他食品组分相似，脂类的化学变化既受到诸如脂肪酸组成、脂肪存在状态等内在因素的影响，也受到共存组分如水、酶、酸、碱、有机物等的影响，还受到光、热、辐照等外界因素的影响，各种因素交互影响，使得脂肪的化学变化复杂化。

二、脂类的水解

脂类水解也称脂解，它是指脂肪在酶、热等作用下，在水分参与的条件下发生酯键水解，生成游离脂肪酸的反应。

在含油脂的食品材料中，脂类往往会发生酶促水解。例如动物屠宰后，其组织中的脂肪可通过酶的作用水解生成游离脂肪酸。因此快速提炼显得特别重要，提炼过程中使用的热处理通常能使水解酯键的酶钝化。鱼类肌肉组织中一般含有一定的磷脂酶A和脂酶，在冷冻贮存期间，很多鱼类肌肉中的磷脂会在酶的作用下发生大量水解，往往引起变质。与动物脂肪不同，在收获时成熟的植物油料种子中的油脂可能已发生相当程度的水解。这往往是因为在加工储藏过程中，细胞结构受到破坏，脂肪酶被激活（如接触底物）而导致。橄榄油的生产是个很好的实例，一次压榨过程中游离脂肪酸浓度较低，二次压榨和浸提过程中细胞基质受到进一步破坏，使得甘油三酯被脂肪酶水解，因此游离脂肪酸含量较高。通常植物油在提取后需要碱炼以达到中和游离脂肪酸的目的。

食品中的游离脂肪酸可带来一系列的问题，如产生异味、降低氧化稳定性、生成泡沫、降低烟点等（油脂开始产生烟的温度）。脂类水解产生的短链脂肪酸能导致鲜乳产生不希望的酸败味。但另一方面，通过特地添加微生物和乳脂酶可产生某种典型的干酪风味。采用控制和选择性的脂解可以制造酸奶和面包等产品。在食品油炸过程中，由于从食品中引入大量的水，而且保持相当高的温度，使得脂解成为一个主要反应。随着游离脂肪酸含量提高，烟点和氧化稳定性下降，起泡的趋势增加。油炸过程中产生大量游离脂肪酸通常会导致油的发烟点和表面张力下降。酶催化脂肪水解已被广泛用来作为脂类研究中的一个分析工具，科研工作者常常使用胰脂酶与不同磷脂酶测定甘油酯分子中脂肪酸的分布，这些酶和许多其他特异性的酶可应用于化学合成某些脂类中间物和制备用于特殊营养品、药品及化妆品的结构脂肪（Structured lipids）。

三、脂类的氧化

油脂氧化是描述油脂和氧气之间一系列复杂化学变化的术语。含有大量多不饱和脂肪酸的食用油氧化是食品工业最关心的问题，因为它直接同营养、风味、安全、贮存及经济有关。脂类氧化反应过程中，甘油三酯和磷脂会降解成挥发性小分子，一般情况下产生不期望的挥发性化合物，使食品具有不良的风味。但对某些诸如油炸食品、干谷物和奶酪等食品而言，少量的脂肪氧化产物是它们特征风味的重要成分。

（一）参与脂类氧化的氧

在影响油脂氧化的诸多因素中，氧是必要的条件，其存在状态对油脂氧化具有极大影响。氧元素原子序数为8，其电子结构为$1s^22s^22p^4$。一个氧分子含有两个氧原子、10个分子轨道（5个成键轨道和5个反键轨道）和12个价电子（图4-10）。根据光谱线命名规则：没有未成对电子的分子称为单重态，有一个未成对电子的分子称为双重态，而有两个未成对电子的分子称为三重态。一般有机分子的基态为单重态，而激发态为三重态。氧分子则有别于一般的有机分子，其基态氧分子为三重态，激发态氧分子为单重态，游离基氧则为双重态。基态氧分子和激发态氧分子的分子轨道和能量水平见图4-10。

在基态氧分子中，成键轨道比反键轨道多出4个电子，相当于一个双键，因此它的键长和键能与一个典型的双键相当。由于分子轨道中有两个自旋平行的电子，所以氧分子具有顺磁性。单重态氧不具有顺磁性，而具有抗磁性。三重态氧在一定条件下可转化成游离基氧，而单重态氧没有这种特性。所以基态氧分子可以参与游离基反应，而激发态氧分子不能进行游离基反应。氧分子的存在状态不同，决定了它们参与油脂氧化时的作用机理也不相同。

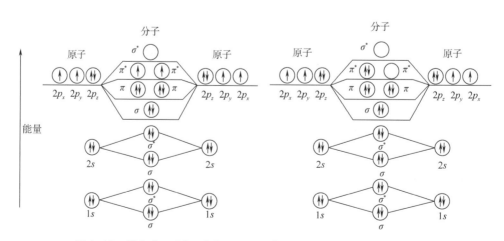

图4-10 基态（三重态，左）和激发态（单重态，右）氧分子的分子轨道

（二）脂类氧化机理

根据目前对油脂接触氧气发生氧化的了解，主要将其分为三类，即自动氧化、光敏氧化和酶促氧化。这三种氧化首先均形成氢过氧化物，氢过氧化物继续氧化生成二级氧化产物，再进一步聚合形成聚合物，经脱水形成酮基酸酯，然后分解产生醛、酮、酸等一系列小分子等。

1. 自动氧化

自动氧化是油脂氧化最常见的途径，遵循如下自由基链式反应机理：

$$链的引发：RH+X\cdot \longrightarrow R\cdot +XH$$
$$链的传播：R\cdot +O_2 \longrightarrow ROO\cdot$$
$$ROO\cdot +RH \longrightarrow ROOH+R\cdot$$
$$链的终止：ROO\cdot +ROO\cdot \longrightarrow ROOR+O_2$$
$$ROO\cdot +R\cdot \longrightarrow ROOR$$
$$R\cdot +R\cdot \longrightarrow R-R$$

其中RH表示参加反应的脂肪酸，X·为引发剂（常为自由基），H是与双键相邻的α-亚甲基氢原子，较为活泼，因而易被除去。

链的引发过程中，脂肪酸去氢形成烷基自由基（R·）。一旦烷基自由基形成，自由基通过双键电子离域导致的双键迁移来保持稳定。对于多不饱和脂肪酸，它可通过形成共轭双键以达到稳定。双键迁移既可能生成顺式结构，也可能生成反式结构，后者因具有较高的稳定性而占主导地位。

图4-11表明在亚油酸氧化的引发阶段，亚甲基断裂去氢，双键重排生成两种异构体。对于油酸，去氢和异构化后可生成四种不同的烷基自由基（图4-12）。通常脂肪酸被引发产生自由基的可能随不饱和程度的增加而增加。脂肪链中碳氢共价键的键能为98kcal/mol，如果碳原子和富电子的双键相邻，碳氢键的键能可降低至89kcal /mol。

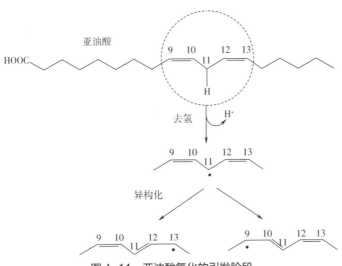

图 4-11 亚油酸氧化的引发阶段

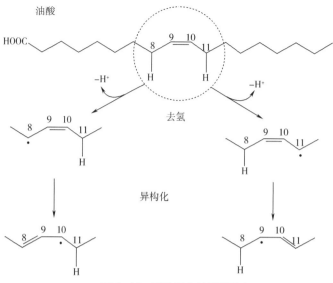

图4-12 油酸氧化的引发阶段

　　多不饱和脂肪酸中，双键排布往往呈现为亚甲基断裂碳连接的戊二烯构型（图4-13），其中亚甲基碳的碳氢键能甚至会被两边的双键减弱至80kcal/mol。断裂碳氢键所需能量的降低，使得去氢反应变得容易，油脂易于氧化。据估计，亚油酸（18：2）较油酸（18：1）的易氧化程度大10~40倍。在多不饱和脂肪酸增加一个双键的同时，它也会增加一个去氢的亚甲基碳。例如，亚油酸（18：2）有一个亚甲基断裂碳，而亚麻酸（18：3）有两个，花生四烯酸（20：4）有三个（图4-13）。多数情况下，随着亚甲基碳数的增加，脂肪酸氧化速率成倍增加。因此，亚麻酸的氧化速率是亚油酸的两倍，花生四烯酸则是亚麻酸的两倍（亚油酸的四倍）。常温下，油酸酯、亚油酸酯和亚麻酸酯的自动氧化速度之比为1：12：25，但不饱和双键的增加会大幅减少氧化的诱导期。

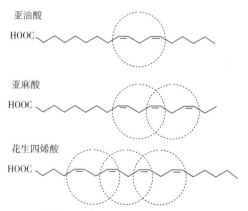

图4-13 亚油酸、亚麻酸和花生四烯酸中的戊二烯结构

在链的传递过程中，烷基自由基会首先与空气氧或三重态氧反应生成过氧化自由基ROO·。三重态氧上的自由基能量较低，不能直接引发去氢反应，但它可以在受限扩散的速率下与烷基自由基反应。烷基自由基和三重态氧上的一个自由基反应形成一个共价键，而氧的另一个自由基仍处于游离状态，该反应生成的自由基就是过氧化自由基（ROO·）。过氧化自由基能量较高，可以促进其他分子的去氢反应。不饱和脂肪酸的碳氢键较弱，容易受到过氧化自由基的攻击。氢加到过氧化自由基上可生成一个脂肪酸的氢过氧化物（ROOH）和另一个脂肪酸的烷基自由基，于是反应从一个脂肪酸传递到另一个脂肪酸。图4-14用两个亚油酸分子展示了这一过程。脂质氢过氧化物的位点和烷基自由基的位点一致，因此油酸酯和亚油酸酯可分别形成四种氢过氧化物和两种氢过氧化物。

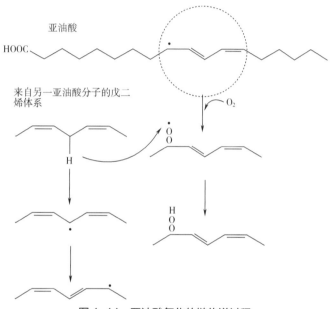

图4-14 亚油酸氧化的链传递过程

自由基链式反应的终止止于两个自由基结合形成非自由基物质。在有氧存在时，由于氧分子可在受限扩散的速率下结合到烷基自由基上，过氧化自由基会在体系中占据主导地位。因此，在空气环境下，链反应的终止往往发生在过氧化自由基和烷氧基自由基之间。氧气浓度较低的环境下（如煎炸油），链反应的终止发生在烷基自由基之间，并形成脂肪酸二聚物（图4-15）。因此脂肪酸聚合物可作为煎炸油质量的指标。

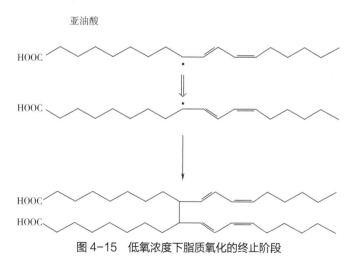

图4-15 低氧浓度下脂质氧化的终止阶段

2. 光敏氧化

光敏氧化是脂肪氧化的另一途径。它是指单重态氧直接进攻脂肪酸的不饱和双键，双键发生位移后形成氢过氧化物的一步协同反应。其反应过程为：

$$光敏剂 + 光照 \rightarrow {}^1光敏剂^* \rightarrow {}^3光敏剂^*$$

$$^3光敏剂^* + {}^3O_2 \rightarrow {}^1光敏剂 + {}^1O_2^*$$

$$^1O_2^* + -CH_2-CH=CH-CH_2- \rightarrow -CH=CH-CH(OOH)-CH_2- 或 -CH_2CH(OOH)CH=CH-$$

其中：光敏剂指单重态光敏剂分子（诸如叶绿素或肌红蛋白等天然色素，或者诸如赤藓红等某些合成色素）；$^1光敏剂^*$指激发单重态光敏剂分子；$^3光敏剂^*$指激发三重态光敏剂分子；$^3O_2$指三重态氧分子；$^1O_2^*$指激发单重态氧分子。

光敏氧化中单重态氧是重要的引发物，研究发现β-胡萝卜素是最有效的单重态氧淬灭剂，抗氧化剂BHA和BHT也是有效的单重态氧淬灭剂。

脂肪光敏氧化与自动氧化的反应机制不同，它是通过"烯"反应进行氧化，因此，光敏氧化反应一般具有如下的特点：不产生自由基；双键的顺式构型改变成反式构型；与氧浓度无关；不存在诱导期；光敏氧化反应仅受到单重态氧淬灭剂的抑制，但不受一般自由基淬灭剂的影响。

以亚油酸酯为例，其光敏氧化反应如图4-16所示。

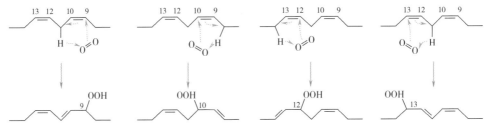

图4-16 亚油酸酯光敏氧化的不同位点及相应产物

在光敏氧化中，脂肪酸中每个不饱和双键两端的碳均可形成氢过氧化物，因此亚油酸酯经光敏氧化可得到9-氢过氧化物、10-氢过氧化物、12-氢过氧化物以及13-氢过氧化物（图4-16）。然而不同位点得到的氧化产物比例并不相同，表明这些位点受单重态氧进攻的概率并不一致（表4-7）。

表4-7 油酸酯、亚油酸酯及亚麻酸酯光敏氧化产物的比例 　　　　　　　　　　　　单位：%

	9-OOH	10-OOH	12-OOH	13-OOH	15-OOH	16-OOH
油酸酯	50	50				
亚油酸酯	31	18	18	33		
亚麻酸酯	21	13	13	14	13	25

光敏氧化速度很快，一旦发生，其反应速度千倍于自动氧化，因此光敏氧化对油脂劣变同样

产生很大的影响。对于含有不同双键数目的脂肪酸，其光敏氧化速度的差异并不大，如油酸酯、亚油酸酯和亚麻酸酯的氧化速度之比一般为1：1.7：2.3。光敏氧化所产生的氢过氧化物在金属离子的存在下会分解产生烷基自由基和过氧化自由基，促进油脂的自动氧化。

3. 酶促氧化

酶促氧化是脂质在脂肪氧化酶（LOX）参与的情况下发生的氧化反应。在与脂质氧化相关的反应中，LOX既可以催化脂质的双加氧反应，也可以催化氢过氧化脂质的次级转化。在催化脂质的双加氧反应时，LOX仅催化具有顺,顺–1,4–戊二烯结构的多不饱和脂肪酸进行双加氧反应。与自动氧化和光敏氧化不同的是，酶促氧化的形成产物通常是特异的高光学纯度异构体，而非酶催化的油脂氧化反应的过氧化产物则是由不同位置和光学异构体组成的混合物。植物LOX主要分为2类：催化亚油酸C9位点和C13位点氧化的9–LOX和13–LOX，它们氧化亚油酸分别产生9–氢过氧化物–或13–过氧化氢衍生物。大多数LOX只能催化亚油酸C9或C13一个位点的氧化，如从大豆中提取的LOX I氧化亚油酸会生成13S–OOH$^{\Delta 9c,11t}$；但某些LOX具有双重位置特异性，如马铃薯中提取的LOX I，它们既能催化亚油酸的C9位点氧化，也能催化C13位点氧化。

（三）脂类氧化产物

尽管油脂的氧化机理不尽相同，但其氧化产物则有很大的相似性。通常，氢过氧化物是各类氧化的重要阶段产物。图4-17所示为伴随自动氧化进程下，不同产物类别的大致变化情况。由图可见，氢过氧化物前期的形成速度超过其分解速度，在后期正好相反。

氢过氧化物是脂类氧化的主要初期产物，但性质很不稳定。氢过氧化物的降解导致脂肪酸链断裂的一个原因是，脂质氢过氧化物的降解产生了烷氧基自由基（RO·）。一旦氢过氧化物降解成烷氧基自由基，可能会发生一系列不同的反应，

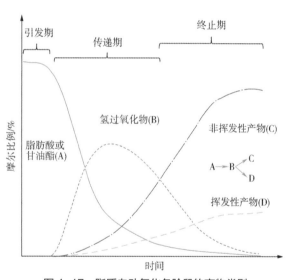

图 4-17　脂质自动氧化各阶段的产物类别

这些反应途径下得到的产物取决于脂肪酸的种类和脂肪酸上氢过氧化物的位置。另外，降解产物可能具有不饱和性且含有戊二烯结构，即氧化产物可能会进一步被氧化，进而导致不同脂肪酸降解产物高达数百种。由于脂肪酸降解产物的种类取决于食品中脂肪酸的组成，脂肪的氧化可能会对感官性质造成不同的影响。例如：植物油主要含ω–6脂肪酸，在氧化时主要产生青草味和豆腥味，而水产动物油主要是ω–3脂肪酸，氧化时产生鱼腥味。

氢过氧化物分解的第一步是其氧–氧键断裂，产生烷氧基自由基与羟基自由基。烷氧基自由基的活性强于烷基自由基和过氧化自由基。因此当烷氧基自由基产生时，它拥有足够的能量夺取与

其邻近的共价键中的电子，从而导致脂肪链的断裂。氢过氧化物分解的第二步是烷氧基两侧的碳-碳键断裂生成了醛。图4-18所示为氢过氧化物位于C9位和 β-断裂反应作用在分子的甲基末端时亚油酸降解的过程。该反应生成了9-氧-壬酸和一个有着9个碳原子的烯自由基，烯自由基通常和羟基发生作用形成醛，因此生成3-壬烯醛。类似地，如果氢过氧化物在C13位上，也会发生相近的反应，当 β-断裂反应发生在羧基末端，将会生成12-氧-9-十二碳烯酸酯和己醛，当 β-断裂反应发生在甲基末端，则生成13-氧-9,11-十三碳二烯酯和戊烷。9-亚油酸氢过氧化物同样也能在羧基末端进行 β-断裂反应，生成烷氧基自由基后进一步形成2,4-癸二烯醛和辛酸。

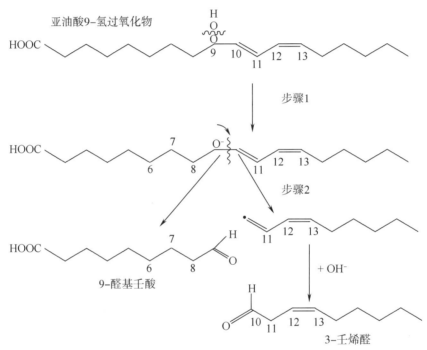

图 4-18 脂肪酸裂解发生在 9- 亚油酸氢过氧化物甲基末端时生成的降解产物

脂肪酸氧化降解产生醛具有重要的意义，因为这对异味的形成有很大的影响。然而，这些醛能和食品成分中的亲核物质反应，尤其与蛋白质中的巯基和氨基相互作用进而改变蛋白质的性能。例如不饱和醛可以与肌红蛋白中组氨酸发生Michael加成反应。这一反应通常被认为是肌红蛋白转成高铁肌红蛋白导致肉变色的原因。此外，饱和醛易氧化成相应的酸，并能参加二聚化和缩合反应。例如三分子己醛结合生成三戊基三噁烷。三戊基三噁烷是亚油酸的次级氧化产物，具有强烈的臭味。

胆固醇作为衍生脂类同样会发生氧化。它在C5和C6位上含有一个双键，该双键易受到自由基的攻击而发生降解反应，生成醇、酮和环氧化物。胆固醇氧化最突出的途径是从C7原子形成氢过氧化物开始，这个氢过氧化物可以降解成烷氧基自由基，接着重排成5,6-环氧化合物、7-羟基胆固醇和7-酮胆固醇。胆固醇氧化产物是潜在的有毒物质，与人体的动脉粥样硬化形成有关。胆固醇氧化产物主要在受过热处理的动物性食品（如烹调肉类、牛油、猪油和黄油）及干燥的乳制品和蛋类产品中被检测到。

（四）影响食品中脂类氧化速率的因素

食品中脂类含有各种脂肪酸，它们具有不同的理化性质，对氧化敏感性也有很大的差别。此外，食品中还含有许多非脂类组分，这些非脂类组分可能与脂肪氧化或其氧化产品发生相互作用。因此食品中脂类的氧化受多种因素影响，目前已经了解的因素概述如下。

1. 脂肪酸组成

双键的位置、数量以及几何形状都会影响氧化速率。通常花生四烯酸、亚麻酸、亚油酸以及油酸氧化的相对速率约为40∶20∶10∶1。顺式脂肪酸比反式异构体更易氧化，共轭双键比非共轭双键更为活泼。饱和脂肪酸的自动氧化极慢，当不饱和脂肪酸在室温下产生明显的氧化酸败时，饱和脂肪酸仍保持不变，但在高温下，饱和脂肪酸则会产生显著的氧化，其氧化速率随温度而定。

2. 游离脂肪酸与相应的甘油酯

游离脂肪酸的氧化速率略大于它和甘油发生酯化的产物。天然脂肪中脂肪酸的随机分布降低了氧化速率。油脂中存在少量的游离脂肪酸对其氧化稳定性没有显著影响，但在某些商品油脂中，存在较高含量的游离脂肪酸，会促使来自于设备或容器的具有催化活性的痕量金属催化剂混入油中，因而增加了脂肪氧化速率。

3. 氧浓度

在大量氧存在的情况下，氧化速率与氧浓度无关，但当氧浓度较低时，则氧化速率与氧浓度近似成正比。氧浓度对氧化速率的影响还受其他因素如温度与表面积的影响。

4. 温度

通常随着温度上升，氧化速率增大。温度同样影响氧化速率与氧分压之间关系，随着温度上升，氧在脂与水中溶解度下降，但氧分压对氧化速率影响较小。

5. 表面积

氧化速率与脂肪暴露于空气的表面积成正比。随着表面积与体积之间比例的增加，通过降低氧分压来降低氧化速率的效率降低。在O/W乳状液中，氧化速率与氧扩散到油相中的速率有关。

6. 水分

在脂类模拟体系和含各种脂肪的食品中，氧化速率主要取决于水分活度。在低水分含量的干燥食品中(水分活度a_w<0.1)，氧化速率非常快。当a_w增加到0.3时，脂类氧化减慢，氧化速率降到最低值，这可能是由于少量水分的保护效应降低了金属催化剂的催化活性，使自由基消失，并阻止氧进入到脂中。当水分活度a_w升高到0.55~0.85时，氧化速率再次加快，这大概是催化剂和氧的流动性增加的缘故。

7. 分子定向

物质的分子定向对脂类的氧化具有重要的影响。例如，在研究多不饱和脂肪酸（PUFA）在37℃、pH7.4以及催化剂Fe^{2+}–抗坏血酸存在条件下的氧化稳定性，可以发现氧化稳定性随不饱和度的增加而增加，与预料的结果恰恰相反。这与水溶性介质中存在的PUFA的构象有关。脂类分子定向对氧化速率的影响可以用亚油酸乙酯氧化的实例来说明。亚油酸分子以两种状态存在：一种存在于体相中；另一种以定向态（以单分子层吸附在硅胶表面）存在。在60℃时，单分子层中亚油酸乙酯的氧化速率比在体相中快得多，这是因为单分子层中亚油酸乙酯更易接近氧。但在180℃时，结果恰好相反，因为体相中亚油酸乙酯的分子与结合的自由基的运动速度比在单分子层中分子快，因此补偿了因与氧接近程度的差异而产生的影响。无论是体相中还是单分子层中的样品，主要的分解产品虽然不完全相同，但它们都是氢过氧化物的典型分解产品。

8. 物理状态

有关胆固醇氧化的研究表明，物理状态对脂类氧化速率影响也非常重要。将固态与液态微晶胆固醇膜的碎片悬浮在水溶性介质中，研究其在不同的温度、时间、pH及缓冲液的组成等条件下的氧化稳定性，发现氧化物的类型与比例的差异主要取决于反应条件，其中胆固醇的物理状态的影响最为显著。实际上，影响氧化速率的许多因素主要是通过影响胆固醇及分散介质的物理状态而起作用。

9. 乳化

在O/W乳状液或者油滴分散于水溶性介质的食品体系中，氧必须扩散至水相，并通过油−水界面膜才能接近脂。因此其氧化速率与许多因素有关，如乳化剂类型与浓度、油滴大小、界面积大小、水相黏度、水溶性介质的组成与多孔性以及pH等。

10. 分子迁移率与玻璃化转变

如果脂类氧化速率为扩散控制，那么处于玻璃化转变温度以下时，体系的氧化速率很低，在高于玻璃化转变的温度下，氧化速率与温度有极大的关系。

11. 促氧化剂

一些具有合适的氧化还原电位的二价或多价的过渡金属，例如钴、铜、铁、锰以及镍等是有效的促氧化剂，即使促氧化剂的浓度低至0.1mg / kg，它们也能缩短诱导期和提高氧化速率。食用油中通常存在着微量重金属，这些重金属来源于种植油料植物的土壤、动物和加工或贮藏过程中所用的金属设备。微量金属同样存在于食品组织和所有生物来源的流体食品(例如鸡蛋、牛乳以及果汁等)中，并以游离态和结合态两种形式存在。几种金属催化氧化的机理推测如下：

①加速氢过氧化物分解

$$M^{n+} + ROOH \longrightarrow M^{(n+1)+} + OH^- + RO \cdot$$

$$M^{n+} + ROOH \longrightarrow M^{(n-1)+} + H^+ + ROO \cdot$$

②直接与未氧化物质作用

$$M^{n+} + RH \longrightarrow M^{(n-1)+} + H^+ + R \cdot$$

③活化氧分子生成单重态氧和过氧化自由基

$$M^{n+} + O_2 \longrightarrow M^{(n+1)+} + O_2^-$$

$$O_2^- - e \longrightarrow {}^1O_2 \text{ 或 } O_2^- + H^+ \rightarrow HOO \cdot$$

许多食品组织中存在羟高铁血红素，也是一种重要的促氧化剂。

12. 辐照

可见光、紫外线以及γ射线都能有效地促进脂质的氧化。

13. 抗氧化剂

脂类抗氧化剂极其重要，以下会单独进行介绍。

（五）测定脂肪氧化的方法

脂肪氧化是一种极其复杂的过程，因为它包括许多物理变化与化学变化，而且每一种变化的性质与程度受许多参数的影响。氧化分解往往对食品产品的可接受性与营养质量产生极大的影响，然而至今没有一个简单的测试方法可以立即测定所有的氧化产品，一个测试方法往往只能监测某些变化，因此常常需要将几种测定方法结合起来，下面介绍一些常用方法。

1. 过氧化值法

过氧化物是自动氧化初始产品，它可以通过碘量法测定。

$$ROOH + 2KI \longrightarrow ROH + I_2 + K_2O$$

或者将Fe^{2+}氧化成Fe^{3+}（硫氰酸盐测定法）来测定。

$$ROOH + Fe^{2+} + H^+ \longrightarrow ROH + H_2O + Fe^{3+}$$

过氧化值一般可用毫摩尔当量氧分子/kg脂肪来表示。尽管它可以用于测定脂肪早期氧化阶段形成的过氧化物的量，但还是偏经验性的方法，而且测定结果往往随测定步骤和温度变化，准确性也有争议。在脂质氧化过程中，过氧化值一般先升高到达最大值而后又慢慢下降。过氧化值与哈喇味之间没有明确的关系，只在很少的情况下具有很好的相关性。氧化酸败一般同油的组成（一般饱和程度越高的油哈败时所吸收的O_2越少）、抗氧化剂和微量金属存在与否及氧化条件有关。

2. 硫代巴比妥酸(TBA)试验

这是应用最为广泛的一种测试脂肪氧化程度的方法。不饱和脂肪酸氧化产物可与TBA发生颜色反应，该生色团常由两分子的TBA与一分子的丙二醛缩合产生。然而，在氧化产品中不一定存在丙二醛，许多烷醛、烯醛以及2，4–二烯醛也可与TBA结合，产生黄色（450nm），只有二烯醛与TBA结合产生红色（520nm），因此同时检测这两个最大吸收峰更为合适。

一般而言，含有3~4个双键的脂肪酸才能产生大量的TBA反应产物。有许多非脂肪氧化产物也能与TBA反应产生红色，例如蔗糖与木材烟中的一些化合物就可以与TBA反应产生红色，因而会影响TBA测定结果的准确性。另一方面，在氧化体系中，丙二醛与蛋白质相互作用，也会引起TBA测定结果偏低。因此TBA测试方法仅适用于检测比较单一的物质在不同氧化阶段的氧化程度。

3. 活性氧法（AOM）

该法已被广泛使用，具体操作方法一般是将样品保持在98℃，使空气在恒速下通过样品，然后测定过氧化值达到一定值时所需的时间。

4. 氧吸收法

该法是将样品放在密闭室中，通过测定被样品吸收的氧的量来表征其稳定性。具体的方法可以是测定密闭室内产生一定压力降所需的时间，或者测定在一定氧化条件下吸收一定量的氧所需的时间。此法特别适用于研究抗氧化活性。

5. 碘值法

该法是测定脂肪中不饱和度的一种方法，可用100g样品吸收碘的克数来表示。有时也可用碘值下降来测定自动氧化过程中二烯酸的减少。

6. 仪器分析法

仪器分析法已经被广泛用于脂肪氧化的检测，具体可分为色谱法和光谱法两大类。

目前，高效液相色谱、薄层色谱、排阻色谱以及气相色谱等都已被用来测定含油脂食品的氧化。例如采用气相色谱（GC）测定油脂中脂肪酸的含量，油脂氧化后不饱和脂肪酸相对含量下降，饱和脂肪酸含量上升。脂肪氧化后期生成高相对分子质量、高极性的聚合物（二聚物和多聚物），可用高效液相色谱（HPLC）测定它们的含量，聚合物的数量反映了油脂氧化的程度。薄层色谱（TLC）常被用于油脂氧化产物的分离和鉴定。

同时，紫外吸收光谱（UV）等也常被用于测定油脂氧化酸败程度。通常，测定油脂体系在234nm（共轭二烯）与268nm（共轭三烯）处的吸光度，在油脂氧化的早期可以很好地关联其氧化进程。但氧化后期这些吸光值的大小与氧化程度相关性并不好。采用傅里叶变换红外光谱（FTIR）可测定油脂在$2850cm^{-1} \pm 10cm^{-1}$和$2925cm^{-1} \pm 10cm^{-1}$处的吸收以反映脂肪酸亚甲基的对称和不对称伸缩振动，在$1710cm^{-1} \pm 10cm^{-1}$处的吸收以反映甘油三酯羰基的伸缩振动，以这些吸收峰的大小来反映油脂中脂肪酸的含量及其氧化程度。脂类氧化产生的羰基化合物与一些游离氨基相互作用可产生荧光，荧光物质的数量可以反映油脂的氧化程度，荧光法具有较高的灵敏度。此外，在氧化的油脂中加入次氯酸钠，激发态的氧发射出强光，油脂氧化程度越高，发射光的强度越大，据此可采用化学发光法测定含量较低的油脂过氧化物，该法具有快速、灵敏以及重现性好的特点。

7. 总羰基化合物和挥发性羰基化合物

总羰基化合物的测定方法一般是以测定由醛或酮（氧化产品）与2，4-二硝基苯肼作用产生的腙为基础。由于不稳定物质如氢过氧化物分解可产生羰基化合物，会干扰定量结果，为了尽量减少这种干扰，需将氢过氧化物还原成非羰基化合物或在低温下进行。

由于氧化的油脂中含有相对分子质量较高的羰基化合物，因此可以采用各种分离技术将其与低相对分子质量和易挥发的羰基化合物分离。具挥发性的低相对分子质量羰基化合物对风味有一定的影响。通过蒸馏或减压蒸馏回收易挥发的羰基化合物，可利用馏出液与合适的试剂反应或采用色谱法测定这些羰基，比如采用顶空分析定量测定己醛。

8. 感官评定

感官评定是最终评定食品中氧化风味的方法。从客观的化学或物理方法得到的评价应与感官评定具有好的相关性，这一点尤为重要。受过训练的感官评定小组采用特殊的风味等级评分完成风味评价。

9. Schaal耐热实验

该法是将油脂样品贮藏在65℃左右，经过周期性的试验，直至检测到氧化酸败为止，最后通过感官评定或测定过氧化值进行评价。

四、抗氧化剂

（一）抗氧化剂及其分类

在含脂的食品中，抗氧化剂能推迟具有自动氧化能力的物质发生氧化，并能减缓氧化速率，它们的作用不是提高食品的质量，而是保持食品的质量与延长货架期。食品加工中使用的抗氧化剂应该价廉、无毒、有效浓度低、稳定以及对食品的色泽、风味和气味不产生显著的影响。根据作用机理不同，可将抗氧化剂分成两类：第一类为主抗氧化剂，它是自由基接受体，可以延迟或抑制自动氧化的引发或停止自动氧化的传递。食品中通常使用的主抗氧化剂是合成化合物。但近年来人们对食品中存在的天然组分作为主抗氧化剂的期望越来越高，如生育酚与胡萝卜素也通常用作主抗氧化剂；第二类抗氧化剂又称为次抗氧化剂，这些抗氧化剂通过不同的作用能减慢氧化速率，但不能将自由基转换成较为稳定的产品。这类抗氧化剂常称为协同剂，因为它们能增加第一类抗氧化剂的抗氧化活性，如柠檬酸、抗坏血酸、酒石酸以及卵磷脂等，都是一种性能良好的协同剂。

抗氧化剂的种类很多，其作用机理也十分复杂。有些抗氧化剂具有多种抗氧化活性机理，常被称为多功能性抗氧化剂。目前虽然已报道了上百种天然或合成的具有抗氧化性能的化合物，但能达到食品安全性标准的抗氧化剂仍非常有限。这些抗氧化剂的作用机制可以从其对油脂氧化过程众多环节的阻断来分别阐述。

（二）抗氧化剂作用机理

1. 对自由基的控制

许多氧化剂通过淬灭自由基来减缓脂质氧化。自由基清除剂（FRS，free radical scavengers）一般通过以下反应来和过氧化自由基及烷氧基自由基发生作用：

$$ROO \cdot 或 RO \cdot + FRS \rightarrow ROOH 或 ROH + FRS \cdot$$

一般认为自由基清除剂主要与过氧化物发生反应来实现阻止脂质氧化进程的，因为过氧化自由基能量较低，有较长的寿命，因此与自由基清除剂发生作用的可能性更大。高能状态的羟基自由基等活性较高，因此与低浓度的自由基清除剂发生反应的概率较低。

抗氧剂的效率取决于自由基清除剂给自由基贡献氢的能力。自由基清除剂中氢的能级越低，越有利于其转移到自由基上，淬灭反应也越快。单电子还原电势可预测自由基清除剂供氢给自由基的能力。例如，α-生育酚（$E=500mV$）、儿茶酚（$E=530mV$）和抗坏血酸盐（$E=282mV$）的还原电势均低于过氧化自由基（$E=1000mV$），因此能够提供一个氢给该自由基形成氢过氧化物。

自由基清除剂的效率取决于清除剂本身所形成的自由基FRS·的能量。如果FRS·是一个低能态自由基，那么其催化不饱和脂肪酸氧化的可能性下降。活性FRS·自由基可通过共价离域形成低能态自由基（图4-19），也能产生不会迅速与氧反应生成氢过氧化物的自由基。如果自由基清除剂形成了氢过氧化物，那这个氢过氧化物可进一步降解生成其他的自由基，进而引发不饱和脂肪酸的氧化。在链式反应终止阶段，FRS·也可和其他的FRS·或油脂自由基反应形成非自由基产

121

物。这意味着每个FRS至少能使两个自由基失活，当FRS和过氧化自由基或烷氧基自由基相互作用时淬灭了第一个自由基，在终止反应中，FRS·同另一个FRS·或油脂自由基反应淬灭了第二个自由基（图4-20）。

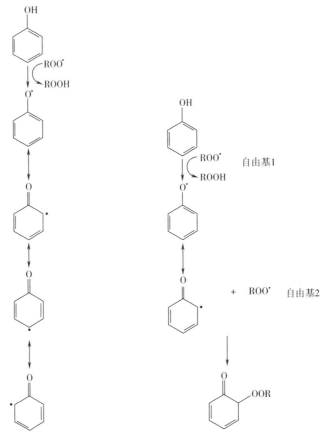

图 4-19　酚自由基的振动离域　　图 4-20　抗氧化剂自由基和脂质过氧化
自由基（ROO•）的终止反应

酚类化合物是高效的FRS。它们可较容易地从羟基上贡献出一个氢，并通过苯环结构的共价离域使生成的FRS·能量较低。酚类FRS的活性往往通过苯环上的取代基得到增强，因为它增加了FRS向油脂自由基供氢的能力或者增加FRS·的稳定性。在食品中，酚类FRS·的活性也取决于它们的挥发性、pH敏感度和极性。以下是食品中普遍存在的FRS的实例。

（1）生育酚　生育酚是一类含有羟基化环状体系（芳香环结构）且含有植醇链的化合物（图4-21）。由于环上甲基化不同使生育酚同系物分成多种，当5、7、8三个位点甲基化时为α-生育酚，5、8两个位点被甲基化时为β-生育酚，而7、8两个位点甲基化时为γ-生育酚。生育酚含有三个非对称的碳原子，其结果是每个同系物拥有八个可能的立体异构体。一般来说，具有高维生素E活性的生育酚的抗氧化性不如具有低维生素E活性的生育酚，因此抗氧化活性的大小次序为$\delta>\gamma>\beta>\alpha$。$\alpha$-生育酚作为营养补充剂通常以甲酯形式在市场上销售。尽管甲酯形式的生育酚使其氧化降解敏感度降低，但甲酯化反应消除了生育酚的抗氧化活性。因此，生育酚甲酯在食品中并非有效的抗氧化剂。此外，生育酚的不同同系物极性相差较大，三甲基化的α–生育酚几乎无极性，而单甲基化的δ–生育酚有一定极性。这种极性上的差异使得其表面活性和抗氧化活性存在显著差异。

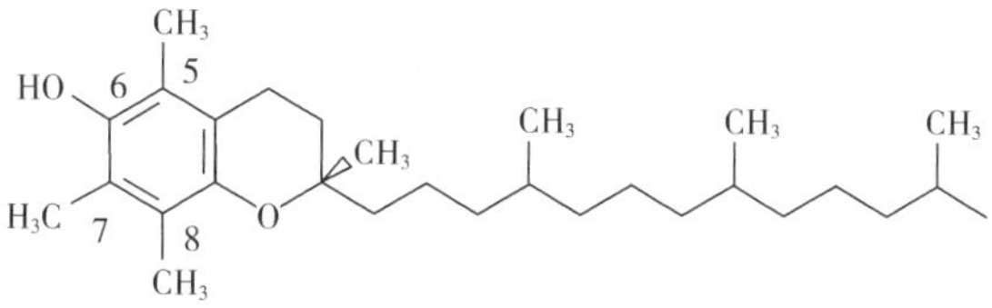

图 4-21 α–生育酚的结构

（2）合成酚类物质 苯酚本身不是一种好的抗氧化剂，但当苯环上有取代基时能加强其抗氧化活性。大多数合成抗氧化剂为含有取代基的一元酚化合物。食品中最普遍的合成FRS如图4-22所示，包括二丁基羟基甲苯（BHT）、丁基羟基茴香醚（BHA）、特丁基对苯二酚（TBHQ）和没食子酸丙酯（PG）。BHT与BHA均广泛应用于食品工业，两者均溶于油，它们在植物油中特别是富含天然抗氧化剂的植物油中的抗氧化活性较弱，如果同其他主抗氧化剂复合使用，则它们的抗氧化效力会比较高。TBHQ较易溶于油而微溶于水，与其他抗氧化剂相比，它对多不饱和原油或精炼油能提供更为有效的氧化稳定性，而且不会产生色泽或风味稳定性问题。这些合成型抗氧化剂的极性排列次序为：BHT（非极性最强）>BHA>TBHQ>PG。合成抗氧化剂和脂质自由基相互作用形成的FRS·自由基能量较低，因此它们不会快速催化不饱和脂肪酸的氧化。另外，FRS·不会轻易与氧反应生成氢过氧化物，降低了氢过氧化物降解成高能自由基进而加速不饱和脂肪酸氧化的可能。相反，它们倾向于发生自由基–自由基之间的终止反应。合成酚类对于大多数食品体系是有效的，但它们近来在食品工业中的应用范围却由于消费者对食品安全的担心以及对纯天然食品的强烈要求而不断缩减。

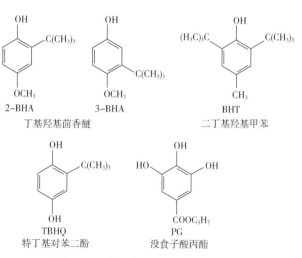

图 4-22 食品中合成抗氧化剂的结构

（3）植物酚类物质　植物酚类化合物包括简单酚类、酚酸、花青素、羟基肉桂酸衍生物和类黄酮等。这些酚类广泛地分布在水果、香辛料、茶、咖啡、种子和谷物中。尽管它们的活性差别很大，但所有的酚类物质都拥有FRS所要求的结构。影响植物酚类物质自由基清除活性的因素主要包括羟基的位置和数量、极性、溶解性、还原电位、加工过程中酚类物质的稳定性以及酚类自由基的稳定性。迷迭香提取物作为食品添加剂是商业上最重要的天然酚类物质来源，该提取物中鼠尾草酸、卡诺醇和迷迭香酸是几种主要的自由基清除剂（图4-23）。迷迭香类提取物在绝大多数食品，如肉类、散油和油脂乳状液中能阻止油脂的氧化。植物中酚类含量随着成熟度、品种、组织类型、生长条件、收获时期及贮藏条件不同而改变。

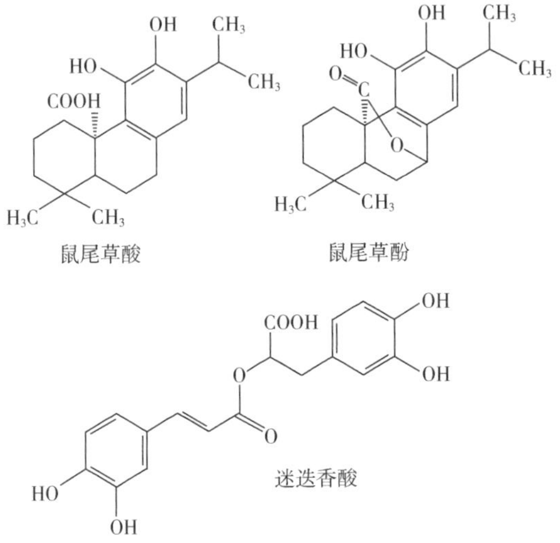

图4-23　迷迭香提取物中主要的酚类抗氧化剂的结构

（4）抗坏血酸和硫醇　食品加工时，水相中氢过氧化物可通过Fenton反应等生成羟基自由基。这些自由基也许具有表面活性，因此在脂质分散体系中可从水相和油相之间迁移或定位于界面上。为了避免水相产生的自由基危害，生物体系往往包含水溶性自由基清除剂。抗坏血酸和硫醇淬灭自由基可生成低能态自由基。诸如半胱氨酸和谷胱甘肽等硫醇也许可提高氧化稳定性，但几乎不作为抗氧化剂加入食品。抗坏血酸和异抗坏血酸都能清除自由基。二者拥有相似的活性，但异抗坏血酸的成本更合算。抗坏血酸还可以与棕榈酸结合生成抗坏血酸棕榈酸酯，这种酯是脂溶性的且具有表面活性，使得抗坏血酸在油相和乳化体系中也可以有效发挥抗氧化活性。在胃肠道里抗坏血酸棕榈酸酯水解成抗坏血酸和棕榈酸，因此在利用率上对抗坏血酸没有影响。

2．对促氧化剂的控制

食品中的脂质氧化速率取决于促氧化剂（如过渡金属元素、单重态氧和酶）的浓度和活性。因此控制促氧化剂的作用是提高食品氧化稳定性的一种有效策略。

（1）对金属促氧化剂的控制　铜和铁是两种重要的金属促氧化剂，它们通过促进氢过氧化物的降解而加速油脂的氧化。金属的促氧化活性随着螯合剂和多价螯合剂的螯合而发生改变。螯合剂阻止金属促氧化的活力通过下面的一个或者多个机制进行：阻断金属氧化还原循环，占用金属的配位点，形成不溶性的金属复合物，对金属与脂质或氧化中间体的相互作用形成空间位阻。一些金属螯合剂通过提高金属溶解性和/或改变氧化还原电位加速氧化反应。螯合剂增加或抑制促氧化活性的作用取决于金属螯合率。例如，当乙二胺四乙酸（EDTA）：铁≤1时，EDTA无效或者促氧化，而当EDTA：铁>1时，EDTA则起到抗氧化剂作用。食品中主要的金属螯合物包含多种多样的羧酸盐（如EDTA和柠檬酸）或者磷酸盐（如多磷酸盐和肌醇六磷酸）。螯合物必须离子化才具有活性，因此pH低于离子化基团的pK_a时，其活性降低。食品中常用的螯合物是柠檬酸、EDTA和多磷酸盐。磷酸盐的活性随着磷酸基团的增加而提高，因此三聚磷酸盐和六偏磷酸盐相比磷酸而言更有效。促氧化金属同样也能被诸如铁传递蛋白、卵黄高磷蛋白、乳铁传递蛋白和酪蛋白等金属结合蛋白所控制。

（2）对单重态氧的控制 单重态氧是氧的一种激发态，它能促进油脂氢过氧化物的形成。类胡萝卜素是一类（>600种不同的化合物）黄色至红色的多烯类化合物。单重态氧的活性可以通过类胡萝卜素的化学和物理淬灭机理控制。当单重态氧攻击类胡萝卜素的双键时，类胡萝卜素通过化学机理淬灭它。这步反应导致了醛、酮和内过氧化物等类胡萝卜素氧化降解产物的形成。类胡萝卜素的氧化降解使其发生褪色。类胡萝卜素也可以将单重态氧的能量转移到自身生成激发态的类胡萝卜素和基态三线态氧，从而使单重态氧的失活。激发态类胡萝卜素和环境中的溶剂相互作用通过摆动和转动释放能量回归到基态。类胡萝卜素的物理淬灭作用需要其分子有9个或更多的共轭双键。类胡萝卜素分子尾端含有氧化的β-紫罗酮环结构通常对物理淬灭单重态氧更有利。类胡萝卜素也能通过吸收激活态光敏剂如核黄素的能量来阻止其诱发单重态氧的形成。

（3）对脂肪氧合酶的控制 脂肪氧合酶是存在于植物和一些动物组织中活性脂肪氧化的催化剂。脂肪氧合酶的活性可以通过加热和降低植物可食用组织中酶浓度的组织培养方法来控制。

3. 对氧化中间体的控制

食品中某些化合物可通过与促氧化的金属或氧相互作用形成活性成分，间接影响油脂的氧化。这些化合物包括超氧化物阴离子和氢过氧化物。

（1）对超氧化物阴离子的控制 超氧化物可通过将过渡金属转化成更高的激发态，或促使蛋白质上结合态的铁的释放来参与氧化反应。此外，当pH低于其pK_a（pH 4.8）时，超氧化物将转化成氢过氧自由基（HOO·），间接催化油脂的氧化。由于超氧化物阴离子的促氧化性质，生物体系通常会含有SOD，它通过以下反应催化超氧化物阴离子向过氧化氢转变：

$$2 \cdot O_2^- + 2H^+ \longrightarrow O_2 + H_2O_2$$

（2）对过氧化物的控制 过氧化物可借过渡金属、辐照和高温作用降解形成自由基，是氧化反应的重要中间体。食品中的过氧化氢可以是直接添加的（如灭菌操作），也可以是生物组织生成的，如SOD对超氧化物的歧化作用。过氧化氢活性的灭除可通过过氧化氢酶通过下面的反应进行：

$$2H_2O_2 \longrightarrow 2H_2O + O_2$$

谷胱甘肽过氧化物酶是一种含硒的酶，它可以通过将还原态谷胱甘肽作为共同底物来降解过氧化物和过氧化氢，反应后GSH被氧化成GSSG，而过氧化物被还原成脂肪醇。

$$H_2O_2 + 2GSH \longrightarrow 2H_2O + GSSG$$

$$ROOH + 2GSH \longrightarrow ROH + H_2O + GSSG$$

（三）抗氧化剂相互作用

上述对抗氧化剂作用机理的阐述也让我们认识到抗氧化剂之间可能存在相互作用。食品体系可能包含多种抗氧化剂，同时在食品加工过程中也可以添加许多外源的抗氧化成分。由于各种抗氧化剂之间的相互作用，食品的抗氧化性得到增强。常常用协同效应来描述抗氧化成分之间的相互作用。对于具有协同效应的抗氧化剂的相互作用，复配抗氧化剂的抗氧化性必须强于单一抗氧化剂效果的加和。然而，在大多数情况下，复配抗氧化剂的抗氧化性等于甚至低于几种单一抗氧化剂效果的加和。尽管复配抗氧化剂能有效地延长食品的货架期，但在声明协同效应时应保持谨慎。

在两种或多种FRS存在的情况下，抗氧化活性可以得到显著增强。在多种FRS同时存在时，可能主要的FRS会更快地与脂质自由基反应，因为它们的键解离能较低或距离产生这些自由基的位点比较近。有时次主要的FRS可以同主要FRS的自由基结合，将自由基转移到自身而使主要FRS得以再生。α-生育酚和抗坏血酸就是这样的实例，在这个体系中，由于α-生育酚在油相中，是主要的抗氧化剂，次抗氧化剂抗坏血酸通过与α-生育酚自由基或生育醌反应，将它们转化为α-生育酚，而自身转化为脱氢抗坏血酸。其净结果就是主FRS（α-生育酚）仍处于活性状态，可继续清除食品中的脂质自由基。

螯合剂和FRS复配可显著地抑制脂类氧化。这些加强的相互作用是通过螯合剂的"节约效应"实现的，即螯合剂通过抑制金属催化的氧化作用，减少了食品中形成的自由基的数量。通过终止反应或自动氧化反应，减缓了FRS的失活。

由于多组分抗氧化体系通过多种不同的机制（如自由基清除、金属螯合和单重态氧淬灭）抑制氧化，利用多种抗氧化成分能极大地增加食品的抗氧化能力。因此，在设计抗氧化体系时，所选的抗氧化成分应该有不同的作用机制或物理特性。决定抗氧化剂是否能发挥最大效用的诸多影响因素包括：氧化催化剂的类型、食品的物理状态、影响抗氧化剂活性的因素（如pH、温度、同食品中其他成分或抗氧化剂相互作用的能力）。

（四）抗氧化剂的物理位置

由于分子结构差别，不同的抗氧化剂应用于不同的含油或含脂食品中与应用于不同的加工与操作条件会显示出不同的效力。各种抗氧化剂的亲水-亲油性同它们在不同应用中的效力有很大关系。一般可分两种情况，一种是具有小的表面-体积比，例如体相油中使用亲水亲油平衡值较大的抗氧化剂（如TBHQ）最为有效，这是因为抗氧化剂集中在油的表面，而脂肪与分子氧主要作用在表面。另一种情况是具有大的表面-体积比，例如存在于食品组织中的极性脂膜与O/W乳状液等。对于这类多相体系，水的浓度较高，脂肪常呈介晶态，因而宜用亲油性抗氧化剂如BHA、BHT、高烷基棓酸盐以及生育酚，它们具有较高的抗氧化效力。这种亲油性抗氧化剂在水包油型乳化体系、亲水性抗氧化剂在体相油中分别呈现出更强的抗氧化能力的现象被称为"极性悖论"。抗氧化剂在油相和油包水型乳化体系中的抗氧化能力不同是由于在两个系统中它们所处的位置不同。极性抗氧化剂在油相中抗氧化能力更强，可能是因为极性抗氧化剂位于空气-油的界面处或处于油相内部的胶束处，这些位点由于有高浓度的氧和促氧化剂，正是脂肪氧化反应最剧烈的位点。类似地，非极性抗氧化剂在水包油性乳化体系中更有效，因为它们存在于油滴中或在油-水界面处，而油滴表面的氢过氧化物和水相中的促氧化剂在这些位点发生反应。相反，在水包油性乳化体系中，极性抗氧化剂在连续的水相中被分开，致使其抗氧化性变弱。

五、脂类的热解

食品在加热时会产生各种化学变化，其中有些化学变化对于风味、外观、营养价值以及安全性都十分重要。食品中各种组分不仅会发生分解反应，而且彼此间可以相互作用，通过非常复杂的途径产生大量新的化合物。脂类在高温下的反应是非常复杂的，热分解反应与氧化反应往往同时发生，如图4-24所示。

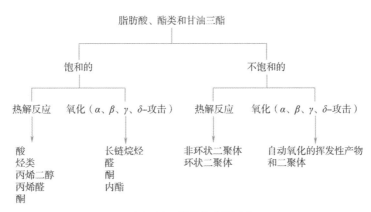

图4-24 脂类热分解示意

饱和脂肪酸、饱和甘油三酯以及脂肪酸甲酯在无氧及高温下产生非氧化分解，分解产物大多是由烃类、酸类以及酮类组成。每种甘油三酯产生下列一系列产物（以n为脂肪酸分子的碳数）：正构烷烃和烯烃，其中C_{n-1}烷烃占多数；C_n脂肪酸；C_{2n-1}对称酮；C_n氧代丙酯；C_n丙烯和丙二醇二酯以及C_n甘油二酯，此外也生成了丙烯醛、CO以及CO_2。其中脂肪酸组分是甘油三酯热分解所产生的主要化合物。

如果在空气中加热到150℃以上时，饱和脂类会发生热氧化反应，主要的氧化产物为烷烃、醛、酮、酸以及内酯等。一般来说，在加热氧化期间所产生的2-烷酮的量多于烷醛，其中C_{n-1}甲基酮是数量最多的羰基化合物，热氧化反应所产生的内酯主要为γ-内酯。热氧化反应中，饱和脂肪酸的氧化一般发生在α、β或γ位置。如氧化发生在α位，则生成C_{n-1}脂肪酸、C_{n-1}烷醛以及C_{n-2}烷烃。如果在β位上发生氧化，则产生C_{n-1}甲基酮。烷氧基自由基中间物的α碳与β碳之间裂解产生

C_{n-2}烷醛；β与γ碳之间断裂生成C_{n-3}烷烃。如果在γ位上发生氧化，则产生C_{n-4}烷烃、C_{n-3}烷醛以及C_{n-2}甲基酮（图4-25）。

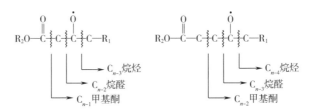

图4-25　饱和脂类热氧化反应发生在β（左）和γ（右）位置时的主要产物

不饱和脂肪酸在无氧条件下加热，主要生成二聚物和一些其他低相对分子质量的物质。有氧条件下，不饱和脂肪酸的氧化敏感性远超过饱和脂肪酸。虽然高温与低温氧化存在一定差别，但两者的主要反应途径是相同的，根据双键位置，可以预示氢过氧化物中间物的生成与分解是在一个宽广的温度范围内进行。高温下产生的主要化合物具有在室温下自动氧化产物的典型性质。但在高温下，氢过氧化物的分解与次级氧化的速率都非常高。在自动氧化过程中，一定时间内得到某种分解产物的量同许多因素有关。如氢过氧化物结构、温度、不饱和程度以及分解产物自身的稳定性对于最终的定量模式具有重要的影响。不饱和脂肪酸在空气存在与高温条件下加热生成氧代二聚物或含氢过氧化物、氢氧化物、环氧化物以及羰基等的聚合物。

第四节　脂类的功能性质

一、乳状液与乳化剂

1. 乳状液

乳状液是由两互不相溶的液相组成的体系，其中一相为分散相，以液滴或液晶的形式出现，又称为非连续相；另一相是分散介质，又称为连续相。如果油以一定大小的液滴分散在水溶液中，形成了水包油的乳状液，用O/W表示，如稀奶油、乳、冰淇淋浆料以及糕点面糊都是O/W乳状液。如果水分散在油中，则形成了油包水乳状液，可用W/O表示，奶油和人造奶油就是W/O乳状液。

决定乳状液性质的最重要变量包括以下几点：①乳状液的类型。O/W型或W/O型对乳状液性质影响甚大；②粒子的粒径分布。一般而言，液滴越小，乳状液的稳定性越高。然而，制备乳状液所需的能量和乳化剂用量也会随液滴的减少而增加；③分散相的体积分数Φ。在大多数食品体系中，Φ介于0.01~0.4。随着Φ增加，体系从稀流体过渡为糊状物；④液滴周围界面层的组成及厚度。这决定了界面特征和胶体的相互作用力；⑤连续相的组成。这决定了表面活性剂的溶剂条件、pH和离子强度，从而决定了胶体的相互作用。连续相的黏度对乳状液分层有显著影响。

2. 乳状液的形成

乳状液的形成涉及液滴大小的降低和乳化剂的界面吸附。要制备一种乳状液，需要油、水、乳化剂（也即合适的表面活性剂）和能量（一般是机械能）。要把液滴破碎成极小的液滴则一般很困难，不仅需要很大的外加能量，还要在液滴表面添加乳化剂来降低表面张力。如图4-26所描述，乳化过程是一个复杂的过程。除了破坏液滴［图4-26（1）］，乳化剂必须被转移至新形成的界面［图4-26（2）］。乳化剂的转移并不是通过分散而是对流，并且发生得非常快。深度的湍流（或者高速剪切）也能够导致液滴的频繁碰撞［图4-26（3）和（4）］。如果它们被表面活性剂有效覆盖，将有可能发生再次聚结［图4-26（3）］。所有这些过程都要在特定的时间范围，如1μs左右内完成。这表明即使经过一次均质处理就可发生无数次这样的过程，每一次过程都或多或少地再次建立了液滴的破裂与聚集平衡。

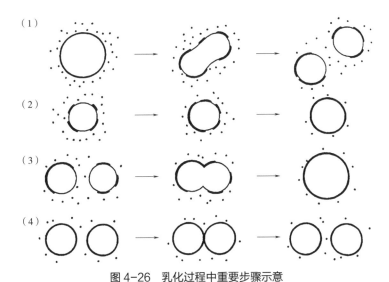

图 4-26　乳化过程中重要步骤示意

细线表示液滴，粗线或小点表示乳化剂，图示无标尺大小关系

蛋白质是O/W型食品乳状液优先选用的乳化剂，因为其可食用，具表面活性，水可溶，并具优良的抗聚合能力。然而，在相等的搅拌强度下，以蛋白质作为乳化剂所获得的液滴比在相同的质量浓度下，一种合适的小分子表面活性剂所稳定的液滴要大得多，而且以蛋白质作为乳化剂时，液滴再聚结的程度将比SDS强得多。因此，在蛋白质作为乳化剂时，一般采用更为激烈的乳化方式，如选取更高的均质压力，并且所用的乳化剂浓度也足够高。此外，乳化剂不仅仅是为了形成乳状液，而且需要提供乳状液形成后的持续稳定性。明确区分这两种主要功能是很重要的，因为它们经常是不相关的。一种乳化剂也许非常适合制备小的液滴，但却不能提供长时间的稳定性，从而抵抗聚结，或者反之。因此，仅仅用是否能形成小液滴来评价蛋白质作为乳化剂的能力是不合适的。通常理想的表面活性剂是需要在较宽的条件（等电点附近的pH、高离子强度、低溶剂性能以及高温）下均能阻止聚集。

3. 乳状液的失稳

乳状液的形成和稳定性是两个不同的概念，因此评价一种脂类或蛋白质作为乳化剂的功能时，只注重其能否形成小液滴是不够的，还需要关注其稳定性。如图4-27所示，典型的O/W型乳状液可以发生许多物理变化失去稳定性。而且各种变化间可能会互相影响。如聚集会很大程度上促进上浮的发生，而上浮的结果又将进一步促进聚集速度，如此往复。只有当液滴紧密靠近时才会发生聚结（如在液滴的聚集体或上浮层中）。当比较大的分散相液滴上浮时，可能使上浮层的排列会变得很紧密，从而加速聚结。

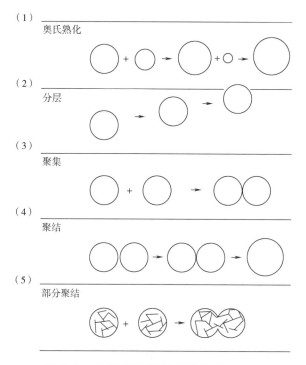

（1）奥氏熟化

（2）分层

（3）聚集

（4）聚结

（5）部分聚结

图4-27　O/W型乳状液物理失稳类型示意

其中（4）中接触区域的尺寸可能被放大很多倍，而（5）中的短粗线表示甘油三酯晶体

奥氏熟化［图4-27（1）］一般不会发生于W/O型乳状液，而O/W型乳状液则甚少发生。低浓度的盐（如NaCl）对阻止W/O型乳状液的奥氏熟化很有效，因为该体系中小液滴一旦发生收缩，它的盐浓度和渗透压均上升，从而产生一个驱动力促使水分子朝着相反的方向迁移，因而实现稳定乳状液的目的。

自然情况下乳状液的分层是由分散相的上浮或沉降引起的，该过程一般遵循Stokes定律，即：

$$v_s = \frac{g(\rho_D - \rho_C)d^2}{18\eta_C}$$

式中　v_s——液滴移动的速度；

g——重力加速度；

ρ_D和ρ_C——分散相和连续相的密度；

d——分散相小液滴的直径；

η_C——连续相的黏度。

聚集是粒子在不存在胶体互相吸引作用力下，因布朗运动导致碰撞后仍能较长时间紧靠彼此的状态。在绝大多数实际情况下，聚集却非常慢。通常也不希望液态食品中的粒子发生聚集。因为其会导致产品出现不均一性，显著增加粒子沉降或乳滴聚结的可能。但在某些情况中，一些弱的聚合可能是被希望的。因为它们可能会形成由聚合粒子填充的空间网络，从而形成为一种（弱）凝胶。

聚结是乳状液中分散相液滴间的薄膜破裂所引起的液滴合并现象。聚结或部分聚结一般会导致更宽的粒径分布。为了避免聚结的发生，通常需要乳状液具有：①较小的液滴；②液滴间的液膜较厚；③表面张力较大。很多情况下，蛋白质是非常适合阻止聚结的。因为它们通常产生一个不小的表面张力γ，并且容易形成较厚的吸附层。在蛋白质稳定的乳状液中加入小分子表面活性剂时，它们倾向于从液滴表面替代蛋白质，达到引起聚结发生的目的。此外，冷冻过程中形成的冰晶将促使乳状液滴靠近，使得在解冻过程中产生大量的聚结。而离心分离导致上浮层的快速形成也有可能导致聚结。

部分聚结往往发生在O/W型乳状液液滴中。油脂结晶时，由脂肪晶体构成的乳状液球一般不能发生完全的聚结，当乳状液球表面突出的晶体刺穿表面膜时，邻近液滴的薄膜破裂，它们会由一圈液状油结合在一起形成不规则的凝集团。这通常在流动或搅拌下发生，然后它就会以比真实聚结（相同的乳状液且无脂肪晶体）快6个数量级的速度进行。这表明O/W型乳状液在脂肪结晶的作用下，其部分聚结比真实聚结重要的多。图4-28所示为温度变化时，相同甘油三酯组成的不同含脂食品的固体脂肪含量的变化。对比三种体系可以看出，乳化良好的油可以耐受持久的低温，乳状液的液滴越小，该现象就越明显。

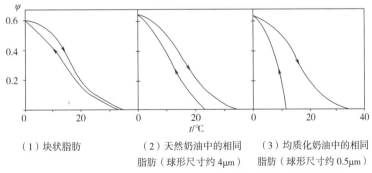

(1) 块状脂肪　　　　　(2) 天然奶油中的相同　　　(3) 均质化奶油中的相同
　　　　　　　　　　　　脂肪（球形尺寸约4μm）　　脂肪（球形尺寸约0.5μm）

图4-28　温度 t 下冷藏 24h 以及重新加热时乳脂固体含量 (ψ)

4. 乳化剂

乳化剂通常是由亲水基和亲油基组成的双亲分子。乳化剂在食品体系中具有如下功能：①控制脂肪球滴聚集，增加乳状液稳定性；②在焙烤食品中减少老化趋势，以增加软度；③与面筋蛋白相互作用强化面团；④控制脂肪结晶，改善以脂类为基质的产品的稠度。食品用小分子乳化剂往往来源于脂类或者是脂类的修饰产物，下述是比较常用的食品乳化剂：

（1）甘油一酯　甘油一酯（或单甘酯）是食品中使用最广泛的一种乳化剂，因为它是最有效的小分子乳化剂。商品甘油一酯中含有甘油一酯、甘油二酯以及甘油三酯，通过分子蒸馏可制得含90%以上甘油一酯的产品，甘油一酯是一种非离子乳化剂，通常应用于制造人造奶油、冰淇淋及其他冷冻甜食等。

（2）乳酰化甘油一酯　通过向甘油一酯加入各种有机酸根以生成酯类可以增加其疏水特性。典型的产品包括由甘油、脂肪酸和乳酸制备而得的乳酰化甘油一酯。琥珀酸、酒石酸以及苹果酸酯可由类似方法制得。

（3）硬脂酰乳酰乳酸钠（SSL）　SSL是一种离子型乳化剂，它是由一分子硬脂酸、两分子乳酸和NaOH相互作用而制得。它的亲水性极强，能在油滴与水之界面上形成稳定的液晶相，因而生成稳定的O/W乳状液。由于它具有很强的复合淀粉的能力，因此通常应用于焙烤与淀粉工业。

（4）丙二醇硬脂酸一酯　通过丙二醇与硬脂酸的酯化可得到亲水性较强的丙二醇硬脂酸一酯，它广泛应用于焙烤工业。

（5）聚甘油酯　甘油在碱性与高温条件下由α-羟基缩合形成醚键，生成聚甘油，再与脂肪酸直接酯化生成直链聚甘油酯。聚甘油酯的亲水性随甘油聚合度增加而增强，亲油性随脂肪酸烷基不同而不同，所以通过改变聚甘油聚合度、脂肪酸种类及酯化度，可得到从亲油性到亲水性不同性能的聚甘油酯产品。

（6）脱水山梨醇脂肪酸酯与聚氧乙烯脱水山梨醇脂肪酸酯　山梨醇可脱水形成己糖醇酐与己糖二酐，它们可再与脂肪酸发生酯化反应生成脱水山梨醇脂肪酸酯，其商品名为司盘（Span），它一般是脂肪酸与山梨醇酐或脱水山梨醇的混合酯。如果聚氧乙烯链通过醚键加到羟基上去，则会生成聚氧乙烯脱水山梨醇脂肪酸酯的产品，其商品名为吐温（Tween）。

（7）卵磷脂　卵磷脂是多种磷脂的混合物（图4-3），它们主要是从大豆和鸡蛋卵黄中提取而得。商品粗卵磷脂一般含有少量甘油三酯、脂肪酸、色素、碳水化合物以及甾醇，典型产品中卵磷脂的组成情况见表4-8。通常PC能稳定O/W乳状液，而PE与PI稳定W/O乳状液。在乳化活力上，卵磷脂对于W/O与O/W具有弱的乳化力。硬水中含有高浓度的Ca^{2+}与Mg^{2+}会导致PE失去乳化能力而絮凝。许多情况下，卵磷脂进行化学或酶法改性，可以提高乳化能力，并减少与金属离子的反应。在食品配方中，卵磷脂添加量一般为0.1%～0.3%。为了增强其稳定乳状液的能力，一般会将卵磷脂与其他乳化剂复合使用。

表 4-8   典型磷脂的组成比例   单位：%

成分	大豆卵磷脂	鸡蛋卵磷脂
磷脂酰胆碱（PC）	33.0	66~76
磷脂酰乙醇胺（PE）	14.1	15~24
磷脂酰丝氨酸（PS）	0.4	0~1
磷脂酰肌醇（PI）	16.8	0~1
其他	35.7	

卵磷脂的表面活性使得其作为乳化剂被广泛应用于牛乳、黄油、巧克力、奶酪、冰淇淋等多种食品中。磷脂既可应用于O/W型乳状液，也可应用于W/O型乳状液中，其乳化能力与具体的乳化体系有很大关系。在某些需要形成胶束的体系中，往往将磷脂、甘油三酯和水混合，在磷脂和甘油三酯比例7：3左右时，可实现较高的胶束稳定性。卵磷脂还可通过将有机物溶于胶束的内部实现或有机物与胶束内磷脂分子穿插排列而实现对有机物的增溶作用。卵磷脂还可以促进水溶液取代液体或固体表面的空气，实现湿润作用。对亲油性较强的可可粉、咖啡伴侣等产品，在其表面喷上一层薄的亲水性强的羟基化卵磷脂，可帮助可可粉分散润湿。此外，脱油磷脂在水相介质中可作为良好的起泡剂，应用于如冰淇淋、搅打奶油等产品中；而一些改性卵磷脂由于能使局部区域的表面张力降低到十分低的程度，还可以使这些区域的泡沫迅速减薄破裂，达到消泡的作用。

5. 乳化剂的HLB值

小分子乳化剂是同时含有疏水基与亲水基的化合物，由于乳化剂易溶的相一般为连续相，它在两相中的平衡能力可用亲水-亲油平衡值（Hydrophilic–Lipophilic Balance，HLB值）来表示。

测定HLB值的方法有很多，但是根据容易测定的乳化剂的性质，可以精确地计算HLB值，Griffin提出下列公式计算多元醇与脂肪酸酯的HLB值。

$$HLB = 20（1 - S/A）$$

式中　　S——表面活性剂（多元醇酯）的皂化值；

　　　　A——脂肪酸的酸价。

精确测定皂化值是困难的，可采用下式来计算：

$$HLB = （E + P）/5$$

式中　　E——氧化乙烯基的质量分数；

　　　　P——多元醇的质量分数。

当环氧乙烷是唯一存在的亲水基时，上式简化为：$HLB = E/5$。

一般来说，当期望形成W/O型乳状液时，需要低HLB值（3~6）的乳化剂；反之，当期望形成O/W型乳状液时，需要高HLB值（8~18）的乳化剂。表4-9所示为一些常见乳化剂的HLB值。实际应用中，用混合乳化剂制备的O/W乳状液比用相同HLB的单一乳化剂制备的乳状液往往更为稳定。

表 4-9　一些常见食品乳化剂的 HLB 值

乳化剂	HLB值	乳化剂	HLB值
甘油硬脂酸一酯	3.8	丙二醇硬脂酸一酯	3.4
双甘油硬脂酸一酯	5.5	脱水山梨醇硬脂酸三酯 (Span 15)	2.1
四甘油硬脂酸一酯	9.1	脱水山梨醇硬脂酸一酯 (Span 60)	4.7
琥珀酰甘油一酯	5.3	脱水山梨醇油酸一酯 (Span 80)	4.3
双乙酰琥珀酰甘油一酯	9.2	聚氧乙烯脱水山梨醇硬脂酸一酯 (Tween 60)	14.9
硬脂酸乳酰乳酸钠 (SSL)	21.0	聚氧乙烯脱水山梨醇油酸一酯 (Tween 80)	15.0

6. 乳化剂与其他组分的相互作用

乳化剂与脂类化合物的相互作用最常见的是在有水存在情况下的乳化作用。当没有水存在的时候，乳化剂可以阻碍或延缓脂类晶型的变化。例如山梨醇酯具有稳定 β' 型脂肪结晶，阻止其转变成 β 型的功能。在巧克力或巧克力涂层产品的贮存期中，当 β' 晶型转变成较稳定的 β 型时，在巧克力表面会有"白霜"产生，人造奶油贮藏期间同样产生同质多晶型转变，引起"砂质"口感，山梨醇酯可以抑制晶型转变，但机理尚不清楚。乳化剂也可通过疏水相互作用、氢键或静电相互作用与蛋白质侧链上的氨基酸结合，影响最终产品的功能性质。例如阴离子乳化剂SSL、单甘酯或非离子亲水性聚山梨醇酯可与面粉中面筋蛋白相互作用，达到强化面团的功能，但其相互作用的机理尚未完全清楚。一般认为，极性脂特别是糖脂的加入有利于面团混合时网络结构的定向。面团混合过程中，乳化剂通过疏水与亲水相互作用同面筋结合。焙烤过程中，随着温度升高，面筋蛋白质变性，因而与乳化剂的结合变弱，乳化剂分子改变至与糊化的淀粉分子结合，形成蛋白质-脂质-淀粉复合物。此外，直链淀粉的 α-螺旋结构内部有疏水腔，可结合乳化剂分子形成复合物，达到避免直链淀粉分子链之间的结晶作用，实现抗老化的效果。

二、质构与流变特性

脂类作为小分子，也可以通过多种方式改变食品的质构。它对食品质构的影响主要是由自身状态和食品基质的特性决定的。对于烹调油或色拉油等液体油脂，其质构特性主要由油脂在所使用的温度范围下的黏度决定的。对于诸如巧克力、焙烤食品、起酥油、黄油和人造奶油等部分结晶的脂肪，其质构主要由脂肪晶体的浓度、晶型和相互作用决定的。特别的是，脂肪晶体的融化特性对质构、稳定性、涂抹性和口感均发挥很重要的作用。包含脂肪结晶的食品的质构特性在人造奶油和起酥油中得到最佳的体现。

人造奶油是一种塑性或流体状态的乳状产品，通常脂肪含量不小于80%。人造奶油的延展性、质构稳定性和熔融特性是其最突出的特征。在通常的温度范围内，固体脂肪含量SFC在10%~20%的产品一般具有较佳的延展性。然而，如果加工过程中造成脂肪晶体网络结构，其硬度和SFC可能不会保持良好的相关性。人造奶油产品中脂肪晶体能否长久保持足够的粒度并包纳其所有的液态油脂对其稳定性而言十分重要。如果人造奶油需要在展示柜中销售的话，一般期望其在21.1℃下的SFC尽可能地高，而10℃和33.3℃下的SFC可以不变。熔融特性是人造奶油引起消费者良好口感的必备性能。影响熔融特性的因素包括油脂熔化曲线、乳状液的紧实度和产品的储存条件。为了使人造奶油在食用时没有黏胶感和蜡质感，它必须在人体体温时完全熔融，一般要求其33.3℃下的SFC小于3.5%。避免蜡质感则需要在制备人造奶油时使用慢速的降温且贮存温度不易过高。乳状液的紧实度取决于产品的加工方法、乳化剂含量和水相组成。

起酥油是一种用于给蛋糕、面包、糕点、油炸产品和烘焙产品等食品提供特征功能性质的脂肪。这些功能性包括嫩度、质构、口感、结构完整性、润滑、空气并入、传热和延长货架期等。起酥油可以阻止蛋白或者淀粉分子相互作用，通过降低面筋聚合和酥化质构达到嫩化产品的目的。它对食品质构特性的影响主要是通过形成三维脂肪晶体网络。对特定的起酥油而言，选择一种可以提供合适的熔化特性和同质多晶特性的油脂混合物是其良好功能特性的基础，加工时采用恰当的控制冷却和剪切条件是得到理想的晶体类型和结构的保障，贮存时采用适宜的温度保持其部分结晶是实现其既能保持结构完整性又能在食用时轻易熔化以获得良好口感的必要条件。起酥油产品的固体脂肪含量随温度变化的曲线可很好地表征其塑性（图4-29）。高稳定性起酥油通常有一条骤降的SFC曲线和一个很窄的可塑性范围。通用型起酥油在很宽的温度范围内均比高稳定性起酥油所含有的固体脂肪含量高。流态可倾倒起酥油含有很低的固体脂肪含量，并与通用型起酥油一样具有较平坦的SFC曲线。

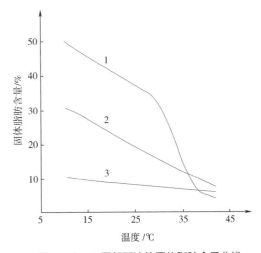

图4-29 不同起酥油的固体脂肪含量曲线

1—高稳定性起酥油

2—通用型起酥油

3—可倾倒起酥油

含脂食品的流变特性往往会受到脂类较大的影响。许多O/W型食品乳状液的特征乳化性质是由脂肪液滴决定的（如奶油、甜点、调味料和蛋黄酱）。在这些体系中，整个体系的黏度是由油滴的浓度而非油滴里脂肪的黏度决定的。比如全脂牛乳（约含4%脂肪）黏度相对较低，浓厚乳脂（约含40%脂肪）黏度较高，而蛋黄酱（约含80%脂肪）则是半固体的，尽管它们液滴里的油相黏度可能很相近。

三、外观

脂类的存在对许多食品的外观影响很大。单独体相油的颜色如烹调油或色拉油，主要是由叶绿素和类胡萝卜素等色素对光的吸收引起的。固体脂肪由于脂肪晶体的光散射作用而呈现光学不透明，液体脂肪则通常是光学透明的。脂肪的不透明度取决于其中脂肪晶体的浓度、大小和形态。对于乳状液而言，其中的一相以液滴形式分散在另一相中，光通过时会被其中的液滴散射，因此呈现混浊、聚集或不透明状态。乳状液体系的散射程度决定于液滴的浓度、大小和折射率，因此食品乳状液的颜色和不透明度受油脂相的影响非常大。全脂牛乳（含脂约4%）比起脱脂牛乳（含脂约0.1%）更白的原因就是其包含可以散射光的乳脂液滴，而脱脂牛乳中只有对光的散射力非常弱的一些酪蛋白胶束。

巧克力的"起霜"是典型的脂肪结晶影响食品外观的实例，它是引起巧克力和糖果质量缺陷的重要原因。起霜表现为在食品表面生成了大量白点或灰白点。不同食品的起霜机理各不相同，但都主要归因于脂肪结晶的稳定性问题（如调温、脂肪混合物的不相容性、脂肪迁移和脂肪重结晶等）。储藏温度的波动引起的巧克力起霜可通过添加表面活性剂等手段减少重结晶及进行转化，实现稳定性的提升。

四、风味

纯的食品中脂类几乎是无气味的，然而，它们不仅可作为风味物的前体作出重要贡献，还可以通过对口感（例如蛋白饮料的浓厚感和冰淇淋的奶油性）和存在的风味组分挥发性以及阈值的影响，改变许多食品的整体风味。

脂肪的氧化酸败是其产生风味物质的重要途径。虽然在氧化脂肪的挥发性物质鉴定方面已进行了广泛的研究，然而对挥发性物质与风味的关系却研究较少。困扰脂类氧化产物风味研究的困难之处主要在于：①至今已鉴定了大量的（几千种）氧化分解产物；②它们的浓度、挥发性和风味效力有着很大的变化范围；③脂类分解产物之间或它们与非脂组分之间有许多可能的相互作用；④这些风味物存在于不同的食品环境中；⑤风味描述的主观性；⑥氧化条件对许多可能的反应途径与反应产物的复杂影响；⑦可能有些痕量而重要的风味组分在现有最精密的分析中仍不能检测出。

脂肪同时还影响许多食品的口感。油脂在咀嚼过程中会包覆舌头，从而提供一种特征的油质感。脂肪晶体较大时通常表现为粒状或砂质感，而当其较小时能够提供一种光滑的质地。脂肪晶体在口中熔化可产生冰凉的感觉，这也是许多含脂食品的重要感官指标。

第五节　油脂加工中的变化

从植物油料或动物组织中提取出来的油脂往往不能充分达到上述功能性质的要求。因此油脂的精炼和改性已经成为当前食品工业常用的手段。此外，油炸处理是现代食品加工中最典型的加工单元，油脂在油炸过程中的变化也受到广泛的关注。

一、油脂精炼

通过压榨或浸出等方法得到的粗脂肪（或毛油）不仅含有甘油三酯，还含有游离脂肪酸、磷脂、脂溶性风味物质和类胡萝卜素等脂类成分和蛋白质及碳水化合物等非脂类成分。因此要想得到理想的色泽、风味和保质期，必须通过精炼去除这些成分。

（1）脱胶 磷脂的存在将使油脂形成W/O的乳状液。这些乳状液会使油变得混浊，且当油加热至100℃以上发生外溅和起泡等不利变化。通常采用添加1%~3%的水分到油中，在60~80℃条件下加热30~60min达到去除磷脂的目的，该过程即为脱胶。脱胶时通常还在水中加入少量的酸增加磷脂的氢键作用。

（2）脱酸 游离脂肪酸会产生异味、加速脂类氧化、产生泡沫、干扰氢化与酯交换反应，因此必须从油脂中去除。脱酸是通过向毛油中加入氢氧化钠溶液使游离脂肪酸形成可溶性皂，然后通过油水两相分离出去皂类。氢氧化钠的使用量是由油脂中的游离脂肪酸浓度决定的。

（3）脱色 毛油含有的类胡萝卜素和棉酚等色素会使产品出现不理想的色泽，叶绿素等则会加速油脂氧化。通过将80~110℃的毛油与中性白土、合成硅酸铝、活性炭或活性土等吸附剂混合可去除色素。由于吸附剂会加速油脂氧化，该操作通常是在真空条件下完成。脱色的另外一个好处是可以同时去除残留的游离脂肪酸和磷脂以及油脂氢过氧化物分解物。

（4）脱臭 毛油中含有一些天然存在的醛、酮、醇或者在制取和精炼过程中油脂氧化生成的不期望的风味化合物。这些风味化合物主要通过低压高温（180~270℃）蒸汽蒸馏除去。脱臭工艺同时还可以分解油脂氢过氧化物从而提高油脂的氧化稳定性，但同时也会导致反式脂肪酸的生成。脱臭工艺结束后，一般会加入柠檬酸（0.005%~0.01%）来螯合和钝化促氧化的金属。脱臭馏出物中的生育酚和甾醇可回收作为抗氧化剂和功能性食品添加剂。

二、油脂氢化

油脂的氢化是指甘油三酯中脂肪酸的不饱和双键在镍等催化剂的作用下发生加氢反应。通过加氢，液体油可转变成部分氢化的半固体或塑性脂肪，如起酥油与人造奶油，达到满足食品加工需求的目的。氢化作用能提高油脂的熔点与氧化稳定性，氢化还可以破坏类胡萝卜素中的双键从而漂白油脂。

氢化反应是在高温（140℃以上）和加压（343~411.6kPa）条件下进行的间歇或连续式反应。油脂在氢化反应前必须精炼去除一些会降低催化剂活性的污染物。尽管反应开始前需加热保持油脂处于液态，但是作为一种放热反应，氢化反应一旦开始后需要降温并保持搅拌。还原性的镍是最普遍的催化剂，其用量一般为0.01%~0.02%。镍附着在多孔载体上形成一种比表面积较大的催化剂且可通过超滤回收。氢化机理非常复杂，可能包括以下三个步骤（图4-30）：①双键被吸附（π键相互作用）到金属催化剂表面；②金属表面氢原子转移到双键的一个碳上，双键的另一个碳与金属表面键合（σ键）；③第二个氢原子进行转移，得到饱和产物。该反应的第一步是可逆的，即氢原子留在金属表面，分子解吸。如果存在氢气不足的情况，逆向反应也会发生，脂肪酸将从催化剂上释放，双键将重新形成。此时所形成的双键可能呈顺式或反式构象。

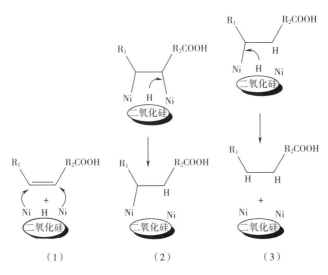

图 4-30 不饱和脂肪酸氢化的步骤

近年来对反式脂肪酸在膳食中的危害认识促进了氢化反应的进一步研究。在减少反式脂肪酸的生成方面，目前主要考虑的方法包括：①选择合适的油脂底物；②研究开发新型催化剂；③调节控制加氢反应的条件；④以完全氢化替代部分氢化。当然，对氢化产物进行分提也可以达到分离部分反式脂肪酸的目的，但有时候成本较高。

三、酯交换

油脂中脂肪酸的天然分布并非随机的，一些天然脂肪中脂肪酸的独特分布模式往往限制了它们在工业上的应用，因此通过酯交换改变甘油三酯中脂肪酸的分布，可以增加其稠度，使其具有所期望的熔点和结晶性。酯交换是指甘油三酯中酰基的重排。脂肪酸在同一甘油酯分子中移动被称为分子内酯交换，脂肪酸在不同分子间移动称为分子间酯交换。一般来讲，酯交换既可以发生在分子内，也可以发生在分子间。它在很多情况下是个随机的过程，但控制反应进程也可以实现定向酯交换。酯交换反应一般发生在相当高的温度下，长时间地加热脂肪可以完成酯交换；如果使用碱金属或烷基化碱金属催化剂则可以缩短反应时间，并降低反应温度。

根据所用催化剂的不同，酯交换的途径可以分为酸解、醇解、甘油解和酯基转移等。酯基转移是改变食用油脂性质最常用的方法。在此过程中，烷基钠（如乙醇钠）等经济高效的催化剂常被用来加速酯基转移。此反应中的真正发挥催化作用的被认为是甘油二酯阴离子，它可以攻击带少许正电的脂肪酸的羰基离子生成过渡态复合物（图4-31），该过渡复合物通过将脂肪酸转移到甘油二酯上实现分解，同时阴离子也迁移到转出脂肪酸的位点上。

酶交换反应的结果是产生一个结构不同的甘油三酯。尽管其脂肪酸组成没有改变，但油脂的熔点和油脂的结晶特性都会发生变化。经过酶交换后使混合甘油三酯的组成更加不均匀，所以往往更难形成最稳定的 β 晶型。这种特性使得酶交换反应具有独特的应用价值。对于两种不同油脂，酶交换可以生成新的既包含饱和脂肪酸又包含不饱和脂肪酸的甘油三酯，使得产品在整个塑性范围实现渐进熔化。对于同种甘油三酯，酶交换反应可被用于生产异质甘油三酯，实现对塑性范围的拓宽。

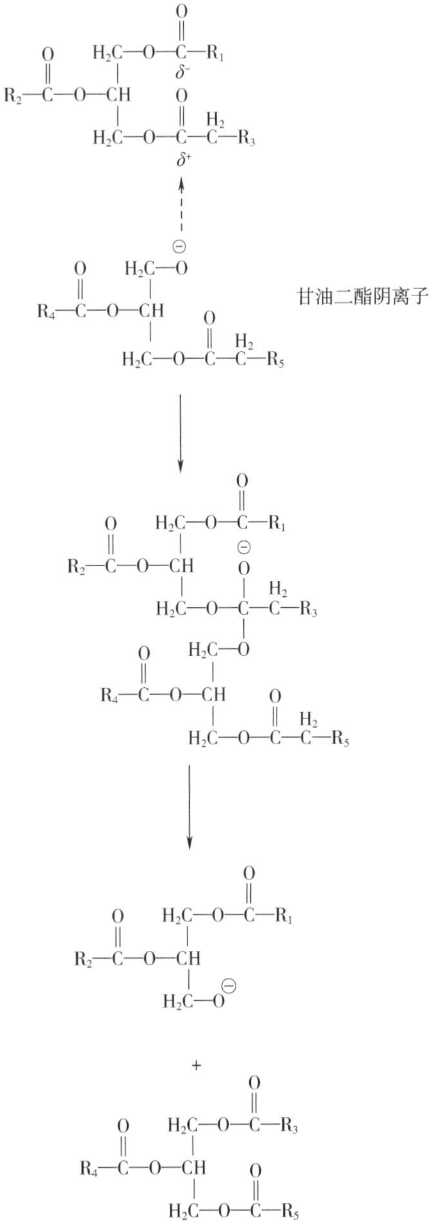

酶交换反应也可以在脂肪酶的催化下完成。脂肪酶又称甘油酯水解酶，它催化的酶促酶交换反应不仅克服了化学酶交换所要求的原料低水分、低杂质、低酸价、低过氧化值等苛刻要求，还具有催化活性高、催化作用专一、反应副产物少、反应条件温和与能耗低等特点。酶促酶交换目前主要用于结构脂肪（structured lipids）的制备、专用油脂改性、中低碳链脂肪酸甘油酯的合成、具有营养和生理功能油脂的合成等。典型的实例是采用富含棕榈酸和油酸的棕榈油中间分提物与硬脂酸在 1,3 位脂酶的作用下发生酶交换反应（POP + St $\longrightarrow$ POSt + StOSt，OOO + St $\longrightarrow$ StOO + StOSt）来生产代可可脂。然而，酶促酶交换由于其成本较高，使得其仍旧受限于高附加值的代可可脂和婴幼儿配方奶粉专用油脂等产品。

甘油二酯阴离子

图 4-31 甘油二酯阴离子催化酶交换反应的机理示意

四、煎炸过程中脂类的变化

食品煎炸时，油脂不仅会渗透吸附到食品中，更是作为传热的介质使得食品中的水分在受热情况下不断释放到热油中。挥发出的水蒸气不仅可以将油中的挥发性氧化产物带走，还能起到搅动油相与加速水解的作用。煎炸使用的油脂在高温条件下与水分以及其他食品成分接触，发生的变化较为复杂。

煎炸过程中，煎炸用油发生了激烈的化学与物理变化。从油脂中产生的化合物主要包括：①挥发性物质，包括煎炸时形成的氢过氧化物的分解产物，如饱和与不饱和醛类、酮类、内酯类、醇类、酸类以及酯类这样的化合物。油在180℃并有空气存在情况下加热30min，由气相色谱可检测到主要的挥发性氧化产物；②中等挥发性的非聚合极性化合物（如羟基酸和环氧酸），这些化合物是由烷氧基自由基的各种氧化途径产生的；③二聚物和多聚酸以及二聚和多聚甘油酯，这些化合物是由自由基的热和氧化结合产生的，聚合作用使煎炸用油的黏度显著提高；④游离脂肪酸，这些化合物是在热与水存在条件下由甘油三酯水解生成的。由于上述这些反应，煎炸过程中一般可以发现所用油脂存在黏度增大和游离脂肪酸增加、颜色变暗、碘值降低、表面张力减小、折光指数改变以及形成泡沫的倾向增加。

煎炸过程中，食品的影响主要表现在：①食品自身或食品与油相互作用产生一些挥发性物质，如马铃薯中含硫化合物与吡嗪衍生物；②食品会吸收不同量的油脂（如马铃薯片可能吸收油脂达到35%），因此必须不断加入新鲜油，以保证连续煎炸时油脂的性质保持稳态条件；③食品自身释放一些固有的脂类（如鸡的脂肪）进入煎炸用油中，导致新的混合物的氧化稳定性与原有的油脂大不相同，加速油脂变暗的速率。

在煎炸过程中，油脂与食品都发生了很大的变化，有些变化是不期望的或者说是有害的，但有些变化却赋予煎炸食品期望的感官质量。控制各种油炸参数，避免油脂的过度分解导致的食品营养与感官质量下降是食品加工者非常关注的问题。具体地，这些包括油与煎炸食品的组成、温度、油炸时间、金属的存在、油炸锅的类型等。

评价煎炸用油的质量的方法很多，测定脂肪氧化的方法同样适用于评定煎炸过程中油的热和氧化分解。此外，黏度、游离脂肪酸、感官评定、发烟点、聚合物生成以及特殊的降解产物等测定技术也不同程度地得到应用。由于煎炸过程中产生的变化极其复杂，几乎没有一个合适的测定方法能完全适用于不同条件下煎炸用油的质量评估。

思考题

1. 根据脂类定义，脂溶性维生素同时属于衍生脂类，分析其合理与否，有无更好的定义方法？

2. 简述同质多晶的概念。

3. 请分析有无可能以牛油为主要原料制作巧克力。

4. 举例说明起酥油、色拉油、煎炸油等常见商品脂肪的熔程。

5. 脂肪的塑性与多糖溶液的塑性有何异同？

6. 巧克力起霜的原因是什么？如何避免？

7. 磷脂对蛋白质稳定的乳化体系可能有什么影响？

8. 工业上水解脂肪有哪些方法？试做优劣分析。

9. 常温条件下油条仅能放置2~3天，而油面筋可放置数月，试分析其原因。

10. 阐明β-胡萝卜素在脂类氧化及防止中可能发挥的作用。

11．对比自动氧化、光敏氧化和酶促氧化，分析其机理和途径的异同。

12．举例说明食品加工中哪些环节可能导致反式脂肪酸的生成。

13．结构脂的组成和结构上有什么特点？

14．抗氧化剂的主要作用机理有哪些，请举一些具体的例子。

第五章

蛋白质

第一节 引 言

蛋白质在生物体系中发挥着核心的作用。蛋白质是构成生物体的主要成分之一。虽然有关细胞的进化和生物组织的信息存在于DNA中，然而，维持细胞和生物体生命的化学过程主要是由酶执行的。蛋白质除了具有酶的功能外，还可作为细胞和复杂生命体的结构单元，包括胶原蛋白、角蛋白和弹性蛋白等。

蛋白质所具有的多样化功能本质上归因于它们的化学组成。蛋白质是由20种氨基酸构成的非常复杂的聚合物，氨基酸之间通过酰胺键连接。与多糖分子中的糖苷键和核酸中的磷酸二酯键不同，蛋白质分子中的酰胺键具有部分双键的性质，这进一步显示了蛋白质结构的复杂性。数以千计的蛋白质在结构和功能上的差别主要是由于氨基酸的组成及排列顺序的不同而造成的。通过改变氨基酸序列、氨基酸的种类和比例以及多肽链的链长，有可能合成无数种具有独特性质的蛋白质。正是由于蛋白质组成的复杂性，使蛋白质具有特殊的三维空间结构，从而能够具有各种各样的生理功能。

所有由生物产生的蛋白质在理论上都可以被作为食品蛋白质而加以利用。然而，食品蛋白质实际上是指那些易于消化、无毒、富有营养、在食品加工中发挥功能性质的、来源丰富的蛋白质。乳、肉（包括鱼和家禽）、蛋、谷物、豆类和油料种子是食品蛋白质的主要来源。随着世界人口的不断增长，为了满足人类营养的需要，有必要开发新的蛋白质资源。新的蛋白质资源是否适用于食品，取决于它们的成本和它们能否满足作为加工食品和家庭烧煮食品的蛋白质配料所应具备的条件。蛋白质在食品中的功能性质与其结构和物理化学性质有关。因此对于蛋白质的物理、化学、营养和功能性质以及这些性质在加工中的变化等的认识，将有助于蛋白质在食品中更好地应用，同时也有助于开发新的或蛋白质资源。

第二节 蛋白质的分类及组成

一、蛋白质的分类

生物体内的蛋白质种类极其繁多，分布极其广泛，发挥的生理功能各异。在此介绍几种常见的蛋白质分类方法。

（一）根据分子形状分类

根据形状，蛋白质主要可以分为球状蛋白质和纤维状蛋白质。球状蛋白质是由多肽链自身折叠形成球状或椭圆状，而纤维状蛋白是由相互缠绕的线性多肽链形成的棒状分子（如原肌球蛋白、胶原蛋白、角蛋白和弹性蛋白）。纤维状蛋白也能由小的球状蛋白线性聚集而成，例如肌动蛋白和血纤维蛋白。大多数酶是球状蛋白，而纤维状蛋白主要起着结构蛋白的作用。

（二）根据分子组成分类

根据组成，蛋白质可以分为简单蛋白质和结合蛋白质。

1. 简单蛋白质（Homoproteins）

仅由氨基酸组成的蛋白质，水解后产物只有氨基酸。自然界的许多蛋白质都属于此类，如溶菌酶、核糖核酸酶、胰岛素等。

2. 结合蛋白质（Conjugated proteins，Heteroproteins）

由简单蛋白质与非蛋白质物质结合而成，其中的非蛋白质组分常被称为辅基。有以下几类：

（1）核蛋白　为蛋白质与核酸结合而成，存在于一切细胞中。如核糖体（含RNA），AIDS病毒（含RNA）和腺病毒（含DNA）。

（2）糖蛋白　为蛋白质与糖类结合而成，糖类物质常常是半乳糖、甘露糖、氨基己糖、葡萄糖醛酸等。如唾液中的黏蛋白、卵清蛋白和κ-酪蛋白。

（3）磷蛋白　磷酸可通过酯键与蛋白质的丝氨酸、苏氨酸或酪氨酸残基的羟基相连。如α-酪蛋白和β-酪蛋白、磷酸化酶等。

（4）脂蛋白　为蛋白质与脂类物质（如甘油三酯、胆固醇、磷脂）结合而成，主要存在于乳汁、血液、生物膜和细胞核中。如血浆脂蛋白、膜脂蛋白、蛋黄蛋白等。

（5）金属蛋白　含有金属离子的非共价复合物，如血红蛋白、肌红蛋白和某些酶等。

糖蛋白和磷蛋白分别含有共价连接的碳水化合物和磷酸基，而其他结合蛋白质是含有核酸、脂或金属离子的非共价复合物，这些复合物在适当条件下能发生解离。

（三）根据溶解度分类

蛋白质根据溶解度可分为下列几类：

（1）清蛋白　溶于水，能被饱和硫酸铵所沉淀。广泛存在于生物体内，如血清蛋白、乳清蛋白等。

（2）球蛋白　微溶于水，而溶于稀中性盐溶液，能被半饱和硫酸铵所沉淀。普遍存在于生物体内，如血清球蛋白、肌球蛋白和植物种子球蛋白等。

（3）谷蛋白　不溶于水、醇及中性盐溶液，但易溶于稀酸或稀碱。如米谷蛋白和麦谷蛋白等。

（4）醇溶蛋白　不溶于水及无水乙醇，但溶于70%～80%乙醇中。组成上的特点是脯氨酸和含酰胺的氨基酸较多，非极性侧链远较极性侧链多。这类蛋白质主要存在于植物种子中。如玉米醇溶蛋白、麦醇溶蛋白等。

（5）组蛋白　溶于水及稀酸，但被稀氨水所沉淀。分子中组氨酸、赖氨酸较多，分子呈碱性。如小牛胸腺组蛋白等。

（6）鱼精蛋白　溶于水及稀酸，不溶于氨水。分子中碱性氨基酸特别多，因此呈碱性。如蛙精蛋白等。

（7）硬蛋白　不溶于水、盐、稀酸或稀碱。这类蛋白是动物体内作为结缔及保护功能的蛋白质。例如，角蛋白、胶原蛋白、网硬蛋白和弹性蛋白等。

（四）根据功能分类

根据功能，蛋白质可归类如下：有催化活性的酶、结构蛋白（胶原蛋白、角蛋白、弹性蛋白和丝心蛋白）、收缩蛋白（肌球蛋白、肌动蛋白、微管蛋白）、激素（胰岛素、生长激素）、传递蛋白（血清蛋白、铁传递蛋白、血红蛋白）、抗体（免疫球蛋白）、储藏蛋白（蛋清蛋白、种子蛋白）和保护蛋白（毒素和过敏原）。储藏蛋白主要存在于蛋和植物种子中，这些蛋白质为种子发芽和胚形成提供所需的氮和氨基酸。保护蛋白是某些微生物和动物为生存而建立的防御机制的一部分。

二、蛋白质的组成

元素组成上，蛋白质大多含有50%～55%碳、6%～7%氢、20%～23%氧、12%～19%氮和0.2%～3.0%硫。蛋白质的平均含氮量约为16%，这是蛋白质元素组成的一个特点，也是凯氏定氮法测定蛋白质含量的基础。

样品中粗蛋白质的含量（%）=氮含量（%）×6.25

式中　6.25——16%的倒数，为1g氮所代表的蛋白质的质量（g）。

第三节 氨基酸的结构和性质

一、氨基酸的结构和分类

α-氨基酸是蛋白质的基本构成单位，它是由一个α-碳原子以及与之共价连接的一个氢原子、一个氨基、一个羧基和一个侧链R基组成。

$$\begin{array}{c} COOH \\ | \\ H-C\alpha-NH_2 \\ | \\ R \end{array}$$

天然存在的蛋白质由20种基本的氨基酸组成，它们彼此通过酰胺键（或称肽键）相连接。这些氨基酸的差别在于含有化学本质不同的侧链R基团（表5-1）。氨基酸的物理化学性质，包括净电荷、溶解度、化学反应活力和氢键形成能力，取决于R基团的化学本质。

表5-1 存在于蛋白质中的主要氨基酸

氨基酸				相对分子质量	在中性pH条件下的结构
名称		缩写符号			
中文名称	英文名称	三位字母	一位字母		
丙氨酸	Alanine	Ala	A	89.1	$CH_3-CH-COO^-$ $^+NH_3$
精氨酸	Arginine	Arg	R	174.2	$H_2N-C-NH-(CH_2)_3-CH-COO^-$ $^+NH_2$ $^+NH_3$
天冬酰胺	Asparagine	Asn	N	132.1	$H_2N-C-CH_2-CH-COO^-$ O $^+NH_3$
天冬氨酸	Aspartic acid	Asp	D	133.1	$^-O-C-CH_2-CH-COO^-$ O $^+NH_3$
半胱氨酸	Cysteine	Cys	C	121.1	$HS-CH_2-CH-COO^-$ $^+NH_3$
谷氨酰胺	Glutamine	Gln	Q	146.1	$H_2N-C-(CH_2)_2-CH-COO^-$ O $^+NH_3$
谷氨酸	Glutamic acid	Glu	E	147.1	$^-O-C-(CH_2)_2-CH-COO^-$ O $^+NH_3$
甘氨酸	Glycine	Gly	G	75.1	$H-CH-COO^-$ $^+NH_3$
组氨酸	Histidine	His	H	155.2	$CH_2-CH-COO^-$ $^+NH_3$

续表

| 氨基酸 | | | | 相对分子质量 | 在中性pH条件下的结构 |
| 名称 | | 缩写符号 | | | |
中文名称	英文名称	三位字母	一位字母		
异亮氨酸	Isoleucine	Ile	I	131.2	$CH_3-CH_2-\underset{\underset{CH_3}{\mid}}{CH}-\underset{\underset{^+NH_3}{\mid}}{CH}-COO^-$
亮氨酸	Leucine	Leu	L	131.2	$CH_3-\underset{\underset{CH_3}{\mid}}{CH}-CH_2-\underset{\underset{^+NH_3}{\mid}}{CH}-COO^-$
赖氨酸	Lysine	Lys	K	146.2	$^+NH_3-(CH_2)_4-\underset{\underset{^+NH_3}{\mid}}{CH}-COO^-$
甲硫氨酸	Methonine	Met	M	149.2	$CH_3-S-(CH_2)_2-\underset{\underset{^+NH_3}{\mid}}{CH}-COO^-$
苯丙氨酸	Phenylalanine	Phe	F	165.2	$C_6H_5-CH_2-\underset{\underset{^+NH_3}{\mid}}{CH}-COO^-$
脯氨酸	Proline	Pro	P	115.1	$\text{(环状)}\ \underset{^+NH_2}{}-COO^-$
丝氨酸	Serine	Ser	S	105.1	$HO-CH_2-\underset{\underset{^+NH_3}{\mid}}{CH}-COO^-$
苏氨酸	Threonine	Thr	T	119.1	$CH_3-\underset{\underset{OH}{\mid}}{CH}-\underset{\underset{^+NH_3}{\mid}}{CH}-COO^-$
色氨酸	Trytophan	Trp	W	204.2	$\text{(吲哚)}-CH_2-\underset{\underset{^+NH_3}{\mid}}{CH}-COO^-$
酪氨酸	Tyrosine	Tyr	Y	181.2	$HO-C_6H_4-CH_2-\underset{\underset{^+NH_3}{\mid}}{CH}-COO^-$
缬氨酸	Valine	Val	V	117.1	$CH_3-\underset{\underset{CH_3}{\mid}}{CH}-\underset{\underset{^+NH_3}{\mid}}{CH}-COO^-$

　　根据侧链R基团与水相互作用的程度，可将氨基酸分成几类。含有脂肪族侧链的氨基酸（Ala、Ile、Leu、Val、Met）和含有芳香族基团的氨基酸（Phe、Trp和Tyr）是疏水性氨基酸，因此它们在水中的溶解度较低（表5-2）。极性（亲水）氨基酸易溶于水，它们或者带有电荷（Asp、Glu、Arg、His和Lys）或者不带电荷（Ser、Thr、Asn、Gln和Cys）。Arg和Lys的侧链分别含有胍基和氨基（碱性），在中性pH条件下带正电荷。His的咪唑基在中性pH条件下，略带正电荷。Asp和Glu的侧链分别含有一个羧基（酸性），在中性pH条件下这些氨基酸分别带有一个净负电荷。碱性和酸性氨基酸具有很强的亲水性。在生理条件下一种蛋白质的净电荷取决于分子中碱性和酸性氨基酸残基的相对数目。

表 5-2　氨基酸在水中的溶解度 25℃

氨基酸	溶解度/（g/L）	氨基酸	溶解度/（g/L）	氨基酸	溶解度/（g/L）
丙氨酸	167.2	甘氨酸	249.9	脯氨酸	620.0
精氨酸	855.6	组氨酸	—	丝氨酸	422.0
天冬酰胺	28.5	异亮氨酸	34.5	苏氨酸	13.2
天冬氨酸	5.0	亮氨酸	21.7	色氨酸	13.6
半胱氨酸	—	赖氨酸	739.0	酪氨酸	0.4
谷氨酰胺	7.2（37℃）	甲硫氨酸	56.2	缬氨酸	58.1
谷氨酸	8.5	苯丙氨酸	27.6		

　　不带电荷的极性氨基酸：Ser和Thr的极性可归之于它们含有能与水形成氢键的羟基。Asn和Gln的酰胺基能通过氢键与水相互作用。经酸或碱水解，Asn和Gln的酰胺基转变成羧基同时释放出氨。大多数Cys残基在蛋白质中以胱氨酸存在，后者是半胱氨酸通过它的巯基氧化形成二硫键而产生的二聚体。

　　脯氨酸是蛋白质分子中唯一的一种亚氨基酸。在脯氨酸分子中，丙基侧链通过共价连接的方式同时与α-碳和α-氨基连接形成一个吡咯烷环状结构。

二、氨基酸的性质

（一）氨基酸的立体化学

　　除甘氨酸（Gly）外，所有氨基酸的α-碳原子都是不对称的，即有四个不同的基团与它相连接。由于在分子中存在着不对称中心，氨基酸显示光学活性，即它们能使线性偏振光的平面发生转动。异亮氨酸（Ile）和苏氨酸（Thr）除了含有不对称的α-碳原子外，β-碳原子也是不对称的，因此Ile和Thr都有4个对映体。在衍生的氨基酸中，羟基脯氨酸和羟基赖氨酸也含有两个不对称碳原子。天然存在的蛋白质仅含有L-氨基酸。L-和D-对映体可用下式表示

$$\begin{array}{ccc}
& \text{COOH} & \\
& | & \\
\text{H}-&\text{C}_\alpha&-\text{NH}_2 \\
& | & \\
& \text{R} & \\
& \text{D-氨基酸} &
\end{array}
\qquad
\begin{array}{ccc}
& \text{COOH} & \\
& | & \\
\text{H}_2\text{N}-&\text{C}_\alpha&-\text{H} \\
& | & \\
& \text{R} & \\
& \text{L-氨基酸} &
\end{array}$$

　　上述命名是根据D-和L-甘油醛构型，而不是根据线性偏振光实际转动的方向。即L-构型并非指左旋，事实上大多数L-氨基酸是右旋而非左旋。

（二）氨基酸的酸–碱性质

由于氨基酸同时含有羧基（酸性）和氨基（碱性），因此它们既有酸也有碱的性质，或者说它们是两性电解质。例如，最简单的氨基酸Gly在溶液中受pH的影响可能有3种不同的离解状态。

$$H_3^+N—CH_2—COOH \xrightleftharpoons[H^+]{K_1} H_3^+N—CH_2—COO^- \xrightleftharpoons[H^+]{K_2} H_2N—CH_2—COO^-$$

酸性　　　　　　　　　　　　　中性　　　　　　　　　　　碱性

在中性pH范围，α-氨基和α-羧基都处在离子化状态，此时氨基酸分子是偶极离子或两性离子。偶极离子以电中性状态存在时的pH被称为等电点pI。当两性离子被酸滴定时，–COO$^-$基变成质子化。当–COO$^-$和–COOH的浓度相等时的pH被称为pK_{a1}（即离解常数K_{a1}的负对数）。类似地，当两性离子被碱滴定时，—NH$_3^+$基变成去质子化，当—NH$_3^+$和—NH$_2$浓度相等时的pH被称为pK_{a2}。图5-1是偶极离子典型的电化学滴定曲线。除α-氨基和α-羧基外，Lys、Arg、His、Asp、Glu、Cys和Tyr的侧链也含有可离子化的基团。在表5-3中列出了氨基酸中所有可离子化基团的pK_a。根据下式，可以从氨基酸的pK_{a1}，pK_{a2}和pK_{a3}估算等电点。

侧链不含有带电荷基团的氨基酸，$pI=$（pK_{a1}+pK_{a2}）/2

酸性氨基酸，$pI=$（pK_{a1}+pK_{a3}）/2

碱性氨基酸，$pI=$（pK_{a2}+pK_{a3}）/2

下标1、2和3分别代表α-羧基、α-氨基和侧链上可离子化的基团。

在蛋白质分子中，一个氨基酸的α-COOH通过酰胺键与相邻氨基酸的α-NH$_2$相结合，因而，可以离子化的基团是N-末端氨基、C-末端羧基和侧链上可离解的基团。这些蛋白质分子中可离子化的基团的pK_a不同于它们在游离氨基酸中相应的数值（表5-3）。在蛋白质分子中酸性侧链（Glu和Asp）的pK_{a3}大于在游离氨基酸中相应的值，而碱性侧链的pK_{a3}则小于游离氨基酸相应的值。

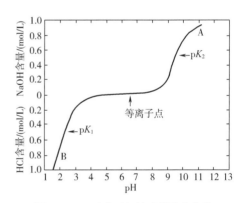

图5-1　一种典型氨基酸的滴定曲线

表5-3　在游离氨基酸和蛋白质分子中可离子化基团的 pK_a 和 pI

氨基酸	pK_{a1}（α-COOH）	pK_{a2}（α-NH$_3^+$）	pK_{aR}		pI
			AA	侧链*	
丙氨酸	2.34	9.69	—		6.00
精氨酸	2.17	9.04	12.48	> 12.00	10.76
天冬酰胺	2.02	8.80	—		5.41
天冬氨酸	1.88	9.60	3.65	4.60	2.77
半胱氨酸	1.96	10.28	8.18	8.80	5.07

续表

氨基酸	pK_{a1} （α-COOH）	pK_{a2} （α-NH$_3^+$）	pK_{aR}		pI
			AA	侧链*	
谷氨酰胺	2.17	9.13	—		5.65
谷氨酸	2.19	9.67	4.25	4.60	3.22
甘氨酸	2.34	9.60	—		5.98
组氨酸	1.82	9.17	6.00	7.00	7.59
异亮氨酸	2.36	9.68	—		6.02
亮氨酸	2.30	9.60	—		5.98
赖氨酸	2.18	8.95	10.53	10.20	9.74
甲硫氨酸	2.28	9.21	—		5.74
苯丙氨酸	1.83	9.13	—		5.48
脯氨酸	1.94	10.60	—		6.30
丝氨酸	2.20	9.15	—		5.68
苏氨酸	2.21	9.15	—		5.68
色氨酸	2.38	9.39	—		5.89
酪氨酸	2.20	9.11	10.07	9.60	5.66
缬氨酸	2.32	9.62	—		5.96

注：*蛋白质分子中可离子化基团的pK_a。

一个基团在任何指定的溶液pH下的离子化程度可根据Henderson–Hasselbach方程计算：

$$pH = pK_a + \lg \frac{[共轭碱]}{[共轭酸]} \tag{5-1}$$

根据此式测定各个可离子化基团的离子化程度，然后将总的负电荷和正电荷数相加，计算一种蛋白质在指定pH下的净电荷。

（三）氨基酸的疏水性

构成蛋白质的氨基酸残基的疏水性是影响蛋白质和肽的物理化学性质（例如结构、溶解度、结合脂肪的能力）的一个重要因素。

氨基酸从乙醇转移至水的自由能变化ΔG_t（$E_t \rightarrow W$）被用来表示氨基酸的疏水性，如果一种氨基酸的ΔG_t（$E_t \rightarrow W$）是一个很大的正值，那么它的疏水性就很大。

如同所有其他热力学参数，ΔG_t也是一个加和函数。如果一个分子含有两个基团A和B，它们通过共价键结合在一起，那么ΔG_t是基团A和基团B分别从一种溶剂转移至另一种溶剂的活化能变

化的加和，即

$$\Delta G_{t,\ AB} = \Delta G_{t,\ A} + \Delta G_{t,\ B}$$

例如，缬氨酸（Val）可被看作是甘氨酸在α-碳原子上连接着异丙基侧链的一个衍生物。

$$H_2N-CH-COOH \qquad 甘氨酸基$$

CH

$$H_3C \qquad CH_3 \qquad 异丙基$$

于是，缬氨酸从乙醇转移至水的自由能变化可按下式计算，

$$\Delta G_{t,\ Val} = \Delta G_{t,\ Gly} + \Delta G_{t,\ 异丙基侧链}$$

或

$$\Delta G_{t,\ 异丙基侧链} = \Delta G_{t,\ Val} - \Delta G_{t,\ Gly}$$

换言之，从$\Delta G_{t,\ 氨基酸}$减去$\Delta G_{t,\ Gly}$即为氨基酸（AA）的侧链的疏水性。

表5-4所示为按上述方法得到的氨基酸侧链的疏水性值。具有大的正ΔG_{t}的氨基酸侧链是疏水性的，它会优先选择处在有机相而不是水相。在蛋白质分子中，疏水性的氨基酸残基倾向于排列在蛋白质分子的内部。具有负的ΔG_{t}的氨基酸侧链是亲水性的，这些氨基酸残基倾向于排列在蛋白质分子的表面。必须指出，天然Lys被认为是蛋白质分子中一种亲水性的氨基酸残基，但是它具有一个正的ΔG_{t}，这是由于它的侧链含有优先选择有机环境的4个—CH$_2$—基。事实上，在蛋白质分子中，Lys侧链被埋藏的同时它的ε-氨基突出在分子立体结构的表面。

表 5-4　氨基酸侧链的疏水性（25℃）

氨基酸	ΔG（乙醇→水）/（kJ/mol）	氨基酸	ΔG（乙醇→水）/（kJ/mol）	氨基酸	ΔG（乙醇→水）/（kJ/mol）
丙氨酸	2.09	甘氨酸	0	苏氨酸	1.67
精氨酸	3.1	亮氨酸	9.61	色氨酸	14.21
天冬酰胺	0	赖氨酸	6.25	组氨酸	2.09
天冬氨酸	2.09	甲硫氨酸	5.43	异亮氨酸	12.54
半胱氨酸	4.18	苯丙氨酸	10.45	酪氨酸	9.61
谷氨酰胺	-0.42	脯氨酸	10.87	缬氨酸	6.27
谷氨酸	2.09	丝氨酸	-1.25		

（四）氨基酸的光学性质

芳香族氨基酸Trp、Tyr和Phe在近紫外区（250～300nm）吸收光。此外，Trp和Tyr在紫外区还显示荧光。表5-5所示为芳香族氨基酸最大吸收和荧光发射的波长。由于氨基酸所处环境的极性影响它们的吸收和荧光性质，因此氨基酸光学性质的变化常被用来考察蛋白质构象的变化。

表5-5 芳香族氨基酸的紫外吸收和荧光

氨基酸	吸收的λ_{max}/nm	摩尔消光系数/（$cm^{-1} \cdot mol^{-1}$）	荧光的λ_{max}/nm
苯丙氨酸	260	190	282[1]
色氨酸	278	5500	348[2]
酪氨酸	275	1340	304[2]

注：①在260nm的消光；

②在280nm的消光。

三、氨基酸的化学反应

存在于游离氨基酸和蛋白质分子中的反应基团，像氨基、羧基、巯基、酚羟基、羟基、硫醚基（Met）、咪唑基和胍基，能够参与类似于它们与其他小的有机分子相连接时所能发生的化学反应。其中有些反应能改变蛋白质和肽的亲水和疏水性质或者功能性质，从而导致蛋白质和肽的化学改性。还有一些反应可被用来定量氨基酸和蛋白质分子中特定的氨基酸残基。例如，氨基酸与茚三酮、邻苯二甲醛或荧光胺的反应常被用来定量氨基酸。

氨基酸与茚三酮的反应如下式所示。1mol的游离氨基酸与2mol茚三酮反应生成1mol紫色产物，即Ruhemann紫，它在570mm波长具有最大吸收。需要注意的是，脯氨酸或羟脯氨酸与茚三酮反应则生成黄色产物，它在440nm波长具有最大吸收。上述显色反应是比色法测定氨基酸含量的基础。

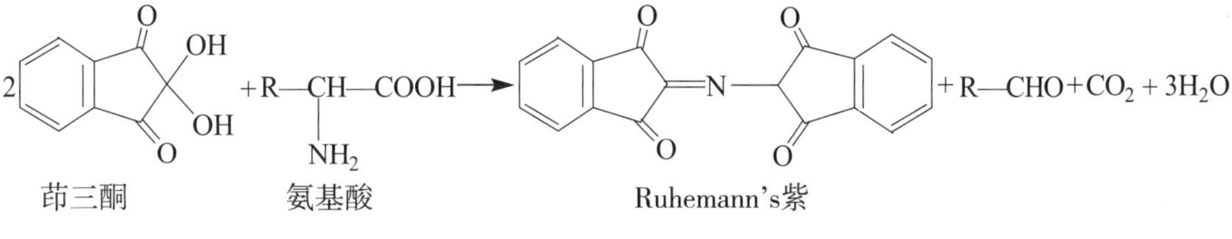

茚三酮　　　　　　　氨基酸　　　　　　　Ruhemann's紫

当存在2-巯基乙醇时，氨基酸与邻苯二甲醛反应生成高荧光的衍生物，在390nm波长激发时在450nm波长具有最高荧光发射。此法能被用来定量氨基酸以及蛋白质和肽。

邻苯二甲醛　　　氨基酸

含有伯胺的氨基酸、肽和蛋白质与荧光胺反应生成高荧光的衍生物，在390nm波长激发时，它在475nm波长具有最高荧光发射。此法也能被用来定量氨基酸以及蛋白质和肽。

第四节　蛋白质的结构

一、蛋白质的结构水平

蛋白质的结构包括4个水平，即一级结构、二级结构、三级结构和四级结构。

（一）一级结构

蛋白质的构成单元氨基酸通过酰胺键（肽键）共价连接而形成的线性序列被称为蛋白质的一级结构（Primary structure）。一个氨基酸的α-羧基与相邻氨基酸的α-氨基缩合失去一分子水形成肽键。在线性序列中所有的氨基酸残基都是L-型。由n个氨基酸残基构成的蛋白质分子含有（$n-1$）个肽键。游离的α-氨基末端被称为N-末端，而游离的α-羧基末端被称为C-末端。根据惯例，可用N表示多肽链的开始端，C表示多肽链的末端。

由n个氨基酸残基连接而形成的链长（n）和序列决定着蛋白质的物理化学性质、结构和生物性质及功能。蛋白质的氨基酸序列决定其二级结构和三级结构，最终决定着蛋白质的生物功能。蛋白质的分子质量有的为几千道尔顿（u），有的高达上百万。例如，存在于肌肉中的单肽链蛋白质-肌联蛋白（titin）的分子质量超过10^3ku，而肠促胰液肽（Secretin）的分子质量仅为2300u。大多数蛋白质的分子质量在20k～100ku。

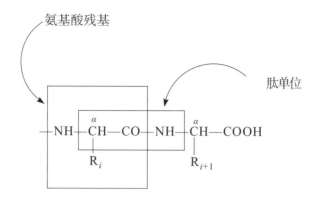

多肽链的主链可用重复的—N—C_α—C或—C_α—C—N—单位表示。—N—C_α—C—（即—NH—C_αHR—CO—）是指一个氨基酸残基，而—C_α—C—N—（即—C_αHR—CO—NH—）是指一个肽单位。虽然CO—NH键被描述为一个共价单键，实际上，由于电子非定域作用而导致的共振结构使它具有部分双键的特征。肽键的这个特征对于蛋白质的结构具有重要的影响。

多肽主链基本上可被描述为通过C_α原子连接的一系列—C_α—CO—NH—C_α—平面（图5-2）。由于主链中肽键约占共价键总数的1/3，而肽键不能自由旋转，从而显著地降低了主链的柔性。仅N—C_α和C_α—C键具有转动自由度，它们分别被定义为ϕ两面角和ψ两面角，也称为主链扭转角。虽然N—C_α和C_α—C键是单键，ϕ和ψ理论上具有360°转动自由度，实际上它们的转动自由度由于C_α原子上侧链原子的立体位阻而被限制，这些限制进一步减小了多肽链的柔性。

肽键的部分双键性质使得键上的4个原子能以顺式或反式构型存在。然而，几乎所有的蛋白质肽键都是以反式构型存在的，这是因为在热力学上反式构型比顺式构型稳定。

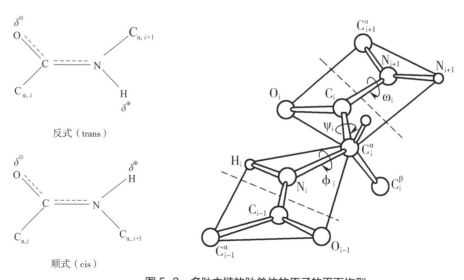

图 5-2 多肽主链的肽单位的原子的平面构型

ϕ 和 ψ 是 C_α—N 和 C_α—C 键的两面（扭转）角，侧链位于平面的上方和下方

（二）二级结构

蛋白质的二级结构（Secondary structure）是指在多肽链某些部分的氨基酸残基周期性的（有规则的）空间排列，即沿着肽链轴所采取的特有的空间结构。在多肽链的某个部分，连续的氨基酸残基采取同一组ϕ和ψ时形成了周期性的结构。氨基酸残基侧链之间近邻或短距离的非共价相互作用决定着ϕ和ψ角的扭转并导致局部自由能的下降。在多肽链的某些区域，连续的氨基酸残基具有不同组的ϕ和ψ就形成了非周期性或随机结构。

一般来说，在蛋白质分子中存在着两种周期性的（有规则的）二级结构，它们是螺旋结构和伸展片状结构。

1. 螺旋结构

当连续的氨基酸残基的ϕ和ψ角按同一组值扭转时，形成了蛋白质的螺旋结构。通过选择不同的ϕ和ψ组合，理论上有可能产生几种几何形状的螺旋结构。然而，在蛋白质分子中仅存在α-螺旋、3_{10}-螺旋和π-螺旋这3种螺旋结构，其中α-螺旋是蛋白质中主要的螺旋结构形式。

α-螺旋的结构特点如下：

（1）主链绕中心轴按螺旋方向盘旋，每3.6个氨基酸残基前进一圈，螺距即每圈所占的轴长为0.54nm，每一个氨基酸残基占轴长0.15nm（图5-3）。α-螺旋能以右手或左手螺旋两种方式存在，而右手螺旋更加稳定。在天然的蛋白质中仅存在右手α-螺旋（ϕ和ψ分别为-58°和-47°）。

（2）α-螺旋是依靠氢键而稳定的。主链上每一个氨基酸残基的N—H与它前面第四个氨基酸残基的

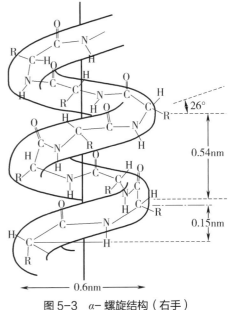

图5-3　α-螺旋结构（右手）

R代表氨基酸残基的侧链

C=O形成氢键，氢键平行于螺旋轴而定向。在此氢键圈中包含13个主链原子，于是α-螺旋也被称为3.6_{13}螺旋。氢键的N、H和O原子几乎处在一条直线上。氢键的长度，即N—H…O距离约为0.29nm，而键的强度约为18.8kJ/mol。

（3）氨基酸残基的侧链按垂直于螺旋的轴的方向定向排列，分布在螺旋的外侧。其形状、大小及电荷等均影响α-螺旋的形成和稳定性。

在脯氨酸残基中，由于丙基侧链通过共价键与氨基形成了环状结构，使得N—C$_\alpha$键不能旋转，而ϕ具有一个固定值70°。并且由于在N原子上不存在H，因此不能形成氢键。由于脯氨酸残基的上述两个特性，蛋白质分子中含有脯氨酸残基的部分不能形成α-螺旋。事实上，可将脯氨酸残基看作为α-螺旋的终止物。脯氨酸残基含量高的蛋白质倾向于采取随机或非周期性的结构。例如，在β-酪蛋白和α_{s1}-酪蛋白中脯氨酸残基分别占总氨基酸残基数的17%和8.5%，而且它们均匀地分布在整个蛋白质分子的一级结构中，因此，在这两种蛋白质分子中不存在α-螺旋

结构。

然而，聚脯氨酸也能形成两种类型的螺旋结构，聚脯氨酸Ⅰ和聚脯氨酸Ⅱ。聚脯氨酸I是左手螺旋，每圈3.3个氨基酸残基，肽键是顺式构型；聚脯氨酸Ⅱ也是左手螺旋，每圈3个氨基酸残基，肽键是反式构型，两个氨基酸残基在轴上投影之间的距离为0.31nm。这两种结构有可能相互转变，聚脯氨酸Ⅱ在水溶液中更为稳定。这样的螺旋结构存在于胶原蛋白质。胶原蛋白是结缔组织蛋白质，在脊椎动物的皮、腱、骨和角膜等中含量很丰富。

此外，某些氨基酸由于它们的侧链的静电性质或立体结构，使得多肽链不可能形成螺旋结构。当出现这种情况时，多肽链的结构具有以下的特征：带有相同电荷的基团之间的距离是最大的，而推斥的自由能是最低的。这种结构是随机螺旋。

2. β-折叠片结构

β-折叠片结构是一种具有特定的几何形状的伸展结构（图5-4），它是蛋白质中第二种最常见的二级结构。其构象特征如下：

（1）肽链的伸展使肽键平面之间一般折叠成锯齿状。不同多肽链或一条多肽链的不同肽段平行排列，相邻主链骨架之间依靠氢键来维系。

（2）肽链中氨基酸残基的侧链R按垂直于片状结构的平面（在平面上和平面下）定向。

（3）根据多肽主链中N→C的指向，存在着两类β-折叠片结构，即平行β-折叠片结构（各股指向相同，即N端在同侧）和反平行β-折叠片结构（各股指向相反，即N端不在同侧）。β-折叠片结构中链的指向影响着氢键的几何形状。在反平行β-折叠片结构中，N—H…O的原子处在一条直线上（氢键角为0），增加了氢键的稳定性。于是，反平行β-折叠片结构比平行β-折叠片结构更为稳定。

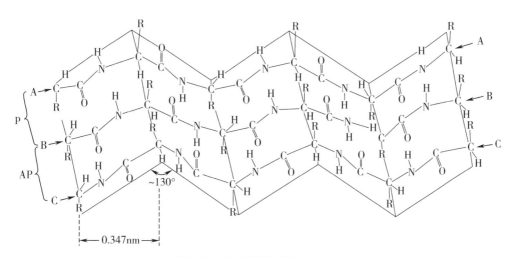

图5-4 β-折叠片结构

P—平行 β-折叠片（A 链和 B 链之间）

AP—反平行 β-折叠片结构（B 链和 C 链之间）

β-折叠片结构通常比α-螺旋结构更为稳定。含有高比例的β-折叠片结构的蛋白质一般呈现高变性温度。以β-乳球蛋白（51% β-折叠片结构）和大豆11S球蛋白（64%β-折叠片结构）

为例，它们的热变性温度分别为75.6℃和84.5℃。然而，牛血清蛋白（64%α-螺旋结构）的变性温度仅为64℃。α-螺旋结构类型的蛋白质溶液经加热再冷却时，α-螺旋结构通常转变成β-折叠片结构。然而，从β-折叠片结构转变成α-螺旋结构的现象在蛋白质中尚未发现。

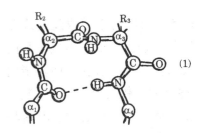

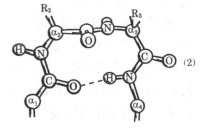

3. β-旋转

β-旋转（β-turn）是蛋白质中常见的另一种结构。β-折叠片结构中的多肽链反转180°就形成β-旋转（见图5-5）。一个β-旋转结构通常包括4个氨基酸残基，第一个氨基酸残基的羧基与第四个氨基酸残基的亚氨基之间形成氢键以维持其构象。在β-旋转结构中常见的氨基酸残基有Asp、Cys、Asn、Gly、Tyr和Pro。

表5-6所示为一些蛋白质分子的二级结构。

图 5-5　β-旋转的构象
Ⅰ型（1）和Ⅱ型（2）

表5-6　一些蛋白质分子的二级结构

蛋白质	α-螺旋	β-折叠片结构	β-旋转	非周期性结构
脱氧血红蛋白	85.7	0	8.8	5.5
牛血清清蛋白	67.0	0	0	33.0
胰凝乳蛋白酶原	11.0	49.4	21.2	18.4
免疫球蛋白 G	2.5	67.2	17.8	12.5
牛胰蛋白酶抑制剂	25.9	44.8	8.8	20.5
木瓜蛋白酶	27.8	29.2	24.5	18.5
α-乳清蛋白	26.0	14.0	0	60.0
β-乳球蛋白	6.8	51.2	10.5	31.5
大豆 11S 蛋白	8.5	64.5	0	27.0
大豆 7S 蛋白	6.0	62.5	2.0	29.5

注：数值代表占总的氨基酸残基的百分数。

（三）三级结构

蛋白质的多肽链在二级结构的基础上进一步盘曲或折叠形成的三维空间结构，称为蛋白质的三级结构。蛋白质的三级结构涉及多肽链的空间排列。图5-6所示为β-乳球蛋白的三级结构。

蛋白质从线性结构变成折叠状三级结构是一个复杂的过程。在分子水平上，蛋白质的结构取决于其氨基酸序列。从能学角度考虑，三级结构的形成包括各种不同基团之间的相互作用（疏水相互作用、静电相互作用和范德华力）和氢键的优化，使得蛋白质分子的自由能尽可能地降到最低。在三级结构形成的过程中，疏水性氨基酸残基大多包埋在蛋白质结构的内部，而亲水性氨基酸残基尤其是带电荷的氨基酸残基大多分布在蛋白质-水界面，同时伴随着自由能的降低。

一级结构中亲水性和疏水性氨基酸残基的比例和分布影响着蛋白质的某些物理化学性质。例如，氨基酸顺序决定着蛋白质分子的形状。如果一种蛋白质含有大量的亲水性氨基酸残基并且均匀地分布在氨基酸序列中，那么蛋白质分子将呈拉长或棒状；反之，如果一种蛋白质含有大量疏水性氨基酸残基，那么蛋白质分子将呈球状。于是，表面积与体积之比能降到最低，同时使更多的疏水性氨基酸残基能埋藏在蛋白质分子的内部。

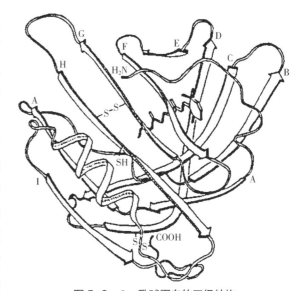

图 5-6 β-乳球蛋白的三级结构

箭代表 β-折叠片结构，共有 9 股，图中也指出了一个短的 α-螺旋结构（从氨基酸残基 131 ~ 140）

（四）四级结构

四级结构是指由两条或两条以上的多肽链聚合而成的蛋白质分子的空间构象。其中，每条多肽链称为一个亚基（Subunit）。由两个或两个以上亚基组成的蛋白质称为寡聚蛋白质。寡聚蛋白质的这些亚基可以是相同的或者是不同的。例如，血红蛋白是由两个 α-亚基和两个 β-亚基构成的四聚体。

四级结构实际上是指亚基的立体排布、相互作用及接触部位的布局。亚基之间主要是非共价相互作用，包括氢键、疏水相互作用和静电相互作用等。疏水性氨基酸残基所占的比例似乎影响着寡聚体结构形成的倾向。蛋白质分子中疏水性氨基酸残基含量高于30%时，它形成寡聚体的倾向大于那些含有较少疏水性氨基酸残基的蛋白质。

从热力学角度考虑，需要将亚基暴露的疏水性表面埋藏起来，这就驱动着蛋白质分子四级结构的形成。当一个蛋白质分子中疏水性氨基酸残基含量高于30%时，它在物理上已不可能形成一种能将所有的非极性残基埋藏在内部的三级结构。因此，在表面存在疏水性小区的可能性就很大，在相邻单体的小区之间的相互作用能导致形成二聚体、三聚体等（图5-7）。

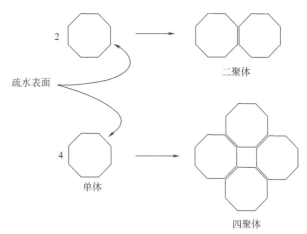

图 5-7 蛋白质中二聚体和寡聚体的形成

　　许多食品蛋白质，尤其是谷类蛋白，是以不同的多肽链构成的寡聚体形式存在（表5-7）。可以预料这些蛋白质含有高于35%的疏水性氨基酸残基（Iie、Leu、Trp、Tyr、Val、Phe和Pro）。此外它们还含有6%~12%的脯氨酸。因此，谷类蛋白多以复杂的寡聚体结构存在。大豆中主要的储藏蛋白质，即β-大豆伴球蛋白（7S）和大豆球蛋白（11S），分别含有约41%和39%疏水性氨基酸残基。β-大豆伴球蛋白是由三种不同的亚基所构成的三聚体，随着离子强度和pH的变化呈现复杂的缔合-解离现象。组成大豆球蛋白的五种亚基分别为$A_{1b}B_2$、A_2B_{1a}、$A_{1a}B_{1b}$、A_3B_4和$A_5A_4B_3$，其中每种亚基均由酸性肽链（A）和碱性肽链（B）通过二硫键连接而成。6个酸性-碱性亚基对通过非共价相互作用结合成寡聚体状态。大豆球蛋白随离子强度的变化也呈现复杂的缔合-解离性质。

表 5-7　某些寡聚体食品蛋白质

蛋白质	分子质量/u	亚基数	蛋白质	分子质量/u	亚基数
乳球蛋白	35000	2	转化酶	210000	4
血红蛋白	64500	4	过氧化氢酶	232000	4
抗生物素蛋白	68300	4	胶原蛋白	300000	3
脂肪氧合酶	108000	2	11S 大豆蛋白	350000	6
酪氨酸酶	128000	4	豆球蛋白	360000	6
乳酸脱氢酶	140000	4	肌球蛋白	475000	6
7S 大豆蛋白	200000	3			

二、稳定蛋白质结构的作用力

　　从热力学角度来看，蛋白质的天然构象是各种有利于稳定的相互作用达到最大而各种不利于稳定的相互作用降到最小，于是整个蛋白质分子的自由能尽可能地降至最低时的一种状态。蛋白质稳定性是使蛋白质分子能达到和保持天然构象的一种状态，然而并不排除生理功能所必需的构象调整。

　　影响蛋白质结构的分子内作用力包括两类：①蛋白质分子固有的作用力所形成的分子内相互作用；②受周围溶剂影响的分子内相互作用。范德华相互作用（Van der Waals interaction）和空间相互作用（Steric interaction）属于前者，而氢键、静电相互作用和疏水相互作用力属于后者。

　　1. 空间相互作用

　　理论上，ϕ 和 ψ 角具有360°的转动自由度，实际上由于氨基酸残基侧链原子的空间位阻而使它们的转动受到很大的限制。因此，多肽链的一个部分仅能采取数目有限的构象。肽单位平面几何形状的扭曲或者键的伸展和弯曲会导致分子自由能的增加。因此，多肽链的折叠必须避免键长和键角的变形。

2. 范德华相互作用

蛋白质分子的中性原子之间发生的偶极-诱导偶极和诱导偶极-诱导偶极的相互作用即为范德华相互作用（也称范德华力）。诱导偶极之间的相互作用包括吸引和排斥作用，不同原子对的范德华力能量在 $-0.17 \sim -0.8 kJ/mol$。作用力的大小与原子间的距离有关，随原子间距离增加而迅速减小，当超过 0.6nm 时，范德华力可以忽略。然而，由于在蛋白质分子中大量原子对参与范德华力，因此它对于蛋白质的折叠和稳定性的贡献很大。

3. 氢键

氢键是由与一个电负性原子（例如N、O和S）共价结合的氢原子与另一个电负性原子之间发生的相互作用。图5-8列出了在蛋白质分子中形成氢键的基团。氢键的强度在 $8.4 \sim 33 kJ/mol$，并取决于参与氢键的电负性原子对的性质和键角。图5-8所示的蛋白质分子中参与形成氢键的基团中，α-螺旋结构和 β-折叠片结构中肽键的 N—H 和 C=O 基团之间形成的氢键数量最大。

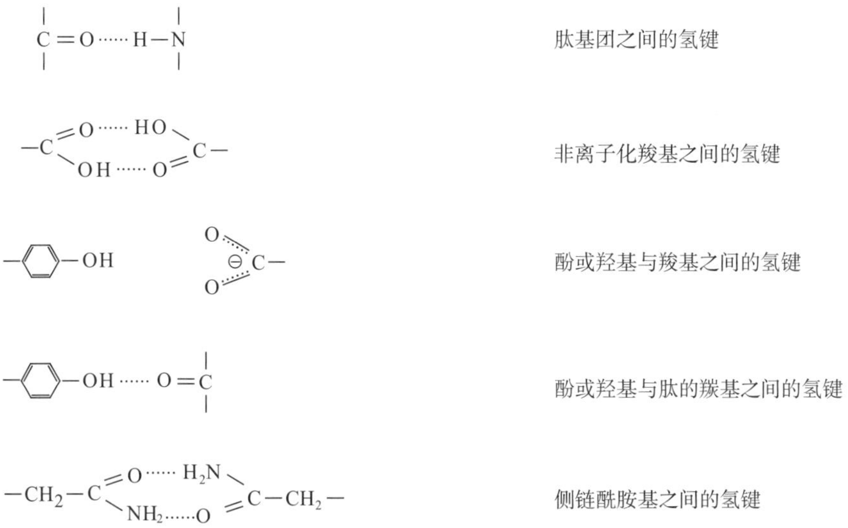

肽基团之间的氢键

非离子化羧基之间的氢键

酚或羟基与羧基之间的氢键

酚或羟基与肽的羰基之间的氢键

侧链酰胺基之间的氢键

图 5-8　蛋白质中形成氢键的基团

氢键的稳定性依赖于环境的介电常数。蛋白质分子二级结构中氢键的稳定性主要依赖于低介电常数的局部环境，后者是由非极性的氨基酸残基侧链的相互作用所造成的，这些庞大的侧链阻止水分子靠近 N—H……O=C 氢键，从而使氢键得以稳定。

4. 静电相互作用

蛋白质分子中含有一些带可离子化基团的氨基酸残基。在中性pH，Asp和Glu残基带负电荷，而Lys、Arg和His残基带正电荷；在碱性pH，Cys和Tyr残基带负电荷。蛋白质分子带净的负电荷或净的正电荷取决于分子中带负电荷和带正电荷残基的相对数目。蛋白质分子净电荷为0时的pH被定义为蛋白质的等电点（pI）。等电点不同于等离子点，后者是指不存在电解质时蛋白质溶液的pH。

蛋白质分子中带相同电荷基团之间的排斥作用会导致蛋白质结构的不稳定。在中性pH，蛋白质分子或带有净的正电荷或带有净的负电荷，蛋白质分子中几乎所有的带电基团（少数例外）都分布在蛋白质分子的表面。另外，在蛋白质分子结构中某些关键部位带相反电荷基团之间的吸引作用对蛋白质结构的稳定性有重要的贡献。然而，这些推斥力和吸引力的强度因水溶液中水的高介电常数而降至很低，静电相互作用的能量减少到 $\pm 5.8 \sim \pm 3.5kJ/mol$。可见，处在蛋白质分子表面的带电基团对蛋白质结构的稳定性没有重要的贡献。

那些部分埋藏在蛋白质内部的带相反电荷的基团，因处在介电常数比水低的环境中而通常能形成相互作用能量较高的盐桥。如果仅仅考虑静电相互作用，那么在pI时，由于蛋白质分子中正电荷和负电荷数目相等，吸引和推斥的静电力达到平衡，蛋白质分子结构是最稳定的；当pH向任何方向远离pI时，蛋白质分子结构会逐渐展开。实际上，在某些蛋白质分子中，稳定蛋白质结构的其他作用力如疏水相互作用能克服静电相互推斥作用。

尽管静电相互作用并不能作为蛋白质分子折叠的主要作用力，然而在水溶液中带电基团倾向于暴露在分子结构的表面确实影响着蛋白质分子折叠的模式。

5. 疏水相互作用

由前述可知，在水溶液中，多肽链中各种极性基团之间的氢键和静电相互作用不具有足够的能量来驱动蛋白质的折叠。驱动蛋白质折叠的主要力量来自于非极性基团间的疏水相互作用。

在水溶液中，非极性基团之间的疏水相互作用是水与非极性基团之间热力学上不利的相互作用的结果。如果一个非极性基团溶于水，自由能的变化（ΔG）是正值，即这个溶解过程在热力学上是不适宜的。即使这个过程的ΔH是负值，由于ΔS是一个大的负值，根$\Delta G = \Delta H - T\Delta S$，$\Delta G$仍然是一个正值。一个非极性基团溶于水导致熵变下降（ΔS是一个负值）是由于在非极性基团周围形成了一个笼状的水结构。由于ΔG是正值，非极性基团与水的相互作用受到了严格的限制，因此，在水溶液中非极性基团倾向于缔合使它们与水直接接触的面积降到最低（参见第二章）。在水溶液中由水结构诱导的非极性基团之间的相互作用被称为疏水相互作用。在蛋白质中，氨基酸残基的非极性侧链之间的疏水相互作用是蛋白质分子折叠成特定的三维结构的主要原因，在此结构中多数的非极性基团倾向于避开水的环境。

由于非极性基团的疏水相互作用是非极性基团溶于水的逆向过程，因此ΔG是一个负值，而ΔH和ΔS是正值。与其他的非共价相互作用不同，疏水相互作用是吸热过程，因此疏水相互作用在高温下是较强的，在低温下是较弱的。

6. 二硫键

二硫键是天然存在于蛋白质中唯一的共价侧链交联。它们既能存在于分子内，也能存在于分子间。在单体蛋白质中，二硫键的形成是蛋白质折叠的结果。当两个半胱氨酸残基接近并适当定向时，分子氧催化巯基氧化形成二硫键。二硫键一旦形成就有助于蛋白质折叠结构的稳定。例如，当β-乳球蛋白中一个或两个二硫键被还原成巯基（—SH）时，蛋白质构象就失去稳定性，并且更易于被胃蛋白酶、胰蛋白酶和胰凝乳蛋白酶等消化。

7. 金属离子

一些蛋白质结合着特定的金属离子，例如Ca^{2+}、Mg^{2+}和Na^+。这种结合一般能稳定蛋白质的结构，机制或许是通过中和电荷的效应和促进其他的相互作用（例如疏水相互作用）使得蛋白质有一个更牢固的分子构象。牛乳清蛋白天然结构稳定的必需条件是结合钙离子。α-淀粉酶蛋白中存在钙，如果在低pH和同时存在螯合剂的条件下将酶蛋白分子中的钙离子除去，能导致酶基本上失活和对热、酸或脲等变性因素的稳定性降低。

总之，一个独特的蛋白质三维结构的形成是各种排斥和吸引的非共价相互作用以及共价二硫键共同作用的结果。

三、蛋白质的构象稳定性和适应性

天然蛋白质结构的稳定性定义为蛋白质分子天然态和变性态（展开态）的自由能差值，通常用ΔG_D表示，即蛋白质分子从天然态展开为变性态所需的能量。前面提到的非共价相互作用（除静电相互排斥作用外）都起着稳定天然蛋白质结构的作用。这些相互作用产生的总的自由能变化为20~85kJ/mol。导致天然蛋白质结构不稳定的主要作用力是多肽链的构象熵（Conformational entropy）。当一个随机状态的多肽链折叠成一个紧密状态，蛋白质分子因各种基团的移动、转动和振动而导致构象熵的降低。于是蛋白质分子在天然态和变性态之间自由能的差别可用下式表示

$$\Delta G_D = \Delta G_{H-bond} + \Delta G_{ele} + \Delta G_{H\Phi} + \Delta G_{vdw} - T\Delta S_{conf} \quad (5-2)$$

式中 ΔG_{H-bond}、ΔG_{ele}、$\Delta G_{H\Phi}$和ΔG_{vdw}——分别表示形成氢键、静电相互作用、疏水相互作用和范德华相互作用所产生的自由能变化；

ΔS_{conf}——多肽链从天然态转变成变性态时构象熵的变化。

ΔG_D表示$G_D - G_N$，G_D和G_N分别为蛋白质分子处在变性态和天然态的自由能，因此ΔG_D是蛋白质分子展开时所需的能量。一些蛋白质的ΔG_D值如表5-8所示，尽管蛋白质中存在大量的分子内相互作用，然而蛋白质分子仅具有脆弱的稳定性。例如，多数蛋白质的ΔG_D相当于1~3个氢键或2~5个疏水相互作用的能量当量。可以推测，打断几个非共价相互作用或许能使许多蛋白质的天然结构失去稳定性。

蛋白质并非是刚性的分子；相反地，它们是高度柔性的，天然态是一种介稳定状态。蛋白质分子结构的细微变化并没有导致分子结构剧烈的改变，此种变化通常被称为蛋白质的"构象适应性"。

蛋白质构象对环境的适应性对于蛋白质执行某些关键性的生理功能是必要的。例如，酶与底物或辅基的有效结合肯定涉及多肽链在结合部位的重排。另一方面，具有生理功能的蛋白质通常依靠分子内的二硫键来维持其结构的稳定性，二硫键能有效地减少构象熵（即减小多肽链展开的倾向）。

表 5-8　一些蛋白质的 ΔG_D

蛋白质	pH	$T/^{\circ}C$	ΔG_D / (kJ/mol)
α- 乳清蛋白	7.0	25	18.0
牛 β- 乳球蛋白 A	3.15	25	42.2
牛 β- 乳球蛋白 B	3.15	25	48.9
T_4 溶菌酶	3.0	37	19.2
鸡蛋清溶菌酶	7.0	37	50.2
脂酶（曲霉）	7.0	—	46.0
肌钙蛋白	7.0	37	19.6
卵清蛋白	7.0	25	24.6
α- 胰凝乳蛋白酶	4.0	37	33.4
胰蛋白酶	—	37	54.3
胃蛋白酶	6.5	25	45.1
胰岛素	3.0	20	26.7
碱性磷酸酶	7.5	30	83.6

第五节　蛋白质的变性

蛋白质的天然结构是各种吸引和推斥相互作用的净结果，这些相互作用源自于各种分子内作用力以及蛋白质的不同基团与周围水分子间的相互作用。一个蛋白质分子的天然态是在生理条件下热力学最稳定的状态。蛋白质所处的环境，例如：pH、离子强度、温度、溶剂组成等发生任何的变化都会迫使蛋白质分子采取一个新的平衡结构。

在某些理化因素的作用下，蛋白质的空间结构发生改变，即蛋白质的二级结构、三级结构和四级结构发生变化（不涉及主链上肽键的断裂），从而引起蛋白质的理化性质和生物活性发生变化，这种现象称为蛋白质的变性。蛋白质变性时，维系其空间结构的次级键遭到破坏，原有的空间结构解体，蛋白质肽链调整其结构以适应新的环境。在弱变性条件下，蛋白质部分变性，肽链保持一定的结构；在强变性条件下，蛋白质完全变性，有秩序的螺旋型、球状构象变为无规则的伸展肽链。

许多具有生物活性的蛋白质在变性时失去活性。食品蛋白质在变性时通常不再溶解并丧失某些功能性质。然而，在某些情况下，蛋白质的变性是期望发生的。例如，豆类中胰蛋白酶抑制剂的热变性能显著提高某些动物食用豆类蛋白质时的消化率和生物有效性。部分变性的蛋白质比起天然蛋白质更易消化和具有较好起泡性质和乳化性质。热变性也是热凝结形成蛋白质凝胶的先决条件。蛋白质变性时它的固有黏度提高而结晶能力丧失。

一、蛋白质变性的热力学

蛋白质变性是蛋白质从生理条件下的折叠结构转变成非生理条件下的展开态结构的现象。由于结构不是一个易于定量的参数，因此直接测定溶液中天然蛋白质和变性蛋白质所占的分数是不可能的。然而，蛋白质构象的变化必定会影响到蛋白质的某些化学和物理性质，例如紫外（UV）吸光度、荧光、黏度、沉降系数、旋光性、圆二色性、巯基反应能力和酶活力。因此，可以通过测定这些物理和化学性质的变化来研究蛋白质变性。

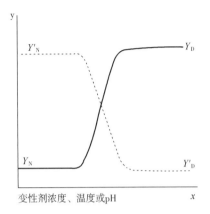

图5-9 典型的蛋白质变性曲线

Y—随蛋白质构象而变化的任何可测定的蛋白质分子的物理和化学性质

Y_N 和 Y_D—分别代表蛋白质分子在天然和变性状态时的 Y

考察蛋白质的某种物理或化学性质Y随变性剂浓度或温度等的变化来获得蛋白质的变性曲线。许多单体球状蛋白质的变性曲线如图5-9所示，Y_N和Y_D分别代表在蛋白质天然态和变性态时的Y。

对于大多数蛋白质，当变性剂的浓度（或温度）提高时，Y在起始阶段保持不变，在超过一个临界点后，此值在一个狭窄的变性剂浓度或温度范围从Y_N急剧变化至Y_D。对于大多数单体球状蛋白质，此转变曲线是陡峭的，这表明蛋白质变性是一个协同过程。一旦蛋白质分子开始展开或蛋白质分子中一些相互作用开始破坏，随后在变性剂的浓度或温度稍微提高时，整个分子完全展开。因此，可以认为球状蛋白质能以天然态或变性态存在，而以中间状态存在是不可能的，这就是所谓的"二态转变"模型。在此模型中，天然态和变性态在协同转变区的平衡可用式（5-3）表示：

$$N \underset{}{\overset{K_D}{\rightleftharpoons}} D$$
$$K_D = [D]/[N] \tag{5-3}$$

式中　K_D——平衡常数。

由于当不存在变性剂（或临界热量输入）时变性蛋白质分子的浓度非常低（约$1/10^9$），因此，很难估计出K_D。然而，在转变区，即当变性剂的浓度充分高（或温度充分高）时，由于变性蛋白质分子数目的增加使得测定表观平衡常数K_{app}成为可能。在转变区同时存在天然和变性蛋白质分子，Y可用式（5-4）表示。

$$Y = f_N Y_N + f_D Y_D \tag{5-4}$$

式中　f_N，f_D——分别是天然态和变性态蛋白质所占的分数；

　　　Y_N，Y_D——分别是天然态和变性态蛋白质的Y。

根据图5-9可以得到下式：

$$f_N = (Y_D - Y)/(Y_D - Y_N)$$
$$f_D = (Y - Y_N)/(Y_D - Y_N) \tag{5-5}$$

表观平衡常数可根据下式计算

$$K_{app}=f_D / f_N= (Y-Y_N) / (Y_D-Y) \tag{5-6}$$

而变性自由能可根据下式计算

$$\Delta G_{app}=-RT \ln K_{app} \tag{5-7}$$

蛋白质在纯水（或在不含变性剂的缓冲液）中的K_D和ΔG_D可以从Y-截距计算。变性的热焓ΔH_D可以根据Van't Hoff方程式计算

$$\Delta H_D =-R \frac{\mathrm{d} \ln K_D}{\mathrm{d} (1/T)} \tag{5-8}$$

含有两个或更多个结构稳定性不同的结构区域的单体蛋白质通常具有多步转变的变性特点。如果各步转变能彼此分开，那么可以从两状态模型的转变图得到各个结构区域的稳定性。低聚蛋白质的变性是从亚基离解接着亚基变性而完成的。

蛋白质变性在某些情况下是可逆的，当从蛋白质溶液中除去变性剂（或者将试样冷却）时，大多数单体蛋白质（不存在聚集）在适宜的条件（包括pH、离子强度、氧化还原电位和蛋白质浓度）下能重新折叠成天然构象。许多蛋白质当它们的浓度低于1μmol/L时能重新折叠，当浓度超过1μmol/L时，由于较高程度的分子间相互作用而削弱了分子内相互作用，使重新折叠受到部分的抑制。如果蛋白质溶液的氧化还原电位接近生理液体的氧化还原电位，那么在重新折叠时有助于形成正确的二硫键对。

二、导致蛋白质变性的物理和化学因素

（一）物理因素

1. 热与蛋白质变性

在食品加工和保藏过程中热处理是最常用的加工方法。在热加工过程中蛋白质产生不同程度的变性，这会改变它们在食品中的功能性质，因此了解热（或温度）如何导致蛋白质变性是很重要的。

当一个蛋白质溶液被逐渐加热并超过临界温度时，它产生了从天然态至变性态的剧烈转变。在此转变中点的温度被称为熔化温度T_m或变性温度T_d，在此温度蛋白质的天然态和变性态的浓度之比为1。

温度导致蛋白质变性的机制是非常复杂的，它主要涉及非共价相互作用的去稳定化。氢键、静电和范德华相互作用具有放热的性质（热焓驱动），因此，它们在高温下去稳定而在低温下稳定。然而，由于蛋白质分子中的氢键大多数埋藏在分子的内部，因此在一个宽广的温度范围内能保持稳定。另一方面，疏水相互作用是吸热的（熵驱动）。在稳定蛋白质结构的作用力中，疏水相互作用是唯一一个随温度升高而增强的作用力。然而，疏水相互作用的稳定性也不会随温度的升高而无限制增强，这是因为超过一定温度，水的结构逐渐分裂最终也导致疏水相互作用去稳定。疏水相互作用在70～80℃时达到最高。因此，可以设想，当随温度提高而逐渐增强的疏水相

互作用所产生的稳定效力被其他相互作用的破坏所克服时，就产生了蛋白质的热变性。图5-10解释了热如何促进疏水相互作用。

另一个影响蛋白质构象稳定性的重要作用力是多肽链的构象熵，即$-T\Delta S_{conf}$这一项。随着温度的升高，多肽链热动能的增加极大地促进了多肽链的展开。图5-11描述了氢键、疏水相互作用和构象熵这3个主要作用力对蛋白质稳定性的相对贡献与温度的关系。在温度升高的过程中氢键保持不变而疏水相互作用增强。然而，在较高的温度下这两种作用力被构象熵的去稳定作用力压倒（$-T\Delta S_{conf}$是一个大的负值，使$\Delta G_D=\Delta H_D-T\Delta S_D$成为负值）。自由能的总和为0（即$K_D=1$）时的温度为蛋白质的变性温度$T_d$，表5-9所示为某些蛋白质的变性温度，表中同时列出了一些蛋白质的平均疏水性数据。

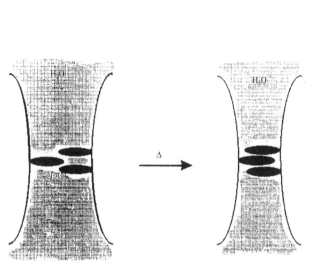

图 5-10　加热促进疏水相互作用

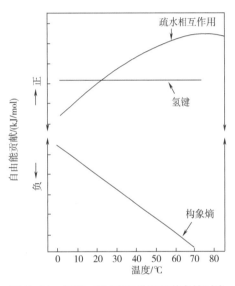

图 5-11　氢键、疏水相互作用和构象熵对稳定蛋白质自由能所作的贡献随温度的变化情况

表 5-9　某些蛋白质的热变性温度（T_d）和平均疏水性

蛋白质	T_d/℃	平均疏水性/（kJ/mol残基）	蛋白质	T_d/℃	平均疏水性/（kJ/mol残基）
胰蛋白酶原	55	3.68	鸡蛋白蛋白	76	4.01
胰凝乳蛋白酶原	57	3.78	胰蛋白酶抑制剂	77	—
弹性蛋白酶	57	—	肌红蛋白	79	4.33
胃蛋白酶原	60	4.02	α-乳清蛋白	83	4.26
核糖核酸酶	62	3.24	β-乳球蛋白	83	4.50
羧肽酶	63	—	大豆球蛋白	92	—
乙醇脱氢酶	64	—	蚕豆 11S 蛋白	94	—

续表

蛋白质	T_d/℃	平均疏水性/（kJ/mol残基）	蛋白质	T_d/℃	平均疏水性/（kJ/mol残基）
牛血清蛋白	65	4.22	向日葵 11S 蛋白	95	—
血红蛋白	67	3.98	燕麦球蛋白	108	—
溶菌酶	72	3.72			

一般认为，温度越低，蛋白质的稳定性越高。然而，实际情况并非总是如此。如图5-12中看出核糖核酸酶A的稳定性随温度下降而提高，而肌红蛋白和T₄噬菌体突变株溶菌酶分别在30℃和12.5℃时显示最高的稳定性，低于或高于这些温度时肌红蛋白和T₄溶菌酶的稳定性较低。当保藏温度低于0℃时，这两种蛋白质遭受冷诱导变性。蛋白质显示最高稳定性的温度（最低自由能）取决于温度对蛋白质分子相互作用力的影响。如果蛋白质的稳定主要依靠疏水相互作用，那么它在室温时比在冷藏温度时更为稳定。

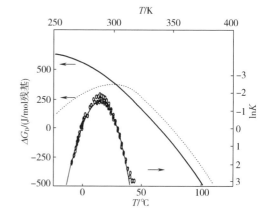

图 5-12　蛋白质的稳定性（ΔG_D）随温度而变化

…肌红蛋白；—核糖核酸酶 A；○○○ T₄噬菌体突变株溶菌酶；
$K-$ 平衡常数

一些食品蛋白质在低温下会经受可逆离解和变性。大豆中一种贮藏蛋白质——大豆球蛋白在2℃保藏时产生聚集和沉淀，而当温度回升至室温时，它再次溶解。脱脂牛乳在4℃保藏时，β-酪蛋白会从酪蛋白胶团中离解出来，这就改变了胶团的物理化学和凝乳性质。一些寡聚体酶，例如乳酸脱氢酶和甘油醛磷酸脱氢酶在4℃保藏时失去大部分酶活，其原因就是亚基的离解。然而，将上述酶在室温下保温数小时后，它们重新缔合并且完全恢复其酶活。

蛋白质的热稳定性受氨基酸组成的影响。含有较高比例疏水性氨基酸残基（尤其是Val、Ile、Leu和Phe）的蛋白质比亲水性较强的蛋白质一般更为稳定。耐热生物体的蛋白质通常含有大量的疏水性氨基酸。然而，蛋白质的平均疏水性和热变性温度之间的这种正相关仅仅是一个近似，其他因素，像二硫键和埋藏在疏水区的盐桥对蛋白质的热稳定性可能也有着贡献。蛋白质的热稳定性和某些氨基酸残基的含量存在正的相关性。例如对15种不同蛋白质进行统计学分析发现，这些蛋白质的热变性温度与Asp、Cys、Glu、Lys、Arg、Trp和Tyr残基的总含量呈正相关（$r=0.98$），而与Ala、Asp、Gly、Gln、Ser、Thr、Val和Tyr残基的总含量呈负相关（$r=-0.975$）（图5-13）。其他氨基酸残基对蛋白质的T_d影响甚少。然而，蛋白质的热稳定性似乎不完全取决于极性或非极性氨基酸残基的含量，它还取决于这两类氨基酸残基在蛋白质结构中的最佳分布。这种最佳分布能使分子内的相互作用达到最优，从而降低了多肽链的柔性，提高了蛋白质的热稳定性。蛋白质的热稳定性与柔性呈反比。

单体球状蛋白质的热变性在大多数情况下是可逆的。例如，当许多单体酶被加热至超过它们的变性温度时，甚至在100℃保持短时间，然后立即冷却至室温，它们能完全复活。然而，当蛋白质被加热至90~100℃并保持一段较长的时间，即使在中性pH它们也会产生不可逆变性。产生不可逆变性的原因可能是蛋白质分子发生了化学变化，例如Asn和Gln残基的去酰胺作用，Asp残基处肽键的断裂，Cys和胱氨酸残基的破坏以及聚集作用等。

水能促进蛋白质的热变性。干蛋白质粉一般不容易发生热变性。当水分含量从0.1g水/g蛋白质增加至0.35g水/g蛋白质时，T_d快速下降（图5-14），水分含量继续从0.35g水/g蛋白质增加至0.75g水/g蛋白质时，T_d仅略微下降。当水分含量超过0.75g水/g蛋白质，蛋白质的T_d与稀蛋白质溶液相同。水合作用对蛋白质热稳定性的影响基本上与蛋白质的动力学有关。在干燥状态，蛋白质具有静止的结构，或者说多肽链段的移动受到了限制。当水分含量增加时，水合作用以及水的部分渗透导致蛋白质的溶胀。在室温下，当水分含量为0.3~0.4g/g蛋白质时，蛋白质的溶胀状态达到最高值。蛋白质的溶胀增加了多肽链的移动性和柔性，使蛋白质分子可以呈现动态的熔融结构，当加热时，这种柔性结构能提供给水更多的机会参与形成盐桥和氢键，从而降低T_d。

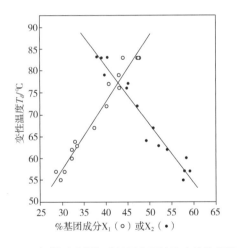

图5-13 氨基酸残基与球状蛋白质热稳定性的相关性
X₁组代表 Asp、Cys、Glu、Lys、Leu、Arg、Trp 和 Tyr
X₂组代表 Ala、Asp、Gly、Gln、Ser、Thr、Val 和 Tyr

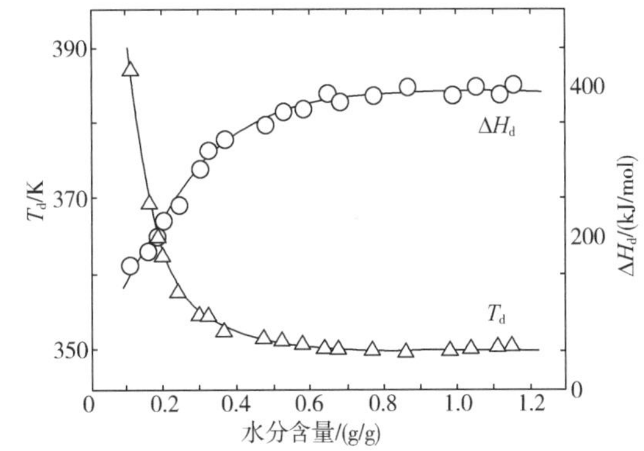

图5-14 水分含量对卵白蛋白的变性温度（T_d）和热焓（ΔH_D）的影响

一些添加剂如盐和糖会影响蛋白质在水溶液中的热稳定性。糖类物质如蔗糖、乳糖、葡萄糖等，能提高蛋白质的热稳定性。在β-乳球蛋白、大豆蛋白、血清清蛋白和燕麦球蛋白等蛋白质溶液中添加0.5mol/L NaCl能显著提高它们的变性温度T_d。

2. 静水压和变性

静水压是影响蛋白质构象的一个热力学参数。温度诱导的蛋白质变性一般发生在40~80℃（0.1MPa）；而压力诱导的变性可在25℃发生，条件是必须有充分高的压力存在。从光谱数据证实，大多数蛋白质在100~1200MPa经受压力诱导变性。压力诱导转变的中点出现在400~800MPa。

压力诱导蛋白质变性主要是因为蛋白质是柔性的且可压缩的。虽然氨基酸残基紧密地包裹在球状蛋白质分子结构的内部，但是仍然存在一些空穴，这就导致蛋白质分子结构的可压缩性。大多数纤维状蛋白质不存在空穴，因此它们对静水压作用的稳定性高于球状蛋白质。

压力诱导的球状蛋白质变性通常伴随着体积的减少，约30~100mL/mol。在压力作用下，如果球状蛋白质完全展开，体积应减少2%。然而，根据实验数据30~100mL/mol计算相当于体积减少约0.5%；这表明即使在高达1000MPa压力作用下，蛋白质也仅仅是部分地展开。

压力诱导的蛋白质变性是高度可逆的。一旦压力恢复至常压（0.1MPa），大多数酶（在稀溶液中）的酶活力能复原或再生。然而，酶活力的完全恢复常常需要几个小时。压力诱导低聚蛋白质和酶变性时，在0.1~200MPa压力下，首先发生亚基的解离，继而在更高的压力下变性；当除去压力作用时，亚基重新缔合，在几小时内酶活几乎完全恢复。

高静水压可作为食品加工的一种手段，例如应用于灭菌或者蛋白质的凝胶。由于高静水压（200~1000MPa）不可逆地破坏细胞膜和导致微生物中细胞器的离解，这样就使生长着的微生物死亡。在25℃，对蛋清、16%大豆蛋白质溶液或3%肌动球蛋白溶液施加100~700MPa静水压处理30min就能产生压力胶凝作用。压力诱导的凝胶比热诱导的凝胶更软。用100~300MPa静水压处理牛肉肌肉，能导致肌纤维部分地碎裂，这也许可以作为使肉嫩化的一种手段。压力加工不同于热加工，它不会损害蛋白质中的必需氨基酸或天然色泽和风味，也不会导致有毒化合物的形成。可见，除成本之外，采用静水压加工食品有诸多优点。

3. 剪切和变性

由振动、捏和、打擦产生的机械剪切能导致蛋白质变性。许多蛋白质当被激烈搅动时产生变性和沉淀。蛋白质剪切变性是由于空气泡的并入和蛋白质分子吸附至气–液界面。由于气–液界面的能量高于体相的能量，因此蛋白质在界面上经受构象变化。蛋白质在界面构象变化的程度取决于蛋白质的柔性。高柔性的蛋白质比刚性蛋白质较易在气–液界面变性。蛋白质分子在气–液界面变性时，非极性残基定向至气相而极性残基定向至水相。

食品加工单元操作如挤压、高速搅拌和均质等能产生高压、高剪切和高温。当一个转动的叶片产生高剪切时，产生亚音速的脉冲，在叶片的尾随边缘也出现空化，这两者都能导致蛋白质变性。剪切速度愈高，蛋白质变性程度愈高。高温和高剪切力相结合能导致蛋白质不可逆的变性。例如，在pH3.5~4.5和温度80~120℃条件下用7500~10000s^{-1}的剪切速度处理10%~20%乳清蛋白溶液能形成直径约1μm的不溶解的球状大胶体粒子。一种具有润滑、乳状液口感的脂肪代用品"Simplesse"就是用该法制备的。

4. 辐照和变性

电磁射线对蛋白质的影响随波长和能量而变化。芳香族氨基酸残基（Trp、Tyr和Phe）能吸收紫外线；如果紫外线的能量水平足够高，那么就能打断二硫键交联，从而导致蛋白质构象的改变。γ射线和其他离子射线也能导致蛋白质构象的改变，与此同时产生的变化有氨基酸残基氧化、共价键断裂、离子化、形成蛋白质自由基以及重新结合和聚合反应。上述反应中的许多反应是以水的辐照裂解为媒介的。FDA和WHO有关辐照食品卫生的联合专家委员会已批准离子辐射可用于某些食品的保藏。许多研究工作表明，在合适的条件下，离子辐射不会对蛋白质的营养质量产生明显的损害作用。例如，在–5～–40℃采用4.7万～7.1万Gy/剂量辐照牛肉时牛肉蛋白的氨基酸残基没有变化。然而，某些食品产品对辐照非常敏感，牛乳就是其中之一，在辐照剂量低于灭菌所需的水平时就能导致牛乳产生不良风味。从经辐射的脱脂乳和酪蛋白酸钠溶液中检出甲基硫化物，这显然与蛋白质分子中含硫氨基酸残基的变化有关。因此，如果辐照仅引起蛋白质构象的改变，那么不会显著影响蛋白质的营养质量；如果辐照导致蛋白质分子中氨基酸残基的变化，那么就必须考虑蛋白质的营养质量受到了损害。

（二）化学因素

1. pH 和变性

蛋白质在等电点时与非等电点pH相比，更不容易发生变性。由于大多数蛋白质的pI低于7（表5-10），因此在中性pH它们带有负电荷。仅有少数蛋白质带有正电荷。

表5-10　几种重要食品蛋白质的等电点（pI）

蛋白质	来源	pI	蛋白质	来源	pI
肌球蛋白	牛	4～5	α-乳清蛋白 B	牛	5.1
肌动蛋白	牛	4～5	卵清蛋白	鸡	4.6
胶原（原胶原）	牛	～9	血清清蛋白	牛	4.8
α$_{s1}$-酪蛋白	牛	5.1	麦醇溶蛋白（α，β，γ）	小麦	—
β-酪蛋白 A	牛	5.3	麦谷蛋白	小麦	—
κ-酪蛋白 B	牛	4.1～4.5	大豆球蛋白	大豆	4.6
β-乳球蛋白 A	牛	5.2	伴大豆球蛋白	大豆	4.6

由于在中性pH附近，净静电推斥能量小于其他稳定蛋白质的相互作用的能量，因此大多数蛋白质是稳定的。然而，在极端pH，高净电荷引起的强烈的分子静电推斥导致蛋白质分子的肿胀和展开。在极端碱性pH时蛋白质分子展开的程度高于其在极端酸性pH时的展开程度。在极端碱性pH时，部分埋藏在蛋白质分子内部的羧基、酚羟基和巯基离子化，这些离子化基团倾向于将自己暴露至水环境中，因此造成多肽链的展开。pH诱导的蛋白质变性多数是可逆的。然而，在某些情况下，肽键的水解，Asn和Gln的脱酰胺，在碱性pH巯基的破坏或聚集作用能导致蛋白质的不可逆变性。

2. 有机溶质和变性

有机溶质如尿素和盐酸胍（GuHCl）会引起蛋白质的变性。对于许多球状蛋白质，在室温条件下从天然态转变至变性态的中点出现在4～6mol/L尿素或者3～4mol/L GuHCl，完全转变则常常出现在8mol/L尿素和约6mol/L GuHCl，由于GuHCl具有离子的性质，因此与尿素相比，它是更强的变性剂。有的球状蛋白质即使在8mol/L尿素中仍然不会完全变性，但在8mol/L GuHCl中它们通常以无规卷曲状态（完全变性）存在。

尿素和GuHCl造成的蛋白质变性包括两个机制。第一个机制是尿素或GuHCl与变性蛋白质优先结合，由于变性蛋白质以蛋白质-变性剂复合物的形式存在，N→D平衡向右移动。随着变性剂浓度的增加，蛋白质继续不断地转变成蛋白质-变性剂复合物，最终导致蛋白质的完全变性。由于变性剂与变性蛋白质的结合是很微弱的，因此，只有高浓度的变性剂才能导致蛋白质完全变性。

第二个机制是疏水性氨基酸残基在尿素和GuHCl溶液中的增溶。由于尿素和GuHCl具有形成氢键的能力，因此在高浓度时这些溶质破坏了水的氢键结构。作为极性溶剂的水在结构遭到破坏后，成为非极性残基的较好溶剂，这就导致蛋白质分子内部的非极性残基的展开和增溶。一些平均疏水性较高的蛋白质，如酪蛋白，它的水解产物肽易于缔合，在采用凝胶过滤色谱分离这些水解产物时，常使用高浓度的尿素以防止它们的缔合，这时尿素的作用也涉及它对肽中非极性残基的增溶。

尿素或GuHCl诱导的蛋白质变性在除去变性剂后可以逆转。然而，由尿素诱导的蛋白质变性要实现完全的可逆有时是困难的，这是因为一部分尿素转变成氰酸盐和氨，而氰酸盐能与氨基作用从而改变了蛋白质的电荷。

3. 表面活性剂和变性

表面活性剂，如十二烷基硫酸钠（SDS），是强有力的变性剂。SDS浓度为3～8mmol/L就能使大多数球状蛋白质变性。表面活性剂的作用如同蛋白质疏水区和亲水环境的媒介物，于是破坏了疏水相互作用从而使得天然蛋白质结构展开。不同于尿素和GuHCl，SDS能同变性蛋白质分子强烈地结合，并使它带有很大的负电荷，这也是SDS能在较低的浓度下使蛋白质完全变性的原因。由于存在着这种强烈的结合，因此，SDS诱导的蛋白质变性是不可逆的。球状蛋白质经SDS变性后不是以随机线圈状态存在，而是在SDS溶液中采取α-螺旋棒状形式存在。

4. 有机溶剂和变性

有机溶剂以不同的方式影响着蛋白质的疏水相互作用、氢键和静电相互作用。大多数有机溶剂被认为是蛋白质的变性剂。与水互溶的有机溶剂，如乙醇和丙酮，会改变介质（水）的介电常数，从而改变了稳定蛋白质结构的静电力。非极性溶剂能穿透到蛋白质疏水区，削弱疏水相互作用，从而导致蛋白质变性。有机溶剂与水的相互作用也是导致蛋白质变性的一个原因。

以脱脂大豆粉为原料，采用水-乙醇混合物分离其中的可溶性碳水化合物（低聚糖）和无机盐以制备大豆浓缩蛋白。按此法得到的大豆浓缩蛋白的溶解度一般偏低，这主要是由于有机溶剂乙醇使部分大豆蛋白质变性的缘故。在低温下操作可以减轻或避免有机溶剂造成的蛋白质变性。

5. 促溶盐（Chaotropic Salts）和变性

盐以两种不同的方式影响蛋白质的稳定性。在低浓度时，离子通过非特异性的静电相互作用与蛋白质作用。此类蛋白质电荷的静电中和一般稳定了蛋白质的结构。完全的电荷中和出现在离子强度等于或低于0.2，并且与盐的性质无关。然而在较高的浓度（>1mol/L），盐对蛋白质的结构稳定性具有离子的特异性。Na_2SO_4和NaF有利于蛋白质结构的稳定性，而NaSCN和$NaClO_4$的作用则相反。阴离子对蛋白质结构的影响强于阳离子。图5-15为各种钠盐对β-乳球蛋白热变性温度的影响。在相同的离子强度，Na$_2$SO$_4$和NaCl使T_d提高，而NaSCN和NaClO$_4$使T_d降低。大分子（包括DNA）不论化学组成和构象差异，高浓度的盐总是对它们的结构稳定性产生不利的影响。NaSCN和NaClO$_4$是强变性剂。在等离子强度，各种阴离子影响蛋白质（包括DNA）的结构稳定性的能力一般遵循下列顺序：F$^-$<SO$_4^{2-}$<Cl$^-$<Br$^-$<I$^-$<ClO$_4^-$<SCN$^-$<Cl$_3$CCOO$^-$。这个等级排列也被称为Hofmeister系列或促溶（Chaotropic）系列。氟化物、氯化物和硫酸盐是结构稳定剂，而其他阴离子盐是结构去稳定剂。

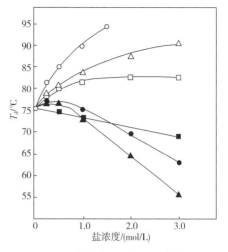

图5-15　各种盐对 β－乳球蛋白在 pH7.0 时变性温度 T_d 的影响

○ Na$_2$SO$_4$　△NaCl　□ NaBr　● NaClO$_4$
▲ NaSCN　■ 脲素

　　盐影响蛋白质结构稳定性的机制和其与蛋白质的结合能力以及对蛋白质的水合性质的改变有关。稳定蛋白质的盐能促进蛋白质的水合并与蛋白质微弱地结合，而使蛋白质不稳定的盐能降低蛋白质的水合并与蛋白质强烈地结合。这些效应主要是在蛋白质–水界面上能量扰动的结果。从更为基础的水平来看，盐类导致蛋白质的稳定和去稳定与它们对体相水的结构的影响有关。稳定蛋白质结构的盐能促进水的氢键结构，使蛋白质变性的盐则能破坏体相水的结构，使水成为非极性分子较好的溶剂。换言之，促溶盐的变性效应或许与蛋白质分子中疏水相互作用的去稳定有关。

第六节　蛋白质的理化功能性质

一、蛋白质理化功能性质的定义和分类

　　质构、风味、色泽和外观等感官品质是人们选择食品的主要依据。一种食品的感官品质是食品中各种主要组分和次要组分之间复杂的相互作用的结果。通常蛋白质对食品的感官品质具有重要的影响。例如，焙烤食品的感官品质与小麦面筋蛋白质的黏弹性质和面团形成性质有关；肉类产品的质构和多汁特征主要取决于肌肉蛋白质（肌动蛋白、肌球蛋白、肌动球蛋白和一些水溶性的肉类蛋白质）；乳制品的质构和凝乳的形成性质取决于酪蛋白胶团独特的胶体结构；一些蛋糕的结构和一些甜食的搅打起泡性取决于蛋清蛋白的性质。蛋清具有乳化、起泡、水结合和热凝结等多种功能。表5-11所示为各种蛋白质在不同食品中发挥的功能作用。食品蛋白质的功能性质（Functionality）是指在食品加工、保藏、制备和消费期间影响蛋白质在食品体系中性能的物理性质和化学性质。

表 5-11　食品蛋白质在食品体系中的功能作用

功能	机制	食品	蛋白质种类
溶解性	亲水性	饮料	乳清蛋白
黏度	水结合、流体动力学分子大小和形状	汤、肉汁、色拉调味料和甜食	明胶
水结合	氢键、离子水合	肉、香肠、蛋糕和面包	肌肉蛋白质、鸡蛋蛋白质
凝胶作用	水截留和固定、网状结构形成	肉、凝胶、蛋糕、焙烤食品和乳酪	肌肉蛋白质、鸡蛋和乳蛋白质
黏结—黏合	疏水结合、离子结合和氢键	肉、香肠和焙烤食品	肌肉蛋白质、鸡蛋蛋白质和乳清蛋白质
弹性	疏水结合和二硫交联	肉和焙烤食品	肌肉蛋白质和谷物蛋白质
乳化	在界面上吸附和形成膜	香肠、大红肠、汤、蛋糕和调味料	肌肉蛋白质、鸡蛋蛋白质和乳蛋白质
起泡	界面吸附和形成膜	搅打起泡的浇头、冰淇淋、蛋糕和甜食	鸡蛋蛋白质和乳蛋白质
脂肪和风味物的结合	疏水结合和截留	低脂焙烤食品和油炸面包圈	乳蛋白质、鸡蛋蛋白质和谷物蛋白质

蛋白质的功能性质可分成三个主要的类别：①水化性质，包括溶解性、分散性、润湿性、溶胀性、吸水性、持水性等；②与蛋白质表面有关的性质，包括乳化性、起泡性、与脂肪和风味物结合的能力等；③流体动力学性质，包括黏度、黏弹性、胶凝作用、面团形成和组织化性质等功能性质，这类性质主要取决于蛋白质分子的大小、形状和柔性。

决定蛋白质功能性质的因素包括蛋白质的大小、形状、氨基酸组成和顺序、净电荷和电荷的分布、疏水性和亲水性之比、二级结构、三级结构和四级结构、分子柔性/刚性、蛋白质分子间相互作用以及同其他组分作用的能力。

虽然食品科学家对一些食品蛋白质的物理化学性质已有很多的了解，但是目前还不能准确地从蛋白质的分子性质来预测它们的功能性质。在模型蛋白质体系中，蛋白质分子性质和某些功能性质之间的几个经验关系已被确定。然而，蛋白质在模型体系中的性能往往不同于在真实食品中的性能。食品体系往往都是包括几种蛋白质的混合物，因此，每一种蛋白质在食品中都可能具有不同的功能性质。同时在食品加工过程中蛋白质还可能会发生变性，变性的程度取决于pH、温度、其他加工条件以及食品的特性。此外，在实际食品体系中，蛋白质与其他食品组分像脂肪、糖、盐等组分相互作用，从而改变了它们的功能性质。

二、蛋白质的水合作用

水是食品的一个必需组分。食品的流变和质构性质取决于水与其他食品组分如蛋白质和多糖等的相互作用。水能够改变蛋白质的物理化学性质。例如，水对无定形和半结晶食品蛋白质的增塑作用改变了它们的玻璃化温度（参见第二章）和T_d。玻璃化温度指的是从脆弱的无定形固体（玻璃）状态到柔性橡胶状态的转变，而熔化温度指的是从结晶固体到无序结构的转变。

蛋白质的许多功能性质，如分散性、润湿性、肿胀、溶解性、增稠、黏度、持水能力、胶凝作用、凝结、乳化性和起泡性，取决于水–蛋白质相互作用。在低水分和中等水分食品（例如，焙烤食品和绞碎肉制品）中，蛋白质结合水的能力是决定这些食品可接受性的关键因素。蛋白质–蛋白质相互作用和蛋白质–水相互作用之间保持适当平衡对于蛋白质发挥其热胶凝作用是非常关键的。

水分子能同蛋白质分子的一些基团相结合，这些基团包括带电基团（离子–偶极相互作用）、主链肽基团、Asn和Gln的酰胺基、Ser、Thr和Tyr残基的羟基（偶极–偶极相互作用）和非极性残基（偶极–诱导偶极相互作用、疏水相互作用）。

蛋白质结合水的能力定义为，当干蛋白质粉与相对湿度为90%～95%的水蒸气达到平衡时，每克蛋白质所结合的水的克数。表5-12所示为蛋白质分子中各种极性基团和非极性基团结合水的能力（有时也称为水合能力）。含带电基团的氨基酸残基结合约6mol H_2O/mol残基，不带电的极性残基结合约2mol H_2O/mol残基，非极性残基结合约1mol H_2O/mol残基。因此，蛋白质的水合能力部分地与它的氨基酸组成有关，带电的氨基酸残基数目愈多，水合能力愈大。可以根据经验式从蛋白质的氨基酸组成计算它的水合能力。

$$a=f_c+0.4f_p+0.2f_N \tag{5-9}$$

式中　a——水合能力，g H_2O/g蛋白质；

f_c、f_p和f_N——分别代表蛋白质分子中带电的、极性的和非极性残基所占的分数。

表 5–12　氨基酸残基的水合能力 *

氨基酸残基	水合能力/（mol H_2O/mol残基）	氨基酸残基	水合能力/（mol H_2O/mol残基）
极性残基		离子化残基	
Asn	2	Asp^-	6
Gln	2	Glu^-	7
Pro	3	Tyr^-	7
Ser, Thr	2	Arg^+	3
Trp	2	His^+	4
Asp（非离子化）	2	Lys^+	4
Glu（非离子化）	2	非极性残基	
Tyr	3	Ala	1
Arg（非离子化）	3	Gly	1
Lys（非离子化）	4	Phe	0
		Val, Ile, Leu, Met	1

注：*根据对多肽的核磁共振研究，测定得到的与氨基酸残基相结合的非冻结水。

从实验测得的一些单体球状蛋白质的水合能力与从上述经验式计算所得的结果吻合。然而，对于低聚蛋白质情况并非如此。由于低聚蛋白质的结构涉及在亚基-亚基界面蛋白质表面部分埋藏，因此计算值一般高于实验值。另外，从实验测得的酪蛋白胶团的水合能力（~4g H_2O/g蛋白质）远大于从上述经验式计算的结果；这是因为在酪蛋白胶团结构中存在着大量的空穴，使酪蛋白胶团能通过毛细管作用和截留吸入了水。

在宏观水平上，蛋白质与水结合是一个逐步的过程。在低水分活度时，高亲和力的离子基团首先溶剂化，然后是极性和非极性基团结合水。如图5-16所示，随着水分活度的提高，蛋白质与水逐步发生结合（详见第二章）。蛋白质的吸着等温线，即每克蛋白质结合水的量随着相对湿度的变化，总是呈一条S-形曲线（详见第二章）。对于大多数蛋白质，水的饱和单层覆盖出现在水分活度（a_w）为0.7~0.8，而在水分活度大于0.8范

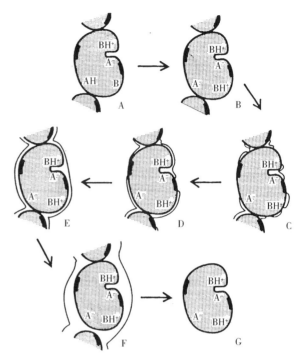

图5-16 蛋白质逐步水合过程

A—非水合蛋白质
B—带电基团的最初水合
C—在接近极性和带电的部位形成水簇
D—在极性表面完成水合
E—非极性小区域的水合，完成单分子层覆盖
F—在与蛋白质缔合的水和体相水之间"架桥"
G—完成流体动力学水合

围形成多层水。饱和的单层水相当于0.3~0.5g水/g蛋白质。饱和的单层水主要与蛋白质表面的离子、极性和非极性基团缔合，这部分水不能冻结，不能作为溶剂参与化学反应，常被称作为"结合水"，可以将这部分水理解为流动性受到阻碍的水。在0.07~0.27g 水/g蛋白质的水合范围内，水的解吸（从蛋白质表面转移至体相）自由能变化在25℃时仅为0.75kJ/mol。由于在25℃时水的热动能约为2.5kJ/mol（远大于解吸自由能变化），因此有理由认为在单层中的水分子是能够流动的。

在a_w=0.9时，蛋白质结合0.3~0.5gH_2O/g蛋白质（表5-13）。这部分水中的多数在0℃时不能冻结。当a_w>0.9时，液态（大量）水凝聚在蛋白质分子结构的缝隙中或者不溶性蛋白质（例如肌纤维）的毛细管中。这部分水的性质类似于体相水，被称作为流体动力学水，和蛋白质分子一起运动。

表5-13 各种蛋白质的水合能力

蛋白质	水合能力/（g H_2O/g蛋白质）	蛋白质	水合能力/（g H_2O/g蛋白质）
纯蛋白质[①]		胶原蛋白	0.45
核糖核酸酶	0.53	酪蛋白	0.40

续表

蛋白质	水合能力/（g H₂O/g蛋白质）	蛋白质	水合能力/（g H₂O/g蛋白质）
溶菌酶	0.34	卵清蛋白	0.30
肌红蛋白	0.44	商业蛋白质产品②	
β-乳球蛋白	0.54	乳清浓缩蛋白	0.45 ~ 0.52
胰凝乳蛋白酶原	0.23	酪蛋白酸钠	038 ~ 0.92
血清清蛋白	0.33	大豆蛋白	0.33
血红蛋白	0.62		

注：①在90%相对湿度时的值；
②在95%相对湿度时的值。

影响蛋白质结合水的能力的因素包括pH、离子强度、盐的种类、温度和蛋白质的构象等。pH会影响蛋白质分子的离子化作用和净电荷数值，从而改变蛋白质分子间的吸引力和排斥力以及蛋白质分子同水结合的能力。蛋白质处在等电点pH时，由于蛋白质-蛋白质相互作用得到增强而导致最弱的蛋白质与水的相互作用，因此蛋白质显示最低的水合。高于或低于等电点pH，由于净电荷和推斥力的增加使蛋白质肿胀和结合较多的水。大多数蛋白质结合水的能力在pH9~10时比在任何其他pH时都大，这是由于巯基和酪氨酸残基的离子化，当pH超过10时，赖氨酸残基的ε-氨基上正电荷的失去使蛋白质结合水的能力下降。

低浓度盐（<0.2mol/L）能提高蛋白质结合水的能力，这主要是由于水合盐离子尤其是阴离子，与蛋白质分子上带电基团微弱地结合所造成的。在此低浓度，离子与蛋白质的结合并没有影响蛋白质分子带电基团的水合壳层，蛋白质结合水能力的提高基本上来自于与结合的离子缔合的水。然而，在高盐浓度，更多的水与盐离子结合，导致蛋白质的脱水。

随着温度的提高，由于氢键作用和离子基团的水合作用减弱，蛋白质结合水的能力一般随之下降。变性蛋白质结合水的能力一般比天然蛋白质高约10%。这是由于蛋白质变性时，随着一些原来埋藏的疏水基团暴露，表面积与质量之比增加的缘故。然而，如果变性导致蛋白质聚集，那么蛋白质结合水的能力由于蛋白质-蛋白质相互作用的增强而下降。通常变性蛋白质在水中的溶解度很低，然而它们结合水的能力与天然状态的蛋白质相比没有发生剧烈的变化，因此蛋白质结合水的能力不能用来预测它们的溶解特性。蛋白质的溶解性不仅取决于结合水的能力，还取决于其他热力学因素。

在食品加工和保藏过程中，蛋白质的持水能力比其结合水的能力更为重要。持水能力是指蛋白质吸收水并将水保留（对抗重力）在蛋白质组织（例如蛋白质凝胶、牛肉和鱼肌肉）中的能力。被保留的水是指结合水、流体动力学水和物理截留水的总和。物理截留水对持水能力的贡献远大于结合水和流体动力学水。有研究表明，蛋白质的持水能力与结合水能力是正相关的。蛋白质截留水的能力与绞碎肉制品的多汁和嫩度有关，也与焙烤食品和其他凝胶类食品的质构性质相关。

三、蛋白质的溶解度

蛋白质的功能性质往往受蛋白质溶解度的影响，其中最受影响的功能性质是增稠、起泡、乳化和胶凝作用。

蛋白质的溶解度是在蛋白质-蛋白质和蛋白质-溶剂相互作用之间平衡的热力学表现形式。

$$蛋白质-蛋白质+溶剂-溶剂 \rightleftharpoons 蛋白质-溶剂$$

蛋白质的溶解性质本质上主要受疏水相互作用和离子相互作用的影响。疏水相互作用促进蛋白质-蛋白质相互作用，使蛋白质溶解度降低；而离子相互作用促进蛋白质-水相互作用，使蛋白质溶解度增加。蛋白质分子中的离子化残基使溶液中蛋白质分子间产生两种排斥力。第一种排斥力是在除等电点外的任何pH时由于蛋白质分子带净的正电荷或负电荷而在蛋白质分子间产生的静电排斥力；第二种推斥力是蛋白质分子离子基团周围的水合层之间的排斥力。

Bigelow认为蛋白质的溶解度基本上与氨基酸残基的平均疏水性和电荷频率有关。平均疏水性按式（5-10）定义：

$$\Delta g = \sum \Delta g_{残基}/n \qquad (5-10)$$

式中　　$\Delta g_{残基}$——代表每一种氨基酸残基的疏水性，即残基从乙醇转移至水时自由能的变化；

　　　　n——蛋白质分子中总的残基数。

电荷频率按式（5-11）定义

$$\sigma = (n^+ + n^-)/n \qquad (5-11)$$

式中　　n^+和n^-——分别代表蛋白质分子中带正电荷和带负电荷残基的总数；

　　　　n——蛋白质分子中总的残基数。

按照Bigelow的观点，平均疏水性愈小和电荷频率愈大，蛋白质的溶解度愈高。虽然这个经验关系对于大多数蛋白质是正确的，然而并非绝对。与整个蛋白质分子的平均疏水性和电荷频率相比，与周围水接触的蛋白质表面的亲水性和疏水性是决定蛋白质溶解度更为重要的因素。大多数疏水基团包埋在蛋白质分子内部，只有那些暴露在蛋白质表面的疏水基团影响蛋白质的溶解度。事实上，蛋白质分子表面的疏水小区域愈少，溶解度愈大。

食品蛋白质的溶解性常采用一些术语来描述，包括水溶性蛋白质（WSP）、水可分散蛋白质（WDP）、蛋白质分散性指标（PDI）、氮溶解性指标（NSI）；其中PDI和NSI已被采纳为美国油脂化学家协会的法定方法。

除了前述的蛋白质内在的物理化学性质的影响外，蛋白质的溶解度还受其他条件的影响，包括蛋白质的前处理、pH、离子强度、温度和有机溶剂的存在等。

（一）pH和溶解度

在低于或高于等电点pH时，蛋白质分别带有净的正电荷或净的负电荷。带电的氨基酸残基的静电推斥和水合作用促进了蛋白质的溶解。大多数食品蛋白质的溶解度—pH图是一条U形曲线，最低溶解度出现在蛋白质的等电点附近。大多数食品蛋白质是酸性蛋白质，即蛋白质分子中Asp和Glu残基的总和大于Lys、Arg和His残基的总和。因此，它们在pH4～5（等电点）具有最低的溶解度，而在碱性pH具有最高溶解度。蛋白质在近等电点pH具有最低溶解度是由于缺乏静电排斥作用，因而疏水相互作用导致蛋白质的聚集和沉淀。一些食品蛋白质，像β-乳球蛋白（p*I*5.2）和牛血清清蛋白（p*I*4.8）即使在它们的等电点仍然是高度溶解的，这是因为在这些蛋白质分子表面亲水性残基的数量远高于疏水性残基数量。必须指出，蛋白质在等电点时是电中性的，然而分子表面仍然含有相同数量的正负电荷以赋予蛋白质亲水性。如果由这些带电残基产生的亲水性和水合推斥作用大于蛋白质-蛋白质疏水相互作用，那么蛋白质在p*I*仍然是溶解的。

由于大多数蛋白质在碱性pH（8～9）是高度溶解的，因此从植物资源如脱脂大豆粉提取蛋白质时控制pH在此范围使蛋白质溶出，然后采用等电点沉淀法（调节pH4.5～4.8）从提取液中回收蛋白质。

热变性会改变蛋白质的pH-溶解度关系曲线（图5-17）。天然的乳清分离蛋白在pH2～9范围是完全溶解的，然而，在70℃加热1min至10min后，pH-溶解度关系曲线转变成典型的U形曲线，并且最低溶解度出现在pH4.5。蛋白质热变性后溶解度曲线形状的改变是由于蛋白质结构的展开从而使表面疏水性提高所造成的；蛋白质结构的展开使蛋白质-蛋白质和蛋白质-溶剂相互作用之间的平衡向前者移动。

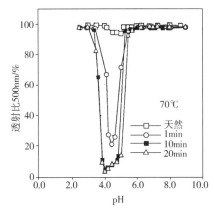

图5-17 乳清分离蛋白溶液在70℃加热不同时间后的pH—溶解度曲线

（二）离子强度和溶解度

可根据下式计算盐溶液的离子强度

$$\mu=0.5\sum c_i Z_i^2 \tag{5-12}$$

式中 c_i——一个离子的浓度；

Z_i——该离子的价数。

在蛋白质溶液中盐离子与蛋白质的作用如图5-18所示。在低离子强度（<0.5），盐离子中和蛋白质表面的电荷，从而产生了电荷屏蔽效应。此电荷屏蔽效应以两种不同的方式影响蛋白质的溶解度，这取决于蛋白质表面的性质。如果蛋白质含有高比例的非极性区域，那么此电荷屏蔽效应使它的溶解度下降；反之，溶解度提高。蛋白质溶解度下降是由于疏水相互作用增强，而溶解度的提高是由于蛋白质大分子离子活性的减弱。当离子强度>1.0时，盐对蛋白质溶解度具有特异的离子效应。随着盐浓度的增加，硫酸盐和氟化物（盐）逐渐降低蛋白质的溶解度（盐析），而硫氰酸盐和过氯酸盐逐渐提高蛋白质的溶解度（盐溶）。在相同离子强度下，各种离子对蛋白质溶解度的影响遵循Hofmeister系列，阴离子提高蛋白质溶解度的能力按下列顺序：$SO_4^{2-}<F^-<Cl^-<Br^-<I^-<ClO_4^-<SCN^-$，阳离子降低蛋白质溶解度的能力按下列顺序：$NH_4^+<K^+<Na^+<Li^+<Mg^{2+}<Ca^{2+}$。离子的这个性能类似于盐对蛋白质热变性温度的影响（详见本章第五节）。图

5-19 描述各种盐对羧基血红蛋白溶解度的影响。

通常，蛋白质在盐溶液中的溶解度遵循下列关系：

$$\lg(S/S_0) = \beta - K_s c_s \tag{5-13}$$

式中　S 和 S_0——分别代表蛋白质在盐溶液和水中的溶解度；

　　　　K_s——代表盐析常数（对盐析类盐 K_s 是正值，而对盐溶类盐 K_s 是负值）；

　　　　c_s——代表盐的摩尔浓度；

　　　　β——常数。

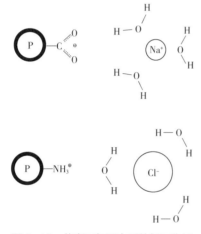

图 5-18　盐离子与蛋白质的相互作用

P—蛋白质

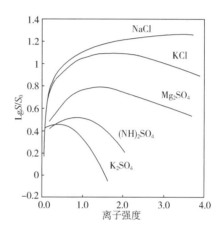

图 5-19　在等电点 pH，离子强度和离子类型对羧基血红蛋白溶解度的影响

正如前面已经提及，食品蛋白质往往是几种蛋白质的混合物，因此离子强度对食品蛋白质溶解度影响的机制比上面讨论的更为复杂。此外，离子强度还会影响食品蛋白质如大豆球蛋白的离解和缔合。

（三）温度和溶解度

在恒定的 pH 和离子强度，大多数蛋白质的溶解度在 0~40℃ 范围内随温度的升高而提高。然而，一些高疏水性蛋白质，像 β-酪蛋白和一些谷类蛋白，是例外，它们的溶解度和温度呈负相关。当温度超过 40℃ 时，由于热动能的增加导致蛋白质结构的展开（变性），于是原先埋藏在蛋白质结构内部的非极性基团暴露，促进了聚集和沉淀作用，使蛋白质的溶解度下降（表 5-14）。

表 5-14 天然和经加热的蛋白质的溶解度

蛋白质	处理	溶解度指标*/%	蛋白质	处理	溶解度指标*/%
牛血清清蛋白	天然	100	卵清蛋白	天然	100
	加热	27		85°C，1.5min	91
β-乳球蛋白	天然	100		85°C，2.0min	76
	加热	6		85°C，2.5min	71
大豆分离蛋白	天然	100		85°C，3.0min	49
	100°C，0.25min	100	油菜籽分离蛋白	天然	100
	100°C，0.5min	92		100°C，0.5min	57
	100°C，1.0min	54		100°C，1.0min	39
	100°C，2.0min	15		100°C，1.5min	14
				100°C，2.0min	11

注：*以天然状态的蛋白质的溶解度为100计算相对溶解度。

（四）有机溶剂和溶解度

加入有机溶剂，像能与水互溶的乙醇和丙酮，降低了水介质的介电常数，提高了分子内和分子间的静电作用力（推斥和吸引）。分子内的静电推斥相互作用导致蛋白质分子结构的展开。在此展开状态，介电常数的降低能促进暴露的肽基团之间分子间氢键的形成和带相反电荷的基团之间的分子间静电相互吸引作用。这些分子间的极性相互作用导致蛋白质在有机溶剂-水体系中溶解度下降或沉淀。在有机溶剂-水体系中的疏水相互作用在导致蛋白质沉淀方面的作用是最低的，这是因为有机溶剂对非极性残基具有增溶的效果。

由于蛋白质的溶解度与它们的结构状态紧密相关，因此在蛋白质（或酶）的提取、分离和纯化过程中常用溶解度的变化来衡量蛋白质（或酶）变性的程度。

四、蛋白质的界面性质

泡沫或乳状液类型的天然或加工食品的稳定性依赖于处在两相界面的两亲物质。蛋白质是天然的两亲物质，它能自发地迁移至气-水界面或油-水界面。蛋白质自发地从体相液体迁移至界面，表明蛋白质处在界面上比处在体相水中具有较低的自由能。于是，当达到平衡时，蛋白质的浓度在界面区域总是高于在体相水中的浓度。与低分子质量表面活性剂相比，蛋白质能在界面形成高黏弹性薄膜，从而能经受保藏和处理中的机械冲击。由蛋白质稳定的泡沫和乳状液体系更加稳定，因此蛋白质作为表面活性剂的应用越来越广。

蛋白质具有两亲性，但不同的蛋白质在表面活性上存在着显著的差别。蛋白质表面活性的差别不能简单地归因于疏水性氨基酸残基与亲水性氨基酸残基比值的差异。如果一个大的疏水性/

亲水性比值是蛋白质表面活性的主要决定因素，那么疏水性氨基酸残基含量超过40%的植物蛋白比起疏水性氨基酸残基含量小于30%的清蛋白类（如卵清蛋白和牛血清清蛋白）应该是更好的表面活性剂。然而，实际情况并非如此，与大豆蛋白和其他植物蛋白相比，卵清蛋白和血清清蛋白是更好的乳化剂和起泡剂。大多数蛋白质的平均疏水性较为相似，但却表现出显著不同的表面活性。影响蛋白质表面活性的因素包括内在因素和外在因素（表5-15），其中最主要的是蛋白质分子的构象。重要的构象因素包括多肽链的稳定性/柔性、对环境改变适应的难易程度和亲水与疏水基团在蛋白质表面的分布模式。所有这些因素是相互关联的，它们集合在一起对蛋白质的表面活性产生重大的影响。

表 5-15　影响蛋白质表面和界面性质的因素

内在因素	外在因素	内在因素	外在因素
氨基酸组成	pH	二硫键和游离的巯基	温度
非极性氨基酸与极性氨基酸之比	离子强度和种类	分子大小和形状	能量输入
疏水性基团与亲水性基团的分布	蛋白质浓度	分子柔性	
二级、三级和四级结构	时间		

　　理想的表面活性蛋白质具有三个性能：①能快速地吸附至界面；②能快速地展开并在界面上再定向；③一旦到达界面，能与邻近分子相互作用形成具有强黏合和黏弹性的膜，该膜能经受热和机械运动。

　　一种蛋白质能否快速地吸附至气-水或气-油界面取决于其分子表面上疏水和亲水小区分布的模式。如果蛋白质的表面是非常亲水的，并且不含有可辨别的疏水小区，那么蛋白质的吸附或许就不能发生，因为该蛋白质处在水相比处在界面或非极性相具有较低的自由能。随着蛋白质表面疏水小区数目的增加，蛋白质自发地吸附至界面的可能性也增加（图5-20）。随机分布在蛋白质表面的单个疏水性残基不能构成一个疏水小区，也不具有能使蛋白质牢固地吸附在界面所需要

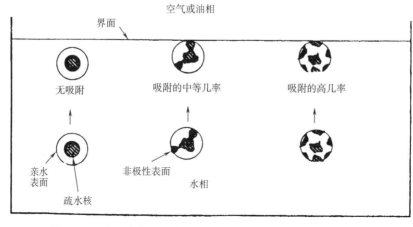

图 5-20　表面疏水小区对蛋白质吸附在气－水界面的几率的影响

的相互作用的能量。即使蛋白质整个可接近的表面有40%被非极性残基覆盖，如果这些残基没有形成隔离的小区，那么它们仍然不能促进蛋白质的吸附。换言之，蛋白质表面的分子特性对蛋白质能否自发地吸附至界面和它将如何有效地起着分散体系稳定剂的作用有着重大的影响。

对于低分子质量表面活性剂，像磷脂和甘油一酯，亲水和疏水部分存在于分子的两端，当它们吸附在界面上时，这两部分分别向水相和油（气）相定向。对于蛋白质，由于它具有体积庞大和折叠的特点，一旦吸附在界面，分子的一大部分仍然保留在体相而仅一小部分固定在界面。蛋白质分子这一小部分束缚在界面上牢固的程度取决于固定在界面上肽片段的数目和这些片段与界面相互作用的能量。仅当肽片段与界面相互作用的自由能变化（负值）在数值上远大于蛋白质分子的热动能时，蛋白质才能保留在界面上。固定在界面上肽片段的数目部分地取决于蛋白质分子构象的柔性。高度柔性分子，像酪蛋白，一旦吸附在界面上能经受快速的构象改变，使额外的多肽链片段结合至界面。

多肽链在界面上采取1种、2种或3种不同的布局（图5-21）：列车状（链状，train）、圈状（环状，loop）和尾状（tail）。当肽链片段直接与界面接触时呈列车状；当多肽片段悬浮在水相时呈圈状；蛋白质分子的N-和C-末端片段通常处在水相呈尾状。这3种布局的相对分布取决于蛋白质的结构特征。一般情况下，存在于界面的列车状布局比例愈大，蛋白质与界面结合愈强烈，并且表面张力愈低。

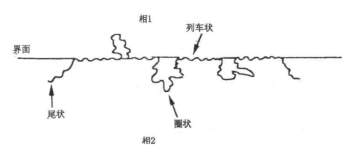

图 5-21　一个柔性的多肽链在界面上采取的各种构型

蛋白质膜在界面上的机械强度取决于黏合的分子间相互作用，它们包括静电相互作用、氢键和疏水相互作用。吸附的蛋白质通过 $-S-S-\rightleftharpoons 2-SH$ 相互交换形成的界面聚合也增加了蛋白质膜的黏弹性。蛋白质在界面膜中的浓度约为200~250g/L，近乎以凝胶状态存在。各种非共价相互作用的平衡对于此凝胶状膜的稳定性和黏弹性至关重要。假如疏水相互作用太强，这会导致蛋白质在界面聚集、凝结和最终沉淀，损害膜的完整性；假如静电推斥力远强于相互吸引作用，这会妨碍厚的黏弹性膜的形成。因此，吸引、推斥和水合作用力之间适当的平衡是形成稳定的黏弹膜的必要条件。

乳状液和泡沫的形成和稳定的基本原理是非常类似的。然而，由于这两类界面在能学上的差别，因此，它们对蛋白质的分子结构具有不完全相同的要求。换言之，一种蛋白质可以是一种好的乳化剂，然而，未必是一种好的起泡剂。蛋白在气-水或油-水界面上吸附和形成膜的机制是一个复杂的过程，许多分子和环境因子影响着此过程，使它进一步地复杂化。

（一）乳化性质

许多天然食品和加工食品，如牛乳、蛋黄、椰奶、豆奶、奶油、涂抹（食品）、色拉酱、冷冻甜食、香肠和蛋糕，都是乳状液类型的产品，其中蛋白质起着乳化剂的作用。天然牛乳中，脂肪球由脂蛋白膜稳定；当牛乳被均质时，脂蛋白膜被由酪蛋白胶束和乳清蛋白组成的蛋白膜所代替。在抵抗乳状液分层方面均质牛乳比天然牛乳较为稳定，这是由于酪蛋白胶束–乳清蛋白膜比天然脂蛋白膜更强。

1. 测定蛋白质乳化性质的方法

评价食品乳化性质的方法有油滴大小分布、乳化活力、乳化能力和乳化稳定性。

由蛋白质稳定的乳状液的物理和感官性质取决于所形成的液滴的大小和总界面面积。

测定乳状液平均液滴大小的方法有光学显微镜法、电子显微镜法、光散射法或使用Coulter计数器。由液滴的平均粒径可按下式计算总界面面积。

$$A = \frac{3\phi}{R} \tag{5-14}$$

式中　ϕ——分散相（油）的体积分数；

　　　R——乳状液粒子的平均半径。

对于已知质量（m）的蛋白质，可根据下式计算乳化活力指标（Emulsifying Activity Index，简写为EAI），即单位质量的蛋白质所产生的界面面积。

$$\text{EAI} = \frac{3\phi}{Rm} \tag{5-15}$$

另一个简便而更实际的测定蛋白质EAI的方法是浊度法。乳状液的浊度是由下式所确定

$$T = \frac{2.303\,A}{l} \tag{5-16}$$

式中　A——吸光度；

　　　l——光路长度。

根据光散射的Mie理论，乳状液的界面面积是它浊度的2倍。假设ϕ是油的体积分数，ρ是每单位体积水相中蛋白质的量，那么就可以根据下式计算蛋白质的EAI。

$$\text{EAI} = \frac{2T}{(1-\phi)\rho} \tag{5-17}$$

式中　$(1-\phi)\rho$——在单位体积乳状液中总的蛋白质量。

虽然此法简便而又实用，但是它也存在缺陷，即它是根据在单个波长500nm下测定的浊度而计算的。由于食品乳状液的浊度与波长有关，因此，根据在500nm下测定的浊度计算得到的界面面积不是非常准确。在这种情况下，计算乳状液中平均粒子直径或乳化粒子的数目时所得的结果也不是非常可靠。然而这个方法可用于定性比较不同蛋白质的乳化活力或蛋白质经不同方式处理后乳化活力的变化。

2. 蛋白质的载量（Protein load）

吸附在乳状液油–水界面上的蛋白质量与乳状液的稳定性有关。为了测定被吸附的蛋白质的

量，将乳状液离心，使水相分离出来，然后重复洗油相和离心以除去任何松散被吸附的蛋白质。最初乳状液中总蛋白质量和从乳状液洗出的液体中蛋白质量之差即为吸附在乳化粒子上蛋白质的量。如已知乳化粒子的总界面面积，就可以计算每平方米界面面积上吸附的蛋白质量。一般情况下，蛋白质的载量在 $1 \sim 3mg/m^2$ 界面面积范围内。在乳状液中蛋白质含量保持不变的条件下，蛋白质的载量随油相体积分数增加而降低。对于高脂肪乳状液和小尺寸液滴，显然需要有更多的蛋白质才足以涂布在界面上并稳定乳状液。

3. 乳化能力

乳化能力（EC）是指在乳状液相转变前（从O/W乳状液转变成W/O乳状液）每克蛋白质所能乳化的油的体积。测定蛋白质乳化能力的方法如下：在一定的温度下，将油或熔化的脂肪加至到蛋白质水溶液中，同时高速搅拌，根据体系的黏度或颜色（通常将染料加入油中）的突然变化或电阻的增加来检测相转变。对于一个由蛋白质稳定的乳状液，相转变通常发生在 ϕ 为 $0.65 \sim 0.85$。相转变并非是一个瞬时过程。在相转变出现之前先形成W/O/W双重乳状液。由于乳化能力是以每克蛋白质在相转变前乳化的油体积表示，因此，此值随相转变到达时蛋白质浓度的增加而减少，而未吸附的蛋白质积累在水相。于是，为了比较不同蛋白质的乳化能力，应采用EC-蛋白质浓度曲线，取代在特定蛋白质浓度下的EC。

4. 乳状液稳定性

由蛋白质稳定的乳状液一般可在数月内保持稳定。当试样在正常条件下保藏时，在合理的保藏期内，通常不会观察到破乳或相分离。因此，需在更加剧烈的条件下，诸如保藏在高温或在一定离心力下分离，来评价乳状液的稳定性。如果采用离心的方法，可用乳状液界面面积（即浊度）减少的百分数或者分出的乳油的百分数、或者乳油层的脂肪含量表示乳状液的稳定性。然而，下式是最常采用的表示乳状液稳定性的方式

$$ES = \frac{乳油层体积}{乳状液总体积} \times 100\% \qquad (5-18)$$

式中乳油层体积是在乳状液经受标准化的离心处理后测定得到的。

通过浊度法评价乳状液的稳定性时，采用乳状液稳定性指标（ESI）来表示，ESI的定义是乳状液的浊度降为起始值的一半所需要的时间。

测定乳状液稳定性的方法是非常经验性的。与乳状液稳定性相关的最基本的量值是界面面积随时间而改变，然而此量值很难直接测定。

5. 影响蛋白质乳化作用的因素

影响由蛋白质稳定的乳状液的因素很多，包括内在因素，如pH、离子强度、温度、低分子质量表面活性剂、糖、油相体积、蛋白质类型和油的熔点等；以及外在因素，如制备乳状液的设备、剪切速度和时间等。

蛋白质的溶解度对其乳化性质起着重要的作用，但是100%的溶解度并不是一个绝对的要求。虽然高度不溶性的蛋白质不是良好的乳化剂，但是在25%～80%溶解度范围内蛋白质溶解度和乳化性质之间不存在一个确切的关系。在油–水界面上蛋白质膜的稳定性同时取决于蛋白

质与油相和蛋白质与水相的相互作用，因此，蛋白质具有一定程度的溶解度是乳化所必需的。对于不同种类的蛋白质，良好的乳化性质所要求的最低溶解度也不相同。在香肠那样的肉乳状液中，由于0.5mol/L NaCl对肌纤维蛋白的增溶作用而促进了它的乳化性质。商业大豆分离蛋白由于在加工过程中经受热处理而使其溶解度降低，并影响蛋白质的乳化性质。

pH会影响由蛋白质稳定的乳状液的形成和稳定。由于大多数食品蛋白质（酪蛋白、商品乳清蛋白、肉蛋白、大豆蛋白）在它们的等电点时是微溶和缺乏静电推斥力的，因此在等电点时它们一般不是良好的乳化剂。然而，这些蛋白质在远离它们的等电点pH时可能是良好的乳化剂。在等电点具有高溶解度的蛋白质（例如，血清清蛋白、明胶和蛋清蛋白）在此pH具有最高乳化活力和乳化能力，因为在等电点时缺乏净电荷和静电推斥相互作用有助于在界面达到最高蛋白质载量和促使高黏弹性膜的形成，两者都贡献于乳状液的稳定性。

蛋白质的乳化性质与它的表面疏水性存在着一个弱正相关联，然而与平均疏水性（即J/mol残基）不存在这样的关系。通常蛋白质的表面疏水性是根据与蛋白质结合的疏水性荧光探测剂（如顺-十八碳四烯酸）的量来确定。各种蛋白质降低油-水界面张力的能力和提高乳化活力指标的能力与它们的表面疏水性有关（图5-22），然而此关系决非是完美的。一些蛋白质，像β-乳球蛋白、α-乳清蛋白和大豆蛋白，它们的乳化性质与表面疏水性之间不存在紧密的关联。

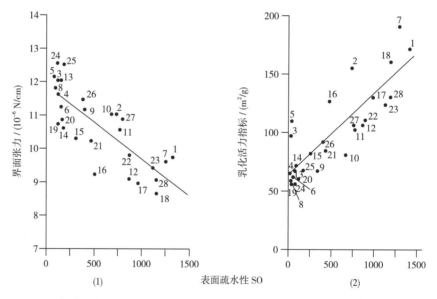

图5-22　各种蛋白质的表面疏水性与（1）油/水界面张力和（2）乳化活力指标的关联

表面疏水性：单位重量蛋白质结合的疏水性荧光探测剂的量。

1—牛血清清蛋白　2—β-乳球蛋白　3—胰蛋白酶　4—卵清蛋白　5—伴清蛋白　6—溶菌酶　7—κ-酪蛋白　8～12—卵清蛋白在85℃被加热1，2，3，4，5或6min，使它变性　13～18—溶菌酶在85℃被加热1，2，3，4，5或6min，使它变性19～23—卵清蛋白被结合至0.2，0.3，1.7，5.7或7.9molSDS/mol蛋白质　24～28—卵清蛋白被结合至0.3，0.9，3.1，4.8或8.2mol亚油酸/mol蛋白质

蛋白质在乳化作用前的部分变性（展开），如果没有造成不溶解，通常能改进它们的乳化性质。蛋白质分子与油-水界面的相互作用主要由疏水相互作用所支配，热诱导蛋白质分子部分地

展开，使非极性基团暴露，这对蛋白质的乳化能力产生极大的影响。对于像β-乳球蛋白那样的蛋白质，热处理使原先被埋藏在蛋白质分子结构内部的疏基（—SH）暴露，这些活性—SH基很容易与相邻的β-乳球蛋白分子的—SH基形成—S—S—连接，从而产生共价连接二聚物。—SH—与—S—S—交换反应能造成蛋白质在界面上有限的聚合作用，提高了β-乳球蛋白膜的强度，这有助于乳状液的稳定。

（二）起泡性质

泡沫是由一个连续的水相和一个分散的气相所组成。许多加工食品是泡沫类型产品，它们包括搅打奶油、蛋糕、蛋白甜饼、面包、蛋奶酥、奶油冻和果汁软糖。这些产品所具有的独特的质构和口感源自于分散的微细空气泡。在这些产品中，蛋白质是主要的表面活性剂，帮助分散气相的形成和稳定。

由蛋白质稳定的泡沫一般是蛋白质溶液经吹气泡、搅打或摇振而形成的。一种蛋白质的起泡性质是指它在气-液界面形成坚韧的薄膜使大量气泡并入和稳定的能力。一种蛋白质的起泡能力（Foamability或Foaming Capacity）是指蛋白质能产生的界面面积的量，有几种表示的方式，像膨胀率（Overrun）或稳定状态泡沫值（Steady-state Foam Value），或起泡力（Foaming Power）或泡沫膨胀（Foam Expansion）。膨胀率的定义：

$$膨胀率=\frac{泡沫体积-起始液体的体积}{起始液体的体积}\times100\% \tag{5-19}$$

起泡力（FP）的定义：

$$FP=\frac{并入的空气的体积}{液体的体积}\times100\% \tag{5-20}$$

起泡力一般随蛋白质浓度的增加而提高，直至达到一个最高值，起泡的方法也影响此值。常采用FP指定浓度下各种蛋白质起泡性质进行比较。表5-16所示为一些蛋白质在pH8.0时的起泡力。

表5-16　蛋白质溶液的起泡力（FP）

蛋白质	起泡力*/%（蛋白质浓度为5g/L）	蛋白质	起泡力*/%（蛋白质浓度为5g/L）
牛血清清清蛋白	280	β-乳球蛋白	480
乳清分离蛋白	600	血纤维蛋白原	360
鸡蛋蛋清	240	大豆蛋白（酶水解）	500
卵清蛋白	40	明胶（酶法加工猪皮明胶）	760
牛血浆	260		

注：*根据式（5-20）计算。

泡沫稳定性（Foam Stability）涉及蛋白质对处在重力和机械力下的泡沫的稳定能力。常用的表示泡沫稳定性的方式是50%液体从泡沫中排出所需要的时间或者泡沫体积减少50%所需要的时间。这些方法都是非常经验性的，它们并不能提供有关影响泡沫稳定性因素的基本信息。泡沫稳定性最直接的量度是泡沫界面面积随着时间的减少程度。

泡沫的强度是指一柱子泡沫在破裂前能经受的最大重量，用测定泡沫黏度的方法评价此性质。

1. 影响泡沫形成和稳定的蛋白质的分子性质

作为一个有效的起泡剂，蛋白质必须满足下列基本要求：①必须快速吸附至气–水界面；②必须易于在界面上展开和重排；③必须通过分子间相互作用形成黏合性膜。影响蛋白质起泡性质的分子性质主要有溶解度、分子（链段）柔性、疏水性（两亲性）、带电基团和极性基团的配置（表5–17）。

表5–17　与起泡性质相关的蛋白质分子性质

溶解度	快速扩散至界面
疏水性（或两亲性）	带电、极性和非极性残基的分布促进界面相互作用
分子（或链段）的柔性	推进在界面上的展开
具有相互作用活性的链段	具有不同功能性链段的配置促进在气、水和界面相的相互作用
带电基团的配置	在临近气泡之间的电荷推斥
极性基团的配置	防止气泡的紧密靠近；水合作用、渗透和空间效应（受此性质和蛋白质膜的成分的影响）

气–水界面的自由能显著地高于油–水界面的自由能，作为起泡剂的蛋白质必须具有快速吸附至新产生的界面，并随即将界面张力下降至低水平的能力。界面张力的降低取决于蛋白质分子在界面上快速展开、重排和暴露疏水基团的能力。β–酪蛋白具有随机线圈状的结构，它能以这样的方式降低界面张力。而溶菌酶含有4个分子内二硫键，是一类紧密地折叠的球状蛋白，它在界面上的吸附非常缓慢，仅部分展开和稍微降低界面张力。可见，蛋白质分子在界面上的柔性是它能否作为一种良好起泡剂的关键。

除分子柔性外，疏水性在蛋白质的起泡能力方面起着重要的作用。蛋白质的起泡力是与平均疏水性正关联的（图5–23）。蛋白质的表面疏水性达到一定的值对于它在气–水界面上的最初吸附是必要的，然而，一旦吸附，蛋白质在泡沫形成中产生更多界面面积的能力取决于蛋白质的平均疏水性。

拥有良好起泡能力的蛋白质并非一定是好的泡沫稳定剂。例如，β–酪蛋白在泡沫形成中显示卓越的起泡能力，然而泡沫的稳定性很差。另一方面，溶菌酶不具有良好的起泡能力，然而它的泡沫是非常稳定的。一般地说，具有良好起泡力的蛋白质不具有稳定泡沫的能力，而能产生稳定泡沫的蛋白质往往显示不良的起泡力。蛋白质的起泡能力和稳定性似乎受不同的两组蛋白质分子性质的影响，而这两组性质彼此是对抗的。蛋白质的起泡能力受蛋白质的吸附速度、柔性和疏水性影响，而泡沫的稳定性取决于蛋白质膜的流变性质。膜的流变性质取决于水合作用、厚度、蛋白质浓度和有利的分子间相互作用。仅部分展开和保留一定程度的折叠结构的蛋白质（例如溶菌酶和血清清蛋白）比那些在气–水界面上完全展开的蛋白质（例如β–酪蛋白）通常能形成较厚密的膜和较稳定的泡沫。对于前者，折叠结构以环的形式伸展至表面下，这些环状结构之间的非共价相互作用（也有可能是二硫交联）促使凝胶网状结构的形成，此结构具有卓越的黏弹性和力学性质。对于一个同时具有良好起泡能力和泡沫稳定性的蛋白质，它应在柔性和刚性之间保持适当的平衡，易于经受展开和参与在界面上众多的黏合性相互作用。除这些因素外，泡沫的稳定性与蛋白质的电荷密度之间通常显示一种相反的关系（图5-24）。高电荷密度显然妨碍黏合膜的形成。

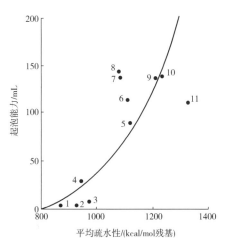

图 5-23　起泡力和蛋白质平均疏水性之间的关系（1kcal=4.18kJ）

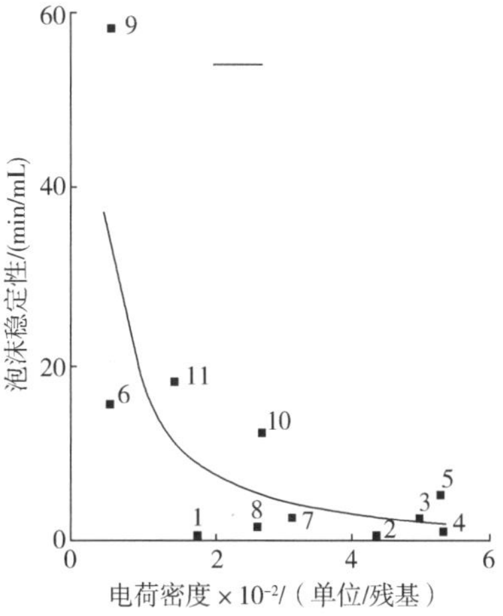

图 5-24　起泡稳定性与蛋白质电荷密度之间的关系

　　大多数食品蛋白质是各种蛋白质的混合物，因此，它们的起泡性质受界面上蛋白质组分之间相互作用的影响。蛋清所具有的卓越的搅打起泡性质应归之于它的蛋白质组分，如卵清蛋白、伴清蛋白和溶菌酶之间的相互作用。酸性蛋白质的起泡性质可通过与碱性蛋白质混合而得到改进，此效果似乎与在酸性和碱性蛋白质之间形成静电复合物有关。

　　2. 影响蛋白质起泡性质的环境因素

　　（1）pH　由蛋白质稳定的泡沫在蛋白质的等电点pH比在任何其他pH更为稳定，前提是蛋白质在pI处具有良好的溶解性。在等电点pI附近，由于缺乏推斥相互作用，这有利于在界面上的蛋白质–蛋白质相互作用和形成黏稠的膜。由于在pI缺乏在界面和吸附分子之间的推斥，因此，被吸附至界面的蛋白质的数量增加。上述两个因素提高了蛋白质的起泡能力和泡沫稳定性。事实上，多数食品蛋白质在pI时蛋白质的溶解度很低，因此仅仅是蛋白质的可溶部分参与泡沫的形成。由于可溶部分蛋白质的浓度很低，因此形成的泡沫的数量较少，然而泡沫的稳定性是高的。尽管蛋白质的不溶解部分对蛋白质的起泡能力没有贡献，然而这些不溶解的蛋白质粒子的吸附增加了蛋白质膜的黏合力，因此稳定了泡沫。一般情况下，疏水性粒子的吸附提高了泡沫的稳定性。在pI以外的pH，蛋白质的起泡能力往往是好的，但是泡沫的稳定性较差。

（2）盐　盐对蛋白质起泡性质的影响取决于盐的种类、盐的浓度和蛋白质的性质。盐对由蛋白质形成的泡沫的影响取决于盐的浓度，在低浓度时，盐提高了蛋白质的溶解度，在高浓度时产生盐析效应，这两种效应都会影响蛋白质的起泡性质和泡沫稳定性。乳清蛋白质的起泡能力和泡沫稳定性随NaCl浓度的提高而降低（表5-18）。这被归之于NaCl对乳清蛋白质（尤其是其中的β-乳球蛋白）的盐溶效应。一般地说，在指定的盐溶液中蛋白质被盐析则显示较好的起泡性质，被盐溶时则显示较差的起泡性质。二价阳离子像Ca^{2+}和Mg^{2+}，在0.02~0.4mol/L浓度能显著地改进蛋白质起泡能力和泡沫稳定性，这主要归之于蛋白质分子的交联和形成了具有较好黏弹性质的膜。

表5-18　NaCl对乳清分离蛋白起泡性和稳定性的影响

NaCl浓度/（mol/L）	总界面面积/（cm²/mL泡沫）	50%起始面积破裂的时间/min	NaCl浓度/（mol/L）	总界面面积/（cm²/mL泡沫）	50%起始面积破裂的时间/min
0.00	333	510	0.08	305	165
0.02	317	324	0.10	287	120
0.04	308	288	0.15	281	120
0.06	307	180			

（3）糖　蔗糖、乳糖和其他糖加至蛋白质溶液往往会损害蛋白质的起泡能力，却改进了泡沫的稳定性。糖对泡沫稳定性的正效应是由于它提高了体相的黏度从而降低了泡沫结构中薄层液体的排出速度。泡沫膨胀率的降低主要是由于在糖溶液中蛋白质的结构较为稳定，于是当蛋白质分子吸附在界面上时较难展开，这样就降低了蛋白质在搅打时产生大的界面面积和泡沫体积的能力。在加工蛋白甜饼、蛋奶酥和蛋糕等含糖泡沫型甜食产品时，如有可能在搅打后加入糖，这样做能使蛋白质吸附、展开和形成稳定的膜，而随后加入的糖通过增加泡沫结构中薄层液体的黏度提高泡沫的稳定性。

（4）脂　脂类物质，尤其是磷脂，会削弱蛋白质的起泡性质。因为脂类具有比蛋白质更大的表面活性，它们以竞争的方式在界面上取代蛋白质。于是，减少了膜的厚度和黏合性导致泡沫稳定性下降。因此，脱脂的乳清浓缩蛋白、乳清分离蛋白、大豆蛋白、鸡蛋蛋白等拥有良好的起泡性质。

（5）蛋白质浓度　蛋白质浓度影响着泡沫的一些性质。蛋白质浓度愈高，形成的泡沫愈强。泡沫的强度是由小气泡和高黏度造成的。高蛋白质浓度提高了黏度有助于在界面形成多层的黏合蛋白质膜。起泡能力一般随蛋白质浓度的提高在某一浓度值达到最高值。一些蛋白质，像血清清蛋白在1%蛋白质浓度时能形成稳定的泡沫。而另一些蛋白质，像乳清分离蛋白和大豆伴球蛋白需要2%~5%浓度才能形成比较稳定的泡沫。一般地说，大多数蛋白质在2%~8%浓度范围内显示最高的起泡能力。蛋白质在泡沫中的界面浓度约为2~3mg/m²。

（6）温度　随着温度的降低，蛋白质分子的疏水相互作用减弱。温度对疏水相互作用影响也反映在β-乳球蛋白的膨胀率随温度下降而减少上。β-乳球蛋白溶液的膨胀率（pH 7，在390r/min搅打20min）与温度（3~45℃）关系是一条S形曲线（图5-25）。当温度从25℃下降至3℃时，由β-乳球蛋白稳定的泡沫的稳定性下降8倍，这是由于疏水作用下降使界面上形成了不良的蛋白质膜的原因。

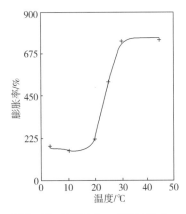

图5-25　温度（3~45℃）对β-乳球蛋白膨胀率的影响

部分热变性能改进蛋白质的起泡性质。例如，乳清分离蛋白在70℃加热1min时，它的起泡性质得到改进；而在90℃加热5min时，即使被加热的蛋白质仍然保持溶解状态，它的起泡性质变差。在90℃加热时乳清分离蛋白起泡性质变差的原因是蛋白质通过 $2-SH \rightleftharpoons -S-S-$ 交换反应形成了广泛的聚合，这些相对分子质量很高的聚合物在起泡过程中难以吸附至气-液界面。

3．制备泡沫的方法

制备泡沫的方法影响着蛋白质的起泡性质。采用鼓泡或压缩空气经过喷雾器搅动液体的方法引入气体，通常形成一种气泡较大的湿泡沫。在适度的速度下搅打液体，一般形成小气泡的泡沫，这是因为剪切作用导致蛋白质在吸附前部分变性之故。然而高剪切速度搅打或过分搅打会因蛋白质聚集和沉淀而降低起泡力。

一些泡沫类型的食品产品，像棉花糖、蛋糕和面包，是在泡沫形成之后再加热的。在加热期间，因空气膨胀和黏度下降会引起气泡破裂和泡沫解体。在这些例子中，泡沫的完整性取决于蛋白质在界面上的胶凝作用，此作用使界面膜具有稳定泡沫所需的机械强度。明胶、面筋和蛋清具有良好的起泡和胶凝性质，它们在上述产品中可作为合适的起泡剂。

五、蛋白质与风味物质的结合

蛋白质本身是没有气味的，然而它们能结合风味化合物，从而影响食品的感官品质。一些蛋白质，尤其是油料种子蛋白和乳清浓缩蛋白，能结合不易被接受的风味物质，限制了它们在食品中的应用。这些不良风味物主要是不饱和脂肪酸经氧化生成的醛、酮和醇类化合物。一旦形成，这些羰基化合物就与蛋白质结合，从而影响它们的风味特性。例如，大豆蛋白制品的豆腥味和青草味被归因于己醛等的存在。在这些羰基化合物中，有的与蛋白质的结合非常强，以至于采用溶剂都不能将它们抽提出来。

蛋白质结合风味物的性质也具有有利的一面，在制作食品时，蛋白质可以作为风味物的载体和改良剂。在加工含植物蛋白的仿真肉制品时，可成功地模仿肉类风味，并使消费者接受。为了使蛋白质能起到风味物载体的作用，它必须同风味物牢固结合并在加工中保留，当食品在口中被咀嚼时，风味物又能释放出来。然而，蛋白质并不是以相同的亲和力与所有的风味物质相结合，这就导致一些风味物不平衡或不成比例保留或在加工中发生一些不期望的损失。

（一）蛋白质–风味物结合的热力学

蛋白质粉末与风味物的结合主要通过范德华力、氢键和静电相互作用。风味物被物理截留于干蛋白质粉末中的裂缝和毛细管中也影响着干蛋白质粉的风味特征。对于液态或高水分食品，蛋白质结合风味物的机制主要包括非极性配位体（风味物分子）与蛋白质表面的疏水性小区或空穴的相互作用。除了疏水相互作用，风味化合物也能与蛋白质分子中的极性基团，像羟基和羧基，通过氢键和静电相互作用而作用。醛类和酮类化合物在结合至蛋白质的表面疏水区域后也可能进一步扩散至蛋白质分子的疏水性内部。

风味物与蛋白质的相互作用通常是完全可逆的。然而，醛类化合物能共价地结合至赖氨酸残基侧链的氨基，这个相互作用是不可逆的。蛋白质产品的香气和味道一般来源于非共价结合的风味物。

假设一种蛋白质P具有许多相同并且彼此独立的结合部位，配位体L（风味物分子）与蛋白质的相互作用能用式（5–21）表示：

$$P+nL=PL_n \qquad\qquad (5-21)$$

根据此模型，风味物分子与蛋白质的相互作用在热力学上能用Scatchard关系表示：

$$V/[L] = nK-VK \qquad\qquad (5-22)$$

式中　V——每摩尔蛋白质结合的配位体的摩尔数；

　　　$[L]$——在平衡时游离的配位体的浓度，mol/L；

　　　n——每摩尔蛋白质具有的总结合部位数；

　　　K——平衡结合常数，$(mol/L)^{-1}$。

按此方程式，$V/[L]$对V作图产生一条直线，K为直线的斜率，nK为截距。此关系设想在高浓度配位体条件下不存在蛋白质–蛋白质相互作用，一般适用于单链蛋白质和多肽。配位体与蛋白质结合的自由能变化可根据方程式$\Delta G=-RT\ln K$计算，式中R是气体常数和T是绝对温度。表5–19所示为羰基化合物结合至各种蛋白质的热力学常数，配位体分子中每增加一个—CH_2，结合常数提高3倍，每CH_2基团相应的自由能变化为–2.3kJ/mol，这也表明它们的结合本质上是疏水性结合。

表5–19　羰基化合物结合至蛋白质的热力学常数

蛋白质	羰基化合物	$n/(mol/mol)$	$K/(mol/L)^{-1}$	$\Delta G/(kJ/mol)$
血清清蛋白	2–壬酮	6	1800	–18.4
	2–庚酮	6	270	–13.8
β–乳球蛋白	2–庚酮	2	150	–12.4
	2–辛酮	2	480	–15.3
	2–壬酮	2	2440	–19.3

续表

蛋白质	羰基化合物	n/（mol/mol）	K/（mol/L）$^{-1}$	ΔG/（kJ/mol）
大豆蛋白（天然）	2-庚酮	4	110	-11.6
	2-辛酮	4	310	-14.2
	2-壬酮	4	930	-16.9
	5-壬酮	4	541	-15.5
	壬醛	4	1094	-17.3
大豆蛋白（部分变性）	2-壬酮	4	1240	-17.6
大豆蛋白（琥珀酰化）	2-壬酮	2	850	-16.7

当风味物与蛋白质相结合时，蛋白质的构象实际上产生了变化。风味物扩散至蛋白质分子内部打断了蛋白质链段之间的疏水相互作用，使蛋白质的结构失去稳定性。含活性基团的风味物配位体，像醛类化合物，能共价地与赖氨酸残基的 ε-氨基相结合，改变蛋白质的净电荷，于是导致蛋白质分子展开。蛋白质分子结构的展开伴随着新的疏水部位的暴露，以利于配位体的结合。由于这些结构的变化，Scatchard 关系应用于蛋白质时呈曲线。对于低聚体蛋白质，像大豆蛋白，构象的改变同时包括亚基的离解和展开。

（二）影响风味结合的因素

挥发性风味物主要通过疏水相互作用与水合蛋白质相作用，任何影响疏水相互作用或蛋白质表面疏水性的因素都会影响风味结合。温度对风味结合的影响很小，除非蛋白质发生显著的热展开。热变性蛋白质显示较高的结合风味物的能力。盐对蛋白质风味结合性质的影响与盐溶和盐析性质有关。盐溶类型的盐使疏水相互作用去稳定，降低风味结合，而盐析类型的盐提高风味结合。pH 对风味结合的影响一般与 pH 诱导的蛋白质构象变化有关。通常在碱性 pH 比在酸性 pH 更能促进风味结合，这是由于蛋白质在碱性 pH 比在酸性 pH 经受更广泛的变性。

化学改性会改变蛋白质的风味结合性质。碱性条件下，蛋白质分子中的二硫键断裂，引起蛋白质结构的展开，这通常会提高蛋白质风味结合的能力。蛋白质经酶催化水解时，原先分子结构中的疏水区被打破，疏水区的数量也减少，这会降低蛋白质的风味结合能力，这也是从油料种子蛋白除去不良风味的一个方法。

六、蛋白质溶液的黏度

一些液体和半固体类型食品（例如肉汁、汤和饮料等）的可接受性取决于产品的黏度或稠度。溶液的黏度与它在一个力（或剪切力）的作用下流动的阻力有关。对于一个理想溶液，剪切力（即单位面积上的作用力 F/A）直接与剪切速度（即两层液体之间的黏度梯度，$\mathrm{d}\gamma/\mathrm{d}r$）成比例变化，这可以用下式表示：

$$\frac{F}{A} = \eta \frac{\mathrm{d}\gamma}{\mathrm{d}r} \qquad (5\text{-}23)$$

比例常数 η 被称为黏度系数。服从此关系的流体被称为牛顿流体。

溶液的流动性质主要取决于溶质的类型。可溶性高聚物甚至在很低浓度时都能显著地提高溶液的黏度。可溶性高聚物的这种性质又取决于它们的分子性质，如大小、形状、柔性和水合作用等。如果相对分子质量相同，那么随机线圈状大分子溶液的黏度比紧密折叠状大分子溶液的黏度大。

蛋白质溶液的黏度是蛋白质应用于食品时的增稠能力的指标。蛋白质溶液，尤其是在高浓度时，不具有牛顿流体性质；当剪切速度增加时黏度系数减小，这种性质被称为假塑或剪切变稀，服从下列关系：

$$\frac{F}{A} = m \left(\frac{\mathrm{d}\gamma}{\mathrm{d}r}\right)^{n} \qquad (5\text{-}24)$$

式中　m——稠度系数；

　　　n——指数，被称为"流动性质指标"。

造成蛋白质溶液具有假塑性质的原因是蛋白质分子具有将它们的主轴沿着流动方向定向的倾向。依靠微弱的相互作用而形成的二聚体和低聚体离解成单体也是导致蛋白质溶液剪切变稀的原因。当对蛋白质溶液的剪切停止时，它的黏度可能回升至原来的数值，这取决于蛋白质分子松弛至随机定向的速度。纤维状蛋白质，像明胶和肌动球蛋白，通常保持定向，于是不能很快地回复至原来的黏度。另一方面，球状蛋白质溶液，像大豆蛋白和乳清蛋白，当停止流动时，它们很快地回复至原来的黏度，这样的溶液被称为触变体系。

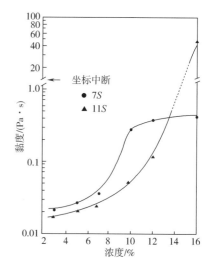

由于存在着蛋白质–蛋白质之间的相互作用和蛋白质分子水合球之间的相互作用，大多数蛋白质溶液的黏度（或稠度）系数与蛋白质浓度之间存在着指数关系。图5-26所示为大豆蛋白溶液的黏度随蛋白浓度的变化曲线。在高浓度蛋白质溶液或蛋白质凝胶中，由于存在着广泛而强烈的蛋白质–蛋白质相互作用，蛋白质显示塑性黏弹性质，在这种情况下，需要对体系施加一个特定数量的力，即"屈服应力"，才能使它开始流动。

蛋白质的黏度与水合状态时蛋白质分子的大小、形状、蛋白质–溶剂相互作用、流体动力学体积和分子柔性等因素有关。当蛋白质溶于水时，蛋白质吸收水并肿胀，水合分子的体积，即它们的流体动力学大小或体积远大于未水合的分子的大小和体积。蛋白质缔合水对溶剂的流动性质产生长距离的影响。蛋白质分子的形状和大小对溶液黏度的影响服从下列关系：

图 5-26　浓度对 $7S$ 和 $11S$ 大豆蛋白
溶液在 20℃ 的黏度的影响

$$\eta_{\mathrm{sp}} = \beta c\left(\upsilon_2 + m_1 \upsilon_1\right) \qquad (5\text{-}25)$$

式中　η_{sp}——比黏度；

　　　β——形状因子；

　　　c——浓度；

　$v_2,\ v_1$——分别是未水合的蛋白质和溶剂的比体积；

　　　m_1——每克蛋白质结合的水的质量，g。

　　　v_2也与分子柔性有关，蛋白质的比体积愈大，它的柔性愈大。

　　稀蛋白质溶液的黏度可以采用以下几种方式来表示。相对粘度η_{rel}是指蛋白质溶液黏度与溶剂的黏度之比。如果采用Ostwald-Fenske黏度计测定，那么相对黏度可用下式表示：

$$\eta_{rel}=\frac{\eta}{\eta_0}=\frac{\rho\, t}{\rho_0 t_0} \tag{5-26}$$

式中　ρ和ρ_0——分别是蛋白质溶液和溶剂的密度；

　　　t和t_0——分别是规定体积的蛋白质溶液和溶剂流经毛细管的时间。

　　从相对黏度可以得到其他形式的黏度。比黏度可以被定义为：

$$\eta_{sp}=\eta_{rel}-1 \tag{5-27}$$

比浓黏度：

$$\eta_{red}=\frac{\eta_{sp}}{c} \tag{5-28}$$

式中　c——蛋白质浓度。

特性黏度：

$$[\eta]=\lim\frac{\eta_{sp}}{c} \tag{5-29}$$

将比浓黏度（$\frac{\eta_{sp}}{c}$）对蛋白质浓度（c）作图，将所得的图线外延至蛋白质浓度为零（lim）就得到特性黏度$[\eta]$。由于在无限稀释的溶液中不存在蛋白质—蛋白质相互作用，因此特性黏度能精确地指示形状和大小对个别蛋白质分子流动性质的影响。测定特性黏度可以研究由加热和pH处理而造成的蛋白质流体动力学形状的变化。

七、蛋白质的凝胶化作用

　　凝胶化作用是食品蛋白质重要的功能性质。蛋白质的凝胶化作用在加工果冻、烧煮鸡蛋产品、重组肉制品、豆腐、香肠和仿真海产品中已凸显其重要性。牛乳的凝结和面团网状结构的形成也是以蛋白质的凝胶化作用为基础的，并且这也是许多食品质构的基础。

　　蛋白质的凝胶化作用是蛋白质从"溶胶状态"转变成"似凝胶"那样的状态。在适当条件下加热、酶和二价金属离子参与能促使这样的转变。但其中所涉及的共价和非共价相互作用的类型以及网状结构形成的机制有显著的不同。

　　在制备食品蛋白质凝胶时，通常先加热蛋白质溶液。在这种凝胶化作用模式中，溶胶状态的蛋白质首先通过变性转变成"预凝胶"状态。预凝胶状态通常是一种黏稠的液体状态，此时某种程度的蛋白质聚合作用已经出现。这一步导致蛋白质的展开和必需数量的功能基团的暴露，包括能形成氢键的基团和疏水性基团。由于在展开的分子之间存在着许多蛋白质−蛋白质相互作用，因此预凝胶的产生过程是不可逆的。当预凝胶被冷却至室温或冷藏温度时，热动能的降低有助于各种分子上暴露的功能基团之间形成稳定的非共价键，于是产生了凝胶化的作用。

蛋白质凝胶网络结构的形成主要通过氢键、疏水相互作用和静电相互作用。这些作用力的相对贡献取决于蛋白质的品种、加热条件、变性程度和环境条件。除有二价离子参与形成交联之外，氢键和疏水相互作用对网状结构形成的贡献要大于静电相互作用。蛋白质一般带净的负电荷，因此在蛋白质分子间存在着静电推斥，这通常无助于网状结构的形成。然而，带电基团对于维持蛋白质−水相互作用和凝胶的持水能力是必要的。

如果凝胶网状结构的形成主要依靠氢键，那么该结构是热可逆的，即在加热时它们熔化成预凝胶状态，如明胶形成的凝胶。由于疏水相互作用随温度的升高而增强，因此主要依靠疏水相互作用形成的凝胶网状结构是不可逆的，如蛋清形成的凝胶就属于这种情况。含有半胱氨酸和胱氨酸的蛋白质在加热时通过—SH和—S—S—相互交换反应产生聚合和在冷却时形成连续的共价的网状结构，这种凝胶通常也是不可逆的。

蛋白质能形成两类凝胶，即凝结块（不透明）凝胶和透明凝胶。蛋白质形成的凝胶类型取决于它们的分子性质和溶液条件。含有大量非极性氨基酸残基的蛋白质在变性时产生疏水性聚集，随后这些不溶性的聚集体随机缔合形成不可逆的凝结块类型凝胶。由于聚集和网状结构形成的速度高于变性的速度，这类蛋白质甚至在加热时容易凝结成凝胶网状结构。不溶性蛋白质聚集体的无序网状结构产生的光散射造成这些凝胶的不透明性。

仅含少量非极性氨基酸残基的蛋白质在变性时形成可溶性复合物。由于这些可溶性复合物的缔合速度低于变性速度，凝胶网状结构主要是通过氢键相互作用而形成的，因此蛋白质溶液（8%~12%蛋白质浓度）在加热后冷却时才能凝结成凝胶。冷却时可溶性复合物缓慢的缔合速度有助于形成有序的透明凝胶网状结构。

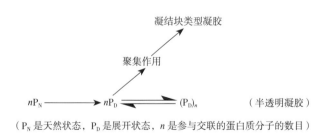

（P_N 是天然状态，P_D 是展开状态，n 是参与交联的蛋白质分子的数目）

一种蛋白质形成凝结块型凝胶或半透明型凝胶主要取决于它的内在结构和分子性质（如平均疏水性、净电荷和相对分子质量等）以及蛋白质的浓度。非极性氨基酸残基含量高于31.5%的蛋白质能形成凝结块类型凝胶，而含量低于31.5%的蛋白质能形成半透明类型凝胶。非极性氨基酸的含量和分子内疏水相互作用的程度会影响蛋白质在加热时的构象和随后在凝胶结构中的相互作用。但上述经验规则也会受到一些因素影响。例如β−乳球蛋白含有32%疏水性氨基酸，它的水溶液能形成一个半透明的凝胶；然而当加入50 mmol/L NaCl时，它形成一个凝结块类型凝胶，这是因为NaCl中和蛋白质分子上的电荷从而促进加热时的疏水聚集作用。因此，凝胶化机制和凝胶类型由疏水相互作用和静电推斥相互作用之间的平衡所控制。实际上，这两种作用力控制着凝胶体系中蛋白质–蛋白质和蛋白质–溶剂相互作用之间的平衡。如果前者远大于后者，可能形成沉淀或凝结块。如果蛋白质–溶剂相互作用占优势，体系可能不会凝结成凝胶。当疏水性和亲水性作用力之间的关系处在这两个极端之间时，体系将形成凝结块凝胶或半透明凝胶。

溶液的pH会影响蛋白质的疏水相互作用和静电推斥相互作用之间的平衡，进而影响凝胶的网状结构和凝胶的性质。这主要是通过影响蛋白质分子所带的净电荷而实现的。例如，在较高pH，乳清蛋白溶液形成半透明凝胶，随着pH下降，蛋白质分子所带的净电荷减少，在等电点（pH5.2）时，由于疏水相互作用占优势，乳清蛋白溶液形成了凝结块凝胶。

Ca^{2+}或其他两价金属离子能在相邻多肽的特殊的氨基酸残基（提供带负电荷的基团）之间形成交联。交联的形成强化了蛋白质的凝胶结构。例如，在pH7.0或更高时，$CaCl_2$（3～6mmol/L）能提高β–乳球蛋白形成凝胶的硬度。然而，一旦钙离子的浓度超过此水平时，由于过量钙桥的形成而产生凝结块。因此，通过控制蛋白质交联的程度能够制备所需强度的蛋白质凝胶。

另一个影响蛋白质凝胶化作用的重要因素是蛋白质的浓度。为了形成一个静置后自动凝结的凝胶网状结构，存在一个最低的蛋白质浓度，即最小浓度终点（Least concentration endpoint，LCE）。大豆蛋白、鸡蛋清蛋白和明胶的LCE分别为8%、3%和0.6%。超过此最低浓度时，凝胶强度G和蛋白质浓度c之间的关系通常服从一个指数定律

$$G \propto (c-c_0)^n \tag{5-30}$$

式中c_0是LCE。对于蛋白质，n的数值在1和2之间变动。

必须指出，球状蛋白质的相对分子质量低于23000时，在任何合理的蛋白质浓度下，它们都不能形成热诱导凝胶，除非蛋白质分子中含有至少1个游离的—SH或1个二硫键。蛋白质凝胶硬度的平方根与蛋白质相对分子质量之间呈线性关系。

八、蛋白质的组织化

蛋白质组织化（Texturization）是指通过一些处理使植物蛋白具备类似于动物肉的持水性、咀嚼特性和口感的方法。此外，组织化可还用于一些动物蛋白的"重组织化"或"重整"。组织化蛋白可以多种形态呈现，如纤维状、碎片状、块状、粒状、片状及其他形状。常见的组织化蛋白有肉填充物、结构化肉类似物、纤维大豆蛋白和高水分肉类似物等。完美的组织化植物蛋白应具有肉样纤维结构、吸水性和脂肪性，以与肉类具有相似的口感和外观，经食品加热和加工后仍能保持完整性。

蛋白质的组织化方式主要有热凝固和薄膜形成、热塑性挤压、纺丝三种。

（1）热凝固和薄膜形成 指浓缩的蛋白溶液在滚筒干燥机等的金属表面加热，由于水分蒸发、蛋白质热变性凝结，形成薄的蛋白质膜的过程。另外，常见的还有腐竹的加工，即豆浆加热后表面会形成一层薄膜，揭膜干燥得到腐竹。

（2）热塑性挤压　是目前植物蛋白组织化的主要方法。挤压是在螺杆挤压机中完成，将含水（10%~30%）的蛋白质物料，在高压下使其在20~150s内温度升高到150~200℃变为黏稠状态，快速通过模具被挤出，在压差和温差的推动下，物料水分迅速蒸发并膨胀形成多孔结构。研究认为，热塑性挤压法首先分散蛋白质，然后又将其重新组合成一种经调整的纤维状结构。在螺杆的剪切作用下，伸展的蛋白质逐渐定向排列，分子间作用加强，又可能重新形成一些新的化学键。采用改法得到的干燥的纤维状多孔颗粒或小块，复水时具有咀嚼质地。热塑性挤压较为经济，工艺也较为简单，原料要求比较宽松。蛋白质含量较低的原料如脱脂大豆粉可以进行热塑性挤压，蛋白质含量在90%以上的分离蛋白也可以作为加工原料。

（3）纺丝　蛋白质纺丝类似于人造纺织纤维的生产。在pH>10条件下，高浓度蛋白溶液通过静电斥力而使分子离解并充分伸展，经脱气、澄清后，将高黏度、高浓度的蛋白质溶液从模板小孔经高压挤入蛋白质凝结剂（如酸性食盐溶液）中，肽链平行定向凝结成丝，经适度干燥、加黏合剂、调味、压力成形后形成产品。

九、面团的形成

面团形成是指小麦粉在有适当水分（粉∶水约3∶1）存在时，在室温下混合和揉搓形成强内聚力和黏弹性物质的过程。面团形成是利用面粉制作面制品的基础，面团的性能也直接决定着后续面制品的品质，如面包、馒头、拉面等的生产。与面粉能形成面团不同，大麦粉、荞麦粉、燕麦粉等谷物粉体都无法形成面团。小麦粉能形成面团，主要归因于小麦蛋白质。根据溶解性可将小麦蛋白质分为可溶性和不溶性蛋白质，前者约占总蛋白质的20%，主要包括清蛋白、球蛋白以及少量糖蛋白，它们对面团形成没有贡献。后者主要指面筋蛋白，它是小麦粉中不溶性蛋白质的总称，占80%，主要包括麦醇溶蛋白和麦谷蛋白。

面筋蛋白的性能与其氨基酸组成密切相关：①谷氨酰胺、天冬酰胺和脯氨酸残基占比在50%以上。酰胺氨基酸和羟基氨基酸残基极易通过氢键而发生水合，并易产生分子间氢键而有助于蛋白质分子黏合；②荷电氨基酸残基的占比很低（<10%），且约有30%的疏水性氨基酸残基，这使得面筋蛋白具有较强的疏水性。一方面通过疏水相互作用促进面筋蛋白分子聚集，另一方面能实现与脂类等其他非极性成分的结合；③含有较为丰富的胱氨酸和半胱氨酸残基（2%~3%），这为面筋蛋白通过巯基氧化交联形成二硫键提供了基础。

面团具有两个典型的特征，即拉伸性和膨胀性。拉伸性是指面团在两个相反方向牵引力作用下发生形变而延长，直至成条状或丝状而保持不断裂的性能，这在拉面等产品加工中非常重要。膨胀性，也称为持气性，是指面团在发酵过程中能将微生物产生的二氧化碳保留在面团内而不散失的能力，这在馒头和焙烤食品的加工中尤为重要。

影响面团形成的因素包括以下几点：

（1）面筋的含量与质量　面筋蛋白含量高或面筋蛋白筋力强的面粉，需要长时间揉搓才能产生黏合的面团，其忍受机械损伤的能力也较高；而面筋蛋白含量低的面粉形成的面团，则很容易出现塌陷。用不同比例的麦醇溶蛋白-麦谷蛋白混合制作面团的试验表明，麦谷蛋白决定着面团的弹性、黏结性和混合耐受性，而麦醇溶蛋白决定着面团的流动性、延伸性和膨胀性。因此，在面包制作过程中，麦谷蛋白和麦醇溶蛋白的平衡非常重要。大分子的麦谷蛋白与面包的强度有关，含量过高会抑制膨胀，而麦醇溶蛋白含量过高会导致过度的膨胀，面团容易出现塌陷。

（2）氧化、还原剂 向面粉中加入半胱氨酸、偏亚硫酸氢盐等还原剂可通过二硫交换反应等打断部分二硫键而降低面团的黏弹性；相反，氧化剂的加入则能诱导形成更多的二硫键而提高面团的硬度和黏弹性。

（3）添加物 面粉中加入糖、淀粉等可争夺面筋蛋白的水分，阻碍其水化作用；脂肪也可能改变面筋网络。在小麦面粉中补充过多的清蛋白和球蛋白，例如乳清蛋白和大豆蛋白，会对面团的黏弹性质和焙烤质量产生不利的影响。这些蛋白质因妨碍面筋网状结构的形成而减小面包的体积。在面团中加入磷脂和其他表面活性剂能抵消外加蛋白质对面包体积的不良影响。在这种情况下，表面活性剂/蛋白质膜补偿了受损害的面筋膜。

第七节 蛋白质的营养性质

蛋白质的营养价值因来源不同而有差别。一些因素，如必需氨基酸的含量和消化率，是造成这个差别的原因。因此，人体对蛋白质的日需量取决于膳食中蛋白质的品种和含量。

一、蛋白质的质量

蛋白质的质量主要取决于必需氨基酸组成和消化率。高质量蛋白质含有所有的必需氨基酸，并且高于FAO/WHO/UNU的参考水平，其消化率可以与蛋清或乳蛋白相媲美，甚至高于它们。

谷类和豆类的蛋白质往往至少会有一种必需氨基酸缺乏。谷类（大米、小麦、大麦和燕麦）蛋白缺乏赖氨酸而富含甲硫氨酸；豆类和油料种子蛋白缺乏甲硫氨酸而富含赖氨酸。有些油料种子蛋白，像花生蛋白，同时缺乏甲硫氨酸和赖氨酸。蛋白质中必需氨基酸含量低于参考蛋白质中相应水平的氨基酸被称为限制性氨基酸。成年人仅食用谷类或豆类蛋白难以维持身体健康，年龄低于12岁的儿童的膳食中仅含有上述的一类蛋白质不能维持正常的生长速度。表5-20所示为各种蛋白质中必需氨基酸的含量。

表 5-20　各种来源蛋白质的必需氨基酸含量和营养价值 单位：mg/g 蛋白质

性质	蛋白质来源												
	鸡蛋	牛乳	牛肉	鱼	小麦	大米	玉米	大麦	大豆	蚕豆	豌豆	花生	菜豆
氨基酸浓度													
His	22	27	34	35	21	21	27	20	30	26	26	27	30

续表

性质	蛋白质来源												
	鸡蛋	牛乳	牛肉	鱼	小麦	大米	玉米	大麦	大豆	蚕豆	豌豆	花生	菜豆
Ile	54	47	48	48	34	40	34	35	51	41	41	40	45
Leu	86	95	81	77	69	77	127	67	82	71	70	74	78
Lys	70	78	89	91	23[①]	34[①]	25[①]	32[①]	68	63	71	39[①]	65
Met+Cys	57	33	40	40	36	49	41	37	33	22[②]	24[②]	32	26
Phe+Tyr	93	102	80	76	77	94	85	79	95	69	76	100	83
Thr	47	44	46	46	28	34	32[②]	29[②]	41	33	36	29[②]	40
Trp	17	14	12	11	10	11	6[②]	11	14	8[①]	9[①]	11	11
Val	66	64	50	61	38	54	45	46	52	46	41	48	52
总必需氨基酸	512	504	480	485	336	414	422	356	466	379	394	400	430
蛋白质含量/%	12	3.5	18	19	12	7.5	—	—	40	32	28	30	30
化学评分/%（根据FAO/WHO模型）	100	100	100	100	40	59	43	55	100	73	82	67	
PER	3.9	3.1	3.0	3.5	1.5	2.0	—	—	2.3	—	2.65	—	—
BV（根据大鼠试验）	94	84	74	76	65	73	—	—	73	—	—	—	—
NPU	94	82	67	79	40	70	—	—	61	—	—	—	—

注：化学评分：1g被试验的蛋白质中一种限制性氨基酸的量与1g参考蛋白质中相同氨基酸的量之比。

PER：蛋白质效率比；BV：生物价；NPU：净蛋白质利用率。

①主要限制性氨基酸。

②次要限制性氨基酸。

动物和植物蛋白一般含有足够数量的His、Ile、Leu、Phe+Tyr和Val，这些氨基酸通常不是限制性氨基酸。然而，Lys、Thr、Trp或含硫氨基酸往往是限制性氨基酸。

如果蛋白质缺乏一种必需氨基酸，那么将它与富含此种必需氨基酸的另一种蛋白质混合就能提高营养质量。例如，将谷类蛋白与豆类蛋白混合就能提供完全和平衡的必需氨基酸。低质量蛋白质的营养质量也能通过补充所缺乏的必需氨基酸得到改进。例如，豆类和谷类在分别补充Met和Lys后，营养质量得到改进。

如果蛋白质或蛋白质混合物含有所有的必需氨基酸，并且它们的含量（或比例）使人体具有最佳的生长速度或最佳的保持健康的能力，那么此蛋白质或蛋白质混合物具有理想的营养质量。表5-21列出了儿童和成人理想的必需氨基酸模型。

表5-21　推荐的食品蛋白质中必需氨基酸模型　　　　　　单位：mg/g 蛋白质

氨基酸	FAO/WHO/UNU推荐的模型			氨基酸	FAO/WHO/UNU推荐的模型		
	婴幼儿（2~5岁）	学龄前儿童	成人		婴幼儿（2~5岁）	学龄前儿童	成人
His	26	19	16	Phe+Tyr	72	22	19
Ile	46	28	13	Thr	43	28	9
Leu	93	44	19	Try	17	9	5
Lys	66	44	16	Val	55	25	13
Met+Cys	42	25	17	总计	434	222	111

二、蛋白质的消化率

蛋白质消化率的定义是人体从食品蛋白质吸收的氮占摄入的氮的比例。虽然必需氨基酸的含量是蛋白质质量的主要指标，然而蛋白质的真实质量也取决于这些氨基酸在体内被利用的程度。可见，消化率影响着蛋白质的质量。表5-22所示为各种蛋白质的消化率。动物性蛋白质比植物性蛋白质具有较高的消化率。食品蛋白质的消化率的影响因素很多，归纳如下。

表5-22　各种食品蛋白质在人体内的消化率

蛋白质来源	消化率/%	蛋白质来源	消化率/%	蛋白质来源	消化率/%	蛋白质来源	消化率/%
鸡蛋	97	小麦（全）	86	豌豆	88	玉米制品	70
牛乳、干酪	95	面粉（精制）	96	花生	94	小麦制品	77
肉、鱼	94	面筋	99	大豆粉	86	大米制品	75
玉米	85	燕麦	86	大豆分离蛋白	95		
大米（精制）	88	小米	79	蚕豆	78		

1. 蛋白质的构象

蛋白质的结构影响着蛋白酶对其的水解，天然蛋白质通常比部分变性蛋白质较难水解完全。一般地说，不溶性纤维状蛋白和深度变性的球状蛋白难以被酶水解。

2. 抗营养因子

大多数植物分离蛋白和浓缩蛋白含有胰蛋白酶和胰凝乳蛋白酶抑制剂以及外源凝集素。这些抑制剂使豆类蛋白质和油料种子蛋白质不能被胰蛋白酶完全水解。外源凝集素与肠黏膜细胞结合，妨碍氨基酸在肠内的吸收。加热处理能破坏这些抑制剂，使植物蛋白质更易消化。此外，植物蛋白中还含有单宁和植酸等其他类型的抗营养因子。

3. 结合

蛋白质与多糖及食用纤维相互作用也会降低它们的水解速度和水解程度。

4. 加工

蛋白质经受高温和碱处理，会导致包括赖氨酸残基在内的一些氨基酸残基产生化学变化，此类变化也会降低蛋白质的消化率。蛋白质与还原糖发生美拉德反应会降低赖氨酸残基的消化率。

三、蛋白质营养价值的评价

由于不同来源的蛋白质营养质量相差很大并且受许多因素的影响，因此建立评估蛋白质营养质量的程序是重要的。评价蛋白质的营养质量有助于：①确定为了满足人体生长和维持健康所需的必需氨基酸必须要摄入的蛋白质的量；②监测在食品加工期间蛋白质营养价值的变化，以便确定能尽量减少营养成分损失的加工条件。

评价蛋白质营养质量的方法包括生物法、化学法和酶法。

（一）生物方法

生物方法的依据是被饲喂含蛋白质饲料的动物的增重或氮保留，同时采用不含蛋白质的饲料作为对照。从动物饲养研究结果评价蛋白质营养质量的方法有下列几种。

蛋白质效率比（PER）是指摄入每克蛋白质使动物增重的质量（g），这是简便而常用的表达方法。另一个表达方式是净蛋白质比（NPR），它可按下式计算

$$NPR=\frac{增重-饲喂不含蛋白质饲料组的失重}{摄入的蛋白质} \tag{5-31}$$

真实消化率（TD）可按式（5-32）计算

$$TD=\frac{I-(F_N-F_{K,N})}{I}\times100\% \tag{5-32}$$

式中　I——摄入的氮；

　　F_N——总的粪便氮；

　　$F_{K,N}$——内源粪便氮，该数据可从饲喂不含蛋白质饲料组获得。

TD指出了摄入的氮中被人体吸收的氮所占的百分数，然而它并没有指出在被吸收的氮中有多少被动物体真正地保留或利用。

生物价（BV）可按式（5-33）计算

$$BV=\frac{I-(F_N-F_{K,N})-(U_N-U_{K,N})}{I-(F_N-F_{K,N})}\times100\% \tag{5-33}$$

式中　U_N和$U_{K,N}$——分别代表脲中总的和内源氮损失。

净蛋白质利用率（NPU）是指在摄入的氮中以动物体氮保留下来的氮所占的百分数，它可按下式计算

$$NPU=TD\times BV=\frac{I-(F_N-F_{K,N})-(U_N-U_{K,N})}{I}\times100\% \tag{5-34}$$

一些食品蛋白质的PER、BV和NPU已被列入表5-20。

（二）化学方法

生物方法昂贵且费时。测定蛋白质中各种氨基酸的含量并与理想的参考蛋白质中必需氨基酸模型比较，这是快速评价蛋白质营养价值的方法。在表5-21中已指出对于2～5岁幼儿参比蛋白质理想的必需氨基酸模型，此模型已被采用为除婴儿外所有年龄段的标准。

在被测定的蛋白质中每一个必需氨基酸的化学评分可按下式计算

$$\frac{mg氨基酸/g被测定的蛋白质}{mg同一种氨基酸/g参考蛋白质}\times100\% \qquad (5-35)$$

在被测定的蛋白质中化学评分最低的氨基酸是最限制性的氨基酸，此限制性氨基酸的化学评分给出了被测定的蛋白质的化学评分。正如前面已经提到的，Lys、Thr、Trp和含硫氨基酸往往是食品蛋白质的限制性氨基酸，因此这些氨基酸的化学评分一般足以评价蛋白质的营养价值。化学评分能估计摄入多少被试验的蛋白质或蛋白质混合物才能满足限制性氨基酸的日需求量。

$$需要摄入的蛋白质=\frac{推荐的鸡蛋或乳蛋白摄入量}{被试验的蛋白质的化学评分}\times100\% \qquad (5-36)$$

化学评分方法的优点是简便，并且根据蛋白质的化学评分可以确定膳食中蛋白质的互补效果，进而通过混合各种蛋白质研制高质量的蛋白质膳食。然而化学评分方法也存在着一些缺点。基于化学评分方法的一个假设是所有被试验的蛋白质能完全或相同地被消化和所有的必需氨基酸是完全被吸收。由于这个假设常常是不符合实际情况的，因此，从生物方法得到的结果与化学评分之间的关系往往是不好的。化学评分法的其他缺点是不能区分D-氨基酸和L-氨基酸。不能预测一个过高浓度的必需氨基酸对其他必需氨基酸生物有效性的负效应以及没有考虑到抗营养因子的影响。

采用蛋白质消化率将化学评分校正后，可获得一种较好的蛋白质营养评价方式，即蛋白质消化率校正氨基酸评分（PDCAAS）。研究指出，化学评分经蛋白质消化率校正后，对于生物价（BV）超过40%的蛋白质，它能与从生物方法所得的结果很好地吻合。

PDCAAS的计算方法如下：以FAO/WHO推荐模式（学龄前儿童）为标准蛋白，计算出待测定蛋白质的各种必需氨基酸得分，必需氨基酸的最低得分与待测蛋白消化率的乘积，即为待测蛋白的PDCAAS。PDCAAS的最大值为1。

（三）酶和微生物方法

在体外，有时也采用酶法测定蛋白质的消化率和必需氨基酸的释放。例如，先后采用胃蛋白酶和胰酶（胰脏提取物的冷冻干燥粉）消化被试验的蛋白质。或者采用3种酶，即胰酶、胰凝乳蛋白酶和猪肠内肽酶在标准试验条件下消化被试验的蛋白质。这些方法除了能提供蛋白质固有的消化率数据外，还能检测加工引起的蛋白质质量的变化。

也可以根据微生物的生长情况测定蛋白质的营养价值。由于梨形四膜虫（Tetrahymena pyriformis）对氨基酸的需求类似于大鼠和人体的氨基酸需求，因此它在这个方法中特别有用。

第八节　蛋白质在食品加工中营养和理化功能性质的变化

食品的加工常涉及加热、冷却、干燥、化学试剂处理、发酵、辐照等。加热是最常用的处理方法，能使微生物失活，使内源酶失活，以免食品在保藏中发生氧化和水解。加热也能使生的食品配料组成的混成品转变成卫生的和感官上有吸引力的食品。此外，加热能部分或完全消除有些蛋白质（如牛β-乳球蛋白、α-乳清蛋白和大豆蛋白等）产生的过敏反应。然而，加热在使得含蛋白质的食品产生上述有益效应的同时，也有可能会影响蛋白质营养价值和功能性质。在这一节中将介绍食品加工中蛋白质发生的物理、化学和营养变化，以及随之产生的期望的和不期望的变化。

一、蛋白质营养质量的变化

（一）适度热处理的影响

大多数食品蛋白质在经受适度热处理（60～90℃，1h或更短时间）时产生变性。蛋白质完全变性后失去溶解性，这会损害那些与溶解度有关的功能性质。从营养观点考虑，蛋白质的部分变性能改进它们的消化率和必需氨基酸的生物有效性。适度热处理也能使一些酶失活，例如蛋白酶、脂酶、脂肪氧合酶、淀粉酶、多酚氧化酶和其他的氧化酶和水解酶。如果不能使这些酶失活，将导致食品在保藏期间产生不良风味、酸败、质构变化和变色。例如油料种子和豆类富含脂肪氧合酶，在提取油或制备分离蛋白前的破碎过程中，此酶在分子氧存在的条件下催化多不饱和脂肪酸氧化而引发产生氢过氧化物。随后氢过氧化物分解和释放出醛和酮，后者使大豆粉、大豆分离蛋白和浓缩蛋白产生不良风味。为了避免不良风味的形成，有必要在破碎原料前使脂肪氧合酶热失活。

由于植物蛋白通常含有蛋白质类的抗营养因子，因此，通过热处理可以抑制或消除抗营养因子。豆类和油料种子蛋白含有胰蛋白酶和胰凝乳蛋白酶抑制剂，这些抑制剂的存在会降低蛋白质的消化率，从而降低了它们的生物有效性。豆类和油料种子蛋白也含有外源凝集素，它们是糖蛋白；由于它们能导致红血细胞的凝集，因此也被称为植物血球凝集素。植物蛋白中的蛋白酶和外源凝集素是热不稳定的。豆类和油料种子经烘烤或者大豆粉经湿热处理后能使外源凝集素和蛋白酶抑制剂失活，从而提高了这些蛋白质的消化率。对于家庭烧煮、工业加工的豆类或以大豆粉为基料的食品，通过加热使这些抑制剂或酶失活，从而减少其对蛋白质营养质量的影响。

鸡蛋蛋白含有蛋白酶抑制剂，如卵类黏蛋白（Ovomucoid）和卵抑制剂（Ovoinhibitor），牛乳也含有蛋白酶抑制剂，血纤维蛋白溶酶原激活剂的抑制剂（Plasminogenactivator inhibitor PAI）和血纤维蛋白溶酶抑制剂（Plasmin inhibitor PI），当有水存在时经适度的热处理，这些抑制剂都会失活。

（二）在提取和分级时组成的变化

从生物材料制备分离蛋白包括一些单元操作，如提取、等电点沉淀、盐沉淀、热凝结和超滤等。在这些操作中，粗提取液中的一些蛋白质很可能损失。例如，等电点沉淀时，一些清蛋白由于在等电点p*I*通常是可溶的，因此从上清液中流失，这样，与粗提取液蛋白质相比，从等电点沉淀所得到的分离蛋白的营养价值发生变化。又如在粗椰子粉中Met和Trp的化学评分分别为100和89，而在用等电点沉淀法得到的椰子分离蛋白中，它们的化学评分几乎为零。类似的，采用超滤和离子交换法制备的乳清浓缩蛋白（WPC）在肮和胨的含量上产生了显著的变化，从而影响了它们的起泡性质。

（三）氨基酸的化学变化

在高温下加工时，蛋白质经受一些化学变化，这些变化包括外消旋、水解、去硫和去酰胺。这些变化中的大部分是不可逆的，有些变化可能形成了有毒的修饰氨基酸。

蛋白质在碱性条件下经受热加工，例如制备组织化食品，不可避免地导致L-氨基酸部分外消旋为D-氨基酸。蛋白质酸水解也造成一些氨基酸的外消旋，蛋白质或含蛋白质食品在200℃以上温度烘烤时就可能出现这种情况。Asp、Ser、Cys、Glu、Phe、Asn和Thr残基比其他氨基酸残基更易产生外消旋作用。外消旋作用的速度也取决于OH⁻的浓度，与蛋白质的浓度无关。除外消旋作用外，在碱性条件下形成的碳负离子通过β-消去反应产生去氢丙氨酸（DHA）。半胱氨酸和磷酸丝氨酸残基比其他氨基酸残基更倾向于按此路线发生变化，这也是在碱处理蛋白质中D-半胱氨酸含量下降比较多的原因之一。

由于含有D-氨基酸残基的肽键较难被胃和胰蛋白酶水解，因此氨基酸残基的外消旋使蛋白质的消化率下降。必需氨基酸的外消旋导致它们的损失并损害蛋白质的营养价值。D-氨基酸不易通过小肠被吸收，即使被吸收，也不能在体内被用来合成蛋白质。而且，已发现一些D-氨基酸，像D-脯氨酸，会引起鸡的神经性中毒。

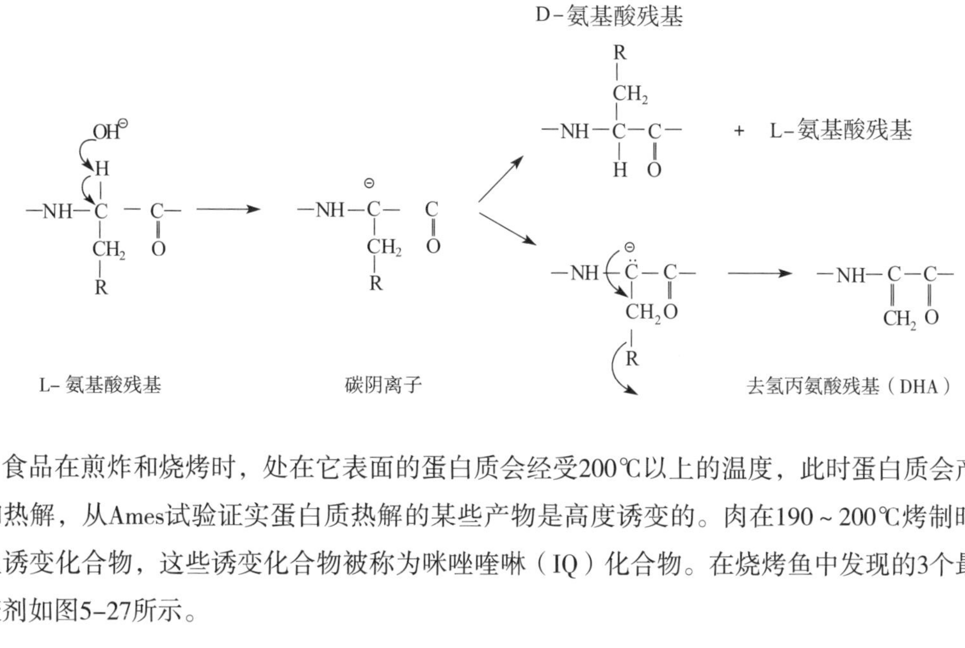

食品在煎炸和烧烤时，处在它表面的蛋白质会经受200℃以上的温度，此时蛋白质会产生分解和热解，从Ames试验证实蛋白质热解的某些产物是高度诱变的。肉在190~200℃烤制时也能产生诱变化合物，这些诱变化合物被称为咪唑喹啉（IQ）化合物。在烧烤鱼中发现的3个最强的诱变剂如图5-27所示。

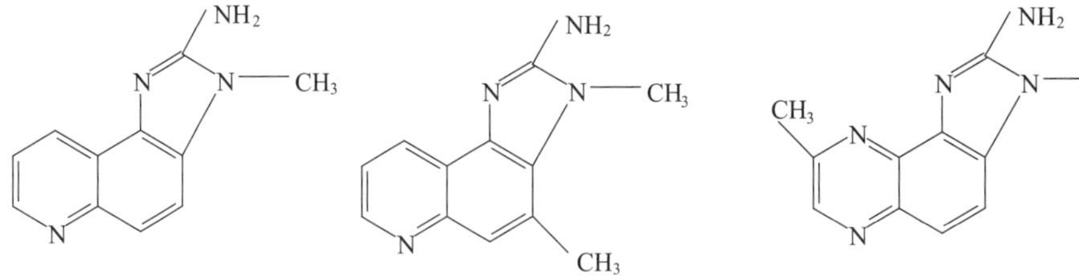

2-氨基-3-甲基咪唑
-[4，5-f]喹啉（IQ）

2-氨基-3，4-二甲基咪唑
-[4，5-f]喹啉（MeIQ）

2-氨基-3，8-二甲基咪唑
-[4，5-f]喹啉（MeIQx）

图 5-27　烧烤鱼中的 3 种强诱变剂

当按照推荐的工艺加热食品时，通常IQ化合物的浓度是很低的（微克数量级）。

（四）蛋白质交联

一些食品蛋白质同时含有分子内和分子间的交联，例如球状蛋白、锁链素（Desmosine）和异锁链素（Isodesmosine）中的二硫键和纤维状蛋白角蛋白、弹性蛋白、节枝弹性蛋白和胶原蛋白中二酪氨酸类和三酪氨酸类的交链。胶原蛋白中也含有ε-N-（γ-谷氨酰基）赖氨酰基和／或ε-N-（γ-天冬氨酰基）赖氨酰基交联。存在于天然蛋白质的这些交联的一个功能是使代谢性的蛋白质水解降到最低。加工食品蛋白质，尤其在碱性pH条件下，也能诱导交联的形成。在多肽链之间形成非天然的共价交联降低了共价交联附近的必需氨基酸的消化率和生物有效性。

上文中曾提到一些氨基酸残基在碱性条件下，或在中性条件下经受200℃以上温度的加热，经碳负离子和β-消去反应形成去氢丙氨酸残基（DHA）。高活性的DHA残基能与亲核基团，例如赖氨酸残基的ε-氨基、半胱氨酸的巯基和鸟氨酸（精氨酸的分解产物）的δ-氨基分别形成赖氨酸基丙氨酸、羊毛硫氨酸和鸟氨酸基丙氨酸交联。由于蛋白质中含有众多的易接近的赖氨酰基残基，因此在经碱处理的蛋白质中赖氨酸基丙氨酸是主要的交联形式。

经碱处理的蛋白质，由于可能形成蛋白质-蛋白质之间的交联，消化率和生物价会降低。

离子辐照能导致蛋白质聚合作用。食品经离子辐照时，在有氧存在的条件下水产生辐解作用而形成过氧化氢，进而造成蛋白质的氧化和聚集。离子辐射也能经由水的离子化而直接产生自由基，进而造成蛋白质的聚集。

在70～90℃和中性pH条件下加热蛋白质会引起—SH和—S—S—的交换反应，进而造成蛋白质的聚合作用。由于二硫键在体内能被断开，因此这类热诱导的交联一般不会影响蛋白质和必需氨基酸的消化率和生物有效性。

纯蛋白质溶液或低碳水化合物含量的蛋白质食品经长时间加热也会形成前述的ε-N-（γ-谷氨酰基）赖氨酰基和ε-N-（γ-天冬氨酰基）赖氨酰基交联，由于这些交联并不存在于原先的蛋白质中，因此它们也被称为异肽键（Isopeptide bonds）。

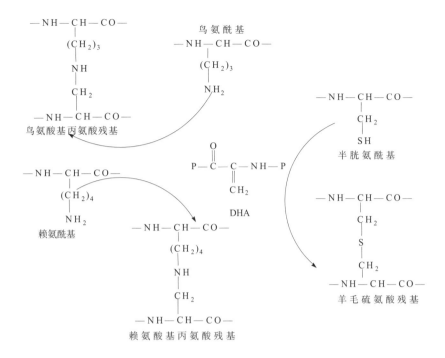

（五）氧化剂的影响

氧化剂如过氧化氢、过氧化苯甲酰和次氯酸钠常作为灭菌剂、漂白剂和去毒剂被加入到各类食品中去。除了上述外加的氧化剂外，在加工过程中，还会产生内源氧化性化合物例如食品经受辐射、脂肪经受氧化、化合物（例如核黄素和叶绿素）经受光氧化和食品经受非酶褐变期间产生的自由基。此外，存在于植物蛋白质中的酚类化合物被分子氧氧化，先生成醌，最终产生过氧化物。这些高活性的氧化剂能导致一些氨基酸残基的氧化和蛋白质的聚合。对氧化作用最敏感的氨基酸残基是Met、Cys/cystine、Trp和His，其次是Tyr。

1. 甲硫氨酸和半胱氨酸的氧化

（1）甲硫氨酸至甲硫氨酸亚砜和甲硫氨酸砜。

$$RSCH_3 \xrightarrow{[O]} R-\overset{\overset{\displaystyle O}{\|}}{S}-CH_3 \xrightarrow{[O]} R-\overset{\overset{\displaystyle O}{\|}}{\underset{\underset{\displaystyle O}{\|}}{S}}-CH_3$$

（2）半胱氨酸至磺基丙氨酸。在低pH时半胱氨酸的氧化速度下降，甲硫氨酸的氧化速度提高。

$$RSH \longrightarrow \begin{array}{c} \xrightarrow{[O]} RSOH \xrightarrow{[O]} RSO_2H \xrightarrow{[O]} RSO_3H \\ \\ \xrightarrow{[O]} RSSR \xrightarrow{[O]} RS-\overset{\overset{\displaystyle O}{\uparrow}}{\underset{\underset{\displaystyle O}{\downarrow}}{S}}R \xrightarrow{[O]} RSO_3H \end{array}$$

2．色氨酸的氧化

在酸性、温和、氧化条件下，例如有过甲酸、二甲基亚砜或 N-溴代琥珀亚胺（NBS）存在时，色氨酸主要被氧化成 β-氧代吲哚基丙氨酸。在酸性、激烈、氧化条件下，例如，有臭氧、过氧化氢或过氧化脂质存在时，色氨酸被氧化成 N-甲酰犬尿氨酸、犬尿氨酸和其他未被鉴定的产物。

（六）羰-胺反应

蛋白质参与羰-胺反应（美拉德反应）后，感官和营养性质受到很大的影响。除了还原糖外，食品中的醛和酮也参与了羰-胺反应。双官能团醛，例如丙二醛，能产生交联使蛋白质聚合，蛋白质失去溶解性。赖氨酸的消化率和生物有效性、蛋白质功能性质的丧失都与此作用有关。甲醛也能与赖氨酰基残基的 ε-氨基反应，鱼肌肉在冻藏期间变硬被认为是由甲醛与鱼蛋白质的反应所致。

（七）食品中蛋白质的其他反应

1．与脂质的反应

不饱和脂肪的氧化导致形成烷氧化自由基和过氧化自由基，这些自由基继续与蛋白质反应生成脂-蛋白质自由基，而脂-蛋白质结合自由基能使蛋白质聚合交联。此外，脂质自由基能诱导蛋白质的半胱氨酸和组氨酸侧链形成自由基，然后再发生交联和聚合反应。

食品中脂质的氢过氧化物会分解产生醛和酮，这些羰基化合物与蛋白质反应会影响蛋白质的营养价值和功能性质。

2．与多酚的反应

酚类化合物，像对-羟基苯甲酸、儿茶酚、咖啡酸、棉酚和槲皮素，存在于所有的植物组织中。在植物组织的浸渍过程中，这些酚类化合物能在碱性条件下被分子氧氧化成醌；存在于植物组织中的多酚氧化酶也能催化此反应。这些高度活性的醌能与蛋白质的巯基和氨基发生不可逆的反应。此外，醌能缩合形成高相对分子质量的褐色素，这些褐色素易于同蛋白质的—SH和氨基相结合。这些反应使蛋白质中赖氨酸和半胱氨酸残基的消化率和生物有效性降低。

3．与亚硝酸盐的反应

亚硝酸盐与仲胺（在某种程度上与伯胺和叔胺）反应生成N-亚硝胺，后者是食品中形成的最具毒性的致癌物质。在肉制品中加入亚硝酸盐的目的通常是为了改进色泽和防止细菌生长。参与此反应的氨基酸（或氨基酸残基）主要是Pro、His、Trp、Arg、Tyr和Cys。反应主要在酸性和较高的温度下发生。

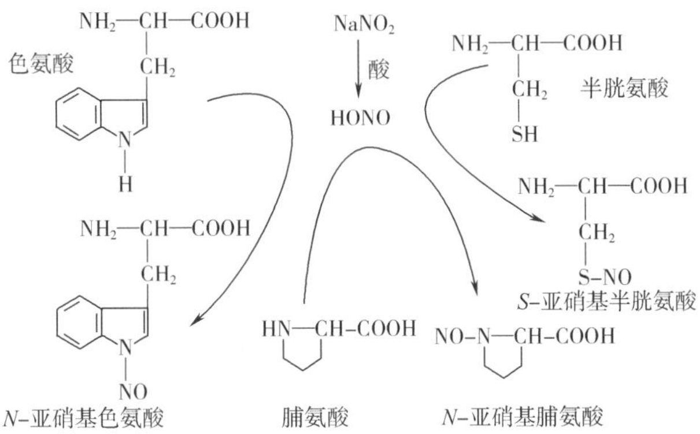

在美拉德反应中形成的仲胺也能与亚硝酸盐反应。食品在烧煮、煎炸和烘烤中形成N-亚硝胺是公众非常关心的一个问题。

4．与亚硫酸盐的反应

亚硫酸盐还原蛋白质中的二硫键产生S-磺酸盐衍生物。亚硫酸盐不能与半胱氨酸残基作用。当存在还原剂半胱氨酸或巯基乙醇时，S-磺酸盐衍生物被转回半胱氨酸残基。S-磺酸盐衍生物在酸性和碱性pH下分解产生二硫化合物。硫代磺化作用并没有降低半胱氨酸的生物有效性，然而由于S-磺化作用使蛋白质的电负性增加和二硫键断裂，这会导致蛋白质分子展开和影响到它们的功能性质。

$$P—S—SP+SO_3^{2-} \rightleftharpoons P—S—SO_3^- +P—S^-$$

二、蛋白质理化功能性质的变化

从天然资源提取和分离蛋白质的方法能够影响蛋白质的功能性质。在各种分离步骤中，总希望将蛋白质的变性程度降到最低，以使得蛋白质具有良好的溶解度。溶解度往往是蛋白质在食品中发挥其功能性质的先决条件。在某些情况下，蛋白质的有控制地或部分变性也能改善它们的某些功能性质。

等电点沉淀是常用的分离蛋白质的方法。在等电点（pI）时，大多数球状蛋白质的二级、三级和四级结构保持稳定；当pH回调至中性时，蛋白质易于重新溶解。然而，胶束的结构在等电点沉淀时失去稳定性，这主要是由于胶体磷酸钙的溶解以及酪蛋白分子之间疏水相互作用和静电相互作用平衡的破坏所致。采用等电点沉淀方法分离的蛋白质组成往往不同于原料中蛋白质的组成，这是因为原料中少部分等电点可溶的蛋白质成分无法被沉淀下来。这些蛋白质组成的变化会影响到所制备的蛋白质的功能性质。

采用超滤（UF）制备乳清浓缩蛋白（WPC）时，由于除去了乳清中部分的乳糖和灰分而显著影响WPC的功能性质。而且，超滤处理（50~55℃）时，由于蛋白质-蛋白质相互作用的增强而降低了所制备蛋白质的溶解度和稳定性，进而改变了它的水结合能力和凝胶化作用、起泡作用和乳化作用等。WPC中钙和磷酸盐含量的变化会显著影响它的凝胶性质。采用离子交换法生产的乳清分离蛋白含有少量的灰分，它的功能性质一般优于采用UF生产的乳清分离蛋白。

在碱性pH（尤其是在较高温度下）处理蛋白质会导致蛋白质构象发生不可逆的变化。经碱处理的蛋白质一般较易溶解和具有较好的乳化和起泡性质。采用有机溶剂提取油料种子大豆和棉籽中的油脂时，不可避免地会使脱脂大豆粉和棉籽粉中的蛋白质发生一定程度的变性，从而降低了它们的溶解度和其他功能性质。

热处理造成蛋白质的化学变化和功能性质的改变已在第五节中讨论过。在碱性和酸性pH条件热处理也能导致蛋白质部分水解，蛋白质中低分子量肽的含量能影响它们的功能性质。

第九节　蛋白质的改性

在食品体系中使用蛋白质时必须考虑它们的营养质量和它们在食品中的功能性质。一些食品蛋白质由于受固有结构的限制，使它们缺乏必需的功能性质，因此有必要进行蛋白质的改性。蛋白质改性就是采用物理、化学、酶法或基因方法使氨基酸残基和多肽链发生某种变化，引起蛋白质大分子空间结构和理化性质的改变，从而获得具有较好功能特性和营养特性的蛋白质。

一、化学改性

通过对蛋白质进行一定的化学改性，能改善蛋白质的功能性质。然而，由于蛋白质中的必需氨基酸（如赖氨酸）残基往往参与化学改性，而且化学改性蛋白质和它的消化产物可能有毒，同时还必须考虑所使用的化学试剂以及在蛋白质中任何残留物的毒性，因此化学改性蛋白质在食品中的实际应用受到了限制。化学改性主要包括氨基酸残基的侧链修饰和共价交联。

（一）酰化作用

蛋白质的酰化作用是蛋白质分子的亲核基团（如氨基或羟基）与酰化试剂中的亲电子基团（如羰基）相互反应，而引入新功能基团的过程。乙酸酐和琥珀酸酐是最常使用的酰化剂，它们一般与赖氨酸残基的ε-氨基发生作用。在适当的pH采用乙酸酐酰化蛋白质时，带正电荷的氨基被一个中性的酰基残基取代，使得乙酰化蛋白质具有较低的等电点。对于琥珀酰化蛋白质，在氨基被封闭的同时，又引入了一个额外的带负电荷的羧基。琥珀酰化蛋白质的等电点明显地向酸性方向移动。

蛋白质经酰化后，它的溶解度和水合作用一般都会提高。这说明改性蛋白质有更多的极性残基参与同水的缔结。由于酰化作用封闭了天然蛋白质的带正电荷基团和搅乱了电荷的静电平衡，蛋白质较高的表面净负电荷使蛋白质分子结构展开和亚基离解，使原先埋藏在内部的疏水性残基暴露，改变了蛋白质有效的亲水残基和疏水残基平衡，从而引起蛋白质功能性质的改变，尤其是那些与表面和界面活性有关的功能性质。酰化作用一般能改善蛋白质的乳化性质，这是由于暴露的疏水性残基与油缔结，同时油滴表面负电荷相互推斥使乳状液稳定。乳化性质的改善还与改性后蛋白质溶解度的提高有关。酰化蛋白质的起泡性质取决于电荷、亲水−疏水平衡和蛋白质溶解度。酰化蛋白质一般具有较好的起泡能力和较差的泡沫稳定性。显然，泡沫薄层的高电荷推斥作用导致泡沫解体，削弱了泡沫的稳定性。由于酰化蛋白质具有较无序的结构和电荷推斥作用，因此热稳定性较高，在较高的温度才会凝结。

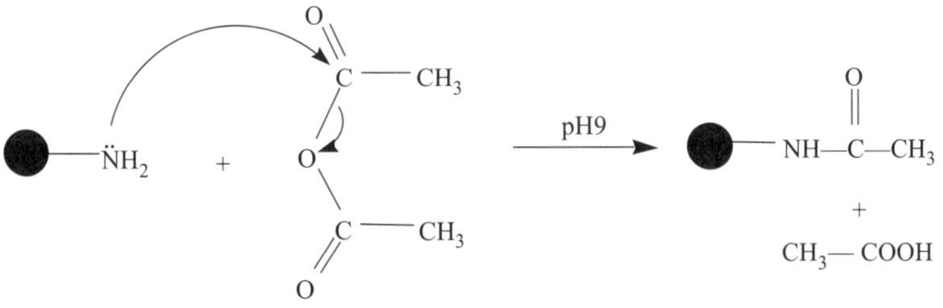

乙酸酐

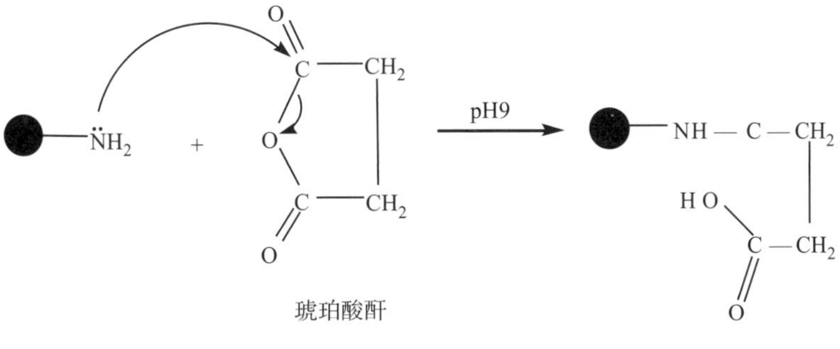

琥珀酸酐

酰化蛋白质的营养质量（在体外评估）取决于蛋白质的种类、改性的程度和所采用的酰化剂。在大鼠饲养试验中，酰化蛋白质的营养价值通常低于非改性蛋白质的营养价值。相比之下，乙酰化蛋白质的营养价值高于琥珀酰化蛋白质的营养价值。大鼠饲养试验显示，乳清蛋白琥珀酰化至低水平（15% ε-NH$_2$被酰化）时，它的营养质量并没有受到影响。也许这是因为乳清蛋白中赖氨酸的含量较高。中等水平琥珀酰化（37%）的乳清蛋白质仍然具有高的营养质量，它的NPR高于酪蛋白的相应值。乳清蛋白琥珀酰化至很高水平（74%～83%）时，它的营养质量受到损害。

（二）磷酸化作用

蛋白质的磷酸化作用是指无机磷酸与蛋白质上特定的氧原子（丝氨酸、苏氨酸、酪氨酸的—OH）或氮原子（赖氨酸的ε-氨基、组氨酸咪唑环的1，3位N、精氨酸的胍基末端N）形成—C—O—Pi或—C—N—Pi的酯化反应（后者对酸不稳定，在pH≤7环境下发生水解，而前者稳定，故在食品体系中前者较为常用）。常用的磷酸化试剂有磷酰氯（即三氯氧磷，$POCl_3$）、五氧化二磷和多聚磷酸钠（STMP）等。磷酸化改性后，蛋白质中由于引进大量磷酸根基团，从而增加蛋白质体系的负电性，提高蛋白质分子间静电斥力，因而提高了溶解度。磷酸化改性蛋白由于负电荷的引入，大大降低了乳状液表面张力，使之更易形成乳状液滴，同时也增加液滴之间斥力，从而更易分散，因此改性蛋白的乳化能力及乳化稳定性都有较大改善。

可以预料，磷酸化蛋白质具有较高的对Ca^{2+}亲和力。β-乳球蛋白经磷酸化后对Ca^{2+}的亲和力提高一倍；然而，大豆分离蛋白对Ca^{2+}沉淀的灵敏度随磷酸化而降低。酪蛋白经磷酸化后并没有影响微生物对它的消化、吸收和利用。磷酸化蛋白质在营养和毒理方面的性质还需通过饲养哺乳类动物的试验进一步证实。

（三）脱酰胺作用

脱酰胺作用是将蛋白质中天门冬酰胺和谷氨酰胺侧链的酰胺基脱去氨基变成天门冬氨酸和谷氨酸的过程。许多植物来源的蛋白质中都含有大量的酰胺基团，通过去除此类蛋白质的侧链酰胺基团，可使其获得良好的溶解性、乳化性及起泡性。

脱酰胺作用可通过化学方法（酸或碱作用）或酶法进行，而酸碱脱酰胺改性一般是在比较温和的条件下进行。如采用稀的盐酸溶液（0.05mol/L HCl）处理面筋蛋白质和大豆蛋白质，使它们的天冬氨酰胺残基和谷氨酰胺残基去酰胺化，这就增加了蛋白质表面的负电荷，导致蛋白质结构的展开和疏水性残基的暴露。以去酰胺面筋蛋白质为例，随着去酰胺程度的增加，蛋白质分子中螺旋结构的含量下降；而表面张力的下降与去酰胺化程度成比例，这也反映了两性性质的增加。另一方面，面筋蛋白质的表面疏水性的增加也与去酰胺程度成比例；而已证实面筋蛋白质的乳化性质与表面疏水性有关。如果延长温和酸处理的时间会产生相对分子质量较高的去酰胺多肽链段，后者在放置过程中会通过疏水相互作用或形成二硫键缔合或聚合，这些聚合产品具有较好的功能性质，包括溶解度、乳化性质和起泡性质。

（四）糖基化作用

蛋白质的糖基化作用是指将糖类物质以共价键与蛋白质分子上的氨基（主要为Lys的 ε -氨基）或羧基相结合的化学反应（包括美拉德反应），这种方法也被广泛用来提高蛋白质的功能特性。

蛋白质-多糖共价复合物对于环境条件具有较高的适应性，与以次级力结合的蛋白质-多糖复合物相比，其结合不受热或pH的变化而被破坏。而且，蛋白质-多糖的共价复合物在胶体体系中具有乳化和稳定的双重作用。复合物的蛋白质部分可以有效地吸附在油水界面上降低界面张力，同时，共价结合的多糖分子链在吸附膜的周围形成立体网状结构，增加了膜的厚度和机械强度。另外，研究还发现在蛋白质中引入多糖形成复合物，蛋白质的溶解性、抗氧化性、抗菌性以及热稳定性等性能都会大大改善。

Kitabatake等以葡萄糖酸或6-O-α-半乳糖-D-葡萄糖酸作为糖基供体，在键合试剂存在的条件下对乳球蛋白的氨基进行了糖基化。合成的糖基化蛋白在较低的离子强度或天然乳球蛋白的等电点pH仍表现出较高的溶解性。同时，糖基化也提高了蛋白质的热稳定性。并且，随着糖基化程度的提高，糖基化蛋白质的功能特性也随之提高。Courthaudon等进一步以多种单糖或双糖作为糖基供体，对牛酪蛋白Lys的 ε -氨基进行糖基化也发现，所有类型的糖基化蛋白于等电点pH范围的溶解性皆有提高，并且溶解能力取决于糖配基的类型和分子质量。糖配基分子质量越大，糖基化蛋白的溶解能力也越大。葡萄糖基化和半乳糖基化程度高的酪蛋白黏度也增加了。Kato将葡萄糖-6-磷酸通过美拉德反应而与卵清蛋白的自由氨基相连，导致卵清蛋白酸性提高，溶解性增强，抵抗热凝聚的作用提高。

（五）蛋白质的化学交联作用

通过化学交联作用可以改善蛋白质的功能特性。交联可发生在两个蛋白质分子之间，亦可发生于多个分子间形成网状交联，还可将一个蛋白质分子偶联到一个化学惰性水不溶性生物大分子上，形成固定化蛋白质。蛋白质可通过化学交联，亦可通过酶交联实现功能改善。

化学交联试剂中有一类在交联之后具有稳定交联桥，一般情况下是不可切断的，这类试剂中典型例子是戊二醛。戊二醛有两个活性醛基，可与蛋白质分子中氨基酸残基侧链上的氨基发生作用，从而形成交联。

二、物理改性

物理改性是利用电、热、机械能、电磁场、压力、声能、射线等物理作用形式改变蛋白质的高级结构和分子间的聚集方式。例如，热处理可使蛋白质凝胶或凝聚，增加溶解度；利用超声波能提高热变性或醇变性大豆蛋白的提取率等。物理改性具有费用低、无毒副作用、作用时间短及对产品营养性能影响小等优点。

（一）热改性

热改性是指蛋白质在一定温度下加热一定时间，使其发生改性的方法。研究表明热改性对大豆蛋白的溶解性、黏性、凝胶性、乳化性及其稳定性均有不同程度的影响。天然蛋白质靠分子中的氢键、离子相互作用、疏水相互作用、偶极相互作用、二硫键等来维持其稳定的结构。通过加热等处理会破坏这些相互作用，使蛋白质亚基解离，分子变性，分子内部的疏水基团、巯基暴露出来，分子间的相互作用加强，同时分子内的一些二硫键断裂，形成新的巯基，巯基在分子间再形成二硫键，形成立体网络结构，并改变蛋白质的其他功能性质。

（二）机械改性

机械改性一般与热改性同时进行效果较好，机械力使蛋白质在高速运动的条件下受到剪切、碰撞等外力的作用，蛋白质的次级键断裂，再经高温作用，使蛋白质分子重组，转变为大分子结构，类似于天然蛋白质结构，恢复了蛋白质原有的一些功能特性，但该结构与未经加工的蛋白质结构仍有一定区别，各种功能性也有所不同。

利用高温均质对大豆蛋白进行改性，蛋白质高温时加速溶解，蛋白质分子随之热变性并形成聚集体。但由于高速均质产生的剪切和搅拌作用，流体中任何一个很小的部分都相对于另一部分作高速运动，巯基和二硫键基团之间无法正确取向并形成二硫键，防止了聚集体的进一步聚合。然而在蛋白聚集体内，蛋白分子位置相对固定，有利于聚集体内二硫键的形成，这又降低了巯基浓度及聚集体形成二硫键，使改性大豆蛋白的分子聚集体有一疏水核心，外层被亲水基团包围，类似于天然可溶性蛋白分子结构。加热–均质处理后，蛋白分子模式发生了很大变化，非共价键基本消失，而共价键成为主要作用力。高温均质通过减少不溶性蛋白质内键能较低的非共价键增加溶解度。增溶后，广泛分布于蛋白分子间的作用力集中在分子聚集体内，而聚集体间的作用力减弱。Ker Y. C. 和Chen T. H. 报道了剪切力导致结构改变后，对其凝胶性的影响，并且指出剪切引起的大豆球蛋白中疏水基团的暴露，有利于凝胶网络的形成，从而提高了大豆分离蛋白的凝胶性。而在大豆分离蛋白加热形成凝胶的过程中，适当提高加热温度有利于提高凝胶的透明性；超高压均质处理也会使大豆分离蛋白的结构发生变化，而单纯的超高压处理得到的凝胶强度随着大豆分离蛋白质量分数的增大、温度及处理压力的增高而增高，同热处理相比超高压处理得到的大豆分离蛋白凝胶强度更高，且凝胶外观更加平滑、细致。

（三）声波改性

超声改性主要通过超声空化对溶液中悬浮的蛋白粒子产生强烈振荡、膨胀及崩溃作用，破坏蛋白质的空间结构，提高大豆蛋白的溶解性，其作用与机械改性相似。

不同超声处理时间和功率以及在不同pH和离子强度下超声处理对蛋白质有不同程度的影响。

三、酶法改性

与蛋白质的物理法和化学法改性相比，酶法改性尤其是酶解改性具有酶促反应速度快，反应条件温和，专一性强，无有害物质产生等特点。

（一）酶法水解

酶法水解是利用蛋白酶将蛋白质分子降解成肽类以及更小的氨基酸分子的过程。

蛋白酶可以催化肽键的断裂反应，由于蛋白质水解时总是伴随质子的释放与吸收，若要维持反应体系pH恒定，则必须随时加入一定量的酸或碱，而加碱当量数与水解肽键的当量数成正比关系。这就构成了pH-stat方法的理论基础，该法可以连续跟踪反应中蛋白质水解度的变化。

蛋白质水解过程中被断裂的肽键数h（meqv/g蛋白质）与给定蛋白质的总肽键数h_{tot}（meqv/g蛋白质）之比称为水解度（DH）。

$$DH = \frac{h}{h_{tot}} \times 100\%$$

显然，水解反应中被断裂的肽键数最能反映蛋白酶的催化性能，因而该法比其他的蛋白质水解度定义方法（如TCA溶解度指数）更准确。

采用pH-stat方法，DH可根据下式得到：

$$DH = B \times N_b \times \frac{1}{\alpha} \times \frac{1}{MP} \times \frac{1}{h_{tot}} \times 100\%$$

式中　　B——碱消耗量，mL或L；

　　　　N_b——碱当量浓度；

　　　　α——α-NH$_2$的平均电离度；

　　　　MP——蛋白质的质量（$N \times 6.25$）。

从DH可以按以下方法进一步计算水解蛋白平均肽链长度（PCL）：

$$DH = \frac{1}{PCL} \times 100\% \quad 或 \quad PCL = \frac{100}{DH\%}$$

经酶水解作用后，蛋白质具有以下三种特性：相对分子质量降低、离子性基团数目增加、疏水性基团暴露。这样可使蛋白质的功能性质发生变化，从而达到改善乳化性、持水性、消化吸收性等目的。按照酶解程度（DH）和酶解产物分子质量分布，蛋白质酶解技术可以分为轻度酶解、适度酶解和深度酶解。蛋白质深度酶解产物主要是小肽和氨基酸，主要应用于调味品和营养配方；适度酶解和轻度酶解则被认为是限制性酶解，可实现酶解程度和酶解产物多样性的调控，主要应用于生产具有优良加工特性的功能性蛋白或具有特殊生理活性的肽。

影响蛋白质酶解的因素包括：酶的特性、蛋白质的变性程度、底物和酶的浓度、pH、离子浓度、温度和抑制剂的存在与否等。其中酶的特性是关键因素，它影响着蛋白质酶解肽链的位点和区域。在食品蛋白质水解中使用的蛋白酶有胃蛋白酶、胰蛋白酶、胰凝乳蛋白酶、木瓜蛋白酶和微生物蛋白酶等。

如果采用非专一性蛋白酶，例如碱性蛋白酶，充分水解蛋白质，能够大大增溶原先溶解度低的蛋白质，而水解物中通常2～4个氨基酸残基的低相对分子质量肽。充分水解会大大削弱蛋白质的某些功能性质，例如凝胶化、起泡和乳化性质。按此方式改性的蛋白质通常被应用于汤和酱油等液态食品，在这些食品中溶解度是蛋白质质量的首要标志，它们也被用来饲喂不能消化固体食品的人群。如果采用部位专一性酶（例如胰蛋白酶或胰凝乳蛋白酶）或者采用控制水解时间的方法将食品蛋白质部分水解，往往能改进蛋白质的泡沫和乳化等性质。对于某些蛋白质，部分水解会导致溶解度瞬时下降，这是因为原先埋藏的疏水区域暴露所造成的。

在蛋白质水解中释出的一些低聚肽已被证明具有生理活性，像类鸦片（Opioid）活性，免疫刺激活性和血管紧张肽转化酶的抑制。表5-23所示为存在于人和牛酪蛋白的胃蛋白酶消化物中生物活性肽的氨基酸顺序。在完整的蛋白质中这些肽段并不具有生物活性，它们一旦从母体蛋白质中释出时就具有活性。这些肽的生理效应包括痛觉缺失、强直性昏厥、镇静、呼吸抑制、降低血压、调节体温和食物摄入、胃分泌抑制和性行为改变。

表5-23 从酪蛋白获得的类鸦片肽

肽	名称	来源和在氨基酸顺序中的位置
Tyr–Pro–Phe–Pro–Gly–Pro–lle	β –Casomorphin 7	牛 –β – 酪蛋白（60~66）
Tyr–Pro–Phe–Pro–Gly	β –Casomorphin 5	牛 –β – 酪蛋白（60~64）
Arg–Tyr–Leu–Gly–Tyr–Leu–Glu	α –Casein exorphin	牛 –α_{s1}– 酪蛋白（90~96）
Tyr–Pro–Phe–Val–Glu–Pro–lle–Pro		人 –β – 酪蛋白（51~58）
Tyr–Pro–Phe–Val–Glu		人 –β – 酪蛋白（51~56）
Tyr–Pro–Phe–Val–Glu		人 –β – 酪蛋白（51~55）
Tyr–Pro–Phe–Val		人 –β – 酪蛋白（51~54）
Tyr–Gly–Phe–Leu–Pro		人 –β – 酪蛋白（59~63）

大多数食品蛋白质在水解时释出苦味肽，这会影响它们在应用时的可接受性。肽的苦味与它们的平均疏水性有关。通常，平均疏水性值超过5.85kJ/mol的肽具有苦味，低于5.43kJ/mol的肽没有苦味。苦味的强度取决于蛋白质中氨基酸的组成、序列和蛋白质水解时所使用的酶。亲水蛋白质（例如明胶）的水解物比起疏水蛋白质（例如酪蛋白和大豆蛋白）的水解物较少苦味或没有苦味。嗜热菌蛋白酶（Thermolysin）产生的水解蛋白比胰蛋白酶、胃蛋白酶和胰凝乳蛋白酶产生的水解蛋白具有较少苦味。

（二）酶法交联

转谷氨酰胺酶（TGase）、过氧化物酶（POD）、多酚氧化酶（PPO）和脂肪氧合酶（LOX）等都能使蛋白质发生交联作用。

转谷氨酰胺酶能在蛋白质之间引入共价交联。此酶催化酰基转移反应，导致赖氨酰基残基（酰基接受体）经异肽键与谷氨酰胺残基（酰基给予体）形成共价交联。利用此反应能产生新形式的食品蛋白质以满足食品加工的要求。在高蛋白质浓度的条件下，转谷氨酰胺酶催化交联反应能在室温下形成蛋白质凝胶和蛋白质膜。利用此反应也能将赖氨酸或甲硫氨酸交联至谷氨酰胺残基，从而提高了蛋白质的营养质量。

$$\text{P}_1\text{—(CH}_2)_2\text{—C(=O)—NH}_2 + \text{NH}_2\text{—(CH}_2)_4\text{—P}_2 \xrightarrow{\text{转谷氨酰胺酶}}$$

$$\text{P}_1\text{—(CH}_2)_2\text{—C(=O)—NH—(CH}_2)_4\text{—P}_2 + \text{NH}_3$$

（三）类蛋白反应

类蛋白反应（Plastein Reaction），又称胃合蛋白反应。这一术语被应用于蛋白质部分水解后再经木瓜蛋白酶或胰凝乳蛋白酶作用生成的高相对分子质量多肽。胃合蛋白反应是指一组反应，它包括蛋白质的最初水解，接着肽键的重新合成，参与作用的酶通常是木瓜蛋白酶或胰凝乳蛋白酶。在低底物（蛋白质）浓度和酶的最适作用pH条件下，蛋白质首先被木瓜蛋白酶部分水解，然后将含有酶的水解蛋白质浓缩至30%~50%浓度保温，酶随机地将肽重新合成，产生新的多肽。胃合蛋白反应也可以按一步方式完成，即将30%~35%浓度的蛋白质溶液和木瓜蛋白酶以及L-半胱氨酸一起保温。由于胃合蛋白产物的结构和氨基酸顺序不同于原始的蛋白质，因此它们的功能性质也发生了变化。当L-甲硫氨酸也被加入至反应混合物，它能共价地并入新形成的多肽。于是，利用胃合蛋白反应能提高甲硫氨酸或赖氨酸缺乏的食品蛋白质的营养质量。

第十节　食品蛋白质

食品中蛋白质按来源分为动物来源的蛋白质、植物来源的蛋白质以及蛋白质新资源。动物来源的蛋白质包括禽蛋蛋白质、乳蛋白质、肉类蛋白质、鱼蛋白质等，是一种优良的、营养全面的蛋白资源，目前占总蛋白质供给的30%左右。植物来源的蛋白质主要包括油料种子蛋白质、谷物蛋白质等，占总蛋白质供给的70%左右。蛋白质新资源包括单细胞蛋白、微生物蛋白、植物叶蛋白等，目前占总蛋白质供给比例很少。

一、鸡蛋蛋白质

（一）蛋清中的蛋白质

蛋清中蛋白质的含量为11%～13%，其中有卵白蛋白、卵铁传递蛋白、卵黏蛋白和溶菌酶等。蛋清中的蛋白质除不溶性卵黏蛋白之类的特异蛋白质以外，一般为可溶性蛋白质。蛋清中含量较多的主要类型蛋白质分述如下。

（1）卵白蛋白　卵白蛋白约占蛋清中蛋白质的54%，它是一个近于球形的磷糖蛋白。分子中有一个—S—S—，四个-SH，等电点约为4.5。蛋清中包括三种不同的卵白蛋白，分别是卵白蛋白A1、A2和A3，主要区别是磷含量不同。卵白蛋白是单肽链糖蛋白（含糖量约为3.2%），每条肽链有385个残基。

（2）S-卵白蛋白　S-卵白蛋白是卵白蛋白的一种变型，对热稳定。鸡蛋长时间放置卵白蛋白转变为S-卵白蛋白。

（3）卵铁传递蛋白　卵铁传递蛋白也称为伴清蛋白、卵转铁蛋白，在蛋清中的含量约为13%。卵铁传递蛋白是单肽链蛋白，等电点为6.05～6.6，相对分子质量78000，含有12个—S—S—及2.6%的糖基成分。每分子卵铁传递蛋白可以结合两分子铁。卵铁传递蛋白是最容易热变性的蛋清蛋白，对凝胶性能有重要影响。

（4）卵黏蛋白　卵黏蛋白约占蛋清蛋白质的2%～2.9%，是一种含糖量大于30%的糖蛋白，不溶于水，具有较高的黏性，是一种纤维状蛋白质。

（5）溶菌酶　溶菌酶约占蛋清蛋白的3%～4%，能够水解N-乙酰葡糖胺与N-乙酰胞壁酸之间的β-1，4-连接键。蛋清所含溶菌酶为C型溶菌酶，相对分子质量14000，碱性强，pI=11。该酶有4个二硫键，没有—SH，稳定性高。溶菌酶与α-乳白蛋白结构非常相似，但作用大不相同。

（6）蛋白质分解酶阻遏物质　主要包括卵类黏蛋白、卵抑制剂和无花果蛋白酶抑制剂，它们的组成、相对分子质量和阻遏特性都不相同。卵类黏蛋白阻遏胰蛋白酶等，卵抑制剂阻遏丝氨酸蛋白酶，无花果蛋白酶抑制剂阻遏硫醇蛋白酶。

（二）蛋黄中的蛋白质

蛋黄中的蛋白质大部分为脂蛋白，其中包括低密度脂蛋白（65.0%）、卵黄球蛋白（10.0%）、卵黄高磷蛋白（4.0%）和高密度脂蛋白（16%）。

（1）低密度脂蛋白　通常称为LDL，是卵黄中存在最多的蛋白质，其脂质含量86%，蛋白11%，糖3%。该蛋白易被分解磷脂的磷脂酶C和蛋白分解酶分解。

（2）卵黄球蛋白　卵黄球蛋白分为α、β、γ三种类型，其相对分子质量分别为80000、45000、150000。

（3）高密度脂蛋白　称为HDL，又称为卵黄脂磷蛋白，存在于卵黄颗粒中，与卵黄高磷蛋白形成复合体。HDL与LDL相比，脂质含量少，而且大部分存在于分子的内部。

（4）卵黄高磷蛋白　占卵黄总磷量的69%，蛋白占卵黄蛋白的4%，含糖量约6.5%。该蛋白由217个氨基酸组成，其中有123个是Ser，且94%～96%的丝氨酸与磷酸结合。由于结合多个磷酸根，在溶液中表现出酸性多肽的特性，易于各种阳离子结合。

二、乳蛋白质

（一）酪蛋白

牛乳中含有许多种蛋白质（表5-24），它们有着不同的性质。在脱脂牛乳的蛋白中酪蛋白约占80%。酪蛋白是一类磷蛋白，在pH4.6和20℃条件下可从脱脂牛乳中沉淀出来。酪蛋白属于疏水性最强的蛋白质，在牛乳中聚集成胶团形式。酪蛋白由α_{s1}-酪蛋白、α_{s2}-酪蛋白、β-酪蛋白和κ-酪蛋白等组分构成。酪蛋白胶团的直径范围为50～300nm，重量范围为$10^7～3\times10^{10}$。酪蛋白胶团由亚胶团集合而成，亚胶团的直径范围为10～20nm，重量范围为$(3～6)\times10^5$。亚胶团由α_{s1}-酪蛋白、α_{s2}-酪蛋白、β-酪蛋白和κ-酪蛋白依靠疏水相互作用聚集而成。亚胶团的核心是疏水性的而表面是亲水性的，因此富含碳水化合物的κ-酪蛋白经自我缔合和被限制在表面的一个区域。亚胶团表面存在着富含碳水化合物的区域和由其他酪蛋白形成的富含磷酸基的区域。

表 5-24 牛乳蛋白

蛋白质	在脱脂牛乳中的含量/（g/L）	相对分子质量
酪蛋白		
α_{s1}- 酪蛋白	12～15	22068～23724
α_{s2}- 酪蛋白	3～4	25230
β- 酪蛋白	9～11	23944～24092
κ- 酪蛋白	2～4	19007～19039
乳清蛋白		
β- 乳清蛋白	2～4	18205～18363
α- 乳清蛋白	0.6～1.7	14147～14175
血清清蛋白	0.4	66267
免疫球蛋白		
IgG_1	0.3～0.6	153000～163000
IgG_2	0.05～0.1	146000～154000
IgA	0.05～0.15	385000～417000
IgM	0.05～0.1	1000000
分泌组分	0.02～0.1	79000

亚胶团聚集形成酪蛋白胶团。经胶体磷酸钙产生的静电相互作用促进了亚胶团之间的结合，这种结合出现在酪蛋白带负电荷的丝氨酸残基与胶体磷酸钙之间，后者是以$Ca_9(PO_4)_6$簇形式存在，并吸附着两个钙离子，因此带有正电荷。由于κ-酪蛋白几乎不含有磷酸基，因此这种方式的结合仅存在于α-酪蛋白和β-酪蛋白之间。在形成酪蛋白时κ-酪蛋白含量低或不含κ-酪蛋白的亚胶团埋藏在胶团的内部，使胶团表面具有亲水性。当胶团表面完全由κ-酪蛋白覆盖时，胶团就停止长大（图5-28）。

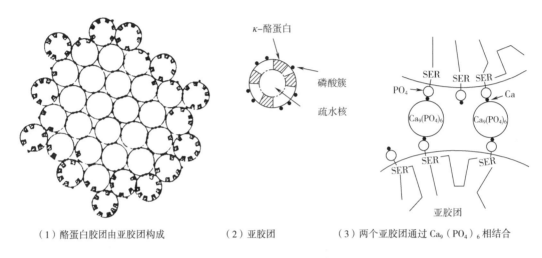

（1）酪蛋白胶团由亚胶团构成　　　（2）亚胶团　　　（3）两个亚胶团通过 $Ca_9(PO_4)_6$ 相结合

图5-28　酪蛋白胶团的结构

（二）乳清蛋白

乳清蛋白中的主要成分按含量递减依次为β-乳球蛋白、α-乳球蛋白、免疫球蛋白和血清清蛋白（表5-25）。在天然或未变性状态时，这些蛋白质在pH4.6保持可溶状态。在加工酪蛋白酸盐和乡村奶酪时，当酪蛋白从脱脂牛乳中凝结出来后，乳清蛋白仍保留在乳清中。因此，乳清蛋白是加工上述产品时所得到的一种副产物。

乳清蛋白在宽广的pH、温度和离子强度范围内具有良好的溶解度，甚至在等电点附近，即pH4～5仍然保持溶解，这是天然乳清蛋白最重要的物理化学和功能性质。此外，乳清蛋白溶液经热处理后形成稳定的凝胶和乳清蛋白的表面性质在食品应用中也是很重要的。

三、肉类蛋白质

食品中肉制品的原料主要取自哺乳类动物。哺乳类动物的骨骼肌中含有16%～22%蛋白质。肌肉蛋白质可分为肌原纤维蛋白质、肌浆蛋白和基质蛋白。这三类蛋白质在溶解性质上存在着显著的差别。采用水或低离子强度的缓冲液（0.15mol/L或更低浓度）能将肌浆蛋白提取出来，提取肌纤维蛋白则尚需要采用更高浓度的盐溶液，而基质蛋白是不溶解的。

（一）肌原纤维蛋白

肌原纤维蛋白占肌肉中蛋白质总量的40%～60%，主要包括肌球蛋白、肌动蛋白、肌动球蛋白、原肌球蛋白和肌钙蛋白等。

1. 肌球蛋白

肌球蛋白是肌肉中含量最高也是最重要的蛋白质，约占肌肉总蛋白质的1/3，占肌原纤维蛋白的50%～55%，相对分子质量为470000～510000，由六条肽链相互盘旋构成。肌球蛋白可溶于离子强度为0.3以上的中性盐溶液中，等电点为5.4。肌球蛋白的凝胶形成能力与pH、离子强度、离子类型等密切相关。该特性直接影响碎肉或肉糜类制品的质地、保水性和风味等。

2. 肌动蛋白

肌动蛋白约占肌原纤维蛋白的20%，由一条多肽链构成，相对分子质量为41800～61000，能溶于水及稀盐溶液，等电点4.7，不具备凝胶形成能力。

3. 肌动球蛋白

肌动球蛋白是肌动蛋白和肌球蛋白的复合物，其结合比例为1∶（2.5～4），能形成热诱导凝胶，影响肉制品的工艺特性。

4. 原肌球蛋白

原肌球蛋白约占肌原纤维蛋白的4%～5%，形状为杆状分子。每1分子的原肌球蛋白结合7分子的肌动蛋白和1分子的肌钙蛋白，相对分子质量为65000～80000。

5. 肌钙蛋白

肌钙蛋白占肌原纤维蛋白的5%～6%，对钙离子有很高的敏感性，每1个分子具有4个Ca^{2+}结合位点。

（二）肌浆蛋白

肌浆蛋白主要包括肌红蛋白、肌浆酶、肌溶蛋白和肌粒蛋白等。

1. 肌红蛋白

肌红蛋白是一种色素蛋白质，为肌肉呈现红色的主要成分，相对分子质量为17000，等电点6.78，含有血红素。血红素是由4个吡咯形成的环上加上铁离子所组成的铁卟啉，处于还原态的铁离子能与O_2结合，肌肉蛋白在肌肉中起着载氧的功能。其中铁离子在不同状态下呈现出不同的颜色。

2. 肌浆酶

肌浆中还存在大量可溶性肌浆酶，其中糖酵解酶占2/3以上。

3. 肌溶蛋白

肌溶蛋白是一种清蛋白，存在于肌原纤维中，因溶于水，故容易从肌肉中分离出来。

4. 肌粒蛋白

肌粒蛋白主要为三羧酸循环酶系及脂肪氧化酶系，这些蛋白质定位于线粒体中。

（三）基质蛋白

基质蛋白形成了肌肉的结缔组织骨架，它们包括胶原蛋白、网硬蛋白和弹性蛋白。胶原蛋白是纤维状蛋白质，存在于整个肌肉组织中。网硬蛋白是一种精细结构物质，它非常类似于胶原蛋白。弹性蛋白是略带黄色的纤维状物质。与肌浆蛋白和肌纤维蛋白相比，所有这些基质蛋白都较难溶解。

胶原蛋白是一种糖蛋白，其分子中含有少量半乳糖和葡萄糖。在氨基酸组成上，主要含甘氨酸（约占30%）。胶原蛋白肽链由Gly-X-Y重复肽段构成，其中X指脯氨酸，Y指羟脯氨酸。迄今为止，已分离出19种不同基因类型的胶原蛋白，分别记为：Ⅰ、Ⅱ、Ⅲ、Ⅳ等。所有19种类型的胶原蛋白中均含有羟脯氨酸和羟赖氨酸，其中羟脯氨酸的含量因胶原的基因类型不同而不同。胶原蛋白分子中含有3条肽链，3条肽链以氢键形成互相缠绕的螺旋结构，即形成所谓的原胶原蛋白，因此胶原蛋白是由原胶原蛋白聚合而成的。胶原蛋白的等电点为7.0 ~ 7.8。

弹性蛋白是肌腱和肌韧带的重要蛋白组成。非交联状态的弹性蛋白分子由850 ~ 870个氨基酸残基组成，其中Gly、Pro和Ala占所有氨基酸总量的60%。胶原蛋白具有规则的螺旋结构，而弹性蛋白则形成动力学上自由随机缠绕的网状。弹性蛋白含有两种不常见的氨基酸-锁链赖氨素和异锁链赖氨素。弹性蛋白具有高度疏水性其易于交联，从而使其非常稳定，几乎不溶于水。

四、鱼蛋白质

蛋白质是构成鱼虾贝肉的主要成分，占干物质的60% ~ 90%。按其在肌肉中的分布及其溶解性，大致可以分为三类（表5-25）：水溶性的肌浆蛋白、盐溶性的肌原纤维蛋白和不溶性的肌基质蛋白。

表5-25　鱼类肌肉蛋白质的分类及其构成

分类（含量）*	溶解性	存在位置	代表例子
肌浆蛋白（20% ~ 50%）	水溶性	肌细胞间或肌原纤维间	糖酵解酶、肌酸激酶、小清蛋白、肌红蛋白
肌原纤维蛋白（50% ~ 70%）	盐溶性	肌原纤维	肌球蛋白、肌动蛋白、原肌球蛋白、肌钙蛋白
肌基质蛋白（<10%）	不溶性	肌隔膜、肌细胞膜、血管等结缔组织	胶原蛋白、弹性蛋白

注：*占普通肌全部蛋白质的比例。

五、豆类蛋白质

豆类是以收获籽粒兼做蔬菜供人类食用的豆科作物的统称。主要包括大豆、豌豆、鹰嘴豆、蚕豆等。豆类籽粒的蛋白质，以球蛋白为多。

（一）大豆蛋白

大豆约含有40%蛋白质、20%脂肪和35%碳水化合物（按干基计算）。大豆蛋白对于物理和化学处理是非常敏感的，例如加热（在含有水分的条件下）和改变pH能使大豆蛋白的物理性质产生显著变化，这些性质包括溶解度、黏度和分子量。

最重要的大豆蛋白是球蛋白。这一类蛋白质在等电点附近是不溶解的，然而在加入NaCl或CaCl$_2$时能溶解。pH高于或低于等电点时即使不加入盐，球蛋白也能溶解在水溶液中。因此，大豆蛋白在pH3.75～5.25时溶解度最低，而在等电点的酸性一侧即pH1.5～2.5和碱性一侧即pH高于6.3具有最高溶解度。在pH6.5时，脱脂大豆粉中蛋白质（含氮物质）的约85%能被水提取出来，加入碱能再增加提取率5%～10%。

根据超离心的沉降系数，可将水可提取的大豆蛋白分成2S、7S、11S和15S等组分，其中7S和11S最为重要。7S占总蛋白质的37%，而11S占总蛋白质的31%（表5-26）。

表 5-26　水可提取大豆蛋白的超离心分级

沉降系数（S_{w20}）	占总蛋白质的百分数/%	已知的组分	相对分子质量
2S	22	胰蛋白酶抑制剂	8000～21500
		细胞色素 C	12000
7S	37	血球凝集素	110000
		脂肪氧合酶	102000
		β-淀粉酶	61700
		7S 球蛋白	18000～210000
11S	31	11S 球蛋白	35000
15S	11	—	600000

大豆浓缩蛋白和分离蛋白是商业上重要的大豆蛋白质制品，它们的蛋白质含量（$N \times 6.25$，按干基）分别高于70%和90%。

从脱脂大豆粉制备大豆浓缩蛋白的方法有3种：采用60%～80%的乙醇提取；采用酸化至pH4.5的水提取；先将脱脂大豆粉（或粕）加热使蛋白质变性，然后再用水提取。上述3种方法的主要目的都是使主要的蛋白质组分固定化而将可溶性的碳水化合物提取出来，于是保留在脱脂大豆粉（或粕）中的含氮物质浓度得到提高。由于除去了可溶性碳水化合物，大豆浓缩蛋白的风味得到了改进。此外，导致肠胃气胀的因子也不存在了。目前，大豆浓缩蛋白常作为热塑挤压的原料。

在制备大豆分离蛋白时，首先在中性或较高pH条件下从脱脂大豆粉（或片）得到水提取液，然后加酸，在大豆蛋白（主要部分）等电点附近将蛋白质从提取液中沉淀下来。洗去蛋白质凝结块中的酸，调节pH使蛋白质复溶，然后经喷雾干燥得到大豆分离蛋白产品。可以采用各种化学、热或酶处理将大豆分离蛋白改性以改进它们在食品应用中的功能性质。

（二）豌豆蛋白

豌豆淀粉含量高（约为50%），蛋白质含量约在25%。在我国，对豌豆中的淀粉资源能充分利用，如加工粉丝、粉皮等，但豌豆蛋白多用于饲料行业。

豌豆蛋白可分为储藏蛋白和生物活性蛋白。储藏蛋白约占70%～80%，主要由豆球蛋白和豌豆球蛋白组成。豆球蛋白的沉降系数和相对分子质量分别为11S和300000～450000，豌豆球蛋白则分别为7S和150000～250000。

在豌豆中，还有几种数量较少的蛋白质，如脂肪氧化酶、胰蛋白酶抑制剂和血球凝集素等。这几种蛋白质在豌豆的加工和利用上具有重要的意义，如脂肪氧化酶是豌豆储藏期间产生不良味道的主要因素。

豌豆蛋白富含赖氨酸，缺乏含硫氨基酸，甲硫氨酸和胱氨酸是限制氨基酸。豌豆蛋白具有良好的乳化性、起泡性、吸水性和吸油性。

六、谷物蛋白质

（一）小麦蛋白

小麦蛋白可按它们的溶解度分为清蛋白（溶于水）、球蛋白（溶于10%NaCl，不溶于水）、麦醇溶蛋白（溶于70%～90%乙醇）和麦谷蛋白（不溶于水或乙醇而溶于酸或碱）。

商业面筋蛋白是从面粉中分离出来的水不溶性蛋白质。

清蛋白和球蛋白约占小麦胚乳蛋白的10%～15%。它们含有游离的巯基（—SH）和较高比例的碱性及其他带电氨基酸。清蛋白的相对分子质量很低，约在12000～26000；而球蛋白的相对分子质量可高达100000，但多数低于40000。

麦醇溶蛋白和麦谷蛋白是面筋蛋白的主要成分，约占面粉蛋白质的85%。在面粉中麦醇溶蛋白和麦谷蛋白的量大致相等，两者都是非常复杂的。这两种蛋白质的氨基酸组成有这样的特征：高含量的谷氨酰胺和脯氨酸，非常低含量的赖氨酸和离子化氨基酸；属于带电最少的一类蛋白质。虽然面筋蛋白中含硫氨基酸的含量较低，然而这些含硫基团对于它们的分子结构以及在面包面团中的功能是重要的。

麦醇溶蛋白的紧密球状分子结构与它含有的分子内二硫键有关；麦谷蛋白通过分子间二硫键相结合，于是以大而伸展的缔合分子形式存在。广泛的分子间二硫键使麦谷蛋白不溶解。当用还原剂处理时它们的溶解度提高。面粉中蛋白质的溶解度与分子结构的关系如图5-29所示。

各种面粉蛋白质通过共价结合和非共价相互作用而形成面筋蛋白复合物，其中高相对分子质量的麦谷蛋白形成网状结构，而麦醇溶蛋白和其他蛋白质分散在此结构中。小麦面粉含有12%蛋白质、70%淀粉和2%脂肪，在揉制面团过程中，这些组分都并入面筋蛋白的网状结构，形成一个淀粉-蛋白质-脂肪复合基体。在面团揉制时二硫键的还原和面团存放期间巯基的再氧化主要发生在高相对分子质量交联麦谷蛋白中。二硫键的还原使面筋蛋白放松，这有助于它与脂肪、淀粉和其他添加剂产生非共价相互作用，形成连续的淀粉-蛋白质-脂肪复合物。

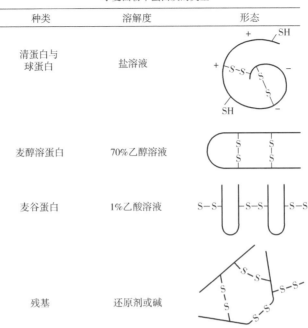

图 5-29　小麦粉中蛋白质按溶解度的分类

（二）玉米蛋白

玉米籽粒蛋白含量为8%～12%，其中蛋白质约有80%存在于玉米胚乳中，20%存在于胚芽中。

玉米蛋白的主要组成是醇溶蛋白和谷蛋白，二者约占玉米籽粒蛋白的80%，主要分布在胚乳中，因此，二者的结构和组成直接决定玉米蛋白的功能性质和营养品质。

玉米醇溶蛋白的相对分子质量为21 000～25000，疏水性很强。根据溶解性和相对分子质量大小，玉米醇溶蛋白又分为α-玉米醇溶蛋白（相对分子质量为25000）和β-玉米醇溶蛋白（相对分子质量为21000），含量分别占醇溶蛋白的80%和20%。前者溶于95%的乙醇，后者溶于60%的乙醇，而不溶于95%的乙醇。醇溶蛋白中富含谷氨酰胺（20%～26%）、亮氨酸（约20%）、脯氨酸（约10%）和丙氨酸（约10%）。赖氨酸和色氨酸是醇溶蛋白的限制性氨基酸。玉米醇溶蛋白的分子是棒状的，含有大量的α-螺旋体，α-螺旋体是由多肽主链上的氨基酸间的氢键形成的，且α-螺旋体最稳定。正是由于玉米醇溶蛋白独特的分子形状和结构，赋予了其良好的特性如成膜性等。

玉米谷蛋白不能溶解于水，是因为分子是由二硫键连接起来的多条肽链所组成的高分子化合物。如果将这些二硫键进行烷基化处理，则会有90%的谷蛋白溶于8mol/L的尿素中。玉米谷蛋白的结构类似于小麦谷蛋白，但其疏水性氨基酸的含量低于小麦谷蛋白，因此，玉米谷蛋白的吸水性明显优于小麦谷蛋白。

思考题

1．名词解释：蛋白质的等电点、二级结构、蛋白质的变性、蛋白质的沉淀、蛋白质的胶凝作用、蛋白质的功能性质、盐析、盐溶、蛋白质组织化、必需氨基酸、疏水作用。

2．组成蛋白质的基本单位是什么？含硫氨基酸有哪些？含羟基氨基酸有哪些？含芳环氨基酸有哪些？亚氨基酸有哪些？酸性氨基酸、碱性氨基酸各有哪些？

3．维持蛋白质的空间结构的作用力有哪几种？各级结构的作用力主要有哪几种？

4．影响蛋白质变性的物理因素有哪些？化学因素有哪些？

5．蛋白质变性对其结构和功能有什么影响？

6．试论述蛋白质变性及其对蛋白质的影响，并论述在食品加工中如何利用蛋白质变性提高和保证质量。

7．蛋白质在食品中的主要功能性质有哪些？

8．试论述热处理对蛋白质功能和营养价值的影响。

9．试论述影响蛋白质水溶性的因素，并举例说明蛋白质的水溶性在食品加工中的重要性。

10．影响蛋白质起泡性质的因素有哪些？

11．糖对蛋白质的起泡性和泡沫稳定性有何影响，在加工含糖的泡沫甜食时如何利用这种影响？

12．温度对蛋白质的起泡性质和乳化性质的影响如何？

13．简述蛋白质凝胶形成的过程及其影响因素，并举例论述蛋白质凝胶在食品加工中的作用。

14．什么是蛋白质的改性？蛋白质有哪几种改性方法？

15．试论述面团形成的过程，并讨论如何在面包制作中提高面团形成的质量。

16．简述蛋白、蛋黄蛋白质的组成。

17．简述牛乳中主要蛋白质的种类、性质及与乳制品加工的关系。

第六章

酶

第一节 引　言

生物体代谢中的各种化学反应都是在酶的作用下进行的。早期有关酶的概念与动物消化、酵母酒精发酵和麦芽产生的"糖化"作用有关。Payen和Persoz在1833年发现麦芽提取液的酒精沉淀物中有一种对热不稳定的物质，它能将淀粉转变成糖。1878年，Kühne首先提出了"酶"这个词。该词源于希腊语enzyme，意为"在酵母中"。在19世纪中期，人们已经知道自然界中存在胃蛋白酶、多酚氧化酶、过氧化物酶和转化酶等。

根据来源，食品酶可以分成两类：一类是添加到食品中（外源性）以发生所希望的变化的酶，称为外源酶。外源酶可以从不同的来源获得，其选择依据是酶的功能特性和生产成本。酶的功能特性与使用条件下酶的催化活性、底物特异性及稳定性有关。另一类是原本存在于食品中（内源性）可能会，也可能不会引起食品质量变化的酶，称为内源酶。

酶的应用起源于酿造和食品加工，目前酶的最大应用对象也是食品工业。在现代食品工业中，酶的应用几乎涉及食品加工的各个领域。例如，肉制品加工、乳制品加工、谷物制品加工、果蔬汁加工、酿造工业原料水解、啤酒澄清和食品配料及添加剂生产等过程中都大量采用酶技术，而且有继续用酶技术改造传统生产工艺的趋势，甚至在食品分析中也越来越多地使用酶。

在食品加工和保藏过程中合理利用和控制食品加工原料中的内源酶同样非常重要。食品原料中的一些酶在食品加工期间，甚至在加工过程完成后的产品保藏期间仍然具有活性。有些酶的作用对食品加工有益，例如牛乳中蛋白酶和脂酶对奶酪的成熟和风味的形成是有益的；有些酶的作用则是有害的，例如水果（如苹果）或蔬菜（如蘑菇）在擦伤后由于多酚氧化酶的作用发生褐变，脂肪氧合酶使豆类制品产生豆腥味等。

本章目的是提供酶的基础知识，帮助理解酶在食品加工与保藏中的作用，以及掌握利用与控制酶作用的方法。

第二节　酶的本质与一般概念

一、酶的化学本质

20世纪80年代以前，人们认为所有的酶都是蛋白质。支持酶是蛋白质的实验证据有：酶用热、强酸、强碱、重金属和洗涤剂处理时失活；酶和蛋白质用强酸和强碱长时间处理会产生氨基酸；蛋白质的所有典型性试验同样适用于酶。酶的相对分子质量从约8000（约70个氨基酸，例如一些硫氧还蛋白和谷氧还蛋白）到4600000（例如丙酮酸脱羧酶复合物）。仅有一条具有活性部位的多肽链的酶称为单体酶，例如溶菌酶、胰蛋白酶、核糖核酸酶等。一些酶由2个或多个亚基组成，具有四级结构，称为寡聚酶。寡聚酶的亚基可以是相同的，也可以是不同的多肽链。寡聚酶可能有多个活性部位，一些大的酶在一条多肽链上还可能有多个催化活性位点。例如，高等生物中的脂肪酸合成酶复合物，其不同的催化活性与多肽链上不同的蛋白质结构域有关，而且这些大的多肽链能进一步产生二聚体或寡聚体。功能相关的酶嵌合在一起形成多酶复合体，又称多酶络合物。几个功能相关的酶形成的多酶复合体，有利于生化反应的连续进行，提高酶的催化效率。

大部分酶除了蛋白质部分外，还含有非蛋白质部分。这些非蛋白成分称为"辅助因子"、"辅酶"或"辅基"。包括蛋白质和非蛋白质部分的完整的活性酶体系被称为全酶。全酶的蛋白质部分称为脱辅基酶蛋白（apoenzyme），非蛋白质部分称为辅助因子（cofactor）。

酶的辅助因子被分为几类。一类是金属离子，有Na^+、K^+、Fe^{2+}、Cu^{2+}、Zn^{2+}、Mn^{2+}、Mg^{2+}等，见表6-1。例如，羧肽酶（一种从C-末端催化蛋白质水解的酶）的活力需要锌离子，将锌离子除去（采用EDTA）导致酶的失活，加入锌离子可以使酶复原，锌离子是羧肽酶的整体结构中的一个部分。激酶（催化ATP的γ-磷酸基团转移至受体分子的酶）的活力需要镁离子。然而，镁离子实际上是与底物而不是与酶相结合（真实的底物是$Mg-ATP^{2-}$而不是ATP）。如果认为镁离子是激酶的辅助因子，那么与前述的羧肽酶是有差别的。第二类辅助因子是有机化合物辅助因子，在这类辅助因子中，许多是B族维生素，例如烟酰胺腺嘌呤二核苷酸（NAD）、烟酰胺腺嘌呤二核苷酸磷酸（NADP）、黄素腺嘌呤二核苷酸（FAD）、黄素单核苷酸（FMN）等，见表6-2。

表6-1　酶的金属离子辅助因子

金属离子	酶
Na^+	肠道内蔗糖 α-D- 葡萄糖水解酶
K^+	丙酮酸激酶（也需要镁离子）
Mg^{2+}	激酶（例如己糖激酶，丙酮酸激酶）、腺嘌呤核苷三磷酸酶（例如肌球蛋白腺嘌呤核苷三磷酸酶）
Fe^{2+}	过氧化氢酶、过氧化物酶、固氮酶

续表

金属离子	酶
Zn^{2+}	乙醇脱氢酶、羧肽酶
Mo^{2+}	黄嘌呤氧化酶
Cu^{2+}	细胞色素 c 氧化酶

表 6-2　酶的有机化合物辅助因子

有机化合物辅助因子	与脱辅基酶蛋白连接的形式	全酶催化的反应的类型
磷酸吡哆醛	通常以 Schiff 碱形式连接至酶蛋白的赖氨酸残基	氨基转移、脱羧、外消旋
生物素	以酰胺键方式连接至酶蛋白的赖氨酸残基	羧基化反应，例如，乙酰辅酶 A 羧基化酶、丙酮酸羧基化酶
叶酸	以酰胺键方式连接至酶蛋白的赖氨酸残基	酰基转移。例如，丙酮酸脱氢酶和 2- 氧代戊二酸脱氢酶体系
硫胺素二磷酸	非共价结合，解离常数 $\approx$ 10^{-6}mol／dm^3	2- 氧代酸的脱羧，例如，丙酮酸脱氢酶和 2- 氧代戊二酸脱氢酶体系
黄素核苷酸：黄素腺嘌呤二核苷酸（FAD）和黄素单核苷酸（FMN） （FMN，R= 磷酸）（FAD，R=ADP）	非共价键结合，例如，氨基酸氧化酶；共价键结合，例如琥珀酸脱氢酶	氧化还原反应，例如，黄嘌呤氧化酶(FAD)、琥珀酸脱氢酶（FAD）、葡萄糖氧化酶（FAD）、NADPH– 细胞色素还原酶（FMN）

根据辅助因子和酶蛋白结合的紧密程度，辅助因子又有辅酶和辅基之分。辅基与酶蛋白结合紧密，不易用透析法去除；辅酶与酶蛋白结合疏松，易用透析法去除。

当然，如前所述，有一部分酶仅有蛋白质部分，不含有辅助因子，如胃蛋白酶、胰凝乳蛋白酶、脲酶、木瓜蛋白酶、三糖磷酸异构酶等。

酶的其他非蛋白质成分有脂质（脂蛋白）、碳水化合物（结合在天门冬酰胺残基上，糖蛋白）或磷酸（结合在丝氨酸残基上，磷蛋白）。这些成分在催化反应中通常不起作用，但影响酶的物理化学性质以及赋予酶细胞识别位点。另外，一些酶刚合成时以没有活性的形式存在，这种没有活性的酶的前体称为"酶原"，需要蛋白质的部分水解才能激发它们的活性，如消化酶和小牛凝乳酶。

近年来研究发现，核糖酶（ribozyme）并不是蛋白质，而是核糖核酸（RNA）分子，即：不是所有具有催化能力的生物大分子都是蛋白质，一些RNA分子也可以像蛋白质一样，具有高度的催化活性。不过，到目前为止，所有与食品相关，或食品工作者关心的酶都是蛋白质。

二、酶是生物催化剂

（一）酶的催化活力

催化剂是可以提高反应速率而自身不发生化学变化的物质。催化剂的作用是降低反应物转变为产物所需要跨越的能垒。1913年生物化学家米烈杰里斯（Michaelis）和曼腾（Menten）提出：酶降低反应的活化能的原因是酶参与了反应，如图6-1所示。酶分子（E）与底物分子（S）先结合形成不稳定的中间产物ES，这个中间产物不但容易生成（需要较少的活化能），而且容易分解出产物（P），并释放出原来的酶（E）。这样就把原来阈值较高的一步反应变成了阈值较低的两步反应。

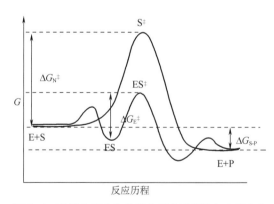

图6-1　酶催化反应和非催化反应过程的自由能变化

酶在很低的浓度时就具有很高的催化能力，通常使用的酶浓度在$10^{-8} \sim 10^{-6}$mol/L范围。酶催化的反应速度通常为非酶催化的同类反应速度的数千甚至几十亿倍（表6-3），这对在食品工业中使用酶来进行食品改性和食品配料的生产非常有利。

表 6–3 一些酶的催化能力

反应	催化剂	活化自由能/（kcal/ mol）	相对反应速率[1]
$H_2O_2 \rightarrow 1/2\ O_2+H_2O$	无（水溶液）	18.0	1.0
	碘化物	13.5	2.1×10^3
	铂	11.7	4.2×10^4
	过氧化氢酶（1.11.1.6）	5.5	1.5×10^9
对硝基苯乙酸酯水解	无（水溶液）	21.9	1.0
	H^+	18.0	7.2×10^2
	OH^-	16.2	1.5×10^4
	咪唑	15.9	2.5×10^4
	血清清蛋白[2]	15.3	6.9×10^4
	脂蛋白脂酶	11.4	5.0×10^7
蔗糖水解	H^+	25.6	1.0
	转化酶（3.2.1.26）	11.0	5.1×10^{10}
尿素 $+H_2O \rightarrow CO_2+2NH_3$	H^+	24.5	1.0
	脲酶（3.5.1.5）	8.7	4.2×10^{11}
酪蛋白水解	H^+	20.6	1.0
	胰蛋白酶（3.4.4.4）	12.0	12.0×10^6
丁酸乙酯水解	H^+	13.2	1.0
	脂肪酶（3.1.1.3）	4.2	4.0×10^6

注：①相对速率是依据$e^{-Ea/RT}$计算得到的25℃时的反应速率。
②非酶催化反应。
1kcal=4.184kJ。

　　催化剂的催化效率可以用催化剂的周转率来表示。催化剂的周转率是指在被底物饱和的情况下，单位催化剂分子在单位时间内将底物转化成产物的分子数。对于大多数酶来说，周转率一般在$1 \times 10^4\ s^{-1}$范围内，但是有一些酶的周转率要高于或低于这个范围，例如碳酸酐酶和胰凝乳蛋白酶的周转率分别为$6 \times 10^5\ s^{-1}$和$1 \times 10^2\ s^{-1}$。

（二）底物特异性

　　一种酶只能作用于一类底物或者只能作用于一定的化学键使之发生化学反应转变成产物，这种现象称为酶的特异性（专一性）。根据酶对底物特异性的程度，可以将酶的特异性分成以下几种类型。

（1）绝对特异性　有些酶对底物的要求非常严格，要求底物的分子结构与之完全吻合，底物分子结构的微小改变就会使它们的结合成为不可能，这类酶仅对一种底物产生一种催化作用。例如，脲酶只能催化脲素水解，不能催化甲基脲水解；麦芽糖酶只能作用于麦芽糖，而不能作用其他双糖。

（2）相对特异性　有些酶能够催化结构相似的一类化合物或者一种化学键发生化学反应，这种不严格的特异性称为相对特异性。相对特异性又可分成两种，即键的特异性和基团的特异性。前者不能辨别底物，而仅对作用的化学键表现出特异性。例如，一些糖苷酶和蛋白酶只要求底物具有糖苷键（糖苷酶）或肽键（蛋白酶），而对构成糖苷键或肽键的糖或氨基酸残基的种类没有严格要求，或对由多种糖构成的糖苷键或由多种氨基酸残基构成的肽键都能作用。基团的特异性不但对作用的化学键有特定的要求，而且对与该化学键相邻的基团有一定的要求，例如胰蛋白酶只能水解羧基一侧为精氨酸和赖氨酸的肽键；磷酸单酯酶能水解许多磷酸单酯化合物（6-磷酸葡萄糖和各种核苷酸），但不能水解磷酸二酯化合物。

（3）立体结构特异性　具有立体结构特异性的酶在催化中通常能显示出正确无误和完全的立体定向性，能区别光学或立体异构体。这些酶几乎总是选择一对对映体中的一种形式作底物，除非酶的特异功能是催化对映体的异构化。例如，L-精氨酸酶只能催化L-精氨酸发生水解反应生成尿素和L-鸟氨酸，而不能催化D-精氨酸水解。

（三）酶活力及其测定

1. 酶活力单位

酶活力（Enzyme activity）也称酶活性，是指酶催化一定化学反应的能力。酶活力的大小可以用在一定条件下，它所催化的某一化学反应的转化速率来表示。所以，测定酶的活力就是测定酶促转化速率。酶转化速率可以用单位时间内单位体积中底物的减少量或产物的增加量来表示。

20世纪50年代以前，酶活力单位通常用惯用单位，即用先报道某种酶测定方法的酶学家的姓氏来命名其单位。不仅酶不同，单位不同，而且即使是同一种酶也因方法不同而可有数种活力单位，参考值差别也很大，给实际工作带来很大不便。

1963年国际生化协会酶学委员会推荐采用国际单位（IU）来统一表示酶活力的大小。1976年对酶活力单位定义为：在规定条件下，1min能转化1μmol底物的酶量，即1IU=1μmol/min。大多数情况下，将IU简写为U。

1979年国际生物化学协会为了使酶活力单位与国际单位制（SI）的反应速率相一致，推荐用katal单位。katal单位定义为在规定条件下，1s能催化转化1mol底物的酶量，即1katal=1mol/s。IU和katal间关系为：$1katal = 6 \times 10^7 U$。

酶活力单位只能作为相对比较，并不直接表示酶的绝对量，因此实际上还需要测定酶的比活力（specific activity），即单位酶蛋白所具有酶的酶活力，一般用U/mg蛋白质表示。有时也用U/mL（酶液）或U/g（固体）表示。对同一种酶，比活力愈高，表示酶愈纯。

2. 酶活力测定方法

酶活力的测定既可以通过定量测定酶反应的产物或底物数量随反应时间的变化，也可以通过定量测定酶反应底物中某一性质的变化，如黏度的变化等。通常是在酶的最适pH和离子强度以及指定的温度下测定酶活力。

（1）直接测定　测定酶作用于底物的速度来确定酶的活力，通常测定产物的形成速度。测定酶活力的条件必须满足：①产物的量与时间呈线性关系，即要测初速度；②反应速度与酶量呈线性关系，即酶的浓度和底物的浓度要在合适的范围内。

（2）偶合酶测定　当直接测定一个酶反应的产物不方便或不可能时，可以引入第二个酶，将第一个酶反应的产物作为第二个酶反应的底物，然后测定第二个酶反应的产物。被研究的第一个酶与第二个酶偶合，第二个酶为第一个酶的指示剂。

$$A - - \xrightarrow{E_1} B - - \xrightarrow{E_2} C \tag{6-1}$$

式中A是被测定的酶E_1的底物，B是E_1作用于A的产物，同时又是偶合或指示酶E_2的底物，C是偶合酶的产物。通过测定C形成的速度以确定E_1的活力。

进行偶合酶测定时必须满足两个条件：①A的消耗速度对A是0级的（即A的量要大大过量），而且反应是不可逆的；②C的形成速度对B应是一级的，此反应也必须是不可逆的。

由于一种酶仅对一种或几种底物是高度特异的，因此有其他不同特异性的酶存在时仍然可以选择性地测定某一种酶的活力。

三、酶的分类和命名

1956年国际生物化学协会成立了酶学委员会（Enzyme Commission，EC），由该委员会负责考虑酶和辅酶的分类和命名、酶活力单位和测定酶活力的标准方法以及在描述酶动力学时所采用的符号。

酶学委员会为每一种酶指定三个名称：习惯名称、系统名称和酶学委员会（EC）编号。

（一）习惯命名法

酶的习惯命名法一般由"底物名+酶"或"底物名+反应类型+酶"构成，如α-淀粉酶、纤维素酶、乳酸脱氢酶、过氧化氢酶等。有些再冠以表示酶的来源的词，如胃蛋白酶、胰蛋白酶、木瓜蛋白酶等。也有根据酶所催化的反应来命名，如水解酶、转氨酶、氧化酶等。

习惯命名法没有详细的规则，易造成酶名称的混乱，但比较简单，应用历史较长，至今仍在沿用。

（二）系统命名法

1961年酶学委员会提出了一套系统命名的方案，该方案以酶所催化的整个反应为基础，明确标明酶的作用底物（或作用物）及催化反应的类型。

一般来说，系统名称由两个基本部分组成。第一部分由底物的名称所组成，如果酶反应包括两个或两个以上的底物（或反应物），那么这些底物名称用冒号隔开。系统名称的第二部分是根据酶所催化的化学反应而确定的。

所有的酶催化反应分成六大类：①氧化还原反应，②转移反应，③水解反应，④不涉及水解的双键形成反应，⑤异构化反应和⑥连接反应。相应的各类酶的名称是在酶所催化的反应类型的词根上加上-ase而成。于是，相应的六类酶是①氧化还原酶，②转移酶，③水解酶，④裂合酶，⑤异构酶和⑥连接酶。当总反应包括两个不同的化学反应时，如氧化去甲基化反应，可以将第一个化学反应放在前面，紧接着是置于括号内的第二个化学反应，例如，"肌氨酸：氧 氧化还原酶（去甲基化）"。

为了使用方便，从酶的分类表直接导出编号系统，每一个编号包括四个数字，用句点分开，并在前面冠以EC。第一位数表示酶所属的大类（表6-4），第二位数表示酶的亚类，第三位数表示酶的次亚类，第四位数为酶在次亚类中的具体编号。以习惯命名为"抗坏血酸氧化酶"的酶为例，该酶催化如下反应：

$$L\text{-抗坏血酸}+\frac{1}{2}O_2 \longrightarrow L\text{-脱氢抗坏血酸}+H_2O \tag{6-2}$$

该酶的系统命名为"L-抗坏血酸:氧 氧化还原酶"，酶编号为EC 1.10.3.3。编号中各代码的含义如下：

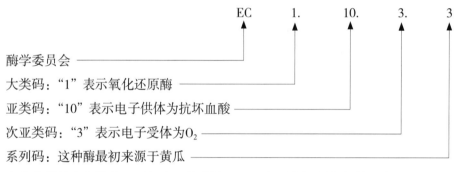

这些编号是永久性的，而新发现的酶被置于具有适当标题的名单的末尾。

表6-4 酶的系统命名的原则

第一位数字（大类）	反应本质	第二位数字（亚类）	第三位数字（亚-亚类）
1. 氧化还原酶	电子转移	供体D中被氧化的基团	被还原的受体A
2. 转移酶	基团转移	从D转移到A的基团	被转移的基团的进一步描述
3. 水解酶	水解	被水解的键：酯键、肽键等	底物的类型：糖苷、肽等
4. 裂合酶	键裂开	被裂开的键：C—S、C—N等	被消去的基团
5. 异构酶	异构化	反应的类型	底物的类别、反应的类型和手性的位置
6. 连接酶	键形成	被合成的键：C—C、C—O、C—N等	底物S_1、底物S_2、第三底物（共底物）几乎总是核苷三磷酸

1. 氧化还原酶

氧化还原酶是一类催化氧化还原反应的酶，可分为氧化酶和脱氢酶两类。一般说来，氧化酶催化的反应都有氧分子直接参与，脱氢酶所催化的反应中伴有氢原子的转移。这一大类酶有生物氧化的功能，是一类获得能量反应的酶，需要辅助因子参加，如乙醇脱氢酶能催化乙醇转变为乙醛。

2. 转移酶

转移酶能催化化合物中某些基团的转移，即催化一种分子上的某一基团转移到另一种分子上，这些基团包括醛基、酮基、氨基等。谷丙转氨酶属于转移酶中的转氨基酶。

3. 水解酶

水解酶催化的是水解作用，将有机大分子水解为简单的小分子化合物，如脂肪酶可以催化甘油三酯水解为甘油和脂肪酸。水解酶大都属于胞外酶。目前生产上应用的酶大多数属于这一类，如脂肪酶、淀粉酶、纤维素酶、蛋白酶等。

4. 裂合酶

裂合酶催化一个化合物分解为几个化合物，逆反应也可。这类酶在细胞内物质转化和能量转化反应中起着重要作用，如天冬氨酸酶能催化天冬氨酸脱氨生成延胡索酸。

5. 异构酶

异构酶催化同分异构化合物之间的相互转化，即分子内部基团的重新排列，如葡萄糖异构酶能催化葡萄糖转变为果糖。

6. 合成酶

合成酶能催化两个化合物结合，形成新的物质。这类酶关系着许多重要生命物质的合成，如柠檬酸缩合酶催化草酰乙酸和乙酸缩合形成柠檬酸。

第三节　酶催化反应机制及影响酶反应的环境因素

一、酶催化反应机制

分子水平上，酶具有结合底物S和底物的活性位点。活性位点氨基酸残基和必需辅助因子通过共价和/或非共价键共同与底物发生相互作用。酶可以通过一系列机制催化键的形成/断裂和原子重排过程，这些作用受到活性位点上特有氨基酸残基及其空间排布的影响。除催化反应的必需氨基酸残基外，其他氨基酸残基也可以通过识别S来辅助催化反应。

（一）酶的活性中心

酶在催化反应中，起作用的并不是整个酶分子而是其中的某一部分。酶蛋白具有完整的空间结构，在肽链上存在许多侧链活性基团，如—NH₂、—COOH、—OH、—SH等，某些侧链活性基团有可能随着酶蛋白的不同构象集合在一个特定的区域形成一定的空间构型。这个特定的区域就是酶蛋白分子中能与底物直接结合形成"酶—底物络合物"的特殊部位——酶的活性中心。活性中心的基团称为必需基团或活性基团。常见的必需基团有Ser-OH、Cys-SH、His-咪唑基、Asp-COOH、Glu-COOH、Lys-NH₃等。根据其与底物作用时的功能不同，必需基团又可分成两种：一种是与反应底物结合的基团，称为结合基团；另一种是促进底物发生化学变化的基团，称为催化基团。

（二）酶–底物相互作用模型

Emil Fischer在1894年提出了酶-底物相互作用类似于锁和钥匙（Lock and key）的模型，Koshland在1959年提出了酶-底物相互作用的诱导契合（Induced–fit）模型。

按照锁和钥匙模型（图6-2），在酶的表面存在着一个特殊形状的活性部位，这个活性部位在结构上能与底物精确地互补。底物与酶之间存在某种立体专一性结合，底物类似钥匙，酶类似锁。该模型在葡萄糖氧化酶（Glucose oxidase EC 1.1.3.4）催化葡萄糖转化成葡萄糖酸的反应中得以验证。当采用结构上类似于葡萄糖的物质作为底物时，葡萄糖氧化酶的活力显著下降。例如，以2-脱氧–D-葡萄糖为底物时，葡萄糖氧化酶的活力仅为以葡萄糖为底物时的25%，以6-甲基–D-葡萄糖为底物时的活力不足以葡萄糖为底物时的2%，以木糖、半乳糖和纤维二糖为底物时的活力不足以葡萄糖为底物时的1%。这种假设能够解释酶的绝对特异性，但不能解释酶的相对特异性。然而许多酶催化反应不符合Fischer提出的锁和钥匙理论。

Koshland提出的诱导契合模型（图6-3）保留了在酶和底物之间形成络合物时具有立体选择性的概念，但是摒弃了酶的活性部位的结合部位是刻板结构并且即使没有底物存在时也保持精确无误的结构的概念。诱导契合模型的要点包括：①当底物与酶的活性部位结合时，酶蛋白的构象有相当大的改变；②催化基团的精确定向对于底物转变成产物是必需的；③底物诱导酶蛋白几何形状的改变使得催化基团能精确地走向和使底物结合到酶的活性部位上去。X–射线衍射分析的实验结果支持这一模型，证明酶与底物结合时，构象确实发生了变化。

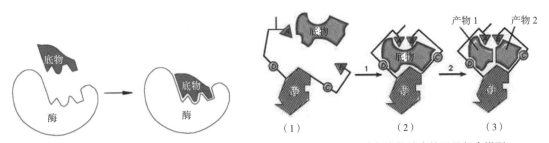

图 6-2　酶专一性的锁和钥匙机制　　　　图 6-3　酶与底物结合的诱导契合模型

很多实验数据都证明诱导契合概念比锁和钥匙的概念更加合适。诱导契合模型不仅可以解释符合锁和钥匙模型的实验结果，而且也能解释与经典理论相矛盾的结果。

（三）酶催化机制

根据过渡态理论，在任何一个化学反应体系中，反应物需要到达一个特定的高能状态以后才能发生反应。这种不稳定的高能状态被称为过渡态（激活态）。一个反应系统中各反应物分子具有不同的能量，只有某些反应物才含有足够的能量去进行反应。

1946年，鲍林（Pauling）用过渡态理论阐明了酶催化的实质，即酶之所以具有催化活力是因为它能特异性结合并稳定化学反应的过渡态（底物激活态），从而降低反应能级。Pauling 提出，酶与底物过渡态的亲和力要比对底物基态的亲和力强得多，酶的催化源于其对底物过渡态的稳定作用。过渡态稳定是酶活性中心结构及反应性和活性中心与底物之间的相互作用的结果。酶充分使用一系列的化学机制来实现其对底物过渡态的结合与稳定并由此加速反应。这些机制归纳起来主要有四大类，分别是邻近效应、共价催化、酸碱催化、分子应变或扭曲效应（表6-5）。

表6-5 酶催化作用的一般机制

催化机制	相关作用力	可能参与的氨基酸残基和辅助因子
邻近效应	分子内对分子间催化反应	活性位点以及底物识别残基
共价催化	亲核作用	Ser、Thr、Tyr、Cys、His（碱），Lys（碱），Asp⁻、Glu
	亲电作用	Lys（Schiff 碱），吡哆醛、硫胺、金属（阳离子）
广义酸碱催化	质子偶合/解离，电荷稳定	His、Asp、Glu、Cys、Tyr、Lys
分子应变/扭曲	诱导契合，诱导应变，齿轮机制，构象柔性	活性位点和底物识别残基

1. 邻近效应

邻近效应的最好描述是：催化单元和底物以有利的方向挨近，从而促进反应的进行。另一种邻近效应的表述是：底物被定位于酶的活性部位，相对于溶液中的底物浓度，底物的"有效浓度"大大增加。因此，邻近效应对催化反应的贡献通常用有效（增加）浓度来建立模型，体现传质效应对反应速率的影响。

酶结合口袋使底物在酶的活性部位的低水环境中"对接"或"锚定"。底物与酶结合形成的复合物的寿命要比溶液中反应物分子碰撞产生的分子间结合的寿命长6个数量级。相互作用的寿命延长意味着使反应达到过渡态的可能性加大。因此，邻近效应对催化反应的贡献也可以将酶反应当作分子内反应来建立模型。相对于分子间反应，分子内反应的全部反应物被视为存在于单分子（酶分子）内。

邻近效应的净催化效应可以使1~3个底物参加的化学反应的速率提高 10^4 ~ 10^5 倍。

2. 共价催化

共价催化是指反应过程中酶必须与底物上的某些基团暂时形成不稳定的酶-底物或辅助因子-底物共价中间物。该催化机制起始于亲核或亲电进攻。亲核中心富含电子（或具有非配对电子），有时候带负电，具有亲和羰基碳、磷酰基或糖基功能团等缺电子中心（核）并与之反应的倾向。亲核催化反应包括通过亲电体（也称电子穴，electron "sink"）获得反应中心的电子。当共价催化反应的反应物同时具有亲核和亲电基团时，根据首先启动反应的中心确定反应类型。

（1）亲核催化 亲核催化反应特有的步骤是亲核进攻。通常，亲核性与功能基团的碱度有关，碱度与能为质子提供电子对的能力有关。因此，亲核反应的速率常数与结构相关化合物的 pK_a 呈正相关（pK_a 越大，反应速率越大）。然而，大多数情况下，酶的亲核基团只能在保持其构象稳定的pH范围内起作用。另一个影响亲核催化反应速率的因素是共价中间体形成过程生成的"离去基团"或产物的性质。离去基团的碱性越低（pK_a 越小），对同一亲核体来说亲核催化反应速率越快。

（2）亲电催化 亲电催化反应特有的步骤是亲电进攻。酶蛋白的氨基酸残基没有提供合适的亲电基团。亲电体来自缺电子的辅助因子或底物与酶的催化残基形成的带正电的含氮衍生物（表6-5）。一些最具典型的亲电催化反应以磷酸吡哆醛作为辅助因子。

3. 广义酸碱催化

大多数酶反应涉及质子转移，通常是由可以提供质子（广义酸）和接受质子（广义碱）的氨基酸残基来完成的。能作为广义酸碱起作用的酶的氨基酸残基的 pK_a 值通常在酶活和稳定性对应的最适pH范围内（一般为pH4～10，见表6-6）。广义酸碱行为对丝氨酸蛋白酶、脂肪酶以及羧酸酯酶的亲核作用机制也有贡献。组氨酸是参与广义酸碱催化反应较多的一个残基。

溶菌酶的最适pH在5附近，其催化反应机制取决于其活性部位的氨基酸谷氨酸Glu35和天冬氨酸Asp52的广义酸碱特性。Glu35质子起广义酸作用，与可断开的糖苷键的氧原子相偶合。如图6-4所示，天冬氨酸Asp52羧酸起广义碱作用，使底物变化中的正离子处于静电稳定。谷氨酸Glu35羧基失去H⁺后形成的COO⁻使完成水解反应所需要引入的水（未显示）电离，产生的OH⁻连接到原糖苷的C1上，糖苷键断裂。产生的H⁺被谷氨酸Glu35捕获结合，使酶回复到活性状态。

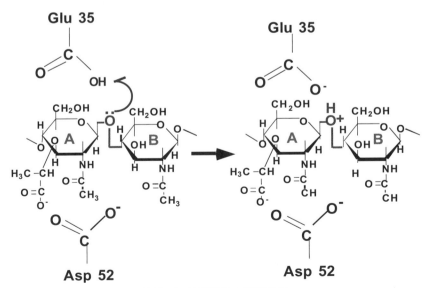

图6-4 溶菌酶的广义酸催化

广义酸碱催化通常可以使反应速率提高$10^2 \sim 10^3$倍。对溶菌酶而言，由于还存在其他对催化反应有利的因素（静电稳定和底物应变），总速率提高得更多。

4. 应变和扭曲

与Fischer提出的"锁钥"概念不同，应变和扭曲机制是建立在底物和酶的作用域不是刚性的基础上的。Haldane和Pauling提出的扭曲或应变机制认为，当酶和底物结构互补而产生吸引力时，该种互补并不"完美"。如果"预先形成的"互补是"完美的"，催化反应发生的可能性不大，因为这样需要克服很大的能垒才能达到过渡态。

酶和底物结合位点预先形成的互补提供底物识别、结合能，同时帮助底物在活性部位上的定位。酶–底物结合产生结合能可以诱导酶和/或底物的应力/应变，实现互补的进一步"形成"。底物效应不大可能导致键的伸缩、扭曲或键角弯曲，因为要产生这些作用需要很大的力。一定程度上，键自由旋转受限、空间压缩以及酶和底物静电排斥时，底物应变发生的可能性较大。因此，就真正的物理意义而言，底物结合到酶上时可能遭受"应力"（此时并不发生扭曲）。一些结合能的利用可以缓解应力，从而促进过渡态的形成。溶菌酶利用这种方式进行催化：底物中与溶菌酶活性中心结合的六碳糖（吡喃糖衍生物）在溶菌酶的诱导下从较稳定的椅式构型变成相对更不稳定的半椅式构型，使得周围的糖苷键更容易发生断裂。

除上述归纳的四种酶催化作用机制外，还有金属离子催化和静电催化。金属催化是指金属离子参与的催化。近三分之一已知酶的活性需要金属离子的存在。静电催化是指酶使用自身带电基团去中和一个反应过渡态形成时产生的相反电荷而进行的催化。有时，酶通过与底物的静电作用将底物引入到活性中心。

由于酶分子是一个由多种不同侧链基团组成活性中心的大分子，这些基团在催化过程中根据各自的特点发挥作用，因此在酶催化反应中，常常是几个基元催化反应配合在一起的共同作用，其作用效率远远胜过单个基元催化（广义酸碱催化、共价催化以及金属离子的催化）的效率。相对于非催化反应，在酶催化反应中，上述不同作用机制总的可以使反应速率提高$10^{17} \sim 10^{19}$倍。

二、影响酶催化反应的环境因素

食品加工的生物材料中含有数以百计的不同种类的酶，这些酶对于原料的生长、成熟、加工和保藏等均起着重要的作用。例如，苹果、香蕉、葡萄、洋李、茶叶和咖啡豆等含有大量的多酚氧化酶，大豆含有丰富的脂肪氧合酶，青刀豆、卷心菜等含有活性很高的过氧化物酶，番茄、柑橘、牛油果等含有大量的果胶酶等。在现代食品加工保藏中，为达到某个加工或保藏的目的经常有目的地使用外源酶。另外，食品原料、中间品和产品污染的微生物也会分泌产生酶。不管是内源酶还是外源酶，对食品的质量都有重要影响，因此在原料处理、加工和食品保藏过程中必须对它们的活力加以控制。下面就影响酶催化反应的主要环境因素进行讨论。

（一）pH

pH对大多数酶的活力都有显著影响。若以酶的活力或反应速度对pH作图，可以得到一个pH-活力曲线（图6-5和图6-6）。处于曲线最高点处的pH称为最适pH，在最适pH处酶的活力最大。每一种酶都有其最适pH（图6-5），这是酶的一个重要特征。缓冲液的种类对酶的最适pH也有影响。例如，脲酶对尿素的催化反应，由于缓冲液的不同，脲酶显示不同的最适pH（图6-6）。

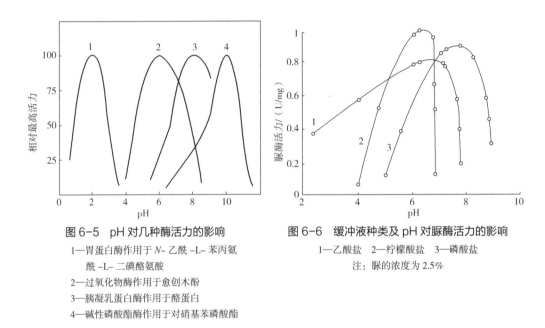

图 6-5　pH 对几种酶活力的影响

1—胃蛋白酶作用于 *N*-乙酰-L-苯丙氨酰-L-二碘酪氨酸

2—过氧化物酶作用于愈创木酚

3—胰凝乳蛋白酶作用于酪蛋白

4—碱性磷酸酯酶作用于对硝基苯磷酸酯

图 6-6　缓冲液种类及 pH 对脲酶活力的影响

1—乙酸盐　　2—柠檬酸盐　　3—磷酸盐

注：脲的浓度为 2.5%

pH对酶催化反应影响的原因是多方面的。一方面，过酸或过碱可能改变酶的空间构象，使酶失活，根据程度不同，酶可遭受可逆或不可逆失活。另一方面，pH可改变底物的解离状态，影响底物与酶的结合，从而影响酶催化的效率。酶反应介质的pH可影响酶分子，特别是活性中心上必需基团的解离程度和催化基团中质子供体或质子受体所需的离子化状态，也可影响底物和辅酶的解离程度，从而影响酶与底物的结合。只有在特定的pH条件下，酶、底物和辅酶的解离情况最适宜于它们互相结合，并发生催化作用，使酶促反应速率达最大值。常见于食品材料的几种酶最适pH列于表6-6中。最适pH与酶的来源和实验条件有关，表中所列的最适pH应是实际近似值。

表 6-6　一些酶的最适 pH

酶	最适pH	酶	最适pH
酸性磷酸酯酶（前列腺）	5	过氧化氢酶（牛肝）	3~10
碱性磷酸酯酶（牛乳）	10	组织蛋白酶（肝）	3.5~5
α-淀粉酶（人唾液）	7	纤维素酶（蜗牛）	5
β-淀粉酶（红薯）	5	α-胰凝乳蛋白酶（牛）	8

续表

酶	最适pH	酶	最适pH
羧肽酶 A（牛）	7.5	过氧化物酶（无花果）	6
无花果蛋白酶（无花果）	6.5	聚半乳糖醛酸酶（番茄）	4
葡萄糖氧化酶（青霉）	5.6	多酚氧化酶（桃）	6
乳酸脱氢酶（牛心）	7（正向反应） 9（逆向反应）		
脂肪酶（胰脏）	7	凝乳酶（牛）	3.5
脂肪氧合酶 –1（大豆）	9	核糖核酸酶（胰）	7.7
脂肪氧合酶 –2（大豆）	7	葡糖蔗糖酶（肠膜明串珠菌）	6.5
果胶酯酶（高等植物）	7	胰蛋白酶（牛）	7
胃蛋白酶（牛）	2		

　　酶不是在所有的pH下都稳定，而是有一个稳定的pH范围。酶的最适pH和酶的最稳定pH不一定相同。

　　确定酶的pH稳定性的最佳方法是在与测定酶催化反应初速度相同的条件（温度、缓冲液和酶浓度等）和不同pH下将酶保温，在不同的时间取出一定量的酶液加入到含有底物（已被缓冲至酶的最适pH或接近酶的最适pH）的试管中，测定酶催化反应的初速度。用曲线表示酶在不同的pH下保温时残存的酶活力随保温时间的变化（图6-7）。

　　如果pH仅影响酶的变性，那么酶的残余百分活力的对数-保温时间关系曲线是一条直线，直线的斜率是酶失活的一级速度常数。

　　酶的pH稳定性数据对于确定酶的保藏和使用条

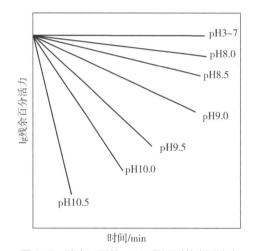

图 6-7　酶在不同的 pH 下保温时的失活速度

注：以未经保温处理的酶样的活力为100，计算百分数残余活力

件都是重要的。虽然在实验室中往往是通过测定酶催化反应的初速度和pH的关系来确定酶的最适pH的，然而在食品加工中酶作用的时间相当长，因此在确定应采用的pH时，除了考虑酶的最适pH外，还要考虑酶的pH稳定范围。

（二）温度

　　温度是影响酶活力的另一个重要参数。在一定温度范围内，酶催化反应的速度随着温度的升高而升高，是因为温度影响酶催化反应中ES$\xrightarrow{k_2}$E+P的速度，这一步的速度常数$k_2=Ae^{-E_a/(RT)}$。当温度超过某一值时，酶反应速度随温度的升高而下降，这是因为酶的热变性使酶的活力下降。另外，酶反应中所有的缔合/离解平衡（缓冲剂、底物、产物和辅助因子离子化）、酶-底物络合物的缔合/离解、可逆酶反应（S $\rightleftharpoons$ P）、底物（尤其是气体）的溶解度、酶活性部位、酶–底物络合物中的质子移变基团的离子化等都与温度有关。

1. 酶的热稳定性

酶的热稳定性可按下述方法测定：在一组试管中加入固定的酶量和相同的缓冲液，缓冲液的pH必须调节到期望的数值（酶在此pH下是稳定的），将试管在不同的温度下保温，一般从25℃开始，温度间隔为5℃。在不同的时间从各个试管取一定量的酶液测定残余酶活力，测定酶活力所采用的底物浓度、缓冲液pH和温度必须保证酶处在最适条件。将保持在0℃的酶样的活力作为对照活力（100%），计算在各个不同温度和不同保温时间酶的残余活力。由于酶的热失活通常遵循一级动力学，因此酶的残余活力百分数的对数与保温时间呈线性关系（图6-8），直线的斜率k是酶的变性速度常数。如以酶热失活速度常数k的对数lg$k$对$1/T$（K）作图，可以得到一条直线。根据Arrnenius方程式$k=Ae^{-E_a/RT}$，直线的斜率为$-E_a/2.3R$，E_a是酶热变性（失活）的活化能，R是通用气体常数。

2. 酶催化反应的活化能

测定酶催化反应的活化能需要作两种图。第一个图是在不同温度下实验测定的反应产物浓度–反应时间图（图6-9），根据此图计算不同温度下酶催化反应的速度常数k。第二个图是酶催化反应的速度常数k的对数lg$k$对$1/T$（K）图（图6-10），从直线的斜率计算酶反应的活化能E_a（斜率$=-E_a/2.3R$）。对于第一个图所选择的温度必须保证所测定的初速度没有受到酶热变性的影响。同时，在所有的温度条件下酶必须被底物饱和，即保证$[S]_0 \geqslant K_m$。另外，采用相同的pH，而且必须是最适pH。

由$k=Ae^{-E_a/RT}$可以看到，提高温度对反应速度

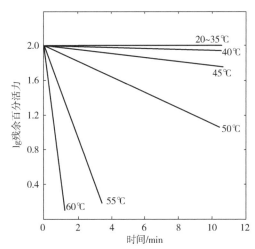

图6-8　温度对酶稳定性的影响

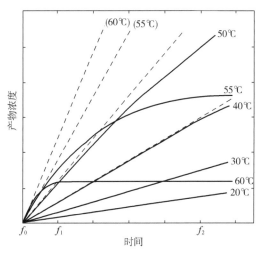

图6-9　温度对酶催化反应产物形成的速度的影响
（实线是实验数据，虚线是根据初速度外延得到的）

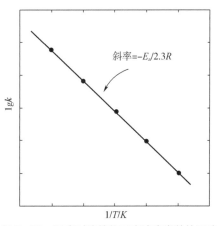

图6-10　温度对酶催化反应速度常数的影响

的影响取决于活化能E_a。高活化能意味着温度对反应速度的影响大，即反应速度随温度的升高提高很快。酶通常能降低反应的活化能，因此酶会产生两个效果：在低温下使较高比例的反应物转变成产物；升高温度对酶催化反应速度造成的影响相对较小。然而，即使对一个活化能为50kJ/mol的酶催化反应，当温度从22℃升高至32℃时，反应速度仍然能提高至原来的2倍。因此，在酶稳定的温度范围内，尽可能地采用高温仍然是有益的。

3. 酶变性（失活）的活化能

酶热变性（失活）的活化能随酶的种类而异，通常在167～418kJ/mol范围内。各种酶的热稳定性差别很大：聚半乳糖醛酸酶和胰蛋白酶在60℃时仍具有活性，而葡萄糖磷酸异构酶在比60℃低很多的温度条件下就失活。

4. 低温时酶的活力

溶液或食品冻结以后，酶的活力并没有完全停止。图6-11所示为温度（−19.4～49.6℃）对转化酶催化蔗糖水解和温度（−60.2～25℃）对β−半乳糖苷酶催化o−和p−硝基苯−β−半乳糖苷水解的影响。从图6-11可以看出，即使转化酶和β−半乳糖苷酶的活力分别下降10^5和$10^{4.3}$倍，它们在整个研究的温度范围仍然具有活力。在−3℃，A线的斜率发生变化，且在此温度下溶液开始冻结。对斜率的变化可以作如下解释：①在溶液的冻结点发生了相变；②限制速度的反应步骤改变；③酶缔合成聚合物；④底物与水的氢键增加。为了防止冻结，β−半乳糖苷酶催化o−和p−硝基苯−β−半乳糖苷水解的反应在50%的二甲基亚砜中进行，图6-11的B和C线的斜率没有改变。在−60.2～25℃的温度范围只要不出现冻结现象，就可以根据Arrhenius方程式预测β−半乳糖苷酶的活力。

食品应避免被贮存在冰点或刚低于冰点的温度。当水冻结时，酶和底物被浓缩（溶质不存在于冰相），会促进酶的活力。此外，冻结和解冻会破坏食品的组织结构，使酶更易接近底物。如图6-12所示，鳕鱼肌肉中磷脂酶的活力在−4℃（低于冷冻点）时的活力相当于−2.5℃时的5倍。

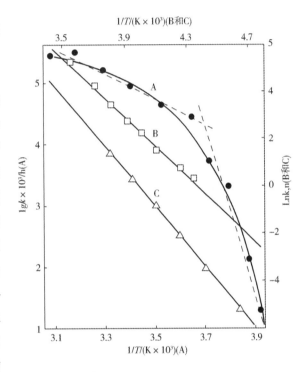

图6-11 温度（−60.2~49.6℃）对酶催化
反应速度的影响

A ●转化酶催化蔗糖在缓冲液中的水解，两条虚线的交点表明酶催化反应速度的变化在溶液的冻结点出现了转折

B □ β−半乳糖苷酶催化 o−硝基苯−β−半乳糖苷的水解，pH6.1，50%二甲基亚砜−水

C △ β−半乳糖苷酶催化 p−硝基苯−β−半乳糖苷的水解，pH7.6，50%二甲基亚砜−水

5. 酶反应的最适温度

酶的最适温度是指酶反应速度最大时所对应的温度。酶反应的最适温度可以根据温度对酶的

净激活效应和净失活效应得到。图6-13（1）所示为温度对产气杆菌普鲁兰酶活性的影响。在10~40℃时，酶活曲线缓慢上升；在50~60℃时，失活速度常数迅速增加，酶活和稳定性迅速下降。图6-13（2）所示为一些与食品相关酶的活力与温度的关系和稳定温度范围。酶的最适温度是操作参数。在实际应用时，食品体系中的酶反应温度上限通常要比酶反应的最适温度低5~20℃，从而使酶活在规定的处理时间内保持较高水平，得到较多的产物。因此，可以说，实际应用的酶的最适温度是指在规定的时间内得到最多产物的温度，是与反应时间有关的操作参数。设定的反应时间越长，最适温度越低。

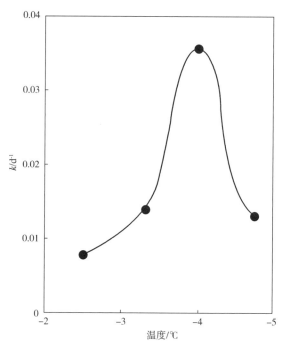

图6-12　在冰点以下温度鳕鱼肌肉中磷脂酶催化磷脂水解的速度常数（k）

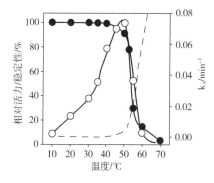

（1）普鲁兰酶的活性与温度关系曲线（实心圆表示酶的稳定性，空圈表示酶活力，虚线表示酶失活速度常数与温度的关系）

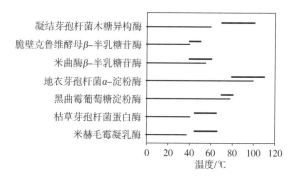

（2）几种商业酶制剂的适宜温度范围（粗线表示酶的内在最适温度范围，细线表示典型的温度使用范围）

图6-13　温度对一些酶活性的影响

（三）水分活度

控制食品含水量是食品保藏的主要方法，几乎所有的食品都有特定的水分含量范围。水作为酶反应的分散介质，通过控制溶质的稀释度或浓度、稳定化和塑化蛋白质和作为水解反应的共底物来影响酶反应速率。脱水或冷冻会减少体相（或溶剂）水，导致食品组成和物性改变，从而对酶反应产生影响。

酶通常在含水的体系中作用。图6-14所示为水分活度对磷脂酶和β-淀粉酶活力的影响。水分活度低于0.35（<1%水分含量）时，磷脂酶没有水解卵磷脂的活力，超过0.35时，酶活力非线

性增加，在0.9时仍然没有达到最高活力。在水分活度高于0.8（2%水分含量）时，β–淀粉酶才显示出水解淀粉的活力，当水分活度达到0.95时，酶的活力提高15倍。从这些例子可以得出结论：食品原料中的水分含量必须低于1%～2%才能抑制酶的活力。

水解%/d（○）
麦芽糖当量%（●）
总水分%（□）
○磷脂酶催化卵磷脂水解
● β–淀粉酶催化淀粉水解
Ⅱ
Ⅲ
a_w

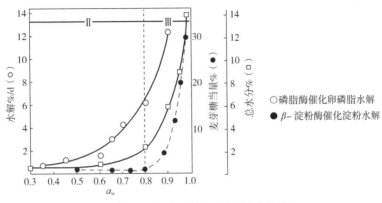

图6-14 水分活度对酶活力的影响

可以采用有机溶剂取代水分的方法来确定酶作用所需的水的浓度，例如，采用能与水相混溶的甘油取代水分。当水分含量减少至75%时（图6–15），脂肪氧合酶和过氧化物酶的活力开始降低；当水分含量分别减少至20%和10%时，脂肪氧合酶和过氧化物酶的活力降至0。需要注意的是，黏度和甘油的特殊效应可能会影响到这些结果。

速度
$\phi(H_2O)$体积分数/%

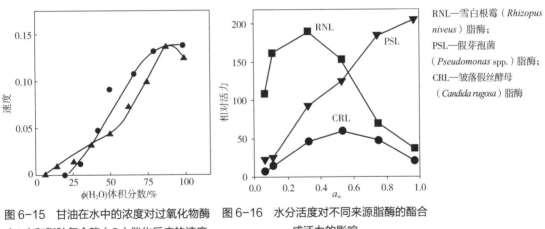

图6-15 甘油在水中的浓度对过氧化物酶（▲）和脂肪氧合酶（●）催化反应的速度的影响

相对活力
RNL
PSL
CRL
a_w
RNL—雪白根霉（*Rhizopus niveus*）脂酶；
PSL—假芽孢菌（*Pseudomonas* spp.）脂酶；
CRL—皱落假丝酵母（*Candida rugosa*）脂酶

图6-16 水分活度对不同来源脂酶的酯合成活力的影响

图6-16是水分活度对不同脂酶的酯合成活力的影响。在酯合成反应中，不同来源的脂酶具有不同的特定的最适水分活度。

不同酶发挥催化功能所需的最低的水分活度不同。当水分活度处于或低于单层水的水分活度时，酶分子的塑性受到限制，但仍然有一些酶表现活性。低于单层水时的水分活度抑制酶的反应活性，但却能提高酶的热稳定性，因为其构象变化同样受到限制，在变性温度下也不容易变性。在食品基质和模型系统中一些酶对水分活度的要求见表6–7。一些氧化–还原酶类所需的最低水分活度范围为0.25～0.70，一些水解酶类所需的最低水分活度范围为0.025～0.96。中等含水量食品在长时间贮藏过程中，即使很低的残余酶活也会影响食品品质。

表6-7　一些酶对水分活度的要求

酶	基质/底物	最低 a_w	酶	基质/底物	最低 a_w
淀粉酶	黑麦粉	0.75	淀粉酶	淀粉	0.40～0.76
	面包	0.36			
磷脂酶	面团（pasta）	0.45	磷脂酶	卵磷脂	0.45
蛋白酶	小麦粉	0.96	脂酶	油、三丁酸甘油酯	0.025
植酸酶（肌醇六磷酸酶）	谷物	0.90	酚类氧化酶	儿茶酚	0.25
葡萄糖氧化酶	葡萄糖	0.40	脂肪氧合酶	亚油酸	0.50～0.70

降低水分活度的另一个效果是影响水参加反应（水解反应）的平衡。当水分活度下降时，反应朝着合成方向移动。利用这一原理进行产品合成或改性已有成功实例。例如，利用脂酶在微水相介质（H_2O <1%）中生产功能得到改善的脂类产品；利用嗜热菌蛋白酶在微水相介质（H_2O 含量2%～3%）中合成阿斯巴甜。

有机溶剂对酶催化反应的影响主要有两个方面：影响酶的稳定性和反应（反应是可逆的）进行的方向。这些影响在与水不能互溶和能互溶的有机溶剂中是不同的。在与水不能互溶的溶剂中，酶的专一性从催化水解反应移向催化合成反应。例如，当"干"（1%水分含量）脂酶颗粒在与水不能互溶的有机溶剂中悬浮时，脂酶催化脂的酯交换反应的速度提高6倍以上，而水解速度下降16倍。

酶在水–与水能互溶溶剂体系中的稳定性和催化活力不同于在水–与水不能互溶溶剂体系中的情况。蛋白酶催化酪蛋白水解在5%乙醇–95%缓冲液或5%丙腈–95%缓冲液中进行时与在缓冲体系中进行时相比K_m提高，v_{max}降低和酶稳定性下降。在水解酶催化的反应中醇和胺与水存在着竞争作用。

（四）电解质

对于一些酶，某些离子对其催化活力是必须的。一些酶催化反应必须有其他适当物质存在时才能表现出催化活力或加强其催化效力，这种作用被称为酶激活作用，引起激活作用的物质称为激活剂。激活剂和辅酶或辅基不同。无激活剂存在时，酶仍能表现一定的活力，而辅酶或辅基不存在时，酶则完全不呈现活力。

激活剂的种类很多，有无机阳离子，如：Na^+、K^+、Rb^+、Cs^+、NH_4^+、Mg^{2+}、Ca^{2+}、Zn^{2+}、Cd^{2+}、Cr^{3+}、Mn^{2+}、Fe^{2+}、Co^{2+}、Ni^{2+}、Al^{3+}等；有无机阴离子，如：Cl^-、Br^-、I^-、CN^-、NO_3^-、PO_4^{3-}、AsO_4^{3-}、SO_3^{2-}、SO_4^{2-}、SeO_4^{2-}等；有有机物分子如维生素C、还原型谷胱甘肽以及维生素B_1、维生素B_2和维生素B_6的磷酸酯等化合物和一些酶。

一般认为，金属离子的激活作用是由于金属离子与酶结合，此结合物又与底物结合形成三位一体的"酶–金属–底物"的复合物，这里金属离子使底物更有利于同酶的活性部位相结合而使反应加速进行。金属离子在其中起到了某种"搭桥"的作用。

无机阴离子对酶的激活作用也是常见的现象。例如，Cl^-是唾液淀粉酶活力所必需的，当用透析法去掉Cl^-时，淀粉酶便丧失其活力。无机阴离子的激活机制目前还不太清楚，有人认为这里的阴离子是酶的活力所必需的因子，而且对酶的热稳定性也起保护作用。

有些物质能抑制甚至阻止酶催化反应的进行。这种作用称为酶的抑制作用，这种物质称为抑制剂。抑制剂的种类繁多，如无机物中的强酸、强碱、重金属离子（Hg^{2+}、Pb^{2+}或Ag^+）、一氧化碳、硫化氢等，有机化合物中某些碱、染料、EDTA、SDS、脲或酶催化反应的自身产物等。抑制作用有可逆性抑制和不可逆性抑制。抑制剂一旦与酶结合，再也不能用透析或稀释等方法将其除去，酶的催化活力永久性丧失，称为不可逆抑制。不可逆抑制一般都是抑制剂与酶的活性中心基团结合，从而使酶活性中心的必需基团改变或构象改变。例如，重金属离子、碘乙酸等与巯基酶活性中心的半胱氨酸残基的—SH结合，有机磷化物能与多种酶活性中心的丝氨酸残基上的—OH结合。这些结合都不能通过稀释、透析等方法除去抑制剂，所以，引起的酶活力的丧失不能恢复。可逆抑制是指抑制剂能快速地（在几个毫秒内）与酶形成非共价扩散控制平衡络合物，但通过透析或凝胶过滤色谱可使此平衡络合物解离和酶活力复原。酶的可逆抑制及其动力学将在后面专门讨论。

（五）剪切作用

在食品加工过程中的一些操作，例如混合、管道输送和挤压会产生明显的剪切作用。导致酶失活的剪切条件与酶的性质有关。图6-17阐明了在4℃时因剪切作用所造成的凝乳酶的失活。当剪切值［剪切速度（s^{-1}）乘以剪切时间（s）］大于10^4时就能检测到酶失活；当剪切值达到10^7数量级时，过氧化氢酶、凝乳酶和羧肽酶的50%左右活力会丧失。不过，凝乳酶在剪切失活后，当剪切作用停止后又会部分再生。这一现象类似于酶热失活后的部分再生。

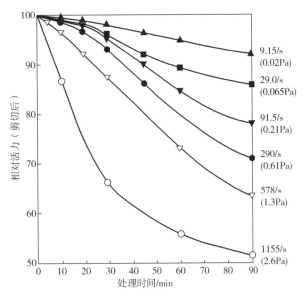

图6-17　在4℃时剪切作用使凝乳酶失活

（六）压力

在通常的食品加工过程中，所采用的压力一般不至于高到使酶失活。然而在采用几种处理方式相结合的加工过程中，例如压力–高温处理和压力–高剪切处理，都能导致酶失活。挤压机在高于食品加工中通常使用的压力下操作时，由于高剪切而造成食品更高的流动性、组织化、化学变化和高温。显然，在这样的加工条件下食品原料中大多数酶难以再存活。在单独使用静水压力的情况下，只要食品组织还能保持完整，那么食品原料中的酶就不会完全失去活性。不过，近年来超高压（400～1000MPa）技术在食品加工与保藏中的应用越来越多，数百兆帕的静水压力对大多数酶的活力有显著的影响。

压力对酶活力的影响还与酶的结构有关。对于多亚基酶，高压会导致酶蛋白解离成单体，不利于酶的稳定和催化活力。

（七）电场

外加电场会影响蛋白质内部基团间的静电相互作用和带电基团的定位，扰乱蛋白质氨基酸残基间的电场分布和静电相互作用，导致电荷分离，从而影响蛋白质的空间结构。脉冲强电场还可以与蛋白质分子结构单元（如α-螺旋）肽键偶极矩叠加产生的定向偶极矩发生耦合，从而影响蛋白质二级结构。已有许多研究表明高压电场对模拟体系或真实食品体系中的酶有活化和钝化两种情况。

一般来说，无论以α-螺旋还是β-折叠为主的酶在高压电场作用下的钝化效果都与其二级结构的改变程度有关，并且钝化效果也与电场强度、酶的种类与溶液的性质有关。此外也有研究表明电场作用会改变酶的活性区域结构，从而影响酶与底物结合而降低酶活。

当电场强度在一定范围内对酶有活化作用，其可能是通过电场作用激发了更多的酶活性位点或者是增大了酶现存活性位点起催化作用的范围，从而使酶的活性得到提高。同样地，电场对酶的活化效果与酶的种类、溶液性质与电场作用条件相关。近三十年来，有关高压脉冲电场对酶蛋白的结构与活性及其他蛋白质的结构与功能的影响的研究报道比较多。

（八）超声波

采用超声波处理食品体系时产生的空化作用会导致酶蛋白的界面变性，这个观点在研究木瓜蛋白酶时得到了证实。木瓜蛋白酶因超声波作用而失活的程度反比于酶的浓度，酶失活过程不符合一级动力学。

（九）离子辐射

离子辐射能使酶失活，但是离子辐射使酶完全失活所需的剂量比破坏微生物所需的剂量大10倍。酶的性质、水分活度、酶的浓度、酶的纯度、在体外还是在体内、氧浓度、pH和温度等都会影响离子辐射对酶的破坏作用。在缺氧和干燥状态下，大多数酶对辐射引起的失活具有大致相同的抵抗力。但是，处于稀溶液中的不同的酶对辐射的敏感程度有很大差异。如图6-18所示，胰蛋白酶在干燥状态时抵抗辐射损害的能力很强，这主要是在此状态下起作用的仅仅是辐射的直接效应；当有水存在时，胰蛋白酶对辐射比较敏感，这可能是在有水时"间接效应"变得重要。间接效应包括水的辐解和生成的自由基的损害效应。

一般来说，在一定的限度内，酶浓度愈稀，破坏相同百分比的最初酶活力所需的剂量就愈小，此现象被称为稀释效应；纯度较低的酶制剂通常比纯的酶制剂更能抵抗辐射损害；氧往往使酶对辐射更敏感，这或许是由于氧的存在会导致不稳定的中间物–蛋白质的过氧化物的形成；温度的影响很明显，当温度较高时，酶很容易辐射失活，但对于冷冻体系，辐射对酶的损害很小。据推测，这是由于在冷冻体系中自由基是固定化的；pH对酶对辐射的敏感度的影响也值得重视，但是这种影响很难被预测。

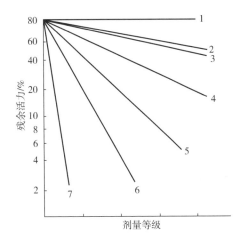

图 6-18　各种条件下辐射导致胰蛋白酶失活
1—干胰蛋白酶
2—10mg/mL 浓度的胰蛋白酶溶液、pH8 和 –78℃
3—80mg/mL 浓度的胰蛋白酶溶液、pH8 和室温
4—10mg/mL 浓度的胰蛋白酶溶液、pH2.6 和 –78℃
5—80mg/mL 浓度的胰蛋白酶溶液、pH2.7 和室温
6—10mg/mL 浓度的胰蛋白酶溶液、pH2.6 和室温
7—1mg/mL 浓度的胰蛋白酶溶液、pH2.6 和室温

（十）界面作用

蛋白质一般倾向于被吸附在界面，这往往会造成蛋白质变性。其原因显然是在气/水或油/水界面上具有高的界面张力，在界面上酶的二级和三级结构很快地展开，并且在整个界面上铺展开来。在气/水界面，疏水氨基酸残基指向空气而亲水氨基酸指向水；在油/水界面，疏水残基同油相缔结而亲水侧链伸展到水中。

使酶溶液简单地起泡就能产生导致蛋白质表面变性的气–水界面。在各种泡沫中酶活力的损失不易通过压缩或回收膜的方法来重新获得。在油/水界面上的吸附效应类似于在气–水界面上的吸附效应。然而，当酶吸附在已吸附了大量的另一个蛋白质或"保护"分子的界面时，不会再出现酶蛋白分子展开和酶活力损失的现象。

脂酶是一种特别适用于在油/水界面上作用的酶，但是当被吸附在甘油三酯水界面上时，仍然会发生变性。脂酶在气/水界面上也会失活。

（十一）溶剂作用

溶剂会影响体系的水分活度，从而影响酶的催化活性。一般地讲，与水不能互溶的溶剂通过置换水而稳定酶，与通过干燥将水除去所产生的效果一样。然而，与水能互溶的溶剂在浓度超5%～10%时，一般会使酶失活。显然，此效应取决于温度（在较低温度下酶较稳定）。

第四节　酶反应动力学

前面叙述了酶催化反应机制及影响酶反应的环境因素，但没有涉及底物浓度和酶浓度对酶催化反应速度的影响以及反应速度（速率）的定量描述，即酶反应动力学问题。无论是酶反应还是非酶反应，其反应速度除受到反应物和催化剂浓度影响外，还同时受到与活化能相关的内在动力学因素的影响。由于不同反应条件下反应物的浓度可能不同，因此采用基于内在因素的反应动力学常数来比较不同催化剂的相对催化活力才更有意义。如果已知某一环境条件下的反应速度常数，那么就可以预测该条件下任意一组反应物和催化剂浓度下的反应速度。

一、酶催化反应动力学

1902年Henri在研究蔗糖酶催化水解蔗糖的反应时得到如图6-19所示的反应速度（V）与底物浓度（[S]）的"双曲线"形关系曲线。当底物浓度较低时，反应速度与底物浓度呈线性关系，之后随着底物浓度的增加，反应速度不是呈直线增加，继续加大底物浓度，反应速度趋向一个极限，表明酶已被底物饱和。这种现象在非酶催化反应中则是不存在的。

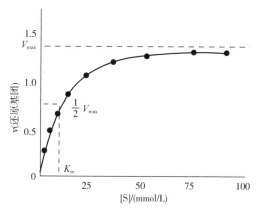

图6-19 蔗糖浓度对转化酶活力的影响

（一）米氏动力学

1913年Michaelis和Menten根据中间产物学说对"双曲线"反应图形加以数学推导，提出了所谓的快速平衡假定，即快速平衡模型：

$$E+S \underset{k_{-1}}{\overset{k_1}{\rightleftharpoons}} ES \overset{k_2}{\longrightarrow} E+P \qquad (6-3)$$

式中　　E——游离状态酶；

　　　　ES——酶-底物络合物；

　k_1、k_{-1}——各个反应的速度常数。

这个方程式的运算基于以下三个假说：

（1）测定的速度为反应初速度，底物浓度[S]消耗很少，仅占[S]原始浓度的5%以内，故在测定反应速度所需的时间内，产物P的生成极少，（E+P）的逆转可以忽略不计。

（2）底物浓度[S]大大地高于酶的浓度[E]，因此[ES]的形成不会明显地降低底物浓度[S]。

（3）ES解离成（E+S）的速度也大大超过ES分解形成（P+E）的速度，即k_{-1}远远大于k_2或者E+S⇌ES的可逆反应在测定初始速度v的时间内已达到动态平衡，而少量P的生成不影响这个平衡，故称为快速平衡假定。

一般说来，底物总是大大过量，上述这些假设符合实际情况。另外，如果仅测定反应的初速度，此时[P]接近于0。ES分解形成（P+E）这一步是整个反应的限制步骤。

由于E和ES处于平衡，因此可以写出一个平衡式（6-4），再经重排得到式（6-6）。

$$k_1[E][S]=k_{-1}[ES] \tag{6-4}$$

$$[E]=\frac{k_{-1}[ES]}{k_1[S]} \tag{6-5}$$

假设ES形成E+S的解离常数为K_m，因此：

$$K_m=\frac{k_{-1}}{k_1}=\frac{[E][S]}{[ES]} \tag{6-6}$$

若E的原始浓度为$[E]_0$，在反应平衡时，E的浓度变为（$[E]_0-[ES]$），而此时根据上述假定(2)，S的浓度[S]保持不变。故（6-6）式变为：

$$K_m[ES]=([E]_0-[ES])[S] \tag{6-7}$$

$$K_m[ES]+[ES][S]=[E]_0[S] \tag{6-8}$$

由于反应速度v取决于[ES]，即$v=k_2[ES]$

$$[ES](K_m+[S])=[E]_0[S] \tag{6-9}$$

$$[ES]=\frac{v}{k_2} \tag{6-10}$$

当[S]为极大时，全部E转变为ES，$[ES]=[E]_0$，此时$v=v_{max}$（最大反应速度），故$v_{max}=k_2[E]_0$

$$[E]_0=\frac{v_{max}}{k_2} \tag{6-11}$$

将式（6-10）和式（6-11）代入式（6-9），可得

$$v(K_m+[S])=v_{max}[S] \tag{6-12}$$

$$v=\frac{v_{max}[S]}{K_m+[S]} \tag{6-13}$$

式（6-12）即为根据平衡假定推导出的米氏方程（Michaelis-Menten方程），式中K_m称为米氏常数，即ES的解离常数。

如果将式（6-13）移项整理可得：

$$vK_m+v[S]=v_{max}[S] \tag{6-14}$$

$$vK_m+v[S]-v_{max}[S]-v_{max}K_m=-v_{max}K_m \tag{6-15}$$

$$(v-v_{max})(K_m+[S])=-v_{max}K_m \tag{6-16}$$

由于v_{max}和K_m均为常数，而v和[S]为变量，故式（6-16）实际上可写成（$x-a$）（$y+b$）$=k$。该式实质上为典型的双曲线方程，可见米氏方程与试验结果是相符的。

当$K_m \geqslant [S]$时，即底物浓度很小时，则式（6-13）中的$K_m+[S] \approx K_m$，此时式（6-13）可写成：

$$v=\frac{v_{max}}{K_m}[S] \tag{6-17}$$

此时，反应对底物为一级反应，其速度与[S]呈正比。

当K_m远远小于[S]时，则式（6-12）的分母中的K_m可以忽略，式（6-13）可以写成：

$$v = \frac{v_{\max}[S]}{[S]} = v_{\max} \tag{6-18}$$

此时，反应速度达到最大的恒定值，反应速度与底物的浓度无关，该化学反应属零级反应。

当 $v = \frac{1}{2} v_{\max}$，代入式（6-13）可得

$$\frac{1}{2} v_{\max} = \frac{v_{\max}[S]}{K_m + [S]} \tag{6-19}$$

$$K_m = [S] \tag{6-20}$$

由式（6-20）可知，米氏常数 K_m 值是当反应的初速度为 v 为最大反应速度 $v_{\max}$ 的一半时的底物浓度，单位为mol/L。

米氏常数是酶学研究中的一个极为重要的常数。

（1）K_m 是酶的特征常数之一，一般只与酶的性质有关，而与酶浓度无关。

（2）如果一个酶有几种底物，则每一种底物对应一个特定的 K_m 值，K_m 与pH和温度有关。因此，K_m 只是在pH、温度和其他条件一定时才有意义。对一定底物的常数而言，条件改变或底物改变，K_m 也会随之发生改变。

（3）$1/K_m$ 可近似地表示酶对底物亲和力的大小。K_m 愈小，表明酶与底物的亲和力愈大，说明ES不易解离成（E+S），而E和S很容易结合形成ES。同一种酶有几种底物时，其中 K_m 最小的底物一般称为该酶的最适底物或天然底物。

（二）酶反应动力学常数测定

对感兴趣的酶而言，$v_{\max}$（与 k_2 成比例）和 K_m 的确定是极为重要的，这两项的确定可以使我们对一定酶和底物浓度条件下酶催化反应速度的快速程度进行预测。式（6-21）是米氏方程的积分形式，它对了解和控制食品加工中的酶反应非常有用。

$$v_{\max} \times t = K_m \times \ln([S]_0/[S]) + ([S]_0 - [S]) \tag{6-21}$$

式中，$[S]_0$ 是底物起始浓度，$[S]$ 是 t 时刻的底物浓度。得到预期的底物转化分数 X（$X = ([S]_0 - [S])/[S]_0$）的时间为

$$t = [S]_0 X/v_{\max} + K_m \times \ln[1/(1-X)]/v_{\max} \tag{6-22}$$

该关系可以为在规定时间内反应达到期望程度必须添加多少酶（$[E]_0 = v_{\max}/k_2$）提供合理估计。不过，该等式仅提供粗略估算，因为可以导致酶反应背离预期进程的原因有很多，例如共反应物/底物的损耗、产物抑制、酶的逐渐失活、反应条件变化等。

1. Lineweaver–Burk 法

将米氏方程两边取倒数，即有：

$$\frac{1}{v} = \frac{K_m}{v_{\max}} \frac{1}{[S]} + \frac{1}{v_{\max}} \tag{6-23}$$

式（6-23）为Lineweaver-Burk方程。根据该方程，$\frac{1}{v}$ 对 $\frac{1}{[S]}$ 作图得到一条直线，斜率为 $K_m/$

v_{max}，纵坐标截距为$1/v_{max}$，横坐标截距为$-1/K_m$，如图6-20所示。

为提高v_{max}和K_m值的测定精确度，一般将[S]定在$0.2K_m \sim 0.5K_m$范围。表6-8所示为求酵母菌脱羧酶催化的反应的K_m值及v_{max}值测得的数据，作图得图6-21。由图6-21可知，$1/K_m$为20L/mol，$1/v_{max}$为0.125min/（mol/L）。进一步计算得$K_m=0.05$mol/L，$v_{max}=80$mol/（L·min）。

表6-8 酵母菌脱羧酶反应速度

丙酮酸浓度[S] /(mol/L)	反应速度v /[CO_2mol/(L·min)]	$\dfrac{1}{[S]}$	$\dfrac{1}{v}$
0.025	26.6	40	0.0376
0.050	40.0	20	0.0250
0.100	53.3	10	0.0187
0.200	64.0	5	0.0156

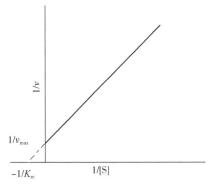

图6-20 Lineweaver–Burk 作图法求 K_m 与 v_{max}

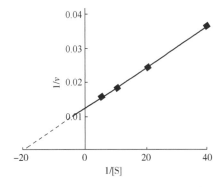

图6-21 Lineweaver–Burk 作图法求酵母菌脱羧酶的 K_m 与 v_{max}

2. Eadie–Hofstee 法

将米氏方程移项整理后可得：

$$vK_m+v[S]=v_{max}[S] \tag{6-24}$$

$$v[S]=v_{max}[S]-vK_m \tag{6-25}$$

故

$$v=v_{max}-K_m\frac{v}{[S]} \tag{6-26}$$

v对$\dfrac{v}{[S]}$作图可得一条直线（图6-22），纵坐标轴截距为v_{max}，横坐标截距为$\dfrac{v_{max}}{K_m}$。

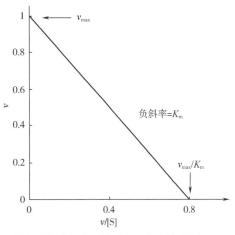

图6-22 Eadie–Hofstee 作图法 K_m 与 v_{max}

（三）底物的抑制与激活作用

当底物浓度过高时，反应速度会随着浓度的进一步增加而下降。这是因为：①反应物浓度过高时，反应体系中分子的扩散和运动会受到抑制；②过量的底物和酶的激活剂结合，激活剂的有效浓度下降；③过量的底物分子与酶分子作用，有可能生成无活性的中间产物，而且这个中间产物不能分解成反应产物。

不过，有时当底物浓度较高时，反应速度随底物浓度上升的速度比Michaelis-Menten的计算值还要高，即高浓度的底物会激活反应。这可解释为：一个底物分子结合至酶的活性部位导致正常的产物形成，第二个底物分子结合在酶的另一个部位不会导致底物分子转变成产物，但是它能提高在活性部位结合的底物分子转变成产物的速度。

（四）变构动力学性质

变构性质的定义是v-[S]关系为一条S形曲线，而符合Michaelis-Menten性质的v-[S]关系则是一条双曲线。当[S]$<<K_m$时，增加[S]对v的影响比预期的小，而当[S]处在K_m附近时，[S]对v的影响比预期的大，这就是正变构动力学性质。而在某些情况下，当[S]较低时，[S]对v的影响比预期的要大，然后，v并没有随[S]的增加而提高很多，这是负的变构动力学性质。

为了区分变构性质和Michaelis-Menten性质，Koshland等提出了一个用以测量协同作用的方程式：

$$R_s=[S]_{0.9V_{max}}/[S]_{0.1V_{max}}=协同作用因子 \qquad （6-27）$$

式中$[S]_{0.9}$和$[S]_{0.1}$分别是$v_0=0.9v_{max}$和$v_0=0.1v_{max}$时的底物浓度。

对于所有具有Michaelis-Menten性质的酶R_s是81，而具有正变构性质的酶$R_s<81$（往往低于$30\sim40$），对于具有负变构性质的酶$R_s>81$。

具有变构性质的酶通常为多亚基酶。Koshland等认为，对于具有变构性质的酶，两个或更多个亚基必须显示协同作用。如果第二个底物分子比第一个底物分子更容易（更牢固）与酶结合，这时表现为正变构性质。如果第一个底物分子比第二个底物分子更牢固地与酶结合，这时表现为负变构性质。如果两底物分子与酶的结合情况相同，彼此间对与酶的结合没有影响，此时表现为Michaelis-Menten性质。

对于具有变构性质的酶，在K_m附近，底物浓度对酶反应速度的影响特别大。在糖酵解和三羧酸循环中的代谢酶往往显示变构性质。对于某些酶，非底物化合物也能引起变构性质，它们起到了变构抑制剂或激活剂的作用。

二、酶抑制反应动力学

如前所述，有些物质能抑制甚至阻止酶催化反应的进行。这种作用称为酶的抑制作用，这种物质称为抑制剂。抑制作用有不可逆性抑制和可逆性抑制。不可逆抑制剂一旦与酶结合，酶的催化活力永久性丧失。可逆抑制不同于不可逆抑制，区别在于：

（1）可逆抑制剂快速地（在几个毫秒内）与酶形成非共价扩散控制平衡络合物，通过透析或凝胶过滤色谱可使此平衡络合物离解和酶活力复原；

（2）不可逆抑制剂缓慢地与酶形成酶的共价衍生物，不能通过透析或凝胶过滤使后者离解。

根据抑制剂对Lineweaver–Burk图的斜率、v_{max}、K_m或变构效应的影响，可以鉴别四类可逆抑制剂，即：竞争性抑制剂、非竞争性抑制剂、反竞争性抑制剂和变构抑制剂。Lineweaver–Burk方程在存在抑制剂和不存在抑制剂时的差别仅表现在斜率和/或截距上。

（一）竞争性抑制

在竞争性抑制中，底物和竞争抑制剂竞争与酶相结合，如式（6–28）所示。

$$E+I \rightleftharpoons EI \tag{6–28}$$

式中，I和EI分别为抑制剂和酶–抑制剂络合物，[I]和[EI]分别为游离状态抑制剂的浓度和酶–抑制剂络合物浓度。K_{EI}为酶–抑制剂络合物EI的离解常数。

$$K_{EI} = \frac{[E][I]}{[EI]} \tag{6–29}$$

EI不能与S结合，也不能形成一个产物。$[E]_0$为酶的初始浓度，因此

$$[E]_0 = [E] + [ES] + [EI] \tag{6–30}$$

将式（6–29）和式（6–30）应用到Michaelis–Menten方程推导中，得到

$$v = \frac{v_{max}[S]}{(1+\frac{[I]}{K_{EI}})K_m+[S]} \tag{6–31}$$

式中v是存在抑制剂时的酶反应的初速度；K_m为不存在抑制剂时的米氏常数；v_{max}为不存在抑制剂时的最大反应速度。因此可以得到存在可逆抑制剂时的Lineweaver–Burk方程为

$$\frac{1}{v} = [1+\frac{[I]}{K_{EI}}]\frac{K_m}{v_{max}[S]} + \frac{1}{v_{max}} \tag{6–32}$$

在竞争性抑制中，米氏常数加（$1+[I]/K_{EI}$）倍，但v_{max}不变，如图6–23所示。

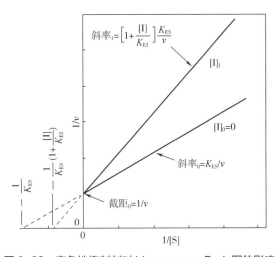

图6-23　竞争性抑制剂对 Lineweaver-Burk 图的影响

（二）非竞争性抑制

对于此类抑制作用，抑制剂没有和底物竞争与酶结合，因此抑制剂和底物能同时与酶结合，存在如下平衡：

$$E+S \underset{k_{-1}}{\overset{k_1}{\rightleftharpoons}} ES \rightarrow E+P \tag{6-33}$$

$$ES+I \overset{K_{ESI}}{\rightleftharpoons} ESI \tag{6-34}$$

$$E+I \overset{K_{EI}}{\rightleftharpoons} EI \tag{6-35}$$

$$EI+S \overset{K_{ESI}}{\rightleftharpoons} ESI \tag{6-36}$$

式中，ESI为酶–底物–抑制剂络合物，[ESI]为酶–底物–抑制剂络合物浓度。K_{ESI}为酶–底物–抑制剂络合物ESI的离解常数。

如果假设$K_{ESI}=K_{EI}$，ESI不能转变成产物，则可得到简单的线性非竞争性抑制的Michaelis-Menten方程的形式：

$$v = \frac{v_{max}[S]}{[1+\frac{[I]}{K_{EI}}](K_m+[S])} \tag{6-37}$$

相应的Lineweaver–Burk方程为

$$\frac{1}{v} = [1+\frac{[I]}{K_{EI}}][\frac{K_m}{v_{max}[S]}+\frac{1}{v_{max}}] \tag{6-38}$$

在简单的线性非竞争性抑制作用中，Y–截距和斜率都改变了（$1+[I]_0/K_i$）倍，如图6-24所示。

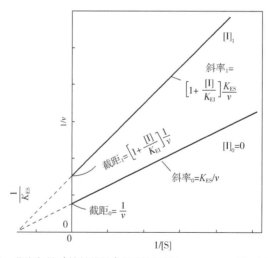

图6-24　非竞争性（简单线性）抑制剂对 Lineweaver–Burk 图的影响

（三）反竞争性抑制

不同于竞争性和非竞争性抑制，在反竞争性抑制中抑制剂不能和游离酶结合，仅能和一个或几个中间络合物结合。

此时的Michaelis–Menten方程式的适当形式：

$$ES+I \underset{}{\overset{K_{ESI}}{\rightleftharpoons}} ESI \tag{6-39}$$

$$v = \frac{v_{max}[S]}{K_m + [S][1 + \dfrac{[I]}{K_{ESI}}]} \tag{6-40}$$

相应的Lineweaver–Burk和转换式：

$$\frac{1}{v} = \frac{K_m}{v_{max}[S]} + \frac{1 + \dfrac{[I]}{K_{ESI}}}{v_{max}} \tag{6-41}$$

存在反竞争性抑制作用与不存在抑制作用相比，Y–截距改变了$1 + [I]_0 / K_{ESI}$倍，但斜率不变，如图6-25所示。

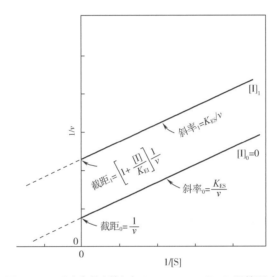

图 6-25　反竞争抑制剂对 Lineweaver-Burk 图的影响

（四）变构抑制作用

变构抑制作用通常是由抑制剂与多亚基酶结合而造成的。如前文所描述底物结合时的变构性质那样，当第二个底物分子比第一个底物分子更容易（更牢固）与酶结合时，表现为正变构性质；当第一个底物分子比第二个底物分子更牢固地与酶结合，表现为负变构性质。如果两底物分子与酶的结合情况相同，彼此间对与酶的结合没有影响，则表现为Michaelis–Menten性质。

（五）消化酶抑制剂

1. 脂肪酶抑制剂

脂肪酶抑制剂是一类能够特异性抑制人体胃和肠道内脂肪酶活性的物质，主要来源于化学合成、天然植物提取物和微生物代谢产物，其化学本质与作用机理因其来源不同而有所差异。活性较强且研究较清楚的脂肪酶抑制剂是含β–内酯环的天然产物。脂肪酶抑制剂可有效抑制胃和肠道中脂肪酶对脂肪的分解催化作用，从而达到减少脂肪吸收、控制和治疗肥胖的目的。水皂角、葡萄、橄榄和鼠尾草等植物中有较高含量的脂肪酶抑制剂，如水皂角中的黄烷二聚物等。链霉菌是生产脂肪酶抑制剂的主要微生物。1987年，瑞士罗氏公司从*Streptomyces toxytricini*中找到有效脂肪酶抑制剂lipstatin。lipstatin是一种强效的胰脂肪酶不可逆抑制剂，含有*N*–甲酰–L–亮氨酸链，其四氢衍生物orlistat性质更稳定，可减少饮食中30%脂肪的吸收，于1997年被FDA批准为抗肥胖药。

2. α – 淀粉酶抑制剂

α–淀粉酶抑制剂是一类能够特异性抑制人体唾液和肠道α–淀粉酶的物质，广泛存在于豆类、谷类、水果、昆虫和微生物代谢产物中，其中，白芸豆含有较多的α–淀粉酶抑制剂，而且生物安全性也较高。α–淀粉酶抑制剂的化学本质因来源不同而有所差异，主要有含氮碳水化合物、多肽和蛋白质三种类型。目前，从白芸豆中提取的α–淀粉酶抑制剂是相对分子质量为56000的糖蛋白，亚基组成为$α_2β_2$，通过与α–淀粉酶按摩尔比1∶1形成复合物而发挥抑制作用，其抑制类型为非竞争性抑制。从白芸豆中提取的α–淀粉酶抑制剂已被广泛地用于控制和治疗糖尿病、肥胖等由糖代谢紊乱引起的疾病。

3. 蛋白酶抑制剂

蛋白酶抑制剂是一类能与蛋白酶活性部位或变构部位结合来抑制蛋白酶的催化活性或阻止蛋白酶原转化为有活性蛋白酶的小分子质量的多肽或蛋白质，广泛存在于动植物和微生物体内，在豆科、茄科、葫芦科、禾本科及十字花科等草本植物中存在较多，而在木本植物中较少。按其所作用的蛋白酶活性部位的不同，蛋白酶抑制剂可分为丝氨酸蛋白酶抑制剂、半胱氨酸蛋白酶抑制剂、金属羧肽酶蛋白酶抑制剂和天冬氨酸蛋白酶抑制剂。在众多蛋白酶抑制剂中，大豆胰蛋白酶抑制剂的研究最为广泛。

大豆胰蛋白酶抑制剂属于丝氨酸蛋白酶抑制剂，是由72~197个氨基酸残基组成的多肽。大豆胰蛋白酶抑制剂有7~10种，根据其氨基酸组成、相对分子质量、等电点、与不同蛋白酶的结合力以及免疫学的反应性等特点，可将其分为两大类：①Kunitz胰蛋白酶抑制剂，相对分子质量为20000~25000，呈易变的非螺旋形，对热不稳定，含有两对二硫键，能特异抑制胰蛋白酶。一个抑制剂分子可以结合一分子的胰蛋白酶。其在大豆中含量约为1.4%；②Bowman–Birk胰蛋白酶抑制剂，相对分子质量为6000~10000，含有较多二硫键，具有热稳定性，能对胰蛋白酶、胰凝乳蛋白酶及弹性蛋白酶发生特异性抑制。一个抑制剂分子可以结合两个分子的胰蛋白酶。其在大豆中的含量约为0.6%。

第五节　固定化酶

在前面讨论的酶反应体系中，酶和底物都处在溶解状态，两者均能自由地扩散，直至碰撞和正确地定向形成酶–底物络合物。然而，在生物体内酶往往与细胞壁和膜相结合，在工业上也可以将酶与不溶解的载体相结合。因此在生物体内和在工业化生产中酶都可以被固定成为不溶解状态。酶从可溶状态转变成固定化状态后，稳定性显著提高。更重要的是，固定化酶应用于食品加工后，酶与反应物可通过离心或过滤等简单快速的分离方法进行分离，反应便于控制调节，产物中不含有酶，也不需要采用热处理等方式使酶失活，酶可反复多次使用，有助于提高食品的质量和降低生产成本。鉴于固定化酶能产生巨大的经济效益，自20世纪60年代以来大量的研究工作集中在这一个领域，并取得很大的发展。20世纪60年代末，日本田边制药公司开发出利用离子吸附结合的L-氨基酸酰化酶拆分外消旋氨基酸衍生物生产L-氨基酸，实现了固定化酶的首次工业应用。20世纪70年代，固定化葡萄糖异构酶转化葡萄糖生产高果糖浆技术成熟，并开始大规模工业化推广应用。

一、酶固定化方法

1916年Nelson和Griffin首次发现人工载体氧化铝和焦炭上结合的蔗糖酶仍具有蔗糖酶催化活性，但直到20世纪后半叶，这一发现才被接受，是近代酶固定化技术的基石。1971年在美国召开的第一届国际酶工程会议上正式提出了"固定化酶"（immobilized enzyme）的概念，是指"经物理或化学方法处理，使酶定位在限定的区域，并保持其催化活性，可重复利用的酶"。最初酶的固定化是通过可逆的非共价物理吸附作用将酶吸附在无机载体，如玻璃、矾土或表面包裹疏水化合物的玻璃上。20世纪50年代后，酶的固定化由简单的物理吸附向专一性的离子吸附和共价固定化方向发展，除了使用活性炭、玻璃、高岭土等无机材料作为吸附载体外，天然高分子、CM-纤维素、DEAE-纤维素、交联葡聚糖、琼脂糖以及活性单体聚合制备的高聚物（如氨基聚苯乙烯、聚异氰酸盐）等也可被用作制备固定化酶的载体。从20世纪90年代开始，固定化酶的设计方法变得理性化，通过不同的固定化技术的结合以及使用各种固定化后处理技术提高固定化酶的性能，包括提高比活力，增强固定化酶与底物亲和力以及提高固定化酶的温度和pH稳定性等。

酶的种类很多，可供选择的固定化方法也多种多样。通常需要根据酶的性质、应用目的和应用环境来选择固定化方法。但是无论选择哪种方法一般都要符合以下几点要求：

（1）尽可能地保持自然酶的催化活性。这就要求酶的固定化不能破坏酶活性中心的结构，因此在酶的固定化过程中，要注意酶与载体的结合部位不能是酶的活性部位，以防止活性部位的氨基酸残基发生变化。另外，还要采取温和的条件，尽可能避免酶蛋白高级结构被破坏，以保持酶的活性。

（2）载体应与酶结合牢固，使固定化酶在使用时不容易泄漏，并易于回收及反复使用；其次，载体不能与反应液，产物或废物发生化学反应。另外，载体必须有一定的机械强度，否则固定化酶在连续的自动化生产中会因机械搅拌而破碎。

（3）酶固定化后所产生的空间位阻较小，以避免妨碍酶与底物的接近。

（4）酶固定化的成本要尽可能的低。

归纳起来，酶的固定化方法主要有吸附、共价连接、载体截留和胶囊包合等（图6-26）。下面就这几种方法作简单介绍。

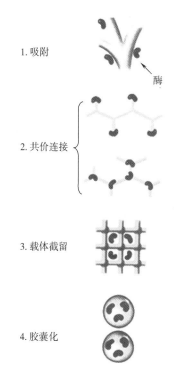

图 6-26 酶固定化的主要方法

（一）吸附

吸附固定化酶技术是最早发展起来的酶的固定化方法之一，也是最早应用于工业化过程的固定化酶方法。这类方法是将酶吸附在氧化铝、皂土、纤维素、阴离子（或阳离子）交换树脂、玻璃、羟基磷灰石和高岭土等材料上。

根据吸附剂和酶与载体的吸附力的特点，吸附法又可以分为物理吸附法和离子吸附法。物理吸附法是通过氢键、疏水键等物理作用力将酶固定于不溶性载体上，离子吸附法则是在适宜的pH和离子强度下，利用酶的侧链解离基团和离子交换基团间的离子键作用而达到酶固定化的方法。吸附法固定酶一般不需要添加特殊的化学试剂，方法既省钱又简便，而且酶的构象变化较小或基本不变，对酶的催化活性影响小。然而，由于酶与载体之间的结合力较弱（例如范德华引力、氢键和带相反电荷基团之间的静电引力等），用吸附方法固定酶也有一些缺点。例如，当温度、pH和离子强度改变或当底物存在时，已结合的酶易从载体解吸脱落并污染催化反应产物等。

吸附法中酶与载体间的相互作用可分为以下类型：

（1）非特异性物理吸附　范德华力，氢键，亲水作用。

（2）生物特异性吸附　提供配基的生物吸附。

（3）亲和吸附　对染料或金属的离子吸附。

（4）静电作用　载体与酶电荷之间的相互作用。

（5）疏水作用　载体与酶疏水区域间的作用。

（二）共价连接

酶的共价结合固定化方法是通过共价结合方式将酶固定到一个适当的载体上。酶与载体间的共价结合基于化学反应，即载体表面的活性官能团与酶的活性氨基酸残基之间的反应。由于多点附着作用使得酶构象的空间变化受到限制以及化学修饰导致酶学性质的改变，酶与载体间的共价结合是一种剧烈的固定化方法，具有不可逆性。这类固定酶的方法在实施时包括如下两种不同的处理方式：

（1）采用合适的化学试剂和载体，通过化学反应使酶分子上游离的羧基或氨基等活性非必需侧链基团共价结合到载体上。载体材料包括聚丙烯酰胺、尼龙、纤维素、葡聚糖、交联葡聚糖、硅胶和玻璃珠等。载体使用前必须先活化，活化方法主要有：重氮法、叠氮法、溴化氰法和烷化法等。除游离的羧基和氨基外，酶分子中酪氨酸残基的酚环、半胱氨酸残基的巯基、丝氨酸和苏氨酸残基的羟基、组氨酸残基的咪唑基及色氨酸残基的吲哚基也可以作为官能团参与共价结合。

（2）采用各种双官能试剂或多功能试剂，例如用戊二醛将酶分子连接起来。酶分子通过双官能试剂或多功能试剂彼此相连接，在连接过程中形成了共价键，同时酶的一部分起着载体的作用。除戊二醛外，1，5-二氟-2，4-二硝基苯和二甲基己二酰胺（Dimethyladipamidate）也可以作为共价连接的双官能试剂。

现在更多的是采用双重固定化的吸附交联法。即将吸附作用和交联反应结合起来，首先将酶蛋白吸附到载体上，然后加入交联剂戊二醛，使酶蛋白分子形成网格结构，牢固地附着在载体上。共价键是比较牢固的化学键，因此采用共价连接的方法固定的酶一般不会再泄漏。然而，在操作过程中如何使酶的分子结构，尤其是酶的活性部位经受最低限度的改变是至关紧要的，否则将会导致用此法固定的酶具有较低的活力。

（三）载体截留

采用凝胶（例如聚丙烯酰胺凝胶）包埋将酶分子截留，酶通常会被包埋成网格型。载体截留常用的载体有海藻酸钠凝胶、角叉菜胶、明胶、琼脂凝胶、卡拉胶等天然凝胶以及聚丙烯酰胺、聚乙烯醇和光交联树脂等合成凝胶或树脂。这类固定化酶允许低相对分子质量底物通过扩散自由进入细小的凝胶颗粒，而酶和相对分子质量较大的终产物不能从凝胶颗粒中渗漏出去。该法不涉及酶的构象及酶分子的化学变化，反应条件温和，因而酶活力回收率较高。通过载体截留法制备的固定化酶易泄漏，常存在扩散限制、催化反应受传质阻力的影响等问题，而且不宜催化大分子和不溶性底物的反应，在食品工业中的使用受到相当大的限制。

（四）胶囊包埋

胶囊包埋法制备固定化酶类似于载体截留法，但是它不是形成凝胶，而是形成很小的颗粒或胶囊。胶囊包埋法是将酶包埋在各种高聚物制成的半透膜微胶囊内的方法。它使酶存在于类似细胞内的环境中，可以防止酶的脱落以及与微胶囊外的环境直接接触，从而增加了酶的稳定性。常用于制造微胶囊的材料有聚酰胺、火棉胶、醋酸纤维素等。用微胶囊包埋法制得的微囊型固定化酶的直径通常为几微米到几百微米，胶囊孔径为几埃至几百埃，适合于以小分子为底物和产物的酶的固定化，如：脲酶、天冬酰胺酶、尿酸酶、过氧化氢酶等。

（五）其他固定化方法

研究开发新型酶固定化方法的原则是：在较为温和的条件下进行酶的固定化，尽量减少或避免酶活力的损失。辐射、光、等离子体、电子（导电载体）等新方法均可用于制备高活性固定化酶。近年来，新型固定化方法不断出现，概括起来主要包括新型载体固定化酶技术、无载体固定化酶技术以及定向固定化酶技术等。

1. 新型载体固定化酶技术

（1）辐射处理固定法　辐射技术也在固定化酶领域得到应用，γ-射线引发丙烯醛与聚乙烯膜接枝聚合后，活性醛基可共价固定化葡萄糖氧化酶，并呈现出良好的结果；^{60}Co辐照冰冻态水溶性单体与酶的水溶液混合体时，可使单体聚合与酶固定化同步完成。当回到常温时，因冰融化而形成的多孔结构非常有利于底物与产物的扩散，并可提高酶的活性；此外，以^{137}Cs为辐射源，通过γ-射线引发将甲基丙烯酸甲酯接枝共聚于尼龙膜表面，该载体经进一步活化，可用于青霉素酰化酶的固定。类似的利用辐射处理制备固定化酶的报道还有很多。

（2）光化学固定法　光偶联法是以光敏性单体聚合物包埋制备固定化酶或带光敏性基团的载体共价固定酶的方法。由于条件温和，该法可获得酶活力较高的固定化酶。例如，利用含芳香叠氨基的光活性酯，在远紫外光辐照下，叠氮基光解生成氮烯与PES膜表面的C—H键间发生插入反应形成仲胺，将脲酶共价键合到PES膜的表面。光化学固定化方法为酶及其他生物分子的固定化提供了一条新的途径。

（3）等离子体固定法　等离子体是高度激发的原子、分子、离子以及自由基的聚集体，大量的等离子体通常在室温下存在。运用等离子体聚合或表面处理技术改变载体材料的表面性质，进而固定酶蛋白的方法主要有4类：等离子体表面处理、等离子体聚合、等离子体接枝共聚和等离子体化学气相沉积。等离子体表面处理是用等离子体处理载体使载体材料表面形成一定数量的活性基团，如羟基、羧基、胺基等，然后通过这些活性基团或者这些活性基团的衍生物对酶进行固定化。另外，等离子体对载体材料的表面处理也可改变载体的吸附性能，从而利用物理吸附来固定化酶。等离子体聚合是利用离子体放电产生的自由基引发溶液聚合。将酶和有机单体混合后进行等离子体聚合反应，聚合后酶蛋白被包裹在其中。也有研究者提出先将蛋白物理吸附在载体表面，再用等离子体放电处理，将酶蛋白直接"键合"在载体表面。等离子体接枝共聚是指先对材料进行等离子体处理，利用表面产生的活性自由基引发具有功能性的单体在材料表面进行接枝共聚，进而固定化酶。用这种方法制备固定化酶的效果较好，因此越来越受到重视。等离子体化学气相沉积技术是气态物质在低温等离子体中发生化学反应，在基体上生成新固体薄膜的方法。

（4）电化学聚合固定法　电聚合物作为酶固定化载体时，特别有利于酶电极类生物传感器的制备。有研究报道，用电化学聚合法制备聚苯胺膜，并通过静电吸附固定辣根过氧化物酶（HRP），形成聚苯胺修饰的HRP电极，聚苯胺在电极与酶分子之间传递电荷。这种酶电极对H_2O_2的电流响应高达25A，响应时间小于15s。相比于未复合纳米金胶传感器，该传感器具有更高的稳定性，更低的检测下限。Rajesh等合成了聚（N-3-氨丙基吡咯-吡咯）（PAPCP）导电多孔膜，共价固定脲酶（Urs）后用作定量检测尿素的生物传感器。该传感器敏感度高、反应时间短、酶活性保持良好。

2. 无载体固定化酶技术

在载体固定化酶中，由于聚合物载体的存在而大大降低了酶与大分子底物的结合容量和反应能力，而无载体固定化酶具有较高的催化剂比表面、较高的酶催化活性、受底物扩散限制的影响较小、成本低等优点。另外，一些无载体固定化酶技术还可提高酶在极端条件下及在有机溶剂及蛋白酶中的操作稳定性。目前无载体固定化酶技术（图6-27）主要有如下几种：

（1）交联溶解酶技术　交联溶解酶（Cross-Linked Dissolved Enzyme，CLDEs）是通过交联剂对酶分子直接交联而获得的。到目前为止，已有20多种酶通过交联直接形成交联溶解酶或先吸附在惰性膜载体上再经交联形成有载体的交联溶解酶。

（2）交联酶晶体技术　交联酶晶体（Cross-Linked Enzyme Crystals，CLECs）是近年来发展起来的新型酶晶体催化剂，是酶结晶技术和化学交联技术的结合。目前，已经有10余种CLECs实现了商品化。

（3）交联酶聚集体技术　交联酶聚集体（Cross-Linked Enzyme Aggregate，CLEAs）是酶分子经沉淀形成不溶性酶聚集体再经交联反应得到的。大量研究表明，各种酶的交联酶聚集体在适当的反应条件下都会显示出较好的催化活性和反应稳定性。

（4）交联喷雾干燥酶技术　尽管喷雾干燥酶颗粒可以获得较好的酶活，但直到今天还未开发出理想的交联喷雾干燥酶（Cross-Linked Spray-dried Enzyme，CLSDs）。主要原因是喷雾干燥容易导致酶失活。另外，与交联酶晶体、交联酶聚集体或有载体固定化酶相比，交联喷雾干燥酶的操作性相对较差，故而其工业应用受到限制。

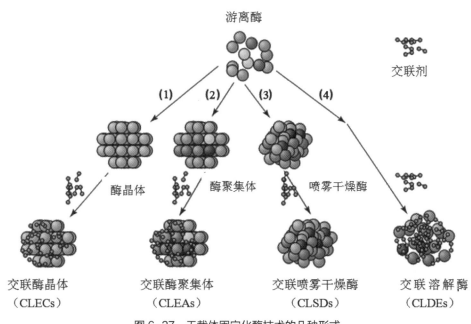

图 6-27　无载体固定化酶技术的几种形式

3. 定向固定化酶技术

定向固定化酶技术是在酶的特定位点直接或者间接地与载体结合，酶活性位点位于载体外侧，天然构象基本保持不变，有利于底物进入到酶的活性位点，从而显著提高固定化酶的活力。定向固定化酶技术因其较高的活力、良好的稳定性以及保持酶的天然构象等优点而吸引着越来越多研究者的关注。但是定向固定化酶技术仍处于实验研究阶段，并没有在工业生产中大规模应用。随着研究的逐渐深入，定向固定化酶技术将在生物芯片、生物传感器、生物反应器、临床诊断、药物设计、亲和层析以及蛋白质结构和功能的研究中得到越来越多的应用。

目前已报道的关于酶的定向固定化方法按照作用力可分为非共价定向固定和共价定向固定。非共价作用力主要是抗体与抗原、亲和素/链霉亲和素与生物素以及组氨酸标签与Co^{2+}/Ni^{2+}之间的亲和作用；共价定向固定主要是通过半胱氨酸残基上的巯基与载体直接或间接作用。按照作用形式又可细分为位点专一性共价定向固定化，抗体偶联的定向固定化，利用糖蛋白糖基的定向固定化以及利用基因工程的方法实现定向固定化（包括:特定位点突变法以及亲和标签介导的定向固定化）等。

二、固定化酶载体

载体作为固定化酶技术的重要组成部分，其结构及性能在很大程度上直接影响着所得固定化酶的催化活性及操作稳定性。综合性能优良的载体材料的设计与制备是固定化酶技术发展的重要研究领域。

按照固定化方法的不同，固定化酶载体可分成物理吸附载体、共价连接载体、截留载体以及胶囊包埋载体等。根据载体材料的组成又可将固定化酶载体分为高分子载体、无机载体、复合载体和新型载体等。常见的无机物理吸附载体有活性炭、高岭土、氧化铝、硅胶、微孔玻璃、多孔陶瓷等，有机物理吸附载体有纤维、火棉胶等。离子交换吸附载体有CMC、DEAE-纤维素、DEAE-葡聚糖凝胶等。共价连接载体有聚丙烯酰胺、氨基酸共聚物、甲基丙烯醇共聚物等。截留载体有海藻酸钠凝胶、角叉菜胶、明胶、琼脂凝胶、卡拉胶等天然凝胶以及聚丙烯酰胺、聚乙烯醇和光交联树脂等合成凝胶或树脂等。胶囊包埋载体有聚酰胺、火棉胶、醋酸纤维素等。

随着对固定化酶研究的不断深入，磁性载体、纳米材料载体、环境敏感性载体以及导电载体等新型载体材料逐渐成为今后固定化酶载体研究的主要方向。

磁性载体主要是指磁性高分子微球，即内部含有磁性金属或金属氧化物（如铁、钴、镍及其氧化物）的超细粉末而具有磁响应性的高分子微球，可以借助外部磁场从反应体系中快速简便地富集、分离和回收固定化酶，从而可以随时控制酶促反应的进行，提高酶的使用效率。

纳米材料载体主要有金纳米粒、胶体金、氧化铝纳米粒等，可以给酶分子提供良好稳定的微环境。高分子纳米材料与酶的固定化方式主要有3种，外移置法、内移植法和自组装法。尽管纳米材料固定化酶的研究还处于初级阶段，但由于它可保持酶的稳定性和适合于大规模应用，所以这种固定化酶方法具有很大的应用前景。

近年来，开始有将环境敏感性载体用作固定化酶载体的报道。环境敏感性载体固定的酶可以通过调节反应体系的温度或pH来实现均相催化和异相分离的目的。但是，这类温度或pH敏感性载体材料也存在一定的局限性，即对于一些对温度或pH十分敏感的酶，这类载体不适用。随着研究的不断深入，光敏感、压力敏感及离子强度敏感等环境敏感性材料也可能成为新型固定化酶载体。

此外，导电载体作为固定化酶的一类特殊载体，在基于酶电极的生物传感器领域得到了广泛应用，极大地推动了酶生物传感器的发展。导电载体材料主要包括两类，即导电高聚物载体和导电复合载体，前者一般是具有共轭结构和导电能力的有机聚合物，如聚苯胺（PAn）、聚噻吩（PTh）、聚吡咯（PPy）及其衍生物等，后者则是在导电材料中复合一些特殊物质而制得的导电复合载体。

三、固定化酶动力学

当酶被固定时，一些额外的因素能影响酶-底物络合物的形成和酶-底物络合物转变成产物的过程。这些因素包括：①酶已被固定，仅底物能自由扩散；②酶的载体被Nernst扩散层所包围，后者的作用像一个边界，使得靠近酶的底物浓度低于体相的底物浓度；③由于酶、底物和载体都可能带有电荷，因此产生静电因子，它可能增强底物与酶的结合（底物与载体带有相反的电荷），也可能削弱底物与酶的结合（底物与载体带有相同的电荷）；④当期望达到最高的底物转变成产物的速度时，反应初速度v_0已不再适用。

Hornby等考虑到上述因素①~③推出了一个适合于固定化酶反应的动力学方程式。采用流动柱状反应器时，固定化酶的反应速度按下式进行计算。

$$v = \frac{v_{\max}[S]}{K_m^* + [S]} \tag{6-42}$$

$$K_m^* = \left[K_m + \frac{X v_{\max}}{D} \right] \frac{RT}{RT - XZFV} \tag{6-43}$$

式中　K_m^*——表观米氏常数；

　　　X——Nernst扩散层厚度；

　　　D——底物的扩散系数；

　　　T——温度，K；

　　　Z——底物的价数；

　　　F——Faraday常数；

　　　R——通用气体常数；

　　　V——载体附近的电位梯度。

$(K_m + \frac{X v_{\max}}{D})$被称为扩散项。严格地说，$K_m$和$v_{\max}$不是扩散参数，而$X$和$D$是扩散参数。$\frac{RT}{RT - XZFV}$被称为静电项，这是因为此项中含有$Z$、$F$和$V$。分析扩散项可以看出，$K_m^*$随$X/D$减小而降低，并且逼近$K_m$。采用较小的载体或提高流动速度（或搅拌速度）可使$X$（扩散层厚度）减小。$D$与反应体系的组成有关。分析静电项可以看出，如果$Z$和$V$具有相同符号，即底物和载体具有相同的电荷，那么$\frac{RT}{RT - XZFV}$这一项大于1，使$K_m^*$增大；如果$Z$和$V$具有相反的符号，那么静电项小于1，使$K_m^*$减小；如果$Z$或$V=0$，那么静电项等于1，$K_m^*$仅受扩散因素影响。

在流动柱状反应器中固定化酶催化的反应的速度v，不再是v_0。在实际操作中，总是期望底物尽可能多地转变成产物。在反应器中反应可以遵循0级、混合级或一级速度动力学，这取决于反应的时间。因此，可用下式描述柱状反应器中的动力学过程。

$$k_2[E]_0 t = K_m^* \ln([S]_0 / [S]_t) + ([S]_0 - [S]_t) \tag{6-44}$$

式中　k_2——速度常数；

　　$[E]_0$——酶的总浓度；

　　　t——底物在反应器中停留的时间；

　　$[S]_0$——底物初始浓度；

　　$[S]_t$——时间t时底物的浓度；

　　K_m^*——表观米氏常数。

在时间t时底物S转变成产物P的分数由式（6-45）表示

$$F = \frac{[S]_0 - [S]_t}{[S]_0} \qquad (6\text{-}45)$$

底物S通过反应器所需时间$t = v_0/Q$，v_0是柱状反应器的空体积，Q是底物通过反应器时的流速。将底物在反应器中停留的时间t和底物转变成产物的分数F的表达式代入式（6-45）并经变换得到式（6-46）

$$[S]_0 F = K_m^* \ln(1-F) + \frac{k_2 [E]_0 v_0}{Q} \qquad (6\text{-}46)$$

式（6-46）是一个线性方程，$y = [S]_0 F$和$X = \ln(1-F)$，而直线的斜率$= K_m^*$。

Lilly和Sharp推导出一个能适用于连续进料搅拌式反应器的固定化酶反应动力学方式

$$[S]_0 F = \frac{-F}{1-F} K_m^* + \frac{k_2 [E]_0 v_0}{Q} \qquad (6\text{-}47)$$

四、固定化酶在食品工业中的应用

鉴于固定化酶的诸多优点，近几十年来国内外研究工作者为固定化酶技术的发展和工业化应用做出了巨大的努力。然而，到目前为止仅有少数几种固定化酶被应用于大规模工业生产。

固定化氨基酰化酶是世界上第一种工业化生产的固定化酶。1969年日本田边制药公司将从米曲霉中提取分离得到的氨基酰化酶，用DEAE-葡聚糖凝胶为载体通过离子键合法制成固定化酶。DL-甲硫氨酸先经过乙酸酐酰化处理，生成乙酰-DL-甲硫氨酸，然后用立体选择性酶——固定化氨基酰化酶，进行拆分，拆分液进行分离得到L-甲硫氨酸和乙酰-D-甲硫氨酸，乙酰-D-甲硫氨酸再经过消旋处理进行重新拆分，不断得到L-甲硫基酸，这样L-甲硫氨酸的总收率得到很大的提高（图6-28）。使用固定化氨基酰化酶的生产成本仅为使用游离酶的生产成本的60%左右。

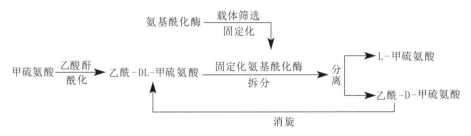

图6-28　L-甲硫氨酸生产工艺流程

固定化葡萄糖异构酶是目前世界上生产规模最大的一种固定化酶。1973年，美国成功地将固定化葡萄糖异构酶用于工业化生产高果糖玉米糖浆（HFCS）。1967年美国的克林顿玉米加工公司（Clinton Corn Processing Co. CCP）引进日本技术，形成日产400t糖浆的规模，生产含果糖15%

的果葡糖浆，首次实现了工业化的果葡糖浆酶法生产。1969年该公司研制出含42%果糖的果葡糖浆。

从淀粉生产高果糖玉米糖浆包括以下几个酶作用阶段：

$$玉米淀粉 \xrightarrow{\alpha-淀粉酶} 糊精（DP \approx 10）\xrightarrow{葡萄糖淀粉酶} 葡萄糖 \xrightarrow{固定化葡萄糖异构酶} 高果玉米糖浆（HFCS）$$

生产葡萄糖异构酶的菌种主要有链霉菌（*Streptomyces* sp.）、凝结芽孢杆菌（*Bacillus coagulans*）、放线菌（*Actinoplanesmissouriensis*）和节杆菌（*Arthrobacter* sp.）。葡萄糖异构酶被固定在DEAE—纤维素或多孔的陶瓷载体上，得到的固定化葡萄糖异构酶具有不可压缩的特性，已被应用在大规模的柱状反应器中连续催化异构葡萄糖生产高果糖玉米糖浆。当操作温度为50℃时，葡萄糖异构酶催化葡萄糖异构成果糖反应的平衡常数接近1，因此，在产品中果糖和葡萄糖的浓度大致相等。

L-天冬氨酸和L-苹果酸都可以采用固定化酶以富马酸（延胡索酸）为原料而制备得到。固定化延胡索酸酶（Fumarase）可将富马酸转化为L-苹果酸，而由大肠杆菌得到的天门冬氨酸酶则可催化富马酸与氨作用，得到L-天冬氨酸。这两种酶都是胞内酶，当对细胞进行固定化处理时，酶的稳定性提高了。1974年，用聚丙烯酰胺凝胶包埋含有延胡索酸酶的产氨短杆菌菌体，得到固定化延胡索酸酶在工业上用于转化延胡索酸生产L-苹果酸。1977年以后，改用角叉菜胶包埋具有高活力延胡索酸酶的黄色短杆菌菌体，其L-苹果酸的产率比前者提高了5倍左右。延胡索酸酶和L-天冬氨酸酶催化的反应和产物如下：

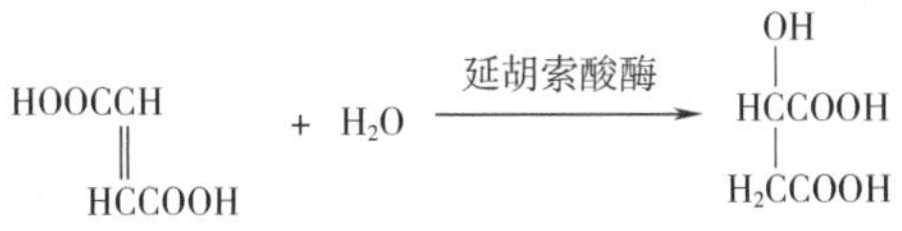

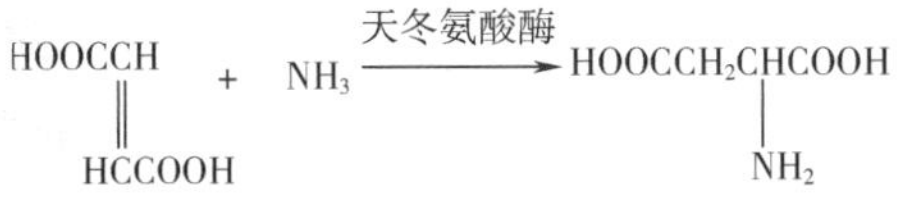

低聚果糖（Fructo oligosaccharides，简称FOS）又称蔗果低聚糖，是由1～3个果糖基通过β-2，1-糖苷键与蔗糖中的果糖基结合生成的蔗果三糖、蔗果四糖和蔗果五糖等的混合物。低聚果糖可以通过果糖转移酶作用蔗糖来生产。果糖转移酶的催化作用分两步进行：第一步形成酶-果糖复合物，释出葡萄糖；第二步该复合物将果糖转移给水或蔗糖生成果糖或三糖。目前，用于低聚果糖生产的固定化酶技术主要有三种：一是固定化果糖转移酶法，二是固定化含果糖转移酶细胞或菌丝体法，三是共固定化含果糖转移酶的菌丝体与葡萄糖氧化酶法。第三种方法是先用戊二醛和单宁在20℃条件下将葡萄糖氧化酶与黑曲霉的菌丝体交联4h，然后用海藻酸钙包埋。得到的共固定化细胞颗粒作用于浓度为625g/L的蔗糖溶液，在50℃、pH5.0的条件下反应24h，可以得到低聚果糖纯度为71%（对总糖）的低聚果糖溶液。

在食品工业中固定化酶成功应用的实例还在不断增加。例如，固定化木瓜蛋白酶用于改善啤酒的品质，固定化青霉素酰化酶用于合成6-氨基青霉烷酸（6-APA），固定化乳糖酶用于水解牛乳中的乳糖，以及固定化柚皮苷酶用于减少柑橘类果汁中的柚皮苷含量，从而脱去柑橘类果汁中的苦味等。

另外，固定化酶在医药行业也得到应用。例如，将针对靶细胞的单克隆抗体与酶蛋白药物化学交联固定化，制备得到具有主动靶向性的导向药物。该药物可以直接作用于靶细胞起到杀伤作用，同时能大量减少对非靶细胞的伤害，还可以做成"人工脏器"参与体外循环。

在分析检测领域，灵敏度高，专一性强的固定化酶传感器和固定化酶柱检测器的研发和应用已经取得重要进展。目前已经开发出葡萄糖酶电极、胆固醇电极、尿素电极等，并成功应用于临床血样的分析。此外酶联免疫测定（ELISA）通过抗原与抗体的特异反应将待测物与酶连接，然后通过酶与底物产生颜色反应，用于定量测定。

固定化酶技术的研究尚处于发展阶段，新的载体、新的固定化技术尚在开发、新的应用领域还在不断的拓宽。与此同时，固定化微生物细胞也愈来愈普遍地被应用于食品工业，限于篇幅，本书不作细述，有兴趣的读者可参阅有关的研究论文和专著。

第六节　食品加工中重要的酶

酶的作用对于食品质量的影响是非常重要的。实际上，没有酶或许就没有人类的食品。食品工作者要面对两种来源的酶：一种是内源酶；另一种是外源酶。

内源酶是食品加工的材料本身所含有的酶。酶在生物体完整细胞内是区域化及隔离分布的。酶存在于特定的细胞器中通过膜或通过其他物理障碍与其他酶或底物隔离，同时还可以通过与其他蛋白质、膜或多糖结合来实现与其他酶或底物的分离。破坏食品中酶的隔离分布状态是很容易的，例如组织破碎。酶与底物隔离状态一旦破坏，酶反应立刻发生，这样有可能提高食品的品质（例如产生风味），也可能降低食品的品质（例如酶促褐变）。这取决于特定的食品材料、特定的食品质量要求和特定的反应。例如，脂肪氧化酶作用于脂肪，或产生哈喇味，或产生愉快的风味；酶促褐变在茶叶的化学"发酵"中是期望的，但在新切的水果和蔬菜中是不期望的。

外源酶是为达到某个加工或保藏的目的而作为加工助剂加入的酶或由污染的微生物分泌产生的酶。在现代食品工业中外源酶的应用越来越多，包括食品配料及食品成品的生产，例如玉米糖浆、葡萄糖、高果糖浆、低聚糖以及其他甜味料，蛋白质水解物和结构化脂质等；食品基质成分的调整，如啤酒稳定、牛乳凝固（奶酪制作）、肉类嫩化、橘汁脱苦以及面包软化等；工艺改良，例如奶酪成熟、果汁提取、果汁/葡萄酒澄清、水果和油料提取、饮料（啤酒/葡萄酒）过滤、加快和面、面团发酵与稳定等；过程控制，如在线生物传感器；以及成分分析等。

一、碳水化合物酶

大部分作用于食品碳水化合物的商品酶都是水解酶，且统称作糖基水解酶或糖苷酶，也简称糖酶。该类酶的一些酶也可催化食品过程中的糖基转移和/或水解的逆反应，形成新的糖类，此时底物的浓度一般比较高（30%～40%固体）。碳水化合物酶主要有淀粉酶、果胶酶、纤维素酶、转化酶、乳糖酶等。该类酶约占食品工业中作为加工助剂用酶的一半。

（一）淀粉酶

1. 淀粉酶的分类及催化的反应

淀粉酶是水解淀粉的酶，它们不仅存在于动物中，也存在于高等植物和微生物中。最主要的淀粉酶有三类：α-淀粉酶、β-淀粉酶和葡萄糖淀粉酶。

（1）α-淀粉酶　α-淀粉酶（1，4-α-D-葡聚糖葡聚糖水解酶，EC 3.2.1.1）是一种内切、α→α保持型酶，主要用于迅速降低淀粉聚合物的平均分子质量。α-淀粉酶是糖苷水解酶第13家族的代表。该家族酶的蛋白质中至少存在三个独立的结构域，一个用于催化反应，一个作为颗粒淀粉的结合位点，第三个与钙结合并连接其他两个结构域。

不同来源的α-淀粉酶（已报道70多个具有不同一级结构的α-淀粉酶）的相对分子质量主要在50000～70000范围，不过也有少量接近200000。α-淀粉酶有多位点结合Ca^{2+}，其中活性部位裂缝附近的最为重要，这些位点能够起着稳定酶蛋白二级和三级结构的作用，使酶具有最高的稳定性和最大的活力。

不同来源的α-淀粉酶的最适温度也不同，一般在55～70℃，但也有少数细菌α-淀粉酶最适温度很高，如被广泛应用于食品加工业的地衣形芽孢杆菌α-淀粉酶的最适温度为92℃，当淀粉质量分数为30%～40%时，它在110℃条件下仍具有短时的催化能力。使用α-淀粉酶在较高温度下进行催化反应时，一般需要加入一定量的Ca^{2+}。不同来源的α-淀粉酶的最适pH也有所不同，一般在pH4.5～7.0。

α-淀粉酶广泛存在于动植物组织及微生物中。在发芽的种子、人的唾液，动物的胰脏内，α-淀粉酶的含量尤其高。现在酶制剂工厂利用枯草杆菌、米曲霉、黑曲霉等微生物制备高纯度α-淀粉酶。

α-淀粉酶常用于将淀粉水解成更小的糊精。α-淀粉酶水解淀粉的典型终产物为α-限制糊精和由2-12个葡萄糖单位构成的低聚麦芽糖，其中大部分低聚麦芽糖的聚合度（DP）在2~12范围的上端。由于α-淀粉酶的水解作用是随机的，直链淀粉/支链淀粉的平均相对分子质量迅速降低，导致淀粉黏度急剧下降，因此也称为液化酶。对微生物淀粉酶而言，其最适作用条件一般在pH4~7和30～130℃范围。商用α-淀粉酶一般来源于杆菌属（*Bacillus*）和曲霉属（*Aspergillus*）微生物。细菌α-淀粉酶的热稳定性好，在pH5～7，5～60mg/kg以及Ca^{2+}存在条件下，温度高达80～110℃时仍然可以使用。真菌α-淀粉酶也是内切酶，它们可增加较短的低聚麦芽糖（DP=2～5）的积累，使其成为淀粉液化的终产物。已经鉴定出一种独特的细菌"生麦芽糖"α-淀粉酶（EC

3.2.1.133），它能提高麦芽糖产率。

α-淀粉酶对以淀粉为主要成分的食品的黏度有重要影响，例如布丁、奶油汤等。唾液和胰脏α-淀粉酶对食品中淀粉的消化非常重要。

（2）β-淀粉酶　β-淀粉酶（1，4-α-D葡聚糖麦芽糖水解酶，EC 3.2.1.2），是一种外切（端解）、$\alpha \rightarrow \beta$转化糖苷酶，从直链淀粉的非还原末端依次水解α-1，4糖苷键，一次切下一个麦芽糖单位，并且将水解得到的麦芽糖的还原端的异头碳由α-构型转变成β-构型，即得到β-麦芽糖。β-淀粉酶能将直链淀粉水解成100%的麦芽糖，但它不能越过支链淀粉中所遇到的第一个α-1，6-糖苷键。因此，单独使用β-淀粉酶仅能将支链淀粉水解至一个有限的程度，即只能得到麦芽糖与β-限制糊精混合物。并且β-淀粉酶是外切酶，也就是说它不能像α-淀粉酶一样使淀粉的黏度快速下降。

β-淀粉酶是糖苷水解酶第14家族的一个成员。它的结构很独特，只含有一个结构域，而不像其他淀粉水解糖苷酶那样含有多结构域。β-淀粉酶是一种巯基酶，许多巯基试剂能抑制它，这一点不同于α-淀粉酶和葡萄糖淀粉酶。在麦芽中，β-淀粉酶往往通过二硫键共价地与其他巯基连接，因此需要采用巯基化合物如半胱氨酸处理麦芽以提高麦芽中β-淀粉酶的活力。植物β-淀粉酶不能结合和消化生淀粉，但微生物β-淀粉酶具有作用生淀粉的能力。β-淀粉酶的相对分子质量与它的来源有关，一般高于α-淀粉酶。植物β-淀粉酶的相对分子质量约为56000（甘薯β-淀粉酶是一个四聚物），而微生物β-淀粉酶的相对分子质量在30000～160000。

不同来源的β-淀粉酶的最适温度不同，一般在45～70℃，其中微生物来源的β-淀粉酶比植物来源的耐热性更好，但其热稳定性普遍低于α-淀粉酶。其最适pH也与来源有关，通常比α-淀粉酶的最适pH要高，且催化反应不需要Ca^{2+}。

β-淀粉酶存在于高等植物和微生物中，大麦芽、小麦、白薯和大豆中含量丰富。哺乳动物中没有发现β-淀粉酶，不过近年来已从少数微生物中发现有β-淀粉酶的存在。

麦芽糖在食品工业中有很大的用途，β-淀粉酶是麦芽糖生产的关键酶制剂。β-淀粉酶和α-淀粉酶一起在酿造工业中也非常重要。这两种酶作用淀粉产生的麦芽糖能被酵母麦芽糖酶快速地转变成葡萄糖，进而为酿造微生物所进一步利用。

（3）葡萄糖淀粉酶　葡萄糖淀粉酶（1，4-α-D-葡聚糖葡聚糖水解酶，EC 3.2.1.3），惯用名为淀粉葡萄糖苷酶，是一种外切（端解）、$\alpha \rightarrow \beta$转化糖苷酶，单独构成糖苷酶第15家族。葡萄糖淀粉酶从直链淀粉片段非还原末端依次水解α-1，4-糖苷键，一次切下一个葡萄糖单位，并且将水解得到的葡萄糖的还原端的异头碳由α-构型转变成β-构型，得到β-葡萄糖。尽管葡萄糖淀粉酶对α-1，4-糖苷键具有选择性，但也能缓慢作用于支链淀粉的α-1，6-键，水解α-1，6-糖苷键的速度为水解α-1，4-糖苷键速度的4%～10%。除此之外，葡萄糖淀粉酶还能缓慢水解淀粉分子的α-1，3-糖苷键。一些葡萄糖淀粉酶能作用天然（生）淀粉颗粒。葡萄糖淀粉酶彻底降解淀粉的唯一产物是葡萄糖。

葡萄糖淀粉酶主要来源于细菌和真菌，相对分子质量从37000~112000。葡萄糖淀粉酶有多种同工酶形式，不存在辅助因子，最适pH3.5～4.5，最适温度40~70℃。曲霉（*Aspergillus*）

葡萄糖淀粉酶得到广泛使用，在pH3.5～4.5时活性高，且非常稳定，最适温度55～60℃。根霉（*Rhizopus*）葡萄糖淀粉酶已引起人们极大的兴趣，其同工酶也能迅速水解α-1，6-分支点。相对于其他作用淀粉的糖苷酶，葡萄糖淀粉酶作用淀粉的速度相对缓慢。

工业上大量用葡萄糖淀粉酶来作淀粉的糖化剂，并习惯地称之为糖化酶。工业上利用葡萄糖淀粉酶水解淀粉时，总是和α-淀粉酶一起使用，以加快水解速度和效率。

（4）淀粉脱支酶　淀粉脱支酶是水解支链淀粉和糖原分子中的α-1，6-糖苷键的一类酶的总称。根据作用方式的不同（表6-9），淀粉脱支酶分为普鲁兰酶（Pullulanase，EC 3.2.1.41，又称为I型普鲁兰酶），淀粉普鲁兰酶（Amylopullulanase，EC3.2.1.41，又称为II型普鲁兰酶）和异淀粉酶（Isoamylase，EC3.2.1.68）。

表6-9　淀粉脱支酶分类

酶	普鲁兰	支链淀粉	GH家族
普鲁兰酶	②	②	GH13
淀粉普鲁兰酶	①，②	①，②	GH57
异淀粉酶	—	②	GH13

注：①作用α-1，4-糖苷键；
②作用α-1，6-糖苷键；
—不作用α-1，4-糖苷键或α-1，6-糖苷键。

普鲁兰酶和异淀粉酶虽然均能水解α-1，6-糖苷键，但二者底物特异性却有较大的差异（表6-9和图6-29）。

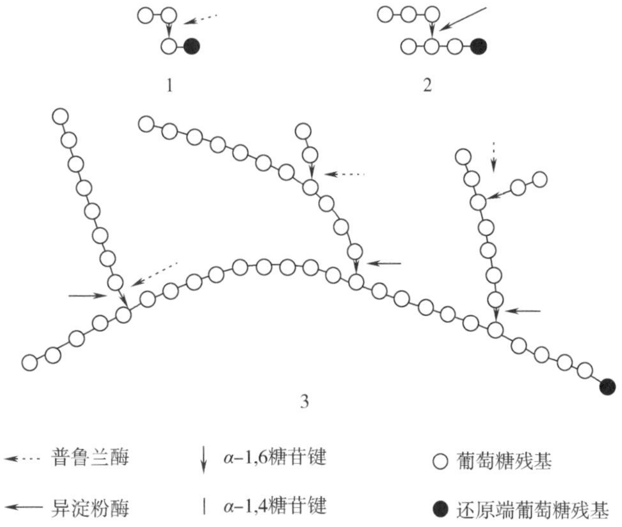

图6-29　普鲁兰酶和异淀粉酶作用底物特征示意图
1—普鲁兰酶的最小底物
2—异淀粉酶的最小底物
3—淀粉脱支酶作用于底物

Ⅰ型普鲁兰酶专一性水解支链淀粉的α-1，6-糖苷键。Ⅱ型普鲁兰酶具有α-淀粉酶-普鲁兰酶复合活性，能同时水解淀粉中的α-1，4和α-1，6-糖苷键。普鲁兰酶可以水解α-极限糊精、β-极限糊精分子中由2～3个葡萄糖残基（α-1，4-糖苷键连接）所构成的侧支的α-1，6-糖苷键，但不能水解潘糖、异麦芽糖以及只含α-1，6-糖苷键的多糖，即它所切的α-1，6-糖苷键的两头至少要有2个以上的α-1，4-糖苷键。因此，普鲁兰酶与β-淀粉酶共同作用于淀粉时，能100%将其水解成麦芽糖。

异淀粉酶只能作用水解支链淀粉和糖原结构中的α-1，6-糖苷键，不能水解线性普鲁兰多糖。它虽可催化糖原α-1，6-糖苷键的水解，但却不能水解β-极限糊精分子中由2～3个葡萄糖残基（α-1，4-糖苷键连接）所构成的侧支的α-1，6-糖苷键，故与β-淀粉酶共同作用于淀粉时，不能100%将其水解成麦芽糖。

普鲁兰酶适宜作用较低分子质量糊精，能够高效地水解普鲁兰多糖，但是对大分子支链淀粉底物水解活力较低，对分支密集的糖原（又称肝糖，动物淀粉）几乎没有水解作用。异淀粉酶对大分子质量的支链淀粉和糖原表现出较高的水解活力，对低分子质量糊精水解活力较低，最小作用单位为麦芽三糖基麦芽四糖。

其他淀粉脱支酶有新普鲁兰酶（Neopullulanase，EC 3.2.1.125）和异普鲁兰酶（Isopullulanase，EC 3.2.1.57），分别作用于普鲁兰多糖分支点的非还原和还原末端α-1，4键，产生α-1，6分支三糖（潘糖和异潘糖）。

（5）环麦芽糊精葡聚糖转移酶 环麦芽糊精葡聚糖转移酶（CGT，1，4-α-D-葡聚糖4-α-D-[1，4-α-D-葡萄糖苷]-转移酶[环化]，EC 2.4.1.9，惯用名：环麦芽糊精转移酶）能够催化水解反应以及分子内和分子间转糖苷反应。环化反应生成六-（α）、七-（β）以及八-（γ）糖化物，通常称为环状糊精。

环麦芽糊精葡聚糖转移酶是一种内切、α→α保持型酶，相对分子质量主要约为75000，最适pH一般在5~6之间。近几年获得了耐热的环麦芽糊精葡聚糖转移酶，其最适温度从50~60℃提高到80~90℃。

上述几种淀粉酶的作用模式如图6-30所示。

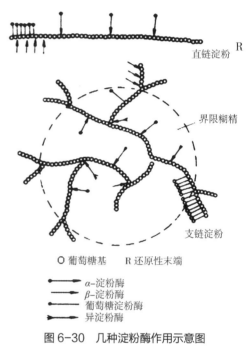

图 6-30 几种淀粉酶作用示意图

2. 淀粉酶与食品工业

内源淀粉酶对一些富含淀粉的食品原料的品质会产生相当的影响，有的影响是我们所希望的，如红薯在贮藏中变甜；但有些是不希望的，如马铃薯在贮藏过程中淀粉被淀粉酶水解成还原糖，后者会对马铃薯的后续加工产生不利影响，如使油炸马铃薯条或马铃薯片颜色变深等。

淀粉酶是目前使用量最大的工业化酶制剂，在淀粉糖生产、酿造和烘焙等食品工业和食品分析中具有重要应用。

（1）淀粉糖工业 淀粉糖是食品工业的重要原料，是人们日常消费食糖的有益补充。淀粉糖是以谷物、薯类等农产品为原料，其中最主要的是玉米，水解、转化而成的。淀粉糖的种类很多，有葡萄糖系列产品（葡萄糖浆、结晶葡萄糖等）、果糖系列产品（结晶果糖、果葡糖等）、麦芽糖、低聚糖（低聚麦芽糖、低聚果糖等）、糊精和各种糖醇等。淀粉糖的应用除了可以代替蔗糖应用于饮料、糖果、糕点等各种食品外，在制药、发酵等行业应用非常普遍。随着酶工业的发展，酶法制备淀粉糖已经逐渐代替了传统的酸水解方法。目前，工业上用于淀粉糖生产的酶制剂有α-淀粉酶、β-淀粉酶、葡萄糖糖化酶（糖化酶）、支链淀粉酶、异构酶、转苷酶（转移酶）等。酶法生产的淀粉糖有糊精、环状糊精、饴糖、麦芽糖、异麦芽糖、葡萄糖、果糖等。

　　工业上，淀粉的转化利用从淀粉浆料开始（图6-31）。首先加热使淀粉糊化，然后利用耐高温的α-淀粉酶（细菌淀粉酶）进行淀粉的液化，即将淀粉转变成直链和分支糊精混合物。然后，将上述水解产物进一步用α-淀粉酶水解成DE15～40的麦芽糊精，或利用葡萄糖淀粉酶（糖化酶）在添加或不添加支链淀粉酶的情况下将液化的淀粉和糊精水解成葡萄糖，得到DE值大于95的葡萄糖糖浆，或利用β-淀粉酶在添加或不添加支链淀粉酶的情况下将液化的淀粉水解成麦芽糖，得到麦芽糖产品。支链淀粉酶的添加有利于淀粉的彻底水解，得到高DE值的葡萄糖浆或高纯度的麦芽糖浆产品。DE95以上的葡萄糖糖浆可以通过结晶的方法生产结晶葡萄糖，也可将葡萄糖糖浆通过葡萄糖异构酶柱，得到含42%果糖（52%葡萄糖）的果葡糖浆，经工业色谱分离进一步得到含果糖90%以上的高果糖浆，再经结晶得到结晶果糖。另外，还可利用环糊精葡萄糖转移酶（CGTase）制备环状糊精等。

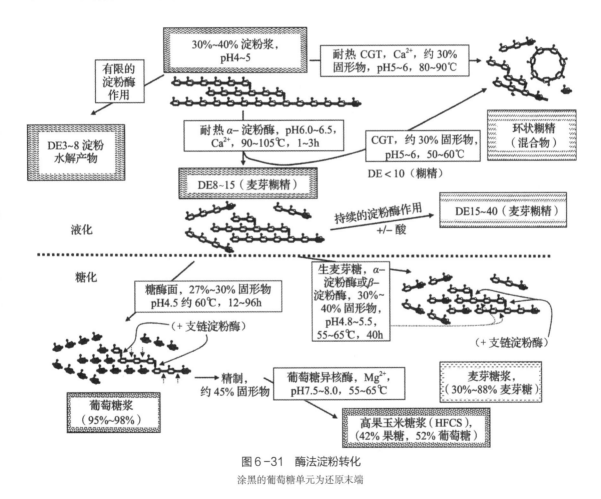

图6-31　酶法淀粉转化

涂黑的葡萄糖单元为还原末端

　　（2）酿造工业　麦芽是生产啤酒的主要原料。麦芽质量欠佳或大麦、大米等辅助原料使用量较大时，会造成淀粉酶、β-葡聚糖酶、纤维素酶的活力不足，使糖化不能充分，蛋白质降解不足，从而影响啤酒的风味和收率。使用微生物淀粉酶、蛋白酶、β-葡聚糖酶等制剂，可以补充麦芽中酶活力不足的缺陷。

啤酒的酿造过程中制浆和调理两阶段都需要使用酶制剂，其主要工艺流程如图6-32所示。

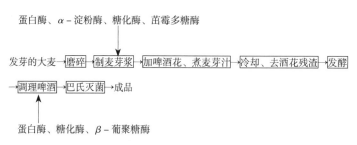

图6-32 啤酒酿造工艺流程

其中蛋白酶可降解啤酒的蛋白质组分，防止啤酒冷浑浊，延长啤酒贮藏期；糖化酶能降解啤酒中的残留糊精，既保证了啤酒中最高的乙醇含量，又能增加了糖度。

酒精生产中大量使用淀粉酶。具体方法在淀粉质原料磨成的料浆中添加α-淀粉酶。采用低温蒸煮时，可加中温α-淀粉酶；采用中温蒸煮时，可加耐高温α-淀粉酶。糖化时，先将溶液冷却到60℃，然后加入葡萄糖淀粉酶。加酶的量应根据原料、糖化时间等综合因素来考虑。此外，酶制剂也广泛应用于果酒、白酒等的酿造，既可提高出酒率又能消除浑浊等。

食醋生产也开始使用淀粉酶。目前，一些醋厂采用纯酵母菌和固体糖化酶进行大罐低温、边糖化边发酵生产酒醪，再用醋酸菌，以池代缸，固体分层醋酸发酵，新工艺制醋大大提高了劳动生产率。

（3）烘焙食品　烘焙食品生产中涉及的糖酶中，α-淀粉酶应用最多。起初认为，淀粉酶添加到生面团中以降解破损淀粉和/或补充低质面粉（就烘焙而言）的内源淀粉酶活性，淀粉酶的主要作用是为酵母提供更多可发酵的碳水化合物。现在认识到，淀粉酶将降低生面团黏性、增加面包的体积、提高柔软度（抗老化）以及改善产品的外皮色泽。大部分效应都归因于焙烤过程中淀粉糊化时的部分水解。面团黏性的降低（变稀）可加快调制和烘焙过程中的传质和反应，帮助改善产品的质构和体积。

抗老化（回生、凝沉）效应被认为是支链淀粉以及直链淀粉的有限水解所产生的，淀粉分子的有限水解在一定程度上迟滞了糊化淀粉的老化，这也是到目前为止仍然在焙烤食品中应用α-淀粉酶的主要原因。然而，过量的α-淀粉酶会导致面包质地黏糊，其原因是这样会导致DP20~100的分支麦芽糊精的积累。

近年来发现，生麦芽糖类型的α-淀粉酶在抗老化方面性能与抗老化剂一样优越。相对于传统的α-淀粉酶的内切作用，生麦芽糖类型的α-淀粉酶能产生较短的低聚麦芽糖（DP7~9）以及较大的糊精（可起到增塑剂的作用）。因此，生麦芽糖酶能保持面包中糊化淀粉网状结构的完整性（柔软，但不黏糊），淀粉分子轻微的减小对保持面包的弹性、迟滞老化有利。

（二）乳糖酶

1. 乳糖酶简介

$\beta-D-$半乳糖苷酶（EC3.2.1.23，乳糖水解酶）是一种广泛存在于各种动植物及微生物中的多功能酶，能够水解乳糖，同时也具有半乳糖苷转移活性。以乳糖为底物时，它能够切割乳糖的$\beta-1，4-$糖苷键，将游离半乳糖残基以$\beta-1，3$、$\beta-1，4$、$\beta-1，6-$糖苷键连接到其他糖分子上，形成非常好消化的功能性低聚糖-低聚半乳糖。$\beta-D-$半乳糖苷酶同样可以通过$\beta-1，6-$糖苷键催化半乳糖与其他糖（乳糖、半乳糖、果糖）的转糖苷反应，从而得到独特的DP2~5的低聚糖。

$\beta-$半乳糖苷酶归属于糖苷水解酶第1、2、35、42、59家族。该类酶主要以多肽链的四聚体存在，相对分子质量为90000~120000。不同微生物来源的乳糖酶构成了很宽范围的最适pH。细菌乳糖酶的最适pH为5.5~6.5，酵母乳糖酶为6.2~7.5，真菌乳糖酶为2.5~5.0。不同来源的乳糖酶的最适温度也不同。细菌和酵母乳糖酶的最适温度为35~40℃，而真菌酶的最适温度高达55~60℃。这种作用条件的多样性使得微生物$\beta-D-$半乳糖苷酶能够应用于酸性食品（酸乳清、发酵乳制品）、牛乳和甜乳清中。

2. 乳糖酶与食品工业

乳糖水解后可以提高甜味、可发酵底物及还原糖的量，降低乳糖结晶的发生率（例如冰淇淋中的"砂质"）和使有乳糖不耐症的消费者（缺乏充足的乳糖酶）可以食用乳制品。乳糖水解可以在鲜奶中直接添加乳糖酶来实现。乳糖水解程度能够达到70%左右时进行巴氏杀菌，酶在巴氏杀菌中失活。乳清或乳清蛋白浓缩物可以用固定化的$\beta-D-$半乳糖苷酶来处理，乳糖水解程度可达到90%左右。

（三）果胶酶

1. 果胶酶的分类及催化的反应

在高等植物的细胞壁和细胞间层中存在原果胶、果胶和果胶酸等胶态聚合碳水化合物，果胶酶就是水解这些物质的一类酶的总称。果胶酶广泛地分布于高等植物和微生物中，根据其作用底物的不同，可分为三类。两类（果胶甲酯酶和聚半乳糖醛酸酶）存在于高等植物和微生物，还有一类（果胶酸裂解酶）存在于微生物，特别是某些感染植物的致病微生物中。

（1）果胶甲酯酶　果胶甲酯酶（果胶 果胶酰基水解酶，EC 3.1.1.11）水解果胶的甲酯键，产生果胶酸和甲醇。该酶有时还被称为果胶酯酶（Pectinesterase）、果胶酶（Pectase）、果胶甲氧基酶（Pectin methoxylase）、果胶脱甲氧基酶（Pectin demethoxylase）和果胶酯酶（Pectolipase）。当有二价离子如Ca^{2+}存在时果胶被水解成果胶酸后会提高果蔬的质构强度，这是由于在Ca^{2+}和果胶酸的羧基之间形成了桥联。

（2）聚半乳糖醛酸酶　聚半乳糖醛酸酶（聚-α-1，4-半乳糖醛酸苷 糖基水解酶，EC 3.2.1.15）水解脱水半乳糖醛酸单位之间的α-1，4-糖苷键，同时存在着内切-和端解-聚半乳糖醛酸酶。端解型水解聚合物末端的糖苷键，而内切型作用于分子内部的糖苷键。由于果胶甲酯酶能快速地将植物中的果胶转变成果胶酸，因此对植物是否同时含有聚甲基半乳糖醛酸酶（作用于果胶）和聚半乳糖醛酸酶（作用于果胶酸）有不同意见。聚半乳糖醛酸酶的作用是使果胶酸水解，导致一些食品材料如番茄的质构显著下降。

（3）果胶酸（盐）裂解酶　果胶酸（盐）裂解酶[聚（1，4-α-D半乳糖醛酸酐）裂解酶，EC 4.2.2.2]在没有水参与的情况下通过β-消去将果胶和果胶酸的糖苷键裂开。按此方式裂开糖苷键生成一个含有还原基团的产物和一个含有双键（失去基团）的产物。它们存在于微生物而不存在于高等植物。

2. 果胶酶与食品工业

果胶酶在食品工业中具有很重要的作用。果胶酶主要用于果汁加工，其作用包括两个方面：提高得率和澄清果汁。

一些水果，例如无花果、葡萄和中华猕猴桃在破碎后具有很高的黏稠性，仅仅依靠压榨的方法很难提高果汁的提取率。一般先将采收的果实洗净，接着在破碎果实时加入果胶酶制剂，然后将果酱在搅拌的情况下保温一段时间。由于水果中的果胶物质被果胶酶降解而使果酱的黏度下降，然后采用压榨或离心的方法很容易将果汁和残渣分离开来，从而提高了果汁的得率。

对于苹果来说，未经果胶酶处理直接压榨也有可能得到高产量的混浊汁，但是必须用果胶酶处理混浊汁后，才有可能用离心的方法将导致果汁混浊的粒子沉淀下来。曾对果胶酶澄清苹果汁的机制作了许多研究工作，一般认为苹果汁中的混浊粒子是蛋白质-碳水化合物复合物，其中蛋白质占36%。在苹果汁的pH3.5左右条件下，粒子表面带负电荷，显然这些负电荷是由果胶和其他多糖提供的。在果胶等构成的保护层里面则是带正电的蛋白质，果胶部分水解后使带正电的蛋白质暴露出来，当它们和其他带负电荷的粒子相撞时，就能导致絮凝作用。于是，可以下这样的结论：苹果汁的澄清包括酶催化果胶解聚和非酶的静电相互作用两个阶段。在葡萄汁生产中，应用果胶酶处理葡萄汁，不仅产品的感官质量好，而且葡萄的出汁率也能大大提高。

柑橘汁的色泽和风味依赖于果汁中的混浊成分，混浊是由果胶、蛋白质构成的胶态不沉降的微小粒子形成。若橘汁中果胶酶不失活，其作用结果会导致柑橘汁中的果胶分解，橘汁沉淀、分层，从而成为不受欢迎的饮料。因此，在柑橘汁加工时必须通过热处理使果胶酶失活。另外，在提取植物蛋白时常使用果胶酶处理原料以提高蛋白质的得率。

（四）纤维素酶

1. 纤维素酶简介

纤维素酶是由多种水解酶组成的一个复杂酶系，主要由内切*β*-葡聚糖酶、外切*β*-葡聚糖酶和*β*-葡萄糖苷酶等组成。作用于纤维素及其降解的中间产物的酶可被分为4类。

（1）内切葡聚糖酶 内切葡聚糖酶［Endoglucanases，1，4（1，3；1，4）-*β*-D-葡聚糖4-葡聚糖水解酶］作用于纤维素纤维内部的非结晶区，随机水解*β*-1，4-糖苷键，将长链纤维素分子截短，产生大量带非还原性末端的小分子纤维素。作用于棉花和微晶纤维素结晶区时没有活性。能水解可溶性底物，例如羧甲基纤维素和羟甲基纤维素。由于是内切酶，可使反应体系的黏度迅速下降，而还原基团增加的速度相对较低。反应后期的产物包括葡萄糖、纤维二糖（Cellobiose）和不同相对分子质量的纤维糊精（Cellodextrins）。

（2）外切葡萄糖水解酶 外切葡萄糖水解酶（Exoglucohydrolases，1，4-*β*-D-葡聚糖葡萄糖水解酶，EC 3.2.1.74）从纤维糊精非还原性末端依次将葡萄糖单位水解下来。水解的速度随底物链长的减小而降低。

（3）纤维二糖水解酶 纤维二糖水解酶（Cellobiohydrolases，1，4-*β*-D-葡聚糖纤维二糖水解酶，EC 3.2.1.91）是外切酶，它降解无定形纤维素的方式是从纤维素的非还原性末端依次切下纤维二糖。纯的纤维二糖水解酶对棉花几乎没有活性，然而能水解微晶纤维素中40%可以水解的键。由于是端解酶，其作用使体系黏度下降的速度相对地低于还原糖增加的速度。内切葡聚糖水解酶和纤维二糖水解酶作用于结晶纤维素时显示出协同作用，有关的机制还不清楚。

（4）*β*-葡萄糖苷酶 *β*-葡萄糖苷酶（*β*-Glucosidase，*β*-D-葡萄糖苷葡萄糖水解酶，EC 3.2.1.21）将纤维二糖分解成葡萄糖和从小纤维糊精的非还原性末端切下葡萄糖。与外切葡萄糖水解酶不同，*β*-葡萄糖苷酶水解的速度随底物分子变小而增加，以纤维二糖为底物时水解速度最快。

2. 纤维素酶与食品工业

水果和蔬菜含有少量的纤维素，而且它的存在影响着细胞的结构。不过有关四季豆和美国豌豆荚的软化是否主要是由纤维素酶的作用引起仍然有争议。

纤维素酶作用于纤维素可使植物性食品原料中的纤维素增溶和糖化，这对食品工业具有重要意义。在果蔬汁生产中已有应用微生物纤维素酶破坏细胞壁从而提高提汁率的成功实例。然而，总体来看，目前市场上还缺乏能快速降解不溶解的纤维素的工业酶制剂，纤维素酶在食品工业中的应用仍然很少。从长远的观点来看，纤维素酶有可能在工业化的规模上将废纸和锯屑等富含纤维素的废物转变成食品原料。

（五）半纤维素酶

1. 半纤维素酶简介

半纤维素酶是能分解半纤维素的一种酶类，属于水解酶类。半纤维素是植物细胞壁的一种组成成分，主要是木糖的聚合物（木聚糖）、阿拉伯糖的聚合物（阿拉伯聚糖）或者木糖和阿拉伯糖的聚合物（阿拉伯木聚糖）。水解木聚糖和阿拉伯木聚糖的酶称为木聚糖酶。

木聚糖的结构比较复杂，由D-吡喃木糖通过β-1，4-糖苷键构成木聚糖主链，L-呋喃阿拉伯糖基以寡糖侧链的形式在木糖的C（O）-2和C（O）-3位进行取代。木聚糖酶系主要包含：①内切-β-木聚糖酶（EC 3.2.1.8）；②外切木聚糖酶（EC 3.2.1.92）；③β-木糖苷酶（EC 3.2.1.37）。要彻底水解木聚糖，除了上述木聚糖酶外还需要乙酸酯酶（EC. 3.1.1.6）、α-L-阿拉伯呋喃糖苷酶（EC.3.2.1.55）和α-葡萄糖醛酸酶（EC.3.2.1.1）。

2. 半纤维素酶与食品工业

（1）面粉和烘焙工业 在面粉和烘焙工业中，木聚糖、阿拉伯木聚糖等也称戊聚糖，水解他们的酶也称戊聚糖酶。大多数谷物的糊粉层细胞外薄壁和胚乳层细胞外薄壁60%～70%是由戊聚糖构成。根据戊聚糖在水中的溶解性可以将其分为水可溶性戊聚糖和水不可溶性戊聚糖两大类。小麦戊聚糖的分支程度相对较低，未被取代的木糖残基很多、单取代和双取代的数量相当。戊聚糖在阿拉伯糖的 C（O）-5位上常有一酯键相连的阿魏酸，这种阿拉伯糖基常常连在木糖残基的C（O）-3位上。阿魏酸的存在对于戊聚糖的功能特性有重要的作用。

戊聚糖酶在面粉和烘焙行业得到了较为广泛的应用。戊聚糖酶的添加可以使戊聚糖发生降解，提高面团的机械调理性能，使面包的体积有较大的增加，对面包的表皮质量、形状、包心色泽及纹理结构也有较好的改良效果。当戊聚糖酶与α-淀粉酶复合使用时，可表现出较好的协同增效作用。戊聚糖酶也可用于馒头粉的品质改良，它可使馒头的体积更大，外形更挺，表皮光滑明亮，结构均匀，并具有较好的二次增白作用。

（2）果蔬加工和酿造工业 木聚糖酶与果胶酶和纤维素酶合用可使柑橘类果汁澄清；木聚糖酶用以处理咖啡豆，可使咖啡的抽提率增加；木聚糖酶处理大豆，可提高植物油的浸出率；在酒精发酵工业中，应用木聚糖酶可以增加发酵原料的利用率，提高发酵率。

（3）低聚木糖生产 玉米芯等农副产品富含木聚糖，是生产木糖、木糖醇、低聚木糖等食品添加剂的理想原料。低聚木糖的生产是利用内切木聚糖酶将木聚糖水解成聚合度为2～7的木寡糖。要生产出高纯度的低聚木糖，需选择产内切木聚糖酶活力高而外切木聚糖酶和β-木糖苷酶活力低的木聚糖酶（系）。若能筛选到同时含有水解木聚糖侧链的乙酸酯酶和阿拉伯糖苷酶的酶系则更为理想。

二、蛋白酶

（一）蛋白酶分类

蛋白酶的种类很多，分类比较复杂。根据蛋白酶的作用方式可分为两大类：内切酶和端解（外切）酶。端解酶又可根据其开始作用的肽链末端分成氨肽酶和羧肽酶。前者从肽链的氨基末端开始水解肽键，后者从肽链的羧基末端开始水解肽键。根据其最适pH的不同，蛋白酶又可分为酸性蛋白酶、碱性蛋白酶和中性蛋白酶。根据其活性中心的化学性质（必需的催化基团）不同，蛋白酶又可分为丝氨酸蛋白酶（活性中心含有丝氨酸残基）、巯基蛋白酶（活性中心含有巯基）、金属蛋白酶（酶活性中心含有金属离子）和酸性蛋白酶（酶活性中心含两个羧基）。

丝氨酸蛋白酶包括胰凝乳蛋白酶（Chymotrypsin）、胰蛋白酶（Trypsin）、弹性蛋白酶（Elastase）和凝血酶（Thrombin）以及微生物蛋白酶枯草杆菌蛋白酶（*Subtilisin*，*Bacillus subtilis* EC 3.4.21.14）等。丝氨酸残基的羟基是酶的活性部位中的必需基团。

巯基蛋白酶（或半胱氨酸蛋白酶）包括高等植物中的木瓜蛋白酶、无花果蛋白酶和菠萝蛋白酶以及微生物蛋白酶链球菌蛋白酶（*Streptococsus* cysteine proteinase EC 3.4.22.10）等。半胱氨酸残基的巯基是酶活性部位中的必需基团。

含金属蛋白酶主要包括肽链端解酶（Exopeptidases）。例如羧肽酶A（Carboxypeptidase A EC 3.4.17.1），酶的活性部位中含有必需的Zn^{2+}。

天冬氨酸蛋白酶的活性部位中含有两个天冬氨酸残基的羧基作为必需的催化基团，这类蛋白酶也被称为羧基蛋白酶（Carboxyl proteases），鉴于这类蛋白酶的最适pH范围是2～4，因此也被称为酸性蛋白酶。

根据来源，蛋白酶又可分成动物蛋白酶、植物蛋白酶和微生物蛋白酶。

（二）蛋白酶催化蛋白质水解的过程与控制

食品加工中广泛通过蛋白酶催化蛋白质水解来改进食品蛋白质的性质。在利用蛋白酶的作用将食品蛋白质改性和制备水解蛋白质时，控制蛋白质的水解程度是至关重要的。

蛋白酶催化蛋白质水解过程与控制的基本反应：

（1）肽键的打开

$$-CHR'-CO-NH-CHR''- + H_2O \xrightarrow{\text{酶}} -CHR'-COOH + NH_2-CHR''-$$

（2）质子交换

$$-CHR'-COOH + NH_2-CHR''- \longrightarrow -CHR'-COO^- + {}^+NH_3-CHR''-$$

（3）氨基的滴定

$$^+NH_3-CHR''- + -OH^- \rightleftharpoons NH_2-CHR''- + H_2O$$

根据上述反应，可以采用pH-stat方法来控制蛋白质的水解度（DH）。这个方法的基本原理如下：

DH的定义

$$DH = \frac{被水解的肽键的数目}{总的肽键的数目} \times 100\% \qquad （6-48）$$

当肽键水解裂开后，紧接着在羧基（$pK_c \approx 4$）和 α-氨基（$pK_a \approx 7.5$）之间产生质子交换作用。当蛋白质的酶水解过程在pH6.5以上进行时，质子化的氨基酸将离解。如果要保持反应体系pH不变，就必须加入碱液。碱液的消耗正比于被水解的肽键的数目：

$$B = \frac{10^{pH-pK_a}}{1+10^{pH-pK_a}} \times h = \alpha \times h \qquad （6-49）$$

式中　B——碱消耗的当量数；

　　　h——被水解的肽键的当量数；

　　　α——α-氨基的平均离解常数。

那么根据定义，DH可按下式计算：

$$DH = \frac{h}{h_{总}} \times 100\% = \frac{B}{\alpha \times h_{总}} \times 100\% \qquad （6-50）$$

式中　$h_{总}$——蛋白质中总的可被水解的肽键数。

在许多蛋白质中，氨基酸的平均相对分子质量约为125，每千克蛋白质（$6.25 \times N$）的 $h_{总} \approx 8$。显然，上述pH-stat法控制蛋白质水解度的方法只适合中性或碱性蛋白酶催化的蛋白质水解。

（三）蛋白酶与食品工业

蛋白质是食品中的主要营养物质之一。在人和哺乳动物的消化道中存在多种蛋白酶，如胃黏膜细胞分泌的胃蛋白酶，它将各种水溶性的蛋白质分解成多肽；胰腺分泌的胰蛋白酶、胰凝乳蛋白酶、弹性蛋白酶和羧肽酶等内切酶和端解酶，可将多肽链水解成寡肽和氨基酸。人体摄取的蛋白质就是在消化道中蛋白酶的作用下，被消化成氨基酸而被吸收的。

许多受人欢迎的食品，例如奶酪、啤酒和酱油和一些食品配料的制造过程中包含蛋白酶催化降解蛋白质这一关键性的反应。催化食品蛋白质降解的酶有三种来源：①存在于食品原料中的内源蛋白酶；②由生长在食品原料中的微生物所分泌的蛋白酶；③加入到食品原料中的蛋白酶制剂。这些蛋白酶包括木瓜蛋白酶、菠萝蛋白酶、无花果蛋白酶、胰蛋白酶、胃蛋白酶、凝乳酶、枯草杆菌蛋白酶、嗜热菌蛋白酶等。蛋白酶在食品加工中的应用主要有以下几个方面。

1. 肉品嫩化

在动物组织细胞的溶酶体中有一种组织蛋白酶，最适pH 5.5。当动物死亡之后，随着组织的破坏和pH的降低，组织蛋白酶被激活（如 Ca^{2+} 激活蛋白酶），它对肌球蛋白-肌动蛋白复合物的作用是使肌肉变得柔软和多汁。也可将外源蛋白酶如木瓜蛋白酶和菠萝蛋白酶加入到等级较低的肉中，通过它们将弹性蛋白和胶原蛋白部分水解而使肉嫩化。

2. 啤酒澄清

啤酒在低温下保藏经常会产生混浊现象。混浊物质主要由蛋白质（15%～65%）和多酚类化合物（10%～35%）构成。除此之外，还有少量的碳水化合物。减少啤酒混浊现象的一个方法是在啤酒巴氏杀菌之前加入蛋白酶，以除去啤酒中的蛋白质。经常使用的是木瓜蛋白酶。由于木瓜蛋白酶具有很高的耐热性，因此在啤酒经巴氏杀菌后，酶活力仍有残存的可能。

3. 奶酪生产

凝乳酶水解牛乳中的κ-酪蛋白Phe_{105}-Met_{106}之间的一个肽键，使酪蛋白胶束失去稳定性，随即聚集成一个凝块（农家干酪）。在砖状干酪成熟期间特意加入的微生物蛋白酶还有助于风味物的形成。

4. 水解蛋白生产

蛋白酶广泛用于水解蛋白生产。利用脱脂大豆片为原料生产大豆蛋白水解产物是食品加工中的一个新应用领域。大豆蛋白水解物可用于软饮料以强化营养成分，改善蛋白类食品的质地和风味，或用于制造外科手术病人的疗效食品，或有消化障碍的病人食品等。以下为以大豆粉为原料酶法生产可溶性水解蛋白的生产流程如图6-33所示。

5. 明胶生产

明胶能够形成热可逆性的凝胶体，对于改变食品的质地非常有用，常用于肉类和奶制品工业。过去采用石灰法生产明胶，存在污染大、产品质量不稳定等缺点。目前可以采用酶法处理来生产明胶，即采用合适的蛋白酶对胶原蛋白进行处理，再用热水浸提，使胶原的螺旋结构受到破坏，得到明胶溶液。酶法生产明胶的流程图如图6-34所示。

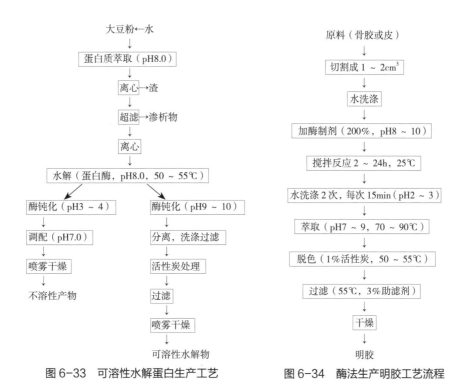

图 6-33　可溶性水解蛋白生产工艺　　　　图 6-34　酶法生产明胶工艺流程

6. 豆奶生产

传统的豆奶生产方式是将完整的大豆浸泡，然后磨碎、煮沸、过滤或离心制得。由于其性能及风味问题，不易为人们广泛接受。如在加工过程中使用酶制剂脱腥脱苦，就能大大改善其品质。目前在生产豆奶的过程中，使用蛋白酶和果胶酶，提高了可溶性物质的得率，使蛋白质和脂肪的含量明显增加，风味也大为改善。

7. 酱油等调味料生产

利用蛋白酶催化大豆水解，不仅使酱油生产周期大大缩短，而且还可以提高蛋白质的利用率和改善食品的风味。此外，在牛肉汁和鸡汁的生产中常用蛋白酶提高产品收率，如果将酸性蛋白酶在中性pH条件下处理冻鱼类，可以脱除腥味。

在医药上还常用胰酶来制造各种医用的蛋白质水解物，如对钙、铁、锌等二价金属离子的吸收有促进作用的酪蛋白磷酸肽（CPP）等。近年来，利用蛋白酶水解制备生物活性肽的研究报道也越来越多。

三、脂肪酶

（一）脂肪酶简介

脂肪酶（triacylglycerol acylhydrolases，E.C.3.1.1.3），又称脂酶、脂肪水解酶、甘油三酯酰基水解酶，广泛存在于含有脂肪的动物、植物和微生物组织中。动物胰脏和微生物是脂肪酶的主要来源。

从已知结构的几种脂肪酶来看，其相对分子质量在20000～60000。脂肪酶不同活性的发挥依赖于反应体系的特点，如在油水界面催化酯水解，而在有机相中可以酶促合成和酯交换。脂肪酶的最适pH常因底物、脂肪酶的纯度等变化而变化，但多数脂肪酶的最适pH在8～9，也有部分脂肪酶的最适pH偏酸性。微生物分泌的脂肪酶最适pH在5.6～8.5。脂肪酶的最适温度也因来源、作用底物等条件不同而有差异，大多数脂肪酶的最适温度在30～40℃范围之内。除了温度对脂肪酶的活性有影响外，盐对脂肪酶的活性也有一定影响，对脂肪具有乳化作用的胆酸盐能提高酶活力，重金属盐一般对脂肪酶具有抑制作用，Ca^{2+}能活化脂肪酶并可提高其热稳定性。

（二）脂肪酶催化的反应

脂肪酶能够水解处于油/水界面上的甘油三酯的酯键。脂肪酶一般按如下步骤水解甘油三酯：

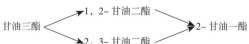

脂肪酶的专一性包括四类：甘油酯专一性、位置专一性、脂肪酸专一性和立体定向专一性。甘油酯专一性是指酶优先水解低相对分子质量的甘油三酯而不是高相对分子质量底物。

最著名的位置专一性实例是胰脂酶，它仅水解甘油三酯的1，3位置的酯键。能水解甘油三酯的第一和第二位置的酯键的脂肪酶制剂或许含有不止一种酶，它可能含有甘油三酯脂酶和甘油一酯脂酶。目前还未见仅能水解甘油三酯分子中第二位置酯键的脂酶的报道。第二位酯键在非酶异构后转移到第一位或第三位，然后经脂酶作用完全水解成甘油和脂肪酸。

脂肪酸专一性是指脂肪酶在水解一类脂肪酸形成的酯键时比另一类脂肪酸形成的酯键来得快，而这两类脂肪酸结合于相似的甘油三酯的同一位置。虽然区分甘油酯专一性和脂肪酸专一性是困难的，但是确有一个脂肪酸专一性的重要例子，这就是微生物白地霉脂酶对油酸的专一性。不管油酸在甘油三酯分子中所处的位置，它总是被优先地水解。然而，少量别的脂肪酸也被释放出来。

脂肪酶只作用甘油-水界面的脂分子，增加油水界面能提高脂肪酶的活力，所以，在脂肪中加入乳化剂能大大提高脂肪酶的催化能力。脂肪酶除可催化甘油酯水解外，还可催化酯化、转酯、酯交换、对映体拆分等化学反应。不同来源脂肪酶可催化同一反应，但在相同反应条件下，催化效率不同。

（三）脂肪酶与食品工业

1. 对食品风味的影响

脂肪酶对一些含脂食品的品质有很大的影响。含脂食品如牛乳、奶油、干果等产生的不良风味，主要来自脂肪酶的水解产物（水解酸败）。水解酸败又能促进氧化酸败。当然，在食品加工中脂肪酶作用所释放一些的短链游离脂肪酸（丁酸、己酸等），当浓度低于一定水平时，会产生良好的风味和香气。例如，当牛乳和干酪的酸价分别为1.5mg KOH/g和2.5mg KOH/g时，产品会有较好的风味，但当酸价大于5mg KOH/g时，产品会有陈腐气味、苦味或者类似山羊的膻气味。

2. 在食品加工中的应用

如上所述，脂肪酶除可催化甘油酯水解外，还可催化酯化、转酯、酯交换、对映体拆分等化学反应。这种多样性能使得脂肪酶在食品、洗涤剂、药、皮革、纺织、化妆品和造纸等产业都有而很广泛的应用。这里重点介绍其在食品工业中的应用。

（1）油脂水解　在脂肪酸与肥皂工业中利用脂肪酶催化脂肪水解得到脂肪酸和甘油。由于一般水解反应时，固体油脂在反应系统中极难分散，反应速度缓慢。在水-有机溶剂二相反应系统进行脂肪酶法水解，水解速度可以提高。例如，将牛脂溶于适当的有机溶剂中，使含有基质的有机溶剂充分分散于水相中，可以提高反应速度。反应生成的脂肪酸和甘油分别分配于有机相和水相进行分离回收，48h后，牛油的分解率可达100%。

采用脂肪酶水解可食用油脂在技术上是可行的，但是是否应用于实际生产取决于它和其他技术（例如蒸汽裂解）的竞争。从天然的甘油三酯制备有价值的和不稳定的多不饱和脂肪酸时，由于酶法处理较化学方法来得温和，将会优先考虑采用脂肪酶水解的方法。

（2）油脂改性　采用脂肪酶将甘油三酯改性是脂肪酶在食品工业中最具有吸引力的应用。在这项应用中，最关键的因素是脂肪酶对甘油三酯中酰基残基的位置和性质的专一性。自20世纪60年代末起，油脂工业界开始探索如何利用脂肪酶的专一性，其中一个重要的目标是从较易得到的甘油三酯通过脂肪酶催化的酯交换反应生产新的品种的甘油三酯，后者具有期望的熔点或其他性质。图6-35所指出的由脂肪酶催化的酯交换反应需在非水环境下才可能实现，如果有水存在，脂肪酶将快速地水解甘油三酯。实现此过程的关键是将具有期望的专一性的脂肪酶制剂制备成固定化脂肪酶制剂。

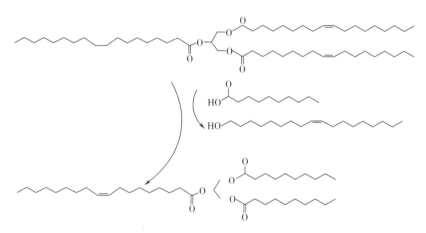

图 6-35　通过酯交换反应制备具有期望熔点的甘油三酯

通过酯交换反应可以将低价值的脂肪转变成更高利用价值的脂肪，例如用棕榈油来制造可可脂，用菜油生产生物柴油等。酯交换反应已应用于油脂的多不饱和脂肪酸的强化，例如模拟母乳脂肪的生产中。

（3）酯合成　　现在越来越多地考虑采用酶法代替化学法来生产乳化剂和风味剂。采用脂肪酶催化酯合成的反应过程见图6-36。

图 6-36　脂肪酶催化酯合成反应

L-抗坏血酸棕榈酸酯被广泛地用作脂溶性抗氧化剂及营养强化剂。抗坏血酸棕榈酸酯是由L-抗坏血酸酯化而得，同L-抗坏血酸相比，其抗氧化性有了显著的提高，同时由于棕榈酸基的植入，使得它既有亲水的抗坏血酸基，又有亲油的棕榈酸基，从而成为一种优良的表面活性剂。此外，它还具有极强的抗癌和抗肿瘤功效。蔗糖月桂酸酯具有乳化、抗菌等功能。近年来，已有许多有关应用酶作为催化剂来合成L-抗坏血酸棕榈酸酯、蔗糖月桂酸酯等乳化剂的研究报道。

脂肪酶在一定条件下能催化脂肪酸与甘油间的酯化反应，从而把油中的大量游离脂肪酸转变成中性甘油酯，这样既降低了酸值，又增加了中性甘油酯的量，实现油脂的生物精炼脱酸处理。脂肪酶催化的酯合成反应也可应用于合成磷脂的生产中。

通常情况下，芳香和香味成分是由化学合成或从天然来源中提取的。然而，从植物中提取芳香物质的量有限，无法满足人们的需求，因此目前开始转向用生物技术的方法生产。目前国内外已多见用微生物酶法合成芳香化合物的报道，例如，采用固定化毛霉脂肪酶催化己醇和三乙酰甘油酯在正十六烷中进行转酯反应和用*Rhizopus oryzae*干菌丝体在有机相中有选择地催化不同芳香酯（乙酸己酯、丁酸己酯、乙酸香叶酯和丁酸香叶酯）的合成等。

（4）食品风味改善　在奶酪生产中，脂肪酶将脂肪降解为游离脂肪酸，游离脂肪酸分解形成有挥发性的脂肪酸、异戊醛、二乙酰、3-羟基丁酮等呈味物质，改善了奶酪风味，并产生特殊香味。脂肪酶还能催化脂肪释放中链（C_{12}，C_{14}）脂肪酸产生爽滑感。释放出游离脂肪酸参与化学反应，诱发合成乙酰乙酸、β-酮类酸、甲基酮、香味酯和内酯等香味成分。也有报道称用产朊假丝酵母（*Candidautilis*）发酵脂肪酶处理的牛肉汁或黄油，可产生类似牛肉或蓝纹奶酪的风味物质。

在瘦肉的生产过程中，也通过添加脂肪酶来除去多余的脂肪；在香肠生产过程中发酵这一步脂肪酶也起着非常重要的作用，它决定了成熟过程中长链脂肪酸的释放；脂肪酶也被用于改进大米的风味，改良豆浆口感等。

四、脂肪氧合酶

（一）脂肪氧合酶简介

脂肪氧合酶（亚油酸：氧 氧化还原酶；EC 1.13.11.12）广泛地存在于植物中，在各种植物的种子，特别是豆科植物的种子中含量丰富，尤其在大豆中的含量最高。

脂肪氧合酶对底物具有高度的特异性，它作用的底物是脂肪，在其脂肪酸残基上必须含有一个顺，顺戊二烯[1，4]单位（—CH＝CH—CH—CH＝CH_2—）的结构。必需脂肪酸亚油酸、亚麻酸、花生四烯酸都含有这种结构，所以都能被脂肪氧合酶所利用，特别是亚麻酸更是脂肪氧合酶的良好底物。

（二）脂肪氧合酶催化的反应

脂肪氧合酶的作用机制如图6-37所示：第1步反应是脂肪氧合酶作用于脂肪酸，有选择性地取走一个氢，形成脂肪酸自由基；第2步是脂肪酸自由基被异构化，脂肪酸残基上原来的顺，顺戊二烯[1，4]单位变成顺，反戊二烯[1，3]单位；第3步是O_2接到异构化的脂肪酸自由基上，形成过氧化物自由基；第4步是脂肪酸过氧化物自由基得到一个质子形成脂肪酸氢过氧化物。

氢过氧化物进一步非酶氧化形成醛（包括丙二醛）和其他会产生不良风味和气味的组分。

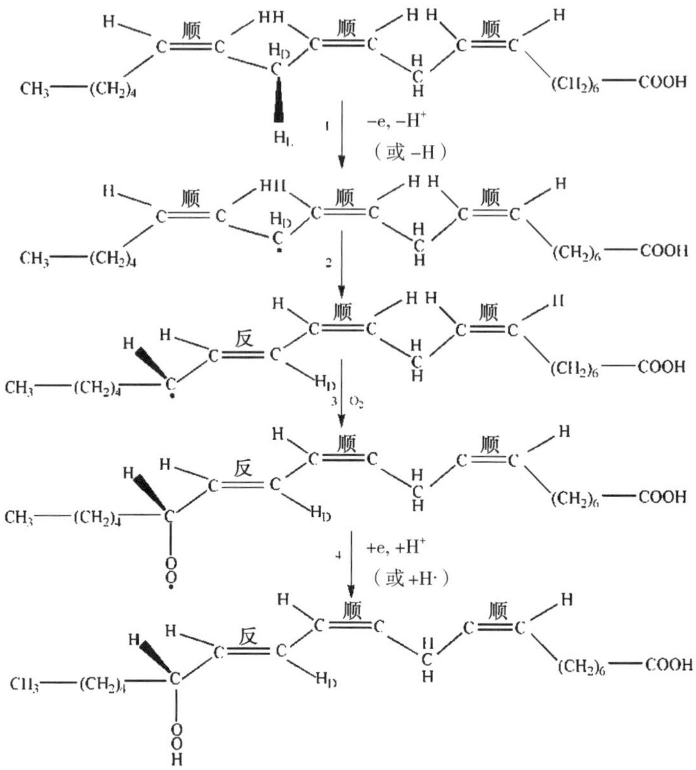

图 6-37　脂肪氧合酶催化的反应机制

（三）脂肪氧合酶与食品工业

脂肪氧合酶催化脂肪酸反应形成的自由基和氢过氧化物会造成叶绿素、类胡萝卜素等天然色素氧化褪色，在面团中形成二硫键和破坏维生素，还会氧化破坏蛋白质中的半胱氨酸、酪氨酸、组氨酸和色氨酸等氨基酸残基，降低蛋白质的营养价值。

归纳起来，脂肪氧合酶对于食品有6个方面的功能，有的是有益的，有的是有害的。两个有益的是：①小麦粉和大豆粉的漂白；②在制作面团过程中形成二硫键（依靠脂肪氧合酶的作用可以免加化学氧化剂，例如碘酸钾）。四个有害的是：①破坏叶绿素和胡萝卜素；②产生氧化性的不良风味，它们具有青草味的特征；③使食品中的维生素和蛋白质类化合物遭受氧化性破坏；④使食品中的必需脂肪酸，例如亚油酸、亚麻酸和花生四烯酸遭受氧化性破坏。

由于脂肪氧合酶耐受低温的能力强，因此在低温下贮藏的青豆、大豆、蚕豆等最好也经过热烫处理，使脂肪氧合酶钝化，否则易造成质量劣变。在加工豆奶时，将未浸泡的脱壳大豆在80～100℃的热水中研磨，可以有效地防止脂肪氧合酶作用产生豆腥味。控制食品加工时的温度是使脂肪氧合酶失活的有效方法。

五、多酚氧化酶

（一）多酚氧化酶简介

多酚氧化酶（1，2-苯二酚：氧 氧化还原酶；EC 1.10.3.1）经常被称为酪氨酸酶、多酚酶、酚酶、儿茶酚氧化酶、甲酚酶或儿茶酚酶，广泛存在于植物、动物和微生物（尤其是霉菌）中。在果蔬中，多酚氧化酶分布于叶绿体和线粒体中。

多酚氧化酶的最适pH常随酶的来源不同或底物不同而有差别，但一般在4～7之内。同样，不同来源的多酚氧化酶的最适温度也会有所不同，一般多在20～35℃。在大多数情况下，从细胞中提取的多酚氧化酶在70～90℃下热处理短时间就可能发生不可逆变性。低温也会影响酶的活力，较低温度可使酶失活，但这种酶的失活是可逆的。阳离子洗涤剂、Ca^{2+}等能活化多酚氧化酶。抗坏血酸、二氧化硫、亚硫酸盐、柠檬酸盐等都对多酚氧化酶有抑制作用，苯甲酸、肉桂酸等有竞争性抑制作用。

（二）多酚氧化酶催化的反应

多酚氧化酶能催化酚类物质发生两类不同的反应，即单酚的羟基化反应和多酚的氧化反应。单酚羟基化反应的产物邻-二酚可以在该酶的作用下进一步被氧化成邻-苯醌。

多酚氧化酶作用的底物主要有一元酚、邻二酚、单宁类和黄酮类化合物。通常，在酶作用下反应最快的是邻二酚，如儿茶酚、咖啡酸、原儿茶酸、绿原酸。其次是对位二酚。间位二酚不能作底物，甚至还对酚酶有抑制作用。

邻-苯醌不稳定，会进一步经受与O_2的非酶催化氧化和聚合反应形成黑色素。

（三）多酚氧化酶与食品工业

邻-苯醌进一步与O_2的非酶催化氧化和聚合反应形成的黑色素是导致香蕉、苹果、桃、马铃薯、蘑菇、虾和人（雀斑）不期望的褐变和茶、咖啡、葡萄干、梅和人皮肤色素的期望褐变和黑色的原因。邻-苯醌与蛋白质中赖氨酸残基的ε-氨基反应导致蛋白质的营养质量损失和不溶化。褐变反应也会造成质构和味道的改变。

少数的由多酚氧化酶导致的酶促褐变是我们期望的，如红茶、可可和某些干果（葡萄干、梅干）的加工等都需要一定程度的褐变。然而，大多数酶促褐变会对食品特别是新鲜果蔬的色泽造成不良影响，必须设法加以防止。

食品发生酶促褐变，必须具备3个条件：组织中有多酚类底物和多酚氧化酶以及与空气接触。苹果、梨、香蕉、马铃薯、蘑菇、茶叶等都易发生褐变，而橘子、柠檬、西瓜等则因缺乏多酚氧化酶而不会发生酶促褐变。

为防止食品发生酶促褐变，需消除多酚类底物、多酚氧化酶和氧气三者中任意一个因素。要除去食品中的多酚类物质不仅困难，而且也不现实，故控制酶促褐变的方法主要是从控制酶和氧两方面入手。

（1）加热处理　对新鲜果蔬进行适当的热处理，使酚酶失活。虽然来源不同的多酚氧化酶对热的敏感程度不同，但在70~95℃加热约7s可使大部分多酚氧化酶失去活性。这是普遍使用的控制酶促褐变的方法。

（2）调节pH　多数酚酶的最适合pH范围在6~7，pH在3.0以下，酚酶几乎完全失去活性。例如，苹果在pH3.7时褐变速度大减，在2.5时褐变完全被抑制。常用的酸有柠檬酸、苹果酸、磷酸、抗坏血酸等以及它们的混合物。

（3）加入还原性化合物　抗坏血酸、亚硫酸氢钠和巯基化合物能将邻—苯醌还原成底物从而阻止黑色素的形成。当所有的还原性化合物被耗尽，褐变仍能发生，显然这是因为酶有活力。抗坏血酸具有双重作用，除了降低pH外，还具有还原作用。

（4）加入螯合剂　多酚氧化酶是一种含铜的酶。柠檬酸、亚硫酸钠和巯基化合物能去除活性部位中必需的Cu^{2+}而直接导致酶的失活。柠檬酸对多个氧化酶的抑制有双重作用，既可降低pH，又可螯合多酚氧化酶的铜辅基。

（5）除去氧　真空和充氮包装等措施可以有效地防止或减缓多酚氧化酶引起的酶促褐变。

六、过氧化物酶

（一）过氧化物酶简介

过氧化物酶[peroxidase，POD，EC 1.11.1.7（X）]是一类广泛存在于各种动物、植物和微生物体内的氧化酶。在植物过氧化物酶中，对辣根过氧化物酶（Horseradish peroxidase，HRP）研究得最清楚。在结构上，过氧化物酶都含有一个血色素作为辅基。过氧化物酶催化的反应如下：

$$ROOH + AH_2 \longrightarrow H_2O + ROH + A$$

其中ROOH可以是过氧化氢或有机过氧化物，例如过氧化甲基或过氧化乙基。AH_2是电子供体，当ROOH还原时，AH_2被氧化。AH_2可以是抗坏血酸盐、酚、胺类或其他还原性强的有机物。这些还原剂被氧化后多产生颜色，因此，可用比色法来测定过氧化物酶的活性。

过氧化物酶具有很高的耐热性。当热处理温度不超过80~90℃时，过氧化物酶的热失活具有双相特征，而且其中的每一相都遵循一级动力学。图6-38是在88℃热处理整粒甜玉米时过氧化物酶的热失活曲线。

该曲线包括3部分：最初的陡峭直线部分、中间的曲线部分和最后的平缓直线部分。最初的直线部分代表酶的热不稳定部分的失活，最后的直线部分代表耐热部分的失活，而曲线部分则可以认为是一个过渡区域。延长图6-38中代表酶的耐热部分的直线至零时间，就可以估算出酶的耐热部分的活力在总的酶活力中所占的比例。

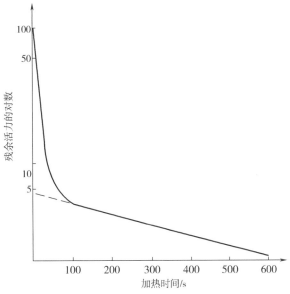

图 6-38　在 88℃热处理整粒甜玉米时过氧化物酶的热失
活曲线，采用邻－苯二胺作为电子给予体测定酶活力

（二）过氧化物酶与食品工业

过氧化物酶存在于所有的高等植物中，也存在于牛奶中。经热处理的过氧化物酶在常温保藏过程中其活力可部分地恢复，即过氧化物酶会部分再生。这是过氧化物酶另一个重要特征。这一现象在蔬菜的高温瞬时（HTST）热处理中特别明显，在热处理后的几小时或几天内甚至在冷冻保藏几个月后都会出现过氧化物酶活力的再生。这在食品加工与保藏中应引起足够的重视。

在果蔬加工过程中，应采用导致不良风味形成的主要酶种作为判断食品热处理是否充分的指标。例如，脂肪氧合酶被认为是导致青刀豆和甜玉米产生不良风味的主要酶种，而胱氨酸裂解酶是导致冬花椰菜和花椰菜不良风味形成的主要酶种。然而，鉴于过氧化物酶是一个非常耐热的酶，广泛存在于植物组织和大多数果蔬中，且易于检测，因此常利用它作为选择热处理条件的指标。然而，为了使蔬菜中过氧化物酶的耐热部分完全失活，并且防止其在随后的加工和保藏中再生，需要施加的热处理量是很高的，这往往会对产品的质量特别是质构产生不良影响。因此，在确定果蔬的热烫条件时，多少过氧化物酶活力残存不至于影响冷冻成干制（脱水）蔬菜的质量是一个值得探讨的问题。

从食品的营养、色泽和风味来看，过氧化物酶也很重要。例如，过氧化物酶能使维生素C氧化而破坏其在生理上的功能；过氧化物酶能催化不饱和脂肪酸过氧化物的裂解，产生挥发性或不良气味的羰基化合物，同时伴随产生自由基，而且这些自由基会进一步破坏食品中的许多成分。如果食品中不存在不饱和脂肪酸，则过氧化物酶能催化类胡萝卜素漂白和花青素脱色。

七、抗坏血酸氧化酶

抗坏血酸氧化酶是一种含酮的酶，存在于瓜类、种子、谷物和水果蔬菜中。它能氧化抗坏血酸生成水和脱氢抗坏血酸。与非酶氧化作用相比，抗坏血酸氧化酶作用后生成水，而前者生成过氧化氢。

在柑橘加工中抗坏血酸氧化酶对抗坏血酸的氧化作用能够对产品的质量产生很大影响。在完整的柑橘中氧化酶与还原酶可能处于平衡状态。但是，在提取果汁时，还原酶很不稳定，当受到很大破坏时，抗坏血酸氧化酶的活性就会显露出来。若在加工过程中能做到在低温下工作，并快速榨汁、抽气，最后进行巴氏消毒使酶失活，则可以减少维生素C的破坏。

第七节 酶对食品质量的影响

酶对食品质量有十分重要的影响，可以说，没有酶就没有生命，也就没有食品。食品原料中的内源酶不仅在植物生长和成熟阶段起作用，而且在成熟之后的收获、保藏和加工过程中，也会改变食品原料的特性，加快食品变质的速度或提高食品的质量。由酶催化的反应，有的是需要的，有的则是不需要的，因此，控制与食品质量相关的酶的活力有利于提高食品品质和延长货架期。在食品工业中，经常将酶制剂加入到食品原料中，使食品原料的某些组分产生变化以改善食品质量与营养。

一、食品色泽

色泽是消费者首先关注的食品质量指标。导致水果和蔬菜的色泽变化主要有三个关键性的酶，分别是脂肪氧合酶、叶绿素酶和多酚氧化酶。

如前所述，脂肪氧合酶对食品的影响主要有六个方面，其中有益的功能是用于小麦粉和大豆粉的漂白；制作面团时在面筋中形成二硫键；有害的影响是对亚油酸酯的催化氧化，破坏叶绿素和类胡萝卜素等食品色素，破坏必需氨基酸、维生素和蛋白质类化合物等营养物质，以及产生不良风味的化合物等。

叶绿素酶能水解叶绿素产生植醇和脱植基叶绿素，脱植基叶绿素呈绿色，因此叶绿素酶对食品的绿色破坏不大。对于叶绿素酶在植物体内的作用机制目前仍然不清楚。

多酚氧化酶能催化两类完全不同的反应，分别是羟基化和氧化反应。其中前者能形成不稳定的邻-苯醌类化合物，然后进一步通过非酶催化的氧化反应聚合成黑色素，导致香蕉、苹果、桃、马铃薯、蘑菇、虾等发生不希望的褐变，并对茶叶、咖啡、葡萄干和梅干等产生需要的褐变。当邻苯醌与蛋白质中的赖基酸残基的ε-氨基反应时，可引起蛋白质的营养价值和溶解度的下降，同时造成食品质地和风味的变化。据统计，热带水果有50%以上的损失都是由酶促褐变引起的。同时酶促褐变也是造成新鲜蔬菜和果汁颜色变化、营养和口感劣变的主要原因。

二、食品质构

质构是描述食品质量的又一个重要指标，影响各种食品质构的酶可能是一种或多种。

导致水果、蔬菜后熟，从而质构发生变化的酶主要有果胶酶、纤维素酶、戊聚糖酶、淀粉酶；导致动物组织和高蛋白植物食品的质构变软的酶主要是蛋白酶。

当有二价金属离子如Ca^{2+}存在时，果胶甲酯酶水解果胶物质生成果胶酸，由于Ca^{2+}与果胶酸的羧基发生交联，从而提高食品的强度。聚半乳糖醛酸酶能够水解果胶酸，引起某些食品原料物质（如番茄）的质地变软。

纤维素在细胞结构中起着重要作用，而在水果、蔬菜中的含量却很少。在果蔬汁的加工中，常利用纤维素酶来提高果汁的得率和改善果汁的稳定性等。

淀粉在食品中主要是提供黏度和质地，如果在食品的储藏和加工中淀粉被淀粉酶所水解，将显著影响食品品质。特别是 α-淀粉酶是内切酶，从淀粉分子内部水解糖苷键，因此它对食品黏度有显著的影响，是淀粉质的黏度迅速下降。淀粉酶会影响布丁、奶油沙司等食品的稳定性。

蛋白酶在食品生产中可以用于提高食品的质地和风味，也常用于肉制品和乳制品的加工中，如利用凝乳酶形成酪蛋白凝胶制造干酪，在肉类和鱼类的加工中分解结缔组织中的胶原蛋白、水解胶原、促进嫩化，以及在啤酒的制造中添加植物蛋白酶消除与蛋白质沉降有关的沉淀。

三、食品风味

酶在食品的风味物质和不良物质的形成过程中起着重要作用。特别是在食品的加工储藏过程中通过添加酶可以改变食品的风味和增色，使之更能真实的让风味再现、强化和改变。能够产生不良风味的酶包括脂肪氧合酶、胱氨酸裂解酶和过氧化物酶等。在有些情况下几种酶的协同作用对食品风味将会产生更加显著的影响。

过氧化物酶的耐热性及再生性对于新鲜的水果、蔬菜的储藏值得特别注意。例如青刀豆、豌豆、玉米、冬季花椰菜和花椰菜如果热烫处理不充分，酶没有被完全钝化，则会在保藏期间产生不良风味。过氧化物酶还能促进不饱和脂肪酸的氧化降解，产生挥发性的氧化风味化合物。此外，过氧化物酶在催化过氧化物分解的历程中，还能同时产生自由基，已经知道，反应产生的自由基能引起许多食品组分的破坏。因此，关于酶催化氧化风味的形成和其他异味的产生，过氧化物酶和脂肪氧合酶二者均有贡献，有时往往是共同作用的结果。

柚皮苷是葡萄柚和葡萄柚汁所产生的苦味物质，可以利用柚皮苷酶处理葡萄柚汁，破坏柚皮苷从而脱除苦味，改善葡萄柚和葡萄柚汁的口感。

四、食品营养质量

由人体产生的酶的水平被基因、年龄和饮食所控制。人体每天能产生令人惊奇的大量的酶。

所幸的是，每天生产的大多数酶被蛋白酶水解成氨基酸后在体内被生物合成新的酶和其他蛋白质。已知存在100个以上的基因缺陷，它们导致体内酶的生产低于正常的水平，从而引起一些酶的缺乏症，如尿黑酸尿、苯丙酮酸尿、半乳糖血症、高歇氏病等，威胁人的生命。其他如乳糖酶缺乏和痛风，需要改变饮食。目前对食品过敏或不耐症的认识还很不够，它们能够影响许多个体并涉及包括乳、小麦和蛋在内的许多食品。

人体内酶的组成随年龄而变化。婴儿胃中能产生凝乳酶，这样乳在胃中能停留足够长的时间以开始蛋白质和脂肪的消化。以后，凝乳酶被胃蛋白酶所取代。大多数婴儿的小肠黏膜中存在着较高水平的β-半乳糖苷酶，随着年龄的增加其水平下降。所以，约有80%的成年人在食用乳和几种乳制品时会感到一些不舒服。已经发现老年人往往对食品的容耐性增加，这可能与酶生物合成的变化有关。

酶对食品营养质量的研究报道相对较少，常见的酶有些能降低和破坏食品的营养价值，如脂肪氧合酶氧化不饱和脂肪酸导致食品中亚油酸、亚麻酸和花生四烯酸这些必需脂肪酸的含量下降；不仅如此，脂肪氧合酶在催化多不饱和脂肪酸的氧化过程中，能产生自由基降低类胡萝卜素（维生素A的前体）、生育酚（维生素E）、维生素C和叶酸在食品中的含量；而多酚氧化酶在引起褐变产生不宜颜色和味道的同时，也能降低蛋白质中有效的赖氨酸含量，造成食品营养价值的损失。

第八节　食品酶制剂及其应用

从生物中提取的具有酶的特性的制品称为酶制剂，专用于食品加工的酶制剂称为食品酶制剂。食品工业用酶历来以发酵制品等为主，近年来随着生物技术不断深入发展，对新酶品的研究开发以及酶在新食品材料的开发、改性和制造过程的应用也发展很快。

酶制剂在食品加工中具有广泛的应用，如应用在葡萄糖、饴糖、果葡糖浆等甜味剂与啤酒、酱油等制品的生产，蛋白质食品和果蔬产品的加工，乳制品和焙烤食品的加工，食品保鲜以及食品品质和风味的改善等。在食品加工中应用酶制剂的优点：①改进食品的加工方法，如酶法生产葡萄糖不仅可以提高葡萄糖的得率，而且能够节省原料；②改进食品加工条件，降低成本；③提高食品质量，作为食品原料的品质改良剂；④改善食品的风味，颜色等。

目前应用在食品加工中的酶制剂已有几十种，主要有α-淀粉酶、糖化酶、蛋白酶、葡萄糖异构酶、果胶酶、脂肪酶、纤维素酶和葡萄糖氧化酶等，其来源主要是可食或无毒的植物、动物以及由非致病、非产毒的微生物。世界上约60%的酶是由基因改组的微生物生产的，但必须指出，对于基因重组的酶在食品工业中应用时要进行严格的安全评价，目前食品工业中主要应用的酶制剂见表6-10。

表 6-10　食品加工中普遍使用的酶制剂

酶	来源	食品应用
碳水化合物水解酶 α-淀粉酶	大麦芽	在酿造和蒸馏工业中水解淀粉；为酵母提取可发酵的糖；缩短婴儿食品的干燥时间；改进小麦风味
	霉菌：黑曲霉、米曲霉、米根霉等	在面包制造中为酵母提供可发酵的糖；改进面包的体积和质构；在酿造中代替酿造用大麦的麦芽；除去啤酒中的淀粉浑浊；转变酸—低黏度淀粉成为高度可发酵的糖浆；控制黏度和稳定糖浆
	细菌：枯草杆菌、地衣芽孢杆菌等	在生产糖浆时在加入淀粉葡萄糖苷酶之前，将淀粉液化，糊精化；在酿造中加入麦芽胶液化；帮助回收糖果碎屑；有助于水分在焙烤食品中的保留
β-淀粉酶	小麦、大麦芽、多黏芽孢杆菌、蜡状芽孢杆菌等	在焙烤（小麦酶）和酿造（大麦酶）工业中，提供可发酵的麦芽糖以产生 CO_2 和乙醇；帮助制造高麦芽糖糖浆（谷类酶和细菌酶）
β-葡聚糖酶	大麦芽、黑曲霉、枯草杆菌等	在酿造中脱去糖胶；水解麦芽糖中的 β-葡聚糖胶。此麦芽被用作酿造的添加剂以加速酿造中的过滤；在咖啡取代物中的制造中提高提取物的产量
葡萄糖淀粉酶	黑曲霉、米曲霉、米根霉	直接将低黏度淀粉转变成葡萄糖，然后利用葡萄糖异构酶将它转变成果糖
纤维素酶	黑曲霉、木霉	复合酶系；帮助果汁澄清；提高香精油和香料提取物产量；改进啤酒的"酒体"；改进脱水蔬菜的烧煮性和复水性；帮助增加种子中可利用的蛋白质；帮助葡萄和苹果的废物生成可发酵的糖；有可能从纤维类废物生产葡萄糖
半纤维素酶	黑曲霉	帮助除去咖啡豆的外壳，让食品胶有控制的降解；从面包中除去戊糖胶；促进玉米发芽；提高植物蛋白质的营养有效性；促进酿造中的糖化作用
转化糖（蔗糖水解酶）	啤酒酵母（克鲁氏酵母）	催化形成转化糖；在糖果加工中防止结晶和起砂
乳糖酶（β-半乳糖苷酶）	黑曲霉、米曲霉	水解乳品中的乳糖，增加甜味、防止乳糖结晶，为不能消化乳糖的人生产低乳糖牛乳；改进含乳的面包的烘烤质量
果胶酶（含聚半乳糖醛酸酶，果胶甲基酯酶，果胶酸裂解酶）	黑曲霉、米根霉	帮助澄清和过滤果汁和葡萄糖；防止在浓缩果汁和果肉中形成凝胶；控制果汁的浑浊程度；控制果冻中的果胶量，促进糖渍水果的制造以及沉淀物的分离
蛋白质水解酶 菠萝蛋白酶	菠萝	植物蛋白酶嫩化肉；抗寒牛肉；提高从动物和植物提取油和蛋白质的得率；控制和改良蛋白质的功能性质；制备水解蛋白质；改进鱼蛋白质加工；改进曲奇和华夫，提高麦芽中淀粉酶的活力；改进热谷物，腌泡汁
无花果蛋白酶	无花果	
木瓜蛋白酶	木瓜	
霉菌蛋白酶	黑曲霉、米曲霉	改进面包的颜色，质构和形态特征；控制面团流变性质；嫩化肉；改进干燥乳的分散性，蒸发乳的稳定性和涂抹用干酪的涂抹性能
细菌蛋白酶	枯草杆菌、地衣芽孢杆菌	改进饼干、华夫、薄型饼干和水果蛋糕的风味、质构和保存质量；帮助鱼中水分的蒸发；帮助在蔗糖生产中的过滤
胃蛋白酶	猪或其他动物的胃	牛胃蛋白酶被用作为凝乳酶的取代品和乳凝结剂；生产水解蛋白质
胰蛋白酶	动物胰脏	抑制乳的氧化风味；生产水解蛋白质
粗制凝乳酶	反刍动物的第四胃、内寄生虫、米海毛霉、微小毛霉	在制造干酪时将乳凝结；在干酪成熟过程中帮助形成风味和质构；惯用的动物（牛）粗提凝乳酶中的主要成分是凝乳酶，胃蛋白酶和胃分离蛋白酶；微生物粗提凝乳酶取代动物粗提凝乳酶

续表

	酶	来源	食品应用
脂酶	甘油三酯水解酶	牛和羊的可食前胃组织、动物胰组织、米曲霉、黑曲霉	动物脂酶在干酪制造和脂解乳脂肪中形成风味；微生物脂酶催化脂（例如浓缩鱼油）的水解
氧化还原酶	过氧化氢酶	黑曲霉、小球菌属、牛肝	除去乳和蛋白低温消毒后的残余 H_2O_2；除去因葡萄糖氧化酶作用而产生的 H_2O_2
	葡萄糖氧化酶–过氧化氢酶	黑曲霉	除去蛋中的糖以防止在干燥中和干燥后产生褐变和不良风味；除去饮料和色拉佐料中的 O_2 以防止不良风味和提高保藏稳定性；改进焙烤食品的颜色和质构及面团的加工性
	脂肪氧合酶	大豆粉	氢过氧化物漂白面团中的类胡萝卜素和氧化面筋蛋白中的巯基以改进面团的流变性
异构酶	葡萄糖异构酶	放线菌、凝结芽孢杆菌、链球菌	在制备高果糖玉米糖浆时将葡萄糖转变成果糖
	橘苷酶	黑曲霉	去除橘汁苦味；防止柑橘罐头和橘汁浑浊
	氨基酰化酶	霉菌、细菌	DL–氨基酸生产 L–氨基酸
	溶菌酶	鸡蛋、细菌	食品中的抗菌物质

由于重组DNA和基因工程是改变食品性质和加工条件的有效手段，因此，它们对于食品具有十分重要的意义。近年来，GMO（转基因）制品引人瞩目。奶酪制造用凝乳酶粗制凝乳酶（Rennet）市场大约有1/3是转基因的，其经济性和安全性评价已获认可。日本对GMO制品普遍存在不安感，但作为先行一步的酶市场，GMO凝乳酶在日本也被普遍接受。目前，日本认可的转基因酶除了凝乳酶以外，还有α–淀粉酶、脂肪酶等，共有9种酶。准备在今后几年内上市的食品、作物中将有80种以上的基因成分变化，其安全性还有待进一步验证。

思考题

1．简述酶的底物特异性。

2．简述酶的系统命名的原则。

3．简述酶活力的定义、测定方法。

4．影响酶活力的因素有哪些？

5．简述酶催化反应动力学。

6．简述固定化酶的定义、固定化方法、固定化酶反应动力学和在食品加工中的应用。

7．食品原料中常见的酶有哪些？分别概述其存在规律、催化的反应和对食品品质的影响与控制。

8．简述常作为食品加工助剂和配料用酶的来源、作用机制和应用。

第七章

维生素

维生素由各类有机化合物组成，是人类生命活动所必需的微量营养素。维生素主要有以下四个方面的作用：①作为辅酶或辅酶的前体，如烟酸、硫胺素、核黄素、生物素、泛酸、维生素B_6、维生素B_{12}和叶酸；②作为抗氧化剂，如抗坏血酸，某些类胡萝卜素和维生素E；③遗传调节因子，如维生素A、维生素D等；④某些特殊功能，如与视觉有关的维生素A、羟基化反应中的抗坏血酸及特定羧基化反应中的维生素K。

食品中维生素的含量极少。从食品化学角度来看，必须尽可能地减少维生素因液相萃取（沥滤）和化学变化（例如与其他食品组分发生反应）而造成的损失，以便最大限度保留食品中维生素的含量。此外，有些维生素可作为还原剂、自由基清除剂、褐变反应的反应物、风味前体物质等，影响食品的化学性质。虽然已对维生素的稳定性及性质了解甚多，但对其在复杂的食品环境中的性质还知之甚少。为了简化对维生素稳定性的研究，许多研究使用了一些固定模拟体系。尽管这些研究为影响维生素保留率的化学变量提供了重要的线索，但有时在预测复杂食品体系中维生素特性方面仍价值有限。这是由于复杂的食品体系与模拟体系在物理因素和组分变量方面存在着巨大差别，包括水分活度、离子强度、pH、酶和微量金属催化剂以及其他反应物（蛋白质、还原糖、自由基、活性氧种类等）。

第一节　维生素的膳食摄入量和生物利用率

历史上，由于膳食结构的不合理、食品加工造成的损失以及自然存在的某些成分的缺少或过剩等原因，导致某些地区居民患有营养不良和地方性疾病。例如，在美国南方，由于缺少核黄素、烟酸、铁和钙导致居民患有糙皮病（Pellagra）。很多国家已经通过在食品中添加维生素和某些微量元素的方式，改进食品的营养质量，促进人民身体健康。

有关食品营养素添加的术语及定义包括：

（1）复原（Restoration）　添加关键营养素使其恢复到加工之前的水平。

（2）强化（Fortification）　添加一定量的各种营养素于食品中，使其成为该类营养素的优质来源，包括：添加营养素使其超过加工前已有的水平，或者添加原先在食品中不存在的营养素。

（3）富集（Enrichment）　根据美国食品与药物管理局（FDA）规定的统一标准，添加一定量的特定营养素。

（4）营养化（Nutrification） 在食品中添加营养素的总称。

在食品中添加维生素和其他营养素的好处显而易见，但必须防止滥加而危害消费者的行为。因此，FDA声明所有添加都必须符合以下要求：①在贮存、运输和使用等正常条件下营养素必须稳定；②人类生理上必须可以利用；③确保添加的量不会导致消费者过量摄入；④能达到预期的目的并遵守有关安全法规。

另外，美国医学会食品与营养委员会（AMA）、美国食品科学技术学会（IFT）和美国科学院——国家科学委员会所属的食品营养局（FNB）要求食品强化营养物质必须符合以下条件：①在相当多的人群中某种特定营养素摄取不足；②该食品（或该类食品）被目标人群中的大多数人摄取；③能合理地保证不被过量摄入；④对所需人群价格适中。

为了评估食品组成与摄入模式对个体及群体的营养状况的影响，以及测定特定加工与处理过程对营养效果的影响，必须确定一种营养参照标准。美国食品营养局制订了推荐每日膳食允许摄入量标准（Recommended Dietery Allowance，RDA），定义了能满足所有健康者营养需要的必需营养素的量。虽然膳食允许摄入量已尽可能地考虑到不同人群对营养素的需求变化，以及营养素不能被完全利用的可能性，但是，由于对维生素生物利用率知识的局限性和人种之间的差异性，RDA的数值也有很大程度的不确定性。

很多国家和国际组织，如联合国粮农组织（FAO）和世界卫生组织（WHO）都制订了各自的参照标准，数值与RDA近似。根据1994年FDA制订的新标签法规，美国RDA条款已被每日参考摄入量（RDI）所取代，后者相当于以前的美国RDA。在目前采用的营养标签中，用RDI的百分数表示维生素的含量。表7-1所示为RDA和RDI的比较。值得一提的是，由于食品体系相当复杂，维生素又有很多异构体，导致了无论是RDA或RDI，在分析数据上都有较大误差，这是它们在应用上的最大局限性。所以建立成熟准确的维生素分析方法仍是食品科学家需要努力解决的课题。

维生素的生物利用率（Bioavailability of Vitamins）是指摄入的维生素被肠道吸收、在体内代谢过程中所起的作用或被利用的程度。广义上，维生素的生物利用率包括所摄取的维生素的吸收和利用两个方面，它并不涉及摄入前维生素的损失。要完全说明一种食物的营养是否充分，就维生素而言应考虑以下三个因素：①摄入时维生素的含量；②所含维生素各化学形式的一致性；③存在于所摄入食物中的各种存在形式的维生素的生物利用率。

影响维生素生物利用率的因素包括：①膳食的组成，它可影响维生素在肠道内停留的时间、黏度、乳化特性和pH；②维生素的形式（维生素的吸收速度和程度、消化前在胃及肠道中的稳定性、转化为代谢活性或辅酶形式的能力、以及代谢功效等方面）；③特定维生素与膳食组分（如蛋白质、淀粉、膳食纤维、脂肪）的相互作用，此作用会影响维生素的肠道吸收。虽然人们对每种维生素各种形式的相对生物利用率方面的知识正在快速更新，但仍未完全了解食物的摄取对维生素生物利用率有何复杂影响。此外，在加工及贮藏条件对维生素生物利用率的影响方面，也依然需要进一步研究。

表7-1　中国居民膳食维生素的推荐摄入量或适宜摄入量[1]

年龄岁/生理状况	维生素A/(μg RE[2]/d) 男	女	维生素D/(μg/d)	维生素E[3]/(mg α-TE[2]/d)	维生素K(AI)/(μg/d)	维生素B₁/(mg/d) 男	女	维生素B₂/(mg/d) 男	女	维生素B₆/(mg/d)	维生素B₁₂/(mg/d)	泛酸(AI)/(mg/d)	叶酸/(μg DFE[2]/d)	烟酸/(mg NE[2]/d) 男	女	胆碱(AI)/(mg/d) 男	女	生物素(AI)/(mg/d)	维生素C/(mg/d)
0.0～0.5	300（AI）		10（AI）	3	2	0.1（AI）		0.4（AI）		0.2（AI）	0.3（AI）	1.7	65（AI）	2（AI）			120	5	40（AI）
0.5～1.0	350（AI）		10（AI）	4	10	0.3（AI）		0.5（AI）		0.4（AI）	0.6（AI）	1.9	100（AI）	3（AI）			150	9	40（AI）
1～3	310		10	6	30	0.6		0.6		0.6	1.0	2.1	160	6			200	17	40
4～6	360		10	7	40	0.8		0.7		0.7	1.2	2.5	190	8			250	20	50
7～10	500		10	9	50	1.0		1.0		1.0	1.6	3.5	250	11	10		300	25	65
11～13	670	630	10	13	70	1.3	1.1	1.3	1.1	1.3	2.1	4.5	350	14	12		400	35	90
14～18	820	620	10	14	75	1.6	1.3	1.5	1.2	1.4	2.4	5.0	400	16	13	500	400	40	100
19～49	800	700	10	14	80	1.4	1.2	1.4	1.2	1.4	2.4	5.0	400	15	12	500	400	40	100
50～64	800	700	10	14	80	1.4	1.2	1.4	1.2	1.6	2.4	5.0	400	14	12	500	400	40	100
65～79	800	700	15	14	80	1.4	1.2	1.4	1.2	1.6	2.4	5.0	400	14	11	500	400	40	100
80以上	800	700	15	14	80	1.4	1.2	1.4	1.2	1.6	2.4	5.0	400	13	10	500	400	40	100
孕妇（早）	—	+0	+0	+0	+0	—	+0	—	+0	+0.8	+0.5	+1.0	+200	—	+0	—	+20	+0	+0
孕妇（中）	—	+70	+0	+0	+0	—	+0.2	—	+0.2	+0.8	+0.5	+1.0	+200	—	+0	—	+20	+0	+15
孕妇（晚）	—	+70	+0	+0	+0	—	+0.3	—	+0.3	+0.8	+0.5	+1.0	+200	—	+0	—	+20	+0	+15
乳母	—	+600	+0	+3	+5	—	+0.3	—	+0.3	+0.3	+0.8	+2.0	+150	—	+3	—	+120	+10	+50

注：①表格出自中国营养学会制订的《中国居民膳食营养素参考摄入量（2013版）》；
②RE：视黄醇当量（1RE=1μg视黄醇或6μg β-胡萝卜素）；α-TE：α-生育酚当量（1mg α-TE=1mg d-α-生育酚）；DFE：膳食叶酸当量（1DFE=1μ膳食叶酸+（1.7μg×叶酸补充剂））；NE：烟酸当量（1mg=1mg烟酸或60mg色氨酸）；
③AI适宜摄入量（adequate intake，AI）。

至今人类对于维生素生物利用率的知识仍旧非常有限，亦无法在食品成分表中列出相应的生物利用率。即使对于某种食品中维生素生物利用率已了解得十分透彻，也仅限于某种食品而已，其应用价值十分有限。对于探明整个食品体系的维生素生物利用率（包括各种食品之间的相互作用）以及不同人种在这方面的差异的原因是今后急需解决的问题。

第二节　维生素变化或损失的常见原因

所有食品原料自收获开始，其中的维生素都不可避免地有所损失。因此，食品科学家仔细研究了食品加工、贮存及处理方法等造成维生素等营养素损失的原因，并力图改进加工工艺，以尽可能地减少维生素的损失。

一、食品中维生素含量的固有变动

果蔬中的维生素含量经常随作物的遗传特性、成熟期、生长地以及气候的不同而变化。在果蔬的成熟过程中，维生素的含量由其合成与降解速率决定。除了几种产品中的抗坏血酸和β-胡萝卜素外，大多数果蔬中维生素在有关生长过程中含量的变化情况尚不清楚。

农田耕作和环境条件无疑可以影响来自植物食品的维生素含量，但是在这方面有用的数据很少。Klein和Perry选取了全美6个不同地区的果蔬样品，并测定其中抗坏血酸和维生素A（来自类胡萝卜素）的活性。研究发现：不同产地的样品（可能由于地理/气候影响、品种差异以及当地农田耕作方式影响的结果），维生素含量差异很大。农田耕作方式（肥料的类型和用量、灌溉方式、环境和品种）的不同能影响植物来源食品的维生素含量，但是这些影响因素之间的关系很难用系统的模型去表示。在不久的将来，可能采用基因工程的方法对各种植物进行改造，以提高某种维生素（如叶酸）或维生素活性复合物的含量，从而达到生物强化的目的。

动物制品中维生素的含量受生物调控机制和动物饲料两方面的调节。以B族维生素为例，在肌肉中的浓度取决于某块肌肉从血液中汲取B族维生素的能力以及将其转化为辅酶形式的能力。若在饲料中补充脂溶性维生素，可使其在肌肉中的含量迅速增加，借此方式可以增加动物制品中维生素E的含量，提高制品的氧化稳定性和保持颜色的能力。

二、植物性食品原料在采收后维生素含量的变化

水果、蔬菜和动物肌肉中留存的酶会导致收获后维生素含量的变化。细胞受损后释放出的氧化酶和水解酶会改变维生素活性和不同化学构型之间的比例。例如，维生素B_6、硫胺素与核黄素辅酶的脱磷酸反应、维生素B_6葡萄糖苷的脱糖和聚谷氨酰叶酸的解聚，都会导致在植物采收和动物屠宰后上述维生素不同构型之间比例的改变。这种改变取决于下列过程中遭受到的物理损伤，

如处理方式、可能存在的温度控制不当以及从收获到加工的时间跨度。以上变化对维生素的净含量影响并不大，但可能会影响其生物利用率。抗坏血酸氧化酶只能专一地降低抗坏血酸的含量，与此相反，由脂肪氧合酶作用而引起的氧化可降低许多维生素的含量。倘若采取合适的采收后的处理方法，如科学的包装、冷藏运输等措施，果蔬和动物制品中维生素的变化会很小。

三、食品原料在预处理过程中维生素的损失

水果和蔬菜的去皮和修整会造成浓集于茎皮的维生素损失。虽然相对于完整无缺的果蔬而言，这可能是一种较显著的损失，但在大多数情况下，不论其发生在工业化生产还是家庭制作过程中，这类损失均被视为不可避免。为增强去皮效果而采用的碱处理方法可造成一些处于产品表面的不稳定维生素如叶酸、抗坏血酸及硫胺素的额外损失，但与总量相比这种损失并不严重。

流水槽输送、清洗和在盐水中烧煮时，水溶性维生素容易从植物或动物产品的切口或损伤的组织流出。损失程度取决于影响维生素扩散和溶解度等的因素，包括pH（能影响溶解度以及组织内维生素从结合部位解离）、抽提液的离子强度、温度、食品与水溶液的体积比以及食品颗粒的比表面等。引起浸出后维生素破坏的因素包括抽提液中的溶解氧浓度、离子强度、具有催化活性的微量金属元素的浓度与种类以及其他破坏性（如氯）或保护性（如某些还原剂）溶质的存在。

磨粉时去除麸皮和胚芽，会造成谷物中烟酸、视黄醇、硫胺素等维生素以及铁和钙的损失（图7-1），由此引起维生素缺乏症。

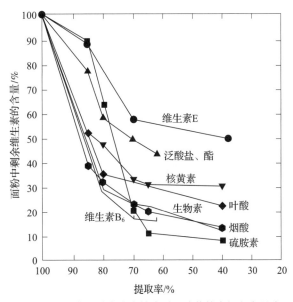

图 7-1 小麦面粉生产中精度对所选营养素保留率影响

提取率是指在制粉过程中以全谷粒为原料得到的面粉回收百分数

四、热处理对维生素的影响

热烫作为一种温和的热处理手段是果蔬加工的必要步骤。它的主要目的是使可能带来不利影响的酶失活、降低微生物附着以及减少后处理前空隙间的气体。酶失活常常对随后贮藏过程中许多维生素的稳定性产生有利的影响。热处理的方法有热水、蒸汽、热空气或微波。热水的烫洗会造成水溶性维生素的大量损失（图7-2），高温短时间处理（HTST）能有效保留热敏性维生素。

食品在热处理过程中维生素含量的变化是一个热点问题。热处理时的高温加速了在常温时速

度较慢的反应。由热引起的维生素损失取决于食品的化学性质、化学环境（pH、相对湿度、过渡金属、其他反应活性物质、溶解氧浓度等因素）、维生素各种形式的稳定性以及进行沥滤的时机。蔬菜在罐装过程中维生素损失情况见表7-2。

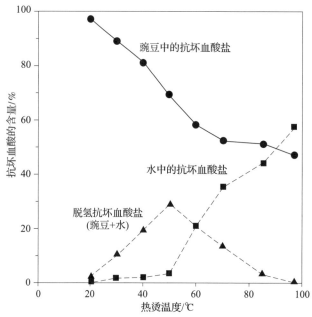

图7-2　不同温度下用热水热烫10min对豌豆中抗坏血酸保留率的影响

表7-2　蔬菜罐装后主要维生素的损失 *　　　　　　单位：%

产品	生物素	叶酸盐	维生素B$_6$	泛酸	维生素A	硫胺素	核黄素	烟酸	维生素C
芦笋	0	75	64	—	43	67	55	47	54
利马豆	—	62	47	72	55	83	67	64	76
绿豆	—	57	50	60	52	62	64	40	79
甜菜	—	80	9	33	50	67	60	75	70
胡萝卜	40	59	80	54	9	67	60	33	75
玉米	63	72	0	59	32	80	58	47	58
蘑菇	54	84	—	54	—	80	46	52	33
嫩豌豆	78	59	69	80	30	74	64	69	67
菠菜	67	35	75	78	32	80	50	50	72
番茄	55	54	—	30	0	17	25	0	26

注：*包括热烫。

五、储藏期间维生素的损失

与热加工相比，贮存方式对于维生素含量的影响要小得多，其主要原因：①常温和低温时反应速率相当慢；②溶解氧基本耗尽；③因热或浓缩（干燥或冷冻）导致的pH下降有利于硫胺素与抗坏血酸等维生素的稳定。

在无氧化脂质存在时，低水分食品中水分活度是影响维生素稳定的首要因素。食品中水分活度若低于0.2~0.3（相当于单分子水合状态），水溶性维生素一般只有轻微分解，脂溶性维生素分解达到极小值。水分活度上升则维生素分解增加，这是因为维生素、反应物和催化剂的溶解度增加。在相当于单分子层水分的水分活度时，脂溶性维生素的降解速度达到最低，而在此之外，无论水分活度升高或降低，维生素的降解速度都会增加。食品的过分干燥会造成对氧化敏感的维生素有明显的损失。

六、加工中使用的化学物质对维生素的影响

食品中的化学成分会强烈地影响一些维生素的稳定性。氧化剂可直接使抗坏血酸、维生素A、类胡萝卜素和维生素E分解，同时也间接影响其他维生素。与此相反，具有还原性的抗坏血酸、异抗坏血酸和硫醇可增加易氧化的维生素如四氢叶酸的稳定性。

某些食品添加剂的作用更不容忽略，亚硫酸盐、亚硫酸氢盐、偏亚硫酸氢盐可抑制酶促褐变。亚硫酸盐在葡萄酒中起到抗微生物、保护抗坏血酸的作用，同时也可使硫胺素失活。亚硫酸盐能与羰基反应，也能使维生素B_6的醛基转化为无活性的磺化产物。

腌肉时亚硝酸盐被作为防腐剂和护色剂使用，而抗坏血酸或异抗坏血酸被加入至含亚硝酸盐的肉中以防止N-亚硝胺的形成，它们之间可能发生如下反应：

$$抗坏血酸 + HNO_2 \longrightarrow 亚硝酸抗坏血酸酯 \longrightarrow 半脱氢抗坏血酸自由基 + NO$$

随后，生成的一氧化氮与肌红蛋白结合生成腌肉的红色，半脱氢抗坏血酸残基仍有部分的维生素C活性，也可以防止有害的亚硝酰生成。

作为杀虫剂的环氧乙烷或环氧丙烷可使害虫的蛋白质与核酸烷基化从而达到杀灭作用。它们同样也导致了一些维生素的失效，不过该因素尚未造成食品中总体维生素的严重损失。

对食品pH有影响的化学试剂与各种食品配料会直接影响维生素如硫胺素和抗坏血酸的稳定性，尤其是在中性至弱酸性pH范围。酸化提高了抗坏血酸和硫胺素的稳定性，而碱性化合物则会降低抗坏血酸、硫胺素、泛酸和叶酸盐的稳定性。

第三节　脂溶性维生素

一、维生素A

维生素A是一类有营养活性的不饱和烃，如视黄醇及相关的化合物（图7-3）和某些类胡萝

卜素（图7-4）。动物体内维生素A集中于肝脏中，维生素A的活性形式主要是视黄醇及其酯类、视黄醛、其次是视黄酸。类视黄素（Retinoid）是指视黄醇及其衍生物，它们含有4个异戊间二烯单位。有几种类视黄素具有与维生素A相同的营养活性，亦可药用，此外视黄醇醋酸酯及棕榈酸酯已被广泛用于食品强化。

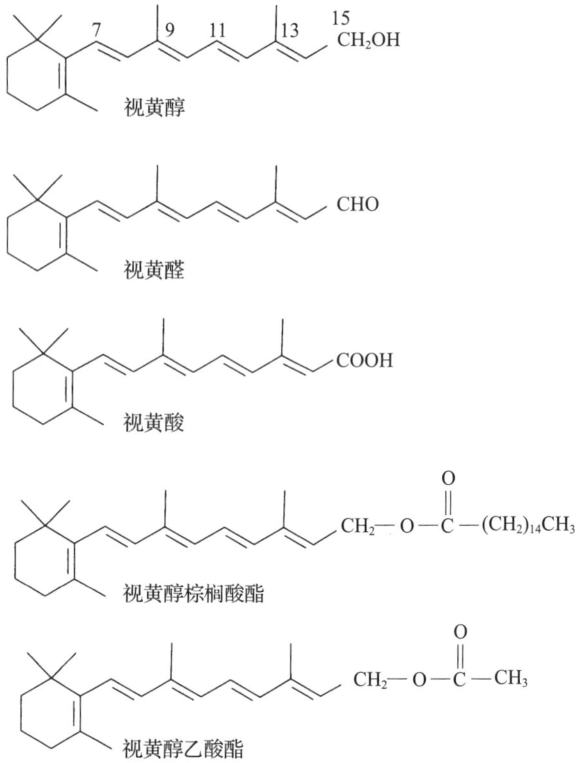

植物与动物中的类胡萝卜素能提供可观的维生素A功能。近600种已知的类胡萝卜素中有50种可作为维生素A原（指在生命体中可部分地转化为维生素A）。图7-4所示为部分类胡萝卜素的结构与维生素A的活性。

具备维生素A或维生素A原活性的类胡萝卜素必须具有类似于视黄醇的结构：

（1）至少有1个无氧合的β-紫罗酮环；

（2）在异戊间二烯支链的终端有一个羟基、醛基或羧基（图7-4）。

图7-3　常见类视黄素的结构

作为维生素A原的β-胡萝卜素在肠黏液受到酶的氧化后在C^{15}—$C^{15'}$处断裂，生成2分子视黄醇。β-胡萝卜素具有最高的维生素A原活性。若类胡萝卜素的一个环上带有羟基或羰基，其维生素A原的活性弱于β-胡萝卜素，若两个环上都有这种基团则该类胡萝卜素无维生素A原的活性。

非极性结构的类视黄素与维生素A原类胡萝卜素是强亲油性的化合物，会与食品和活细胞中的脂质成分或蛋白质载体结合。在很多食品体系中，类视黄素和类胡萝卜素与油滴或分散于水相的微胶束结合，例如，两者能存在于牛乳的脂肪球中，而在橙汁中，类胡萝卜素与分散的油相结合。类视黄素的共轭双键产生强烈的特征紫外吸收光谱；而类胡萝卜素含有更多的共轭双键，其吸收光谱出现于可见光区，本身带有橙黄色。

全反式结构的类胡萝卜素和类视黄素具有很强的维生素A活性，天然存在于食品中的类胡萝卜素是以反式构象为主，只有在热加工时才可能转化为顺式构象，也就失去了维生素A活性。

维生素A（类视黄素与具维生素A活性的类胡萝卜素）的氧化降解与不饱和脂肪的氧化降解类似。无论是直接氧化还是自由基诱发，凡是促进脂质氧化的因素同样加速维生素A的氧化。表7-3所示为干燥方法对脱水胡萝卜中β-胡萝卜素含量的影响。显然食品在与氧接触条件下经热加工会造成β-胡萝卜素的损失。高效液相色谱分析已证明许多食品含有类视黄素和类胡萝卜素的全反式和顺式异构体的混合物。常规的罐装工艺会引起异构化和维生素A活性的损失（表7-4）。在加热、光照、酸化、加次氯酸或稀碘时都可能导致全反式类视黄素和类胡萝卜素变成不同的异构体，部分丧失或彻底丧失维生素A活性。

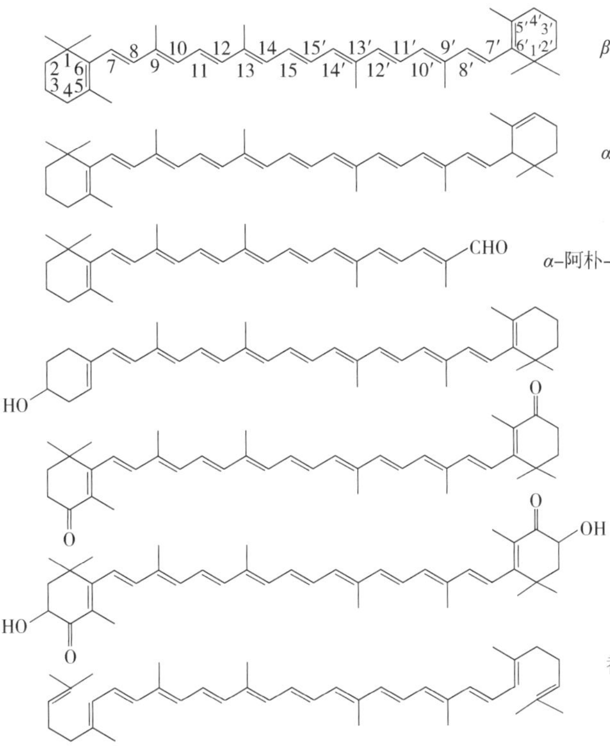

化合物	相对活性	视黄醇活性当量
β–胡萝卜素	50	12
α–胡萝卜素	25	24
α–阿朴-8′–胡萝卜醛	25~30	
玉米黄质	25	24
角黄素	0	
虾红素	0	
番茄红素	0	

图 7-4 部分类胡萝卜素的结构与维生素 A 原活性

相对活性值是基于 β– 胡萝卜素活性相对于视黄醇是 50% 的假设，应该是最大的估计值。视黄醇活性当量值是指能够提供 1μg 视黄醇活性的每餐食用的含维生素 A 活性的胡萝卜素的量（μg）

表 7-3 脱水胡萝卜中 β– 胡萝卜素的含量

样品	β–胡萝卜素含量/（μg/g）	样品	β–胡萝卜素含量/（μg/g）
新鲜	980 ~ 1860	真空冷冻干燥	870 ~ 1125
流化干燥	805 ~ 1060	普通空气干燥	636 ~ 987

表 7-4 某些新鲜和加工果蔬中的 β– 胡萝卜素异构体分布

产品	加工方式	占总β–胡萝卜素的百分比/%			产品	加工方式	占总β–胡萝卜素的百分比/%		
		13–顺	全反	9–顺			13–顺	全反	9–顺
红薯	新鲜 / 罐装	0.0/15.7	100/75.4	0.0/8.9	番茄	新鲜 / 罐装	10.5/7.3	74.9/72.9	14.5/19.8
胡萝卜	新鲜 / 罐装	0.0/19.1	100/72.8	0.0/8.1	桃	新鲜 / 罐装	9.4/6.8	83.7/79.9	6.9/13.3
南瓜	新鲜 / 罐装	15.3/22.0	75.0/66.6	9.7/11.4	杏	脱水 / 罐装	9.9/17.7	75.9/65.1	14.2/17.2
菠菜	新鲜 / 罐装	8.8/15.3	80.4/58.4	10.8/26.3	油桃	新鲜	13.5	76.6	10.0
羽衣甘蓝	新鲜 / 罐装	16.3/26.6	71.8/46.0	11.7/27.4	李	新鲜	15.4	76.7	8.0
黄瓜	新鲜 / 腌制	10.5/7.3	74.9/72.9	14.5/19.8					

维生素A是光敏化合物，会发生直接或间接的光化学异构化，生成的顺式异构体的比例和数量取决于所采用的光化学异构化方式，同时还伴随着一系列可逆反应及光化学降解。

食品中维生素A和类胡萝卜素会发生直接过氧化反应，或由脂肪酸氧化产生的自由基引发间接氧化。在氧气分压较低时（150mmHg O_2）β-胡萝卜素与其他类胡萝卜素具有抗氧化作用，但在氧气分压较高时，它们可作为助氧化剂。作为抗氧化剂，β-胡萝卜素可清除单线态氧（Singlet oxygen）羟基和超氧自由基以及与过氧化自由基（ROO·）反应。过氧化自由基可攻击β-胡萝卜素的双键，在C^7位上生成过氧加成产物（ROO-β-胡萝卜素）。显然β-胡萝卜素和其他类胡萝卜素会丧失全部或部分维生素A活性，自由基会攻击视黄醇及其酯类的C^{14}和C^{15}位。β-胡萝卜素的氧化会生成5，6-环氧化合物，后者进一步异构化成为5，8-环氧化合物，这是光化学氧化降解的主要产物。高温处理时，β-胡萝卜素会分解成很多小分子挥发性化合物，影响食品风味。图7-5所示为类胡萝卜素降解反应。

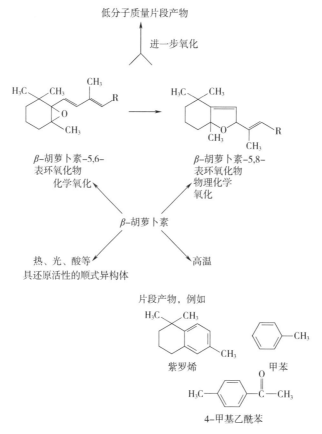

图7-5　类胡萝卜素的降解过程

除脂肪吸收障碍患者，人类对于类视黄素的吸收效率很高，视黄醇与它们的醋酸酯和棕榈酸酯有相同的生物利用率。膳食中一些不为人所吸收的疏水物如脂肪替代物会导致维生素A吸收障碍。类胡萝卜素结合成为类胡萝卜素蛋白质或混于难以消化的植物基质中也会造成人的吸收困难。人体试验的结果表明，相对于纯β-胡萝卜素，从胡萝卜摄入的β-胡萝卜素仅有21%能成为血浆β-胡萝卜素。

早期常用荧光法测定维生素A，但无法鉴定顺反异构体，现在更多地应用高效液相色谱进行分离分析。

二、维生素D

食品中维生素D的活性与一些脂溶性固醇的衍生物有关。它们包括胆钙化固醇（维生素D_3）和合成的麦角甾醇（维生素D_2），见图7-6。添加于食品中的是二者的合成品。在日光照射下人的皮肤中可生成胆钙化固醇，所以膳食中维生素D的需求量与每个人受日光照射程度密切相关，植物甾醇经紫外辐射可生成麦角甾醇。生命体中维生素D_2、维生素D_3有几种羟基代谢物，胆钙化固醇的主要生理活性成分是1，25-二羟基衍生物，它参与控制钙的吸收与代谢。肉类与乳品富含胆钙化固醇及其25-羟基衍生物。

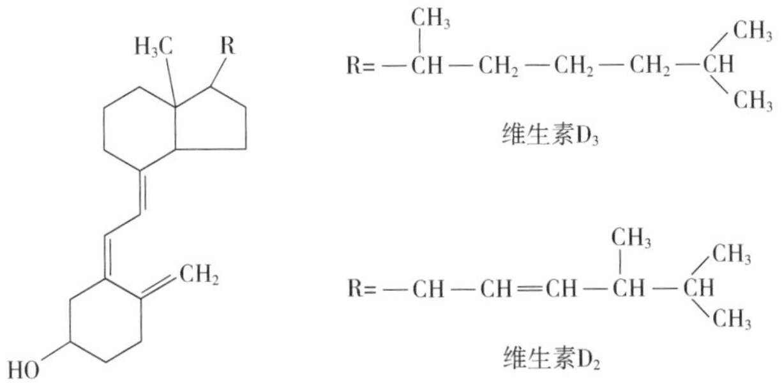

图 7-6　麦角甾醇（维生素 D_2）和胆钙化固醇（维生素 D_3）的结构

维生素D对光敏感易分解，光诱导降解的机制尚不明确，维生素D也容易发生氧化降解，避光缺氧贮存时食品中的维生素D比较稳定。

三、维生素E

维生素E是具有与α-生育酚类似活性的母生育酚（Tocols）和生育三烯酚（Tocotrienols）的总称，母生育酚的结构是2-甲基-2（$4'$，$8'$，$12'$-三甲基十三烷基）色满-6-酚。除了在支链上$3'$，$7'$和$11'$有双键外，生育三烯酚与母生育酚具有相同的结构（图7-7）。显然生育酚是食品中具有维生素E活性的主要成分，它是母生育酚的衍生物，在环结构的5，7或8位有一个或几个甲基。按照甲基的数目和位置的差别，生育酚和生育三烯酚可被分为α、β、γ形式，它们具有不同的维生素E活性（表7-5）。

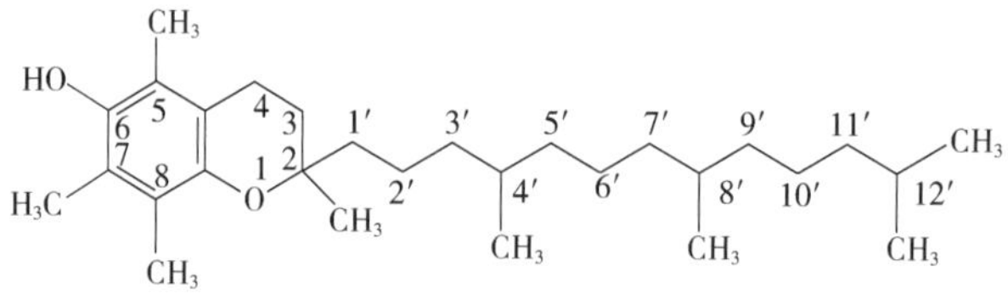

α-生育酚 维生素E

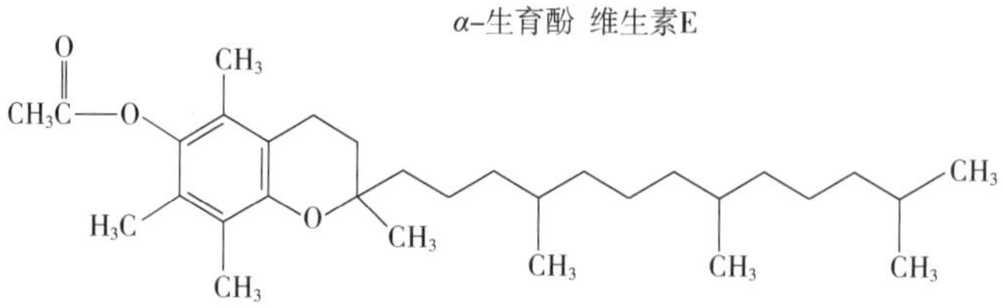

α-醋酸生育酚 维生素E

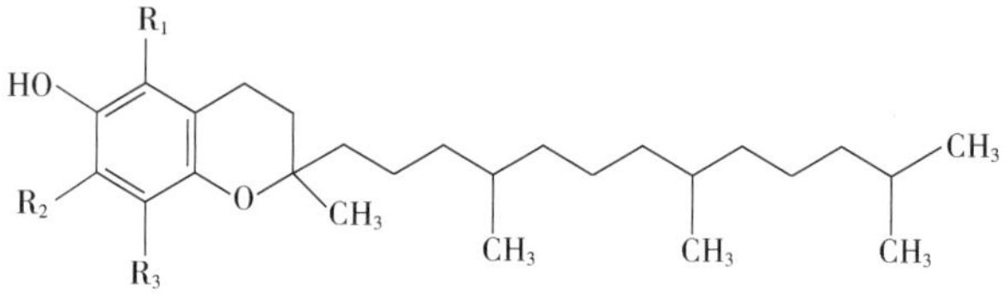

	R₁	R₂	R₃
α	CH₃	CH₃	CH₃
β	CH₃	H	CH₃
γ	H	CH₃	CH₃
δ	H	H	CH₃

图 7-7　生育酚结构

表 7-5　各种生育酚和生育三烯酚的相对维生素 E 活性

化合物	生物测定法			
	鼠仔再吸收	鼠红血球溶血	肌肉营养不良（鸡）	肌肉营养障碍（大鼠）
α- 生育酚	100	100	100	100
β- 生育酚	25 ~ 40	15 ~ 27	12	
γ- 生育酚	1 ~ 11	3 ~ 20	5	11
δ- 生育酚	1	0.3 ~ 2		
α- 生育三烯酚	27 ~ 29	17 ~ 25		28
β- 生育三烯酚	5	1 ~ 5		

　　生育酚结构上有3个不对称碳（2，4′和8′），这些位置上的立体化学构象影响维生素E的活性。天然存在的α-生育酚的维生素E活性最强，目前将它命名为RRR-α-生育酚，其他命名不再应用。合成的α-生育酚乙酸酯被广泛地用于食品强化，它具有较高的稳定性。在大多数动物制品中α-生育酚是维生素E的主要形式，而在植物制品中其他构象的生育酚和生育三烯酚的比例随产品种类的不同有很大的变化（表7-6）。

表 7-6　植物油和食品中生育酚及生育三烯酚的含量

食品	α-T	α-T$_3$	β-T	β-T$_3$	γ-T	γ-T$_3$	δ-T	δ-T$_3$
植物油（mg/100g）								
葵花籽油	56.4	0.013	2.45	0.207	0.43	0.023	0.087	
花生油	14.1	0.007	0.396	0.394	13.1	0.03	0.922	
大豆油	17.9	0.021	2.80	0.437	60.4	0.078	37.1	
棉籽油	40.3	0.002	0.196	0.87	38.3	0.089	0.457	
玉米胚芽油	27.2	5.37	0.214	1.1	56.6	6.17	2.52	
橄榄油	9.0	0.008	0.16	0.417	0.471	0.026	0.043	
棕榈油	9.1	5.19	0.153	0.4	0.84	13.2	0.002	
其他食品 /（μg/mL 或 μg/g）								
婴儿配方食品（已皂化）	12.4		0.24		14.6		7.41	
菠菜	26.05	9.14						
牛肉	2.24							
面粉	8.2	1.7	4.0	16.4				
大麦	0.02	7.0		6.9		2.8		

注：T—生育酚；T$_3$—生育三烯酚。

生育酚和生育三烯酚通过提供酚羟基的质子和电子，捕获自由基，是性能优良的天然抗氧化剂。生育酚是所有天然生物膜的成分，由于具有抗氧化性可保持膜的稳定性。被酯化后的生育酚不再有抗氧化能力，但仍保持维生素E的部分活性。它之所以能在生命活体中表现出抗氧化作用是因为体内酶切断了酯键恢复了它的酚羟基。动物饲料中维生素E的含量会影响屠宰后动物肉的抗氧化能力。在无氧和无氧化脂质存在时，维生素E化合物显示良好的稳定性。罐装灭菌等无氧加工对维生素E活性影响很小，分子氧使维生素E加速降解，若有自由基并存，则维生素E失活得更快。水分活度对维生素E降解的影响类似于对不饱和脂肪酸的影响，在相当于形成单分子水层的a_w时，维生素E氧化最慢，水分活度无论增加或减小都会加速生育酚的降解。面粉增白等特意的氧化加工处理会导致维生素E的巨大损失。

未酯化的α-生育酚可与过氧化基自由基作用生成氢过氧化物和一个α-生育酚自由基，生育酚自由基较不活泼，通过生成二聚生育酚和三聚生育酚，终止自由基反应。若进一步氧化和重排会生成生育酚氧化物、生育氢醌、生育醌（图7-8）。维生素E的降解产物表现出很低或没有

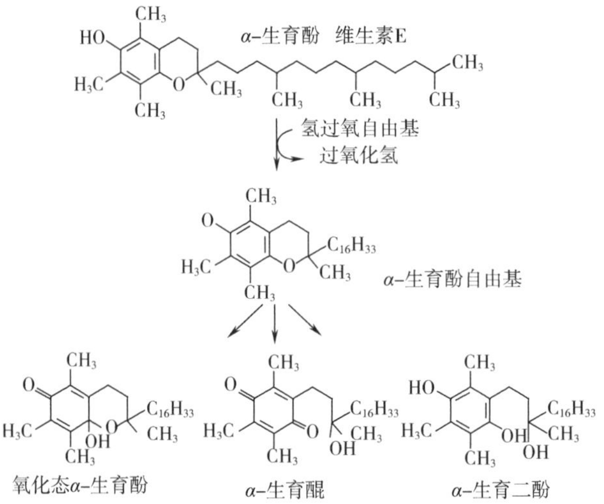

图 7-8 维生素 E 氧化降解的主要历程

除了所列的起始氧化产物外，进一步的氧化和重排还生成许多其他产物

维生素活性。非酯化的维生素E化合物具有酚类抗氧化剂的能力，因此它能提高食品脂肪的氧化稳定性。

对于能正常消化和吸收脂肪的人，维生素E的生物利用率是很高的。以摩尔计，α-生育酚乙酸酯几乎与α-生育酚具有相同的生物利用率，然而，当剂量过大时因酶促去酯速度的限制，前者的生物利用率会下降。

高效液相色谱（HPLC）法测定维生素E优于分光光度法和直接荧光法，前者能测各种形式的维生素E。

四、维生素K

维生素K具有萘醌结构（图7-9），在3位上具有或不具有萜类支链，合成的未取代的甲萘醌（维生素K）被普遍用于食品强化。叶绿醌（维生素K_1）存在于植物组织中，菠菜、羽衣甘蓝、花椰菜和卷心菜等叶菜中含量较多。链长不等的甲基萘醌类（维生素K_2）主要是由肠道微生物群落生成。在健康的人群中，很少有人患维生素K缺乏症，患吸收不良或服用抗凝血药的人才会有维生素K缺乏症。

某些还原剂可将醌式结构的维生素K还原为氢醌结构，但不影响维生素K的活性。维生素K会被光分解，但对热相当稳定。

维生素K可以用高效液相色谱进行分析检测。

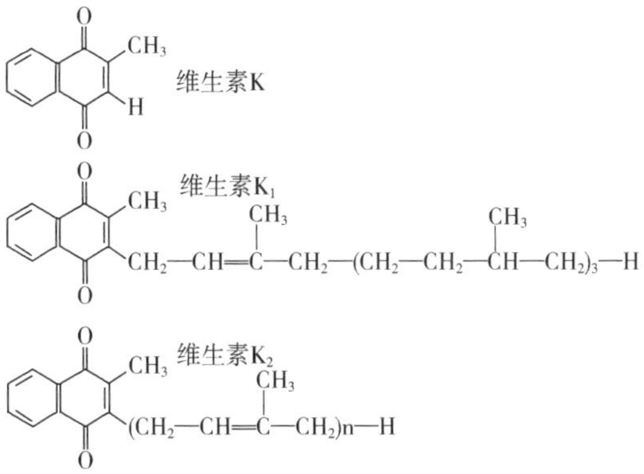

图 7-9　各种形式的维生素 K 的结构

第四节　水溶性维生素

一、抗坏血酸（维生素C）

L-抗坏血酸（AA）呈强极性，易溶于水，不溶于非极性溶剂，酸性和还原性与2，3-烯二醇结构有关。抗坏血酸的酸性是C_3位上羟基电离的结果（pK_{a1}=4.04，25℃），C-2位羟基的二级电离要弱得多（pK_{a2}=11.4）。AA经过双电子氧化和氢解离转化为脱氢抗坏血酸（DHAA）（图7-10）。

L-异抗坏血酸在C-5位上羟基取向不同，是AA的光学异构体，D-抗坏血酸是AA在C-4位的光学异构体，有着与抗坏血酸相似的化学性质，然而这些化合物没有维生素C活性。L-异抗坏血酸与AA都有还原性和抗氧化活性，常常被作为食品添加剂使用，可以抑制水果和蔬菜的酶促褐变。

AA广泛存在于水果和蔬菜中（表7-7），肉类制品中含量很少，主要是以还原性的形式存在。食品中DHAA的天然浓度远低于AA，其实际浓度则决定于AA氧化速率和DHAA本身水解成2，3-二酮古洛糖酸的速率。在某些动物组织中有DHAA还原酶和抗坏血酸自由基还原酶，正是这些酶能使抗坏血酸反复循环作用并保持低含量的DHAA。

表 7-7　抗坏血酸在一些植物产品中的含量　　单位：mg/100g 可食部分

植物	含量	植物	含量	植物	含量	植物	含量
冬季花椰菜	113	柑橘	220	羽衣甘蓝	500	菠菜	220
黑葡萄	200	番石榴	300	芹叶山楂	190	南瓜	90
卷心菜	47	青椒	120	马铃薯	73	番茄	100

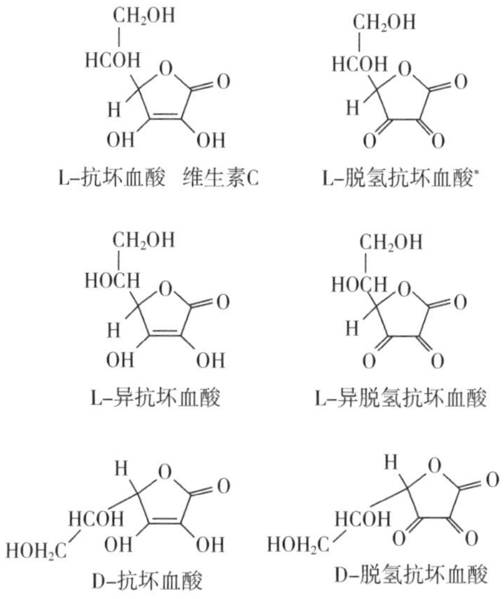

图 7-10　L－抗坏血酸、L－脱氢抗坏血酸及
其异构体的结构

　　AA氧化反应既可以通过两步单电子转移，也可通过一步双电子反应而实现（图7-11），在以上过程中未检测到半脱氢抗坏血酸中间体的存在。单电子氧化物的第一步是转移一个电子形成半脱氢抗坏血酸自由基，再失去一个电子就生成脱氢抗坏血酸，该产物的内酯桥式结构非常易水解，故很不稳定，在不可逆地水解生成2，3-二酮古洛糖酸后，也失去了活性。

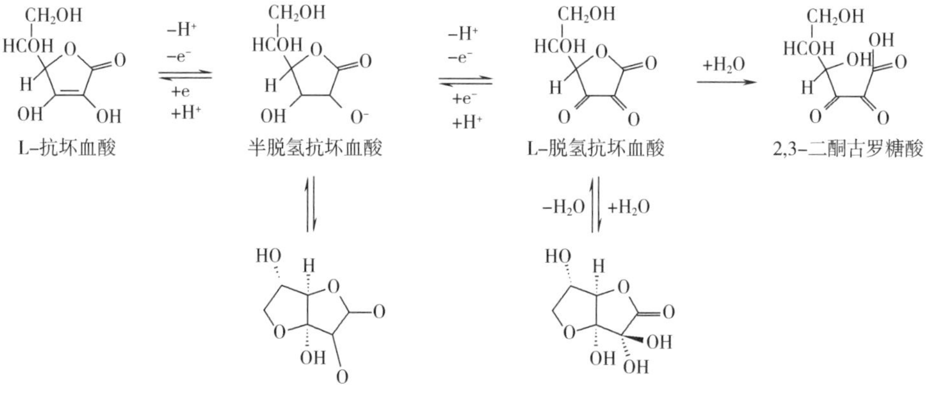

图 7-11　L－抗坏血酸的单电子序列氧化反应

除了 2，3- 二酮古洛糖酸外，其他各物质皆具维生素 C 活性

　　AA对氧化反应高度敏感，尤其在受金属离子如Cu^{2+}和Fe^{3+}催化时。热和光同样能加速该反应过程，而pH、氧浓度和水分活度等因素对反应速度的影响强烈。由于DHAA很容易水解，因而抗坏血酸氧化为DHAA是氧化降解过程中一个必经的、通常也是速度限制步骤。

　　AA一个常被人们忽视的性质是，当它在低浓度和高氧浓度时可起到助氧化剂的作用。此作用可能是由抗坏血酸作为媒介所产生的羟自由基或其他活性物质所引起。在食品化学的大多数领域内，该作用的重要性并不大。

抗坏血酸在水中易溶。当水果与蔬菜在漂洗时，抗坏血酸从新鲜切口和破损的表皮大量流失。其化学降解过程如前所述，AA首先氧化为DHAA，之后水解为2，3-二酮古洛糖酸，若再次氧化脱水会产生高不饱和产物和多聚物。pH、氧浓度和微量金属催化剂等因素强烈影响抗坏血酸的氧化速率。

pH与抗坏血酸氧化降解的关系是非线性的，原因在于不同离子状态的AA对氧化物的敏感性也各不相同，全质子态（AH_2）<单质子态（AH^-）<抗坏血酸根（A^{2-}）。在大多数食品中，pH对抗坏血酸氧化的影响主要由AH_2和AH^-的相对浓度所控制（pK_{a1}=4.04，25℃）；当pH≥8时，体系中存在着足够浓度的A^{2-}（pK_{a2}=11.4，25℃），氧化速度提高。

抗坏血酸氧化降解的速度通常被视为AH^-、分子氧和金属离子浓度的一级反应。在中性pH和无金属离子参与（非催化氧化反应）的条件下，抗坏血酸缓慢氧化。曾报道在中性pH抗坏血酸的自发非催化氧化的一级速度常数为$5.87 \times 10^{-4} s^{-1}$。然而，最近证实在空气饱和的pH7溶液中AA氧化的速度常数为$6 \times 10^{-7} s^{-1}$，显然比以前报道的要小得多。从这个差别可以推测，pH7时抗坏血酸的自发氧化可以忽略不计，而食品或试验溶液中的痕量金属能加快抗坏血酸的氧化降解。金属离子催化抗坏血酸的氧化速度与溶解氧气分压成正比（在40~100kPa范围），在氧气分压低于20kPa时，AA氧化速率与氧气分压无关。金属螯合物催化的AA氧化也与氧气浓度无关。影响金属离子催化AA氧化速率的因素有：金属离子氧化价态和是否生成螯合物。Cu^{2+}的催化能力是Fe^{3+}的80倍，Fe^{3+}与EDTA的螯合物催化能力是游离Fe^{3+}的四分之一。抗坏血酸氧化速率可按下式表示：

$$-d[TA]/dt = k_{cat} \times [AH^-] \times [Cu^{2+}或Fe^{3+}]$$

式中 [TA]——总抗坏血酸的浓度。

在pH7.0的磷酸缓冲液（20℃）中，Cu^{2+}、Fe^{3+}和Fe^{3+}-EDTA螯合物的催化常数k_{cat}分别为880，42和10（mol/L）$^{-1} \cdot s^{-1}$。必须指出，在简单溶液中，这些催化常数的相对值和绝对值不同于在实际食品体系中的相应值，这是因为金属离子可能与其他组分（如氨基酸）结合或参与其他反应，其中某些反应可能生成活泼的自由基或活性氧，它们会加速AA的氧化。

AA的氧化反应可能由抗坏血酸单阴离子、金属离子和氧气构成的三元复合物或各种单电子氧化反应所诱发（图7-12）。AH^-生成A^-及A^-生成DHAA的单电子氧化途径可能有多种，表7-8中罗列了有关的氧化剂的还原电位（反应性），有助于理解一些维生素，包括抗坏血酸、α-生育酚和核黄素等维生素在抗氧化功能中的相互关系。

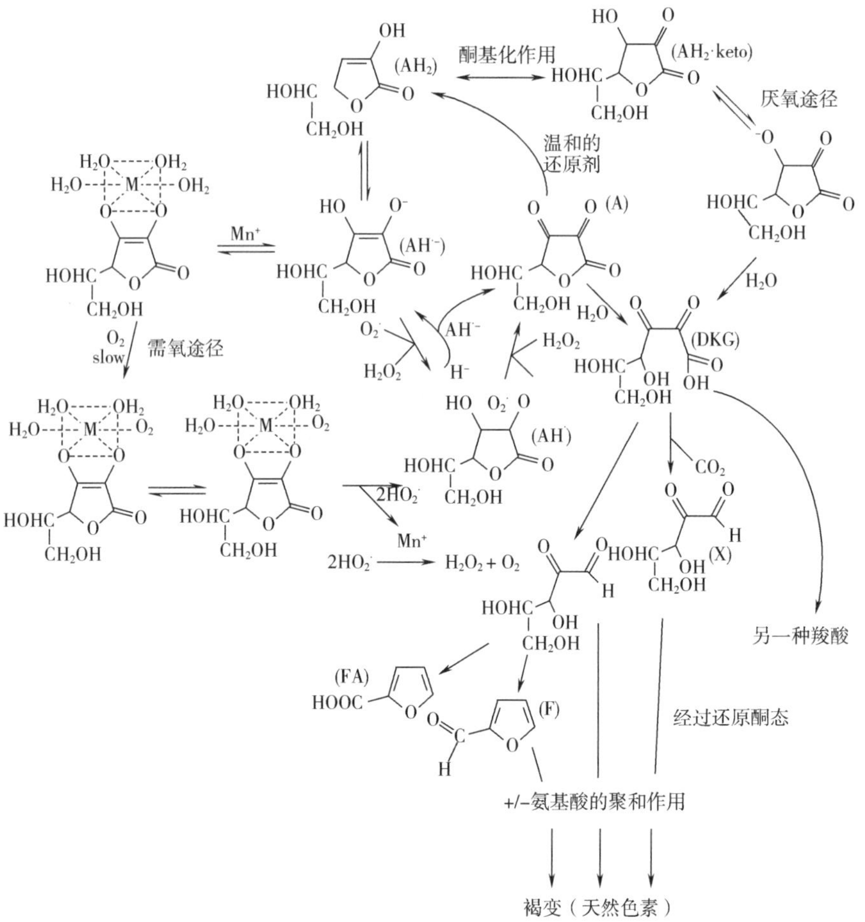

图 7-12 抗坏血酸氧化与无氧降解反应历程

粗线表示的结构为抗坏血酸活性的主要来源。缩写：AH₂，完全质子化的抗坏血酸；AH⁻，抗坏血酸单阴离子；AH˙；半脱氢抗坏血酸自由基；A，脱氢抗坏血酸；FA，2- 糠酸；F，2- 糠醛；DKG，二酮古洛糖酸；DP，3- 脱氧戊酮糖；X，木酮糖；Mⁿ⁺，金属催化剂；HO₂˙，过氧化羟基自由基

表 7-8 部分自由基和抗氧化剂的还原电位 [以最高氧化性（顶行）至最高还原性排列；

氧化还原对中每个氧化态可从其还原态夺取一个电子或一个氢原子]

氧化还原对*		$\Delta E^{\circ\prime}/mV$
氧化态	还原态	
HO˙，H⁺	H_2O	2310
RO˙，H⁺	ROH	1600
HO₂˙，H⁺	H_2O_2	1060
O₂⁻˙，2H⁺	H_2O_2	940
RS	RS⁻	920
O₂ (¹Δg)	O₂⁻˙	650
PUFA˙，H⁺	PUFA–H	600
α- 生育酚˙，H⁺	α- 生育酚	500
H_2O_2，H⁺	H_2O，OH˙	320
抗坏血酸⁻˙，H⁺	抗坏血酸单阴离子	282

续表

氧化还原对*		ΔE°'/mV
氧化态	还原态	
$Fe^{3+}EDTA$	$Fe(II)EDTA$	120
Fe^{3+} 水溶液	$Fe(II)$ 水溶液	110
Fe^{3+} 柠檬酸	$Fe(II)$ 柠檬酸	~100
脱氢抗坏血酸	抗坏血酸$^{-\cdot}$	~100
核黄素	核黄素$^{-\cdot}$	−317
O_2	$O_2^{-\cdot}$	−330
O_2，H^+	$HO_2^{\cdot}$	−460

注：*抗坏血酸$^{-\cdot}$，半脱氢抗坏血酸自由基；PUFA，多不饱和脂肪酸自由基；PUFA-H，多不饱和脂肪酸，两个烯丙基氢；RO$^{\cdot}$，脂肪族烷氧基自由基；ΔE°'为标准单电子还原电位（mV）。

在AA氧化降解过程中，碱性介质有利于DHAA内酯水解产生2，3-酮古洛糖酸，DHAA在pH2.5~5.5的酸性系统中最稳定，pH大于5.5其稳定性很差，随pH的增加愈加不稳定。23℃时，在pH分别为7.2和6.6介质中，DHAA半衰期分别为100min和230min。随温度升高DHAA水解加剧并与氧无关。值得注意的是在进行分析测试时，AA不可避免被氧化成DHAA，会使结果产生偏差。

虽然由Khan和Martell提出的三元络合物理论显然是一个AA氧化的精确模型，但最近的发现扩展了对反应机理的认识。Scarpa等观察到，在金属催化抗坏血酸单阴离子氧化的速度决定步骤中形成了超氧化物（$O^{2-\cdot}$）：

$$AH^- + O_2 \xrightarrow{\text{催化剂}} AH^{\cdot} + O_2^{-\cdot}$$

随后的反应步骤包括超氧化物作为一种促进剂有效地使抗坏血酸氧化生成脱氢抗坏血酸反应总速度增加一倍：

$$AH^- + O_2^{-\cdot} \xrightarrow{2H^+} AH^{\cdot} + H_2O_2$$

$$AH^{\cdot} + O_2^{-\cdot} \xrightarrow{H^+} A + H_2O_2$$

如图7-12所示，通过两个抗坏血酸自由基的反应，也可使反应终止，如：

$$2AH^{\cdot} \xrightarrow{-H^+} A + AH^-$$

对于大多数食品，AA的无氧降解（Anaerobicdegredation）不是它损失的主要原因。然而在罐装浓缩番茄汁贮存阶段，无论在有氧还是无氧条件下，无氧氧化都是AA损失的主要途径，原因在于微量金属元素的催化作用，可以测得AA氧化速率与铜的浓度成正比。

对于AA的无氧降解机理尚未得到彻底了解。目前认为，无需先氧化成DHAA，1，4-内酯桥式结构会直接断裂，接着烯醇-酮式异构化（图7-12）。在pH3~4，无氧降解可达到最大速率，这意味着此pH会影响内酯的开环及抗坏血酸单阴离子的浓度。从贮存在28℃的橘汁原汁中总抗坏血酸的活化能变化可推测无氧降解的机理和食品组分影响的复杂性。葡萄柚与柑橘性质相似，然而罐装葡萄柚汁在贮存期总抗坏血酸降解的Arrhenius关系在同一温度范围（4~50℃）是线性的，可以认为无氧氧化主要遵循一个简单的机制。对于如此相似的产品，存在动力学和/或机制上的巨大差异的原因仍是一个谜。

罐装和瓶装时都会有残余氧气，此时抗环血酸的降解会同时遵循有氧与无氧降解两种机制。绝大多数情况下，无氧降解的速率常数比有氧降解的速率常数小2～3个数量级。

无论按何种途径降解，AA内酯环的裂开不可逆地破坏了抗坏血酸的活性。尽管这些产物缺乏营养作用，但会参与非酶褐变，其最终产物是风味化合物或风味的前体物质。

已成功鉴定的AA降解的产物达50多种，这些物质的生成机理与含量受到温度、pH、水分活度、氧和金属催化剂的浓度及活性氧种类的影响。分解产物主要包括：聚合过程的中间产物，C_5和C_6不饱和羧酸，五个碳或更小的裂解化合物。在中性pH，AA的热降解产生甲醛。在酸性及中性溶液中AA分解的主要产物有L-木糖醛酮、草酸、L-苏氨酸、酒石酸、糠醛和糠酸以及各种羰基化合物和其他不饱和化合物。在碱性条件下AA降解更快。DHAA及其生成的二羰基化合物与氨基酸一起参与Strecker降解。产物可能是二聚、三聚和四聚物，有的会带红色或黄色。在AA无氧降解中继脱羧基之后形成的失水中间产物是棕色的3，4-二羟基-5-甲基-2（5H）呋喃酮，这种化合物或其他不饱和产物的进一步聚合产生类黑素（含氮聚合物）或焦糖类色素（无氮聚合物）。虽然橘汁以及类似饮料中AA的非酶褐变是一个非常复杂的过程，但是AA对褐变的影响已被充分地证实。

某些糖和糖醇能保护抗坏血酸免受氧化降解，这可能是由于它们能结合金属离子从而降低了后者的催化活性。这些发现对实际食品的重要性还有待于研究和确定。

众所周知，AA不仅是必需的营养素，而且它良好的还原性和抗氧化性使之成为广泛使用的食品添加剂。在酶的章节中已提到抗坏血酸能抑制酶促褐变，它的其他功能包括：面包改良剂中的还原作用；保护一些易氧化的化合物（如叶酸），清除自由基和氧；阻止亚硝胺的生成和还原金属离子。

抗坏血酸的抗氧化作用是多方面的，它抑制脂肪氧化的机理包括：①清除单重态氧；②还原以氧和碳为中心的自由基，同时形成较少活性的半脱氢抗坏血酸自由基或DHAA；③优先氧化抗坏血酸同时除去氧；④使其它抗氧化剂再生，如还原生育酚自由基。

AA是一种强极性化合物，因此基本上不溶于油。然而当它分散于油中或乳状液中时却是一种很有效的抗氧化剂。抗坏血酸与生育酚的结合在油基体系中特别有效，而α-生育酚与抗坏血酸棕榈酸酯结合在O/W乳状液中更为有效。抗坏血酸棕榈酸酯与α-生育酚或其他抗氧化剂具有协同作用。

以氧化还原反应为基础建立的化学法测定AA受到多种干扰，结果不会令人满意。高效液相色谱法能够有效地分离AA、DHAA、异抗坏血酸，并精确定量，所以已成为广泛使用的方法。

二、B族维生素

（一）硫胺素（Thiamin）

硫胺素是取代的嘧啶环和噻唑环由亚甲基相联而成的一类化合物，各种结构的硫胺素（图7-13）均具有维生素B_1活性。

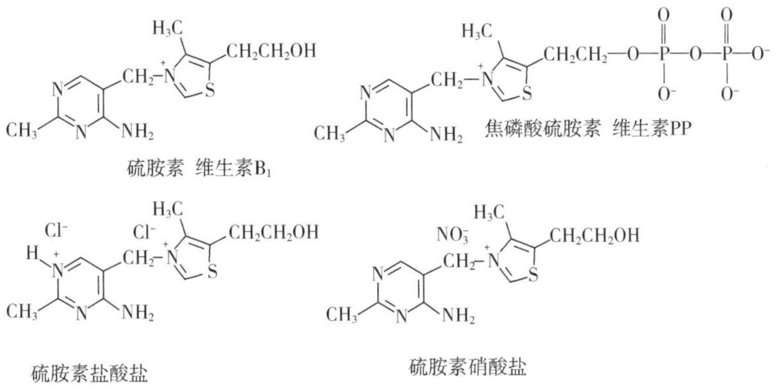

图 7-13　各种形式硫胺素的结构

它们均具有维生素 B$_1$ 的活性

　　硫胺素具有特别的酸碱性，嘧啶环 N^1 位上质子电离（pK_{a1} 4.8），生成硫胺素游离碱。在碱性范围再失一个质子（表观 pK_a 9.2）生成硫胺素假碱（图 7-14）。硫胺素假碱打开唑环生成硫醇式结构。硫胺素的另一特征是唑环的季铵盐氮在任何 pH 都保持阳离子状态，是典型的强碱。在酸性介质中质子化硫胺素比游离碱、硫胺素假碱和硫醇式硫胺素要稳定得多（表 7-9）。

　　硫胺素降解一般遵循一级动力学反应机制。由于几种降解机制同时存在，因此，某些食品中硫胺素的热降解损失随温度而变化的 Arrhenius 关系不呈线性。

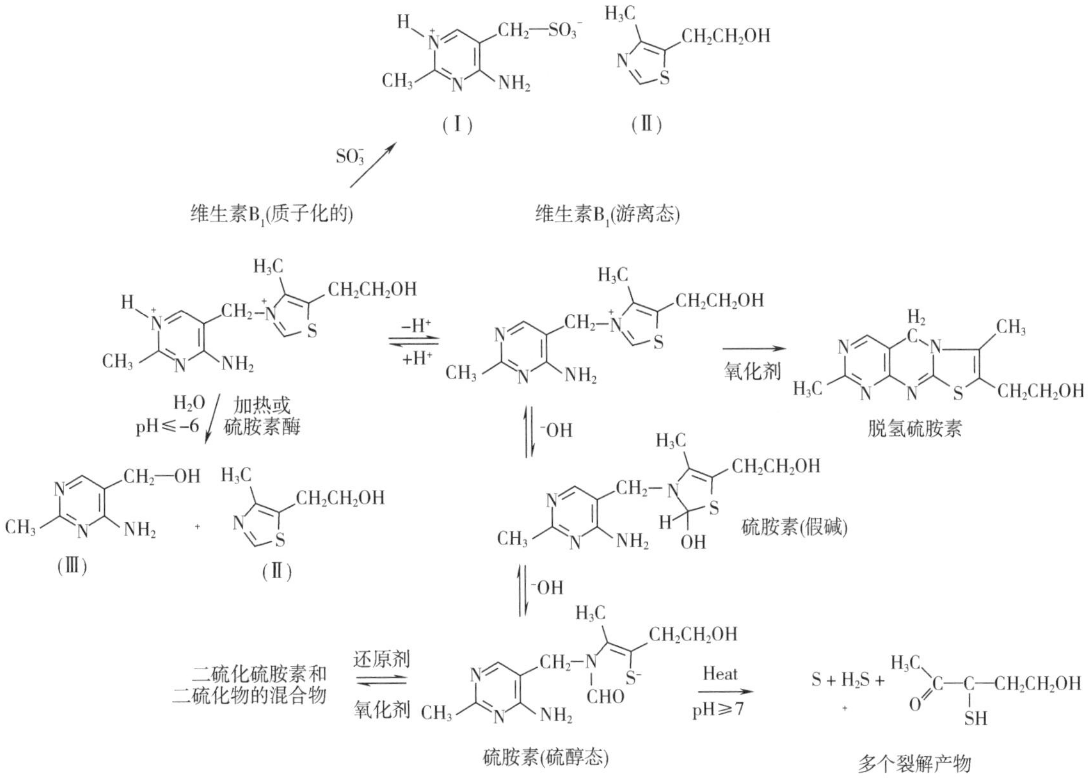

图 7-14　硫胺素离子化和降解的主要途径

表7-9　硫胺素和硫胺素焦磷酸盐的热稳定性比较（0.1mmol/L 磷酸缓冲液，265℃）

溶液pH	硫胺素		硫胺素焦磷酸盐	
	k/min^{-1}	$t_{1/2}/\text{min}$	k/min^{-1}	$t_{1/2}/\text{min}$
4.5	0.0230	30.1	0.0260	26.6
5.0	0.0215	32.2	0.0236	29.4
5.5	0.0214	32.4	0.0358	19.4
6.0	0.0303	22.9	0.0831	8.33
6.5	0.0640	10.8	0.1985	3.49

注：k为一级反应速率常数，$t_{1/2}$为达到50%热降解时所需时间。

在低水分活度和室温时，硫胺素极为稳定。水分活度为0.1~0.65的早餐谷物制品在37℃以下时，硫胺素的损失几乎为零（图7-15）。在45℃时，其中硫胺素加速降解，水分活度增加至0.4或更高时（单分子水层时水分活度为0.24），硫胺素的降解更快，硫胺素降解的最高峰值出现在水分活度为0.5~0.65（图7-16）。在类似的模拟体系中，当a_w从0.65增加至0.85，硫胺素降解速度下降。

表7-10　食品中硫胺素在热处理过程中的代表性降解速度（在参考温度100℃时的半衰期）
和硫胺素损失的活化能

食品体系	pH	研究的温度范围/℃	半衰期/h	活化能/（kJ/mol）
牛心酱	6.10	109~149	4	120
牛肝酱	6.18	109~149	4	120
羊肉酱	6.18	109~149	4	120
猪肉酱	6.18	109~149	5	110
肉糜制品	未报道	109~149	4	110
牛肉酱	未报道	70~98	9	110
全乳	未报道	121~138	5	110
胡萝卜泥	6.13	120~150	6	120
绿豆泥	5.83	109~149	6	120
豌豆泥	6.75	109~149	6	120
菠菜泥	6.70	109~149	4	120
豌豆泥	未报道	121~138	9	110
卤水豌豆泥	未报道	121~138	8	110
卤水豌豆	未报道	104~133	6	84

注：水分活度估计为0.98~0.99，半衰期和活化能数值分别为1和2位有效整数。

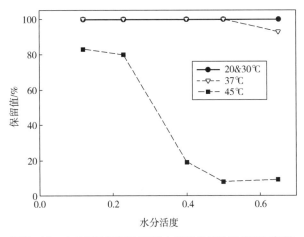

图 7-15　水分活度和温度对脱水模型食品体系模拟早餐谷
类产品中硫胺素保留率的影响

保留率百分数数值适用于 8 个月的贮藏期

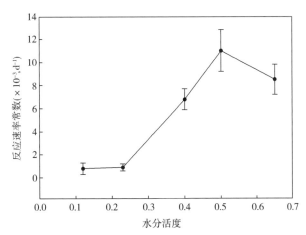

图 7-16　水分活度对贮藏于 45℃时脱水食品体系模拟早
餐谷类产品中硫胺素降解的一级反应速率常数的影响

　　很多鱼及甲壳类在捕获后体内的硫胺素不太稳定，这主要是因为有硫胺素酶（Thiaminases）
存在。然而，至少有一部分硫胺素活性的损失是因为血红素蛋白质（肌红蛋白和血红蛋白）的作
用而造成的，它们是硫胺素降解的热稳定非酶催化剂。在金枪鱼、猪肉和牛肉中促使硫胺素降解
的血红素蛋白质是加热变性后的肌红蛋白，这一非酶降解过程只改变了硫胺素的维生素活性而未
裂解它的结构。

　　食品中其他成分亦会影响硫胺素的降解。硫胺素与单宁生成非生物活性的加成物而失活。各
种黄酮类化合物能改变硫胺素，但是由黄酮类氧化产生的硫胺素二硫化物仍然具有硫胺素活性。
在遇热或有亚硫酸盐存在时，蛋白质和碳水化合物能降低硫胺素的降解速度，部分原因是蛋白质
与硫胺素的硫醇（Thiol）形式生成混合二硫化物，此反应能延缓硫胺素的进一步降解。水净化
剂次氯酸盐会导致硫胺素的快速降解。

pH对硫胺素产生较为敏感的影响。在pH<6的酸性条件下，硫胺素热降解较为缓慢，亚甲基桥断裂产生嘧啶与唑。在pH6～7硫胺素降解加快，唑环破坏程度亦增加，在pH8时硫胺素分解产物中已无唑环。硫胺素的分解或重排产生含硫化合物，这些化合物可能是肉类风味的来源之一。

亚硫酸氢根会加速硫胺素分解。亚硫酸氢盐分解硫胺素类似于在pH≤6时硫胺素的分解，不过前者导致嘧啶被磺化。发生这类反应的pH范围很宽，pH6时反应速率最大，所以美国在富含硫胺素的食品中禁止使用亚硫酸氢盐。

由于硫胺素的嘧啶环上含有伯胺基，因此，它在中等水分活度以及中性和碱性pH时降解速度最快。

食品中的硫胺素几乎能被完全吸收和利用。在动物试验中的硫胺素二硫化合物只有90%的硫胺素活性。

食品中硫胺素可采用热酸萃取，然后再用荧光或高效液相色谱检测。

（二）核黄素（Riboflavin）

核黄素的母体结构为7，8-二甲基-10（1′-核糖醇基）异咯嗪，所有具有该结构生物活性的衍生物都采用核黄素这个名称，也被称为维生素B_2（图7-17）。

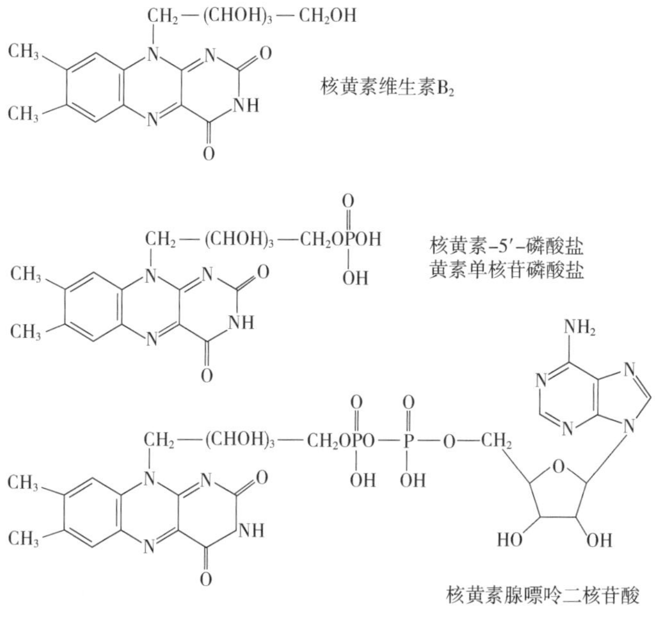

图 7-17　核黄素、单核苷黄酮和黄酮腺嘌呤二核苷酸结构

核糖醇支链5′位磷酸化的产物是黄素单核苷酸（FMN），若再连接5′-腺苷单磷酸就是黄素腺嘌呤二核苷酸（FAD）。在许多与黄素有关的酶中FMN和FAD是辅酶，催化各种氧化-还原过程。在食品和消化系统中的磷酸酶的作用下，这些酶的FMN和FAD能转变成核黄素。在生物原料中，

不到10%的FAD在8α位上与酶蛋白质的氨基酸残基形成共价键。

核黄素与其他黄素的化学性质是相当复杂的，每种黄素都具有数种氧化态和离子态。核黄素作为游离维生素和辅酶的组分时在3种化学形态之间进行氧化还原循环（图7-18），它们包括天然的黄色黄酮醌（完全氧化态）、黄素半醌（可随pH变为红色或蓝色）及五色的黄素氢醌。三者之间每步转化都会失去一个电子或获得一个H^+。黄素半醌N^5的pK_a为8.4，而黄素氢醌N^1的pK_a为6.2。

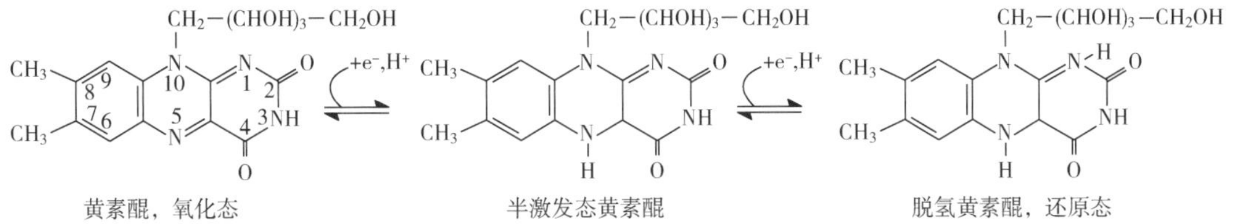

图 7-18　黄素的氧化还原特性

表 7-11　在新鲜母乳和牛乳中核黄素化合物的分布

化合物	母乳/%	牛乳/%
FAD	38 ~ 62	23 ~ 46*
核黄素	31 ~ 51	35 ~ 59
10-羟乙基核黄素	2 ~ 10	11 ~ 19
10-甲醛基核黄素	痕量	痕量
7α-羟乙基核黄素	痕量 ~ 0.4	0.1 ~ 0.7
8α-羟乙基核黄素	痕量	痕量 ~ 0.4

如表7-11所示，FAD和游离核黄素占牛乳和母乳中总黄素的80%。在含量较少的核黄素形式中，最令人感兴趣的是10-羟乙基黄素，它是细菌黄素代谢的产物。已知10-羟乙基黄素是哺乳动物核黄素激酶的抑制剂，它可抑制核黄素吸收至组织中。其他含量较少的衍生物（如光黄素）也会起拮抗剂的作用。因而，食品既含有如核黄素、FAD和FMN一类具有维生素活性的黄素，但也含有对核黄素转运和代谢起拮抗作用的物质。这说明为了精确评估食品的营养性质，需要对核黄素和其他维生素的各种形式作彻底分析。

核黄素在酸性介质中有非常好的稳定性，在中性pH稍不稳定，在碱性条件下迅速分解。在光的照射下核黄素会分解成非生物活性的光黄素和光色素及一系列自由基（图7-19）。核黄素光解生成超氧化物和核黄素自由基，氧气与核黄素自由基反应生成过氧化自由基和其他许多产物，光照导致牛乳产生异味的原因与核黄素的光化学变化有关。据推测光诱导甲硫氨酸的脱羧反应和脱氨基反应生成甲硫基乙醛，至少是产生牛乳异味的部分机制，与此同时，牛乳脂也慢慢氧化。

关于天然各种形态的核黄素的生物利用率尚未被彻底了解，共价键合的FAD辅酶的小鼠试验显示很低的生物利用率。

黄素醌化合物是强荧光物质，因此可采用荧光法测定食品中核黄素的含量。采用高效液相色谱法能有效分离各种核黄素成分，并分别定量。

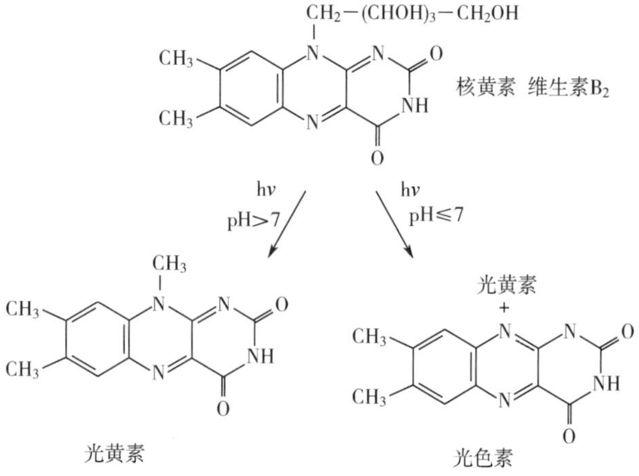

图 7-19　核黄素经光化学转变为光色素和光黄素

（三）烟酸（Niacin）

烟酸是一类具有类似维生素活性的3-羧酸吡啶及其衍生物的总称（图7-20）。

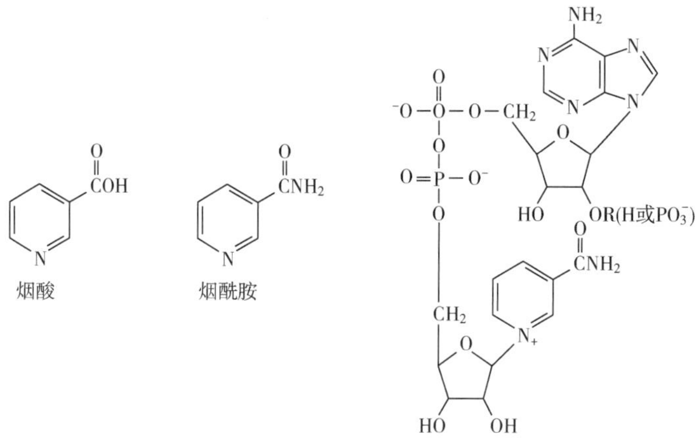

图 7-20　烟酸、烟酰胺和烟酰胺腺嘌呤二核苷酸（磷酸）的结构

在 NAD 和 NADP 中，由于在嘧啶环的 C-4 位接受一个 H 而发生还原反应

烟酸的辅酶形式是烟酰胺腺嘌呤二核苷酸（NAD）和磷酸烟酰胺腺嘌呤二核苷酸（NADP），NAD和NADP能在很多脱氢酶反应中起辅酶作用。烟酸不受光的影响，在食品加工时亦无热损失。在酸性或碱性条件下受热时烟酰胺能转化为烟酸，但是维生素活性没有损失，所以烟酸或许是最稳定的维生素。烟酸广泛存在于蔬菜和动物来源的食品中，高蛋白膳食者可减少对烟酸的需求，因为色氨酸可代谢为烟酰胺。

咖啡豆中含有相当多的葫芦巴碱（Trigonelline）或N-甲基烟酸，在缓和的酸性条件下焙炒咖啡豆，葫芦巴碱脱甲基生成烟酸，可使咖啡中烟酸含量和活性增加30倍。其他豆科植物中也有较低浓度的葫芦巴碱。NAD和NADP的还原态NADH和NADPH在胃酸中不稳定，所以生物利用率很低。食品中键合态烟酸的量的多少直接影响烟酸的生物利用率。碱萃取法测定总烟酸量远高于小鼠生物检测法或直接测定游离烟酸的结果，原因在于碱处理可释放出游离烟酸。

高效液相色谱法可分别检测食品中的烟酸及烟酰胺，也能测定食品中各个游离和结合形式的烟酸。

（四）维生素B$_6$

维生素B$_6$的基本结构（图7-21）是2-甲基-3-羟基-5-羟基甲基吡啶，各种形式维生素B$_6$的差别在于4位上一碳取代基的不同结构，吡哆醇（PN）、吡哆醛（PL）和吡哆胺（PM）的取代基分别是醇、醛和胺。若在5′-羟基上磷酸化，这三种基本形式生成相应的5′-磷酸吡哆醇（PNP）、5′-磷酸吡哆醛（PLP）、和5′-磷酸吡哆胺（PMP）。PLP及PMP的功能是氨基酸、碳水化合物、脂质代谢和神经传导等100多种酶反应的辅酶。吡哆醇一词已不再用作维生素B$_6$的通称。与吡哆醇一样，术语吡哆醛也不再使用。

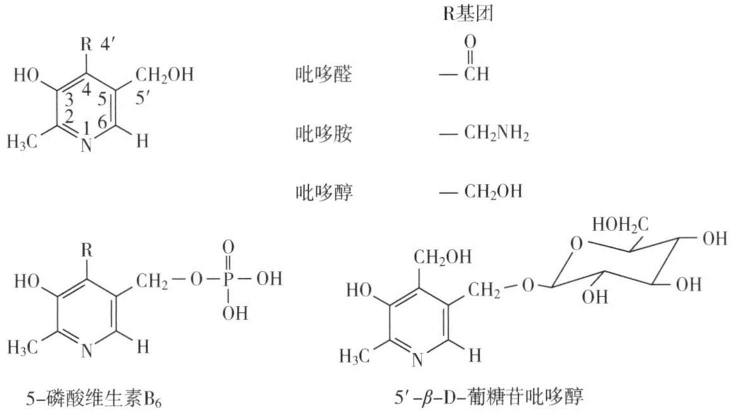

图 7-21　维生素 B$_6$ 类的结构

在大多数水果、蔬菜和谷类中，维生素B$_6$以吡哆醇-5′-β-D-葡萄糖苷的形式存在，约占维生素B$_6$总量的5%～75%。吡哆醇葡萄糖苷只有被β-葡萄糖苷酶水解之后才具有营养活性作用。

维生素B$_6$化合物显示了复杂的离子化形式（表7-12），吡啶氮呈碱性（pK_a=8）而3-羟基呈酸性（pK_a=3.5～5.0），因此在中性pH时维生素B$_6$的吡啶体系主要以两性离子形式存在。维生素B$_6$化合物的净电荷数取决于pH。PM和PMP的4′-氨基（pK_a≈10.5）及PLP和PMP的5′-磷酸酯（pK_a<2.5，～6和～12）也为这些维生素B$_6$形式提供了电荷。

食品中存在各种维生素B$_6$，但是它们的含量变化很大。PN葡萄糖苷只存在于植物制品中，肌肉与器官组织中PLP和PMP占优势（超过维生素B$_6$总量的80%），还有少量未磷酸化的维生素B$_6$。经反复冷冻-解冻或均质处理的生植物组织会释放出磷酸酯酶和β-葡萄糖苷酶，它们催化去磷酸化和去糖基化反应，从而改变了维生素B$_6$的形式，类似的变化也发生在动物组织中。吡哆醇盐酸盐有良好的稳定性，可用于食品的强化和营养补充。

表7-12　维生素 B₆ 类物质的 pK_a 值

离子化	pK_a				
	PN	PL	PM	PLP	PMP
3-OH	5.00	4.20 ~ 4.23	3.31 ~ 3.54	4.14	3.25 ~ 3.69
吡啶 N	8.96 ~ 8.97	8.66 ~ 8.70	7.90 ~ 8.21	8.69	8.61
4'-氨基			10.4 ~ 10.63		ND
5'-磷酸酯					
pK_{a1}				< 2.5	< 2.5
pK_{a2}				6.20	5.76
pK_{a3}				ND	ND

注：ND，未检出。

PLP和PL易与氨基酸、肽或蛋白质的中性氨基生成席夫碱（图7-22）。由于PLP的磷酸根阻止了分子内半缩醛的生成（图7-23），羰基处于有反应能力的形态，所以以PLP的席夫碱比PL更为稳定。在饭后胃酸环境中维生素B₆席夫碱会完全解离。PLP在大多数依赖维生素B₆的酶反应中的辅酶作用包括一个羰-胺缩合反应。

PLP或PL与氨基化合物形成的席夫碱能进一步重排为多种环状结构，例如，半胱氨酸与PL或PLP形式的席夫碱中巯基再进攻席夫碱4'-碳，生成环状的四氢噻唑衍生物（图7-24）。组氨酸、色氨酸及组胺与色胺，亦会与PL或PLP分别通过咪唑和吲哚侧链反应生成类似的环状复合物。

食品的热加工和贮存会影响维生素B₆的含量。如同其他水溶性维生素，食品与水接触会导致维生素B₆的沥滤和损失。化学变化包括维生素B₆各种形式之间的转变、热和光降解、与蛋白质、肽或氨基酸的不可逆复合。

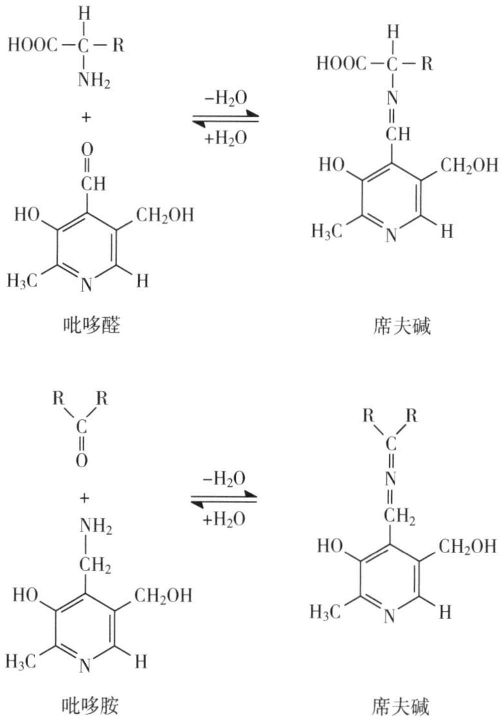

图 7-22　从吡哆醛（PL）和吡哆胺（PM）形成的席夫碱结构

PLP 和 PMP 也发生类似反应

维生素B₆化合物的相互转变主要通过非酶转氨作用实现，例如肉类和乳制品在加热时PM和PMP成倍增加。这种转氨基作用对营养无影响。在中等水分活度（a_w=0.6）食品体系贮存时亦发生类似的转氨基作用。在食品加工过程中含硫氨基酸与PL会发生非酶H_2S和甲硫醇消去反应，这是食品风味的重要来源，生成的黑色硫化亚铁会使罐装食品变色。

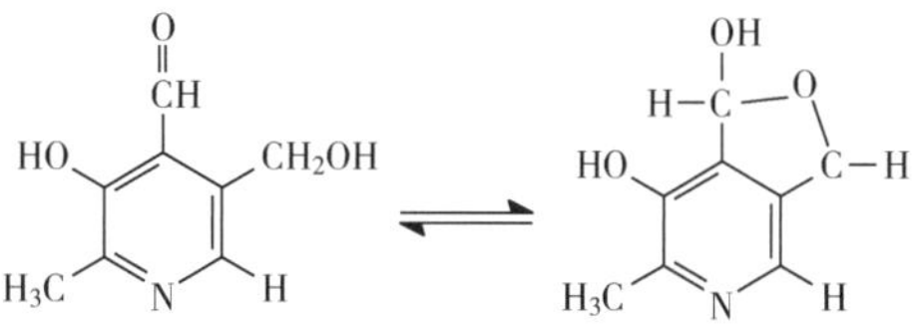

图 7-23　吡哆醛半内缩醛的形成

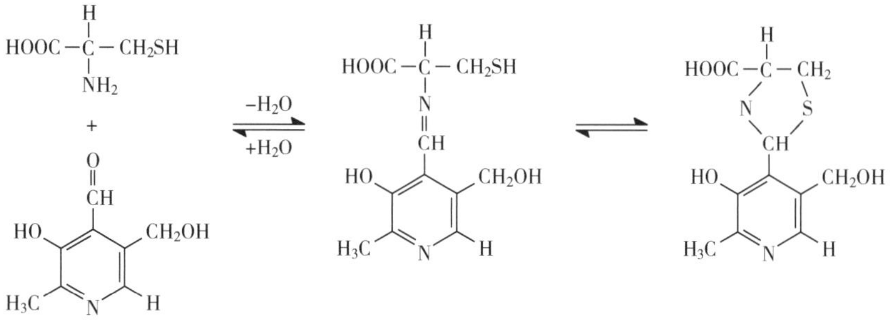

吡哆醛　　　　　PL-半胱氨酸席夫碱　　　　PL-半胱氨酸噻唑烷

图 7-24　吡哆醛（PL）与半胱氨酸形成的席夫碱和四氢噻唑复合物

维生素B₆能发生光诱导降解，光的波长与反应速率之间的关系尚未清楚，推测为自由基诱发氧化反应使PL和PM变成无营养价值的4-吡哆酸，PLP和PMP变成4-吡哆酸-5′-磷酸。由于在起始阶段无需氧的参与，所以PLP、PMP和PM的光化学降解速率及产物得率在有氧和无氧时无明显差异。水分含量低时PL光化学降解速率与PL浓度呈一级动力学关系，快于PM和PN的降解速度，温度对该反应的影响很大，而水分活度只有轻微的影响（表7-13）。

表 7-13　温度、水分活度和光强度对脱水模型食品体系中吡哆醛降解的影响

光强度/（流明/M²）	水分活度	温度/℃	$k^{①}$/d⁻¹	$t_{1/2}^{②}$/d
4300	0.32	5	0.092	7.4
		28	0.1085	6.4
		37	0.2144	3.2
		55	0.3284	2.1
4300	0.44	5	0.0880	7.9
		28	0.1044	6.6
		55	0.3453	2.0
2150	0.32	27	0.0675	10.3

注：①一级反应速率常数；
②达50%降解时所需时间。

表7-14　pH和温度对水溶液中吡哆醛和吡哆胺降解的影响

化合物	温度/℃	pH	$k^{①}/d^{-1}$	$t_{1/2}^{①}/d$
吡哆醛	40	4	0.0002	3466
		5	0.0017	407
		6	0.0011	630
		7	0.0009	770
吡哆醛	60	4	0.0011	630
		5	0.0225	31
		6	0.0047	147
		7	0.0044	157
吡哆胺	40	4	0.0017	467
		5	0.0024	289
		6	0.0063	110
		7	0.0042	165
吡哆胺	60	4	0.0021	330
		5	0.0044	157
		6	0.0110	63
		7	0.0108	64

注：在pH4～7、40℃或60℃下保温至140d，未发现吡哆醇有显著降解。

①一级反应速率常数；

②达50%降解时所需时间。

影响维生素B_6非光化学降解速度的因素包括维生素B_6的形态、温度、溶液的pH（表7-14）和其他反应物（如蛋白质、氨基酸和还原糖）。在低pH条件下（如0.1mol/L HCl）所有形式的维生素B_6都很稳定，这是萃取维生素B_6的条件。在pH4～7，40℃或60℃贮存PN140天亦无损失；pH7时PM损失最大，pH5时PL损失最大。PL和PM在上述条件下降解遵循一级动力学反应。在pH7.2的缓冲液中和110～145℃下PL、PN和PM的降解分别遵循二级、一级半和假一级反应动力学。花椰菜泥中维生素B_6的热降解并不遵循一级动力学。造成研究结果差别的原因尚不清楚。

浓缩乳和非强化的婴儿配方乳的工业杀菌使40%～60%天然存在的维生素B_6损失，而加入的PN在类似的热加工过程中都没有或几乎没有遭到破坏。因此，在采用新配方和加工方法时，有必要充分彻底地评价食品的营养质量。

膳食中PL、PN、PM、PLP和PMP（在有PNP存在时）能被有效吸收且起维生素B_6的功能。PL、PLP、PM和PMP的席夫碱在胃的酸性条件下能解离并显示出高生物利用率。

利用微生物学方法测定所得的PM偏低，反相高效液相色谱（或离子交换色谱）可以分别测定各种形态的维生素B_6。

（五）叶酸（Folate）

叶酸是指具有与喋酰基–L–谷氨酸类似的化学结构和营养活性物质的一类喋啶衍生物总称（图7–25）。叶酸的喋啶部分被空气氧化，其双键处于完全共轭的状态，所有的叶酸盐含有类似酰胺（N^3和C^4之间）的结构，并存在共振现象（图7–26）。

天然存在的叶酸较少。植物、动物和微生物来源的叶酸盐主要形态是5，6，7，8–四氢叶酸盐的聚谷氨酰基形式，其中喋啶环状体系中的两个双键被还原。尚有少量的7，8–二氢叶酸盐存在于自然界。在代谢中，四氢叶酸盐是单碳转化反应的调节剂，即以一个碳为单位的转化、氧化和还原反应，此类反应解释了活细胞中有叶酸存在时产生的各类单碳取代基。单碳取代可作用于N^5或N^{10}位上（主要以甲基或甲酰基形式），或以亚甲基（—CH_2—）或次甲基（—CH═）形式在N^5和N^{10}间桥连。

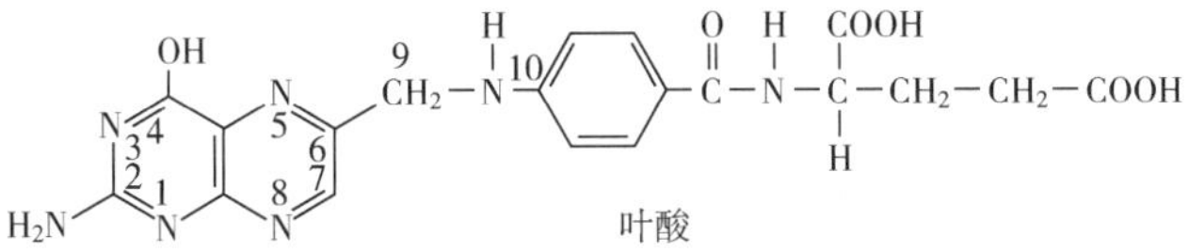

聚谷氨酸四氢叶酸

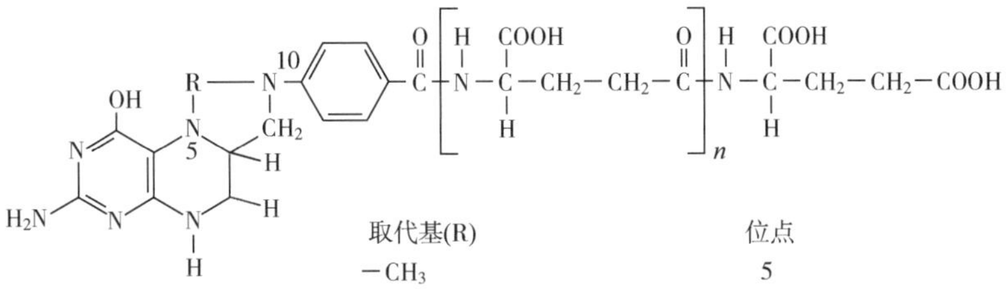

取代基(R)	位点
$-CH_3$	5
−CHO	5或10
−CH═NH	5
$-CH_2-$	5和10
−CH═	5和10

图 7–25　叶酸的结构

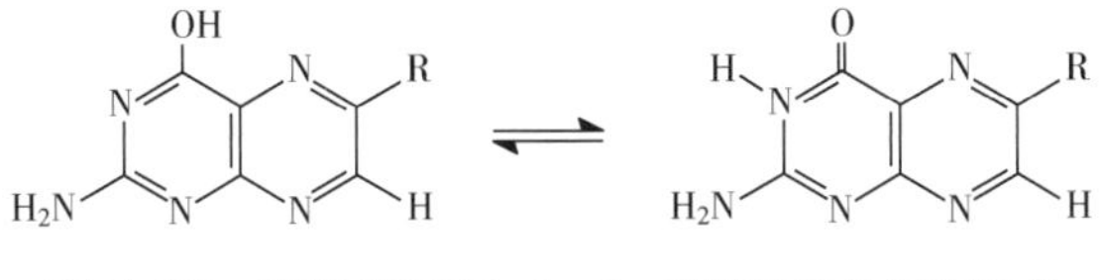

图 7–26　叶酸喋啶环上 3，4– 酰胺位的共振结构式

所示为叶酸喋啶体系的完全氧化式；H_4 叶酸和 H_2 叶酸遵循同一模式

大多数天然状态的叶酸存在于动植物来源的食品中，它们都含有一个以γ肽键连接的由5～7个谷氨酸组成的侧链。食品中80%叶酸盐以聚谷氨酰叶酸盐的形式存在。几乎所有形式的叶酸盐在哺乳动物及人体内显示维生素活性。

叶酸盐随着pH的改变有不同的离子构型。

叶酸盐的谷氨酰基的 α-碳与四氢叶酸盐的喋啶 C^6 是不对称碳，都有两种构型，谷氨酸部分必须为 L 型才具维生素活性，对于四氢叶酸，C^6 还必须为 6S 型。用化学还原法制得的四氢叶酸盐的 C^6 是外消旋碳，（6R+6S）外消旋四氢叶酸盐只有 50% 的营养价值，酶法还原的四氢叶酸盐都是 6S 构象，是人和动物所需的维生素活性物质。

几种四氢叶酸盐的稳定性顺序如下：5-甲酰基四氢叶酸盐＞5-甲基四氢叶酸盐＞10-甲酰基四氢叶酸盐≥四氢叶酸盐。叶酸盐的稳定性与聚合氨酰基链长无关，只取决于喋啶环的化学性质。

所有的叶酸盐都会遭受氧化降解，而抗坏血酸与硫醇等还原剂能清除氧和自由基，所以可从多方面保护叶酸盐。除氧气外，食品中其余的氧化剂亦会影响叶酸盐的稳定性。例如，用于抗微生物的次氯酸盐会氧化裂解叶酸、二氢和四氢叶酸成无营养活性产物，或将其他形式的叶酸盐转化成只有部分营养活性的产物。尽管其反应机制尚未明确，但光可促进叶酸裂解。

从满足人们的营养需求来看，叶酸是最缺乏的维生素之一，这与不合理的膳食结构、食品加工（或家庭食品制作）中的损失以及膳食中叶酸不完全的生物利用率有关。

食品中天然叶酸盐的主要形式是 5-甲基-四氢叶酸盐，经氧化降解会转化为两种产物（图7-27），其中之一暂定为 5-甲基-5，6-二氢叶酸盐（5-甲基二氢叶酸），该化合物易被巯基或抗坏血酸盐等弱还原剂还原至 5-甲基-四氢叶酸盐，因此仍保持维生素活性。若在酸性介质中，5-甲基-二氢叶酸盐在 C^9-C^{10} 键处断裂，失去维生素活性。另一产物的图谱数据虽然与喋呤环重排产生的吡嗪-s-三嗪较为一致，但仍暂定为 4a-羟基-5-甲基-四氢叶酸盐。

某些动物产品，如肝脏中 10-甲酰基-四氢叶酸盐可占到全部叶酸盐的 1/3，其中喋啶环的氧化降解产生 10-甲酰基-叶酸（仍保留维生素活性），或喋呤与 N-甲酰基-p-氨基苯酰基谷氨酸盐（失去营养活性）（图7-28）。相比之下，5-甲酰基-四氢叶酸盐显示出极好的热稳定性和氧化稳定性。

叶酸通常是最稳定的形式，它耐氧化，仅在酸性介质中稳定性会下降。四氢叶酸盐是该维生素最不稳定的形式。它的最高稳定性出现在 pH8～12 及 pH1～2，最低稳定性出现在 pH4～6。然而，即使在合适的 pH 范围，四氢叶酸仍然很不稳定。N^5 位上有取代的四氢叶酸盐比未取代时稳定得多，这可能是 N^5 位上取代基的空间占位阻碍了喋啶环的氧化。甲酰基的稳定作用大于甲基，在低浓度氧环境中热加工时，5-甲基-四氢叶酸盐和叶酸的稳定性相似。5-甲基-四氢叶酸盐的氧化速度与溶解浓度的关系符合假一级动力学。在抗坏血酸、亚铁离子和还原糖存在时的厌氧环境，能提高叶酸和 5-甲基-四氢叶酸盐的稳定性。磷酸缓冲液会加速叶酸盐的氧化降解，加入柠檬酸可以抑制此降解作用，因为磷酸缓冲液中的杂质 Cu^{2+} 能催化叶酸盐的氧化降解。0.1mmol/L Cu^{2+} 可使 5-甲基-四氢叶酸盐在有氧水溶液中的氧化速度增加 20 倍，同样量的 Fe^{3+} 仅能增加其氧化速度 2 倍。

食品中其他活性组分会加速叶酸盐的降解。溶解的 SO_2 会导致叶酸盐的还原性分裂，而亚硝酸盐会使 5-甲基-四氢叶酸盐和四氢叶酸盐氧化降解。亚硝酸盐与叶酸作用生成 10-亚硝基-叶酸，这是一种弱的致癌剂。次氯酸盐也会造成叶酸的严重损失。

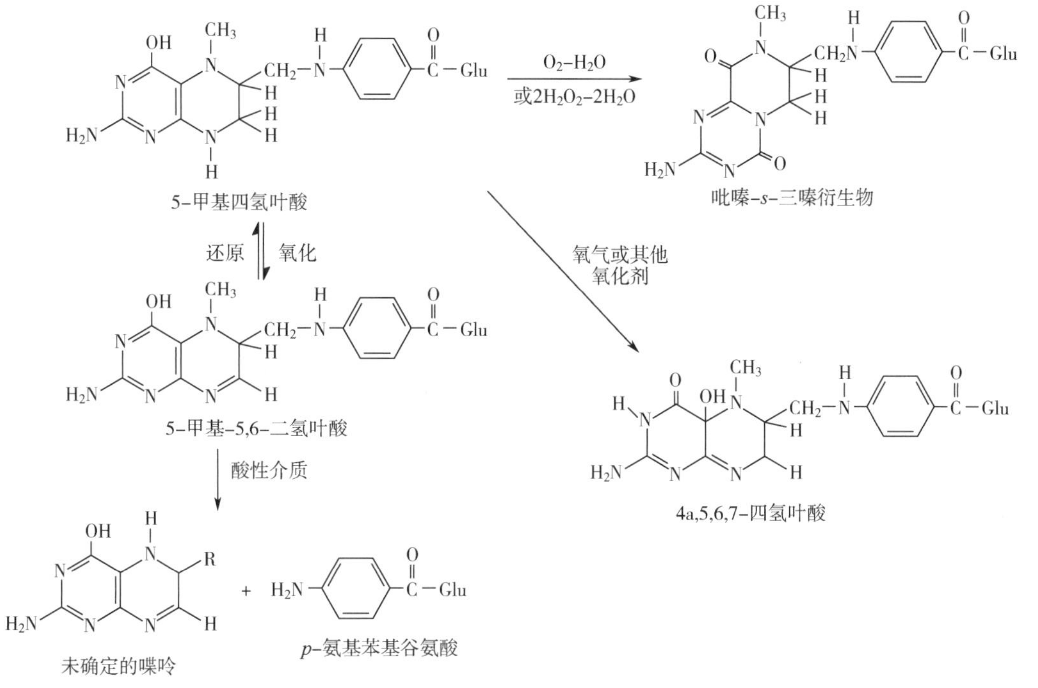

图 7-27　5-甲基-四氢叶酸的氧化降解机制

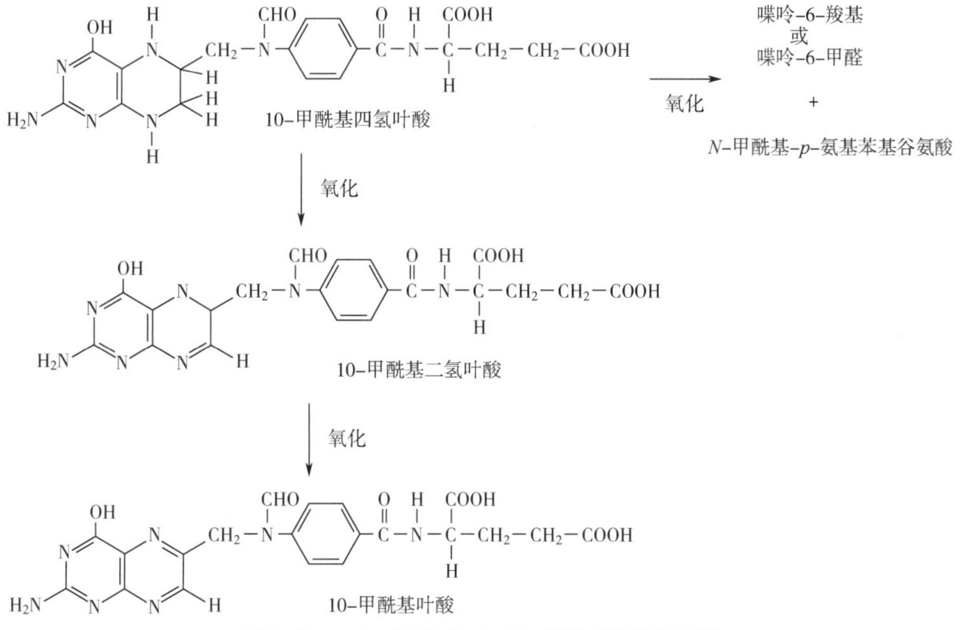

图 7-28　10-甲酰基—四氢叶酸的氧化降解机制

　　叶酸盐经喋酰聚谷氨酸酶水解除去聚谷氨酰基后，在肠内被吸收。食品中天然叶酸盐的生物利用率平均约50%或更少。聚谷氨酰基叶酸盐生物利用率是单谷氨酰基叶酸盐的70%。生物利用率不完全的原因如下：①食品基质通过非共价键与叶酸盐结合；②四氢叶酸在胃酸中降解；③肠内缺少专用酶将叶酸盐的谷氨酰基形式转化为单谷氨酰基形式，亦有可能是该酶活性被食品中其他组分抑制。另一方面许多水果、蔬菜和肉类经过均质、冷冻（解冻）及其他处理时细胞破损，释放出水解酶促使聚谷氨酰基叶酸盐解聚，从而提高了生物利用率。

微生物生长法是一种测定叶酸盐总量较好的方法，此外高效液相色谱和竞争结合放射标记法都是很有效的方法，但样品的预处理步骤比较繁琐。

（六）维生素B12

维生素B12是具有氰钴胺素类似活性化合物的总称。金属离子被4个吡咯环上的四个氮螯合，二甲基苯并咪唑上的氮与钴形成第五个配位共价键，钴的第六个配位键上的基团可能是氰基、5′-脱氧腺苷基、甲基、水、羟基或其他配基（如亚硝基、氨基或亚硫酸根），见图7-29。

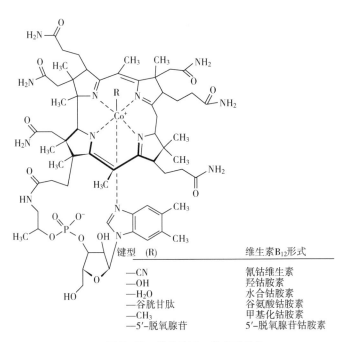

键型 （R）	维生素B12形式
—CN	氰钴维生素
—OH	羟钴胺素
—H2O	水合钴胺素
—谷胱甘肽	谷氨酸钴胺素
—CH3	甲基化钴胺素
—5′-脱氧腺苷	5′-脱氧腺苷钴胺素

图 7-29　维生素 B12 的各种结构

维生素B12的合成产品是氰钴胺素，它是一种红色结晶，非常稳定，已商品化，可用于食品的强化及营养补充。甲基氰钴胺素与5′-脱氧腺苷钴胺素是维生素B12的辅酶形式，前者的功能是作为甲硫氨酸合成酶的辅酶从5′-甲基四氢叶酸盐转移一个甲基，而后者是甲基丙二酰辅酶A变位酶催化重排反应的辅酶。氰钴胺素只能由细菌合成，豆类的根瘤细菌能产生维生素B12，然而很少能进入种子。大多数植物性食品中并不存在维生素B12，它主要集中于动物组织中，见表7-15。

表 7-15 食品中维生素 B_{12} 的分布

含量	食品	维生素B_{12}含量/（μg/100g湿重）
含量丰富	器官肉（肝、肾、心脏）、贝壳类（蛤、蠓）	>10
含量中等以上	脱脂浓缩乳、某些鱼、蟹、蛋黄	3 ~ 10
中等含量	肌肉、鱼、乳酪	1 ~ 3
其他	液体乳、赛达乳酪、农家乳酪	<1

在常见的食品加工、保藏和贮存条件下，维生素B_{12}的损失很少。

添加于早餐谷物中的氰钴胺素在加工中损失约17%，在常温贮存12个月又损失17%。经高温短时杀菌（HTST）的液体乳可保留96%的维生素B_{12}，若采用超高温杀菌，则保留90%，这种乳贮存90d后维生素B_{12}的损失达到50%。在中性pH长时间加热时，食品中维生素B_{12}的损失严重。

维生素B_{12}辅酶经光化学降解产生水合钴胺素，后者虽然仍保持维生素B_{12}活性，但是会干扰对B_{12}的代谢和功能的研究。pH4 ~ 7时维生素B_{12}的稳定性最高。酸水解使其丢失核苷酸，当酸作用的条件变得激烈时，其他键也会断裂。酸或碱能使酰胺水解生成非生物活性的维生素B_{12}羧酸衍生物。由于维生素B_{12}分子太复杂，以及它在食品中的浓度太低，所以其降解机制尚未彻底了解。

人们从蛋中吸收维生素B_{12}时其吸收率相当于直接摄入钴胺素的一半，与此相似，从鱼和各种肉摄入的维生素B_{12}的生物利用率也在此水平。某些个体由于消化不良，无法使食品充分释放出氰钴胺素，会患上维生素B_{12}缺乏症。

食品中维生素B_{12}的检测主要采用微生物生长法或放射配基结合法。高效液相色谱无法检测食品中含量很低的维生素B_{12}。

（七）泛酸（Pantothenic Acid）

泛酸或D-N-（2，4-二羟基-3，3-二甲基-丁酰基）-β-丙氨酸（也被称为维生素B_5）是水溶性维生素。

泛酸广泛存在于肉、谷物、蛋、乳和很多新鲜蔬菜中（表7-16）。作为辅酶A（图7-30）的一部分，它参与许多代谢反应，因此是所有生物体的必需营养素。

表 7-16 一些食品中泛酸的含量

食品	泛酸含量/（mg/g）	食品	泛酸含量/（mg/g）
干啤酒酵母	200	荞麦	26
牛肝	76	菠菜	26
蛋黄	63	烤花生	25
肾	35	全乳	24
小麦麸皮	30	白面包	5

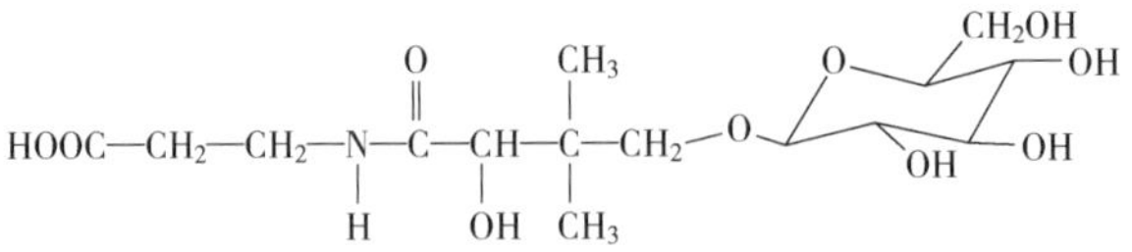

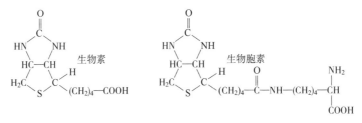

图 7-30　泛酸的各种结构

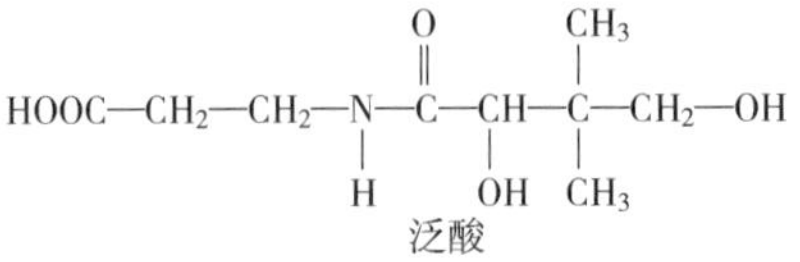

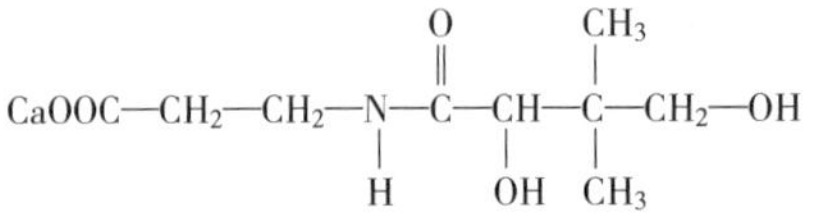

在许多食品和大多数生物物质中，泛酸以辅酶A的形式存在，而且多半是与各种有机酸形成硫酯衍生物。有关食品中泛酸以辅酶A或游离形式存在所占的比例数据还不完全，已知牛肉和豌豆中游离泛酸占总量的50%。辅酶A在小肠内被碱性磷酸酯酶和酰胺酶作用，转变为游离泛酸，经载体输送，在肠部被吸收。

合成的泛酸被用于食品强化。由于泛酸钙的稳定性和不易潮解，因此它通常是该维生素的补充形式。动物饲料中往往添加泛酸。泛酸在pH5～7的水溶液中最稳定，低水分活度的食品中泛酸也相当稳定。烹饪和热加工中也会有一定损失，但从组织中沥滤是泛酸损失的主要原因。泛酸热降解遵循一级动力学机制，在pH4～6范围，速度常数随pH降低而增加。

膳食中泛酸在人体内的生物利用率约为51%，然而，没有证据显示这会导致严重的营养问题。

（八）生物素（Biotin）

生物素是带有双环的水溶性维生素，在羧基化和转羧基化反应中起着辅酶的功能。D-生物素和生物胞素（Biocytin，ε-N-biotinyl-L-lysine）是两种天然的生物素（图7-31）。生物素的环状结构可能有8种异构体，D-生物素是其中唯一的天然具有生物活性的形式。食物中无论是游离态生物素还是与蛋白质结合的生物胞素都有生物活性。

图 7-31　生物素和生物胞素的结构

生物素对于热、光和氧气非常稳定。很高或很低pH会导致生物素分解，其原因是由于生物素环上酰胺键的水解。高锰酸钾或过氧化氢会使生物素中硫氧化为亚砜或砜，而亚硝酸能与生物素生成亚硝基脲衍生物，破坏它的生物活性。生物素环上的羰基也可能与胺反应。添加于低水分活度谷物食品中的生物素在贮存时损失很少。人乳中的生物素浓度在室温下一周内，5℃下一个月内，或-20℃（或更低温度）下一年半内保持不变。

正常膳食中的生物素含量足够满足人体需要（表7-17），肠内细菌合成的生物素虽不多但也为人类提供了一种额外来源。食品中的生物素大多是以与蛋白质相结合的形式存在，胰液中生物素酶和肠黏膜能分解与蛋白质结合的生物素，释放出具有生物活性的游离生物素。

表 7-17　一些食品中生物素的含量

食品	生物素含量/（μg/g）	食品	生物素含量/（μg/g）
苹果	0.9	蘑菇	16.0
豆	3.0	柑橘	2.0
牛肉	2.6	花生	30.0
牛肝	96.0	马铃薯	0.6
乳酪	1.0 ~ 8.0	菠菜	7.0
莴苣	3.0	番茄	1.0
牛乳	1.0 ~ 4.0	小麦	5.2

鸡蛋中的清蛋白含有能与生物素结合的抗生物素蛋白，后者会完全阻断生物素的吸收。抗生物素蛋白是糖蛋白的四聚体，每个亚基可结合一个生物素，此种结合非常牢固（解离常数约为 10^{-15} mol/L），难以消化。因此，不能持续食用生鸡蛋以免造成生物素缺乏症。

思考题

1. 简述维生素的定义和主要作用。

2. 简述有关食品营养素添加的术语及定义。

3. 简述维生素生物利用率的定义。影响维生素生物利用率的主要因素有哪些？

4. 维生素变化或损失的常见原因有哪些？

5. 简述脂溶性维生素的分类、化学结构及生理功能。

6. 简述维生素A的化学结构及生理功能。

7. 查阅资料，讨论B族维生素与辅酶之间的关系，以及各种B族维生素如何参与辅酶的合成及参与酶催化反应。

第八章

矿物质与微量元素

第一节 引 言

医学研究表明，人体共有60多种化学元素，其中氧、碳、氢、氮占人体体重共96.6%，另外还有40余种矿物质元素（也统称为无机盐）。在食品与营养学上，迄今为止仍没有一个公认的"矿物质"定义。"矿物质"这个术语通常是指食物中除了C、H、O、N以外的其他元素。矿物质在食物中的含量相对较低，但是在生命系统和食物中都起着关键作用。

过去，根据其在植物或动物体内的含量，矿物质被分为常量或微量矿物质。但这是在还不能精确测定低浓度元素时的分类方法。"微量"通常用来表述不能精确测定的元素的存在。现在，元素周期表中的所有元素都可以进行准确测定，但是"常量"和"微量"这两个术语仍然用来描述生物系统中矿物质元素的存在。常量元素是指其含量达到人体与动物总重量的万分之一以上的元素，有氧、碳、氢、氮、硫、钙、磷、钠、钾、氯、镁11种。微量元素指在人体与动物体内含量不及体重万分之一的元素，也有认为在人体与动物体内其含量与铁相等或低于铁含量的元素被称为微量元素。根据机体对微量元素的需要情况，又可将其分为必需微量元素和非必需微量元素。所谓不可缺少并非指缺少时将危及生命，而是指缺少时会引起机体生物功能及结构异常，导致疾病发生。目前，多数公认的必需微量元素有铁（Fe）、铜（Cu）、锌（Zn）、钴（Co）、锰（Mn）、铬（Cr）、钼（Mo）、镍（Ni）、钒（V）、锡（Sn）、硅（Si）、硒（Se）、碘（I）和氟（F）14种。可能必需的有锶（Sr）、铷（Rb）、砷（As）和硼（B），其中硼是植物的必需元素。

目前，尚未明确其生物学作用亦未发现有毒性的元素称为非必需微量元素，将微量元素分为必需与非必需，有毒或无害，只有相对的意义。因为即使同一种微量元素，低浓度时是有益的，高浓度时则可能是有害的（如氟、硒等）。另外，同一种元素在生物体内可能同时具备多种功能，其作用取决于它的含量或价态及所存在的器官。对于有益元素而言，也有最佳健康浓度或安全浓度范围，若低于此浓度范围会导致缺乏症，超过一定量会产生毒性。这种浓度范围的宽窄，也视具体元素而定，但不同的个体、种族或工作性质之间亦会有明显的差异。研究食品中矿物质的生物学作用及其安全浓度等的目的在于提供建立合理膳食结构的依据，保证适量有益元素的摄入，减少有毒元素的吸收，维持生命体系处于最佳平衡状态。

第二节　矿物质的营养价值

一、必需矿物质元素

一般认为，如果一种元素从生命体的日常食物或其他摄入途径中去除后会"导致一定的和可重复的生理功能损害"，那么，这种元素对生命是必需的。

人类对各种必需矿物质的需求从每天几微克到1g不等。如果在某一时期内摄入某种必需矿物质的量偏低，就会出现缺乏症状，相反，过量的摄入会产生毒性。对于大多数矿物质而言，安全和适宜摄入量（AI）的范围是比较宽的，因此只要能采用多样化的膳食结构，上述缺乏或中毒都不会发生。

生物体的自我平衡机制可以对必需营养素吸收量的高低进行调节。动态平衡是指生物体将组织中的营养素水平保持在一定狭窄范围内的过程。在高级生物体中，动态平衡是一系列非常复杂的过程，包括营养素的吸收、排泄、代谢和贮存的调节。图8-1是生物体内的动态平衡机制。动态平衡的存在使营养素的安全和适宜摄入量范围大许多。无动态平衡机制（虚线）时，营养素的安全和适宜摄入量范围会非常狭窄，营养素的摄入必须严格控制，否则容易摄入不足或中毒。当营养水平长时间过低或过高时，都会导致这种动态平衡受到破坏。矿物质营养长时间摄入不足的情况并不罕见，特别是在贫困人群中，原因是他们的食物种类非常有限。

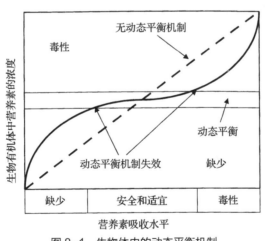

图 8-1　生物体内的动态平衡机制

矿物质是体内数百种酶反应的必需物质，是调节代谢的关键角色，保持骨骼和牙齿强度及硬度的必需因素。矿物质能够加强血液中氧和二氧化碳的交换，也是细胞黏附和减数分裂所必需的物质。矿物质也可致毒，已有很多由于矿物质过多摄入而导致严重受伤甚至死亡的案例。表8-1所示为一些重要矿物质的营养和毒性作用。

表 8-1　矿物质的营养与毒性

矿物质	功能	缺乏影响	摄入过量的不利影响	食物来源
钙	骨骼和牙齿的矿化、血液凝集、激素分泌、神经传递	易患骨质疏松症、高血压、以及一些癌症	过量摄入比较罕见。可能会导致肾结石、奶碱综合征	酸奶、奶酪、强化果汁、羽衣甘蓝、花椰菜
磷	骨骼的矿化，DNA 和 RNA 的合成，磷脂合成，能量代谢，细胞信号	食物中的广泛分布使缺乏症极少发生。低摄入量会使骨骼钙化	损害骨骼形成，肾结石，减少 Ca 与 Fe 的吸收，导致铁和锌的缺乏	几乎存在于所有食品中。高蛋白食品（肉类，奶制品等），谷物制品以及可乐型饮料中含量高
镁	多种酶的辅助因子	缺乏症极少出现，除了一些特定的临床病症。心脏手术病人恢复期往往血镁过低	极少发生，除非过度服用镁补充剂。会导致肠胃着迫、腹泻、腹部绞痛、恶心	绿叶蔬菜、牛乳、粗粮
钠	细胞外液中的主要阳离子，控制细胞外液量及血压，是营养物质出入细胞的重要因素	缺乏症罕见，但耐力运动中可能发生。钠缺乏会导致肌肉抽筋	大部分食品天然钠含量很低。加工和预制食品含有不同量的添加钠。高摄入会导致盐敏感人群发生高血压	大部分食品天然钠含量很低。加工和预制食品含有不同量的添加钠
铁	氧运输（血红蛋白和肌红蛋白），呼吸和能量代谢（细胞色素和铁硫蛋白），分解过氧化氢（氢过氧化物酶和过氧化氢酶），DNA 合成（核糖核苷酸还原酶）	缺乏症普遍。症状包括疲劳、贫血、损害工作能力，认知功能受损、免疫反应受损	铁的过量摄入会增加癌症和心脏疾病的患病几率	肉类、谷物制品、强化食品、绿叶蔬菜
锌	金属酶辅助因子，基因表达调控	生长迟缓、妨碍伤口愈合、性成熟迟缓、免疫反应受损	抑制铜和铁的吸收、免疫反应受损	红肉、贝类、小麦胚芽、强化食品
碘	参与甲状腺激素的合成	甲状腺肿、智力迟钝、生育率低、克汀病	在碘充足人群中极少发生。在缺碘人群中会产生甲状腺功能亢进症	碘盐、海带、海产品
硒	抗氧化剂（过氧化酶的组成部分）	心肌炎、关节炎、易某些癌症疾病	头发和指甲脱落、皮肤病变、恶心	生长在高硒土壤中的谷物，以含硒食物喂养的动物的肉
铝	无，非必需营养	无	导致儿童学习和行为产生问题、贫血、肾损害	铝焊接罐头中被铝污染的食品、汽车使用含铝汽油排出的尾气、一些陶瓷釉料
汞	无，非必需营养	无	麻木、视力和听力损伤、肾损害	鱼（长寿命食性鱼类）
镉	未知	抑制小鼠生长	肾损伤、骨病、癌症	生长在含镉土壤中的粮食作物及蔬菜

二、矿物质的营养素参考摄入量

1997年，美国国家科学院药品研究院食品与营养品委员会膳食参考摄入量科学评估标准委员会提出了新的给健康人群制订的（美国和加拿大）适当膳食营养摄入量的方法。新的推荐摄入量被称作"膳食营养素参考摄入量"（DRIs），取代1941年发表的膳食营养供给量（RDAs）。DRIs的基本概念是为了保证人体合理摄入营养素而设定的每日平均膳食营养素摄入量的一组参考值。随着营养学研究的发展，DRIs内容逐渐增加。在中国营养学会于2000年制订的第一版《中国居民膳食营养素参考摄入量》中包括四个参数：平均需要量、推荐摄入量、适宜摄入量、可耐受最高摄入量。在2013年修订版中增加了三个参数：宏量营养素可接受范围、预防非传染性慢性病的建议摄入量和某些膳食成分的特定建议值。2017年中国营养学会等单位对《中国居民膳食营养素参考摄入量》进行了重新修订。在2017年修订版中，DRIs的定义是：DRIs是评价膳食营养素供给量能否满足人体需要、是否存在过量摄入风险以及有利于预防某些慢性非传染性疾病的一组参考值，包括：平均需要量、推荐摄入量、适宜摄入量、可耐受最高摄入量以及建议摄入量、宏量营养素可接受范围。与2013修订版相比，DRIs的定义中未提及"某些膳食成分的特定建议值"。

1. 平均需要量（estimated average requirement，EAR）

EAR是指某一特定性别、年龄及生理状况群体中个体对某营养素需要量的平均值。按照EAR水平摄入营养素，根据某些指标判断可以满足某一特定性别、年龄及生理状况群体中50%个体需要量的水平，但不能满足另外50%个体对该营养素的需要。EAR是制订推荐摄入量（RNI）的基础，由于某些营养素的研究尚缺乏足够的人体需要量资料，因此并非所有营养素都能制定出其EAR。

2. 推荐摄入量（recommended nutrient intake，RNI）

RNI是指可以满足某一特定性别、年龄及生理状况群体中绝大多数个体（97%~98%）需要量的某种营养素摄入水平。长期摄入RNI水平可以满足机体对该营养素的需要，维持组织中有适当的储备以保障机体健康。RNI相当于传统意义上的RDA。RNI的主要用途是作为个体每日摄入该营养素的目标值。RNI是根据某一特定人群中体重在正常范围内的个体需要量而设定的。

3. 适宜摄入量（adequate intake，AI）

当某种营养素的个体需要量研究资料不足而不能计算出EAR，从而无法推算RNI时，可通过设定AI来提出这种营养素的摄入量目标。AI是通过观察或实验获得的健康群体对于某种营养素的摄入量。

4. 可耐受最高摄入量（tolerable upper intake level，UL）

UL是营养素或食物成分的每日摄入量的安全上限，是一个健康人群中几乎所有个体都不会产生毒副作用的最高摄入水平。摄入量高于该值会有中毒的危险。

营养素缺乏风险和超过DRIs（包括EAR、RDA、AI和UL）推荐营养素摄入的风险见图8-2。随着摄入量的增加，营养素缺乏率降低并接近0，而在超过安全摄入量之后，产生毒性的几率随着摄入量的增加而增加。

目前已经为人体必需的25种矿物质中的9种（Ca、P、Mg、Fe、Zn、Cu、Cr、Mn和I）制定了DRIs。表8-2所示为美国食品与营养品委员会2003年制定的矿物质营养素膳食参考摄入量。表8-3所示为中国营养学会制定的《中国居民膳食营养素参考摄入量》2017 修订版中规定的中国居民膳食矿物质的推荐摄入量或适宜摄入量。

表8-2　膳食营养素参考摄入量（DRIs）中规定的必需矿物质营养素[①]　　　　单位：mg/d

人群	年龄/年或条件	钙摄入量	磷摄入量	镁摄入量	铁摄入量	锌摄入量	硒摄入量	碘摄入量	氟摄入量
婴儿	0 ~ 6 个月	210/N.D.[②]	**100**/ND	30/N.D.	0.27/40	2/4	15/45	110/N.D.	0.01/0.7
	7 ~ 12 个月	270/N.D.	**275**/ND	75/N.D.	**11**/40	3/5	20/60	130/N.D.	0.5/0.9
少儿	1 ~ 3 岁	500/2500	**460**/3000	**80**/65	**7**/40	**3**/7	**20**/90	**90**/200	0.7/1.3
	4 ~ 8 岁	800/2500	**500**/3000	**130**/110	**10**/40	**5**/12	**30**/150	**90**/300	1/2.2
男性	9 ~ 13 岁	1300/2500	**1250**/4000	**240**/350	**8**/40	**8**/23	**40**/280	**120**/600	2/10
	14 ~ 18 岁	1300/2500	**1250**/4000	**410**/350	**11**/45	**11**/40	**55**/400	**150**/900	3/10
	19 ~ 30 岁	1000/2500	**700**/4000	**400**/350	**8**/45	**11**/40	**55**/400	**150**/1100	4/10
	31 ~ 50 岁	1000/2500	**700**/4000	**420**/350	**8**/45	**11**/40	**55**/400	**150**/1100	4/10
	50 ~ 70 岁	1200/2500	**700**/4000	**400**/350	**8**/45	**11**/40	**55**/400	**150**/1100	4/10
	>70 岁	1200/2500	**700**/3000	**400**/350	**8**/45	**11**/40	**55**/400	**150**/1100	4/10
女性	9 ~ 13 岁	1300/2500	**1250**/4000	**240**/350	**8**/40	**8**/23	**40**/280	**120**/600	2/10
	14 ~ 18 岁	1300/2500	**1250**/4000	**360**/350	**15**/45	**9**/34	**55**/400	**150**/900	3/10
	19 ~ 30 岁	1000/2500	**700**/4000	**310**/350	**18**/45	**8**/40	**55**/400	**150**/1100	3/10
	31 ~ 50 岁	1000/2500	**700**/4000	**320**/350	**18**/45	**8**/40	**55**/400	**150**/1100	3/10
	50 ~ 70 岁	1200/2500	**700**/4000	**320**/350	**8**/45	**8**/40	**55**/400	**150**/1100	3/10
	>70 岁	1200/2500	**700**/3000	**320**/350	**8**/45	**8**/40	**55**/400	**150**/1100	3/10
孕妇	≤ 18 岁	1300/2500	**1250**/3500	**400**/350	**27**/45	**12**/34	**60**/400	**220**/900	3/10
	19 ~ 30 岁	1000/2500	**700**/3500	**350**/350	**27**/45	**11**/40	**60**/400	**220**/1100	3/10
	31 ~ 50 岁	1000/2500	**700**/3500	**350**/350	**27**/45	**11**/40	**60**/400	**220**/1100	3/10
哺乳期妇女	≤ 18 岁	1300/2500	**1250**/4000	**360**/350	**10**/45	**13**/34	**70**/400	**290**/900	3/10
	19 ~ 30 岁	1000/2500	**700**/4000	**310**/350	**9**/45	**12**/40	**70**/400	**290**/1100	3/10
	31 ~ 50 岁	1000/2500	**700**/4000	**320**/350	**9**/45	**12**/40	**70**/400	**290**/1100	3/10

注：①RDA以黑体字表示，AI为普通字体。在每个元素下列出的第一个数值不是RDA就是AI。例如，钙只列有AI，磷只列有RDA；镁有些为AI，有些为RDA；铁只列有RDA，而氟只列有AI。斜杠（/）后的数值是UL。在大部分情况下，UL 是指所有来源的摄入量（食物，水，补充剂）；而对镁来说，UL是指从补充剂中的摄入量，而不包括从水和食物中的摄入量。

②N.D.= 由于缺乏足够的数据进行评估，食品与营养委员会没有进行确定。

资料来源：Food and Nutrition Board，Institute of Medicine（2003）. Dietary Reference Intake Table.

表 8-3 中国居民膳食矿物质的推荐摄入量（RNI）或适宜摄入量（AI）

年龄/岁/生理状况	钙/(mg/d)	磷/(mg/d)	镁/(mg/d)	钾*/(mg/d)	钠*/(mg/d)	氯*/(mg/d)	铁/(mg/d) 男/女	锌/(mg/d) 男/女	碘/(μg/d)	硒/(μg/d)	铜/(μg/d)	钼/(μg/d)	铬*/(μg/d) 男/女
0~	200*	100*	20*	350	170	260	0.3*	2.0*	85*	15*	0.3*	2*	0.2
0.5~	250*	180*	65*	550	350	550	10	3.5	115*	20*	0.3*	15*	4
1~	600	300	140	900	700	1100	9	4.0	90	25	0.3	40	15
4~	800	350	160	1200	900	1400	10	5.5	90	30	0.4	50	20
7~	1000	470	220	1500	1200	1900	13	7.0	90	40	0.5	65	25
11~	1200	640	300	1900	1400	2200	15 / 18	10 / 9	110	55	0.7	90	30 / 35
14~	1000	710	320	2200	1600	2500	16 / 18	12 / 8.5	120	60	0.8	100	30
18~	800	720	330	2000	1500	2300	12 / 20	12.5 / 7.5	120	60	0.8	100	30
50~	1000	720	330	2000	1400	2200	12	12.5 / 7.5	120	60	0.8	100	30
65~	1000	700	320	2000	1400	2200	12	12.5 / 7.5	120	60	0.8	100	30
80~	1000	670	310	2000	1300	2000	12	12.5 / 7.5	120	60	0.8	100	30
孕妇（1~12 周）	800	720	370	2000	1500	2300	20	9.5	230	65	0.9	110	31
孕妇（13~27 周）	1000	720	370	2000	1500	2300	24	9.5	230	65	0.9	110	34
孕妇（≥28 周）	1000	720	370	2000	1500	2300	29	9.5	230	65	0.9	110	36
乳母	1000	720	330	2400	1500	2300	24	12	240	78	1.4	103	37

注：*AI值。其他均为RNI。

资料来源：《中国居民膳食营养素参考摄入量》2017修订版。

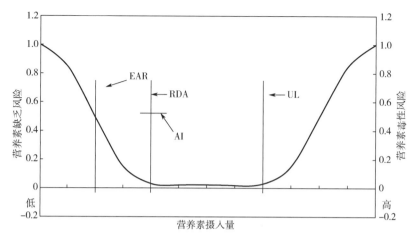

图 8-2　营养素缺乏风险和超过 DRIs 推荐营养素摄入的风险

三、矿物质的生物利用率

生物利用率定义为代谢过程中可被利用的营养素量与摄入的营养素量的比值。对于矿物质营养素，生物利用率主要根据从肠道到血液的吸收效率来确定。然而，在一些情况下吸收的营养素也会以不能利用的形式存在。例如，铁与一些螯合物紧密结合，即使被吸收也不能释放到细胞合成铁蛋白，未被利用的铁螯合物从尿液中排出。

矿物质生物利用率的变化范围很大，一些形式的铁的生物利用率低于1%，而钠及钾的生物利用率达到90%。影响营养素生物利用率的因素非常复杂而且各不相同。食物中影响矿物质营养素最终生物利用率的主要因素如下。

1. 食品的可消化性

食物只有被人体消化后，营养物质才能被吸收利用。一般来说，食物营养的生物有效性与食物的可消化性成正比关系。例如动物肝脏、肉类中的矿物质成分有效性高，人类可以充分吸收利用，而麸皮、米糠中虽含有丰富的铁、锌等必需营养素，但这些物质可消化性很差，因此生物有效性很低。一般来说，动物性食物中矿物质的生物有效性优于植物性食物。

2. 矿物质的化学与物理形态

矿物质的化学形态对矿物质的生物有效性影响相当大，甚至有的矿物质只有某一化学形态才具有营养功能，例如，钴只以氰基钴胺（维生素 B_{12}）的形式存在时才有营养功能；又如亚铁血红素中的铁可直接吸收，其他形式的铁必须溶解后才能进入全身循环，因此血色素铁的生物有效性比非血色素铁高。

矿物质在小肠内含物中的溶解度是影响矿物质吸收利用的一个最重要因素。不溶解复合物不能扩散至消化道内胚层黏膜的刷状缘表面，从而不能被吸收。许多激活和抑制因子通过对矿物质溶解度的影响起作用。矿物质以高度不溶解的形式存在则很难被吸收。如果形成的螯合物是高度稳定的，即使是可溶性螯合物也可能很难被吸收。颗粒的大小也会影响可消化性和溶解性，因而影响生物有效性。若用难溶物质来补充营养时，应特别注意颗粒大小。

3. 食品配位体

配位体与金属离子形成的可溶性螯合物可以提高其从食物中的被吸收率。例如，EDTA能增强Fe的吸收；不易被消化的高相对分子质量配位体会降低其吸收率。例如，膳食纤维、一些蛋白质等会降低矿物质的吸收率；配位体与矿物质形成不溶性螯合物会降低矿物质吸收率。例如，草酸盐会抑制Ca的吸收，植酸会抑制Ca、Fe、Zn的吸收等。

4. 食品成分的氧化还原活性

还原剂（如抗坏血酸）会增强铁的吸收，但对其他矿物质的吸收无影响；氧化剂会抑制铁的吸收。

5. 矿物质与其他营养素的相互作用

膳食中一种矿物质过量就会干扰人体对另一种必需矿物质的吸收利用。例如，两种元素会竞争在蛋白质载体上的同一个结合部位而影响吸收，或者一种过剩的矿物质与另一种矿物质化合后一起排泄掉，造成后者的缺乏。如钙抑制铁的吸收，铁抑制锌的吸收，铅抑制铁的吸收等。营养素之间相互作用，使其生物有效性得以提升，如铁与氨基酸成盐、钙与乳酸成乳酸钙，都使这些矿物质成为可溶态，有利于吸收。

6. 消费者的生理状态

机体的自我调节作用对矿物质的生物利用率有较大影响。矿物质摄入不足时会促进吸收，摄入量充分时会减少吸收。Fe、Zn、Ca的吸收都遵循这种机制；吸收功能障碍症（如节段性回肠炎、乳糜泻）会影响矿物质的吸收；胃酸分泌少会使人体对铁和钙的吸收能力下降；年龄也会影响矿物质吸收，随着年龄增大，吸收率降低；妇女怀孕期间铁的吸收量会增加。

7. 加工方法

加工方法也能改变矿物质营养的生物有效性。磨碎的细度可提高难溶矿物质的生物有效性；添加到液体食物中的难溶性铁化合物、钙化合物，经加工并延长贮存期就可变为具有较高生物有效性的形式；发酵后的面团，植酸含量减少了15%～20%，锌、铁的生物利用率可显著提高，其中锌的溶解度增加2～3倍，可利用率增加30%～50%。

8. 生物利用增强剂

（1）有机酸　有些有机酸能够提高矿物质的生物利用率。研究最多的有机酸是抗坏血酸、柠檬酸和乳酸。膳食成分、矿物质以及有机酸和矿物质的相对浓度决定其功效的大小。据推测，这些有机酸是通过与矿物质形成可溶性螯合物来提高矿物质的生物利用率。这些螯合物阻止了矿物质沉淀和/或与其他会抑制吸收的配位体结合。

抗坏血酸是铁的有效吸收增强剂。抗坏血酸除了具有螯合能力外，还是一个强还原剂，可将Fe^{3+}还原成更易溶解及更具有生物活性的Fe^{2+}。但抗坏血酸对其他矿物质的吸收增效作用不明显，可能是因为其他矿物质不易被它还原。

（2）肉类　畜肉类，禽肉类以及鱼肉可以提高在同一餐膳食中的非血红素铁和血红素铁的吸收率。肉类对铁有还原作用，因此在消化过程中有可能将Fe^{3+}转化成Fe^{2+}。此外，肉品的消化物，包含有氨基酸和多肽，会与铁形成在小肠内含物中更易溶解的螯合物。

9. 生物利用抑制剂

（1）植酸　植酸及各种植酸盐是矿物质生物利用的最重要的抑制因子。植酸，即肌醇-1，2，3，4，5，6-己糖磷酸，含有六个被肌醇酯化的磷酸基团，也称六磷酸肌醇（IP6）。这些磷酸基团在生理pH时极容易电离，是有效的阳离子螯合剂，特别是对二价和三价矿物质，如Ca^{2+}、Fe^{2+}、Fe^{3+}、Zn^{2+}、Mg^{2+}，具有很强的螯合作用，使这些矿物质的生物利用率降低。其中肌醇六磷酸作为一种抗营养剂被人们所熟知。

植酸盐在食品中的浓度从谷物和豆类植物中的1%～3%到根菜作物、块茎和蔬菜中的1%之间变化。大部分植物中含有内源植酸酶，它会在加工过程中被激活从而水解植酸。植酸水解产生游离肌醇、肌醇磷酸盐、无机磷以及金属阳离子混合产物。可见在加工食品中含有六磷酸肌醇和它的多种水解产物（IP3、IP4、IP5）的混合物。一些食品中六磷酸肌醇和它的水解产物的含量见表8-4。六磷酸肌醇在谷粒麸皮层的含量丰富，而在胚乳部分含量很低。对豆类种子来说，其六磷酸肌醇分配更平均些，而且它的磷酸肌醇含量水平比大部分其他种子都要高。植酸对矿物质吸收的抑制作用则由于其酶促水解而减弱，但是现在有证据表明IP5，IP4，IP3以及IP6也会抑制铁的吸收。

表 8-4　一些食品中六磷酸肌醇和它的三个水解产物的含量　　单位：μmol/g 食物

食品	IP3	IP4	IP5	IP6
面包，粗面粉	0.3	0.2	0.5	3.2
大豆粉	—	0.9	4.4	21.8
玉米渣，佳格	Tr	0.03	0.3	2.0
玉米片，家乐氏	Tr	0.06	0.09	0.07
麦片，通用磨坊	0.06	2.2	4.6	5.1
燕麦麸，佳格	0.07	1.0	5.6	21.2
燕麦片，佳格	0.08	0.7	3.0	10.3
米通，家乐氏	0.05	0.4	0.9	1.2
小麦片，利脆牌	0.1	0.7	3.2	9.7
早餐麦片，通用磨坊	0.6	1.8	3.7	5.1
全麸面粉，家乐氏	0.8	3.9	11.5	22.6
三角豆	0.1	0.56	2.04	5.18
红芸豆	0.19	1.02	2.81	9.12

注：—表示未测定；Tr表示痕量。

有些人认为减少植酸的摄入对矿物质的营养作用的发挥有好处，但这样做被证明是不明智的，因为动物试验表明，植酸能够预防一些癌症。但是，具体机制还不很清楚，可能与它的铁和铜螯合物的抗氧化活性有关。

（2）多酚化合物　研究结果表明，多酚化合物含量丰富的食物会降低一日三餐食品中铁的生物利用率。茶的单宁酸含量高，是一种强抑制剂。其他多酚含量高会抑制铁吸收的食品有咖啡、芸豆、葡萄干和高粱等。

四、矿物质的营养利用过程

矿物质的营养利用过程：一开始食物在口腔咀嚼时，唾液中的淀粉酶即开始了淀粉的消化过程，此时矿物质的变化非常有限。接下来，食物被吞咽进入胃中，食物的pH逐渐被胃酸降低至2左右。在此阶段，矿物质发生很大的变化，螯合物的稳定性由于pH变化、蛋白质变性和水解反应的发生而发生变化。矿物质可能释放到溶液中，也可能同其他配位体作用而形成新的络合物。另外，过渡元素（如铁）在pH降低时还发生价态变化。铁的氧化还原变化与pH有密切的联系。在中性pH时，即使有过量的像抗坏血酸那样的还原剂存在，高价铁也不会被还原。可是，当pH降低时，抗坏血酸会迅速将Fe^{3+}还原成Fe^{2+}。由于大多数配位体对Fe^{2+}比对Fe^{3+}的亲和力低，这个还原作用使得食物中的铁从螯合物中释放出来。在下一个消化阶段，已在胃中被部分消化的食物进入小肠。在小肠中，含有碳酸氢钠和消化酶的胰液将食物的pH提高，蛋白质和淀粉的消化继续进行。另外，酯酶开始消化甘油三酯。随着消化的进行，原有配位体的形式发生改变并有更多新的配位体形成，这些都将影响配位体与金属离子的亲和力。在小肠中，矿物质进一步发生变化，产生可溶和不可溶的高相对分子质量及低相对分子质量络合物的混合物。可溶性络合物扩散到小肠黏膜的刷状缘表面，在那里它们会被黏液血细胞吸收或在细胞间通过。吸收过程可以由膜载体或离子通道推动，可能是一个主动的、需要能量的过程，也可能是一个会达到饱和的、通过生理学过程调节的过程。尽管人们知道在胃肠道中矿物质会发生变化，但对具体变化知之甚少。

矿物质的吸收过程和影响矿物质吸收的因素非常复杂。一些矿物质的结合态形式的生物利用率低，然而另一些矿物质的结合态形式的生物利用率较高，而未结合态通常具有较高的生物利用率。按在食物中的存在形式（游离于溶液中的金属离子或以复合物、或螯合物形式存在）分组的必需矿物质、生物利用率和人群中的缺乏情况见图8-3。

钙、铬、铁和锌在食物中以结合态形式存在，它们的生物利用率与食品或膳食的组成密切相关。这些矿物质的缺乏是由低生物利用率和低摄入量引起的。食物和水中的碘大部分以离子和未结合形式存在，生物利用率高。缺碘主要是摄入不足造成的。硒在食物中以硒代甲硫氨酸的形式存在，能被高效利用，因此它的缺乏也是由于摄入量不足造成的。维生素B_{12}的缺乏只会发生在严格的素食者或者一些患有吸收障碍综合征的人群中，前者是因为膳食中维生素含量低。

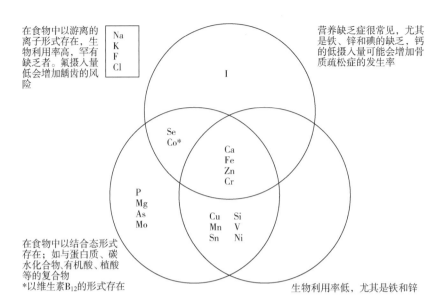

在食物中以游离的离子形式存在，生物利用率高，罕有缺乏者。氟摄入量低会增加龋齿的风险

Na K F Cl

I

Se Co*

Ca Fe Zn Cr

P Mg As Mo

Cu Mn Sn Si V Ni

营养缺乏症很常见，尤其是铁、锌和碘的缺乏，钙的低摄入量可能会增加骨质疏松症的发生率

在食物中以结合态形式存在；如与蛋白质、碳水化合物、有机酸、植酸等的复合物
*以维生素B₁₂的形式存在

生物利用率低，尤其是铁和锌

图8-3　食品中的必需矿物质、生物利用率和人群中的缺乏情况

第三节　食品中重要的矿物质

一、必需矿物质元素

矿物质在生命系统中起着重要作用。有些矿物质元素在人体中经常缺乏，而有些则很少或根本不会缺乏。另外，特定矿物质的缺乏在不同地域和不同社会经济区域有很大的差异。已报道的膳食摄入不足的矿物质有钙、钴（维生素B₁₂）、铬、碘、铁、硒和锌。在美国，人们关注最多的是钙和铁的缺乏，而在发展中国家，铁和碘因其普遍缺乏而受到重视。

下面对几种主要的必需矿物质元素进行简单介绍。

1. 钙

钙是人体内含量最高的矿物质。成年男女体内分别含有钙约1200g和1000g。人体内99%以上的钙存于骨骼中。钙除了在动物中起构架作用外，还在许多生物化学和生理学过程中起着重要的调节作用。例如，钙和氧化磷酸化、凝血、肌肉收缩、细胞分裂、神经传输、酶反应、细胞膜功能、激素分泌和光合作用等过程都有关系。

钙在活细胞中的多重作用和它与蛋白质、碳水化合物和脂类物质形成络合物的能力相关。钙与中性氧原子结合，包括醇类和羰基的氧原子，并且能同时与两个中心相结合，这使它能起到蛋白质和多糖的交联剂的作用。

钙的适宜摄入量从婴儿的210mg/d到青少年和育龄妇女的1300mg/d不等。钙摄入量过低是一些慢性疾病诸如骨质疏松、高血压以及一些癌症产生的原因之一。然而，大部分关于钙和健康的研究都集中于骨质疏松这个问题上。骨质疏松症是一种慢性疾病，是骨量的流失。患有骨质疏松症的人骨折的可能性增加，特别是髋关节，腕关节以及椎骨尤其容易骨折。与其他与疾病相关的因素相比，钙和维生素D的低摄入量是其中最重要的因素。

钙的吸收取决于钙在食品中的浓度和抑制剂或促进剂的存在。钙的吸收率与摄入钙的浓度的对数在一个较大的摄入量范围内成反比。膳食中钙吸收的主要抑制剂是草酸盐和植酸盐。草酸盐的抑制作用更大，钙离子与草酸盐形成高度不溶性螯合物。纤维素对钙的吸收影响不明显。

表8-5所示为一些食物中的钙含量、钙的吸收率和一份食物中的钙含量与一份牛奶中所含钙含量的比值。这些数据表明，食品中的钙含量和可吸收率变化很大。牛乳中的钙的吸收率低于其他食物中的钙的吸收率，这不是因为牛乳中的钙以不好利用的形式存在，而是因为它的浓度高。只有强化水果果汁提供的可吸收钙量比牛乳高。菜豆和菠菜中的钙的生物利用率很低，这可能是与它们分别含有高浓度的草酸盐和植酸盐有关。不食用牛乳以及其他钙含量丰富的乳制品很难达到推荐钙摄入量。

表 8-5 一些食物中的钙含量和生物利用率

食物	每份质量/g	钙含量/mg	吸收率/%	预计可吸收钙量[1]/（mg/份）	相当于240mL牛乳所需份数
牛乳	240	300	32.1	96.3	1.0
杏仁	28	80	21.2	17.0	5.7
菜豆	86	44.7	17.0	7.6	12.7
花椰菜	71	35	52.6	18.4	5.2
绿色卷心菜	75	25	64.9	16.2	5.9
菜花	62	17	68.6	11.7	8.2
含 CCM 橘汁[2]	240	300	50.0	150	0.64
甘蓝	65	47	58.8	27.6	3.5
豆奶	120	5	31.0	1.6	6.4
菠菜	90	122	5.1	6.2	15.5
加钙豆腐	126	258	31.0	80.0	1.2
绿萝卜	72	99	51.6	31.1	1.9
水芹菜	17	20	67.0	13.4	7.2

注：①吸收的钙与摄入的钙的百分比；
②钙-柠檬酸盐-马来酸盐。

2. 磷

含磷物质普遍存在于所有的生命系统中，磷在细胞膜的构建和所有的代谢过程中扮演着至关重要的角色。磷以无机磷酸盐的形式存在于软组织中，主要存在形式为HPO_4^{2-}。磷也是多种有机分子的构成要素。成人体内磷的含量达到850g，其中85%是以羟基磷灰石 $[Ca_{10}(PO_4)_6(OH)_2]$ 的形式存在于骨骼中。骨骼中钙与磷的比率维持在2∶1左右。

存在于生命系统中的有机磷酸盐包括构成所有细胞膜中脂质双分子层的磷脂、DNA和RNA、ATP和磷酸肌酸、cAMP和其他许多物质。因此，磷酸盐是细胞重建，保持细胞完整性，营养物质跨膜传输，能量代谢以及代谢调节过程的必需物质。

RADs规定的磷摄入范围从婴幼儿的100mg/d到青少年和育龄期妇女的1250mg/d。磷的推荐摄入量与钙的适宜摄入量水平相近，不同于钙的是，除非患有某些代谢疾病，否则磷元素几乎不会缺乏，因为磷在食物中分布广泛。磷存在于几乎所有的食物中，在乳制品、肉、禽肉、鱼肉等高蛋白食物中的含量尤其高。粗粮食品和豆制品的含磷量也很高，但是大多数以六磷酸肌醇的形式存在。不同于无机磷和有机磷，六磷酸肌醇磷的生物利用率很低，且会抑制多种微量矿物质的吸收。磷酸盐被广泛使用于许多加工食品中，例如，汽水、乳酪、腌肉、焙烤食品以及其他食品等。

3. 钠、钾、氯

钠、钾和氯是必需营养物质，但通常其摄入量远高于需求量，因此几乎不会缺乏。它们的最低需求量很难确定，RADs/AIs也还没有设定。人群中钠的摄入量变化很大，大约为1.2~5.9g/d。

钠的生物利用率很高，且摄入的钠约有95%从尿中排出。一个70kg的人体内所有的钠约为100g，其中50%在细胞外液中，40%在骨骼中，10%在细胞内部。钠维持人体内许多重要的功能。钠是细胞外液中的主要阳离子（Na^+），并且与血压的调节和营养素在细胞中的转运相关。钠与氯一起对调节细胞外液的量起关键性作用。由于Na^+和Cl^-的作用相互重叠，因此很难具体区分出它们在代谢过程中各自的具体作用。

盐（氯化钠）的最低摄入量约为500mg/d，上限为每天约6g盐（氯化钠）。普遍认为，许多人的盐消耗量过高，适当减少盐的摄入量能减少中风和冠心病死亡的人数。许多公共卫生权威人士建议，应减少食物加工制作过程中盐的添加量，倡议消费者选择含盐量低的食品。

4. 铁

铁是几乎所有生物的必需元素。在生物系统中，铁以与金属卟啉环或蛋白质结合的整合物形式存在。成年男女体内分别含有约4g和2.5g铁。大约2/3的铁具有功能性，在新陈代谢中起积极作用，剩余的1/3在含铁充足的个体中被贮存下来，主要存在于肝脏、脾、和骨髓中。功能性铁在生物系统中起重要作用，包括氧气的输送（血红蛋白和肌红蛋白）、呼吸和能量的代谢（细胞色素和铁-硫蛋白）、过氧化氢的消耗（过氧化氢酶）和DNA的合成（核糖核苷酸还原酶）等。上述许多蛋白质含有血红素。血红素是一种铁卟啉衍生物，结构如图8-4所示，存在于血红蛋白、肌红蛋白、细胞色素和过氧化物酶等许多蛋白质中。

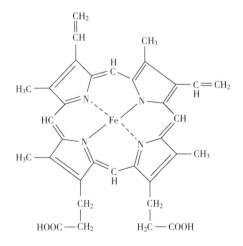

图8-4 血红素的化学结构

铁离子可以是 Fe^{2+} 也可以是 Fe^{3+}

游离铁对活细胞有毒性。该毒性可能是由活泼氧的产生引起的，活泼氧会加速脂类的氧化，攻击蛋白质或DNA分子。为了避免游离铁的毒性，所有的活细胞都有一个在细胞内以无毒形式贮存过量的铁的机制。铁隔离在被称为脱铁铁蛋白的蛋白壳内部。这种蛋白壳由24个排列成球状的多肽亚基构成，铁以聚合氢氧化铁的形式沉积于这个壳的空穴中。一个铁蛋白壳中可贮存多达4500个铁原子。铁蛋白铁能参与合成血红蛋白、肌红蛋白或其他铁蛋白的代谢。

尽管铁在环境中含量丰富，但人类、部分家禽、家畜和一些土生的农作物的缺铁问题仍然相当严重。据估计，在大多数发展中国家，2/3的儿童和育龄妇女缺铁。

铁在环境中含量丰富但营养学上却普遍缺乏的矛盾现象，可以通过铁在水溶液中的行为来解释。铁是一种过渡元素，有未填满电子的空轨道。在大多数天然存在形式中，铁的氧化态为+2价（亚铁）或+3价（正铁）。亚铁有6个d电子而正铁只有5个。在水溶液中，铁在还原条件下主要以亚铁形式存在，亚铁在适宜pH范围内的水溶液中有相当高的溶解度。然而，有分子氧存在时，水中的Fe^{2+}会氧化成Fe^{3+}和过氧化物阴离子。

$$Fe_{aq}^{2+} + O_2 \longrightarrow Fe_{aq}^{3+} + \cdot O_2^-$$

水合Fe^{3+}进一步水解产生不溶性的氢氧化铁

$$Fe(H_2O)_6^{3+} + H_2O \rightarrow Fe(H_2O)_5(OH)^{2+} + H_3O^{2+} \longrightarrow Fe(OH)_3$$

该水解反应在pH不是很低的情况下很容易进行，因此，在水溶液中游离的铁离子浓度极低。铁在水中主要以低溶解度的形式存在，这就是为何铁的利用率很低的原因。

铁的生物利用率几乎完全取决于铁在小肠中的吸收率。铁的总摄入量、膳食的组成和用膳者体内铁的状况都对铁的吸收率有决定性影响。

食品中的铁可粗分为血红素铁和非血红素铁。血红素铁紧密结合在卟啉环中央位置，在被小肠黏膜细胞吸收之前不会与它的配位体——卟啉分离。血红素主要以血红蛋白或肌红蛋白的形式存在，只存在于肉、禽和鱼肉等动物性食品中。实际上，植物性食品的全部铁和动物组织的40%~60%铁为非血红素铁。非血红素铁主要与蛋白质结合，有时也与柠檬酸根、植酸根、草酸根、多酚类物质或其他配位体相结合。血铁红素的生物利用率受膳食组成的影响不大，在膳食中的重要性也比非血红素铁大。非血红素铁的生物利用率与膳食组成有很大的关系。

已经发现几种非血红素铁吸收的促进剂和抑制剂。促进剂包括肉类、禽肉、鱼肉、抗坏血酸和EDTA。抑制剂包括多酚类物质（存在于茶、豆类和薯类中的单宁酸）、六磷酸肌醇（存在于豆类和谷物中）、某些植物蛋白质（尤其是豆类蛋白质）、钙和磷酸盐。膳食中铁的生物利用率取决于所含的促进因子和抑制因子之间复杂的相互作用。以根、块茎、豆类和谷物为主，辅以少量肉和抗坏血酸的膳食，其铁吸收率即使在铁缺乏人群中也仅为5%左右。这样的膳食仅能提供每天0.7mg可吸收铁，这个量太少，不能满足大多数人的需要。以根、谷物和豆类为主，辅以一定量的肉、禽肉或鱼肉及一些抗坏血酸含量高的食品的膳食，其铁吸收率可达到约10%。这样的膳食每天能提供1.4mg的可吸收铁，这个量对大多数男性和绝经后的妇女是足够的，但对50%的育龄妇女还不够。由丰富的肉、禽肉、鱼肉和抗坏血酸含量高的食品组成的膳食，每天能够提供2mg可吸收铁，可满足几乎所有健康人的需求。

5. 锌

锌以二价阳离子（Zn^{2+}）存在于生物系统中。在大多数情况下，锌的价电子不会发生改变，因此不会直接参与氧化还原反应。

Zn^{2+}是一种强路易斯酸（Lewis Acid），会与可供电子的配位体相结合。含有巯基和氨基的配位体与Zn^{2+}结合得比较紧密，在生物系统中许多锌也都是与蛋白质结合的。

锌与很多代谢功能有关。已经确定的含锌金属酶超过50种，包括RNA聚合酶、碱性磷酸酯酶和酸酐酶等。锌在金属酶中起着结构和催化的作用。锌在基因表达调控中也起着关键作用。锌的参考摄入量范围从婴幼儿的2mg/d到育龄期妇女的13mg/d。

在人体和动物体内，锌缺乏会导致免疫反应的损害、伤口愈合减缓和食欲不振。患病的男孩表现为侏儒症和性成熟迟缓。体内储存的锌量是有限的，所以一旦摄入量不足会很快出现锌缺乏症状。

食物中的锌含量及其生物利用率变化很大。肉制品和乳制品是锌最重要的来源。体内锌的自我平衡调节主要发生在肠内。当吸收量不足时，实际吸收速率会增加，并且内部经由肠道排泄的锌量会减少。内源锌从粪便中排出是由于胰液中的分泌物直接通过肠上皮细胞引起的。

六磷酸肌醇会降低锌的吸收率。因此，膳食中全谷物食品以及豆类制品过多，会增加锌缺乏的几率。由精面粉制成的食品的六磷酸肌醇含量低，锌含量也相对较低。在整个谷粒中，锌在麸皮和胚芽部分含量高。据报道，从全麦面包中吸收的锌量要比是从白面包中吸收的多50%，虽然两者吸收率分别为17%和38%。素食是否能提供充足的锌营养还需要研究。与发达国家相比，锌缺乏症在发展中国家比较普遍。这可能由于发展中国家肉制品和乳制品的消费量低所引起的。

6. 碘

碘是合成甲状腺激素必需的营养成分。甲状腺素（3，5，3′，5′-四碘甲状腺原氨酸，T_4）和3，5，3′-三碘甲状腺原氨酸（T_3）对人体有多重功效，会影响儿童神经元细胞的生长、生理和心理发展和基础代谢率。对于儿童和哺乳期的妇女，碘的推荐膳食供给量分别为90μg/d和290μg/d。

碘摄入不足会导致各种疾病，统称为碘缺乏病（IDD）。最有名的就是甲状腺肿，其他还包括生殖能力衰弱、新生儿死亡率增加、儿童发育迟缓、智力发育受损等。碘缺乏是造成智力低下的主要原因。呆小症是其中最严重的一种。如果母亲怀孕期间严重碘缺乏，产下的婴儿可能会患有这种病。碘缺乏病影响7亿多人口。碘缺乏主要发生在由冰川融化、降水量大及洪水导致土壤中碘含量低的地区。

将碘加入到食用盐中是一种为人群提供所需的微量的碘的廉价而有效的解决方式，于1917年由美国病理学家戴维·马林最初发现，于1924年首先在美国推广。据统计，加碘盐全世界范围开始推广后，世界范围的平均智商有所提升。目前食用盐工业中多使用碘酸钾作为加碘用添加剂。20世纪50、60年代，为了防治地方性甲状腺肿和克汀病，我国开始在河北、东北等地区试行食盐加碘，取得一定成效后自20世纪80年代开始对病区大规模供应碘盐。到90年代初期，基本控制病区的地方性甲状腺肿和克汀病。然而，近年来，我国出现了"补碘过量""因碘致病"，即所谓

"食盐该不该加碘"的争论。为控制健康风险，我国食用盐加碘量标准多次下调，食用盐中碘（以碘元素计）含量已由原来的20~60mg/kg修改为20~30mg/kg。同时，对高碘地区和某些患甲状腺疾病或其他不宜摄入过多碘的病人供应不加碘食盐。

由于摄入人体的碘有90%会随尿液排出，因此判断一个地区的碘摄入量是否适宜，一般使用尿碘含量（UI值）作为主要参数。为了准确测量一个地区的尿碘水平，应收集人群24h以内的所有尿液。实际操作中一般选取一个地区有代表性的部分人群，收集某一时间的尿液，取检测值的中间值，作为这一地区的尿碘中间值（MUI值）。按照美国公共卫生署提供的公式，MUI值为100μg/L相当于每天摄入了150μg碘。

7. 硒

硒（Se）是人体内一些蛋白质的必需组成部分，包括谷胱甘肽过氧化物酶、血浆硒蛋白P、肌肉硒蛋白W以及在前列腺和胎盘内发现的硒蛋白等。谷胱甘肽过氧化物酶能够催化氢过氧化物的还原反应，因此起到很重要的抗氧化作用。这一功能可以解释已发现的现象——硒是人和动物体内维生素E的备用物，即当硒缺乏的时候，对维生素E的需求增加，而硒充足的时候，对维生素E的需求就会减少。对于婴儿和哺乳期的妇女，硒的推荐膳食供给量分别为14μg/d和70μg/d。

在动物组织中，以硒代半胱氨酸的形式存在（图8-5）。含硒的蛋白质称为硒蛋白，硒代半胱氨酸就是动物蛋白质中硒的活性形式，而硒代甲硫氨酸是存储形式，作为甲硫氨酸库的一部分，它在植物和动物体内不具有特异性。硒不是植物的必需营养素，但硒代甲硫氨酸存在于植物组织中，其浓度取决于土壤中可利用的硒含量。

硒缺乏会造成人和动物严重的健康问题。在世界各地都有发病率，在土壤中硒含量低的地区以及主要依赖本地食品的人群中发病率尤其高。

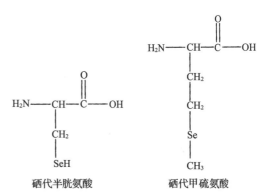

图 8-5　硒代半胱氨酸和硒代甲硫氨酸的化学结构式

在中国偏远农村和西伯利亚东部（土壤中硒含量极低）就有克山病和大骨节病发生。克山病是心肌炎的一种，表现为心功能不全、心脏增大和其他与心脏相关的问题。近些年来，在中国硒缺乏地区服用亚硒酸钠（Na_2SeO_3）药片，大大减少了其发病率。大骨节病是一种骨关节病，表现为关节畸形，严重的会导致侏儒症。已经很清楚，其发病与硒缺乏有关，但和克山病一样，也涉及其他一些因素，包括谷物中的真菌毒素、饮用水中的有机污染物等。

最新研究表明，硒作为一种营养素，除了可以预防上述硒缺乏症之外，当硒的摄入量高于必须量时，还可以预防癌症。流行病学研究表明，每天摄入200μg硒（明显高于硒的推荐膳食供给量，成年男性的推荐膳食供给量为55μg），各种癌症的总发病率降低了37%。另外，也有证据表明，一些冠心病的发病率与血液中硒的含量呈负相关。

膳食中硒的主要来源是谷物制品、肉类以及水产品。这些食物中的硒浓度因产地而异，因为世界各地的土壤中可利用的硒含量差别很大。动物产品中硒的含量也各不相同，因为动物饲料也受土壤的影响。近几十年来，越来越普遍地在动物饲料中添加硒来预防硒缺乏病，这一做法也缩小了动物产品中硒含量的产地差异。

二、重金属

重金属原本是指相对密度大于5的金属元素（一般来讲密度大于$4.5g/cm^3$的金属元素），包括金、银、铜、汞、锌、铁、铅、钼、锰、钨、钴、铬、镉等。按照这一定义，除了食品卫生标准所列的铅、砷、汞、铬、镉以外，铜、锌、锰、镍等常见元素也属于重金属，虽然它们也是生命活动的必需元素，但当生物过多地摄入或暴露于这类元素时，也会产生危害。我国对食品中的汞、铅、铬、镉、铁、铜、锌、硒、砷、铝（面食制品）都制订了限量卫生标准。

重金属污染具有持久性、隐蔽性、不可逆性。重金属能够长久地积聚在农田土壤和河流、湖泊、海洋水体和底泥中，造成农作物和水产品中重金属过度积累。重金属随食品进入人体后能够发生累积，引起慢性损伤，不易察觉，因此即便食品中的重金属符合规定的卫生标准，长期暴露也可能存在风险。

1. 铅

铅（Pb）是一种会对健康产生严重不可逆破坏的神经毒素。它对儿童的伤害特别大。儿童铅中毒的症状和表现有学习及行为问题、贫血、肾损害等，当接触量高时，还会发生癫痫、昏迷、甚至死亡。美国疾病控制中心和世界卫生组织（WHO）公布$100\mu g/L$为儿童血液铅含量"高度关切"值。成年人也会发生铅中毒。

动物和人体试验结果表明，膳食中的钙和铅在胃肠道中会产生竞争性吸收，即大量摄入钙可对铅的毒害作用起到部分保护作用，降低对铅的吸收。据推测，钙与处于小肠上皮细胞中的运送这两种矿物质进入细胞的钙结合蛋白的竞争水平有关。这种假说认为，钙的高摄入量会使钙结合位点饱和，从而阻止或减少铅的结合及随后的吸收。

2. 汞

汞是一种广泛存在于环境中的毒性重金属。汞天然存在于地壳中，通过侵蚀和火山爆发等方式进入食物中。

汞以三种化学形式存在，即元素汞（通常被称为水银）、无机盐汞和有机汞。有机汞包括苯基和烷基汞化合物（如氯化甲基汞［CH_3-HgCl］、二乙基汞［$(CH_3CH_2)_2Hg$］）。氯化甲基汞的Hg-Cl键具有高度共价键性质，使得该化合物具有亲脂性，能够穿过细胞膜。存在于湖泊、河流和海洋中的沉积物中的生物将无机汞甲基化形成甲基汞化合物，然后甲基汞化合物进入水生食物链，在鱼类和海洋哺乳动物体内沉积。在长寿命的掠食性鱼类如箭鱼、鲨鱼、梭鱼、鲈鱼体内甲基汞化合物的浓度最高。

汞及其化合物的毒性与其存在的化学形式有关。其毒性通常与神经系统和肾脏疾病相关。元素汞几乎不被吸收且很容易被排出，因此，除了长期或高水平的接触，由食物引起的毒副作用很少见。然而，吸入汞蒸气会导致中毒。汞盐和有机汞化合物的毒性很大，其中有机汞化合物毒性最大。肾脏汞中毒的临床症状包括肾炎和蛋白尿。神经系统汞中毒的症状包括感觉异常（麻木或刺痛）、运动失调（随意肌失调）、神经衰弱（情感和心理问题）、视力和听力障碍、昏迷、甚至死亡。

现在，汞化合物已被禁止作为杀真菌剂使用，鱼及海洋哺乳动物成为甲基汞的主要来源。商业捕捞的海洋鱼类似乎成了最大的威胁，不过淡水鱼也可能被汞污染。

3. 镉

慢性镉中毒表现为肾脏功能损害、骨病和某些癌症。FAO/WHO食品添加剂专家委员会（Joint Expert Committee on Food Additives，JECFA）公布了暂定的镉的周耐受摄入量（Provisional Tolerable Weekly Intake, PTWI），即每千克体重每周摄入量不超过7μg（每日1μg/kg体重）。JECFA将镉的周耐受摄入量定义为在确保对人体没有健康没有风险前提下人一生中每周都可以摄入的镉的安全剂量。

镉天然存在于土壤、自然水体以及湖泊、溪流和海洋沉积物中。相对于铅和汞而言，土壤中的镉更容易被植物吸收，即植物对镉具有更高的生物利用率。生长在被镉污染的农田里的农作物是食物中镉的主要来源。

第四节　食品中矿物质的存在形式及化学与功能性质

食品中含有丰富的矿物质。表8-6所示为部分食品中的矿物质含量。表中的值为平均值，具体食品的数据与表8-6中的值有可能会有较大的差异。

食品营养数据库中也包含"灰分"。灰分是通过对食品中的有机物质完全燃烧后留下的残渣进行称重来测定的，并由此估算出食品中总矿物质含量。灰分中的矿物质以金属氧化物、硫酸盐、磷酸盐、硝酸盐、氯化物以及其他卤化物的形式存在。由于氧存在于许多阴离子中，因此在很大程度上，灰分要高于矿物质总量。

表 8-6　部分食品的矿物质含量

食品	数量	质量/g	热量/kcal*	Ca	Fe	Mg	P	K	Na	Zn	Cu	Se
炒鸡蛋	一个鸡蛋	61	102	43	0.73	7	104	84	171	0.61	0.009	13.7
白面包	一片	25	66	38	0.94	6	25	25	170	0.2	0.063	4.3
全麦面包	一片	28	69	30	0.68	23	57	69	132	0.5	0.106	11.3
无盐烹煮通心粉	半杯	70	111	5	0.9	13	41	31	1	0.36	0.07	18.5
熟糙米（长粒）	半杯	98	108	10	0.41	42	81	42	5	0.61	0.098	9.6
熟白米（中粒）	半杯	93	121	3	1.39	12	34	27	0	0.39	0.035	7

续表

食品	数量	质量/g	热量/kcal*	Ca	Fe	Mg	P	K	Na	Zn	Cu	Se
无盐烹煮黑豆	半杯	86	114	23	1.81	60	120	305	1	0.96	0.18	1
无盐烹煮红腰豆	半杯	89	112	25	2.6	40	126	357	2	0.95	0.214	1.1
全脂乳	一杯	244	146	276	0.07	24	222	349	98	0.98	0.027	9
脱脂乳 / 无脂乳	一杯	247	86	504	0.1	27	249	410	128	0.99	0.027	5.2
美国乳酪	1.5oz	42	76	287	0.18	10	347	76	601	1.39	0.014	7
切达乳酪	1.5 杯	113	455	815	0.77	32	579	111	702	3.51	0.035	15.7
农家乳酪	半杯	113	116	68	0.16	6	148	94	456	0.42	0.032	10.1
低脂原味酸奶	1 杯	245	154	448	0.2	42	353	573	172	2.18	0.032	8.1
香草冰淇淋	半杯	72	145	92	0.06	10	76	143	58	0.5	0.017	1.3
带皮烤马铃薯	1 个	173	161	26	1.87	48	121	926	17	0.62	0.204	0.7
去皮煮马铃薯	1 个	167	144	13	0.52	33	67	548	8	0.45	0.279	0.5
冬花椰菜，生的新茎	3 个	93	32	44	0.68	20	61	249	31	0.38	0.046	2.3
冬花椰菜，熟的新茎	3 个	111	39	44	0.74	23	74	325	46	0.5	0.068	1.8
生胡萝卜片	半杯	55	23	18	0.17	7	19	176	38	0.13	0.025	0.1
冷冻熟胡萝卜食品	半杯	73	27	26	0.39	8	23	140	43	0.26	0.06	0.4
整只新鲜番茄	1 个	123	22	12	0.33	14	30	292	6	0.21	0.073	0
罐装番茄汁	0.75 杯	182	31	18	0.78	20	33	417	18	0.27	0.111	0.5
解冻橘汁	0.75 杯	187	84	17	0.19	19	30	355	2	0.09	0.082	0.2
橘子	1 个	131	62	52	0.13	13	18	237	0	0.09	0.059	0.7
带皮苹果	1 个	138	72	8	0.17	7	15	148	1	0.06	0.037	0
去皮香蕉	1 个	118	105	6	0.31	32	26	422	1	0.18	0.093	1.2
烤牛肉	3oz	85	185	5	1.84	14	139	182	30	3.77	0.054	22.9
烤小牛肉	3oz	85	136	5	0.77	24	199	331	58	2.58	0.11	9.5
烤鸡脯，白肉	3oz	85	130	11	0.92	20	184	201	43	0.66	0.036	21.9
烤鸡腿肉	3oz	85	151	9	1.13	17	145	190	81	1.81	0.06	16.7
煮熟鲑鱼	3oz	85	127	14	0.84	28	251	352	73	0.6	0.084	48.6
罐装带骨鲑鱼	3oz	85	118	181	0.71	29	280	277	64	0.78	0.087	28.2

注：*1kcal=4.184kJ；

除 Se 的单位为 μg/份外，其他各元素的单位均为 mg/份。

一、食品中矿物质的存在形式

矿物质元素在食品中可以以多种化学形式存在，如以化合物、络合物和离子等形态存在。由于食品中存在的矿物质的种类和可与矿物质元素结合的非矿物质化合物的数量和种类非常多，加上食品加工和贮藏过程中发生的化学变化，食品中矿物质的存在形式比较复杂。

各种元素在食品中的存在形式很大程度上取决于元素本身的性质。元素周期表中Ⅰ族和Ⅶ族元素在食品中主要以游离的离子形式（Na^+、K^+、Cl^-、F^-）存在，具有很高的水溶性，与大多数配位体的作用力很弱。大多数其他元素则以络合物、螯合物或含氧阴离子的形式存在。食品中的蛋白质、碳水化合物、磷脂和有机酸都是矿物质离子的配位体。

大多数由金属离子和食品分子形成的络合物都是螯合物。螯合物是金属离子和多基（齿）配位体（Multidentate ligand）结合形成的。金属离子和多基配位体结合形成螯合物时，金属离子和配位体之间形成2个或更多个键，同时，在金属离子周围形成一个环状结构。螯合配位体必须具有至少2个能提供电子的功能基团。此外，这些功能基团必须在空间上适当排列以便形成一个包围金属离子的环状结构。螯合物与相似的非螯合物相比，热力学稳定性高，这一现象称为"螯合效应"。影响螯合物的稳定性有：①螯合环的大小，五元不饱和环和六元饱和环的稳定性最强；②环的数量，螯合物中环的数量越多越稳定；③Lewis碱的强度，Lewis碱的强度越大，形成的螯合物越稳定；④配位体带电状态，带电的配位体比不带电的配位体形成的螯合物更稳定；⑤原子供体的化学环境，金属–配位体键的相对强度顺序：氧作为供体时，$H_2O>ROH>R_2O$，氮作为供体时，$H_3N>RNH_2>R_3N$，硫作为供体时，$R_2S>RSH>R_3N$；⑦配位体大小，大的配位体倾向于形成不稳定的螯合物；⑧螯合环的共振作用，共振作用可提高螯合物稳定性。

矿物质络合物和螯合物的溶解性与无机盐的溶解性有很大的不同。例如，将氯化铁溶解于水中，铁很快以氢氧化铁的形式沉淀，但是高铁离子与柠檬酸根形成的螯合物溶解度很大。氯化钙是可溶的，但与草酸根离子螯合的钙却不溶于水。在食品加工中有时通过添加螯合剂来遮蔽无机离子，如铁离子和铜离子，以防止无机离子的助氧化作用。一些螯合剂，例如EDTA铁钠，也可作为强化剂加入到食品中。

二、食品中矿物质的化学与功能性质

尽管矿物质以相当低的浓度存在于食品中，但是，由于它们会与其他食品成分发生相互作用，它们还是会对食品的物理和化学性质起着重要影响。表8-7所示为对这些相互作用和它们功能作用的总结。

牛乳含有钙、镁、钠、钾、氯、硫酸根和磷酸根等许多矿物质。牛乳中的钙分布在血清和酪蛋白胶束之间。乳清中的钙以溶解状态存在，大约占牛乳钙总量的30%。其余的钙与酪蛋白胶束结合，主要以胶体磷酸钙的形式存在。在干酪生产中，钙和磷酸根起着重要的功能作用。在凝乳前添加钙可缩短凝块时间。钙含量低的凝乳较脆，钙含量高的干酪更富有弹性。

表 8-7　矿物质和矿物质盐 / 络合物在食品中的功能作用

矿物质	食品来源	功能
铝	食品中含量低且形式多变，主要来源是食品添加剂（发酵酸、着色剂）	发酵酸：以硫酸铝钠形式 $[Na_2SO_4 \cdot Al_2(SO_4)_3]$ 着色剂：食品染料中的铝色淀 乳化剂：$Na_3Al(PO_4)_2$ 加工乳酪
溴	溴化面粉	面粉改良剂：$KBrO_3$ 提高小麦粉的烘焙品质。在美国，在很大程度已被抗坏血酸取代
钙	乳制品、绿叶蔬菜、豆腐、鱼骨、强化钙食品	质构改良剂：形成凝胶与带负电荷的大分子，如海藻酸钠、低甲氧基果胶、大豆蛋白、酪蛋白等。增加海藻酸钠溶液的黏度。添加到配汤中以提高罐藏蔬菜的硬度
铜	动物器官、海产品、坚果、种子	催化剂：脂质过氧化、抗坏血酸氧化、非氧化褐变 改色剂：可能会造成罐头食品和腌肉的黑变 酶辅助因子：多酚 质构稳定剂：稳定蛋清泡沫
碘	碘盐、海产品、植物以及生长在土壤中碘充足区域的动物	面粉改良剂：KIO_3 能改善小麦粉的焙烤质量
铁	谷物、豆类、肉类、来自于铁质器具和土壤的污染、铁强化食品	催化剂：Fe^{2+} 和 Fe^{3+} 催化食品中的脂质过氧化 改色剂：鲜肉的色泽取决于肌红蛋白和血红蛋白中铁的化合价：Fe^{2+} 为红色，Fe^{3+} 为褐色。与多酚化合物形成绿色、蓝色或黑色的络合物。罐头食品中与 S^{2-} 反应生成黑色 FeS
镁	粗粮、坚果、豆类、绿叶蔬菜	改色剂：从叶绿素中将镁去除，颜色会从绿色变至橄榄褐色
锰	粗粮、水果、蔬菜	酶辅助因子：丙酮酸羧化酶、超氧化物歧化酶
镍	植物食品	催化剂：植物油的氢化。高度分散的元素镍为加工过程中使用最广泛的催化剂
磷	无处不在，动物产品往往是良好的来源。广泛使用于食品添加剂	酸化剂：软饮料中 H_3PO_4 的应用 发酵酸：$Ca(H_2PO_4)_2$ 是一种快速作用发酵酸 肉类保水剂：三聚磷酸钠提高腌肉类保水性 乳化助剂：磷酸盐在肉类粉碎和奶酪加工过程中起酸乳化作用
钾	水果、蔬菜、肉类	盐替代品：KCl 可以作为盐替代品使用，会产生苦涩口感
硒	海产品、动物内脏、谷物（土壤中含量水平决定谷物中的含量水平）	酶辅助因子：谷胱甘肽过氧化物酶
钠	NaCl、MSG、其他食品添加剂、牛乳。在生食中含量很低	风味改良剂：NaCl 加入食品中产生典型咸味 防腐剂：NaCl 可降低食品中的水分活度 膨松剂：不少发酵酸是钠盐，如碳酸氢钠、硫酸铝钠及焦磷酸氢钠
硫	含硫氨基酸、食品添加剂（亚硫酸盐，SO_2）	褐变抑制剂：二氧化硫和亚硫酸盐是干果中常用的酶促褐变和非酶褐变抑制剂 抗微生物：防止、控制微生物生长。广泛应用于酒酿造中
锌	肉类、谷物、强化食品	ZnO 用作蛋白质食品罐头的内壁涂层，以减少加热时黑色 FeS 的形成

磷酸盐天然存在于动植物组织中，也作为食品添加剂添加到食品中。磷酸盐在食品中起着多种功能作用，包括酸化（软饮料）、缓冲（各种饮料）、抗结块、蓬松、稳定、乳化、持水和防止氧化。有几种磷酸盐已获准作为食品添加剂使用，它们是磷酸、正磷酸盐、焦磷酸盐、三聚磷酸盐和多聚磷酸盐。磷酸盐在食品中的功能作用与同磷酸根缔合的质子的酸度和磷酸根带的电荷有关。在一般食品的pH条件下，磷酸根带负电荷。聚磷酸盐的性质如同聚电解质一样，负电荷使磷酸根具有强的Lewis碱的性质，使它具有强烈的结合金属离子的倾向。然而，有关磷酸盐的功能性质的机理仍然有许多争论，特别是有关它能提高肉和鱼的持水能力的机理。

氯化钠（盐）不仅增加风味，而且增强了食品中的其他风味，减少苦味。许多食品（如面包和其他谷物食品）添加了盐，但由于其浓度不高，品尝不出咸味。盐是许多干酪的必需添加剂。它增强风味，通过降低水分活度来控制杂菌的生长，控制乳酸发酵的速度和改变质构。在肉品加工中，例如香肠，盐作为防腐剂能降低产品的水分活度，也能促进肌肉蛋白的溶解（盐溶现象），从而起到乳化作用。在焙烤产品中，盐能够增加风味但不会赋予咸味，可以控制发酵产品的发酵速率，并通过其与谷蛋白的作用起到面团改良剂的作用。

铁会加速食品中脂的过氧化过程。铁在脂质氧化的开始阶段和传递阶段都起催化作用。其化学过程极其复杂。在有硫醇基存在的情况下，正铁离子（Fe^{3+}）促进过氧阴离子（$\cdot O_2^-$）的形成。

$$Fe^{3+}+RSH \longrightarrow Fe^{2+}+RS \cdot +H^+$$

$$RSH+RS \cdot +O_2 \longrightarrow RSSR+H^+ + \cdot O_2^-$$

然后，过氧阴离子与质子反应生成过氧化氢或将正铁离子还原成亚铁离子：

$$2H^+ + 2 \cdot O_2^- \longrightarrow H_2O_2 + O_2$$

$$Fe^{3+} + \cdot O_2^- \longrightarrow Fe^{2+} + O_2$$

亚铁离子通过Fenton反应促进过氧化氢分解生成羟基自由基：

$$Fe^{2+} + H_2O_2 \longrightarrow Fe^{3+} + OH^- + \cdot OH$$

羟基自由基非常活泼，可通过从不饱和脂肪酸分子中获取氢原子而快速产生脂自由基。于是，引起了脂质的过氧化链式反应。

铁也能通过加速食品中脂质的氢过氧化物的分解来催化脂质的过氧化反应。

$$Fe^{2+}+LOOH \longrightarrow Fe^{3+}+LO \cdot +OH^-$$

或
$$Fe^{3+}+ LOOH \longrightarrow Fe^{2+}+ LOO \cdot + H^+$$

抗坏血酸能将正铁还原成亚铁。这就解释了为什么在一些食品中抗坏血酸可以起着促氧化剂的作用。

铜和铁一样是过渡元素，在食品中以Cu^+和Cu^{2+}两种氧化状态存在。Cu^+和Cu^{2+}都能与有机分子紧密结合，在食品中主要以络合物和螯合物的形式存在。铜对食品的负面影响是催化食品中的脂类氧化。

第五节 影响食品中矿物质成分的因素

许多因素相互作用影响着食品的矿物质成分，因此食品中矿物质组成变化很大。

一、植物性食品

植物生长需要从土壤中吸收水分和必需矿物质营养素。营养素一旦被植物根部吸收就被输送至植物的其他部位，因此植物可食部分的最后组成受土壤的肥沃程度、植物的遗传特性和生长环境的影响和控制。

植物性食物是大多数人营养素的主要来源。植物的基本矿物质组成与人类的相似，但不完全相同。F、Se和I对人类是必需的，但大多数植物却不需要。如果人类赖以生存的植物生长在上述矿物质元素含量低的土壤中，那么，可以预期食用这些植物的人群中会出现这些矿物质元素的缺乏症。如前所述，在世界上的几个地区存在着严重缺乏硒和碘的人群。

对于植物和动物都需要的营养素，由于其存在于植物性食品中，因此人类缺乏这些元素的问题并不严重。然而，有时某些矿物质在植物中的浓度太低，不能满足人类的需要，或这些矿物质以不能为人体有效利用的形式存在。这些情况出现在钙和铁上。一些植物的钙含量极低，例如，大米的钙含量仅为10mg/100kcal。因此，以大米为主食的人们必须通过其他食品来满足对钙的需求。在植物性食品中，铁比钙的分布更为广泛，但它的生物利用率极低，以谷物和豆类为主的膳食常常铁含量不足。

二、动物性食品

动物性食品中矿物质浓度的变化比植物性食品小。一般情况下，动物饲料的变化仅对肉、乳和蛋中矿物质浓度产生很小的影响，因为动物体内的平衡机制能调节其组织中必需营养素的浓度。但是也有例外。例如，与远程放养、喂食谷物和豆类蔬菜的牛的肉相比，其他小牛肉的铁含量更低。炖熟的远程放养、喂食谷物和豆类蔬菜的牛的后腿上部瘦肉的铁含量为3.32mg/100g肉，而其他小牛的只有1.32mg/100g肉。

动物组织的成分与人类相似，因此可以认为动物性食品是很好的营养素来源。肉、禽和鱼是很好的铁、锌、磷酸盐和钴（维生素B_{12}）的来源。然而，如果不是将骨头一起食用，这些食品并不是好的钙的来源。遗憾的是，骨头一般不被食用。动物性食品的碘含量也低。乳制品是钙的极好来源。

动物性食品和植物性食品一起食用是确保摄入足够必需矿物质的最好方式。

三、加工对食品中矿物质的影响

与维生素和氨基酸不同，许多矿物质元素不会被热、光、氧化剂、极端pH或其他会影响有机营养素的因素所破坏。尽管本质上矿物质不会被破坏，但是还是会在沥滤或物理分离等过程中丢失。此外，前面提到的因素也会影响矿物质的生物利用率。

谷物的研磨是引起矿物质损失的最重要因素。谷粒的矿物质元素集中在麸皮层和胚芽中，去除麸皮和胚芽的胚乳的矿物质含量很低。整麦、白面粉、麦麸和麦胚芽的矿物质浓度见表8-8。在米和其他谷类的研磨中也发生相似的矿物质损失，而且损失很大。

表8-8 小麦和研磨小麦制品中的一些微量矿物质的含量

矿物质	小麦/ （mg/kg）	白面粉/ （mg/kg）	小麦胚芽/ （mg/kg）	麦麸/ （mg/kg）	小麦加工成面粉的 损失率/%
铁	43	10.5	67	47 ~ 78	76
锌	35	8	101	54 ~ 130	78
锰	46	6.5	137	64 ~ 119	86
铜	5	2	7	7 ~ 17	68
硒	0.6	0.5	1.1	0.5 ~ 0.8	16

钙在乳酪中的保留很大程度受到生产条件的影响。牛乳中钙的主要部分为胶状磷酸钙，随着pH下降，溶解度增大。在干酪生产中，溶解的钙在乳清分离时流失。不同乳酪的钙含量见表8-9。农家乳酪的钙浓度最低，因为在农家乳酪生产过程中，排出乳清时的pH一般小于5，切达乳酪和埃曼塔尔乳酪生产过程中排出乳清时的pH分别为6.1和6.5。排出乳清时的pH越高，产品的钙含量越高。

表8-9 一些乳酪的蛋白质、钙和磷酸盐含量

干酪种类	蛋白质/%	Ca /（mg/100g）	Ca：蛋白质 /（mg：g）	PO₄ （mg/100g）	PO₄：蛋白质/ （mg：g）
农家乳酪	15.2	80	5.4	90	16.7
切达乳酪	25.4	800	31.5	860	27.3
埃曼塔乳酪	27.9	920	33.1	980	29.6

由于许多矿物质在水中有足够的溶解度，因此有理由认为水煮会造成一些矿物质的损失。一般情况下，煮比蒸造成的蔬菜矿物质损失更大。意大利面条在煮的过程中铁的损失很小，但钾的损失超过50%。其原因就是钾以离子形式存在于食品中，而铁以与蛋白质和其他大分子配位体相结合的形式存在于食品中，前者溶解度大，后者溶解度小。

第六节 食品矿物质强化

食品营养强化是向食品中添加营养素，以增强其营养价值的措施。食品的营养强化可能起始于1833年，当时法国农业化学家布森戈（Boussingault, Jean Baptiste Joseph Dieudonne）提出向

食盐中加碘防止南美的甲状腺肿。1900年，食盐加碘在欧洲实现，当时瑞士首先在家用食盐中加碘用于防止甲状腺肿。美国1924年为预防一种广为流行的甲状腺病而将碘加入到食盐中开始了食品矿物质的强化，1943年颁布了强制生产强化铁、核黄素、硫胺素（维生素B_1）和烟酸面粉的法令。日本1949年设立了食品强化研究委员会，1952年颁布"营养改善法"，对食品进行营养强化。其在所推行的大米营养强化中，使国民中一度流行的B族维生素缺乏症几乎完全绝迹。欧洲各国也在20世纪50年代先后建立了食品营养强化的政府监督管理体制并对食品进行营养强化。

我国的食品营养强化工作起步较晚。尽管20世纪50年代曾以大豆、大米为主要原料，同时强化动物骨粉、维生素A、维生素D及小米等，制成婴儿代乳粉，开创了我国食品营养强化的先例，但直到1986年才颁发"食品营养强化剂使用卫生标准（试行）"和"食品营养强化剂卫生管理办法"。但是，此后发展很快。2012年，原中华人民共和国卫生部公布了《食品安全国家标准 食品营养强化剂使用标准》（GB 14880—2012）替代《食品营养强化剂使用卫生标准》（GB 14880—1994）。现在无论从许可使用的食品营养强化剂品种和实际应用的强化食品来看，均已和发达国家基本一致。食品强化优先选择的载体主要是谷类及其制品、奶制品、饮料、豆制品、调味品和儿童食品。强化剂的选择和用量必须遵循有关法规。

下面介绍一些重要食品矿物质的强化剂的种类、性质和进行强化时应该重点注意的问题。

1. 铁强化

某些形式的铁能催化不饱和脂肪酸和维生素A、维生素C及维生素E氧化。加铁食品成分中的氧化反应和其他反应可能对食品的色泽、气味和/或风味产生不好的影响。在许多情况下，具有高生物利用率的铁的形式也是具有高催化活性的形式，而在化学上较不活泼的形式也是生物利用率低的形式。总之，水溶性铁成分越多，其生物利用率越高，对食品感官特性产生的不好影响也有越大的趋势。一些常用的铁强化剂及其特性如表8-10所示。

表8-10 一些用于食品强化的铁强化剂的性质

化合物名称	分子式/相对分子质量	铁含量/（g/kg强化剂）	溶解性	相对生物利用率*
硫酸亚铁	$FeSO_4 \cdot 7H_2O$ $M_r=278$	200	溶于水和稀盐酸	100
葡萄糖酸亚铁	$FeC_{12}H_{22}O_{14} \cdot H_2O$ $M_r=482$	116	溶于水和稀盐酸	89
富马酸亚铁	$FeC_4H_2O_4$ $M_r=170$	330	溶于水和稀盐酸	27～200
焦磷酸铁	$Fe_4(P_2O_7)_3 \cdot xH_2O$ $M_r=745$	240	不溶于水，溶于稀盐酸	21～74
焦磷酸铁微粒	$Fe_4(P_2O_7)_3 \cdot xH_2O$ $M_r=745$	240	水分散	100
二甘氨酸铁	$FeC_4H_8O_4 \cdot H_2O$ $M_r=240$	230	溶于水和稀盐酸	90～350

续表

化合物名称	分子式/相对分子质量	铁含量 /（g/kg强化剂）	溶解性	相对生物利用率*
乙二胺四乙酸铁钠	$FeNaC_{10}H_{12}N_2O_8 \cdot 3H_2O$ $M_r = 421$	130	溶于水和稀盐酸	30 ~ 390
电解铁粉	Fe $M_r = 56$	970	不溶于水，溶于稀盐酸	75
氢还原铁粉	Fe $M_r = 56$	97	不溶于水，溶于稀盐酸	13 ~ 148
羰基铁粉	Fe $M_r = 56$	99	不溶于水，溶于稀盐酸	5 ~ 20

注：*相对生物利用率是与硫酸亚铁相比较，将硫酸亚铁的生物利用率值设定为100。

硫酸亚铁是可用于食品铁强化的最便宜、生物利用率最高和最普遍使用的铁源。硫酸亚铁在很多食品中的生物利用率较高，在铁的生物利用率的研究中经常被用作参考标准。硫酸亚铁是添加到焙烤制品的优选铁源，但由高浓度硫酸亚铁强化并长时间贮存的面粉加工而成的焙烤制品会有不良气味和风味。硫酸亚铁用于强化小麦面粉时应注意如下问题：

（1）硫酸亚铁的浓度应低于40mg/kg，且强化的小麦面粉在中等温度和湿度条件下贮存期不超过3个月；

（2）硫酸亚铁不能用于贮存期长的面粉（如家用面粉）或含有外加脂肪、油或其他易氧化配料的面粉的强化；

（3）由于预混料会产生酸败，因此，不能采用先制备含硫酸亚铁和小麦面粉的浓缩预混料然后再加入到面粉中的操作方式。

除硫酸亚铁外，其他铁源也广泛用于食品强化。最近，铁粉也被作为面粉、早餐谷物食品和婴儿谷物食品的强化剂。铁粉强化的食品具有较长的货架期。

铁粉末是由以高度分散状态存在的铁元素组成的，并伴有少量其他微量矿物质和氧化铁的近乎纯的铁。铁粉不溶于水，因此，很可能在小肠被吸收前氧化成较高的氧化状态。氧化反应可能发生在胃部，当铁与胃酸接触时发生。

有三种不同类型的铁粉末可供选用。

还原铁：在3种类型中纯度最低，是通过用氢或一氧化碳气体将铁氧化物还原，然后将其研磨成粉末制成的。

电解铁：通过电解的方法将铁沉积在由挠性不锈钢片制成的阴极上。弯曲不锈钢片，将沉积在它上面的铁取下，然后将其研磨成粉末。电解铁的纯度高于还原铁，其含有的主要杂质是在研磨和贮存过程中表面形成的氧化铁。

羰基铁：羰基铁的制备方法：首先在有一氧化碳存在和高压条件下加热铁粉或还原铁形成五羰基铁［Fe（CO）$_5$］，然后将五羰基铁加热分解得到细度很高的高纯度铁粉末。

铁粉末相当稳定，在食品中不会引起严重的氧化问题，但其生物利用率不确定，这可能与粉末的颗粒大小不一有关。铁粉末的色泽为暗灰色，因此，会使白色面粉稍稍变黑，但通常不被认为这是一个问题。

最近，人们重新关注使用螯合形式的铁作强化剂。动物试验表明，NaFe（Ⅲ）EDTA中的铁与硫酸铁中的铁吸收率相当或甚至更高。人体试验表明，NaFe（Ⅲ）EDTA在含有相当数量的铁吸收抑制剂的膳食中的铁的生物利用率比在相同膳食中的FeSO₄的生物利用率高。EDTA结合正铁和亚铁离子的亲和力高于其它配基，例如柠檬酸和多酚类化合物。这种高亲和力产生了一种稳定的螯合，使铁在胃与肠中消化而不分散，从而防止铁与铁吸收抑制剂结合。在没有铁吸收抑制剂存在时，NaFe（Ⅲ）EDTA的铁的生物利用率可能低于FeSO₄的铁的生物利用率，这可用于解释表8-7中EDTA铁钠（NaFeEDTA）的铁的相对生物利用率的变化大的原因。越南的研究显示，在6个月内食用强化EDTA铁钠的鱼肠的妇女，其铁缺乏症的患病率只有食用非强化鱼肠对照组的50%。我国的研究也显示，食用强化EDTA铁钠的酱油可明显减少成年男性和女性及孩童缺铁性贫血的发病率。

氨基酸铁也是一种有前景的食品强化剂。甘氨酸亚铁是研究最多的氨基酸铁，它是亚铁与甘氨酸以1∶2的摩尔比率螯合制成的。与硫酸亚铁相比，甘氨酸亚铁受铁吸收抑制剂影响较小。甘氨酸亚铁在粗粮膳食中强化特别有效。

2．锌强化

锌缺乏症比较普遍，很多营养学家提倡在食品中强化锌。硫酸锌、氯化锌、葡萄糖酸锌、氧化锌和硬脂酸锌是普遍认为安全的5种锌化合物，其中氧化锌是最常用的食品强化剂。氧化锌的溶解度低，在食品中稳定。氧化锌的生物利用率与溶解性能比它好的硫酸锌相当。研究发现，当硫酸锌添加到强化铁的小麦面粉时，会降低4~8岁儿童对铁的吸收。但是，相同数量的锌以氧化锌的方式添加时，对铁的吸收没有影响。

3．碘强化

食盐加碘是解决碘缺乏的有效方法。然而，加碘盐在很多发展中国家并不是很普遍，时至今日碘缺乏仍然是一个问题。世界卫生组织在1993年采取了一个称作全民食盐加碘（USI）的干预措施来解决这个问题。全民食盐加碘干预措施争取对人类和牲畜食用的所有盐进行强化，包括食品加工中使用的盐。实行食盐加碘政策的国家数量从1993年的43个增加到2003年的93个，结果甲状腺肿和智力缺陷的得病率显著下降。

碘化钠（NaI）和碘酸钠（NaIO₃）可用作碘的强化剂。碘酸钠通常用得更为普遍，因为它比碘化钠更稳定，特别是在高湿度和高温条件下有利于延长产品的保存期。

第七节　小　结

矿物质在食品中以低且可变的浓度存在，并具有多种存在形式。矿物质在食品加工、贮藏和消化过程中有着许多复杂的变化。除了Ⅳ族和ⅦA族元素外，食品中的矿物质以络合物、螯合物或含氧阴离子的形式存在。

食品中矿物质的主要作用是以一种平衡和生物可利用的形式提供可靠的必需营养素。当食品中必需矿物质的浓度和/或生物利用率偏低时，可采取强化的方法来确保有足够的摄入量。矿物质在食品中起着重要的功能作用。例如，某些矿物质能显著改变食品的色泽、质构、风味和稳定性。因此，为达到某种特定的功能效果，可以在食品中加入或除去某些矿物质。当难以控制食品中某些矿物质的浓度时，可以使用法规许可的螯合剂，例如EDTA，来改变它们的性质。

思考题

1. 名词解释：矿物质、常量元素、微量元素。
2. 简述矿物质的营养价值，主要矿物质的营养与毒性。
3. 简述矿物质的生物利用率的定义，食物中影响矿物质营养素最终生物利用率的主要因素。
4. 简述矿物质的生物利用增强剂和抑制剂的种类及其作用机制。
5. 简述矿物质营养素的在体内利用过程。
6. 简述食品中重要的矿物质的功能。
7. 简述食品中的主要重金属。
8. 简述食品中矿物质的存在形式及化学与功能性质。
9. 影响食品中矿物质成分的主要因素有哪些？
10. 简述加工过程对食品中矿物质的影响。
11. 简述食品矿物质强化的发展过程和趋势。

| 第九章 |

着色剂

第一节　色素与着色剂的定义

颜色是指肉眼对赋色物质的感觉，如红色、绿色、蓝色等颜色，而着色剂是指任何可产生颜色的天然或合成化学物质。食品之所以显色是因为它发出或反射在可见光范围内的能量波。不同人群对光的敏感度略有差异，可见光约在370~770nm波长范围内，这一范围仅是整个电磁波光谱的一小部分（图9-1）。

色素指存在于动植物细胞和生物组织中可赋色的天然物质，染料则为可给予其他材料颜色的任何物质，而着色剂包括天然色素和人工合成的显色物质，并被法规允许生产、使用和添加于食品。

食品的颜色与外观是非常重要的质量指标，也是消费者在购买食品时考虑的首要因素。食品制造商可提供给消费者营养最丰富、最安全以及最经济实惠的食品，但也要有市场吸引力。消费者同样把食品的特定颜色与质量联系在一起，例如水果的特定颜色常常与其成熟度有关，鲜肉的红色也与新鲜度密不可分，绿苹果可能被认定为成熟度不够，至于红棕色的肉则说明已不新鲜。

颜色也可影响风味感受，消费者认为红色饮料具有草莓、黑莓或樱桃风味，黄色饮料具有柠檬风味，而绿色饮料具有酸橙风味。

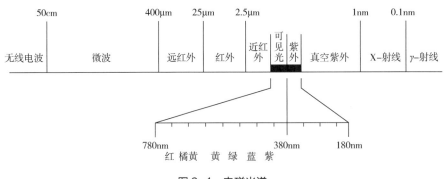

图 9-1　电磁光谱

许多食用色素在加工和贮藏过程中不太稳定，很难防止其褪色。对于来源各异的各种色素，其稳定性受许多因素的影响，例如光、氧、重金属以及氧化剂或还原剂、温度、水分活度以及pH。由于色素的不稳定性，有时需在食品中加入着色剂。

第二节　生物组织中的色素

生物组织中的天然色素由活细胞合成、积累或分泌而成。此外，食品加工过程也可能导致颜色的形成或转化。生物组织中固有的色素一直是人类普通膳食中的一部分，并且长期被人安全食用。它们的化学结构一般很复杂，并可据此对其进行分类，如表9–1所示。

表 9–1　基于化学结构的植物和动物色素分类

化学基团	色素	举例	着色	来源（举例）
四吡咯	血红素类	氧肌红素	红色	新鲜肉类
		肌球素	紫色/红色	
		正铁肌红蛋白	褐色	包装肉
	叶绿素类	叶绿素 a	蓝–绿色	西蓝花，生菜，菠菜
		叶绿素 b	绿色	
四萜	类胡萝卜素类	胡萝卜素	黄–橙色	胡萝卜，橘，桃，辣椒
		番茄红素	橙–红色	番茄
O–杂环化合物/醌	黄酮类/酚类	花青素	橙/红/蓝色	浆果，红苹果，红卷心菜，小红萝卜
		黄酮醇	白–黄色	洋葱，花菜
		单宁	红–褐色	陈酿酒
N–杂环化合物	甜菜色素类	甜菜色素	紫/红色	红甜菜，瑞士甜菜，仙人球
		甜菜黄素	黄色	

一、血红素化合物

血红素是铁卟啉衍生物，可溶于水，主要存在于动物肌肉和血液中。肌红蛋白是一种最主要的色素，在肉类中起着呈色作用。在经正常放血后的肌肉组织中，肌红蛋白所起的呈色作用占90%以上。在不同肌肉组织中，肌红蛋白的数量差异较大，并受品种、育龄、性别及活动程度的影响。例如淡色的小菜牛肉中肌红蛋白的含量较红色牛肉低。在同一动物体内不同肌肉间的差异也很明显，这些差异由肌肉纤维中所含肌红蛋白数量不同所致。表9–2所示为发现于新鲜、腌制及熟肉中的主要色素。肌肉组织中尚有少量其他色素，例如细胞色素酶、黄酮及维生素B_{12}。

表 9-2　存在于新鲜肉、腌肉和熟肉中的主要色素

色素	生成方式	铁的价态	高铁血红素环的状态	球蛋白的状态	颜色
肌红蛋白	高铁肌红蛋白的还原、氧合肌红蛋白脱氧	Fe^{2+}	完整	天然	紫红
氧合肌红蛋白	肌红蛋白的氧合	Fe^{2+}	完整	天然	浅红或粉红
高铁肌红蛋白	肌红蛋白与氧化肌红蛋白的氧化	Fe^{3+}	完整	天然	棕色
亚硝基肌红蛋白	肌红蛋白与一氧化氮的结合	Fe^{2+}	完整	天然	亮红（粉红）
亚硝基高铁肌红蛋白	高铁肌红蛋白与一氧化氮的结合	Fe^{3+}	完整	天然	深红
亚硝酸高铁肌红蛋白	高铁肌红蛋白与过量的亚硝酸盐结合	Fe^{3+}	完整	天然	红棕
肌球蛋白血色原	肌红蛋白、氧合肌红蛋白因加热和变性试剂作用，肌球蛋白血红色原受辐射	Fe^{2+}	完整（常与变性蛋白质结合，而非球蛋白）	变性（通常分离）	暗红
高铁肌球蛋白血色原	肌红蛋白、氧合肌红蛋白，高铁肌红蛋白、血色原因加热和变性因素作用	Fe^{3+}	完整（常与变性蛋白质结合，而非球蛋白）	天然（通常分离）	棕色（有时灰色）
亚硝基血色原	亚硝基肌红蛋白受热和变性试剂作用	Fe^{2+}	完整	变性	亮红（粉红）
硫代肌绿蛋白	肌红蛋白与 H_2S、O_2 作用	Fe^{3+}	完整（通常分离）	天然	绿色
高硫代肌绿蛋白	硫代肌绿蛋白氧化	Fe^{3+}	完整（通常分离）	天然	红色
胆绿蛋白	肌红蛋白或氧合肌红蛋白受过氧化氢作用，氧合肌红蛋白受抗坏血酸盐或其他还原剂作用	Fe^{2+} 或 Fe^{3+}	完整（通常分离）	天然	绿色
硝化氯化血红素	亚硝基高铁肌红蛋白与大量过量的亚硝酸盐共热	Fe^{3+}	完整，但被还原	不存在	绿色
氯铁胆绿素	受过量 7~9 中因素作用	Fe^{3+}	卟啉环被打开	不存在	绿色
胆色素	受大剂量 7~9 中因素作用	无铁	卟啉环被破坏	不存在	黄色或红色

（一）肌红蛋白与血红蛋白

1. 血红素化合物的结构

肌红蛋白为单条多肽链组成的球状蛋白质，分子质量为16.8ku，由153个氨基酸组成，其蛋白质部分为球蛋白。其中的卟啉环具有光吸收和显色的发色团，卟啉环由四个吡咯环连接在一起，并连接至中央的铁原子，因而肌红蛋白是由球蛋白和血红素组成的复合体（图9-2）。卟啉环存在

于球蛋白的疏水区域内，并与组氨酸残基相连（图9-3）。位居中央的铁原子具有6个配位部位，其中四个分别被4个吡咯环上的氮原子占据，第五个则与球蛋白的组氨酸残基键合，剩余的第六个配位部位可络合各种电负性原子。

血红蛋白是由4个肌红蛋白组成的四聚体，它可作为血红细胞的一个组分在肺中与氧形成可逆的络合物。该络合物经血液输送至动物全身各组织，氧则在该处被组织吸收。能与分子氧结合的基团即血红蛋白，细胞组织中的肌红蛋白起类似作用，它可接受血红蛋白运送的氧。因而肌红蛋白可在组织内贮存氧，以供代谢利用。

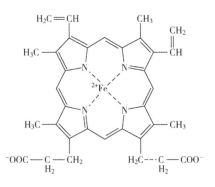

图9-2 血红色素的化学结构

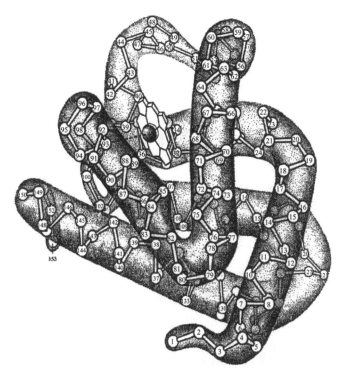

图9-3 肌红蛋白的三级结构

2. 化学与颜色：氧化态

肉的颜色取决于肌红蛋白的化学性质、其氧化态、与血红蛋白键合的配体类型以及球蛋白的状态。卟啉环中的血红蛋白铁能以两种形式存在：还原型亚铁离子（+2）或氧化型高铁离子（+3）。血红素中铁原子的氧化态应与肌红蛋白的氧合态有所区别。当分子氧与肌红蛋白结合后，形成氧合肌红蛋白（MbO_2），这一作用称为氧合。当肌红蛋白发生氧化反应，铁原子被转化为高价态铁（+3），即形成了高铁肌红蛋白（MMb）。当肌红蛋白中的铁离子处于+2价（亚铁）并且缺乏配体键合所需的第六个部位时，它被称为肌红蛋白。

含有肌红蛋白（亦称作脱氧肌红蛋白）的肉类组织显紫红色。当分子氧结合于第六个配体位置时，形成了氧合肌红蛋白（MbO₂），肉组织的颜色可变为通常的亮红色。紫红色的肌红蛋白和红色的氧合肌红蛋白都能被氧化，此时亚铁变为高铁。若经自动氧化机制，两者都可转变为所不期望的高铁肌红蛋白（MMb），后者显红棕色。此时，高铁肌红蛋白不再与氧结合，第六个配体位置被水占据。

肉类中高铁肌红蛋白（MMb）能通过酶促或非酶作用，被还原成肌红蛋白（Mb）形式，其中主要的途径可能是高铁肌红蛋白（MMb）还原酶的酶促作用。此酶在有NADH时能高效将高铁肌红蛋白中高铁还原至亚铁态。图9-4所示为亚铁血红色素的各类反应。新鲜肉中颜色反应呈动态变化，并取决于肌肉状态以及高铁肌红蛋白、肌红蛋白和氧合肌红蛋白间的比例。高铁肌红蛋白和氧合肌红蛋白之间的相互转化，取决于氧分压值。而高铁肌红蛋白向其他形式产物的转化，则需要酶促或非酶反应将高铁还原至亚铁。

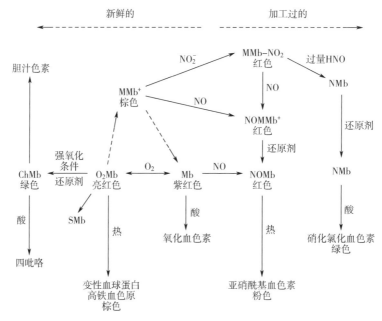

图9-4　新鲜肉和腌肉中肌红蛋白的反应

NMMb 和 NMb 为亚硝酸与分子中血红素部分的反应产物

氧分压与各类血红蛋白色素百分数之间的关系如图9-5所示。高氧分压有利于氧合，形成亮红色的氧合肌红蛋白。与此相反，在低氧分压时，有利于形成肌红蛋白和高铁肌红蛋白。为了促进氧合肌红蛋白的形成，可使环境中的氧处于饱和状态。若氧被完全排除，则使血红蛋白氧化（$Fe^{2+} \rightarrow Fe^{3+}$）引起的高铁肌红蛋白形成的速率降至最小程度，肌肉中各种色素的比例随所处氧分压的不同而异。

球蛋白可降低血红素氧化的速率（$Fe^{2+} \rightarrow Fe^{3+}$）。此外，在低pH时氧化反应进行较快，氧合肌红蛋白的自动氧化反应速度比肌红蛋白低。痕量金属尤其是铜离子的存在可促进自动氧化反应。

3. 化学与颜色：变色反应

有两种不同的反应可使肌红蛋白变为绿色。一是过氧化氢可与血红素蛋白中的亚铁或高铁反应，生成胆绿蛋白，即一种绿色素。二是在有硫化氢和氧存在时，可形成绿色的硫代肌红蛋白。通常认为过氧化氢或/及硫化氢是由细菌生长所致，产生绿色素的第三个机制发生于腌肉中。

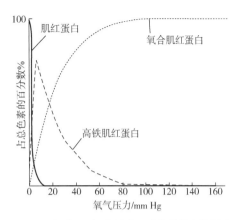

图9-5　氧分压对肌红蛋白三种化学状态的影响

（二）腌制肉色素

在大部分腌肉制作过程中，可加入硝酸盐和亚硝酸盐以促进颜色和风味，并可抑制肉毒梭菌。腌肉制品保持稳定粉红色的主要原因是在此过程中发生的一些特殊反应。图9-4简要描述了这些反应，影响反应的化合物见表9-2。

第一个化学反应发生于氧化氮（NO）与肌红蛋白间，生成氧化氮肌红蛋白（MbNO），也称为亚硝基肌红蛋白。MbNO显鲜红色且不稳定，受热后形成较稳定的氧化氮肌血色原（亚硝基血色素），此产物可生成腌肉所期望的粉红色。该色素在受热时其球蛋白部分变性，但粉红色继续保留。当有高铁肌红蛋白存在时，在与氧化氮物反应前，需要用还原剂将高铁肌红蛋白转化为肌红蛋白。反应的另一种机制是，亚硝酸盐可与高铁肌红蛋白直接相互作用。当存在过量亚硝酸时，可形成硝基肌红蛋白（NMb）。NMb在还原性条件下受热时，易转化为绿色的硝化氯化血红素。该系列反应会导致众所周知的"亚硝酸盐灼烧"缺陷。

在无氧状态下，肌红蛋白氧化氮复合物相当稳定。然而，这类色素在有氧条件下，对光非常敏感。若加入抗坏血酸或巯基化合物等还原剂，可将亚硝酸盐还原为一氧化氮。在此条件下，更容易形成氧化氮肌红蛋白。

帕尔玛火腿是一种仅用猪肉和盐在不加硝酸盐和亚硝酸盐的情况下制成的火腿的特殊类型。这些产品在干燥腌制过程中会产生一种新的色素——锌卟啉，血红素中铁原子被锌原子所替代。这些色素是帕尔玛火腿稳定亮红色的主要因素。

（三）肉类色素的稳定性

决定消费者对肉类可接受性的主要因素是肌肉的颜色，在复杂食品体系中的许多因素可影响肉类色素的稳定性。此外，这些因素之间的相互作用非常关键，并且难以确定其中的因果关系。某些外界条件如光照、温度、相对湿度、pH和特定细菌的存在，均可对肉类颜色和色素的稳定性产生重要影响。

某些特定反应如脂肪氧化反应可增加色素氧化速率，而加入某些抗氧化剂如抗坏血酸、维生素E、丁基羟基茴香醚（BHA）或没食子酸丙酯（PG），也可改善颜色的稳定性。菜牛食品中添加维生素E补充剂，可有效提高肉制品中颜色稳定性。

对肉类的辐照亦可造成其颜色变化，这是由于肌红蛋白分子（尤其是其中的铁）对化学环境变化和能量输入很敏感。在辐照过程中，原本稳定的红色素、棕色素甚至绿色素都可能褪色。在屠宰家畜前饲喂抗氧化剂，优化肉类辐照前的条件，添加抗氧化剂，采用气调包装（MAP）并控制温度，或综合运用各类技术手段都可能有助于优化辐射过程中的颜色。

（四）包装的影响

稳定肉类色泽的一个重要手段是将其保藏于合适的条件下。气调包装能够延长肉制品的货架期，经低透气性的薄膜包装后，将空气从包装中排出以及贮藏气体的注入可减少血红蛋白氧化（$Fe^{2+} \rightarrow Fe^{3+}$）导致的褪色。注入富氧或无氧气体，也可提高色泽稳定性。将肌肉组织贮藏于无氧（100% CO_2）条件下或存在氧清除剂时均显示良好的颜色稳定性。

二、叶绿素类

（一）叶绿素及其衍生物的结构

叶绿素是绿色植物、海藻和光合细菌中的主要光合色素，它们是由卟吩衍生出的镁络合物。卟吩具有全共轭不饱和闭合大环结构，由四个吡咯环经单碳桥连接而成。按Fisher编号系统（图9-6），四个环分别编号为Ⅰ至Ⅳ或A至D，卟吩环外围上的吡咯碳分别编号为1至8。桥连碳被分别命名为 α、β、γ 和 δ。卟吩的IUPAC编号系统见图9-6（2），但更常见的编号系统为Fisher法。

带有取代基的卟吩称为卟啉。卟啉是任何一种大环四吡咯类色素，其中吡咯环由亚甲基桥连，而双键系统形成一个闭合共轭环。通常认为脱镁叶绿素母环［图9-6（3）］是所有叶绿素的母核，它由卟吩加上第五个碳环（Ⅴ）而形成。因而，将叶绿素归类于大环四吡咯色素。

目前自然界中存在数种叶绿素，其结构差别是母环上取代基的种类。叶绿素a和叶绿素b存在于绿色植物中，其比例约为3:1。它们的区别在于3位碳上的取代基不同，叶绿素a含有一甲基，而叶绿素b则含有一甲醛基［图9-6（4）］。两者在2位碳和4位碳上分别连接乙烯基和乙基，碳环的10位碳上连接甲氧甲酰基，并在7位碳上连接丙酸植醇基。植醇是含有20个碳的具有类异戊二烯结构的单不饱和醇。如图9-6（4）所示，叶绿素c与叶绿素a共存于海藻、腰鞭毛虫及硅藻中。叶绿素d与叶绿素a共存于红藻中，而叶绿素d的含量较低。细菌叶绿素和绿菌叶绿素分别是紫色光合细菌和绿色硫菌中叶绿素的主要叶绿素。叶绿素及其衍生物广泛使用俗名，表9-3所示为最常用的名称。图9-7所示为叶绿素及其一些衍生物相互间结构关系的示意图。

（二）物理性质

叶绿素位于绿色植物细胞间器官的薄层中，也称为叶绿体，它们与类胡萝卜素、脂质和脂蛋白相结合。其非共价键的连接作用很弱，连接键容易断裂，因而可将植物组织置于有机溶剂浸泡从而萃取出叶绿素。丙酮、甲醇、乙醇、乙酸乙酯、嘧啶和二甲基甲酰胺等极性溶剂是叶绿素充分萃取最有效的溶剂，而己烷和石油醚等非极性溶剂则效果较差。

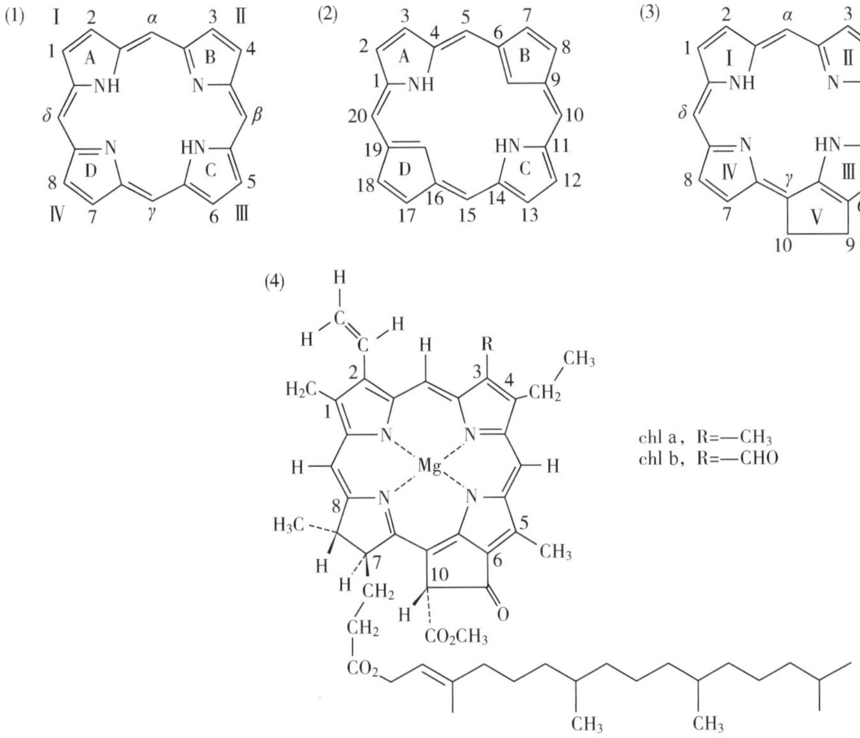

图9-6 卟吩（1）、（2）、脱镁叶绿素母环（3）及叶绿素 [chl]（4）的结构式

表9-3 叶绿素衍生物的命名

叶啉	含镁叶绿素衍生物
脱镁叶绿素	脱镁叶绿素衍生物
脱植醇叶绿素	由酶法或化学法水解除去植醇、C-7 位为丙酸的产物
脱镁叶绿环	脱镁、水解除去植醇、C-7 位为丙酸的产物
甲基或乙基脱镁叶绿环	相应的 7- 丙醇甲酯或乙酯
脱羧甲基化合物	C-10 羧甲基被氢取代的衍生物
内消旋化合物	C-2 乙烯基被乙基取代的衍生物
二氢卟吩 e	由碳环裂解得到的脱镁叶绿环 a 的衍生物
绿卟啉 g	脱镁叶绿环 b 的相应衍生物

    叶绿素a、叶绿素b及其衍生物的可见光谱在600～700nm（红区）及400～500nm（蓝区）有尖锐吸收峰（表9-4）。溶于乙醚中的叶绿素a和叶绿素b的最大吸收波长分别为：红区，660.5nm和642nm；蓝区，428.5nm和452.5nm。

表 9-4　叶绿素 a 和叶绿素 b 及其衍生物在乙醚中的光谱性质

化合物	最大吸收波长/nm		吸收比（蓝/红）	摩尔吸光系数（红区）
	红区	蓝区		
叶绿素 a	660.5	428.5	1.30	86300
叶绿素 a 甲酯	660.5	427.5	1.30	83000
叶绿素 b	642.0	452.5	2.84	56100
叶绿素 b 甲酯	641.5	451.0	2.84	—
脱镁叶绿素 a	667.0	409.0	2.09	61000
脱镁叶绿素 a 甲酯	667.0	408.5	2.07	59000
脱镁叶绿素 b	655	434	—	37000
脱镁叶绿素 b 甲酯	667.0	409.0	2.09	49000
锌代脱镁叶绿素 a	653	423	1.38	90000
锌代脱镁叶绿素 b	634	446	2.94	60200
铜代脱镁叶绿素 a	648	421	1.36	67900
铜脱镁叶绿素 b	627	438	2.53	49800

（三）叶绿素的变化

1．酶促反应

叶绿素酶是已知唯一能促使叶绿素降解的酶。该酯酶可催化植醇从叶绿素及其无镁衍生物（脱镁叶绿素）上解离，分别形成脱植醇叶绿素和脱镁脱植醇叶绿素（图9-7）。当卟啉环10位碳上带有甲氧甲酰基、C-7位和C-8位上带有氢时，酶活力受到限制。该酶在水、乙醇或丙酮类溶液中具有活力，当遇大量醇类物质如甲醇或乙醇时，植醇从叶绿素中解离出来，脱植醇叶绿素可经酯化形成相应的甲醇或乙醇酯。叶绿素酶只有在采后经热激活后，才可在新鲜叶片中形成脱植醇叶绿素。蔬菜中叶绿素酶的最适温度在60～82.2℃，当植物组织受热超过80℃时，酶活力降低；当超过100℃时，叶绿素酶活力完全丧失。菠菜在生长和新鲜贮藏过程中叶绿素酶活力变化见图9-8。观察到的最大活力出现于开花起始期（虚线），与采摘时相比，采摘后新鲜菠菜在5℃贮藏时，酶活力降低（实线）。

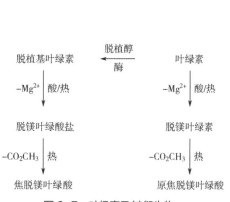

图 9-7　叶绿素及其衍生物

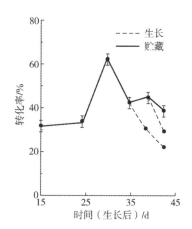

图 9-8　在菠菜生长时（实线）和在5℃贮藏后（虚线）叶绿素酶活力，以叶绿素转化为脱植醇叶绿素的百分数表示

2．热和酸的影响

在加热或热处理过程中形成的叶绿素衍生物可根据四吡咯中心是否存在镁原子而分成两类。含镁衍生物显绿色，而无镁衍生物则显橄榄褐色，后者为螯合剂，如当存在足量的锌或铜离子时，它们可与锌或铜形成绿色络合物。

当叶绿素分子受热时，即发生异构化。由于C-10位上甲氧甲酰基被转化，从而形成了叶绿素异构体，并命名为a'和b'，与其母体化合物相比，它们在HPLC的C18反相柱上的吸附性更强，因而可得到完全分离。在经加热的植物组织或有机溶剂中，异构化反应速度加快。叶片组织在100℃时加热10min，异构化反应达到平衡，有5%～10%的叶绿素a和叶绿素b分别转化为叶绿素a'和叶绿素b'（图9-9）。

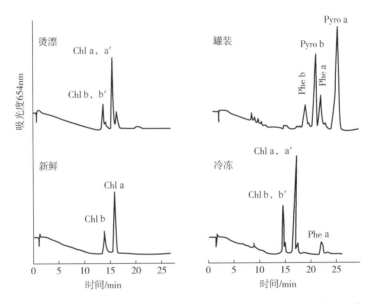

图9-9　在新鲜、热烫、冷冻及罐装菠菜中叶绿素（chl）的高效液相（HPLC）色谱图

Phe = 脱镁叶绿素，Pyro = 焦脱镁叶绿素

叶绿素中的镁原子极易被两个氢所取代，从而形成橄榄褐色的脱镁叶绿素（图9-10），在水溶液中该反应不可逆。与其母体化合物相比，脱镁叶绿素a和脱镁叶绿素b的极性较低，在反相HPLC柱上的吸附性较强。叶绿素a比叶绿素b更容易生成脱镁叶绿素。叶绿素b比叶绿素a的热稳定性高，叶绿素b具有更高稳定性的原因是C-3位甲醛基的拉电子效应。由于叶绿素的共轭结构，使得四吡咯氮上的正电荷增加，因而导致吡啶氮氢的平衡常数降低。该反应的活化能数据范围为12.6～35.2kcal/mol。这个活化能的变化归因于介质组成、pH及温度范围。

叶绿素的降解受组织pH的影响，在碱性介质中（pH9.0），叶绿素对热非常稳定，而在酸性介质中（pH3.0），它的稳定性欠佳。植物组织在加热过程中所释放出的酸可使体系的pH降低一个单位，这对叶绿素的降解速度产生极为不利的影响。在完整无损的植物组织中或采后产品中，脱镁叶绿素的形成似乎受细胞膜破裂的调控。当甜菜叶置于缓冲液中加热时，只有升温至60℃以

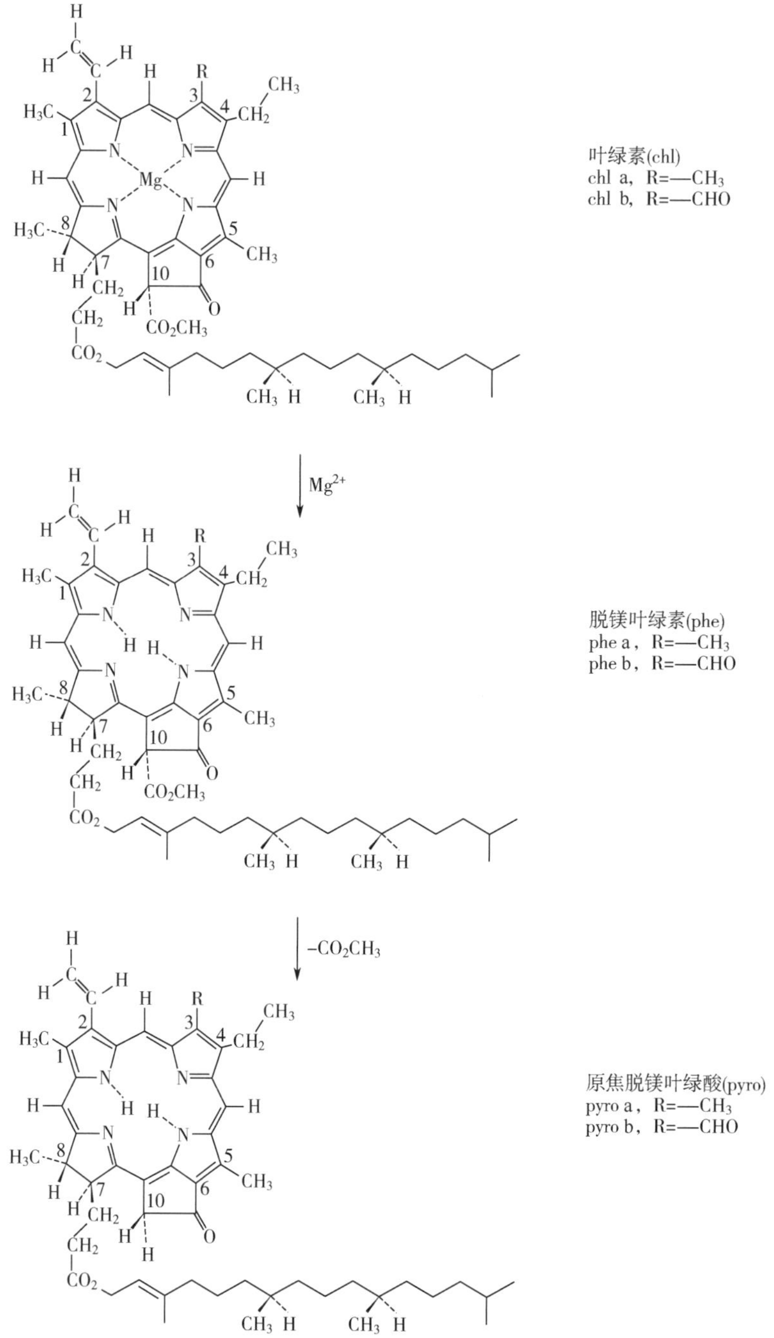

图 9-10　由叶绿素生成的脱镁叶绿素和焦脱镁叶绿素

上时，叶绿素才开始发生降解，将其在60℃和100℃下保温60min，分别有32%和97%的叶绿素转化为脱镁叶绿素。

　　在加热过的烟叶中加入钠、镁和钙离子，可降低脱镁叶绿素的生成，叶绿素降解的降低应归结于盐的静电屏蔽效应。可能是所加的阳离子中和了叶绿体膜中脂肪酸和蛋白质表面的负电荷，从而降低了氢离子与膜表面的吸收力。

脱镁叶绿素C-10位上的甲氧甲酰基被氢原子取代，可形成橄榄色的焦脱镁叶绿素，焦脱镁叶绿素在红区与蓝区的最大光吸收波长均与脱镁叶绿素相同（表9-4）。

在加热过程中叶绿素的变化为序列反应，并按以下动力学过程进行：

叶绿素→脱镁叶绿素→焦脱镁叶绿素

表9-5数据显示在加热的前15min内，叶绿素快速减少而脱镁叶绿素迅速增加，再经进一步加热，脱镁叶绿素减少，而焦脱镁叶绿素快速增加。尽管在加热4min后就已有少量的焦脱镁叶绿素出现，但在前15min并未发现有明显的产物积累，因而为序列反应提供了佐证。与脱镁叶绿素a转化为焦脱镁叶绿素a相比，脱镁叶绿素b转化为焦脱镁叶绿素b的一级速度常数要高出25%~40%。从脱镁叶绿素a或b上去除C-10位上的甲氧甲酰基所需的活化能，要比叶绿素a和叶绿素b形成脱镁叶绿素a和脱镁叶绿素b所需的活化能低，这说明从脱镁叶绿素形成焦脱镁叶绿素所需要的温度略低。

表9-5 新鲜、热烫及在121℃下经不同时间热处理的菠菜中叶绿素a、叶绿素b和焦脱镁叶绿素a、焦脱镁叶绿素b的含量

单位：mg/g 干重

	叶绿素		脱镁叶绿素		焦脱镁叶绿素		pH
	a	b	a	b	a	b	
新鲜	6.98	2.49					
热烫	6.78	2.47					7.06
处理时间 /min							
2	5.72	2.46	1.36	0.13			6.90
4	4.59	2.21	2.20	0.29	0.12		6.77
7	2.81	1.75	3.12	0.57	0.35		6.60
15	0.59	0.89	3.32	0.78	1.09	0.27	6.32
30		0.24	2.45	0.66	1.74	0.57	6.00
60			1.01	0.32	3.62	1.24	5.65

表9-6 市售罐装蔬菜中脱镁叶绿素a和叶绿素b的含量

产品	脱镁叶绿素/（μg/g 干重）		焦脱镁叶绿素/（μg/g 干重）	
	a	b	a	b
菠菜	830	200	4000	1400
豆类	340	120	260	95
芦笋	180	51	110	30
豌豆	34	13	33	12

表9-6所示为市售罐装蔬菜制品中脱镁叶绿素a和脱镁叶绿素b以及焦脱镁叶绿素a和焦脱镁叶绿素b的浓度。焦脱镁叶绿素a和焦脱镁叶绿素b是许多罐装蔬菜中叶绿素类物质的主要组分，因而可使产品显橄榄绿色。同样显而易见的是，所形成的焦脱镁叶绿素的含量也可作为热处理强度的指标。

脱植醇叶绿素（绿色）中的镁原子被氢离子取代可形成橄榄褐色的脱镁叶绿素盐，脱镁叶绿素盐a和脱镁叶绿素盐b的水溶性比相应的脱镁叶绿素大，而光谱性质则相同。C-10位上植醇链的解离似可影响四吡咯中央处镁的损失速率。在酸性丙酮中，脱植醇叶绿素a和脱植醇叶绿素b及其甲酯和乙酯的降解随链长度的缩短而增加，说明C-10位上链的空间阻碍作用可影响氢离子进攻的速率。

3. 金属络合物形成

无镁叶绿素衍生物的四吡咯核中的两个氢原子易被锌或铜离子所取代，形成绿色的金属络合物。由脱镁叶绿素a和脱镁叶绿素b形成的金属络合物使得红区最大吸收峰向短波长方向移动，蓝区最大吸收峰向长波长方向移动（表9-4）。无植醇金属络合物的光谱特性与其母体化合物完全相同。

锌与铜络合物在酸性溶液中的稳定性较碱性溶液高。在室温下加酸可除去叶绿素中的镁，而锌与脱镁叶绿素a形成的络合物在pH2的溶液中仍保持稳定。只有当pH低至引起卟啉环分解时，才可除去络合物中的铜。

金属离子与中性卟啉的结合是双分子反应，该反应首先是金属离子附着于吡咯的氮原子上，随后迅速并同时脱去两个氢原子。由于四吡咯环具有高度共振结构，金属络合物的形成受取代基的影响。

叶绿素金属络合物可在植物组织内形成，并且叶绿素a络合物的形成速率高于叶绿素b络合物，b络合物形成速度较低的原因在于C-3位上甲醛基的拉电子效应。电子通过共轭卟啉环系统迁移，使得吡咯氮原子带有更多的正电荷，因而与金属阳离子的反应性较低。植醇链的空间阻碍效应也使得络合物的形成速率降低，脱镁叶绿素盐a在乙醇中与铜离子的反应速率比脱镁叶绿素a高4倍。

pH同样是影响络合物形成速率的因素之一，将菠菜泥中的pH从4.0提高至8.5，锌焦脱镁叶绿素a的含量可增加11倍。当pH提高至10时，形成的络合物数量下降，原因可能是锌形成了沉淀。

4. 叶绿素的氧化作用

将叶绿素溶于乙醇或其他溶剂并暴露于空气中可发生氧化反应，这一过程称为叶绿素的氧化，在这一过程中可吸收与叶绿素等摩尔的氧。该产品呈蓝-绿色，并在Molisch相检验中表明没有形成黄-棕色的环。在试验中缺乏颜色响应说明环五酮环［环V，见图9-6（3）］已被氧化，或C-10位上的甲氧甲酰基已被消去。经氧化处理的产物已被确定为10-羟基叶绿素和10-甲氧基内酯（图9-11），叶绿素b的主要氧化产物为10-甲氧基内酯衍生物。

5. 光降解作用

在由类胡萝卜素和其他脂质包围的健康植物细胞光合过程中，叶绿素受到保护使其免遭光的破坏。叶绿素对光敏感且可产生单重态氧，类胡萝卜素能够淬灭活性态氧并保护植物免于受光降解。一旦由于植物衰老、色素从组织内萃取出以后或在加工过程中细胞受到破坏，这种保护作用也就丧失，使叶绿素很容易见光分解。当以上条件占主导地位并有光和氧存在时，叶绿素可发生不可逆脱色。

（四）热处理过程中的颜色损失

经热处理的蔬菜，由于形成了脱镁叶绿素和焦脱镁叶绿素，因而失去绿色，热烫和商业化热灭菌可使叶绿素的损失率高达80%～100%。在罐装前需对菠菜进行热烫处理，以使组织缩水便于包装，而在冷冻前需经足够的热烫处理，不仅是为了缩水，而且可使酶失活。对罐装样品色素组分的检测结果显示叶绿素已完全被转化为脱镁叶绿素和焦脱镁叶绿素。

（五）护色技术

对罐装蔬菜绿色保护所采取的措施主要集中在以下几个方面：叶绿素的保留、叶绿素绿色衍生物即叶绿素酸盐的形成和保留、或通过生成金属络合物以形成一种更易接受的绿色。

1. 中和酸以保留叶绿素

在罐装绿色蔬菜中加入碱性物质可改善加工过程中叶绿素的保留率，可在

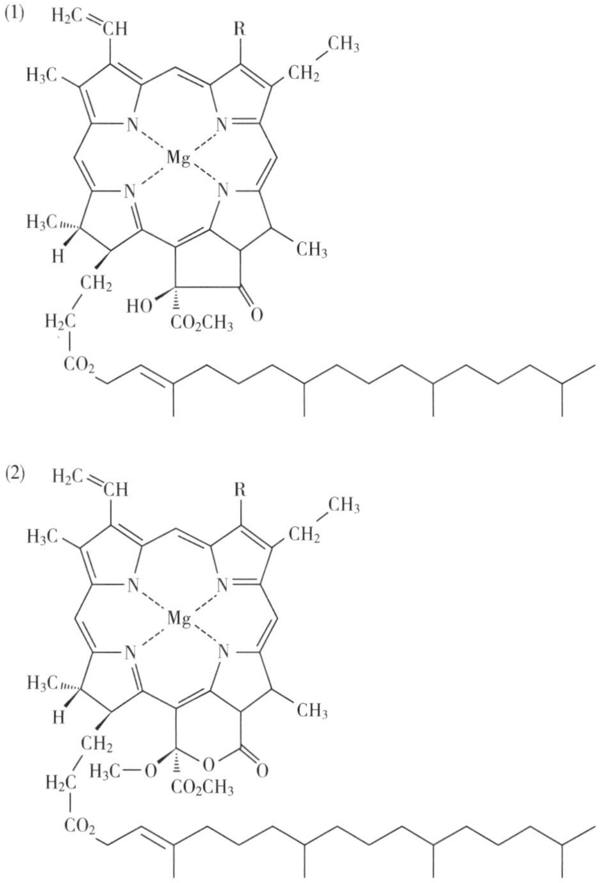

图9-11　10-羟基叶绿素（1）和10-甲氧基叶绿素内酯（2）的结构

热烫液中添加氧化钙和磷酸二氢钙，使产品pH保持或提高至7.0，但以上处理均导致组织软化并产生碱味。

2. 高温瞬时处理

高温瞬时杀菌（HTST）比在常规温度下杀菌所需时间较短，因而与常规热处理食品相比，它们具有较好的维生素、风味和颜色保留率。经HTST处理的食品中的上述组分之所以具有较高的保留率，是因为温度对它们破坏的影响比对肉毒杆菌孢子失活的影响更大。

三、类胡萝卜素

类胡萝卜素是自然界分布最广的天然色素，估计全球每年的生物合成量约为1亿吨，其中大部分由海藻所合成。在高等植物中，叶绿体中的类胡萝卜素常被高含量的叶绿素所掩盖。只有到秋季，植物凋谢时，其中的叶绿体开始分解，类胡萝卜素的橙黄色才显现出来。

类胡萝卜素对植物组织中的光合作用和光保护作用有着非常重要的影响，在所有含叶绿素的组织中，类胡萝卜素对收获时的光照射能起第二类色素的作用。类胡萝卜素可淬灭并失活由于遇

光和空气而形成的活性氧（尤其是单重态氧），因而具有光保护作用。此外，处于根和叶部的某些类胡萝卜素是脱落酸的前体物质，后者起着化学物质信使和生长调节剂的作用。

　　类胡萝卜素色素在人类和其他动物的膳食中最主要的功能是可作为维生素A的前体。虽然类胡萝卜素化合物中的β-胡萝卜素具有最高的维生素A原活性，因为其拥有两个β-紫罗酮环结构（图9-12）。其他常用的类胡萝卜素如α-胡萝卜素和β-玉米黄素也具有维生素A原活性。果蔬中的维生素A原类胡萝卜素约可提供30%～100%人类所需的维生素A量。具有维生素A活性的先决条件是在胡萝卜素中是否存在视黄醇（即β-紫罗酮环）结构。所以，只有为数不多的类胡萝卜素具有维生素A活性。

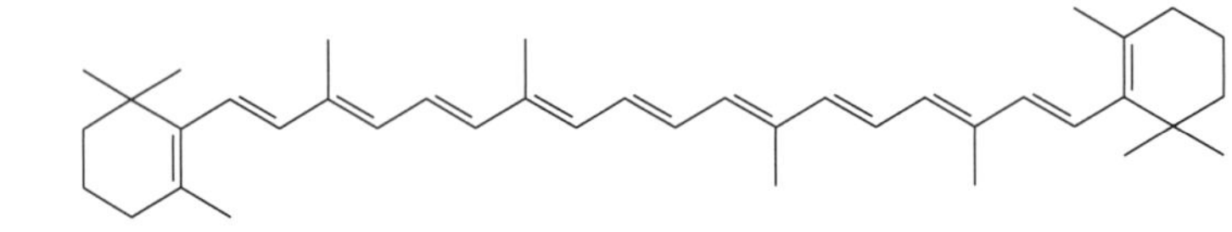

β-紫罗兰酮环　　　　　　　β-胡萝卜素　　　　　　　β-紫罗兰酮环
（$C_{40}H_{56}$）

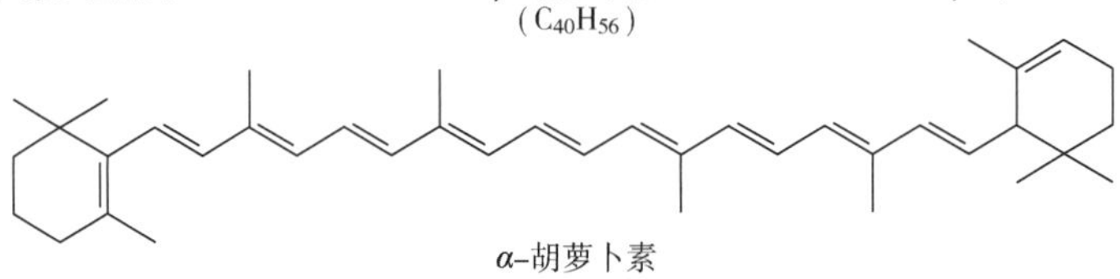

α-胡萝卜素
（$C_{40}H_{56}$）

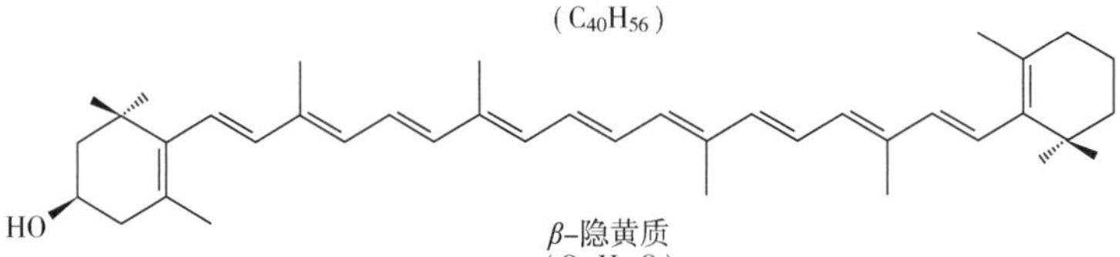

β-隐黄质
（$C_{40}H_{56}O$）

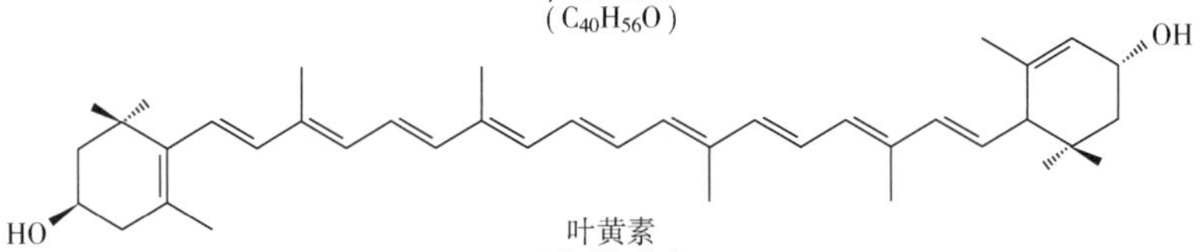

叶黄素
（$C_{40}H_{56}O_2$）

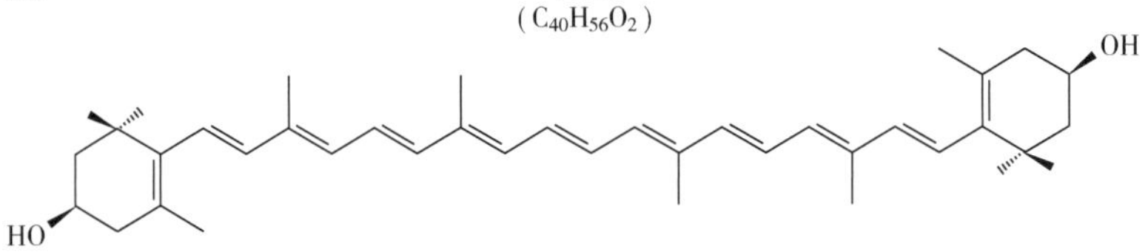

玉米黄素
（$C_{40}H_{56}O_2$）

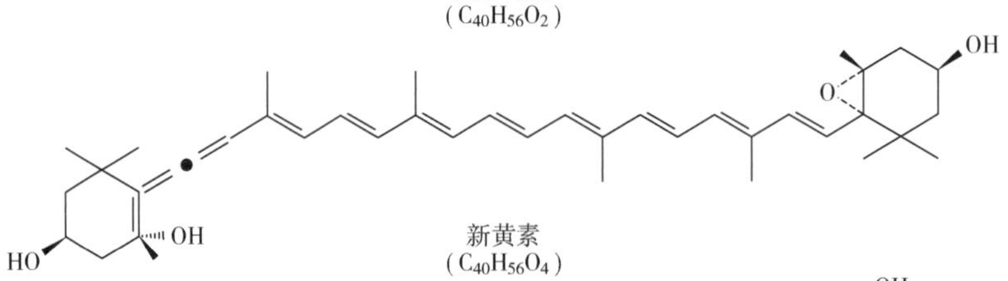

新黄素
（$C_{40}H_{56}O_4$）

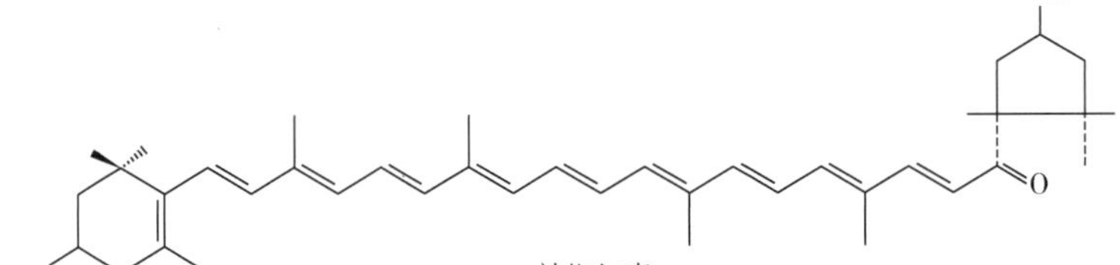

辣椒红素
（$C_{40}H_{56}O_3$）

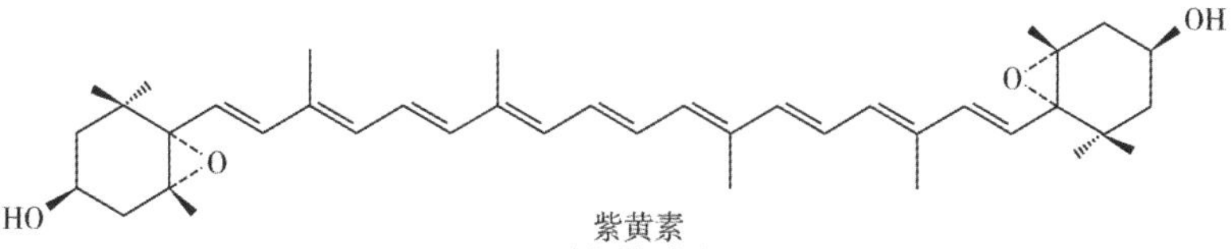

HO

紫黄素
$(C_{40}H_{56}O_4)$

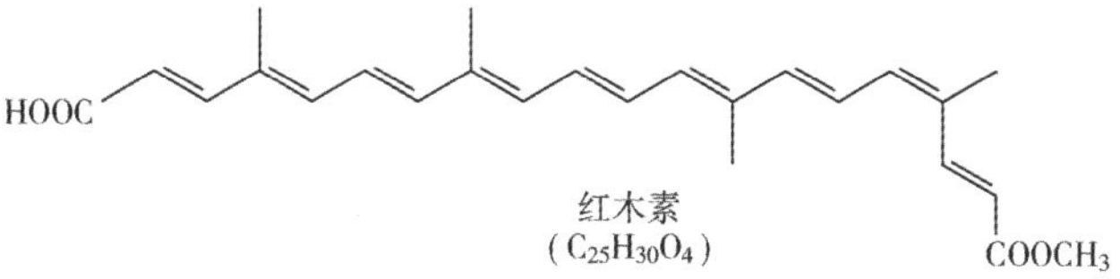

HOOC

红木素
$(C_{25}H_{30}O_4)$

COOCH₃

图 9-12 常见类胡萝卜素的结构式

来源于绿叶、玉米和万寿菊中的叶黄素（黄色）；来源于玉米和藏红花中的玉米黄素（黄色）；来源于玉米中的 β-隐黄质（黄色）；来源于胡萝卜中的 β-胡萝卜素（黄色）；来源于胡萝卜和甘薯中的 β-胡萝卜素（黄色）；来源于绿叶中的新黄素（黄色）；来源于红辣椒中的辣椒红素（红色）；来源于绿叶中的紫黄素（黄色）以及来源于胭脂树籽中的胭脂树素（黄色）

（一）类胡萝卜素的结构

类胡萝卜素可按其结构分成以下两类：烷烃类胡萝卜素和氧合叶黄素。氧合类胡萝卜素（叶黄素）含有很多衍生物，常见的取代基有羟基、环氧基、醛基和酮基。此外，羟基化的类胡萝卜素脂肪酸酯也广泛分布于自然界中。

类胡萝卜素的基本骨架结构为头-尾或尾-尾共价连接的异戊二烯单元，分子结构对称（图 9-13），其他类胡萝卜素由此 40 个碳的基本结构衍化而成。某些类胡萝卜素含有两个末端环基（如图 9-12 中的 β-胡萝卜素），而其他品种则只有一个甚至无末端环基（如图 9-13 中的番茄红素，番茄中的一种主要红色素）。还有一些类胡萝卜素的碳骨架较短，它们被称为胡萝卜醛（如胭脂树橙）。

植物组织中最常见的类胡萝卜素为 β-胡萝卜素，无论是天然或人工合成的都可用作食用着色剂。图 9-12 所示为植物中的某些类胡萝卜素，它们包括 α-胡萝卜素（胡萝卜）、辣椒红素（红辣椒、甜椒）、叶黄素（α-胡萝卜素的二醇化合物）及其酯（万寿菊瓣）和胭脂树橙（胭脂树种子）。食物中其他常见的类胡萝卜素包括玉米黄素（β-胡萝卜素的二醇化合物）、紫黄素（类胡萝卜素的环氧化物）、新叶黄素（一种丙二烯三醇）以及 β-隐黄质（β-胡萝卜素的羟基化衍生物）。

动物中的类胡萝卜素源于所摄入的植物。例如，鲑鱼肉中的粉红色主要为虾青素，后者由含有类胡萝卜素的海生植物经消化而成。人们也已熟知某些动植物中的类胡萝卜素可与蛋白质相连接或缔合。小虾和龙虾外壳中的红色虾青素与蛋白质结合后显蓝色，加热可使复合物变性，因而改变其光谱性质及色素的视觉特性，因此颜色也由蓝变红。

（二）存在与分布

植物的可食组织中含有多种类型的类胡萝卜素，它们在红、黄及橙色水果、根类作物以及蔬菜中的含量都很丰富，最常见的为番茄（番茄红素）、胡萝卜（α-胡萝卜素和 β-胡萝卜素）、红

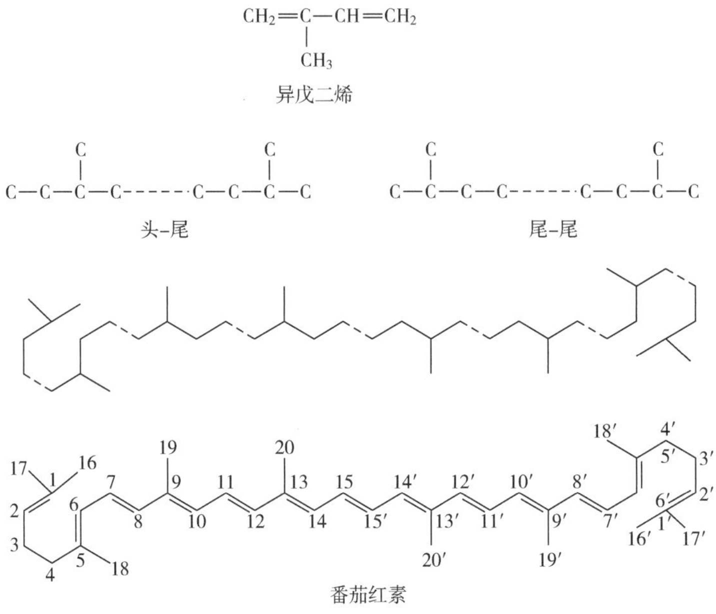

图 9-13　多个异戊二烯单位连接形成番茄红素（番茄中的主要红色素）

椒（辣椒红素）、南瓜（β-胡萝卜素）、西葫芦（β-胡萝卜素）、玉米（叶黄素和玉米黄素）及甘薯（β-胡萝卜素）。所有的绿色叶类蔬菜都含有类胡萝卜素，但是它们的颜色被绿色的叶绿素所掩盖。通常，最高含量的类胡萝卜素存在于那些含有大量叶绿素色素的植物组织中，例如，菠菜和花色包菜富含类胡萝卜素，而在豌豆、绿刀豆和芦笋中的含量也很显著。

　　许多因素影响植物中类胡萝卜素含量。某些水果在成熟过程中可使类胡萝卜素含量发生显著变化。例如在番茄中，类胡萝卜素尤其是番茄红素，在成熟过程中含量显著增加，因而，它们的含量随植物的成熟期而发生变化。甚至在收获后，番茄中的类胡萝卜素合成反应继续进行。由于光可增强类胡萝卜素的生物合成，因而光照强度可影响其含量。影响类胡萝卜素存在和含量的其他因素包括生长气候、杀虫剂和肥料的使用以及土壤类型等。

（三）物理性质、萃取和分析

　　各种类胡萝卜素均为亲脂化合物，因而它们可溶于油和有机溶剂中。类胡萝卜素具有中度热稳定性，但受氧化后易褪色。类胡萝卜素因热、酸和光的作用而易发生异构化。由于它们的显色范围为黄至红色，因而分析类胡萝卜素的检测波长为430~480nm。为了防止叶绿素的干扰，常采用较高的波长测定某些叶黄素。许多类胡萝卜素与各类试剂反应后，光谱发生偏移，这些变化有助于结构鉴定。

　　植物食品中类胡萝卜素的复杂性和多样性使得人们必须采用色谱分离方法。常用的萃取方法是从组织中定量收集类胡萝卜素，所用的有机溶剂必须能渗透至亲水基质中。为达到此目的，常采用己烷–丙酮混合溶剂，但有时为了取得满意的分离效果，需采用特殊的溶剂和处理方法。

包括高效液相色谱在内的许多色谱分离手段已用于分离类胡萝卜素。当需要分离类胡萝卜素酯、顺反异构体和光学异构体时，必须采用特殊的分析手段。

（四）化学性质

1. 氧化

类胡萝卜素具有许多共轭双键，故极易被氧化。此反应可导致食品中类胡萝卜素的褪色，并是主要的降解机制。特定色素对氧化的稳定性在很大程度上取决于它所处的环境。在组织中，色素通常受到隔离因而免受氧化。但是，当组织遭受到物理损伤或在提取类胡萝卜素时，类胡萝卜素对氧化的敏感性增加。此外，贮藏于有机溶剂中的类胡萝卜素色素通常会加速分解。由于类胡萝卜素具有高度共轭的不饱和结构，因而它们的降解产物非常复杂。

图9-14所示为β–胡萝卜素在氧化和热处理过程中的各类降解产物。在氧化过程中，首先形成环氧化物和羰基化合物，继续氧化可形成短链单环或双环氧合物，如环氧–β–紫罗兰酮。通常环氧结构主要处于末端环上，但氧化反应可切入链上其他许多部位。对于维生素A原类胡萝卜素，在环上形成环氧化物可导致维生素A原活性损失。剧烈的自动氧化反应可使类胡萝卜素色素漂白并使其褪色。若有亚硫酸盐和金属离子存在时，β–胡萝卜素的氧化降解加剧。

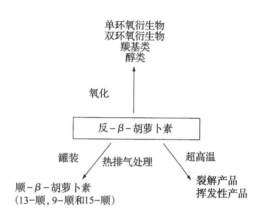

图 9-14 全反式 β- 胡萝卜素的降解

酶尤其是脂肪氧合酶可加速类胡萝卜素色素的氧化降解。这一反应为间接机制。脂肪氧合酶首先催化不饱和或多不饱和脂肪酸的氧化，形成过氧化物，后者再与类胡萝卜素色素反应。因而常可根据溶液中的褪色程度和吸光度的下降，测定脂肪氧合酶的活力。

2. 抗氧化活性

由于类胡萝卜素易被氧化，无疑它应具有抗氧化剂的特性。类胡萝卜素除了可在细胞内或活体外对单重态氧引起的反应起保护作用外，在低氧分压时，还可抑制脂肪的过氧化反应。在高氧分压条件下，β–胡萝卜素具有促氧化反应特性。当有分子氧、光敏化剂（即叶绿素）和光存在时，可产生单重态氧，具有高度的氧反应活性。现已知类胡萝卜素可淬灭单重态氧，因而可保护细胞免遭氧化破坏。并非所有的类胡萝卜素都可起到相同的光化学保护剂作用。例如，与其他类胡萝卜素色素相比，番茄红素对淬灭单重态氧特别有效。

3. 顺／反异构化

通常类胡萝卜素的共轭双键多为全反构型，只发现为数不多的顺式异构体天然存在于一些植物组织尤其是藻类中，藻类采收后可作为类胡萝卜素色素的来源。热处理、有机溶剂、与某些活性表面长期接触、遇酸及溶液经光照（尤其是有碘存在时）极易引起异构化反应。由于类胡萝卜素中存在着众多的双键，因而在理论上异构化反应可能产生大量的几何异构体，例如，β-胡萝卜素具有272种可能存在的异构体。然而由于空间抑制作用，胡萝卜素中仅有少量的顺式异构体存在。顺/反异构体同样影响类胡萝卜素的维生素A原活性，但不会影响其颜色。β-胡萝卜素的顺式异构体的维生素A原活性依其异构化的构型，约为全反式β-胡萝卜素的13%～50%。

4. 加工中的稳定性

在大多数果蔬的典型贮藏和加工中，类胡萝卜素的性质相对稳定，冷冻对类胡萝卜素含量的影响极微。但是热烫可引起类胡萝卜素含量的变化，常需热烫的植物制品中类胡萝卜素含量比原料组织有明显增加，这是因为脂肪氧合酶可催化类胡萝卜素的氧化分解，并使可溶性组分进入热烫液而造成损失，而热烫可使该酶失活。常规热烫所采用的温和热处理也可使色素的提取效率比从新鲜组织中直接提取更高。此外，几种物理法的捣碎及热处理也可增加提取率及使用时的生物利用率。通常用于甘薯的碱液脱皮仅造成极微类胡萝卜素的破坏或异构化。

曾经认为类胡萝卜素遇热相对稳定，但现证明加热灭菌可引起顺/反异构化反应（图9-14）。为了避免过度异构化，热处理强度应尽可能降低。以挤压蒸煮和油浴高温加热为例，加工过程不仅可引起类胡萝卜素的异构化反应，亦可造成热降解。类胡萝卜素在高温下，可形成挥发性裂解产物，β-胡萝卜素在有空气时剧烈加热所得到的产物与β-胡萝卜素加热氧化时的产物类似（图9-14）。与此相反，气流脱水使得类胡萝卜素更易与氧接触，因而可引起类胡萝卜素的大量降解。脱水产品如胡萝卜和甘薯片具有较高的比表面积，在干燥或空气中贮藏时极易氧化分解。

当形成顺式异构体时，只有很小的光谱偏移，因而产品的色泽基本不受影响；然而，维生素A原活性却有所下降。

四、类黄酮与其他酚类物质

（一）花色苷

酚类物质由一大类有机物质组成，类黄酮是其重要一族。类黄酮族物质中含有花色苷，它是一种植物界中分布最广的色素。在植物中，花色苷具有各种颜色，如蓝、紫、紫罗兰色、深红、红及橙色等。花色苷一词取自两个希腊语Anthos（花）和Kyanos（蓝色）。这类物质多年来引起了化学家的关注，两位研究者Robert Robinson爵士和Richard Willstätter教授因其对植物色素所作的贡献而获得诺贝尔化学奖。

1. 结构

花色苷具有典型的$C_6C_3C_6$碳骨架结构，因而是一种类黄酮。类黄酮物质的基本化学结构以及与花色苷的关系见图9-15。每组中都有很多种不同的化合物，各种化合物的颜色依分子上取代基的存在及其数量而异。

花色苷的基本结构为黄锌盐的2-苯基-苯-吡喃锌结构（图9-16）。花色苷以该盐的多羟基及/或多甲氧基衍生物的糖苷式存在。不同花色苷的区别在于以下几个方面：所存在的羟基及/或甲

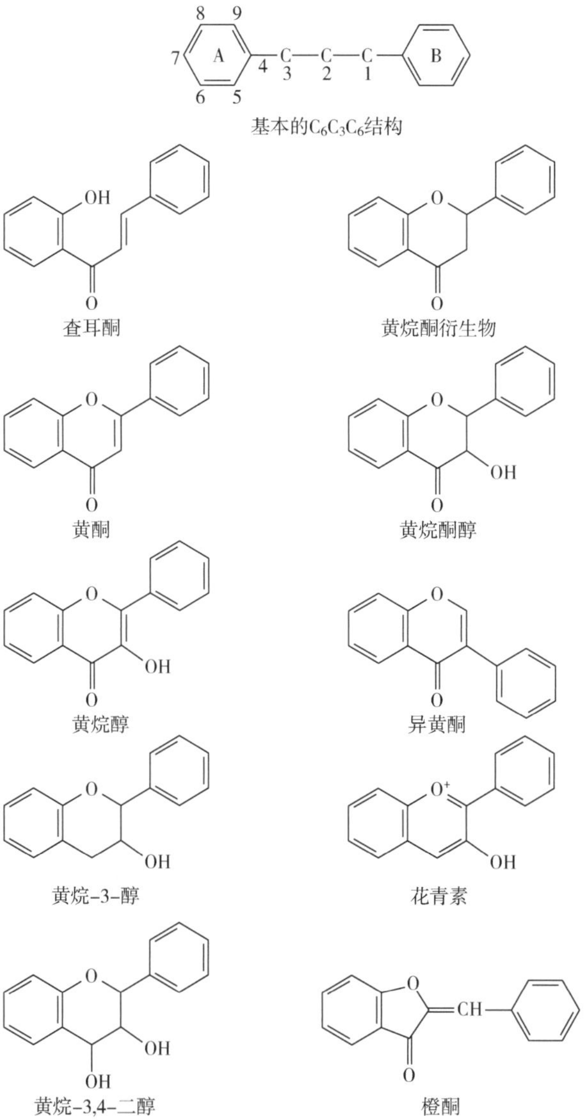

8 9
7 A 4 C₃—C₂—C₁ B
6 5

基本的C₆C₃C₆结构

查耳酮

黄烷酮衍生物

黄酮

黄烷酮醇

黄烷醇

异黄酮

黄烷-3-醇

花青素

黄烷-3,4-二醇

橙酮

HO
8 1
7 2 1' 2' 3' R₁
6 3 6' 5' R₂
5 4 OR₃ 4' OH
OR₄

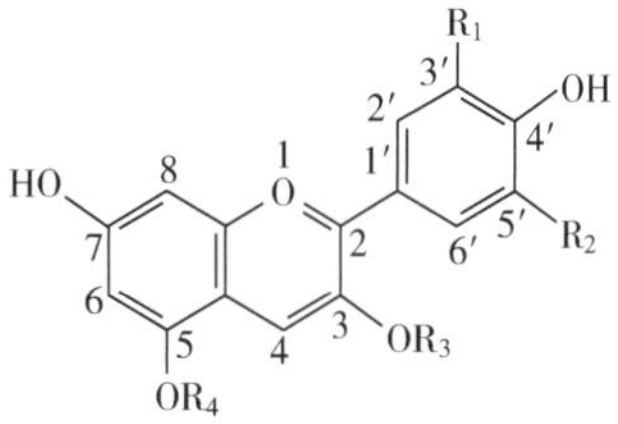

图 9-16 黄锌盐阳离子

R₁ 及 R₂= —H, —OH 或 —OCH₃, R₃= 糖基,
R₄= —H 或糖基

图 9-15 一些重要类黄酮的碳骨架，根据其 C-3 链结构的分类

氧基的数量；与分子相连接的糖基的类型、数量及位置；以及连接在分子中糖基上的脂肪酸或芳香族羧酸的类型及数量。

最常见的糖基为葡萄糖、鼠李糖、半乳糖、阿拉伯糖、木糖和由这些单糖形成的同质或异质二糖及三糖。参与糖基酰化最常见的酸为芳香族羧酸，包括 p-香豆酸、咖啡酸、阿魏酸、芥子酸、没食子酸、或 p-羟基苯甲酸，以及脂肪酸如丙二酸、乙酸、苹果酸、琥珀酸和草酸。这些酰基取代基通常连接于 C-3 位的糖上，与6-OH酯化，有时也可与糖的4-OH酯化。

当花色苷上的糖基部分被水解后，糖苷配基（水解产物的非糖部分）被称为花色素。花色苷和花色素分子受到可见光激发，从而形成各种颜色。分子受激发的难易程度取决于结构中的电子相对流动性。花色苷和花色素中富含的双键极易受到激发，因而它们对成色至关重要。天然存在

19种花色素，而通常仅有6种存在于食品中（图9-17）。

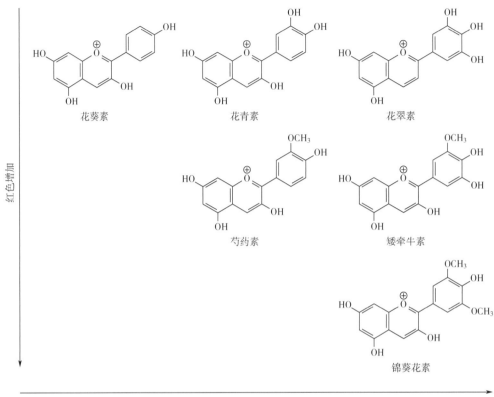

图9-17　食品中最常见的花色苷，按红色色度和蓝色色度增加方向排列

随着花色素分子上取代基的增加，色调逐渐加深，这是由于发色团的红移（向长波长处移动），即可见光谱中光吸收波段从短波长向长波长方向移动，结果颜色由橙/红变成紫/蓝。与此相反的变化称为蓝移。红移效应由助色团形成，助色团本身并不发色，但当它们与分子结合后，可使色调加深。助色团是电子供体，在花色素中，通常为羟基和甲氧基。由于甲氧基的供电子能力高于羟基，因而其红移能力亦高。图9-17所示为甲氧基数目对红色的影响。

花色素的水溶性比相应的糖苷（花色苷）低，因而在自然界中并无游离花色素存在。

2. 花色苷的颜色和稳定性

花色苷色素的稳定性相对较低，在酸性条件下稳定性最高。该色素的颜色特性（色调和色度）和稳定性均受糖苷配基上取代基的强烈影响。花色苷的降解不仅发生在从植物组织提取过程中，而且存在于食物组织的加工和贮藏过程中。

影响花色苷降解的主要因素为pH、温度和氧浓度，一些次要因素通常为降解酶、抗坏血酸、二氧化硫、金属离子和糖。此外，共色素形成作用也会或可能会影响花色苷的降解速率。

3. 结构变化与 pH 的影响

由于花色苷的结构多样性，其降解速率变化很大。通常羟基化程度提高会使其稳定性下降，而甲基化程度提高则可使其稳定性增加。富含天竺葵色素、矢车菊色素或飞燕草色素类糖苷配基等花色苷的食物颜色，比富含牵牛花色素和锦葵色素类糖苷配基者更不稳定，这是因为后者具有反应活性的羟基被封闭，因而稳定性增加。

在水溶液及食品中，依pH不同，花色苷存在4种可能的结构形式［图9-18（1）］：蓝色醌型碱（A）、红色黄𨥔盐阳离子（AH⁺）、无色醇型假碱（B）和无色查耳酮（C）。图9-18为锦葵色素–3–葡萄糖苷［图9-18（2）］、二羟基黄𨥔盐氯化物［图9-18（3）］和4-甲氧基-4-甲基-7-羟基黄𨥔盐氯化物［图9-18（4）］在pH0～6时4种结构式的平衡分布曲线。对于每种色素而言，在整个pH范围内四种结构中只有两种占主导地位。

锦葵色素–3–葡萄糖苷的水溶液在低pH时黄𨥔盐结构占优势，而在pH4～6时，无色的醇型假碱结构占优势。4′，7-羟基黄𨥔盐也存在类似现象，只是其平衡产物主要含有黄𨥔盐和查耳

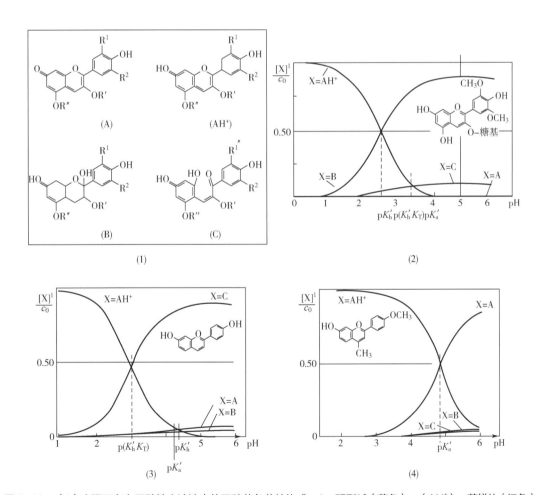

图9-18 （1）室温下存在于酸性水溶液中的四种花色苷结构式；A，醌型碱（蓝色）；（AH⁺），黄𨥔盐（红色）；B，假碱或醇式（无色）；C，查耳酮（无色）。（2）～（4）25℃下AH⁺、A、B及C随pH变化的平衡分布；（2）3-葡萄糖基锦葵色素；（3）4′,7-羟基黄𨥔盐氯化物；（4）4′-甲氧基-4-甲基-7-羟基黄𨥔盐氯化物

酮结构。所以，当pH接近6时，溶液变为无色。在4′-甲氧基-4-甲基-7-羟基黄锌盐氯化物的水溶液中，黄锌盐阳离子和醌型碱之间存在着平衡，因而溶液在pH0～6显色，随着pH在此范围内提高，溶液从红色变为蓝色。

图9-19为矢车菊色素-3-鼠李糖葡萄糖苷在pH0.71～4.02的缓冲液中的光谱，虽然在整个pH范围内最大吸收峰保持不变，但吸光强度随pH增加而降低。蔓越菊花色苷色素混合物的颜色随pH的变化见图9-20。蔓越菊花色苷色素在水溶液中的变化情况与在鸡尾酒中相同，pH是影响色泽变化的主要因素。花色苷的着色强度在pH约为1.0时最大，此时色素分子大多以离子化形式存在。在pH4.5时，若无黄色类黄酮存在，果汁中的花色苷接近无色（略带蓝色）；若有黄色色素存在（在水果中很常见），果汁将会变绿。

4．温度

食品中花色苷的稳定性受温度的强烈影响，其降解速率也受氧的存在与否的影响。高度羟基化的花色苷色素与甲基化、糖基化和酰基化异构体相比，稳定性较低。

加热可使平衡向查耳酮方向移动，而逆反应速度则比正反应速度低。例

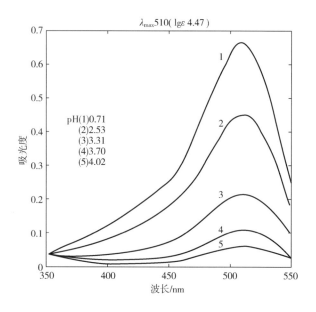

图 9-19　3-鼠李葡萄糖-矢车菊色素在 pH0.71～4.02 缓冲液中的吸收光谱（色素浓度为 1.6×10^{-2} g/L）

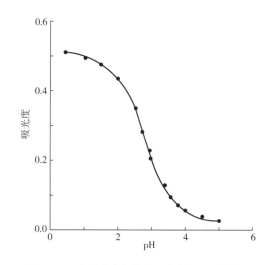

图 9-20　蔓越菊花色苷的吸光度与 pH 的关系

如，以3，5-二糖苷查耳酮为起始物的反应需12h才能达到平衡。由于通常采用分析黄锌盐含量的方法来测定残留色素含量，若反应时间不足于达到平衡时，有可能产生误差。

花色苷热降解的确切机理尚未完全了解，现已提出了3种途径。香豆素-3，5-二糖苷是花色素（矢车菊、甲基花色素、飞燕草色素、牵牛花色素和锦葵色素）3，5-二糖苷的常见降解产物（图9-21）。按途径（1），黄锌盐阳离子首先转变为醌式碱，然后生成几种中间体，最后形成香豆素衍生物和B环化合物。按途径（2）（图9-21），黄锌盐阳离子首先转变成无色醇式碱，然后变为查耳酮，最后生成棕色降解产物。途径（3）（图9-21）与此类似，只是首先形成的降解产物为查耳酮。上述三种已提出的反应途径说明花色苷的热降解取决于所涉及的花色苷种类和降解温度。

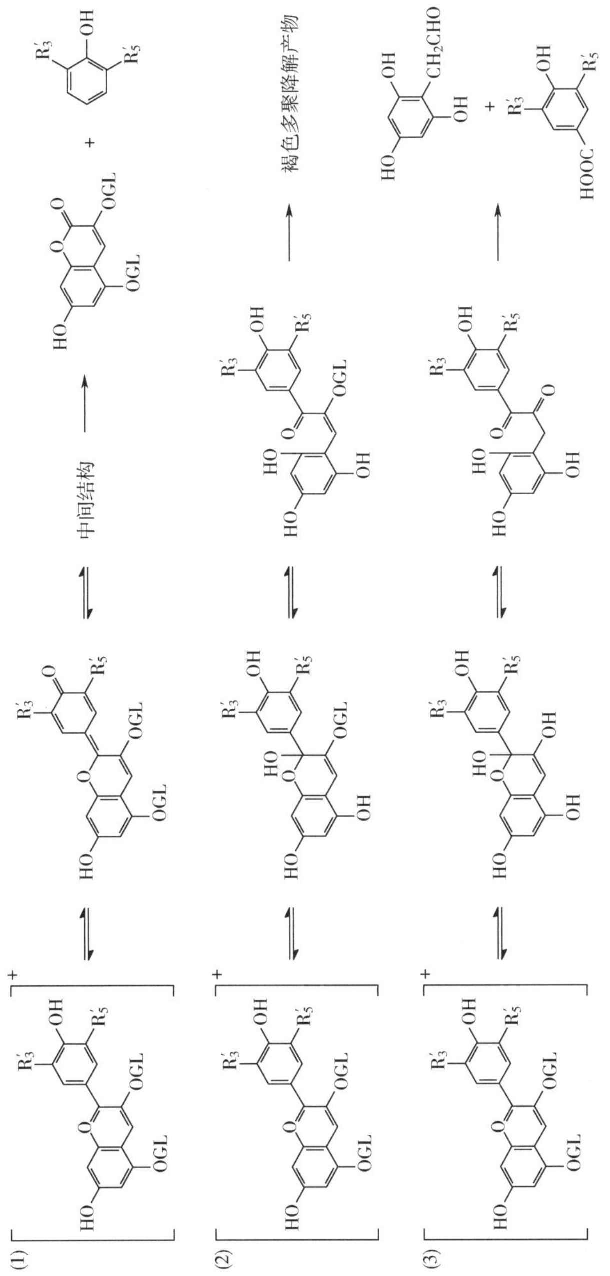

图9-21 3, 5-二糖苷花色素与3-二葡萄糖苷花色素的降解机制

R'$_3$, R'$_5$ = —OH, —H, —OCH$_3$ 或 —OGL; GL = 葡萄糖基

5. 氧和抗坏血酸

花色苷结构的不饱和性使其对分子氧很敏感，通过充氮灌装或真空处理含花色苷色素果汁可除去氧，对保留花色苷颜色的有利。无糖饮料葡萄汁在氮气氛中灌装时，其色素稳定性可得到大幅度提高。

在果汁中抗坏血酸与花色苷同时消失，这说明在两种分子间存在着某种直接的相互作用。抗坏血酸诱发的花色苷降解，是由于抗坏血酸在氧化过程中形成的过氧化氢的间接作用所致。当有铜离子存在时可加速反应，而当有黄酮醇如栎精和栎素存在时则受到抑制。促使抗坏血酸氧化的条件不利于形成H_2O_2，这就解释了在某些果汁中花色苷的稳定性。H_2O_2通过对花色苷C-2位亲核进攻使吡喃环裂解，从而生成无色的酯和香豆素衍生物。这类降解产物可进一步分解或聚合，最终导致果汁中常见的棕色沉淀现象。

6. 光

光可加速花色苷的降解，在几种果汁和红酒中都可观察到此类不利影响。果酒中酰基化和甲基化的二糖苷较非酰基化的二糖苷稳定，而后者的稳定性较单糖苷高。共色素形成作用（花色苷自缩合或与其他有机物的缩合反应）视不同情况可加速或延缓降解反应。多羟基黄酮、异黄酮和磺酸噢哢对光降解起保护作用，该保护作用是由于带负电荷的磺酸盐与带正电荷的黄锌盐相互作用，在分子间形成环（图9-22）。花色苷C-5位羟基团被取代后，其光降解敏感性较未取代时高，而未取代或单取代花色苷在C-2及/或C-4位更易受到亲核进攻。其他形式的辐射如离子化辐射的能量也可造成花色苷的降解。

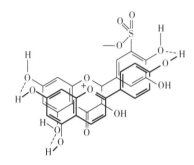

图9-22　由花色苷与多羟基黄酮磺酸盐形成的分子络合物

7. 糖及其降解产物

果汁所含的高浓度糖分可稳定花色苷，这一作用是由于降低了水分活度（表9-7）。水亲核进攻黄锌盐阳离子的C-2位，形成无色醇式碱。当所存在的糖分低至对水分活度影响很少时，它们或其降解产物有时可加速花色苷的降解。在低浓度时，果糖、阿拉伯糖、乳糖和山梨糖对花色苷的降解作用比葡萄糖、蔗糖和麦芽糖大。花色苷的降解速率与糖降解为糠醛的速率一致。由戊醛糖所形成的糠醛，或由己酮糖形成的羟甲基糠醛，均为美拉德反应和抗坏血酸氧化的产物。此类化合物易与花色苷发生缩合反应，形成棕色物质。

表9-7　在加热过程中由吸光值测定得到的水分活度对花色苷颜色稳定性的影响

43℃时保留时间/min	在以下水分活度时的吸光值						
	1.00	0.95	0.87	0.74	0.63	0.47	0.37
0	0.84	0.85	0.86	0.91	0.92	0.96	1.03
60	0.78	0.82	0.82	0.88	0.88	0.89	0.90

续表

43℃时保留时间/min	在以下水分活度时的吸光值						
	1.00	0.95	0.87	0.74	0.63	0.47	0.37
90	0.76	0.81	0.81	0.85	0.86	0.87	0.89
160	0.74	0.76	0.78	0.84	0.85	0.86	0.87
吸光值变化百分数（0～160min）	11.9	10.5	9.3	7.6	7.6	10.4	15.5

8. 金属

在植物界中，花色苷的金属络合物很常见，它们拓展了花的色谱。金属罐内壁必须涂膜，以便金属罐内果蔬在杀菌过程中保留果蔬中花色苷的典型颜色。花色苷含有相邻的酚羟基，可螯合几种多价金属，螯合物会产生红移，使其颜色向蓝波方向移动。在花色苷溶液中添加$AlCl_3$，将花青素、配基和飞燕草色素与天竺葵色素、芍药色素和锦葵色素区分开来。后一类花色苷不具有邻酚羟基，因而不能与Al^{3+}反应（图9-17）。金属络合作用可稳定含花色苷食品的颜色，Ca、Fe、Al和Sn离子对蔓越菊汁中的花色苷提供一些保护作用。然而，金属与单宁形成的络合物可使蓝色和棕色变色，因而抵消了其有利影响。

水果的变色问题，即所谓"红变"，是由于金属与花色苷形成了络合物所致。已发现这类变色现象出现于梨、桃和荔枝中。红变是由于无色的原花色素在酸性条件下受热转化为花色苷，然后再与金属形成络合物之故。

9. 二氧化硫

在黑樱桃酒、蜜制和糖渍樱桃生产过程中的一个加工步骤是用高浓度的SO_2（0.8%～1.5%）将花色苷漂白。将含有花色苷的水果保存于500～2000mg/L的SO_2中，可生成无色的络合物，该反应涉及到SO_2在C-4位的结合（图9-23）。SO_2在C-4位结合的原因是SO_2在这一位置打断了共轭双键体系，从而导致颜色的损失。天竺葵3-葡萄糖苷的失色反应速率常数（k）为

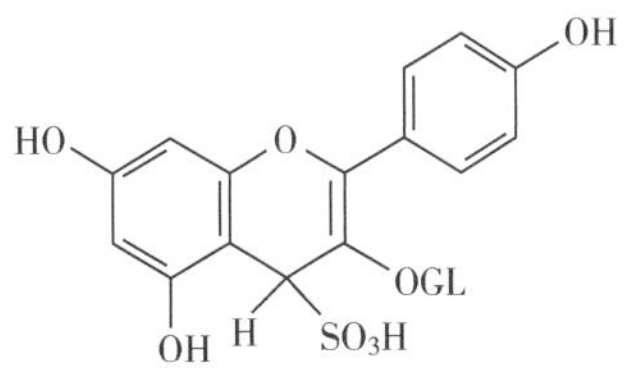

图 9-23 无色花色苷-硫酸盐（-SO_2）络合物

25700μA，具有较大的速率常数表明只需少量的SO_2即可快速地使大量的花色苷变色。某些花色苷可抵御SO_2漂白，可能是C-4位已封闭或通过4位连接以二聚体形式存在。发生于黑樱桃酒和樱桃蜜饯生产过程中的漂白为不可逆过程。

10. 共色素形成作用

已知花色苷可与自身（自身结合）或其他有机物（共色素形成作用）发生缩合反应，并可与蛋白质、单宁、其他类黄酮和多糖形成较弱的络合物。虽然这些化合物大部分本身并不显色，但它们可通过红移作用增强花色苷的颜色，并增加最大吸收峰波长处的吸光强度，这些络合物在加工和贮藏过程中也更稳定。

在葡萄酒加工过程中，花色苷经历了一系列的反应后，形成了更加稳定复杂的葡萄酒色素。

葡萄酒中稳定的颜色是由于花色苷的自身结合所致。该聚合物对pH较不敏感，并由于在4位上有接合基团，它们可抵御SO₂的脱色作用。此外，在葡萄酒中也发现有花色苷的衍生色素（Vitisin A和Vitisin B）存在，它们分别是锦葵色素与丙酮酸或乙醛的反应产物。这一反应导致在可见波长范围内吸收的蓝移，产生比锦葵色素典型的蓝紫色更显橘黄或红的色调。然而，Vitisin对整个葡萄酒的颜色贡献相对较小。

当黄锌盐阳离子及/或醌式碱吸附在合适的底物如果胶或淀粉上时，可使花色苷保持稳定。此稳定作用可增加其作为潜在食用色素添加剂的适用性，而其他缩合反应则可导致褪色。某些亲核物质如氨基酸、间苯三酚和儿茶酚可与黄锌盐阳离子缩合，生成无色的4-取代黄锌盐-2-烯，结构如图9-24所示。

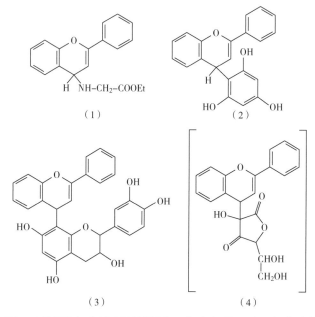

图9-24　由黄锌盐与（1）乙基甘氨酸，（2）间苯三酚，（3）儿茶酸及
（4）抗坏血酸缩合得到的无色 4- 取代黄酮二烯

（二）其他类黄酮

花色苷是存在最广的一种类黄酮。虽然在食品中大多数黄色是由类胡萝卜素所致，但某些黄色是由于非花色苷型类黄酮的存在所造成。此外，类黄酮的存在也会使一些植物原料显白色，但那些含有酚类基团的氧化产物在自然界中显棕色和黑色。Anthoxanthin（黄酮，希腊语：*anthos*，花；*xanthos*，黄色）一词有时也用来命名一些黄酮类物质。与Flavonoids（类黄酮）不同的是C-3位连接的氧化状态（图9-25）。

通常在自然界中发现的结构在黄酮-3-醇（儿茶酸）至黄酮醇（3-羟基黄酮）和花色苷之间变化。类黄酮同样也包括二氢黄酮、二氢黄酮醇或二羟基二氢黄酮醇和黄酮-3，4-二醇（原花色素）。此外，有五类化合物不具备类黄酮基本骨架，但它们与类黄酮有相关的化学性质，因而通常也将其归入类黄酮族。它们是二羟基查耳酮、查耳酮、异黄酮、新黄酮和噢呃。

1. 物理性质

类黄酮的光吸收特性清楚地表明，其色泽与分子中不饱和度和助色团（存在于分子中可加深颜色的基团）的影响之间存在着某种联系。在羟基取代的黄酮类物质儿茶酸和花色苷前体中，两个苯环之间的不饱和双键被打断，因而其光吸收性质与酚类似，其最大吸收在275～280nm［图9-25（1）］。在二氢黄酮类物质柚柑黄素中，羟基仅与C-4位的羰基耦合，因而并不具有助色性［图9-25（2）］，所以其光吸收性质与黄酮类似。而在黄酮类物质芦丁［图9-25（3）］中，其羟基通过C-4位共轭从而使两个苯环之间发生联系，因而具有助色性。长波长（350nm）的光吸收与B环有关，而短波长的光吸收则受A环影响。与黄酮相比，在黄酮醇类物质栎精中，C-3位的羟基可使最大吸收峰继续向长波（380nm）方向

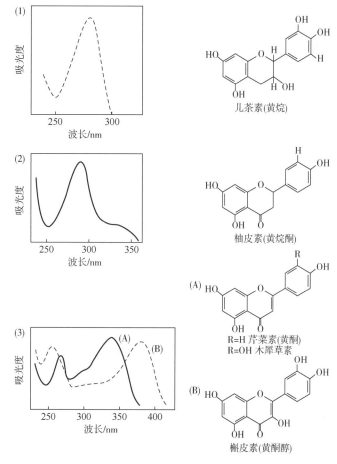

图 9-25　特定类黄酮的吸收光谱

移动［图9-25（3）］，所以如果存在足量的黄酮醇，其色泽应显黄色。酰化及/或糖基化可使光吸收性质进一步发生改变。

此类类黄酮也可涉及共色素形成作用，这一现象对自然界中的许多颜色产生重要影响。此外，与花色苷类似，类黄酮也是一种金属螯合剂，与铁和铝螯合后可增加黄色度，而当芦丁与铝螯合后则显亮黄色（390nm）。

2. 在食品中的重要性

非花色苷类（NA）类黄酮对食品的颜色具有一定贡献，但是，大多数NA类黄酮通常色调苍白，因而限制了其应用。某些蔬菜如花菜、球葱和马铃薯的白色在很大程度上应归结于NA类黄酮，但它们通过共色素形成作用对颜色的贡献更为重要。该类化合物的螯合性质可对食品的色泽可产生积极或消极的影响。例如，芦丁（3-芦丁苷栎精）与三价铁络合后，可使罐装芦笋变为暗绿色，加入螯合剂如乙二胺四乙酸（EDTA）可抑制这种不利的颜色。芦丁与锡形成的络合物具有非常漂亮的黄色，在用普通锡罐罐装蜡质青豆这种加工方法未被取消前，蜡质青豆可接受的黄色在很大程度上应归结于这类络合物。锡-芦丁络合物比铁络合物性质稳定，因而只需加入或存在极少量的锡即有利于形成锡络合物。

熟黑橄榄的颜色部分是由于类黄酮的氧化产物所致，所涉及的一种类黄酮为毛地黄-7-葡萄糖苷。该化合物可经氧化并形成黑色，它存在于发酵过程及随后的贮藏过程中。食品中类黄酮的其他重要功能是其抗氧化性和对风味的贡献，尤其是苦味。

3. 原花色素

虽然这类化合物并不显色，但它们与花色素具有结构类似性，在食品加工过程中，它们可转化为有色产物。原花色素又称为无色花色素或无色花色苷，用于描述此类无色化合物的其他术语有花黄素、白花色素等。无色花色素也可以二聚体、三聚体或多聚体形式存在，单体间通常通过C-4和C-8或C-4和C-6连接。

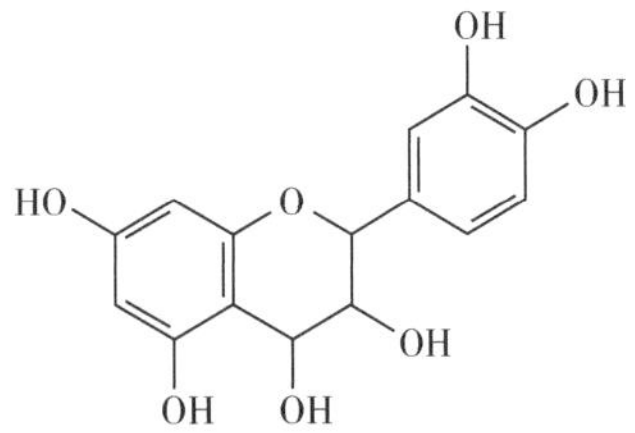

图9-26 原花色素的基本结构

原花色素在可可豆中首次发现，在酸性条件下受热后水解为矢车菊色素和（-）-表儿茶素（图9-27）。二聚原花色素存在于苹果、梨、可乐果及其他水果中。这类化合物在空气中或见光可降解为稳定的红棕色衍生物，它们对苹果汁及其他果汁的色泽和某些食品的收敛性有显著作用。为了产生收敛性，可将2~8个原花色素与蛋白质相互作用。其他在自然界中发现的原花色素在水解时可形成常见的花色素，如天竺葵色素、牵牛花色素或飞燕草色素。

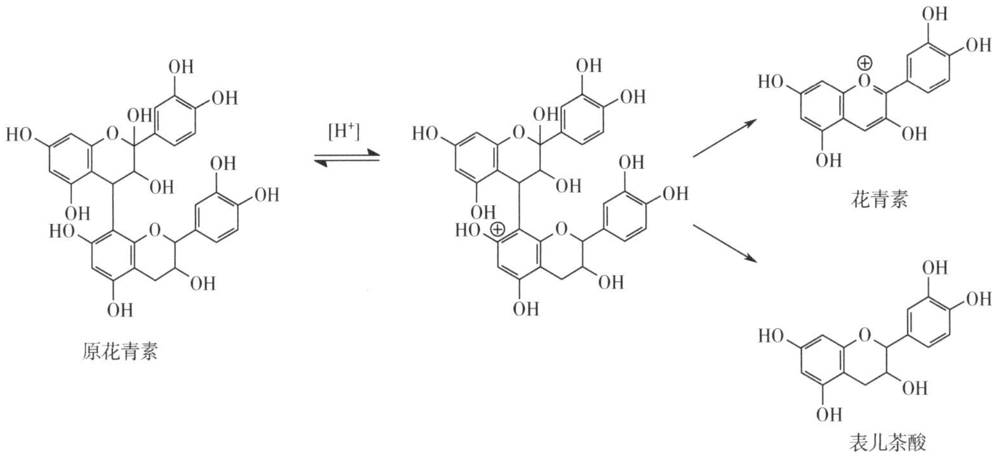

图9-27 原花色素的酸水解机制

4. 单宁

目前单宁还没有严格的定义，许多结构各异的物质都包含在这一名称下。单宁是一类特殊的酚类化合物，之所以取此名完全是由于它具有结合蛋白质和其他聚合物如多糖的能力，而与其本身的化学性质无关。因而，该类物质可依其功能性定义为具有沉淀生物碱、明胶和其他蛋白质能力，且相对分子质量在500~3000的水溶性多酚化合物。它们存在于橡树皮和水果中，其化学性质相当复杂。一般认为它们分属于两类：①原花色素，也称为"缩合单宁"；②属于六羟基二酚酸一类的没食子酸葡萄糖聚酯（图9-28）。后一类物质由葡萄糖苷分子与不同的酚基团键合而成，它们也被称作可水解单宁。单宁具有沉淀蛋白质的能力，因而可作为一种有价值的澄清剂。

5. 醌类和氧杂蒽酮类

醌类化合物属酚类物质，其分子质量大小不一，有1，4-苯醌，二聚体1，4-萘醌，三聚体9，10-蒽醌类单体以及以金丝桃蒽醌为代表的多聚体（图9-29）。它们广泛分布于植物尤其是树中，并在树木中起呈色作用。大多数醌类物质具有苦味，对植物的呈色作用很小。它们也具有某些较深的颜色，如某些真菌和地衣的黄、橙及棕色，以及海百合和介壳虫的红、蓝和紫色。具有复杂取代基如萘醌和蒽醌的化合物存在于植物中，它们具有深紫和黑色。氧杂蒽酮类色素属于黄色酚类色素，由于它们的结构特征，常与醌类物质和类黄酮相混淆。在芒果中，氧杂蒽酮类色素芒果素（图9-30）以葡萄糖苷形式存在。根据其光谱特性，很容易与醌类物质区别开来。

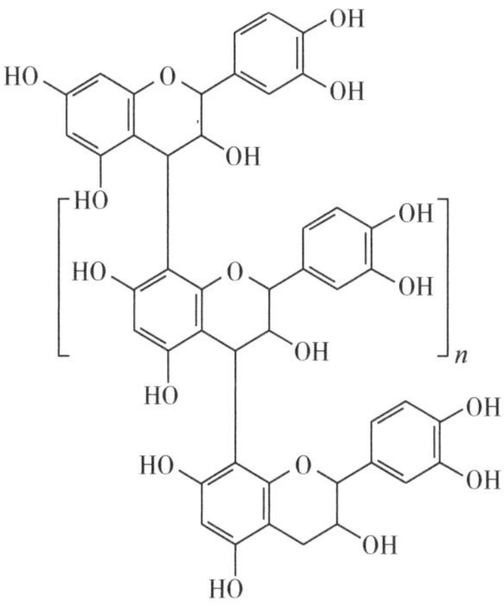

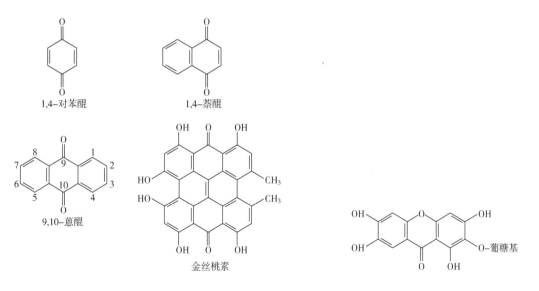

原花青素 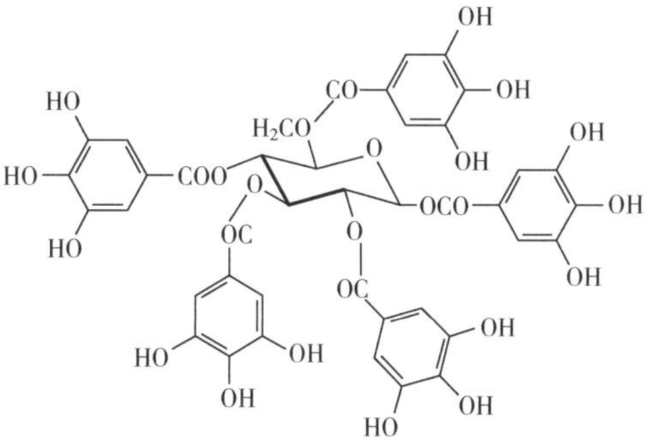　　　　　　　　　　　黄酰单宁

图 9-28　单宁的结构式

1,4-对苯醌　　　　　1,4-萘醌

9,10-蒽醌　　　　　金丝桃素

图 9-29　醌类化合物的结构式　　　　　图 9-30　芒果苷的结构式

五、甜菜色素类

（一）结构

含有甜菜色素的植物的颜色与含有花色苷的植物的颜色类似。甜菜色素是一类含有β-矢车菊色素（红色）和β-叶黄素（黄素）的色素，它与花色苷的性质不同，不受pH的影响。甜菜色素具有水溶性，并以内盐（两性离子）的形式存在于植物细胞的液泡中。含有该类色素的植物只限在中央种子目（*Centrospermae*）的10个科中，并在植物中与花色苷相互排斥。甜菜色素的通式［图9-31（1）］说明该物质由伯胺或仲胺与甜菜醛氨酸（BA）缩合而成［图9-31（2）］。所有甜菜色素均能以1，2，4，7，7-五取代-1，7-重氮庚胺表示［图9-31（3）］。当R′与1，7-重氮庚胺体系不相共轭时，该化合物的最大吸收峰约在480nm处，并具有β-叶黄素的典型黄色。若共轭体系延伸至R′，最大吸收峰则移至约540nm处，此时具有β-矢车菊色素的典型红色。

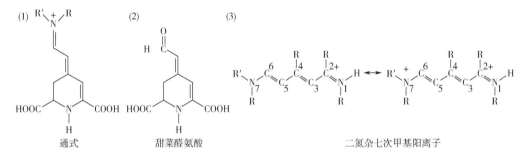

图9-31　甜菜色素的通式

由于β-矢车菊色素具有C-2和C-15两个手性碳原子（图9-32），因而它具有光学活性。β-矢车菊色素水解后可生成甜菜苷配基（图9-32）或C-15差向异构的异甜菜苷配基［图9-32（4）］，或者是两个糖苷配基异构体的混合物。所有的β-矢车菊色素均可共享这两个糖苷配基，并已发现在糖苷部分不同的β-矢车菊色素存在着差异。含有甜菜色素的常见蔬菜为红甜菜和苋菜，后者在新鲜上市时像"绿叶"或在成熟时像红色染料。研究最广泛的甜菜色素来自红甜菜中，红甜菜中主要的β-矢车菊色素为甜菜苷或异甜菜苷［图9-32（2）（5）］，而在苋菜红中，则为苋菜红素及异苋菜红素［图9-32（3）（6）］。

首例经分离鉴定的β-叶黄素为梨果仙人掌黄素［图9-33（1）］。在结构上，这类色素与β-矢车菊色素很相似，β-叶黄素与β-矢车菊色素的不同之处在于后者的吲哚核被一氨基酸取代。在梨果仙人掌黄素中，取代的氨基酸为脯氨酸。自甜菜中分离得到的两种β-叶黄素为仙人掌黄质Ⅰ和Ⅱ［图9-33（2）］，它们不同于梨果仙人掌黄素，后者被脯氨酸取代，而前者则分别由谷氨酰胺或谷氨酸取代。虽然至今只有为数不多的β-叶黄素已被鉴定，但考虑到色素中氨基酸的数量，有可能存在大量不同的β-叶黄素。

甜菜色素可强烈吸收光，甜菜苷的摩尔吸光系数值为1120，而仙人掌黄质则为750，由此可说明在纯物质时它们具有很高的着色力。在pH4.0～7.0范围内，甜菜苷溶液的光谱性质未有变化，其最大吸收峰在537～538nm处，在此pH范围内，色度也不会变化。在pH低于4.0时，最大吸收峰向短波方向移动（pH2.0时为535nm）；而当pH高于7.0时，最大吸收峰向长波方向移动（pH9.0时为544nm）。

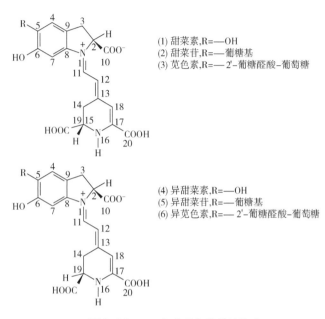

(1) 甜菜素，R=——OH
(2) 甜菜苷，R=——葡糖基
(3) 苋色素，R=—— 2′-葡糖醛酸-葡萄糖

(4) 异甜菜素，R=——OH
(5) 异甜菜苷，R=——葡糖基
(6) 异苋色素，R=—— 2′-葡糖醛酸-葡萄糖

图 9-32　β-矢车菊色素的结构式

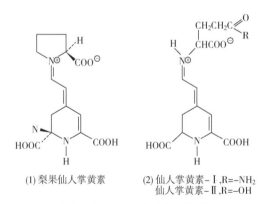

(1) 梨果仙人掌黄素

(2) 仙人掌黄素-Ⅰ,R=-NH₂
仙人掌黄素-Ⅱ,R=-OH

图 9-33　β-叶黄素的结构式

（二）化学性质

像其他天然色素一样，甜菜色素受几种环境因素的影响。

1. 热与酸度

在温和的碱性条件下，甜菜苷可降解为甜菜醛氨酸（BA）及环多巴-5-O-葡萄糖苷（CDG）（图9-34）。当加热甜菜苷的酸性溶液或热处理含有甜菜根的产品时，也可形成以上两种降解产物，但速度较慢。该反应与pH有关（表9-8），在pH4.0～5.0范围内稳定性最高。应当注意的是该反应需要有水参与，因而当无水或水分有限时，甜菜苷相当稳定。由此可见，降低水分活度可减缓甜菜苷的降解速率。最适合贮藏甜菜粉的色素的推荐水分活度为0.12（水分含量约为2%，干基）。

甜菜苷降解成BA和CDG为可逆反应，因而在受热后部分色素可再生。所提出的再生机制涉及BA的醛基与CDG的亲核氨基之间的席夫–碱缩合反应（图9-34）。甜菜苷的再生在中间pH范围内（4.0~5.0）最高。

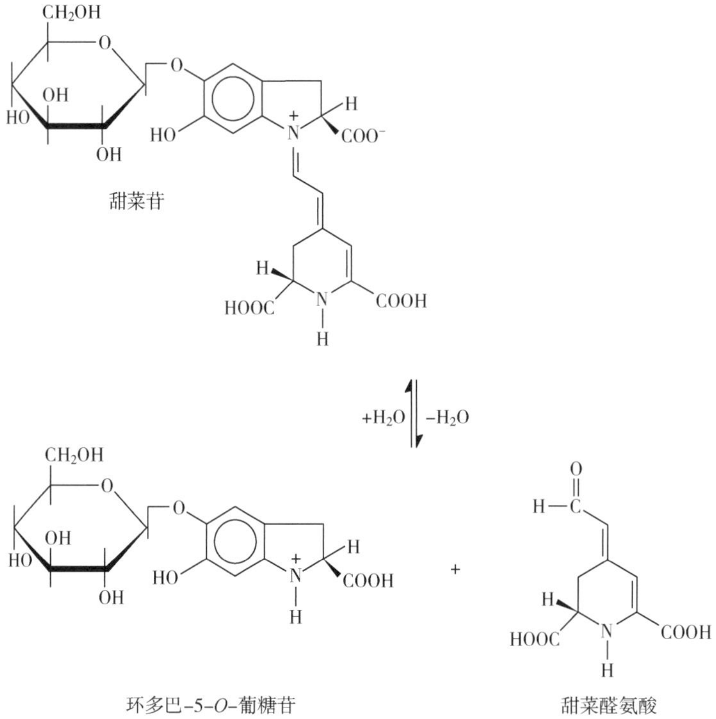

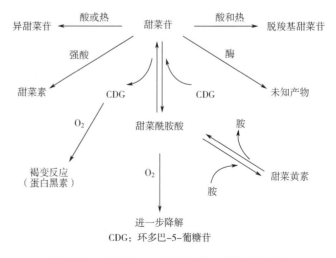

图9-34　甜菜苷的降解反应

由于β-矢车菊色素在C-15位存在手性碳（图9-32），因而使其具有两个差向异构体。酸或热均可导致差向异构化反应，因而在含甜菜苷食品的加热过程中，异甜菜苷对甜菜苷的比例会提高。脱羧速率随酸度提高而增加，在酸及/或受热条件下甜菜苷的降解反应总结见图9-35。

2. 氧和光照

造成甜菜色素降解的另一个主要因素是氧的存在，当溶液中存在

图9-35　在遇酸及/或受热条件下甜菜苷的降解

的氧超过甜菜苷1mol以上时，甜菜苷的损失遵循一级动力学反应，当分子氧浓度降至接近甜菜苷时，其降解偏离一级动力学反应。而无氧存在时，其稳定性增加。分子氧已被视作甜菜苷氧化降解的活化剂。因为甜菜色素对氧化很敏感，这些化合物也是有效的抗氧化剂。在有氧条件下甜菜苷的降解也受pH的影响（表9-8）。

表 9-8   在 90℃下氧和 pH 对甜菜苷水溶液半衰期的影响

pH	甜菜苷的半衰期值/min	
	氮	氧
3.0	56 ± 6	11.3 ± 0.7
4.0	115 ± 10	23.3 ± 1.5
5.0	106 ± 8	22.6 ± 1.0
6.0	41 ± 4	12.6 ± 0.8
7.0	4.8 ± 0.8	3.6 ± 0.3

　　光可加速甜菜色素的氧化反应，当有抗氧化剂如抗坏血酸或异抗坏血酸存在时，可改善其稳定性。由于铜离子和铁离子可催化分子氧氧化抗坏血酸，它们可降低抗坏血酸作为甜菜色素保护剂的功效。金属螯合剂（EDTA或柠檬酸）的存在可大大改善抗坏血酸作为甜菜色素稳定剂的功效。

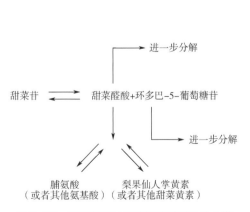

图 9-36   甜菜苷遇过量脯氨酸时梨果仙人掌黄素的形成

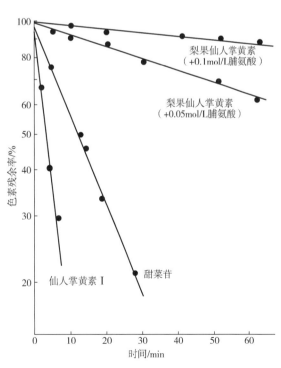

图 9-37   在 pH5.0、90℃及大气条件下，存在于脯氨酸溶液中的甜菜苷仙人掌黄质 I 与梨果仙人掌黄素稳定性比较

几种酚类抗氧化剂如叔丁基羟基茴香醚、叔丁基羟基甲苯、儿茶酚、栎精、正二氢愈疮酸、绿原酸及α-生育酚，可抑制自由基链自动氧化反应。由于甜菜色素的氧化反应似乎并不涉及自由基氧化过程，因而此类抗氧化剂对甜菜苷是一种无效的稳定剂就不足为奇了。同样，含硫抗氧化剂如亚硫酸钠和偏亚硫酸氢钠不仅是无效稳定剂，而且可加剧色素损失。硫代硫酸钠是一种低劣的氧清除剂，它对甜菜苷的稳定性毫无作用。硫代丙酸和半胱氨酸也是甜菜苷的无效稳定剂。以上发现证实甜菜苷的降解不遵循自由基机制。甜菜色素对氧的敏感性限制了它作为食品色素的应用。

六、红曲米色素（*Monascouruarin*）

红曲米即红曲，古称丹曲，是我国的传统产品。红曲米是由曲霉科（*Zuroticaceae*）红曲霉属（*Monascus van Tieghem*）中的红曲红曲霉（*Monascus anka Nakazawa et Sato*）、紫红红曲霉（*Monascus purpureus Went*）、变红红曲霉（*Monascus Serorubosens Seto*）和马来加红曲霉（*Monascus barkeri*）等菌种，接种于蒸熟的大米，经培育所得。红曲霉是我国生产红曲米的主要菌种。

红曲色素是红曲霉菌丝产生的色素，含有六种不同的成分。其中红色色素、黄色色素和紫色色素各两种。它们的化学结构如图9-38所示。

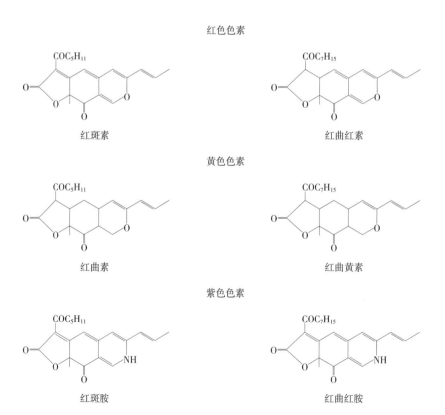

图9-38 红曲米色素的结构

上述六种色素成分的物理化学性质互不相同（表9-9），实际应用的主要是醇溶性的红色色素红斑素和红曲红素。

表9-9 醇溶性结晶状红色色素红曲红素及红斑素的物理化学性质

名称	红曲红素	红斑素
水	不溶	不溶
乙醇	可溶	可溶
氯仿	可溶	可溶
色调	橙红色	橙红色
最大吸收波长	470nm（乙醇）	470nm（乙醇）
荧光	有	有
蛋白反应	阴性	阴性
熔点	142～143℃	156～157℃

1. 制法

红曲米系将米（灿米或糯米）以水浸泡，蒸熟，加红曲霉（种曲）发酵制成。

红曲色素可将红曲用乙醇抽提，得液体红曲红色色素，或者自红曲霉的深层培养液中进一步结晶精制而得。

2. 性状

红曲米为整粒米或不规则形的碎米，外表呈棕紫红色，质轻脆，断面为粉红色，无虫蛀及霉变，微有酸气，味淡，易溶于氯仿呈红色，溶于热水及酸、碱溶液，微溶于石油醚呈黄色，溶于苯中呈橘黄色。

红曲色素与其他食用天然色素相比，具有以下特点：

（1）对pH稳定，色调不像其他天然色素那样易随pH的改变而发生显著变化。其水提取液在pH11时呈橙色，pH12时呈黄色，pH极度上升则变色。其乙醇提取液在pH11时仍保持稳定的红色；

（2）耐热性强，虽加热到100℃也非常稳定，几乎不发生色调的变化，加热到120℃以上亦相当稳定；

（3）耐光性强，醇溶性的红色色素对紫外线相当稳定，但在太阳光直射下则可看到色度降低；

（4）几乎不受金属离子如0.01mol/L的Ca^{2+}、Mg^{2+}、Fe^{2+}、Cu^{2+}等的影响；

（5）几乎不受氧化剂和还原剂如0.1%的过氧化氢、维生素C、亚硫酸钠等的影响；

（6）对蛋白质的染着性很好，一旦染着后经水洗也不褪色。

七、常见的其他天然色素

（1）胭脂红提取物　由胭脂树种子提取制备而成，几种食用级溶剂可用于提取。超临界二氧化碳萃取技术是常规有机溶剂萃取的替代方法。从提取法得到的胭脂红中的主要色素为类胡萝卜素胭脂树素，胭脂树素中的甲酯基团经皂化水解，得到的二羧酸称为降胭脂树素（图9-39）。胭脂树素与降胭脂树素的溶解度不同，并可相应成为油溶及水溶性胭脂色素的基料。

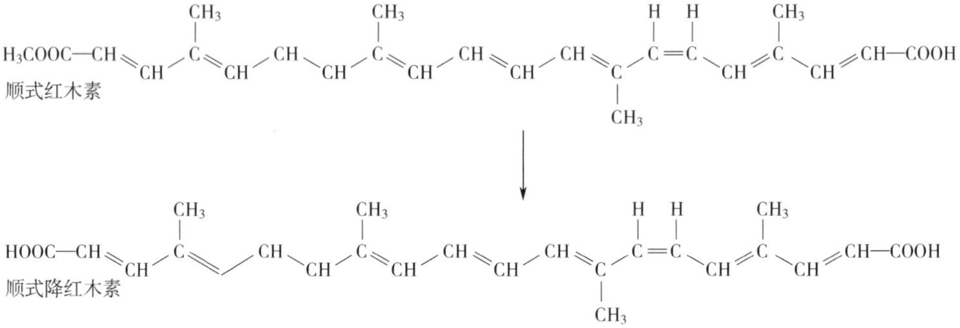

图 9-39　自胭脂树素形成降胭脂树素

（2）脱水甜菜　由可食全甜菜中的汁液脱水加工制成，存在于甜菜中的色素为甜菜色素 [β-矢车菊色素（红色）和β-叶黄素（黄色）]。β-矢车菊色素与β-叶黄素两者的比例随甜菜的品种与成熟期而异。

（3）角黄素　（β-胡萝卜素-4，4'-二酮）、β-阿朴-8'-胡萝卜醛及β-胡萝卜素为合成色素并可视为"天然类似物"，此类物质的结构见图9-40。

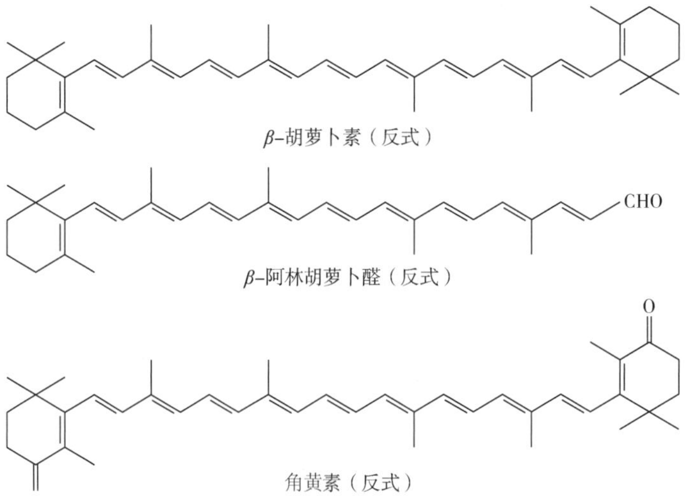

图 9-40　类胡萝卜素"天然类似物"的结构式

（4）胭脂虫红提取物　是萃取胭脂虫的水-酒精提取物的浓缩物。起染色作用的主要为胭脂红酸，即一种红色素（图9-41）。此类提取物含有2%～3%的胭脂红酸，也可制成胭脂红酸含量高达50%的着色剂，以上着色剂均可以商品名胭脂红色素出售。

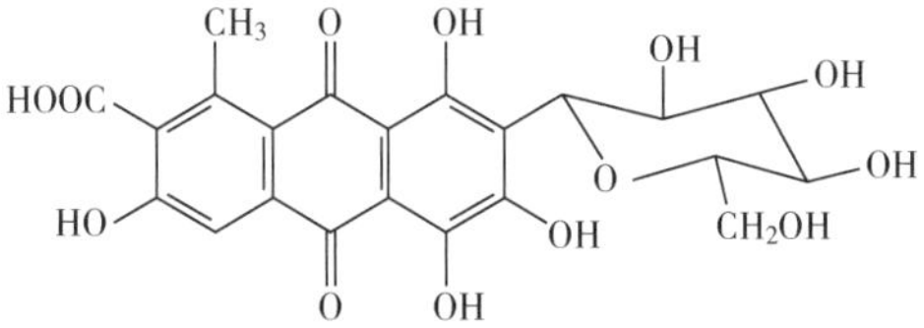

图9-41 胭脂红酸的结构式

（5）葡萄皮提取物 为红棕色液体，它从葡萄经压榨去汁后残留的果渣中提取制备获得。该提取物的着色物质主要由花青素组成，只限用于非碳酸及碳酸饮料、饮料配制基料和酒精饮料的着色。

（6）葡萄皮色素 是一种提自康科特紫葡萄的花青素色素的水溶液，或者是一种脱水的水溶性粉末，该提取物可被用于给非饮料型食物着色。

（7）果汁与蔬菜汁 是可接受的色素添加剂，它们能以单倍浓度或浓缩液的形式添加于食品中。与葡萄皮提取物不同，葡萄汁浓缩液可用于非饮料类食品。

（8）胡萝卜油 由己烷萃取自食用胡萝卜，然后经真空蒸馏除去己烷。该色素主要含 α-和β-胡萝卜素，并有少量存在于胡萝卜中的其他类胡萝卜素。

（9）红辣椒粉或红辣椒油 是将红辣椒荚干燥粉碎或用溶剂提取的。在生产辣椒油过程中，可能会使用到多种溶剂，红辣椒色素的主要成分为辣椒黄素，即一种类胡萝卜素。

（10）核黄素或维生素B$_2$ 为一种橙黄色粉末，它是牛奶中的天然色素。

（11）藏红花色素 是藏红花的干花柱头，其黄色呈色物为藏红素，即藏红酸的二糖苷。

（12）姜黄粉和姜黄油 分别为姜黄的根茎粉状物或提取物，其呈色物为姜黄素，在姜黄油的提取过程中可能会用到多种有机溶剂。

（13）其他天然色素 包括虾青素、群青、苏木藻色素、氧化铁、海藻干粉、万寿菊粉及玉米胚油、法夫酵母等。有些色素只限在动物饲料中使用，但它们也可间接地影响食品的颜色。

第三节 食品着色剂及法规

一、我国允许使用的合成食品着色剂

根据GB 2760—2014《食品安全国家标准 食品添加剂使用标准》及相关法律规定，未列入国家标准或国家卫计委公告名单中的食品添加剂新品种，或列入标准或公告名单中的品种需要扩大使用范围或使用量的，必须获得计生委批准后方可生产经营或者使用。我国允许使用的合成食品着色剂包括苋菜红、胭脂红、黑豆红、蓝锭果红、辣椒红、红花黄、喹啉黄、柑橘黄、柠檬黄、日落黄、靛蓝、亮蓝、赤藓红、新红及其相应的铝色淀等。

二、国外允许使用的食品着色剂

（一）美国

在美国，着色剂的使用受1960年颁布的对1938年发布的《美国食品、药物及化妆品法案》所制定的《着色添加剂修正案》所管理。该修正案涉及两类着色剂，即需许可证的和无需许可证的着色剂。需许可证的着色剂都是人工合成的染料，它们并不存在于自然界中。许可证认证制度要求该染料需满足特定的政府质量标准，所生产的每批产品的样品必须送交FDA的实验室检测其是否符合标准。如果该批样品符合要求，就给予一个官方批号。已取得许可的染料又可分为永久和暂时的。一种"暂时"批准的染料在进行全面的科学研究以确定其是否可作为永久许可期间，可以合法使用。该程序同样适用于色淀。

无需许可证的着色剂为天然色素或某些特定的与存在于自然界中结构完全相同的合成染料。属于后者的一个实例便是β-胡萝卜素，它广泛分布于自然界中，但也可人工合成作为一种"天然等同"的物质。

对于无需许可证的着色剂一般以"人造着色剂"或者其他特定或一般性的名称来列出。然而对着色剂使用"天然"一词是被禁止的，因为这会使消费者相信这样的颜色是来源于食物本身。目前无需许可证的色素添加剂见表9-10。

表9-10　目前美国无需许可证的着色添加剂、着色剂应用限制及相应的欧共体编号

分类	着色添加剂	美国食品应用限制	E-编号*
73.30	胭脂树红提取物	GMP	E160b
73.35	虾青素	<80mg/kg 鱼饲料	E162
73.40	脱水甜菜（甜菜粉）	GMP	NL
73.50	深蓝	动物饲料盐	E161g
73.75	斑蝥黄	<30mg/lb 固体或半固体食品或液体品脱 <4.41mg/kg 鸡饲料	E150
73.85	焦糖色	GMP	E160a
73.90	β-阿朴-8'-胡萝卜素醛	<15mg/lb 固体/半固体食品或15mg/品脱液体食品	E150
73.95	β-胡萝卜素	GMP	E120
73.100	胭脂虫提取物；胭脂红	GMP	E141
73.125	叶绿素铜钠盐	<0.2% 干混合柑橘基饮料	NL

续表

分类	着色添加剂	美国食品应用限制	E-编号*
73.140	焙烤的、部分脱脂的及蒸煮过的棉籽粕	GMP	NL
73.160	葡萄糖酸亚铁	GMP（仅用于成熟橄榄）	E163
73.165	乳酸亚铁	GMP（用于成熟橄榄）	E163
73.169	葡萄色素提取物	GMP（用于非饮料食品）	E172
73.170	葡萄皮提取物（葡萄皮色素）	GMP（用于饮料）	NL
73.185	红球藻属海藻粉	<80mg/kg 鲑鱼饲料	NL
73.200	合成氧化铁	宠物食品达 0.25%	NL
73.250	水果汁	GMP	NL
73.260	蔬菜汁	GMP	NL
73.275	干海藻粉	GMP（用于鸡类食品）	NL
73.295	万寿菊粉及其提取物	GMP	NL
73.300	胡萝卜油	GMP	NL
73.315	玉米胚芽油	GMP（用于鸡饲料）	NL
73.340	辣椒红素	GMP	E160c
73.345	红辣椒油树脂	GMP	E160c
73.355	法夫酵母	<80mg/kg 鲑鱼饲料	
73.450	核黄素	GMP	E101
73.500	藏红花素	GMP	NL
73.575	二氧化钛	<1%（按食品重量计）	E171
73.600	姜黄素	GMP	E100
73.615	姜黄油树脂	GMP	E100

注：GMP=良好操作规范

*E-编号：列于欧共体中的编号，此外，EEC允许使用花青素/浓缩汁（E163）、甜菜色素（E162）和叶绿素（E140）。

（二）国际其他地区

世界上许多国家都将着色剂添加于食品中，但在这些国家中所允许使用的着色剂种类变化很大。在美国，FD&C红色40号被允许用于食品，而FD&C红色2号自1976年起不再被允许使用。而一个极端相反的例子是，挪威禁止在食品加工业中使用任何合成着色剂。欧洲经济共同体

（EEC）的立法机构试图为共同市场国家制订出统一的着色添加剂法规，每种被允许使用的着色剂都以E-编号（E = 欧洲）命名。表9-11所示为目前EEC可允许使用的合成着色剂的E-编号，等同于FD&C编号。EEC天然色素的类似信息见表9-10。以前，日本对着色剂在食品中的应用也有非常严格的政策，而合成染料是被禁止的。然而，日本近来扩展指定添加剂列表，包括食品色素添加剂。

表 9-11　目前可允许使用于食品[①]中的需许可证的着色添加剂以及它们的 EEC 命名

联邦政府规定的名称	形式		常用名	E-编号[②]
	染料	色淀		
FD&C 蓝色 1 号	永久	暂时	亮蓝	E133
FD&C 蓝色 2 号	永久	暂时	靛蓝	E132
FD&C 绿色 3 号	永久	[③]	坚牢绿色	[④]
FD&C 红色 3 号	永久	暂时	赤藓红	E123
FD&C 红色 40 号	永久	永久	诱惑红	E129
FD&C 黄色 5 号	永久	暂时	酒石黄	E102
FD&C 黄色 6 号	永久	暂时	日落黄	E110

注：①E-编号：列于ECC中的编号。
②FD&C红色3号色淀的有效使用期至1990年1月29日。
③④未列出。

联合国粮农组织（FAO）和世界卫生组织（WHO）发布食品药典来协调各国间的食品法规，FAO和WHO组成了联合WHO/FAO食品添加剂专家委员会（JECFA）以在全球范围内评价食品添加剂的安全性。JECFA对包括着色剂在内的食品添加剂建立了"每日允许摄入量"（ADI）（表9-12），全球正致力于确立着色剂的安全性，这有望在国际间形成可接受的食品着色剂使用法规。

表 9-12　某些合成及天然色素的每日允许摄入量

合成色素	E-编号	摄入量（JECFA）/（mg/kg体重）
姜黄素	E100	0.1
核黄色	E101	0.5
柠檬黄	E102	7.5
胭脂虫红	E120	5.0

续表

合成色素	E-编号	摄入量（JECFA）/（mg/kg体重）
赤藓红	E127	0.1
亮蓝 FCF	E133	12.5
叶绿素	E140	NS
焦糖色素	E150	200
β-胡萝卜素	E160a	5.0
胭脂树红	E160b	0.065
辣椒红素	E160c	NS
甜菜红素	E162	NS
花色苷	E163	NS
葡萄皮提取物	E163	2.5

（三）需许可证合成色素的性质

近年来，需许可证着色剂的安全性已受到公众的极大关注，造成这种关注的根源部分应归结于人们不适当地将合成色素与原名为"煤焦油"的染料联系在一起。公众心目中的煤焦油为一种黑色黏稠物质，它不适用于食品。事实上用于合成色素的原料在使用前已高度纯化，其最终产品为一种特定的化学品，它与所称的煤焦油几乎毫不相干。

需许可证的合成色素可分为四类基本化学类别：它们分别为含氮类、三苯基甲烷类、黄嘌呤类或靛蓝类合成色素。表9-13所示的色素为FD&C合成色素、化学类别及其部分性质。其化学结构如图9-42所示。表9-14所示为EEC合成色素的溶解度和稳定性数据。

一种典型的需许可证色素的净含量为86%～96%，此类基础色素总含量有2%～3%的差异，但在实际使用时不会有很大影响，因为这种差异不会对产品的最终颜色产生显著影响。合成色素粉剂中的水分含量为4%～5%，其盐（灰分）含量约为5%。造成高灰分含量的原因是采用盐析法结晶色素。虽然在技术上有可能除去所使用的氯化钠，但是这些步骤或许成本过于昂贵，收益很小。

所有水溶性FD&C含氮色素为酸性物质，其物理性质十分相似。化学性质为遇强还原剂时易还原，因而对氧化剂敏感。FD&C三苯基甲烷类合成色素（FD&C绿色3号和FD&C蓝色1号）结构类似，唯一的区别仅为一个羟基，因而其溶解度和稳定性差别很小。用磺酸基取代羟基可改善任何一个此类色素的见光稳定性和对碱的抵抗力。三苯基甲烷类色素的碱脱色过程涉及生成无色醇式碱（图9-43）。邻位取代的磺酸基在空间上阻碍氢氧根离子接近中央碳原子，因而防止形成醇式碱。

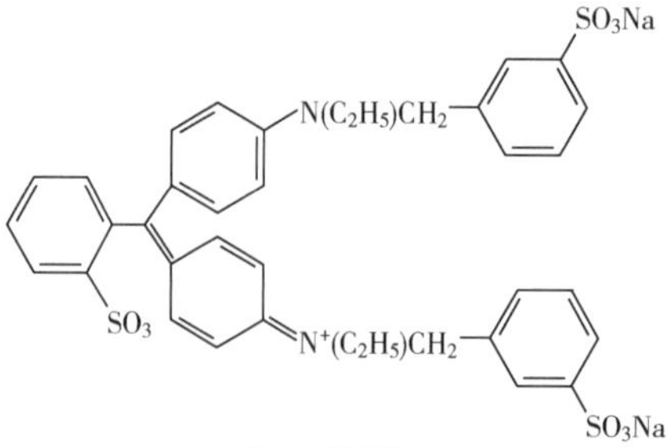

FD&C 蓝1号

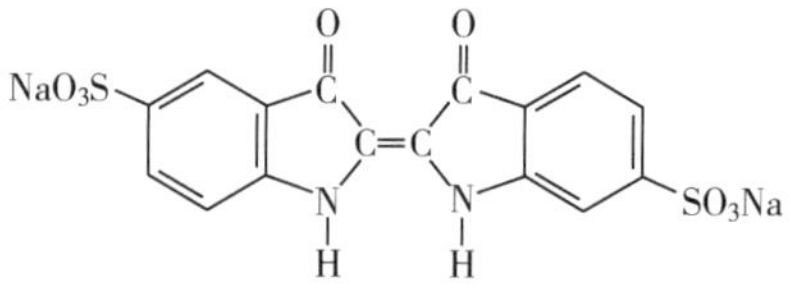

FD&C 蓝2号

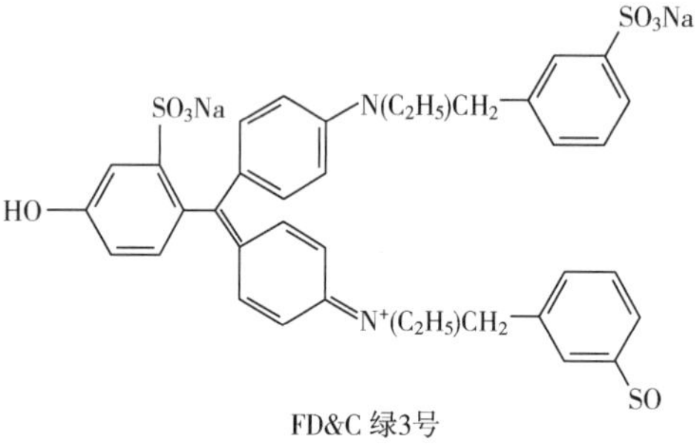

FD&C 绿3号

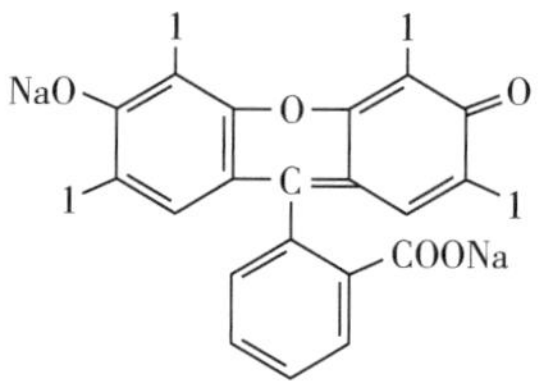

FD&C 红3号

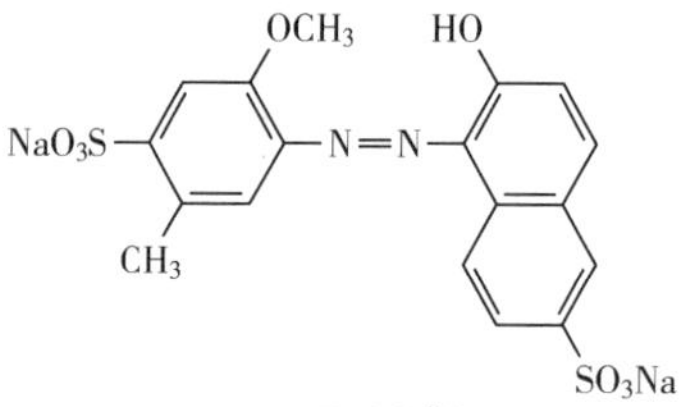

FD&C 红40

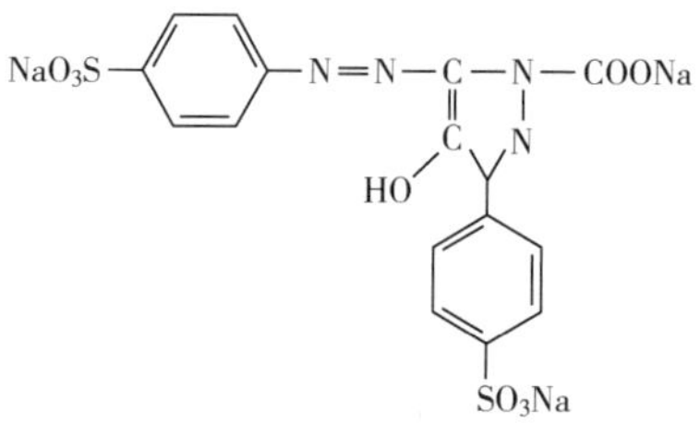

FD&C 黄5号

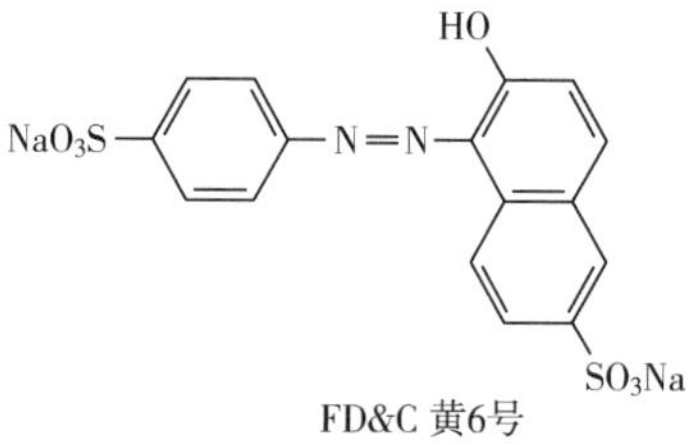

FD&C 黄6号

图 9-42　目前允许在美国正常使用的需许可证着色剂的结构式

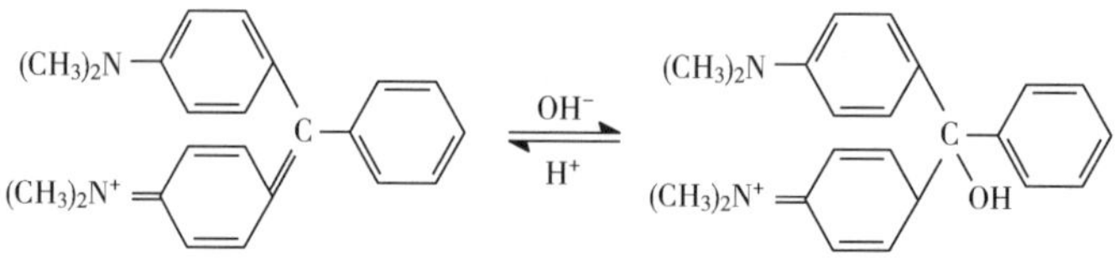

三苯甲烷燃料　　　　　　　　　　　孔雀石绿甲醇基

图 9-43　由三苯基甲烷染料形成无色醇式碱

表 9-13 需许可证的着色剂及其理化性质

普通名称及FD&C号	染料类型	溶解度（g/100mL）①								稳定性②										
		水		酒精		聚乙二醇		甘油		pH				光	10%乙醇	10%氢氧化钠	250mg/kg SO₂	1%抗坏血酸	1%苯甲酸钠
		25℃	60℃	25℃	60℃	25℃	60℃	25℃	60℃	3.0	5.0	7.0	8.0						
亮蓝，蓝色1号	三苯基甲烷类	20.0	20.0	0.35	0.20	20.0	20.0	20.0	20.0	4	5	5	5	3	5	4	5	4	6
亮蓝，蓝色2号	靛蓝类	1.6	2.2	In	0.007	0.1	0.1	20.0	20.0	3	3	2	1	1	1	2⁰²	1	2	4
快绿，绿色3号	三苯基甲烷类	20.0	20.0	0.01	0.03	20.0	20.0	1.0	1.3	4	4	4	4⁰¹	3	5	2⁰¹	5	4	6
赤藓红，红色3号	黄嘌呤类	9.0	17.0	In	0.01	20.0	20.0	20.0	20.0	In	In	6	6	2	In	2	In	In	5
阿洛拉红，红色40号	偶氮类	22.0	26.0	0.001	0.113	1.5	1.7	3.0	8.0	6	6	6	6	5	5	3⁰¹	6	6	6
柠檬黄，黄色5号	偶氮类	20.0	20.0	In	0.201	7.0	7.0	18.0	18.0	6	6	6	6	5	5	4	3	3	6
日落黄，黄色6号	偶氮类	19.0	20.0	In	0.001	2.2	2.2	20.0	20.0	6	6	6	6	3	5	5	3	2	6

注：①In，不溶解。

②1=褪色；2=相当严重褪色；3=明显褪色；4=轻微褪色；5=略微褪色；6=无变化；01=色调变蓝；02=色调变黄。

表 9-14 常见 EEC 染料的理化性质

名称及EEC号	溶解度（g/100mL）16℃				稳定性*			
	水	丙二醇	酒精	甘油	光	SO₂	pH	
							3.5/4.0	8.0/9.0
喹啉黄，E104	14	<0.1	<0.1	<0.1	6	4	5	2
深红4R，E124	30	4	<0.1	0.5	4	3	4	1
蓝光酸性红，E122	8	1	<0.1	2.5	5	4	4	3
宽莱红，E123	5	0.4	<0.1	1.5	5	3	4	3
专利绿，E131	6	2	<0.1	3.5	7	3	1	2
绿色S，E142	5	2	0.2	1.5	3	4	4	3
巧克力方棕HT，E156	20	15	不溶	5	5	3	4	4
亮黑BN，E151	5	1	<0.1	<0.5	6	1	3	4

注：1=褪色；2=相当严重褪色；3=明显褪色；4=少量褪色；5=略微褪色；6=无变化。

一般而言，存在还原剂或重金属、见光、过热或暴露于酸或碱中很可能造成需许可证类色素的褪色或沉淀。许多引起色素失效的条件在应用于食品时可以预防，但还原剂最棘手。含氮及三苯基甲烷类色素生色团的还原反应见图9-44。含氮色素可被还原为无色叠氮类，有时还原为伯胺类化合物，而三苯基甲烷类色素则被还原为无色的隐色素碱。存在于食品中的常见还原剂为单糖（葡萄糖、果糖）、醛、酮及抗坏血酸。

游离金属可与许多色素结合，从而造成颜色损失。最令人关注的金属为铁和铜，钙及/或镁可导致不溶盐的形成并产生沉淀。

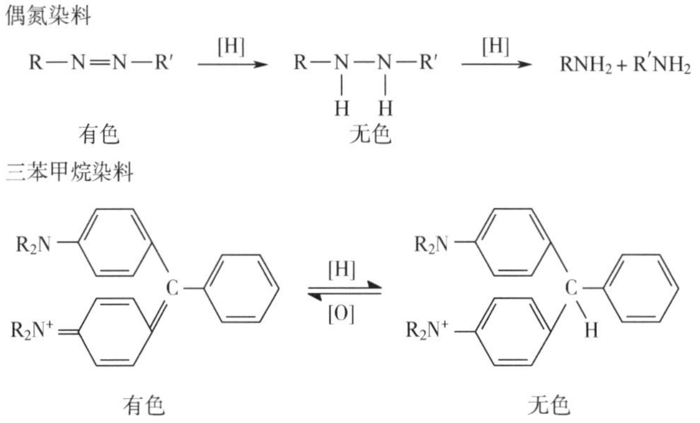

图9-44　偶氮或三苯基甲烷染料还原为无色产物

（四）需许可证合成色素的应用

使用合成色素有很多实用价值。总体说来，它们是一类着色能力很强的粉末，所以只需要很少一点用量就可以着出理想的颜色，这就使成本降低。此外，与天然色素相比，在加工和贮藏过程中它们更为稳定。另外它们还有水溶性的（染料），和水不溶性（色淀）的形式。如果将水溶性色素首先溶于水中，它可与食品结合的更加均匀。为防止生成沉淀，应使用蒸馏水。各类液态色素均可自制造商购得，为防止着色过浓，此类制剂中色素浓度通常不超过3%。通常在液态制剂中加入柠檬酸和苯甲酸钠以防止微生物腐败。

许多食品所含的水分较低，这就很难使色素完全溶解及均匀分散，结果使得着色力降低及/或引起色斑。这一问题可能存在于硬糖制品中，因为它的水分< 1%。可采取加入溶剂（如甘油或丙烯醇）而不是水的方法以避免这一问题（表9-13）。解决低水分食品中分散性差这一问题的第二个方法是使用"色淀"，色淀以分散体而不是以溶液的形式存在于食品中。它们的浓度范围为1%～40%，高浓度的色素未必能呈现高强度的颜色。色淀的粒径很关键，粒径越小，分散越好，颜色越深。色素制造商利用特殊的研磨技术可使所制成的色淀的平均粒径小于1μm。

与色素一样，需要将色淀预先分散于甘油、丙烯醇或食用油中。预分散有助于防止颗粒的结块，因而有利于均色并可降低色斑产品的发生率。色淀分散体中的色素浓度在15%～35%范围内。一种典型的色淀分散体可含有20%FD&C色淀A、20%FD&C色淀B、30%甘油以及30%丙烯醇，最终的色素浓度为16%。

思考题

1. 影响新鲜肉色泽的因素有哪些？如何进行新鲜肉的保鲜？

2. 在肉制品保藏及加工过程中肌红蛋白主要发生哪些变化？如何在食品加工贮藏中控制这些变化？

3. 导致植物丧失绿色的可能原因是什么？食品加工或保藏过程中如何有效地保持蔬菜的鲜绿色？

4. 影响花色素稳定性的因素主要有哪些？试阐述作用机理。

| 第十章 |

食品风味

第一节 引 言

一、食品风味的基本含义

　　风味是人们摄入某种食品后产生的一种感觉，主要通过嗅觉和味觉感知，也包括口腔中产生的痛觉、触觉和温度的感觉，这些感觉主要由三叉神经感知。因此食品风味（Flavor）是口腔中产生的味觉（Taste）、鼻腔中产生的嗅觉（Odor）和三叉神经感觉（Trigeminal impressions）的综合感官印象。

　　风味对于食品的挑选、接受和摄取起着决定性的作用。风味包括了三个要素：第一是味道，即食物对舌及咽部的味蕾产生的刺激，味觉包括甜、咸、酸和苦；第二要素是嗅觉，是食物中各种微量挥发性成分对鼻腔的神经细胞产生的刺激作用，若令人感到高兴和快乐，则称之为芳香；第三是涩、辛辣、热和清凉等感觉。因此，风味与食物特征性质等客观因素有关，也与消费者个人的生理、心理、嗜好等主观因素有关，这些感觉之间的关系见图10-1。

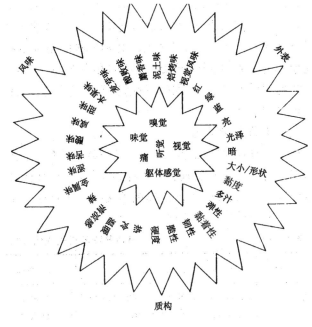

图 10-1　食品感官特性示意图

二、食品风味的分类

　　由于食品风味是综合感官印象，是多种化学成分综合、协同作用的结果，因此其种类繁多、变化万千。目前尚无完整而科学的分类方法。简单而言，可把食品风味分成两类，期望的风味和

404

不良风味。前者如橙汁、薯片和烤牛肉的风味，后者又称为异味，如油脂的酸败味、豆腥味等。1972年Ohloff也曾提出了一个分类方法，具体见表10-1。

表 10-1　食品风味的分类

风味种类	细分类别	典型实例
水果风味	柑橘型（萜烯类） 浆果型（非萜烯类）	橙、柑、橘、柚、葡萄 苹果、香蕉、黑莓
蔬菜风味	—	莴苣、芹菜
辛香料风味	芳香型 催泪型 辣味型	肉桂、薄荷 洋葱、大蒜、香葱、韭菜 辣椒、胡椒、花椒、生姜
饮料风味	非发酵风味 发酵后风味 复合风味	果汁、牛奶 葡萄酒、白酒、啤酒、茶 软饮料、兴奋性饮料
肉食风味	哺乳动物风味 海产动物风味	猪肉、牛肉 鱼、虾、蛤
脂肪风味	—	橄榄油、椰子油、猪油、黄油
烹调风味	肉汤风味 蔬菜风味 水果风味	牛肉汤、鸡肉汤 豆荚、马铃薯 柑橘果酱、柠檬果酱
烧烤风味	烟熏风味 油炸风味 焙烤风味	火腿 烤肉、炸鸡 咖啡、面包、饼干
恶臭风味	—	干酪

三、风味的分析方法

风味分析主要针对食品或香料中非挥发性的呈味物质及挥发性的香气成分进行研究，目前常用的方法有气相色谱-质谱联用法（GC-MS）、气相色谱法（GC）、高效液相色谱法（HPLC）、气相色谱-嗅觉测定法（GC-O）等。

（一）味觉化合物分析方法

味觉化合物主要为一些非挥发性物质，采用一定的方法可对其进行确定。借助高效液相色谱对各种氨基酸进行分析很容易确定酸味。通过对单、双糖或高效甜味剂（如阿斯巴甜、安赛蜜等）或无机盐分析同样可以确定甜味和咸味。鲜味成分谷氨酸钠（MSG）通常用离子色谱或反向高效液相色谱来测定，$5'$-核苷酸也常用高效液相色谱分析。苦味物质所包括的化学结构的范围非常广，每种成分都需要专门的方法来分析，最为常用的仍是高效液相色谱。

电子舌是一种分析、识别样品"味道"的新型智能感官仪器，主要由传感器阵列和模式识别系统构成。与常用的分析仪器相比，电子舌的输出结果并不是某一种组分的精确含量，而是对样品溶液理化信息的整体响应，现已被广泛应用于食品品质检测与监控、环境监测等领域。例如，电子舌可对酒进行分类，也可以监测酒类生产过程中的缺陷，还能够辨别出不同类型葡萄酒的差异。

（二）挥发性风味物质分析方法

1. 挥发性风味物质提取方法

对挥发性风味物质进行分析鉴定首先要将其从食品组分中提取出来。由于食品中风味物质种类繁多、挥发性各异、含量较低，并且有些化合物稳定性较差，因此提取方法的选择尤为重要。

目前常用的提取方法主要有静态顶空分析法（SHS）、动态顶空分析法（DHS）、蒸馏法、溶剂萃取法及吸附法等。SHS法虽制备样品简便，不用其他试剂，造成假象分析的可能性小，但仅适用高挥发性或高含量组分的检测。DHS方法具有取样量少、富集效率高、在线检测方便等优点，但对于低挥发性的组分提取效率较低。蒸馏法包括蒸汽蒸馏法和同时蒸馏萃取法（SDE）。蒸汽蒸馏法简单直接，但由于所需加热时间，其中一些热敏物质易发生氧化、聚合等反应导致变性。SDE操作温度高，对高蒸汽压组分提取较完全，而对低蒸汽压组分提取效率低，同时，会导致易分解成分的破坏和易挥发成分的散失。溶剂萃取法虽提取效率高，但溶剂消耗量大、耗时长。吸附法中较为常用的为固相微萃取（SPME），该方法具有不使用溶剂、操作方便、检测速度快、能减少香味物质损失等优点，因此得到越来越广泛的应用，但此技术也存在不足，如不便于加入内标定量，并且分析结果受吸附头类型的影响较大。

芳香物质的提取方法依分析任务而定。在提取过程中，需保证原有风味化合物的变化程度降到最低。如高沸点化合物或某些以极低浓度存在的化合物需要采用蒸馏的方法来提高回收率。吸附法在分离过程中，先用多孔聚合物吸附风味化合物，然后进行热解吸或溶剂洗脱，该法可使敏感物质的分解程度降到最低。样品量少而无法直接进行一般分析的样品可采用SPME，化学和生物反应过程中目标物的分析也可采用SPME；此外，SPME还适用于现场采样和野外采样分析。

2. 挥发性风味物质分析鉴定方法

目前较为先进的食品风味分析技术有气相色谱-质谱联用法（GC-MS）、气相色谱法（GC）、气相色谱-嗅觉测定法（GC-O）、电子鼻等。其中以GC-MS最为普遍。GC具有灵敏度高、分离效率高和定量分析准确的特点。GC-MS综合了气相色谱高分离能力和质谱高鉴别能力的优点，可以实现风味物质的一次性定性、定量分析。而GC-O将气相色谱的分离能力与人的鼻子敏感的嗅觉联系在一起，在风味强度评价方面具有仪器无法比拟的优越性。

各种风味分析方法均有其它方法无法比拟的优越性。如要对芳香化合物进行定量分析，可以用气相色谱（GC）；如果要确定食品的芳香化合物成分则可用气相色谱质谱联用分析（GC-MS）；如要找出食品中的某种特征呈味化合物（令人愉快的或令人不舒服的），就需要用气相色谱-嗅觉测定法（GC-O）。

另外，电子鼻是一种较先进的风味分析方法。电子鼻也称人工嗅觉系统，是模仿生物鼻的一种电子系统，主要根据气味来识别物质的类别和成分。其工作原理是模拟人的嗅觉器官对气味进行感知、分析和判断。与其他分析鉴定方法不同的是，电子鼻不需要对挥发性化合物进行分离，可进行快速分析。目前，电子鼻在风味归类及肉品新鲜度检测方面均有了较好的应用。

四、风味的感官评价

（一）风味阈值

阈值的确定是感官评定的必然过程，它为风味化合物呈现风味的能力提供了一个量度。阈值通常由代表不同人群的风味评价员确定。首先将待测风味化合物在一定的介质（水、牛奶、空气等）中配成一系列浓度的溶液，然后由感官评定员进行评定，每个感官评定员就能否感知此种风味化合物作出判断。将至少一半（有时更多）的人能感觉到的最低浓度定义为风味阈值。化合物产生味觉和嗅觉的能力差别很大，相比于高阈值高含量的化合物，低阈值低含量的化合物对食品风味有更显著的影响。

（二）感官评价方法

感官评价方法繁多，主要有两种类型，一种是分析型感官评价，另一种是偏爱型感官评价。分析型感官评价方法主要包括差别检验、标度和类别检验、分析或描述性检验。偏爱型的感官评价由于对受试人群的规模有一定的要求，因而应用相对较少。每种方法都有各自的优缺点，只有选用的评价方法与评价目的相适应，才能逐步提高实验的准确性和合理性。

在日常感官分析工作中，经常用到的方法有偏爱型检验中的偏好性评价法、可接受性评价法，差别检验法中的成对比较检验法、二–三点检验法，标度和类别检验法中的排序法、评分法，以及分析或描述性检验。常用感官评价方法的适用对象如表10-2所示。

表 10-2　常用的感官评价方法的应用

感官评价方法	适用对象
成对比较检验法	有目标对象的新产品开发
二–三点检验法	日常过程检验中控制批次产品的感官质量差异
排序法、评分法	没有目标对象的新产品开发
评估法	新产品开发中特定指标的确定
分析或描述性检验	对日常过程检验的留样进行感官质量的趋势性差异分析和新产品开发
偏好性评价	市场调研测试，消费者在众多产品中选择自己最偏爱的一种
可接受性评价	新产品投放前的市场测试，反映消费者普遍接受的该感官品质的强度值

五、风味感知的分子学机理

（一）味觉的生理基础

1. 味觉产生途径

味觉是口腔中专门负责味觉感受的细胞所产生的一种综合感觉。味感产生的基本途径是：首先呈味物质溶液刺激口腔内的味感受体，然后通过一个收集和传递信息的神经感觉系统传导到大脑的味觉中枢，最后经大脑的综合神经中枢系统的分析，从而产生味感。这一般在1.5～4ms内完成，比人的视觉（13～45ms）、听觉（1.27～21.5ms）或触觉（2.4～8.9ms）快得多。人对于甜、酸、苦、咸感觉的速度各不相同，咸味最快，苦味最慢。

2. 味蕾在味觉形成中的作用

口腔内的味感受体主要是味蕾，不同的味感物质在味蕾上有各自的结合部位，人的味蕾结构如图10-2所示。味蕾通常由20～250个味细胞组成，聚集在一起依附在乳突上。味蕾的味孔口与口腔相通。味细胞表面由蛋白质、脂质及少量的糖类、核酸和无机离子组成。不同的味感物质在味细胞的受体上会与不同的组分作用，例如甜味物质的受体是蛋白质，苦味和咸味物质的受体则是脂质，有人认为苦味物质的受体也可能与蛋白质相关。味觉细胞后面连着传递信息的神经纤维，后者再集成小束通向大脑。上述神经传导系统上有几个独特的神经节，它们在各自位置上支配着所属的味蕾，以便选择性地响应食物的不同化学成分。舌头的各部位对味觉的敏感性不同，一般舌尖处对甜味比较敏感，舌中对咸味比较敏感，舌靠鳃的两侧对酸味敏感，而舌的根部则对苦味较为敏感（图10-3）。

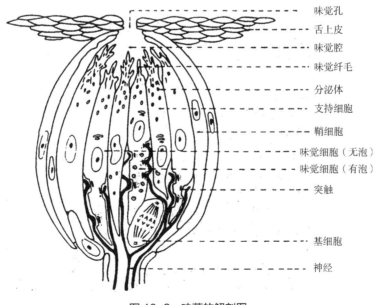

图 10-2　味蕾的解剖图

右侧标注（从上到下）：
味觉孔
舌上皮
味觉腔
味觉纤毛
分泌体
支持细胞
鞘细胞
味觉细胞（无泡）
味觉细胞（有泡）
突触
基细胞
神经

3. 三叉神经在味觉形成中的作用

三叉神经属于耳、鼻、口之外的体觉感知系统，主要分布在鼻腔和口腔的黏膜以及舌头的表面。它们对刺激非常敏感，从微弱的刺激到强烈的痛感均可感知，因此能导致三叉神经感知的物质对于很多食品的风味也有重要贡献。三叉神经主要感知辛辣、麻刺、苦涩和清凉等味感。

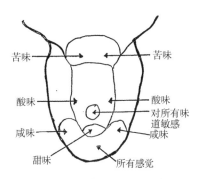

图 10-3　舌头表面感知四种基本味感的最敏感区域示意图

（二）嗅觉的生理基础

气味的感知主要通过鼻腔上部的嗅觉上皮细胞。挥发性香味物质可通过鼻腔呼吸直接到达味感受体，食物经口腔消化后挥发性成分通过后鼻腔也可到达味感受体（图10-4）。

人与人的嗅觉能力有很大差异，每一个人对各种气味的嗅觉敏感性也不同，有的人甚至对某种气味毫无感觉，这就是特异嗅觉缺失，说明人体存在着基本嗅觉受体。嗅觉受体越多，对于气味的识别越灵敏、越准确。嗅觉是一种比味觉更复杂、更灵敏的感觉现象。比较有价值的嗅觉理论有以下几个。

1. 立体化学理论

立体化学理论是一种经典的理论。由于气体分子

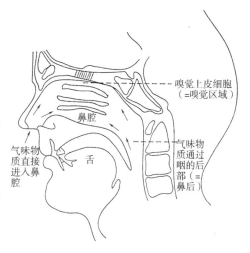

图 10-4　人类的嗅觉器官

的大小、形状和电荷存在差异，人的嗅觉受体的空间位置也是各种各样的，一旦某种气体分子像钥匙开锁一样恰好嵌入受体的空间，人就能捕捉到这种气体的特征气味。每种气味都有若干种代表化合物（表10-3）。

表 10-3　基本气味与代表性化合物

基本气味	化合物	基本气味	化合物
麝香	雄甾烷 $-3-\alpha-$ 醇，环十六烷酮，17- 甲基雄甾烷 $-3-\alpha-$ 醇十五烷内酯	尖刺香	脂肪醇类，氰气、甲醛，甲酸，异硫氰酸甲酯
		轻飘香	丙醇，二氯乙烯，四氯化碳，氯仿，乙炔
薄荷香	叔丁基甲醇，环己酮，薄荷醇，1，1，3- 三甲基 - 环 -5- 己酮	焦糖香	吡喃酮，呋喃酮，环酮
		柿椒香	2- 异丁基 -3- 甲氧基吡嗪
樟脑香	龙脑，叔丁醇，d- 樟脑，桉树脑，戊基甲基乙醇	鱼腥臭	三甲胺，二甲基乙胺，N- 甲基吡咯烷
		汗臭	异戊酸，异丁酸
花香	乙酸苄酯，香叶醇，$\alpha-$ 紫罗酮，苯乙醇，松油醇	精液臭	1- 吡咯啉，1- 亚呱啶
		腐烂臭	戊硫醇，1，5- 戊二胺，吲哚，3- 甲基吲哚

2. 膜刺激理论

膜刺激理论认为，气味分子被吸附在受体柱状神经薄膜的脂质膜界面上，神经周围有水存在，气味分子的亲水基朝向水并推动水形成空穴。若离子进入此空穴，神经产生信号。该理论给出了气体分子功能基团横切面与吸附自由能的热力学关系，从而确定了分子大小、形状、功能基团位置与吸附自由能之间的关系。

3. 振动理论

气味特性与气味分子的振动特性有关。在口腔温度范围内，气味分子振动能级是在红外或拉曼光谱区，振动频率大约在$100 \sim 700 cm^{-1}$。人的嗅觉受体感受到分子的振动能，产生信号。这一假说能较好地解释气体分子光谱数据与气味特征的相关性，并能预测一些化合物的气味特性，这是振动理论的成功之处。

4. 酶理论

气味感受器（OR）属于G蛋白耦合受体，它是体内一种常见的把细胞与环境建立起联系的感受器。G蛋白是一种膜蛋白，具有α、β和γ三个单元，每个单元都参与信息加工传递过程，该过程是由气味分子与气味感受器相互作用所引起的多个酶催化过程。在嗅觉神经元的纤维内，一连串的酶把结合在G蛋白上的气味分子转换为钙离子或钠离子流，从而产生电流神经信号传送到大脑，形成嗅觉。

5. 其他理论

此外，有研究结果显示人类嗅觉受体基因家族包括339个完整的OR基因和297个假OR基因，由172个亚类组成，不均衡地分布于人类21对染色体的51个不同区域，分别编码不同亚类的受体；单独的一个定位区域的染色体仅仅编码一个或者数个受体亚类，同一亚类的不同受体辨认结构上相关的气味分子，而不同结构类型的气味分子可以被不同亚类的气味受体辨认。因此，基因组的不同部分可以在某种程度上参与不同气味分子结构的辨认识别。

第二节　呈味物质

滋味是食品感官质量中最重要的属性之一，产生味以及与味相关的物质一般都溶于水，相对不挥发。它们在食品中的浓度比香味成分高得多。

世界各国由于文化、饮食习俗等的差异，对味觉的分类也不一致。日本分为酸、甜、苦、咸、辣五味；印度则分为甜、酸、苦、咸、辣、淡、涩和不正常8味；欧美各国分为甜、酸、苦、咸、辣、金属味、清凉味等；我国分为甜、酸、咸、苦、鲜、辣和涩。

"鲜味"这个词来源于日本术语"umami"，含有L-谷氨酸的食品，如肉汤（特别是鸡肉）和陈年奶酪（如意大利干酪），可以释放出很浓的鲜味。由于其呈味物质与其他味感物质相配合时能使食品的整体风味更为鲜美，所以欧美各国都将鲜味物质列为风味增效剂或强化剂，而不看作是一种独立的味感。但我国在食品调味的长期实践中，鲜味已形成了一种独特的风味，故在我国仍作为一种单独味感列出。辣味是刺激口腔黏膜、鼻腔黏膜、皮肤和三叉神经而引起的一种痛觉。而涩味则是口腔蛋白质受到刺激凝固时所产生的一种收敛的感觉，与触觉神经末梢有关。这两种味感与四种刺激味蕾的基本味感有所不同，但就食品的调味而言，也可看作两种独立的味感。

一、甜味

（一）甜味物质

甜味是人们最喜爱的味感之一。在食品加工中，为了改善食品的风味，常将一些天然的或合成的甜味剂添加到食品中，以增强其食用性。糖类（如蔗糖等）就是最具代表性的天然甜味物质。除了糖及其衍生物外，许多非糖的天然化合物、天然衍生物和合成化合物也都具有甜味，如多元醇（山梨糖醇、甘露醇、木糖醇）、合成甜味剂（糖精、环己基磺酸盐、阿斯巴甜、氨基酸及其他物质）。

（二）甜味理论

1. 普通甜味物质结构基础

甜味分子的一般结构特征可以用甜味物质的AH/B/X–结构模型（图10-5与图10-6）来描述。该模型中A 和 B 是电负性原子（如氧、氮、氯），H 是氢原子，X是分子的非极性部分。舌头上的甜味受体有一种与之互补匹配的结构分布，这样，在甜味分子的AH/B结构和受体之间可以形成氢键，而甜味分子的非极性部分X 可以结合到受体的相应凹穴中。对于甜味化合物，A和 B之间的距离必须在0.25 ~ 0.4nm。

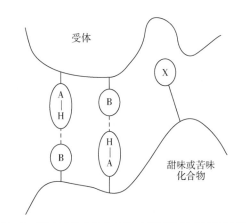

图 10-5　甜味及苦味化合物和味觉受体的 AH/B/X 结构
– – –氢键

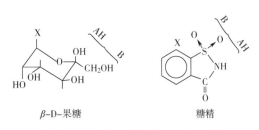

图 10-6　果糖和糖精的 AH/B/X 结构

AH–B理论也无法解释很多事实，它们包括：

（1）为什么具有AH–B结构的多糖和多肽是无味物质？

（2）为什么氨基酸的旋光异构体会产生不同味觉，如D-缬氨酸是甜味而L-缬氨酸是苦味？

（3）没有考虑甜味分子在空间的卷曲和折叠效应等。

2．强甜味物质结构基础

为了将此理论的有效性延伸至强甜味物质，后期又在这个理论中增加了第三个结合点，即在甜味分子中存在着一个具有适当立体结构的亲油区（常以γ表示），它与味觉受体的类似亲油区域可以相互吸引。甜味分子的亲油结构通常为次甲基（—CH_2—）、甲基（—CH_3）或苯基（—C_6H_5）。在强甜味分子的完整呈味结构中，所有的活性单元（AH，B和γ）都能与受体接触，形成一个三角形构象，见图10-7。这种排列形式成为当前甜味的三点结构理论的基础。"γ"部位可促进某些甜味分子与味觉受体的接触而起作用，并因此影响所感知的甜味的强度。但由于糖的亲水性很强，"γ"部位仅对甜度高的糖起着有限的作用，对低甜度的糖则完全不起作用。

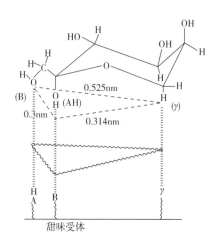

图 10-7　β-D 呋喃果糖与甜味受体之间的 AH/B 和 γ 的关系

"γ"部位或许还是甜味物质间甜味质量差别的一个重要原因，其重要性似乎与某些化合物的苦味或甜味的相互作用有关。甜/苦味糖的结构使它们能与甜、苦受体中的一或两种类型受体相互作用，从而产生复合的感觉。由于人对于苦味比甜味更为敏感，因此苦味分子的化学结构性质会抑制甜味。糖中的苦味似乎受异头中心的结构、环上的氧、己糖的伯醇基团以及所有取代基的性质等因素的综合影响。甜味分子在结构和立体化学上的改变常造成甜味的降低或丧失，甚至产生苦味。

（三）甜味剂的甜度

甜味的强弱称之为甜度，可作为评价甜味剂的指标。目前只能用品尝的方法评定甜味剂的相对甜度。一般以蔗糖为参考标准，将其他甜味剂的甜度与蔗糖的甜度比较，计算相对甜度。品尝方法有极限浓度法与相对法。前者是将品尝出的各甜味剂的阈值浓度与蔗糖的阈值浓度比较而得出相对甜度；后者选择适当浓度，比较相同浓度条件下品尝得出的各甜味剂的甜度强弱，根据各评判员小组的甜度平均分值与蔗糖分值相比，求出相对甜度。表10-4所示为一些常见物质的甜度。

表 10-4　一些甜味剂的相对甜度

甜味剂	相对甜度	甜味剂	相对甜度
蔗糖	1	甘露糖醇	0.7
乳糖	0.27	甘油	0.8
麦芽糖	0.5	甘草酸苷	50
葡萄糖	0.5 ~ 0.7	天冬氨酰苯丙氨酸甲酯	100 ~ 200
果糖	1.1 ~ 1.5	糖精	500 ~ 700
半乳糖	0.6	新橙皮苷二氢查耳酮	1000 ~ 1500

（四）甜度的影响因素

影响糖甜度的因素较多，本节仅讨论糖的分子结构与温度的影响。

首先，糖的甜度随聚合度的增加而下降，如葡萄糖>麦芽糖>麦芽三糖。淀粉与纤维素都无甜味。其次，糖的异构体之间的甜度不同，如 α-D-葡萄糖>β-D-葡萄糖。第三，糖的环结构的影响，如结晶β-D-吡喃果糖的甜度是蔗糖的2倍，但它溶于水转化为β-D-呋喃果糖后，甜度降低。第四，糖苷键结构的影响，如α-1，4-麦芽糖有甜味，但同样由两分子葡萄糖构成的β-1，6-龙胆二糖非但不甜还有苦味。

温度因素对相对甜度的影响见图10-8。果糖甜度随温度升高而降低，蔗糖、葡萄糖的甜度仅稍有下降。这可能是温度升高导致果糖向异构体转化的结果。

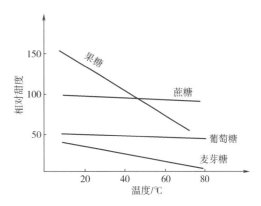

图 10-8　蔗糖、果糖与葡萄糖的甜度与温度的关系

二、苦味

苦味是一种分布很广泛的味感，自然界中的苦味物质远多于甜味物质。苦味本身是令人不愉快的味感，但当其与甜、酸或其他味感恰当组合时，却可形成一些食物的特殊风味，调配得当既能增进口感，还能调节生理功能，如苦瓜、武夷山的雪毫茶、灵芝和咖啡都等都有一定的苦味，但均被视为美味食品。

（一）苦味理论

就感觉受体而言，人舌根部的味蕾对苦味最为敏感。因为苦味取决于刺激分子的立体结构，且苦味与甜味的感觉都由类似的分子所激发，所以某些分子既可产生甜味也可产生苦味。

甜味分子一定含有两个极性基团，还可能含有一个辅助性的非极性基团。苦味分子似乎仅需一个极性基团和一个疏水基团。然而，有学者认为大多数苦味物质具有与甜味分子相同的AH/B模型与疏水基团，只是A和B之间的距离为0.1～0.15nm，小于甜味化合物的相应间距（例如，苦味二萜烯香茶菜醛的AH/B/X结构如图10-9所示）。

根据上述设想，在特定的受体部位中AH/B单元的取向决定了分子的甜味与苦味。有些受体部位的取向只适合苦味分子，当分子能与这样的受体部位相匹配时，会产生苦味感，而那些能与甜味部位相匹配的分子则产生甜味感。如果一个分子的几何形状使它能按上述两种方向取向，就能产生苦或甜感。这种模式对于氨基酸似乎特别适合，D型氨基酸是甜的，L型则是苦的。由于甜味受体的疏水部位（即γ区）的亲油性是无

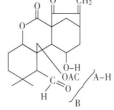

图 10-9　苦味二萜烯香茶菜醛的 AH/B/X 结构

方向性的，因此它既可以参与产生甜味，也可参与产生苦味。总之，苦味模式的结构基础极为广泛，大部分有关苦味与分子结构的实验现象都可以用现有的理论来解释。

（二）苦味物质种类

若将苦味物质分类，则主要可分为生物碱、糖苷、氨基酸、多肽和盐。

1. 生物碱类

生物碱有59类约6000种，几乎全部具有苦味。番木鳖碱是目前已知的最苦的物质。奎宁常被选为苦味的基准物，其阈值浓度为16mg/kg。许多情况下，生物碱的碱性越强则越苦。黄连是一种季胺盐，咖啡因是茶、咖啡和可可中重要的苦味物质，对构成这些饮料的特殊口感有突出贡献。很多生物碱都具有一定的生理功能，可治疗疾病。

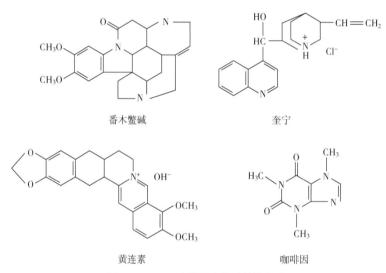

番木鳖碱　　　　　　奎宁

黄连素　　　　　　咖啡因

图 10-10　几种常见生物碱的结构式

2. 糖苷类

按配基可简单地将糖苷分为含氰苷（如苦杏仁苷、木薯毒苷等）、含芥子油苷（如黑芥子苷、白芥子苷等）、含脂肪醇苷（如松柏苦苷、山慈姑苷等）和含酚苷（如熊来苷、杨皮苷、水杨苷、白杨苷）。其中许多存在于中草药中，一般有苦味，还可治病。

柑橘类水果还含有很多黄烷酮糖苷类化合物。葡萄柚和苦橙中的主要黄烷酮苷是柚皮苷。柚皮苷使果皮带有浓重的苦味（图10-11）。

柚皮苷酶切断柚皮苷中鼠李糖和葡萄糖之间的1→2键，可脱除柚皮苷的苦味。在工业上制备柑橘果胶时可以提取柚皮苷酶，并用固定化酶技术脱除葡萄柚果汁中的柚皮苷。

3. 氨基酸与多肽类

由于氨基酸有多种官能团，能与多种受体作用，因而味感丰富。一部分L-氨基酸有苦味，如亮氨酸、异亮氨酸、苯丙氨酸、酪氨酸、色氨酸、组氨酸、赖氨酸和精氨酸等。

水解蛋白质和发酵成熟的干酪常有明显的令人厌恶的苦味。这种苦味取决于肽的相对分子质

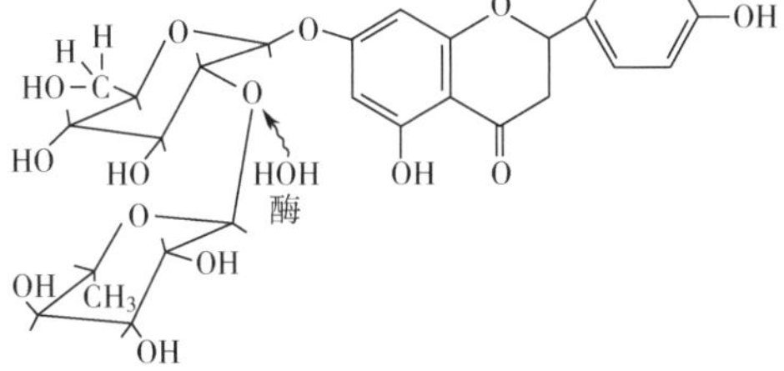

图 10-11 柚皮苷结构及生成无苦味衍生物的酶水解位置

量和所含有的疏水基团的本质。蛋白质水解所生成的肽的苦味可通过计算蛋白质的平均疏水性来预测；显然蛋白质的平均疏水性与构成蛋白质的氨基酸侧链的疏水性有关。如果已知肽的氨基酸组成，那么可以根据下式计算它的平均疏水性：

$$Q = \frac{\sum \Delta G}{n}$$

式中　ΔG——个别氨基酸的疏水性；

　　　n——构成蛋白质或肽的氨基酸残基数。

表10-5所示为氨基酸残基的ΔG。

表 10-5　氨基酸残基的 ΔG　　　　　　　　　　　　　　　　　　单位：J/mol

氨基酸	ΔG	氨基酸	ΔG	氨基酸	ΔG
Gly	0	Arg	3052.6	Pro	10955.8
Ser	167.3	Ala	3052.6	Phe	11081.2
Thr	1839.9	Met	5436.1	Tyr	12001.2
His	2090.8	Lys	6272.4	Ile	12419.4
Asp	2258.1	Val	7066.9	Try	12544.8
Glu	2299.9	Leu	10119.5		

当Q高于5855J时，肽具有苦味，低于5436J时，肽没有苦味。肽的相对分子质量也影响它产生苦味的能力，只有相对分子质量低于6000的肽才有可能产生苦味。

自α_{s1}-酪蛋白的144～145残基与150～151残基之间断裂所得的肽如图10-12所示。

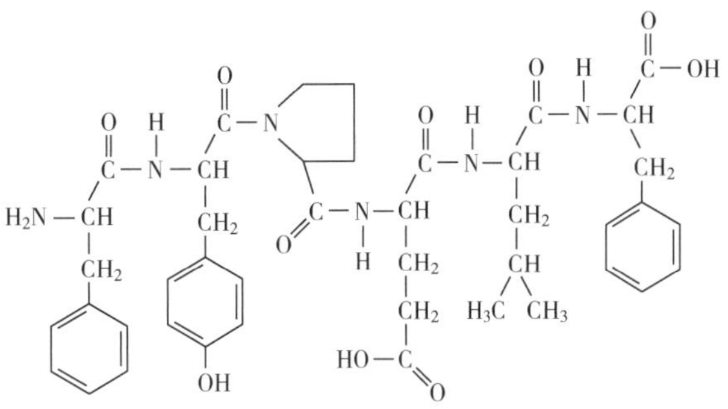

这一片段的肽的组成为苯丙氨酸-酪氨酸-脯氨酸-谷氨酸-亮氨酸-苯丙氨酸，显示了较强的非极性特征。根据计算，此肽Q为9.58kJ/mol，其味非常苦，是造成成熟干酪苦味的重要原因。

图 10-12　α_{s1}-酪蛋白衍生的苦味肽片段

4. 萜类

植物中有丰富的萜类化合物，单萜有36种，倍半萜有48种，加上其他萜，总数不下万种。一般含有内酯、内缩醛、内氢键和糖苷羟基等能形成螯合物的结构具有苦味。常见的葎草酮和蛇麻酮都是啤酒花的苦味成分（图10-13）。柑橘籽中的柠檬苦素也是葡萄柚的苦味成分。在完整的水果中并无柠檬苦素存在，主要形式是柠檬苦素的无风味衍生物，它是由酶水解D内酯环，经开环产生的（图10-14）。但果汁提取的酸性条件有利于D环闭合形成柠檬苦素，造成苦味滞后现象。采用节杆菌和放线菌属制备的固定化酶打开D环后再用柠檬酸脱氢酶处理，将这个化合物转化成无苦味的17-脱氢柠檬酸A环内酯，这样可以彻底解决橙汁的脱苦问题。

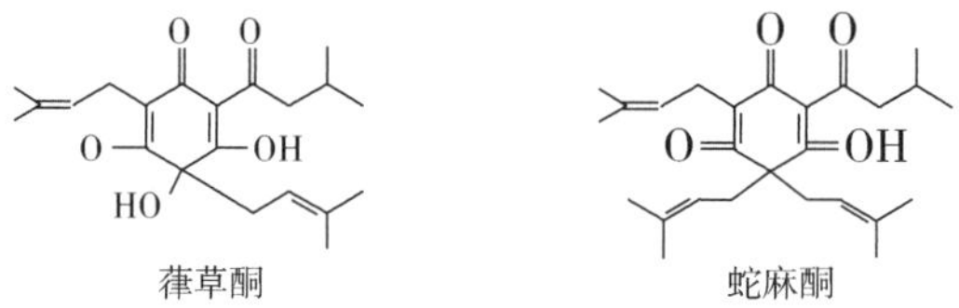

葎草酮   蛇麻酮

图 10-13 葎草酮和蛇麻酮的结构式

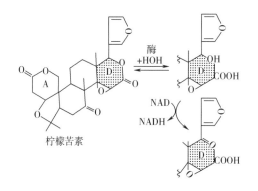

柠檬苦素

图 10-14 柠檬苦素结构及由酶促反应产生的苦味衍生物

5. 盐类

盐类的苦味主要决定于盐的阴、阳离子直径总和。离子直径低于0.65nm的盐类具有纯正的咸味，随离子直径增加（CsCl为0.696nm，CsI为0.774nm），盐类苦味增加，$MgCl_2$的离子直径为0.85nm，极苦。

三、咸味

（一）咸味物质

咸味是人类最重要的基本味感之一，人类离不开对盐的需要，咸味在食品调味品中也占首要地位。咸味是由低分子质量无机盐产生的，如食盐（NaCl）、氯化钾（KCl）、溴化钠（NaBr）或碘化钠（NaI）。

出于生理需要及安全性的考虑，目前食品中的咸味剂，除葡萄糖酸钠及苹果酸钠等几种有机酸钠盐可用作无盐酱油和肾脏病人食品外，其余基本上仍用氯化钠。据报道，氨基酸的内盐也都带有咸味。用86%的$H_2NCOCH_2N^+H_3Cl^-$加入14%的5′-核苷酸钠，其咸味与食盐无区别，有可能成为潜在的食品咸味剂。粗盐中一般都有微量杂质如KCl、$MgCl_2$等存在。经过精制以后，虽除去杂质可以使苦味下降，但对食用或食品加工而言，这些微量杂质存在较为有利。

（二）咸味理论

一般认为盐的离子性质是决定咸味的先决条件。在化学上，咸味似乎是由阳离子产生的，而阴离子修饰咸味。钠和锂只产生咸味，钾和其他阳离子既产生咸味也产生苦味。在食品中常见的阴离子中，氯离子对咸味的抑制最少，柠檬酸根阴离子比正磷酸根阴离子的抑制作用更强。有些阴离子不仅抑制阳离子的呈味，自己也产生味感。氯离子不产生味感，柠檬酸根阴离子产生的味感比正磷酸根阴离子的弱。阴离子对很多食品的风味有影响，例如，在经过加工的干酪中，包含在乳化盐中的柠檬酸盐和磷酸盐会抑制钠盐的咸味。同样，长碳链脂肪酸（Ⅸ）和洗涤剂或长碳链磺酸（Ⅹ）的钠盐产生的肥皂味都是由阴离子激发的特殊味感，这些味感可以掩盖阳离子的味感，如图10-15所示。

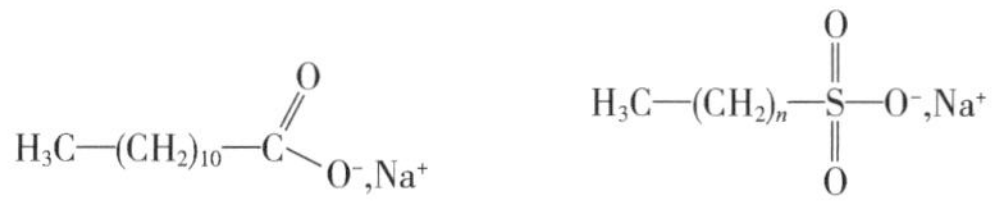

$$H_3C—(CH_2)_{10}—C{\overset{O}{\underset{O^-,Na^+}{}}}$$ $$H_3C—(CH_2)_n—{\overset{O}{\underset{O^-,Na^+}{\overset{|}{\underset{|}{S}}}}}$$

（Ⅸ）月桂酸钠盐　　　　　（Ⅹ）月桂基磺酸钠

图 10-15　肥皂味钠盐

普遍认同描述咸味感受机制的模型包括水合的阴-阳离子复合物与AH/B型受体（参见前面的讨论）的相互作用。这些复合物的结构变化很大，以至于水的—OH、盐中的阴离子或阳离子都可与受体作用。

四、酸味

酸味感是动物进化过程中最早认知的一种化学味感。许多动物对酸味刺激都很敏感，人类由于早已适应酸性食物，故适当的酸味能给人以爽快的感觉，并促进食欲。酸味强度常用主观等价值（P.S.E）来表示，是指感受到相同酸味时该酸味剂的浓度。一般来说，P.S.E值越小，表示该酸味剂在相同条件下的酸性越强。

酸味是由H^+离子产生的，更准确地说，是来自于酸的水合氢离子（H_3O^+）。酸味剂的酸味主要受氢离子浓度、总酸度和酸根负离子的影响。当溶液中的氢离子浓度太低、pH>5.0～6.5时，我们几乎感觉不到酸味；但当溶液中的氢离子浓度过大、pH<3.0时，酸味感又会让人难以忍受。

在通常情况下，相同条件下氢离子浓度大的酸味剂其酸度也强。总酸度是指包括已离解和未离解的分子浓度，pH相同而总酸度较大的酸味剂溶液，其酸味也较强。例如丁二酸比pH相同的丙二酸的总酸度大，其酸味也比丙二酸强。

但是H^+离子本身的特性并不能形成酸味感觉，酸味剂的阴离子对酸味强度和酸感品质也有很大影响。有机酸根A^-结构上增加羟基或羧基，则亲脂性减弱，酸味减弱；增加疏水性基团，有利于A^-在脂膜上的吸附，酸味增强。很多食品（如水果、加工食品和软饮料）的酸味是由有机酸产生的，如柠檬酸、乳酸、酒石酸或乙酸。磷酸是食品配料中唯一对产生酸味有重要作用的无机酸，可用于软饮料工业。在pH相同或相近的情况下，有机酸均比无机酸的酸味强度大。大多数有机酸具有清鲜、爽快的酸味，尤其当酸浓度低到某种程度时，产生的与其说是酸味，倒不如说是甜美味，而磷酸、盐酸等却有苦涩感。

五、鲜味

近年来，鲜味的概念越来越普遍地被人们接受，也经常被列入味感的范畴。

产生鲜味感觉的重要化合物是谷氨酸盐（主要是谷氨酸钠MSG），嘌呤-5′-单磷酸盐的二钠盐，特别是肌苷-5′-单磷酸盐（IMP）、鸟苷-5′-单磷酸盐（GMP）和腺苷-5′-单磷酸盐（AMP）。

有鲜味作用的化合物一般拥有两个相距3~9（更多地是4~6）个碳或其他原子的负电荷基团。MSG、IMP、GMP和其他一些化合物（如琥珀酸）完全满足这种结构要求。AMP在分子末端只有一个负电荷，但在另一端有一个氨基，这种结构差异导致AMP的鲜味作用明显小于IMP、GMP和MSG。

六、风味增效剂

一些食品组分在食用时对滋味或气味只有很少或根本没有贡献，却能够增强、减少或修饰食品的滋味和气味，这些化学成分称为风味增效剂。传统上，真正的风味增效剂只有食盐、谷氨酸钠（MSG）和一些核苷酸。

（一）鲜味剂及其风味增效作用

味精是谷氨酸一钠盐（MSG）的化合物，是风味增效剂中最常用的一种。当它们使用量高于其单独检测的阈值时，能使食品的鲜味增加，当使用量低于其单独检测阈值时仅仅增强风味。

除了MSG外，5′-肌苷单磷酸（5′-IMP）和5′-核糖核苷酸类化合物都是效果很好的风味增效剂。D-谷氨酸和2′或3′-核糖核苷酸类化合物并无增强风味的活性。目前使用最多的风味增效剂还是MSG，5′-IMP和5′-GMP等鲜味剂。此外，酵母水解物也是风味增效剂的良好来源，其中主要风味增强效应是由5′-核糖核苷酸产生的。

目前对鲜味受体的了解尚不彻底，有人认为可能是膜表面的多价金属离子在起作用。谷氨酸钠和肌苷酸二钠虽然具有相同的鲜味和几乎相等的感受阈值（分别为0.03%和0.025%），但却各自作用在舌上受体不同的部位上。当相同类型的鲜味剂同时存在时，它们在受体上的结合存在竞争性；当不同类型的鲜味剂共存时，由于协同作用，产生的鲜味效果成倍增加。若增加谷氨酸钠盐，鲜味有所增加，而增加肌苷酸二钠盐时鲜味增加不明显，可能是谷氨酸钠盐受体位置多而肌苷酸二钠盐受体位置少的缘故。

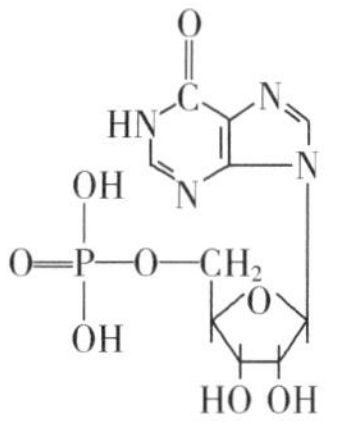

R=H　5′-肌苷酸单磷酸　5′-IMP
R=NH₂　5′-鸟苷酸单磷酸　5′-GMP
R=OH　5′-黄苷酸单磷酸　5′-XMP

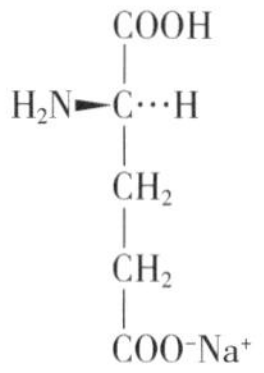

L-谷氨酸钠
(MSG)

图 10-16　几种常见的风味增效剂

（二）kokumi味物质

kokumi表示那些不产生四种基本味道和鲜味，但可增强食品美味的物质所产生的味感。丰满、调和、持续、醇厚等均是"kokumi"味的体现。例如，大蒜和洋葱特征挥发性风味的主要前体物质是硫代半胱氨酸亚砜类氨基酸（图10-17），这些化合物都是水溶性的，有很强的kokumi特性，能显著影响食品的风味。因此，尽管含有大蒜的食品（例如通心粉的酱料、煎肉等）可能不会呈现明显的大蒜风味，但是硫代半胱氨酸亚砜的存在使得这些食品风味的调和性、丰富性和整体可接受性显著提升。

能产生kokumi风味的可溶性物质并不多，谷胱甘肽及其他一些含有半胱氨酸的多肽（图10-17）也具有kokumi活性。琥珀酸（及其可溶性盐类，图10-17）除了酸味外还呈现出一种类似于肉汤的风味特征。虽然目前琥珀酸的风味还没被列为经典的kokumi风味，但是商业上已用它来提供肉汤所特有的风味，特别是在肉类的调味料中，其用途尤为广泛。

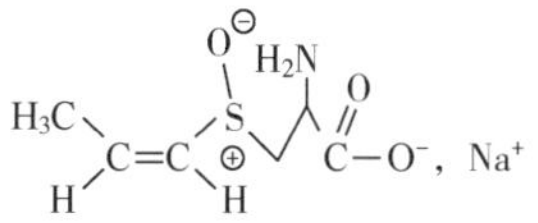

S-(1-丙烯基)-L-
半胱氨酸亚砜
(洋葱)浓厚

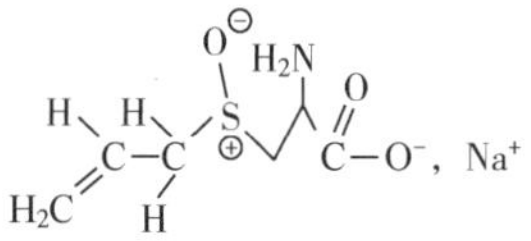

S-(2-丙烯基)-L-
半胱氨酸亚砜
(大蒜，浓厚)

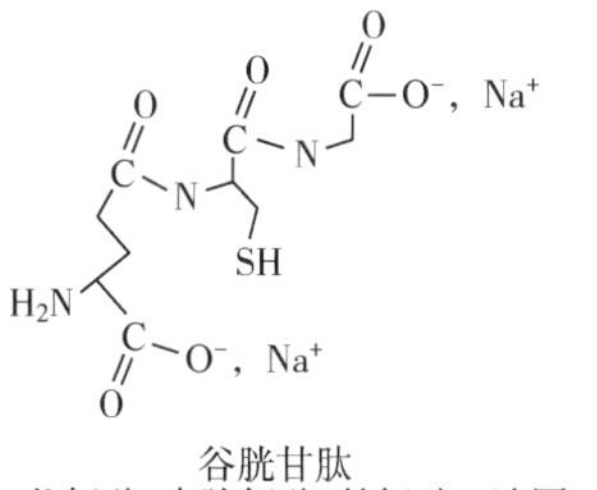

谷胱甘肽
(α-谷氨酸-半胱氨酸-甘氨酸，浓厚)

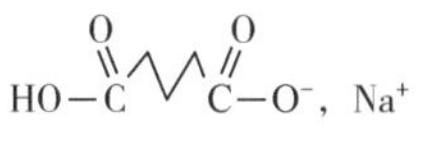

琥珀酸钠
(类似于肉汤的复杂风味)

图 10-17　一些水溶性的风味增效剂的结构

（三）其他风味增效剂

许多天然的和合成的物质也具有风味增效作用，它们在结构上有一些相似性（图10-18）。其中，香兰素是一种世界上广泛使用的食用香料，其与乙基香兰素所产生的香味很受欢迎。除了产生香味，香兰素类物质也具有风味增效作用，其对食品的圆润度、丰富度和柔滑度具有很好的增强效果。特别是在冰淇淋等含有糖和脂质的食品中，香兰素类物质发挥着不可忽视的风味增强作用。

　　麦芽酚和乙基麦芽酚（图10-18）是常用的增加食品甜香的增效剂，在水果和甜食中应用较多。高浓度的麦芽酚具有令人愉快的焦糖芳香，当浓度较低时（50mg/kg）不能产生明显的焦糖芳香，但是它们能使甜食、果汁等制品具有圆润、柔和的味感。麦芽酚稳定的构型即烯醇酮型，按化学观点烯醇酮型的麦芽酚还可以有另一种二酮式的构型，但是烯醇酮型可形成分子内氢键，比较稳定（图10-19）。麦芽酚与乙基麦芽酚（—C_2H_5代替环上的—CH_3）都可与甜味受体的AH/B部分相匹配，麦芽酚可把蔗糖的检测阈值降低一半，而乙基麦芽酚的甜味增效作用比麦芽酚更强，但增效机制仍不清楚。

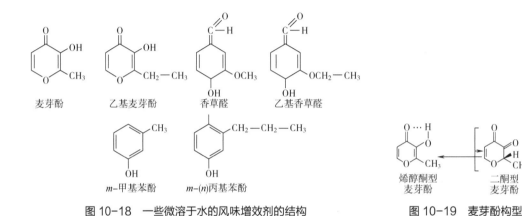

图 10-18　一些微溶于水的风味增效剂的结构　　　　图 10-19　麦芽酚构型

　　苯酚天然存在于牛奶和反刍动物肉中，其在很低的浓度（ng/g）下就能增强肉类黏附、丰满、多汁的味感。在所有苯酚类化合物中，含有m-烷基取代基的苯酚的风味增效作用最强，例如，m-甲基苯酚和m-（n）-丙基苯酚（图10-18）是牛肉制品中最重要的苯酚类化合物。

　　风味增强肽具有复杂的呈味功能，它同时参与并影响食品的香与味的形成，能提高食品的风味，改进食品的质构，使食品的总体味感协调、细腻、醇厚浓郁。牛肉风味肽是一种八肽，是最早被确认的具有风味增效作用的化合物，能增强鲜味，可作为一种天然风味增效剂。利用蛋白酶控制酶解及美拉德反应制备的美拉德肽具有营养丰富、价格合理、天然安全、风味独特等特点。例如，以玉米蛋白为原料制备的美拉德肽适用于开发色泽较浅，焦香味、醇厚味突出的风味增强肽；大豆蛋白风味肽鲜味高、苦味低，具有肉香及焦香气的含硫化合物含量高，可增强鲜味及肉香。此外，这两种肽都具有很强的抗氧化活性，有着其他风味增效剂无法比拟的优点。

七、辣味

　　辣味常常使人既怕又爱。入口之后产生特殊的烧灼感和尖利的刺痛感，可对味感产生强烈的刺激，令人胃口大开。大部分辛辣化合物是非挥发性的，它们会对口腔组织产生刺激作用。有人认为辣味物质的分子中具有亲水基团和疏水基团，亲水基团起定味作用，而疏水基团是助味基团。辣味物质不仅刺激舌上的味觉受体，一部分辛辣物质还在食物下咽时随着口腔部回旋的暖气流升腾，进入咽喉、鼻道，刺激大面积的感觉受体，产生催泪流涕的现象。

几种代表性产辣物质是辣椒素、胡椒碱和姜醇，如图10-20所示。

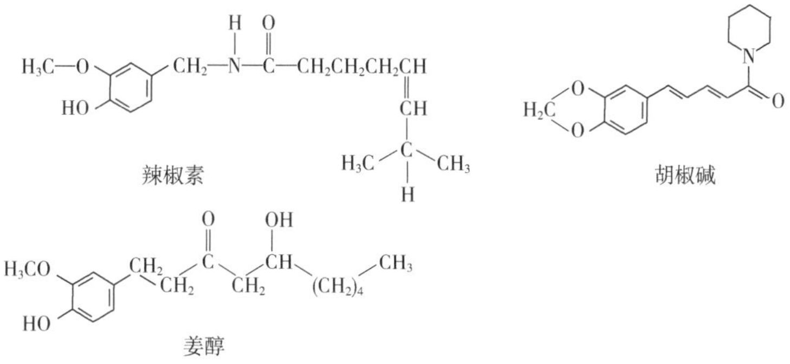

图 10-20　常见的辣味物质

八、清凉感

辛辣感的对立面就是清凉感，是指口腔组织或神经与某些物质接触后，刺激特殊的受体而产生的感觉，这是一种带有穿透性的凉感。产生清凉感最典型的物质是薄荷和留兰香，主要成分是L-薄荷醇、D-樟脑，如图10-21所示。

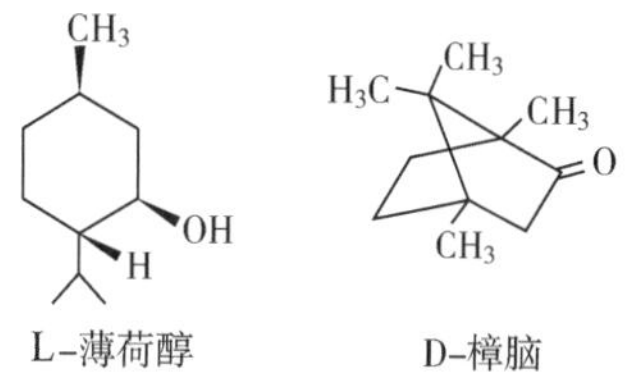

图 10-21　常见的清凉感物质

九、涩味

涩味通常为口腔组织所感觉到的引起组织表面粗糙褶皱的收敛感觉和干燥感觉。据分析，唾液中的蛋白质会与单宁或多酚类化合物生成沉淀或者聚合物，从而产生了涩感。鉴于大多数人并不了解涩感的成因，加上很多单宁和多酚类化合物会同时引起涩感和苦味，因此，两者易于混淆。

有的单宁分子具有很大的横截面积（图10-22），易与蛋白质发生疏水结合。在化学结构上单宁含有很多苯酚基团，在一定条件下它们会转变为醌式结构，这些醌式构型随即可以与蛋白质发生交联，从而产生涩感。有些食品需要有一定的涩感，如茶。茶中有比较丰富的单宁，故会产生涩感；同时还有大量的茶多酚类物质，既能产生涩味也能产生苦味。涩味也会增加茶的苦味感，加上茶的香气，饮茶入口时让人立即领略到一种爽口清新感，这大概就是茶韵丰富内涵的一部分。

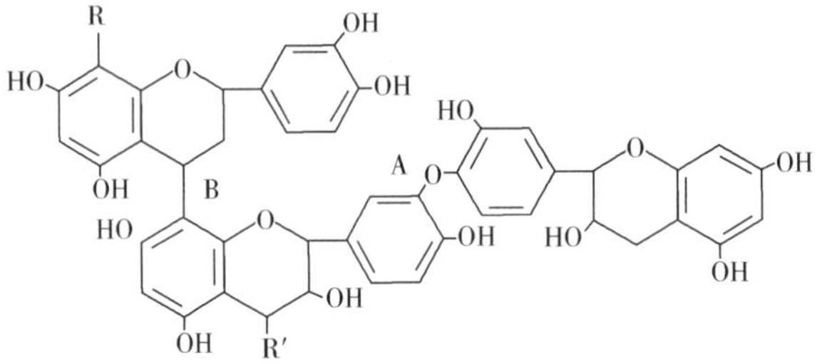

图 10-22　一种原花色素单宁的结构

A—可以水解单宁的键

B—缩合单宁的化学键

除了单宁类、多酚类物质可以产生涩味外，一些金属盐（如明矾）和醛类也能产生涩感，醛类产生涩感的原因也是蛋白质凝固。涩感也常使人感到不舒服，如未成熟的香蕉、柿子，这些水果未成熟时都含有较多的多酚类化合物，从而产生了人们不期望的味感。

第三节　植物来源食品的风味

每天人们都需摄入一定量的蔬菜与水果，从中可获得必要的能量和营养，同时因为水果、蔬菜丰富多彩的风味亦可增进食欲。植物学家非常重视培养具有优良风味的新品种，争取拓宽市场，获取更多经济效益。例如，在中国并驾齐驱数十年的国光、金帅、青香蕉等苹果，近年来已被漂洋过海而来的红富士挤出了市场。并不是因为红富士苹果的营养价值有多高，或是香味格外特殊，主要是其口感征服了广大消费者。由此可见，食品风味的研究非常重要。

一、蔬菜中的含硫挥发性化合物

（一）葱属植物的含硫挥发性成分

很多植物中都有含硫化合物，其常与辛辣刺激味有关。洋葱组织破损后能迅速产生具有极强穿透力、催人泪下的挥发性含硫化合物S-氧化硫代丙醛。这是因为洋葱中原先被隔离的蒜氨酸酶在细胞破损之后被迅速激活，并能水解风味前体［S-（1-丙烯基）-L-半胱氨酸亚砜］，生成次磺酸中间体。氨与丙酮酸、次磺酸能进一步重排产生S-氧化硫代内醛，还有硫醇、二硫化合物、三硫化合物及噻吩类化合物，它们共同形成了洋葱风味。

大葱是我国北方人喜爱的蔬菜和调味品，在大葱精油中含有数量丰富的含二硫、三硫的硫醚化合物（表10-6）。

表 10-6　大葱的各部位精油组分

化合物	相对含量/%			化合物	相对含量/%		
	葱白	葱叶	葱花		葱白	葱叶	葱花
二甲二硫醚	1.13	4.17	7.94	二丙基二硫醚	0.58	0.47	1.27
2-甲基-2-戊烯醛	24.95	22.51	6.62	丙基丙烯基二硫醚（顺）	1.81	0.87	1.24
2, 4-二甲基噻吩	0.21	1.28	0.36	丙基丙烯基二硫醚（反）	2.26	1.34	2.46
甲基烯丙基二硫醚	0.04	0.34	0.18	甲基丙基三硫醚	14.27	8.00	12.94
甲基丙基二硫醚	3.56	4.50	4.51	甲基丙烯基三硫醚	11.25	4.04	5.38
甲基丙烯基二硫醚	4.18	5.17	2.38	二甲基四硫醚	1.37	0.74	1.54
二甲三硫醚	14.00	12.23	6.13	二丙基三硫醚	3.59	2.42	5.95
二烯丙基二硫醚	0.14	0.54	0.11	丙基丙烯基三硫醚	4.09	2.55	4.09

　　大蒜风味产生机制与洋葱相同。风味前体S-（2-丙烯基）-L-半胱氨酸亚砜在酶作用下生成二烯丙基硫代亚磺酸酯（蒜素），它具有大蒜风味。接着，大蒜中的硫代亚磺酸酯以与洋葱的次磺酸同样的方式分解和重排，生成甲基烯丙基二硫化物、二烯丙基二硫化物及蒜油和熟大蒜的其他主要风味化合物。

　　很多食物在加工时会产生H_2S，这是由于食物原料中的胱氨酸、半胱氨酸及高级组织细胞中的γ-谷氨酰半胱酰甘氨酸三肽受热分解，迅速释放出H_2S。H_2S是一种重要的香气成分，而且还是诸多香气成分的反应前体。

（二）其他植物中的含硫挥发性成分

　　含硫化合物在其他植物中也很普遍，例如芥末、雪菜及香菇等。芥末入口下咽的同时产生涕泪齐下的强烈刺激，会令初次尝试者毕生难忘。其原因就是，硫代葡萄糖苷被硫代葡萄糖苷酶分解为异硫氰酸烯丙酯，在温暖的口腔内，该化合物沿后鼻道直冲鼻腔，刺激嗅细胞。生萝卜辛辣味的代表性化合物是4-甲硫基-3-反-丁烯基异硫氰酸酯。其前体物硫代葡萄糖苷，能被硫代葡萄糖苷酶分解成异硫氰酸酯（R—S＝C＝N）及腈类化合物。

　　雪菜（又名雪里蕻或雪里红），十字花科，一、二年生草本，是芥菜的变种。生鲜雪菜有麻辣味与刺鼻感，这是因为雪菜中的黑芥子苷被芥子酶水解为挥发性的异硫氰酸烯丙酯（$CH_2＝CH—CH_2—N＝C＝S$）。

　　市场上出售的新鲜香菇只有鲜而滑润的口感并无明显的香味，而经干燥加工的干香菇却香气诱人，其主要的香气成分是香菇精。鲜香菇加工时，组织破损，γ-谷氨酰转肽酶被激活，使肽分解为半胱氨酸亚砜（香菇酸），香菇酸再受到S-烷基-L-半胱氨酸亚砜断裂酶的作用，经一系列反应生成香菇精和其他多硫环烷化合物，如图10-23所示。

　　此外，生芦笋中的芦笋酸在加热时会分解，可产生成熟芦笋香气成分1, 2-二噻茂。

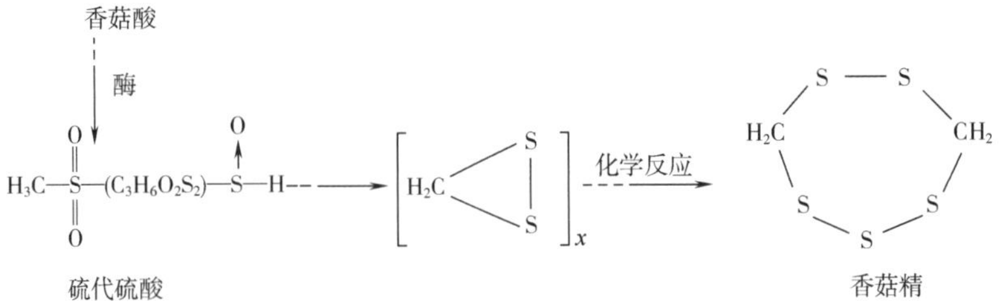

图 10-23　香菇精的生成途径

二、蔬菜和其他植物中含氮挥发性化合物

中国和亚洲诸国是大米的主要生产与消费国。新鲜大米煮饭时会产生类似爆米花的芳香。消费者更酷爱香大米，生米就可闻到香气。煮饭时满屋飘香，久久不散。统计结果表明，已鉴定的大米香气成分可分为近20类，共450余种化合物。2-乙酰基吡咯啉是目前公认的米饭关键香气成分之一。2-乙酰基吡咯啉具有爆米花的特征香气，在香大米中的含量约为0.04~0.09mg/kg。

生马铃薯、豌豆和豌豆荚等蔬菜的香气中都含有2-甲氧基-3-异丙基吡嗪。在吡嗪家族中第一个与蔬菜香味有关的就是2-甲氧基-3-异丁基吡嗪。它有甜椒香味，阈值极低，仅为0.002mg/kg，是嗅觉强度极大的芳香物质。其生成途径如图10-24所示。

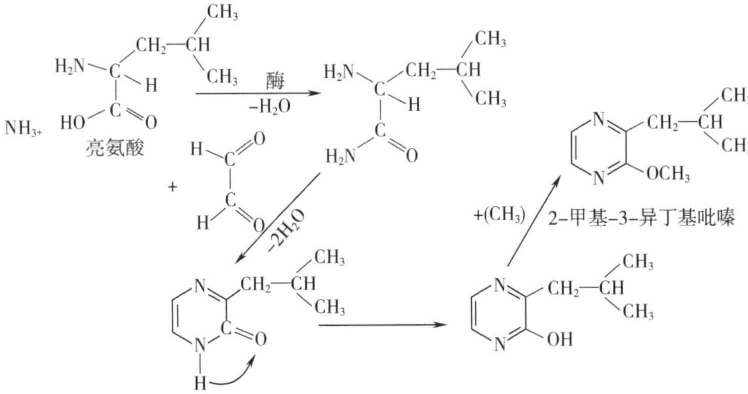

图 10-24　酶作用产生甲氧基烷基吡嗪类化合物

三、茶与咖啡的风味

（一）茶

茶主要可分为非发酵茶（绿茶）、发酵茶（红茶）和半发酵茶（乌龙茶）。茶的香型和特征香气与茶树品种、采摘季节、叶龄、加工方法、温度、炒制时间、发酵过程等多种因素有关。

茶香的研究历史已非常悠久，已鉴定出的香气成分达500余种，限于篇幅，我们选择主要香气成分进行讨论。

1. 萜类化合物

萜类化合物是关键的茶香成分，包括萜烯醇、萜烯醛、萜烯酮及萜的氧化物，其中有 β-月桂烯、β-罗勒烯、柠檬烯、芳樟醇、橙花醇、香叶醇、橙花叔醇、香芳醇、橙花醛、香叶醛、藏红花醛、α- 及 β-紫罗兰酮及其氧化物。此类风味物是茶叶清香、花香的主要成分。加工时萜类发生异构、转换、环化、脱水和氧化等一系列反应（图10-25）。

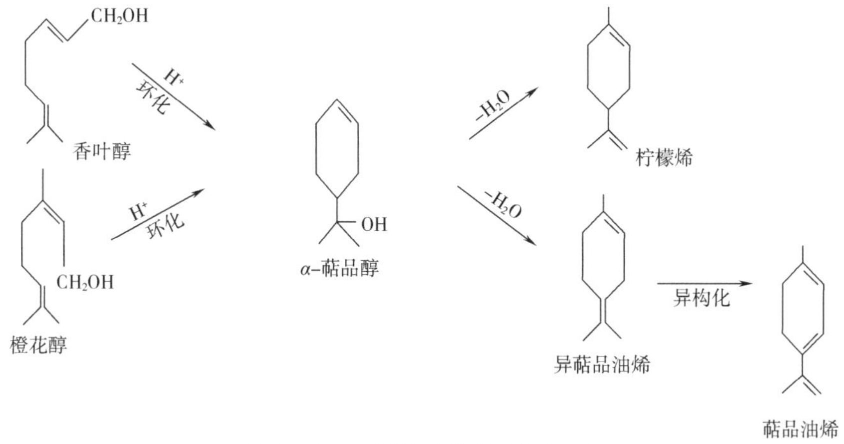

图 10-25 萜烯化合物的转化（一）

茶叶加工中随着鲜叶中大部分能产生青杂气的低沸点物质挥发散失，高沸点物质异构化，生成的茶香成分不断积累，如具有百合花香的芳樟醇的大量增加改善了茶叶的香气。鲜叶中只有微量的芳樟醇与香叶醇，而制成绿茶后香叶醇与芳樟醇分别达到3~7mg/kg和30mg/kg以上（图10-26）。鲜叶中没有发现紫罗酮，但1996年就确认它存在于红茶中。β-紫罗酮具有紫罗兰香，它来自 β-胡萝卜素的降解（图10-27）。它进一步氧化的产物是二氢海葵内酯和茶螺烯酮。后二者只要微量存在于茶中即可形成红茶特有的香味。

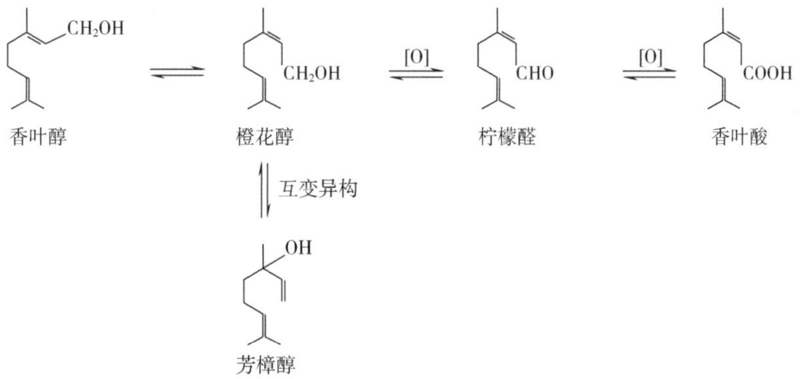

图 10-26 萜烯化合物的转化（二）

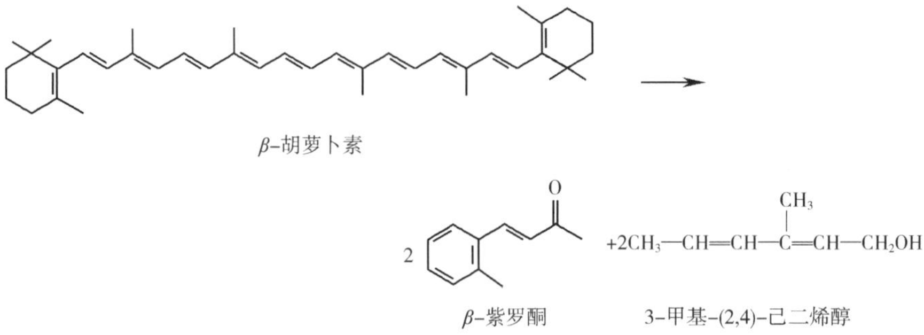

图 10-27 β – 紫罗酮生成途径

2. 脂肪族化合物

茶香中有不少脂肪族和芳香族化合物，如顺-2-己烯醇和反-3-己烯醇具有清香，红茶中发现的反-2-戊烯醇有柠檬似的清香。（Z）-3-己烯醛和2-辛烯醛的阈值低，具有强烈的青草香。苯甲醇、苯乙醇有木香。茉莉酮酸甲酯能给茶叶带来清淡持久的药花香，二氢茉莉酮酸酯可使茶增添花的香韵，小分子酯类则使茶增添水果香和花香。在茶中发现的γ和δ内酯也有10种以上，这些化合物使茶的香气更加丰润饱满、圆和。红茶萎凋、发酵及绿茶焙制引发了复杂的生化反应和化学反应，产生和积累了丰富的产物。在制茶的最后焙制阶段，它们有的挥发逸去，更多的是相互反应。最有代表性的是热降解和美拉德反应，产生了多种杂环化合物，如呋喃、吡啶、吡咯、吡嗪及含硫杂环化合物如噻吩等，增添了茶叶的高香，是茶叶加工的关键工序之一。

（二）咖啡

据报道确认的咖啡挥发性成分已有600种。绝大多数是含氧、含氮或含硫的杂环化合物，如呋喃、噻吩、吡嗪、噻唑、吡咯和吡啶等。生咖啡豆无香味，几乎所有的香气都与咖啡的焙烤加工有关。

1. 杂环化合物

咖啡豆中碳水化合物主要有戊糖、己糖等单糖，除此之外还有一定比例的蔗糖。这些糖在高温下一部分分解，一部分会成环并脱水，生成带呋喃环的挥发性组分，总数近百种，居各类挥发性组分的首位。有代表性的化合物是2-呋喃醛、2，5-二甲基-3-（2H）-呋喃酮、2-（呋喃基）-甲硫醇和（5-甲基-2-呋喃基）-甲硫醇呋喃醛，它们具有明显的烤香。含硫的呋喃化合物2-（呋喃基）-甲硫醇是咖啡香味的关键成分。

焙烤时咖啡豆里的蛋白质也降解成肽或氨基酸，其中的含硫氨基酸如半胱氨酸，一部分受热分解，也有一部分经过复杂的反应生成了噻吩类、噻唑类化合物。这两类化合物共有50余种，具有代表性的化合物有噻吩、3-甲基噻吩、4-乙基-2-甲基噻吩、2，4，5-三甲基噻唑和5-乙基-2，4-二甲基噻唑等。上述化合物分别具有坚果香、清香、花香、木香、蜜香，可使咖啡的香气更加丰满。

生咖啡豆有3种多胺，即腐胺、精胺和亚精胺。高温焙烤时有一部分腐胺转化为吡咯烷化合物，数目多达60余种，也是构成咖啡香气的重要成分。代表性的化合物有吡咯、2-乙酰基吡咯、吲哚、3-甲基吲哚和2-吡咯醛等。其中2-乙酰基吡咯有饼干香气，低浓度的烷基吡咯具有焦香。咖啡豆中的生物碱主要是胡芦巴碱，它本身带有一个吡啶环，加热时可生成吡啶、吡咯、哌啶基吡啶。除此之外还有甲基吡啶、3-乙基吡啶、3-甲氧甲酰基吡啶等。

2. 酚类化合物

咖啡的酚酸种类丰富，主要有绿原酸、咖啡酸、奎尼酸等。生成的多酚类对咖啡的风味有很重要的贡献。4-乙基酚具有木香、酚香和药草香。愈疮木酚有甜的焦香，4-甲基愈疮木酚具有辛香和香子兰香。

3. 其他化合物

炒咖啡挥发性物质中亦有萜烯化合物，如芳樟醇、α-萜品醇等。咖啡中还发现了麦芽酚。麦芽酚不仅本身有甜香，而且还有甜味协同增效作用。咖啡中的一些小分子硫化物，如硫醇、硫醚等可以形成咖啡清新头香。

咖啡碱中，多酚及羟氨反应的非酶褐变产物形成了咖啡的苦涩感。在适量有机酸（柠檬酸和苹果酸）的陪衬、烘托、调和后，使得咖啡具有独一无二的风味。

四、水果的风味

不同种类和品种的水果具有不同的风味。橄榄的苦涩、青梅的酸凉会促使人分泌唾液，但绝大多数的水果都以香甜的气味和鲜美的滋味取悦消费者。甜味主要来自葡萄糖、果糖或蔗糖等，酸味来自于柠檬酸、苹果酸、酒石酸等有机酸。很多水果未成熟时又涩又酸不堪入口，待自然成熟时既香又甜颇受消费者欢迎。典型的例子如桃、柿、香蕉等。我们将选择几种水果讨论其特征风味。

（一）柑橘

在鲜果消费和饮料制作工业中，柑橘消耗量都名列前茅。柑橘肉可加工成果汁，皮也可用来制作精油，使饮料有更逼真的风味。柑橘风味的主要挥发性成分有萜烯类、醛、酯和醇等。由于柑橘品种不同，它们的风味也各不相同。其代表性的挥发性成分也有所不同，见表10-7。

表10-7　几种柑橘风味中主要挥发性化合物

橙子	橘子	葡萄柚	柠檬
乙醛	乙醛	乙醛	橙花醇
辛醛	辛醛	癸醛	香叶醛
壬醛	癸醛	乙酸乙酯	β-蒎烯

续表

橙子	橘子	葡萄柚	柠檬
柠檬醛	α-甜橙醛	丁酸甲酯	香叶烯
丁酸乙酯	γ-松油烯	丁酸乙酯	乙酸香叶酯
d-柠烯	β-蒎烯	d-柠烯	香柠檬烯
α-蒎烯	麝香草酚	园柚酮	石竹烯
	N-甲基氨基苯甲酸甲酯	1-对-薄荷烯-8-硫醇	香芹基乙基醚
			芳樟基乙基醚
			降冰片基乙基醚
			表茉莉酮酸甲酯

1. 橙子与橘子

橙子与橘子的风味非常诱人，但也很容易变化。如表10-7所示，橙子与橘子风味的主要成分是为数不多的醛和萜烯，二者都含有α-甜橙醛和β-甜橙醛。α-甜橙醛在成熟的橙子与橘子的风味中所起的作用略有不同，它对于前者的风味更为重要。橙汁的苦味一部分来自黄酮苷，如柚皮柑（葡萄柚中），在脐橙汁中的苦味物质是柠碱，它是一个三萜双内酯，是加工后的生成物，现在已可用生物技术除去。

2. 葡萄柚

葡萄柚中有2种很特殊的化合物，分别是圆柚酮（诺卡酮）和1-对-薄荷烯-8-硫醇，所以葡萄柚的风味很容易辨别。在配制葡萄柚香精时必须添加圆柚酮。值得一提的是，1-对-薄荷烯-8-硫醇是在柑橘中发现而且能影响柑橘风味的极少见的含硫化合物。

3. 柠檬

历来研究最多的是柠檬风味。与众不同之处是发现了几种很特殊的萜烯醚，其中香芹基乙基醚有胡萝卜似的清香。墨西哥酸橙精油比较柔和，广泛用于配制柠檬风味软饮料。冷榨后离心制取的精油品质优于蒸馏法制取的精油，这是因为冷榨无需加热，可以更多地保留一些热敏感的具有新鲜酸橙风味的化合物，如柠檬醛。相比之下酸性蒸馏得到的对-伞花烯和α-对-二甲基苯乙烯会造成精油的粗糙感和尖刺感。

4. 柑橘精油

柑橘精油在硅胶柱上分别用非极性溶剂和极性溶剂洗脱。可制取无氧（主要是烃类物质）和有氧（主要是醛、酯、醇）两种馏分。有氧馏分的实际使用效果优于无氧馏分。

（二）桃

我国有不少品种优良的桃子，以鲜食为主。桃多汁，甜如蜜，入口给人一种浓郁的甜香。未成熟的桃并无香气。随着桃的成熟，香气渐浓，味也转甜。在已经鉴定的70多种挥发性化合物中有一类内酯化合物，其中10个碳左右的γ-内酯和δ-内酯构成桃的特征香气。γ-癸内酯是很重要的化合物，γ-十一内酯又名桃醛。研究资料表明，γ-内酯类的作用在于使桃子具有共同的香气，不同品种间香气的差别是由内酯类和单萜烯类含量的不同引起的。

有人取无锡水蜜桃的滤汁经xAD-2树脂吸附，以水洗脱其中的糖后，用非极性和极性溶剂分别洗脱桃的游离态香气组分和与葡萄糖键合的糖苷类（风味前体）。糖苷化合物不挥发没有香气，加入β-葡萄糖苷酶水解脱去糖，再用溶剂萃取得到有桃香味的配基。然后将游离态和键合态配基的挥发性组分进行GC/MS检测，结果显示，水蜜桃游离香气组分中主要有苯甲醛、γ-癸内酯、δ-癸内酯、γ-辛内酯、苯甲醇、乙酸乙酯和丁香酚。在键合态风味组成中除苯甲醛、γ-癸内酯、丁香酚外还增加了芳樟醇、香叶醇和两种萜烯醇。

（三）哈密瓜

哈密瓜是我国新疆特产，其特点是香、甜、脆、嫩。在哈密瓜游离态香气组分中（反，顺）-3，6-壬二烯醇含量最高，其次是苯甲醇。（顺，顺）-3，6-壬二烯醇的阈值很低，在水中仅为10^{-5}。在哈密瓜中发现的（反，顺）-3，6-壬二烯醇阈值更低，在水中仅3×10^{-6}，说明该化合物对哈密瓜的香气产生强烈影响。但对于这两种立体异构体还需要进一步的验证。在游离态香气中还检出6-壬烯醇、2，6-壬二烯醇，都是与瓜类香气密切相关的化合物。呋喃类对西瓜的新鲜风味非常重要，在哈密瓜中发现了α-戊基呋喃、5-戊基-（2H）-呋喃酮和5-丁基-4-甲基（2H）-呋喃酮。

苯甲醛能产生令人愉快的水果香。在哈密瓜键合态香气中，除了苯甲醛以外还发现了具有花香的芳樟醇、香叶醇、β-紫罗兰酮氧化物和苯乙醇，这些成分是游离态香气中未发现的。

（四）各种水果中普遍存在的香气成分

各种水果的香气成分中大都含有C_6和C_9的醛类和醇类（表10-8）。普遍认为这些化合物是以亚油酸和亚麻酸为前体通过生物合成而成（图10-28）。而带支链的脂肪族酯类、醇类和酸类化合物由支链氨基酸为前体经生物合成而形成，如香蕉中的异戊醇、异戊酸及二者生成的酯类由L-亮氨酸生成，而异丁醇、异丁酸及二者形成的酯类则由L-缬氨酸生成（图10-29）。其余如葡萄和草莓中的桂皮酸酯是以芳香族氨基酸为前体通过生物合成所得。

表10-8 一些水果香气中的 C_6 和 C_9 醛类、醇类化合物

化合物	水果							
	苹果	葡萄	草莓	菠萝	香蕉	桃子	香瓜	西瓜
己醛	+	+	+	+	+	+		+
反-2-己烯醛	+	+	+		+	+		+
顺-3-己烯醛	+	+	+		+	+		

食品化学（第二版）

续表

化合物	水果							
	苹果	葡萄	草莓	菠萝	香蕉	桃子	香瓜	西瓜
己醇	+	+	+		+	+	+	
反-2-己烯醇	+	+	+		+	+		
顺-3-己烯醇	+	+			+	+	+	
反-2-壬烯醛					+	+	+	+
顺-3-壬烯醛								
（顺，顺）-3,6-壬二烯醛								
（反，顺）-2,6-壬二烯醛					+		+	+
反-2-壬烯醇					+		+	+
顺-3-壬烯醇							+	+
（顺，顺）-3,6-壬二烯醇							+	+
（反，顺）-2,6-壬二烯醇							+	+

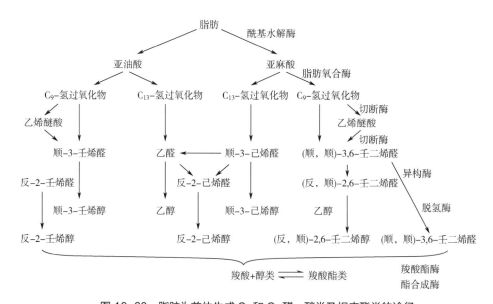

图 10-28　脂肪为前体生成 C_6 和 C_9 醛、醇类及相应酯类的途径

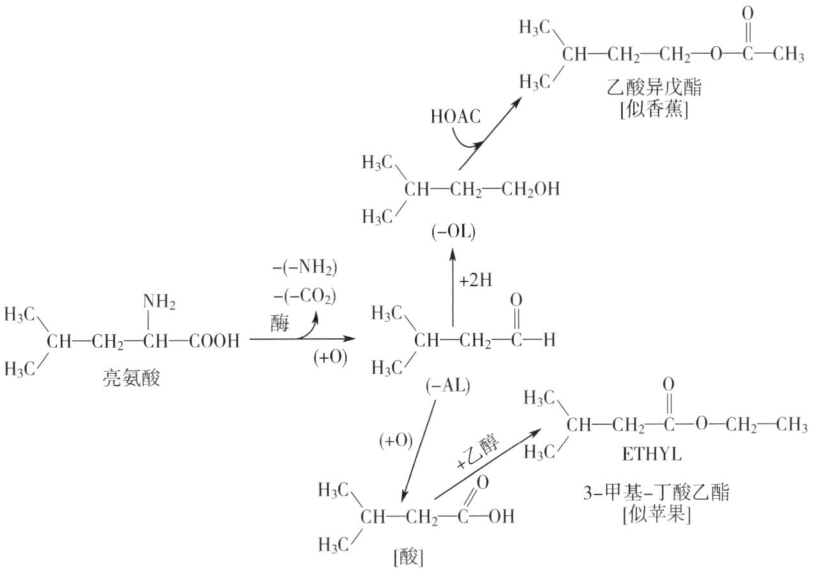

图 10-29 L- 亮氨酸在酶作用下生成带支链的羧酸酯

第四节　动物来源食品的风味

一、畜禽肉类的风味

（一）生肉的气味

生肉不产生香气，而且通常都带有畜禽原有的生臭气味和血样的腥膻气味。这些气味主要由 H_2S、CH_3SH、C_2H_5SH、CH_3CHO、CH_3COCH_3、CH_3OH、C_2H_5OH、$CH_3CH_2COCH_3$、NH_3 等组成。肉类只有在加热煮熟或烤熟后才具有本身特有的香气，特别是牛肉、鸡肉，其加热香气一般很好闻，肉香气通常指加热后产生的香气。

（二）各肉类香气的共同点

肉类风味长期以来一直是食品化学和风味化学重点研究的课题，已经鉴定了近千种肉类香气挥发性成分（表10-9）。除每种动物本身特殊的腺体或分泌物产生的特征气味外，几乎所有的熟肉香气成分的化学分类都非常相似。其相似性有两个共同特点：第一，有非常相似的风味前体，除了肉中蛋白质、脂肪、糖外，肉类在保存处理中会产生一些香味原始前体物质（表10-10）；第二，在烹饪加热条件下产生香气的途径也很相似（图10-30），但由于各类化合物的组成和含量的差异也造成了各种肉的香气有所不同。

表 10-9　熟肉风味中各类挥发性化合物统计

化合物	牛肉	猪肉	熏猪肉	羊肉	鸡肉
碳氢化合物	193	39	37	43	84
醇与酚	82	64	25	20	53
酮	65	38	41	39	83
羧酸	24	29	30	51	22
酯	59	21	33	11	16
内酯	38	8	12	14	24
呋喃和吡喃	47	16	28	5	16
吡咯和吡啶	39	12	16	19	24
吡嗪	51	22	44	16	22
其他含氮化合物	28	22	9	2	7
噁唑与噁唑啉	13	3	1	4	5
噻唑与噻唑啉	29	6	17	13	18
含硫化合物	72	20	17	7	17
硫酚	35	4	15	2	7
其他杂环硫化物	13	4	1	4	6
其他化合物	16	7	4	1	11
总计	804	315	330	251	415

表 10-10　肉类香味成分水溶性原始前体物质

糖肽类	核苷酸糖	α-氨基酸类
核酸类	核苷酸糖-胺	氨基糖类
游离核苷酸类	核苷酸乙酰糖-胺	游离糖类
肽键核苷酸类	肽类	胺类
核苷	糖磷酸酯	有机酸类

（三）动物宰杀前后体内成分的变化

动物死亡之后体内糖原在缺氧条件下受酶作用生成乳酸，使肌肉僵硬，经过一定时间（如鸡屠宰后8h以上）组织渐渐软化，肉中蛋白质等大分子在酶的作用下生成氨基酸，糖原也成为单糖，三磷酸腺苷等物质在酶的作用下逐步降解为肌苷酸和鸟苷酸，使肉味鲜美。

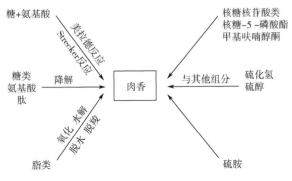

图 10-30　肉香前体与反应类型

$$\text{ATP} \xrightarrow{\text{ATP 酶}} \text{ADP} \xrightarrow{\text{肌激酶}} \text{AMP} \xrightarrow{\text{脱氨酶}} \text{IMP} \xrightarrow{\text{磷酸酶}} \text{肌苷酸} \xrightarrow{\text{核苷酶}} \text{次黄嘌呤 + 核糖}$$

核苷酸的结构复杂，本身具有环状结构和多种官能团，可被核苷酶分解为次黄嘌呤（略带苦味），在高温烹饪时也会分解成小分子物质影响肉的风味。因此要获得理想的肉类风味，应该将动物饲养、屠宰、熟化、贮藏和加工等所有环节都控制在最佳条件。

（四）肉类特征风味来源

不含脂肪的瘦肉（牛肉或羊肉）提取物经加热后得到的香气非常相似，能够辨别哪一种是牛肉的人不足50%，这是因为不含脂肪肌肉的加热风味是其中的蛋白质、糖类、核苷酸及其他非酶反应产生的水溶性小分子化合物及这些产物之间二次反应产物的综合结果。同样，若将牛或猪的脂肪在真空或氮气中加热，也难以辨别是何种脂肪。加热带脂肪的肌肉或在空气中加热脂肪都能产生明显的牛肉、猪肉或其他肉类的特征香味，这说明动物脂肪中脂肪酸组成的不同、氧化的难易及加热时氧化的深浅程度都对肉类风味的产生有重要影响。

动物脂肪组织并不是纯的脂肪酸甘油三酯，如牛脂肪组织中还有少量的蛋白质，其氨基酸组成主要是谷氨酸、天冬氨酸、赖氨酸、亮氨酸、丙氨酸、缬氨酸、苏氨酸、丝氨酸、甘氨酸和脯氨酸。牛脂肪中还有微量的糖，所以脂肪组织在加热时除了脂肪的氧化、分解反应，也会有非酶褐变反应发生，产生相应肉类的香味。羊肉和羊羔肉特征风味与羊脂肪中带甲基侧链的脂肪酸有很大关系，4-甲基辛酸是最重要的脂肪酸之一，其生成途径见图10-31。

这种反应发生在反刍动物体内，反刍发酵产生乙酸、丙酸和丁酸。但大部分脂肪酸是从乙酸经生物合成形成的，不会带有支链。常见的甲基支链脂肪酸由丙酸合成，当饮食或其他因素使瘤胃中丙酸浓度增加时，甲基支链脂肪酸也随之增加，因此熟羊肉常常带有膻气。

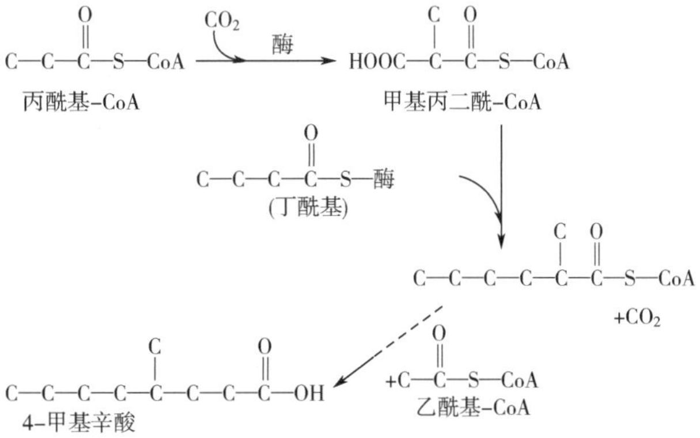

肉类各自的特征风味还源于肉类中残留的性激素。熟猪肉中有时会发现有5-α-雄甾-16-烯-3-酮和5-β-雄甾-16-烯-3-酮（醇），前者有尿味，后者有麝香味，引起一些消费者的厌恶。这两种物质都是猪体内甾体激素经酶促反应的产物。

图 10-31　羊膻气味的 4- 甲基辛酸生物合成途径

（五）肉类挥发性香气成分

1. 羰基化合物

羰基化合物是肉中重要的风味成分，其中，醛类主要集中在$C_5 \sim C_{10}$部分，如（反，顺）-2,4-癸二烯醛是鸡油的特征香气物质。鸡肉香气中还有酮、酸、酯和内酯，包括1-辛烯-3-酮、3-

辛烯–2–酮、3，5–辛二烯–2–酮和3–壬烯–2–酮等。2–环戊烯酮与2–环己烯酮两种环酮类也是肉类风味剂的重要成分，肉香中的硫酯阈值较低，对牛肉和猪肝的风味较为重要。γ–内酯与δ–内酯为数不多，它们具有奶油、脂肪和果香的气味，可产生猪肉的甜香味。

2．吡嗪类

熟牛肉中吡嗪化合物很多，是肉香中重要的一类化合物。有些烷基吡嗪有烤坚果的香气，乙酰基吡嗪有爆玉米花香气，而6，7–（2H）–5（H）–环戊基吡嗪使肉有熏烤的香味。

3．吡咯、吡啶类

吡咯类化合物也相当多，2–乙酰基吡咯、1–和2–（2–甲基丙基）–吡咯和1–丁酰基吡咯是炸鸡风味的成分，也是烤牛肉香气的重要成分，并且带有焦香气味。2–乙酰基吡啶存在于所有肉类香气中，只是对肉类特征香气作用不大。2–戊基吡啶在烤羊肉香气中较多。

4．呋喃类

呋喃化合物最早从熟鸡肉香气中发现，半数以上的带羰基、羟基、巯基、硫醚基等取代基的呋喃是在肉类香气中发现的，对肉类焦糖香、清香等有较大贡献。从熏火腿风味中可找到2–甲硫基糠醛。2–呋喃甲硫醇存在于煮牛肉和猪排中，2–甲基–3–甲硫基–呋喃是煮牛肉的特征香气，2，5–二甲基–4–羟基–3（2H）呋喃酮不仅存在于肉类风味中，而且存在于其他食品风味中，并带有菠萝香气。

5．含硫化合物

含硫化合物是肉香的重要组成成分。例如噻唑和噻唑啉化合物是肉类风味中两种非常重要的化合物，2，4–二甲基–5–乙基噻唑有坚果香、烤香、肉香和类似猪肝的香气，而在烤牛肉、炸鸡肉和熏猪肉的香气中检出的2，4，5–三甲基–3–噻唑啉具有肉香和类似葱香气味。

二、水产品的风味

新鲜捕获的鱼和海产品的气味极淡，随着新鲜度及加工方式的改变，其风味成分逐渐发生变化。鱼与海产品的优劣风味可分为以下几种：①非常新鲜的鱼和海产品的香味；②氧化的、陈鱼的和贮藏的鱼气味；③腐败或腐臭气味；④与鱼品种有关的特征气味；⑤加工产生的鱼的气味；⑥因环境产生的气味。

（一）新鲜水产品的风味成分

刚刚捕获的鱼及海产品具有令人愉快的植物般的清香和甜瓜般的香气。这一类香气来自于C_6、C_8和C_9醛类、酮类和醇类化合物（表10–11），如1–辛烯–3–酮、2–反–壬烯醛、顺–1，5–辛二烯–3–酮、1–辛烯–3–醇等，这些化合物都是长链多不饱和脂肪经酶促氧化的产物。尽管C_8醇的浓度大于相应的羰基化合物，但由于后者的阈值（表10–12）很低，因此羰基化合物对新鲜鱼和海产品的风味影响比醇更大。

表 10-11　长链多不饱和脂肪酸受酶作用产生的新鲜鱼挥发性香气成分

化合物	香气描述	化合物	香气描述
己醛	浓、青香、醛似气味	顺 -1, 5- 辛二烯 -3- 醇	浓的, 泥土般气味, 青香, 蘑菇香
反 -2- 己烯醛	青香, 臭虫般的气味	顺 -1, 5- 辛二烯 -3- 酮	粉碎天竺葵叶香气
顺 -3- 己烯醛	青香, 青叶般的香气	（反, 顺）-2, 6- 壬二烯醛	黄瓜般香气
1- 辛烯 -3- 醇	生蘑菇的香气	（反, 顺）-2, 6- 壬二烯醇	黄瓜、甜瓜般香气
1- 辛烯 -3- 酮	熟蘑菇的香气		

表 10-12　新鲜鱼香气部分挥发性化合物的阈值

化合物	阈值/ $\times 10^{-9}$	鱼中的浓度/ $\times 10^{-9}$
羰基类化合物		
1- 辛烯 -3- 酮	0.090	0.1 ~ 10
1, 顺 -5- 辛二烯 -3- 酮	0.001	0.1 ~ 10
反 -2- 壬烯醛	0.080	0 ~ 25
（反, 顺）-2, 6- 壬二烯醛	0.010	0 ~ 50
醇类化合物		
1- 辛烯 -3- 醇	10	10 ~ 100
1, 顺 -5- 辛二烯 -3- 醇	10	10 ~ 100
（顺, 顺）-3, 6- 壬二烯醇	10	0 ~ 15

（二）贮藏过程中水产品风味成分的变化

贮藏过程中，随着水产品新鲜度的降低，气味成分逐渐发生变化，呈现出一种极为特殊的气味，如鱼腥气、土腥气及腐臭气等。鱼腥气的特征成分是鱼皮黏液中含有的 δ-氨基戊醛、δ-氨基戊酸和六氢吡啶类化合物，它们是由碱性氨基酸经过脱氨酶、脱羧酶、氧化酶的作用产生的。在淡水鱼中，六氢吡啶类化合物所占的比重比海鱼大。δ-氨基戊醛和 δ-氨基戊酸具有强烈腥味，鱼类血液强烈的腥臭味主要是由 δ-氨基戊醛产生的。

鱼体鲜度下降时会产生令人厌恶的腐臭气味，主要有氨、二甲胺、三甲胺、甲硫醇、粪臭素及脂肪酸氧化产物等成分。其中，三甲胺是鱼体腐臭气的代表，新鲜的鱼体内不含三甲胺，只有氧化三甲胺。而氧化三甲胺在海鱼中含量丰富，淡水鱼中含量极少甚至没有。随着新鲜度的下降，鱼体内的氧化三甲胺会在微生物和酶的作用下降解生成三甲胺和二甲胺（图10-32）。纯净的三甲胺仅有氨味，当它与 δ-氨基戊酸、六氢吡啶等成分共同存在时，增强了鱼腥的嗅感。故一般海鱼的腥臭气比淡水鱼更为强烈。

鱼油中多不饱和脂肪酸含量丰富，容易被氧化。因此，氧化鱼油般的鱼腥气味中，其成分还有部分来自 ω-不饱和脂肪酸自动氧化而生成的羰基化合物，例如2，4-癸二烯醛、2，4，7-癸三烯醛等。它们是氧化鱼油鱼腥味异味的主要成分。

冷冻是水产品尤其是海产品保藏的重要手段。和鲜鱼相比，冷冻鱼的风味成分中羰基化合物的含量增加，其他成分大致相同。这些羰基化合物主要是由鱼脂肪的缓慢自动氧化而生成，是冻鱼脂肪腥臭的重要组分。

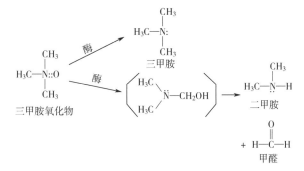

图 10-32　新鲜海产品中微生物产生的主要挥发性胺类

将鱼经适当处理制成鱼干后更利于储藏。在干鱼的风味成分中，羰基化合物和脂肪酸的含量有所增加，其他组分与鲜鱼基本相同。干鱼特殊的清香霉味主要是由丙醛、异戊醛、丁酸、异戊酸产生。这些风味成分也是鱼脂肪自动氧化产生的。

（三）烹饪和加工对水产品风味成分的影响

熟鱼的风味成分中，挥发性酸、含氮化合物和羰基化合物的含量都有增加，产生了熟肉的诱人香气。熟鱼香气物质主要通过美拉德反应、氨基酸热降解、脂肪的热氧化降解以及硫胺素的热降解等反应途径生成。由于香气成分及含量上的差别，组成了各种鱼产品的香气特征。例如，罐装金枪鱼的肉似的气味很重，与其他罐装的熟鱼大不相同。有人在罐装金枪鱼中鉴定出2-甲基-3-呋喃硫醇，这种化合物具有浓厚的牛肉汁般的香气，是由半胱氨酸与核糖在加热时发生反应而生成的。它与其他一些相似的化合物共同使罐装金枪鱼具有浓郁的肉般香气。

烤鱼和熏鱼的香气与烹调鱼有所差别。当烘烤不加任何调料的鲜鱼时，主要是鱼皮及部分脂肪、肌肉在热作用下发生非酶褐变反应，其香气成分相对较贫乏。若在鱼的表面涂了调味汁再烘烤，羰基化合物及二次反应生成物的含量显著增加，风味较浓。以熏烤干鱼（干松鱼）为例，2-甲基庚醇、3，4-二甲氧基甲苯、全顺式-1，5，8-十一碳三烯-3-醇、2，5-辛二烯-3-醇、2，6-二甲氧基苯酚、4-甲（乙）基-2，6-二甲氧基苯酚、3-甲基-2-环戊烯酮、2，3-二甲基-2-环戊烯酮、2-十一酮、2-（或3-）甲基巴豆酸-γ-内酯等都是干松鱼的重要香气成分。其中，烟熏焙干能将熏烟成分中的酚类（2，6-二甲氧基苯酚）转移到干松鱼上，形成干松鱼的特有香气。

牡蛎是一种海产贝类，人们主要以鲜食为主。新鲜牡蛎主要表现出腥味及植物青香、海藻或黄瓜的气味。而经过烹饪的牡蛎能产生诱人的贝肉甜香味，与鲜牡蛎的风味差别很大。加工温度对牡蛎的挥发性风味成分也具有重要影响，新鲜牡蛎在加热到100℃和150℃时气味发生明显变化。借助GC-MS分析发现，己醛、（反，顺）-2，6-壬二烯醛、庚醛、辛醛等醛类物质对新鲜牡蛎的风味影响较大，赋予其腥味、蘑菇及黄瓜的风味。经过100℃加热后，牡蛎的腥味减弱，肉香浓郁，醛类和杂环化合物是其主要的挥发性风味物质。150℃加热牡蛎的主要挥发性物质是烃类，杂环化合物对其烘烤风味的形成具有重要作用。

熟小虾中有两种长链不饱和甲基酮，它们是（顺，顺，顺）-5，8，11-十四碳三烯-2-酮与（反，顺，顺）-5，8，11-十四碳三烯-2-酮，具有虾、蟹、甲壳类和海参的香味。煮青虾的特征香气成分有乙酸、异丁酸、三甲胺、氨、乙（丙）醛、正（异）丁醛、异戊醛和硫化氢等。2，6-壬二烯醇、2，7-癸烯醇、7-癸烯醇、辛醇、壬醇等是海参、海鞘类水产品青香气味的来源。紫菜的头香成分在40种以上，其中最重要的有羰基化合物、硫化物和含氮化合物。

第五节　风味化合物的生成途径

尽管食品中的风味化合物千差万别，然而它们的生成途径主要可归纳为两条：第一是生物合成，第二是化学反应。

一、生物合成

（一）植物中脂肪氧合酶对脂肪酸的作用

植物组织中存在脂肪氧合酶，可以催化多不饱和脂肪酸氧化（多为亚油酸和亚麻酸），生成的过氧化物经过裂解酶作用后，生成相应的醛、酮、醇等化合物。己醛是苹果、草莓、菠萝、香蕉等多种水果的风味物质，它是以亚油酸为前体合成的。

2-反-己烯醛和2-反-6-顺壬二烯醛分别是番茄和黄瓜中的特征香气化合物，它们可由亚麻酸为前体进行生物合成。食用香菇的特征香味物质有1-辛烯-3-醇、1-辛烯-3-酮、2-辛烯醇等，它们也是亚油酸氧化降解的产物。亚油酸在脂肪氧合酶作用下生成1-辛烯-3-醇的裂解途径如图10-33所示。

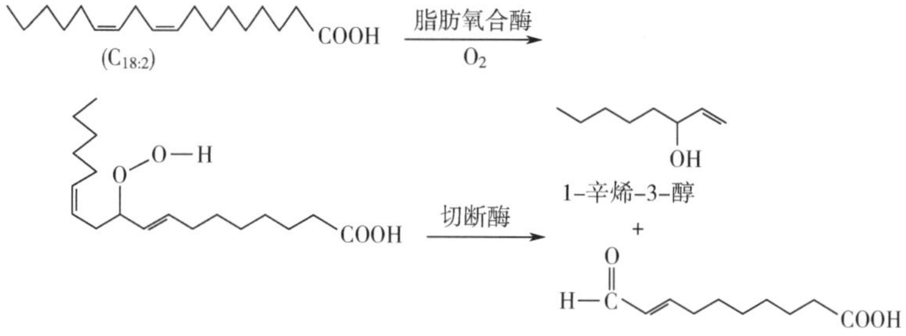

图 10-33　亚油酸在脂肪氧合酶作用下发生裂解

（二）萜类化合物的生物合成

在柑橘类水果中，萜类化合物是重要的芳香物质。萜类化合物还是很多植物精油的重要组成成分，在植物中通常经过类异戊二烯生物合成途径生成（图10-34）。

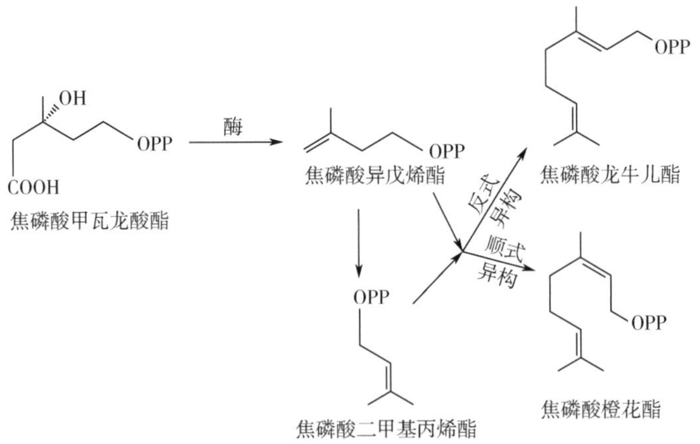

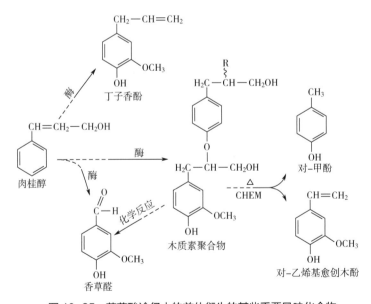

图 10-34 萜类的生物合成

（三）莽草酸途径

在莽草酸合成途径中能产生与莽草酸有关的芳香化合物，如苯丙氨酸和其他芳香族氨基酸。芳香族氨基酸可进一步通过莽草酸途径生成酚、醚等嗅感成分。如苯丙氨酸、酪氨酸通过莽草酸途径可以生成香蕉中的嗅感物质榄香素、5-甲氧基丁香酚及葡萄中的嗅感物质桂皮酸甲酯。除了产生芳香氨基酸所衍生的风味化合物外，莽草酸途径还产生与精油有关的其他挥发性物质（图10-35）。食品的烟熏芳香在很大程度上也是以莽草酸途径中的化合物为前体的，如香草醛可通过莽草酸途径天然生成。

图 10-35　莽草酸途径中的前体衍生的某些重要风味化合物

（四）乳酸-乙醇发酵产生风味物质

由微生物产生的风味极为广泛，但人们对其在发酵风味化学中的确切作用仍知之甚少。干酪是广受欢迎的食品。各种干酪生产工艺的差异使它们具有各自的风味。但除了由甲基酮和仲醇产生的青霉干酪的独特风味以及硫化物产生的表面成熟干酪的温和风味外，由微生物产生的干酪风味化合物难以归入特征风味化合物这一类。啤酒、葡萄酒、烈性酒（不包括我国的白酒）和酵母膨松面包中的酵母发酵也不产生具有强烈和鲜明特征的风味化合物，然而乙醇使酒精饮料具有共同的特征。

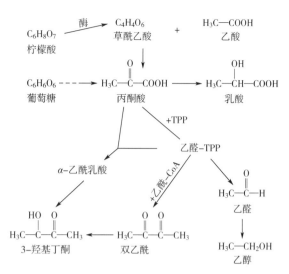

图 10-36　乳酸菌异型发酵产生的主要挥发物

在发酵乳制品和酒精饮料的生产中，微生物发酵产生的风味物质对产品的风味非常重要。图10-36所示为异型发酵乳酸菌主要发酵产物的产生途径，发酵时以葡萄糖或柠檬酸为底物，生成一系列风味化合物。

乳酸菌异型发酵产生的各种风味化合物中，乳酸、双乙酰和乙醛共同作用产生酸性奶油和酸性乳酪的主要特征风味。酸奶是一种同型发酵加工产品，它的特征风味化合物是乙醛。尽管3-羟基丁酮基本无嗅，但它可以氧化为双乙酰。双乙酰则是大部分混合乳酸发酵的特征芳香化合物，已被广泛用作乳型或奶油型风味剂。

酒精饮料的生产中，微生物的发酵产物形成了酒类风味的主体。乳酸菌只产生少量的乙醇（10^{-6}），而酵母代谢的最终产物主要是乙醇。乳酸链球菌（*S. lactis*）的麦芽菌株和所有的啤酒酵母（*S. cerevisiae carlsbergensis*）都能通过转氨作用和脱羧作用把氨基酸转化为挥发物（图10-37）。这些微生物能产生一些氧化型产物（醛类和酸类），但它们的主要产物是还原型衍生物（醇类）。葡萄酒和啤酒的风味可归入由发酵直接产生的风味。上述这些化合物与乙醇相互作用生成酯类、缩醛等产物，它们与这些挥发物的复杂混合物组成了啤酒、葡萄酒的风味。

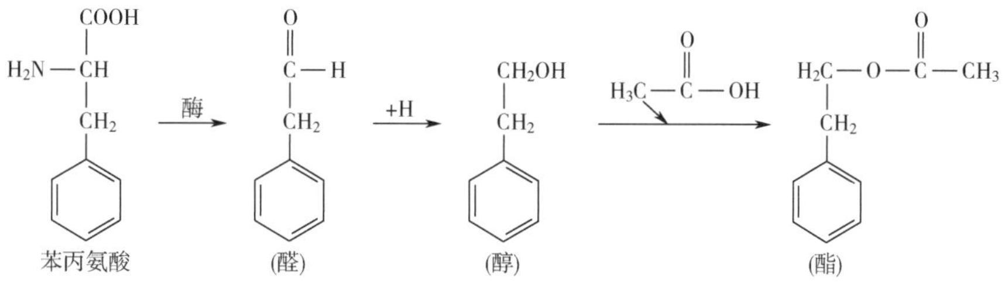

图 10-37　发酵过程中苯丙氨酸酶催化途径

二、化学反应

（一）美拉德反应

很多食品在加热焙烤时，不需要酶的作用就可以生成杂环化合物，产生了丰富多彩的食品风味，如咖啡、茶、熟肉香、烤面包等。很多杂环化合物的前体物质就是食品的基本组成成分，即游离氨基酸、还原糖、小的肽类和脂肪的衍生物。还原糖与氨基酸或肽在适宜的条件下能发生一系列美拉德反应。上述许多具有风味的化合物都是美拉德反应的产物。

食品体系的美拉德反应及其产物极其复杂。一般说来，当受热时间较短、温度较低时，反应主要产物除了Strecker醛类外，还有具有香气的内酯类、吡喃类和呋喃类化合物；当受热时间较长、温度较高时，还会生成有焙烤香气的吡嗪类、吡咯类、吡啶类化合物。

烷基吡嗪化合物是所有焙烤食品或类似加热食品中重要的风味化合物。一般认为吡嗪化合物的产生与美拉德反应有关，它是由反应中生成的中间物α-二羰基化合物与氨基酸通过Strecker降解反应直接生成的（图10-38）。反应中氨基酸的氨基转移到二羰基化合物上，最终通过分子的聚合反应形成吡嗪化合物。

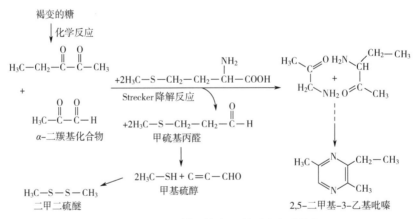

图 10-38 甲硫氨酸与还原糖反应生成吡嗪

在加热产生的风味化合物当中，通过H_2S和NH_3形成的含有硫、氮的化合物也是很重要的。例如在牛肉加工中，半胱氨酸裂解生成的H_2S、NH_3和乙醛，它们可与美拉德反应中的生成物羟基酮反应，产生具有煮牛肉风味的2，4，5-三甲基-3-噻唑啉（图10-39）。

（二）脂肪氧化

在食品加工过程中除了美拉德反应外，脂肪降解也是产生风味物质的一个重要原因。同美拉德反应一样，人们熟悉的通常是油脂由于氧化或分解而产生的一些不良风味，而事实上脂肪的降解也会产生令人愉快的风味物质。

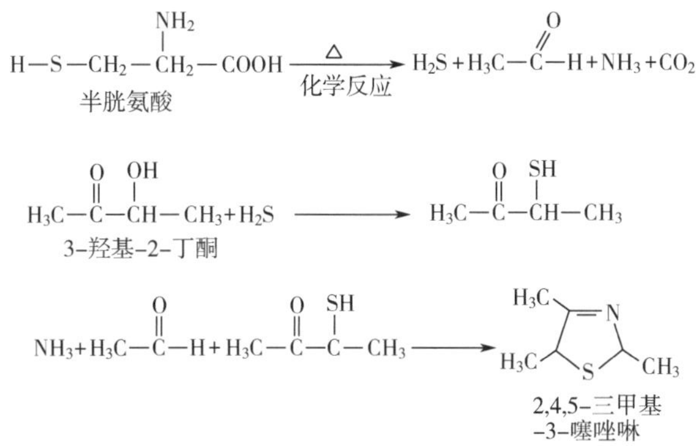

图 10-39　半胱氨酸和糖－氨反应产物作用生成熟牛肉风味物质噻唑啉

1. 脂肪降解产生风味的途径

脂质产生特征香气的途径主要包括：热降解及热降解产物的二次反应。首先，脂质在受热过程中分解为游离脂肪酸，其中不饱和脂肪酸（油酸、亚油酸、花生四烯酸等）因含有双键易发生氧化作用，生成过氧化物，这些过氧化物进一步分解生成酮、醛、酸等挥发性羰基化合物，产生特有的香味；而含羟基的脂肪酸经脱水环化生成内酯类化合物，这类化合物具有令人愉悦的气味。其次，热降解产物继续与存在于脂间的少量蛋白质、氨基酸发生非酶褐变反应，反应得到的杂环化合物也会具有某些特征香气。

2. 深度煎炸产生的风味物质

煎炸食品如炸薯条、油炸饼圈及快餐深受消费者的喜爱。煎炸食品独特的风味之所以深受人们喜爱是因为食品中脂类物质的物理特性在起作用，这些特性主要有润滑性、饱腹感以及质构等。这种风味主要来源于食品加热过程中发生的化学变化（如美拉德反应、脂肪氧化等），并在煎炸油中进一步形成。众所周知，煎炸油只有在使用一段时间后才能产生特定的风味，而新鲜的煎炸油并不能产生令人喜爱的风味。

油脂在加热过程中产生的风味物质由氧化产生（图10-40）。首先，油脂加热过程中发生氧化反应失去自由基，与进入体系的氧产生过氧化物自由基，然后形成氢过氧化物，最后分解产生风味物质。

在加热过程中脂类氧化的产物与通常在室温下的氧化反应产生的典型产物不同，原因是由美拉德反应引起的。每一个反应都有自己特定的活化能，因此煎炸油发生的化学反应及风味物质的形成取决于加工过程中的温度。加热过程中的氧化与室温下氧化不同的第二点原因是加热时反应更具有随机性。高温可以增加能参加氧化反应的脂肪酸分子数目，从而产生更多的挥发性风味物质。因此，即使是发生相同的化学反应，在加热过程中产生的风味也是独特的。

深度煎炸过程中产生的挥发性物质有酸、醇、醛、烃、酮、内酯、酯、芳香化合物及其混合化合物（例如戊基呋喃和1，4-二氧杂环乙烷等）。例如炸薯条中起关键作用的风味物质主要有：2-乙基-3，5-二甲基甲硅烷、3-乙基-2，5-二甲基甲硅烷、2，3-乙基-5-甲基苯乙烯、3-异丁基-2-甲氧基吡嗪、（E，Z）或（E，E）-2，4-十二烯、顺-4，5-环氧基-（E）-2癸烯、4-

羟基-2，5-二甲基-3（2H）-呋喃、甲基丙醛、2-甲基丁醛、3-甲基丁醛以及甲基硫醇等。很明显，美拉德反应（主要产生吡嗪、支链醛类、呋喃、甲硫化物等）和油脂的氧化反应（主要产生不饱和醛类）是炸薯条风味物质产生的主要反应。

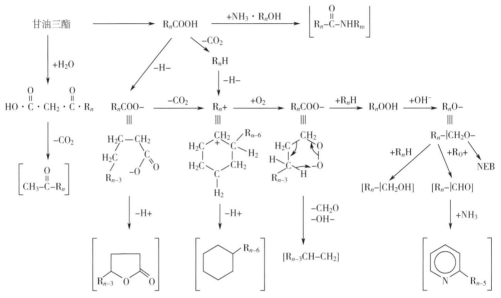

图 10-40　加热动物脂肪产生挥发性物质的机制

（三）类胡萝卜素氧化降解

以类胡萝卜素为前体，可通过氧化衍生得到一些重要的风味化合物。如红茶中存在一些化合物能赋予茶叶浓郁的甜香和花香，如顺-茶螺烷、β-紫罗酮等，这些物质均来源于β-胡萝卜素的氧化分解（图10-41）。尽管这些化合物仅以低浓度存在，但分布广泛，可使很多食品产生丰满和谐的风味。

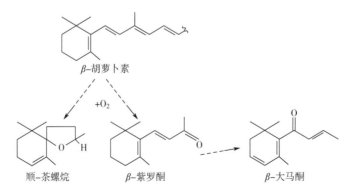

图 10-41　β-胡萝卜素氧化降解生成茶风味中某些重要化合物的过程

第六节　食品中风味的释放与稳定化

一、风味物质与食品主要成分的相互作用

为了实现风味稳定化和控制释放的目的，有必要了解风味物质和食品组分之间的相互作用特性。任何风味成分和食品成分的相互作用都会限制风味物质对感觉器官的刺激，影响感觉。这种相互作用可能是化学作用（例如氢键、疏水键、离子键、共价键），此类化学作用可能降低芳香物质的蒸汽压，从而减小芳香物质在口腔中蒸发的动力，降低芳香物质向嗅觉器官的运动。

物理因素包括食品基质影响风味物质到达感觉器官，成为风味运动的障碍。这种障碍可能非常微小。例如，具有一定黏度的食品降低了食品的表面积或其在口腔中的混合，因此降低了食品在口腔中蒸发或与感觉器官接触的可能性。这种障碍也可能相当大。例如，干燥的食品很难在口腔中迅速溶解，因此风味物质会仍然保留在食品基质中，直到食品基质溶解释放出风味物质。无论上述何种情况，风味成分在传递到口腔的过程中均被食品基质阻碍，并最终阻碍了其向嗅觉器官和味觉器官的传递。

二、食品中风味的稳定化

香气物质由于蒸发而造成的损失，可以通过适当的稳定作用来防止。在一定条件下降低食品中香气成分的挥发性，就是一类稳定化的作用。稳定作用必须是可逆的，否则只会造成香气的减弱。香气物质的稳定性是由其本身及食物的结构和性质所决定的。例如，完整无损的细胞比经过研磨、均质等加工后的细胞能更好地结合香气物质；加入软木脂或角质后，会使香气成分的渗透性降低而易于保存。目前利用的稳定作用大致有两种方式。

（1）形成包含物　即在食品微粒表面形成一种水分子能通过而香气成分不能通过的半渗透性薄膜。这种包含物一般是在食品干燥过程中形成的，当加入水后又易将香气成分释放出来。组成薄膜的物质有纤维素、淀粉、糊精、果胶、琼脂、羧甲基纤维素等。

（2）物理吸附作用　对那些不能形成包含物的香气成分，可以通过物理吸附作用（如溶解或吸收）而与食物成分结合。一般液态食品比固态食品吸附力强、脂肪比水的黏结性大、大分子质量的物质对香气的吸收性较强等，这些都可作为物理吸附的依据。例如，可用糖来吸附醇类、醛类、酮类化合物，用蛋白质来吸附醇类化合物。但若用糖或蛋白质来吸附酸类、酯类化合物，则效果要差很多。

思考题
1. 简述食品风味的含义与评价方法。

2. 味觉是如何形成的？简述味觉之间的相互作用。

3. 甜味是怎样来的？甜度的影响因素有哪些？

4. 食品中常见的酸味物质有哪些？

5. 食品中常见的苦味物质有哪些？

6. 咸味是怎样形成的？

7. 肉类食品的风味物质主要形成途径有哪些？

8. 简述水果蔬菜的风味物质的形成途径及风味物质的特点，并请举例说明。

9. 美拉德反应和脂肪氧化对食品风味形成有何意义？如何通过此类反应促进风味的形成？

10. 简述实现风味成分稳定化的方法。

第十一章

食品添加剂

第一节 引 言

食品添加剂是指加入食品的某类物质，其作用是为了改善食品的色、香、味，保持或提高食品的品质，增强食品的营养，延长食品的保质期，改进生产工艺和设备，提高劳动生产率等。随着食品高新技术和新产品的发展，食品添加剂的使用范围越来越广泛，而且食品工业越先进的国家允许使用的食品添加剂品种越多，使用范围越广。全球开发的食品添加剂种类已到达14000多种，其中直接使用约有4000种，常用的品种近700种，我国已批准的食品添加剂总数为2000余种，而美国则有4000余种。

一、食品添加剂的定义

联合国粮农组织（FAO）和世界卫生组织（WHO）联合食品法规委员会对食品添加剂定义为：食品添加剂是有意识地一般少量添加于食品，以改善食品的外观、风味、组织结构或贮存性质的非营养物质。

按照《中华人民共和国食品安全法》第九十九条，我国对食品添加剂定义为：食品添加剂指为改善食品品质和色、香、味以及为防腐、保鲜和加工工艺的需要而加入食品中的人工合成或者天然物质。

食品添加剂具有以下三个特征：一是为加入到食品中的物质，因此，它一般不单独作为食品来食用；二是既包括人工合成的物质，也包括天然物质；三是加入到食品中的目的是为改善食品品质和色、香、味以及防腐、保鲜和加工工艺的需要。同时，食品添加剂使用时应符合以下基本要求：

（1）不应对人体产生任何健康危害；

（2）不应掩盖食品腐败变质；

（3）不应掩盖食品本身或加工过程中的质量缺陷或以掺杂、掺假、伪造为目的而使用食品添加剂；

（4）不应降低食品本身的营养价值；

（5）在达到预期目的前提下尽可能降低在食品中的使用量。

二、食品添加剂的功能

国家卫生和计划生育委员会发布的GB2760—2014《食品安全国家标准　食品添加剂使用标准》中提出了使用食品添加剂的一般原则，根据这些原则有意识使用的食品添加剂必须是安全的，它们必须有确切的规格，并能提供下述四种功能中的一种或几种：

（1）保持或提高食品本身的营养价值；

（2）作为某些特殊膳食用食品的必要配料或成分；

（3）提高食品的质量和稳定性，改进其感官特性；

（4）便于食品的生产、加工、包装、运输或者贮藏。

三、食品添加剂的分类

在我国，按食品添加剂的来源，分为天然和人工合成两大类，按食品添加剂常用的功能，又可分为食品抗氧化类、食品膨松剂类、食品甜味剂类、食品增稠剂类等23大类，营养强化剂、食品用香料、胶基糖果中基础剂物质、食品工业用加工助剂也包括在内，具体如下：

（1）酸度调节剂（pH control agents）　用以维持或改变食品酸碱度的物质。

（2）抗结剂（Anticaking agents）　用于防止颗粒或粉状食品聚集结块，保持其松散或自由流动的物质。

（3）消泡剂（Antifoaming agents）　在食品加工过程中降低表面张力，消除泡沫的物质。

（4）抗氧化剂（Antioxidants）　能防止或延缓油脂或食品成分氧化分解、变质，提高食品稳定性的物质。

（5）漂白剂（Bleaching agents）　能够破坏、抑制食品的发色因素，使其褪色或使食品免于褐变的物质。

（6）膨松剂（Swelling agents）　在食品加工过程中加入的，能使产品发起形成致密多孔组织，从而使制品具有膨松、柔软或酥脆的物质。

（7）胶基糖果中基础剂物质（Gum based agents for candy）　赋予胶基糖果起泡、增塑、耐咀嚼等作用的物质。

（8）着色剂（Coloring agents）　赋予和改善食品色泽的物质。

（9）护色剂（Color-protecting agents）　能与肉及肉制品中呈色物质作用，使之在食品加工、保藏等过程中不致分解、破坏，呈现良好色泽的物质。

（10）乳化剂（Emulsifiers）　能改善乳化体中各种构成相之间的表面张力，形成均匀分散体或乳化体的物质。

（11）酶制剂（Enzymes）　由动物或植物的可食或非可食部分直接提取，或由传统或通过基因修饰的微生物（包括但不限于细菌、放线菌、真菌菌种）发酵、提取制得，用于食品加工，具有特殊催化功能的生物制品。

（12）增味剂（Flavor enhancers） 补充或增强食品原有风味的物质。

（13）面粉处理剂（Flour-treating agents） 促进面粉的熟化和提高制品质量的物质。

（14）被膜剂（Surface-coating agents） 涂抹于食品外表，起保质、保鲜、上光、防止水分蒸发等作用的物质。

（15）水分保持剂（Humectants） 有助于保持食品中水分而加入的物质。

（16）营养强化剂（Nutrition enhancers） 为增强营养成分而加入食品中的天然的或者人工合成的属于天然营养素范围的物质。

（17）防腐剂（Antimicrobiol agents） 防止食品腐败变质、延长食品储存期的物质。

（18）稳定剂和凝固剂（Stabilizers and coagulators） 使食品结构稳定或使食品组织结构不变，增强黏性固形物的物质。

（19）甜味剂（Sweeteners） 赋予食品甜味的物质。

（20）增稠剂（Thickeners） 可以提高食品的黏稠度或形成凝胶，从而改变食品的物理性状、赋予食品黏润、适宜的口感，并兼有乳化、稳定或使呈悬浮状态作用的物质。

（21）食品用香料（Flavoring agents） 能够用于调配食品香精，并使食品增香的物质。

（22）食品工业用加工助剂（Processing aids） 有助于食品加工顺利进行的各种物质，与食品本身无关。如助滤、澄清、吸附、脱模、脱色、脱皮、提取溶剂等。

（23）其他（Other agents） 上述功能类别中不能涵盖的其他功能。

第二节　防腐剂（抗微生物剂）

大多数食品可通过热加工、冷冻、干燥、发酵或冷藏方法保藏。具有抗微生物性能的化学防腐剂在下列情况下才被使用：①当不能采用热处理方法加工产品时；②作为其他保藏方法的一个补充以减轻其他处理方法的强度，同时使产品的质构、感官或其他方面的质量得到提高。

一、亚硝酸盐和硝酸盐

亚硝酸和硝酸的钠盐和钾盐常被加入腌肉用的混合物中，用来产生和保持色泽、抑制微生物和产生特殊的风味，其有效组分显然是亚硝酸盐而非硝酸盐。亚硝酸盐在肉中形成NO，后者与血红素类化合物作用生成亚硝酰肌红蛋白，这种色素产生了腌肉的浅红色。亚硝酸盐（150～200mg/kg）可抑制罐装碎肉和腌肉中的梭状芽孢杆菌。在pH5.0～5.5时，亚硝酸盐比其在较高pH时能更有效地抑制梭状芽孢杆菌。

腌肉中的亚硝酸盐参与生成了含量虽低但可能已达到有毒水平的亚硝胺。硝酸盐天然存在于很多食品中，如菠菜等蔬菜。在大量施肥的土壤中生长的植物组织内硝酸盐大量积累，用此类植物组织制备婴儿食品则更加受人关注。在肠道中，硝酸盐还原成亚硝酸盐，继之被吸收，并由于高铁血红蛋白的生成而导致青紫症。

GB2760—2014规定亚硝酸钠在各类肉制品中最大使用量为0.5g/kg，残留量≤30mg/kg。

二、二氧化硫和亚硫酸盐

长期以来，二氧化硫（SO_2）及其衍生物作为普通的防腐剂用于食品中。将它们加入食品是为了抑制非酶褐变、抑制酶催化反应、抑制和控制微生物及将它们作为一种抗氧化剂和还原剂使用。一般情况下，SO_2及其衍生物被代谢成硫酸盐后从尿中排出，而不会产生明显的病理结果。然而，最近发现一些敏感的气喘病患者对SO_2及其衍生物具有激烈的反应，因此它们在食品中的使用受到了控制并提出了严格的标签约束。尽管如此，这些防腐剂仍然在当今的食品中起着关键作用。

作为一种抗微生物剂，SO_2在酸性介质中最为有效，此种效果可能是亚硫酸盐的非离解形式能穿透细胞壁所造成的。在高pH时，已注意到HSO_3离子是有效的抗细菌剂，但不能抑制酵母。SO_2同时起着生物杀伤剂和生物稳定剂的作用，它对细菌比对霉菌和酵母更具有活性，而且，对革兰阴性菌比对革兰阳性菌更有效。

亚硫酸盐离子的亲核性是SO_2作为一种食品防腐剂在微生物和化学应用中产生作用的重要原因。硫（Ⅳ）氧合形式与核酸的相互作用导致生物杀伤和生物稳定效应，其抑制微生物机制包括亚硫酸氢盐与细胞中乙醛的反应，以及酶中必需二硫键的还原和亚硫酸氢盐加成化合物的形成，后者干扰了涉及烟酰胺二核苷酸的呼吸作用。

在SO_2抑制非酶褐变中，最重要的一个反应涉及硫（Ⅳ）氧合阴离子（亚硫酸氢盐）与参与褐变的还原糖和其他化合物的羰基之间的反应，这些可逆的亚硫酸氢盐加成化合物通过结合羰基而阻滞了褐变过程。另外，此反应也能除去类黑精结构中的羰基发色团，对色素产生漂白效果。

SO_2也抑制了某些酶催化反应，尤其是酶促褐变，这些反应对食品保藏尤其重要。采用喷洒或浸渍亚硫酸盐或焦磷酸盐（含柠檬酸或不含柠檬酸）能有效地控制去皮和片状的马铃薯、胡萝卜和苹果的酶促褐变。

三、乙酸和乙酸盐

乙酸以醋的形式（4%乙酸）来保藏食品可追溯至古代。除了醋和纯乙酸以外，食品中还使用乙酸钠、乙酸钾、乙酸钙和二乙酸钠。在面包和其他焙烤食品中使用这些盐（0.1%~0.4%）可防止发黏和霉菌的生长，但对酵母却无影响。醋和乙酸还被用于腌肉和腌鱼制品。当有可发酵的碳水化合物存在，至少添加3.6%乙酸才能防止乳酸杆菌和酵母的生长。乙酸还用在调味番茄酱、蛋黄酱和酸菜中，在这些食品中，它既抑制微生物又产生风味。乙酸的抗微生物活性随pH下降而增加，这种性质与其他脂肪酸类似。

四、山梨酸

中链和长链的单羧基脂肪族脂肪酸具有抗微生物活性，特别是抗真菌活性，其中α-不饱和脂肪酸类尤为有效。山梨酸（$CH_3-CH=CH-CH=CH-COOH$）及其钠、钾盐被广泛地使用于各种食品以抑制霉菌和酵母的生长，如干酪、焙烤食品、果汁、葡萄酒和腌制食品。在食品工业中使用的山梨酸制品一般为工业合成，含有大量的反式脂肪酸异构体。

山梨酸对防止霉菌的生长特别有效，在其允许使用浓度（最高达重量的0.3%）范围内，对风味几乎无影响。山梨酸可以直接加入食品、涂布于食品表面或并入包装材料中。山梨酸抗菌性随pH下降而增加，这说明它的非离解形式比它的离解形式更具活性。当pH高至6.5，山梨酸仍然有效，该pH远高于丙酸和苯甲酸的有效pH范围。

山梨酸的抗菌作用是因为霉菌不能代谢其脂肪链中的α-不饱和双键系统，山梨酸的二烯结构干扰细胞的脱氢酶，而脂肪酸氧化的第一步常是脱氢。山梨酸十分稳定，但它在食品中易发生抗菌功能丧失，包括由青霉菌霉变引起的脱羧产生1, 3-戊二烯、葡萄酒中乳酸菌腐败引发的羧基还原及随后重排而形成乙氧基化二烯烃，这些失活后的物质产生异味。

若将山梨酸和SO_2结合使用，发生反应会同时耗尽山梨酸和硫（IV）氧合阴离子。在有氧条件及光照条件下，SO_3^{2-}基形成，这些自由基磺化烯烃键同时促进山梨酸氧化。在无氧条件下，食品中的山梨酸和SO_2结合导致亚硫酸盐离子SO_3^{2-}和山梨酸中二烯之间的缓慢亲核反应，产生5-磺基-3-己烯酸。

当山梨酸被用于某些食品如小麦面团时，山梨酸和蛋白质之间发生了反应，而这些蛋白质含有相当数量的氧化或还原硫醇基（胱氨酸中的R—S—S—R和半胱氨酸中的R—SH）。硫醇基离解成硫醇盐离子，后者是具有活性的亲核剂，主要发生1, 6-加成至山梨酸的共轭二烯反应，并将蛋白质结合，在较高的pH（>5）和高温（如面包焙烤）时，易发生该反应。在强酸性条件下（pH<1），反应是可逆的，但在较高pH条件下，反应使得山梨酸防腐作用消失。

五、丙酸

丙酸（CH_3-CH_2-COOH）本身及其钠盐和钙盐对霉菌和某些细菌具有抗微生物活性。在瑞士硬干酪中天然存在着丙酸，其浓度高达1%（以重量计），它由薛氏丙酸杆菌（*Propionibacterium shermanii*）产生。丙酸在焙烤食品中得到广泛应用，这是因为它不仅有效地抑制霉菌，还能抑制粘性面包微生物马铃薯芽孢杆菌。通常，丙酸的使用量低于0.3%（以重量计）。正如其他羧酸型的抗微生物剂那样，丙酸的未离解形式具有抑菌活性，在大多数应用中，它的有效范围可扩大至pH5.0。丙酸对霉菌和某些细菌的毒性与这些微生物不能代谢三个碳原子的骨架有关。在哺乳动物中，丙酸的代谢则与其他脂肪族脂肪酸类似，按照目前的使用量，尚未发现任何有毒效应。

六、苯甲酸和苯甲酸盐

苯甲酸（C_6H_5COOH）是食品中广泛使用的抗微生物剂，它也天然存在于蔓越橘、洋李、肉桂和丁香中。未离解的苯甲酸具有抗微生物活性，在pH2.5～4.0时，其抗微生物活性最强，因此，特别适用于诸如果汁、碳酸饮料、酸菜和泡菜这样的酸味食品中。苯甲酸盐在高于pH5.2～5.5时抗微生物活性很低。由于苯甲酸钠比苯甲酸更易溶于水，所以，食品中常采用苯甲酸钠。一旦将其加入产品后，一部分苯甲酸盐就转变成具有抗微生物活性的质子化形式，它对酵母和细菌最有效，抗霉菌的活性最差。苯甲酸常与山梨酸或对羟基苯甲酸酯一起使用，常见的使用量为0.05%～0.1%（以重量计）。

苯甲酸抗微生物活性的方式至今还没有明确的定论。但是，质子化苯甲酸的亲脂性被认为有助于使整个分子进入细胞膜和内环境。研究表明，根据微生物的类型不同，它可以多种模式参与显示活性，其中包括中断质子动力和抑制关键代谢酶。当使用少量苯甲酸时，尚未发现它对人体造成危害。苯甲酸与甘氨酸结合成马尿酸后，很容易从体内排出，这个去毒步骤可有效防止苯甲酸在人体中的积累。

七、其他酸

当食品中加入琥珀酸、乙二酸、富马酸、乳酸、苹果酸、酒石酸、柠檬酸和磷酸等酸化剂时，可降低其酸度，当pH≤5.0～5.5时，食品中的微生物将得到抑制或失活，从而达到长期保藏食品的目的，其中磷酸是唯一一种用于食品的无机酸，且占食品用酸的比例高达25%，主要用于软饮料和发酵粉中。

八、环氧化合物

大部分用于食品的抗微生物剂在使用浓度时，对微生物显示抑制作用而不是致死作用，然而环氧乙烷和环氧丙烷（图11-1）则是例外。这两个化学杀菌剂可用于低水分食品及无菌包装材料的杀菌。为了与微生物密切接触，环氧化合物常以气态使用，物料经过足够时间的处理后，大部分残留的未反应环氧化物可经冲洗和抽空除去。

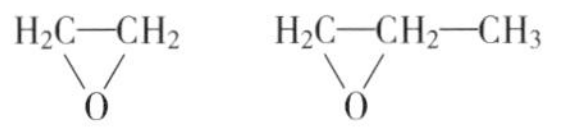

图11-1　环氧乙烷和环氧丙烷

环氧化合物是活泼的环醚类化合物，它们能杀死各种形式的微生物，包括孢子，甚至病毒，但人们对它们的作用机制了解很少。有人认为环氧乙烷的杀菌作用可能是由于微生物的必需代谢中间产物羟乙基（—CH_2—CH_2—OH）发生烷基化而引起的，其作用部位可能是代谢系统中的任何不稳定氢。环氧化合物还能与水反应生成相应的乙二醇类化合物（图11-2），然而乙二醇类化合物毒性相当低，因此不能说明其抑菌效果。

环氧化合物与无机氯化物反应可能生成较有毒性的氯乙醇（图11-2），这一点受到人们的关切。在使用环氧化合物时，要考虑的另一个因素是它们可能对维生素（包括核黄素、烟酸和吡哆醇）产生不利影响。

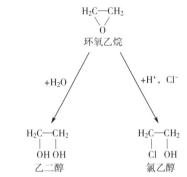

图 11-2　环氧乙烷分别与水和氯离子反应

九、抗生素

抗生素是一大类由各种微生物天然产生的抗微生物剂。它们具有选择性的抗微生物活性，在医药上，它们对化学疗法意义重大。由于抗生素在动物活体内能有效地控制致病菌，从而使人们对其用于食品保藏的潜在可能进行了广泛研究。

由乳链球菌产生的乳链球菌素（Nisin）是一种多肽类抗生素，在美国它已被批准可用于高水分加工干酪产品以防止梭状芽孢杆菌可能的增生。这种多肽抗生素对革兰阳性微生物具有活性，特别是能防止孢子的增生。在有些国家，人们用它来防止乳品的败坏，如将其用于干酪和炼乳中。乳链球菌素对革兰阴性微生物无效，而梭状芽孢杆菌属的某些菌株对它有抵抗性。它对人体基本上无毒性，也不与医用抗生素产生交叉抗药性，并能在肠道中无害降解。

十、纳他霉素

纳他霉素又名海松素（CAS Reg. NO.768-93-8），是一种多烯大环内酯类抗霉菌剂（图11-3），美国已批准将其用于成熟干酪以抑制霉菌的生长。当这种防霉剂用于暴露于空气霉菌容易增殖的食品表面时，具有良好的抗霉菌效果。纳他霉素的作用机理人们普遍认为是由于纳他霉素结合到了真菌胞膜的脂分子上从而改变了膜的渗透性、最终导致细胞代谢过程破坏。当应用于成熟干酪这类发酵食品时，纳他霉素尤为有效，因为它能选择性地抑制霉菌，而让细菌得到正常的生长和代谢。

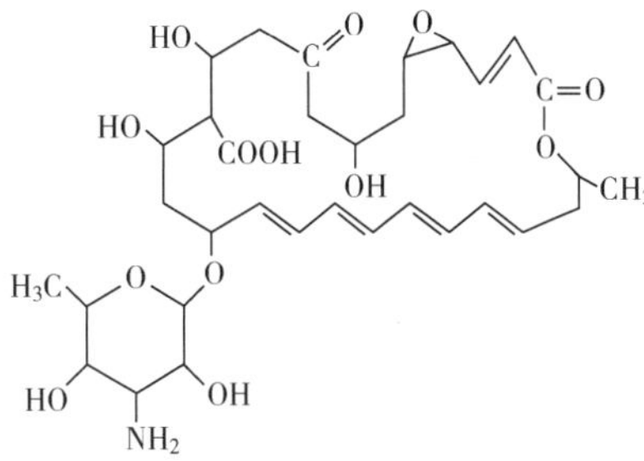

图 11-3　纳他霉素

第三节　抗氧化剂

抗氧化剂代表了可抑制氧化反应的所有物质，例如，抗坏血酸也被认为是抗氧化剂，人们用它来防止在切开的果蔬表面发生的酶促褐变。在此类应用中，抗坏血酸在其中起了还原剂的作用，把氢原子转移回由酚类化合物在酶作用下氧化产生的醌类化合物。在密闭系统中，抗坏血酸很容易与氧作用，因而可用作氧气清除剂。与此类似，食品体系中亚硫酸盐很容易被氧化成磺酸盐和硫酸盐，因而在干果一类食品中，抗坏血酸的作用犹如抗氧化剂。最常用的食品抗氧化剂是酚类化合物。近来，食品抗氧化剂这个术语常被用来表示能中止脂类氧化中自由基链反应的那些化合物以及能够捕获单重态氧的化合物，然而，如此使用这个术语显然过于狭义。

各种抗氧化剂在防止食品氧化方面显示不同的效果，将不同的抗氧化剂混合起来使用比单独使用时效果更显著。然而，混合抗氧化剂具有增效作用，其机制尚不完全清楚。例如，抗坏血酸可把氢原子供给苯氧自由基从而使酚类抗氧化剂得以再生，而苯氧自由基则是酚类抗氧化剂在脂类链式氧化反应中失去氢原子而产生的。若要在油脂中达到此目的，就必须降低抗坏血酸的极性，使之能溶于脂肪。将脂肪酸与抗坏血酸酯化形成如抗坏血酸基棕榈酸酯这样的化合物即可达到期望的效果。

过渡态金属离子（特别是铜离子和铁离子）的存在，通过催化作用促进了脂类的氧化。添加螯合剂（如柠檬酸或EDTA）常可使这些金属助氧化剂失活。在这种情况下可以把螯合剂称为增效剂，因为它们大大强化了酚类抗氧化剂的作用。然而单独使用时，它们往往不是有效的抗氧化剂。

很多天然物质具有抗氧化能力，在结构上，所有这些化合物与现在已批准可在食品中使用的合成酚类抗氧化剂类似，这些酚类抗氧化剂（图11-4）是叔丁基-4-羟基茴香醚（BHA）、2，6-二叔丁基对甲酚（BHT）、棓酸丙酯（PG）和叔丁基醌（TBHQ）。与愈创树脂中某些组分有关的一个化合物，去甲二氢愈创木酸，是一个很有效的抗氧化剂，但因毒性问题，已推迟将它直接用于食品。所有这些酚类化合物都通过共振稳定自由基这样的方式参与反应，从而终止氧化，但也有研究工作证实它们是单重态氧的清除剂。然而，β-胡萝卜素被认为是比酚类物质更有效的单重态氧清除剂。

硫代二丙酸和硫代二丙酸月桂酯已获准作为食品抗氧化剂，但实际上并未在食品中使用，因而很有可能将它们从许可使用的清单上除去。当按照允许的水平（200mg/kg）使用时，根据过氧化值测定的数据证实它不能抑制食品中脂类的氧化。硫代二丙酸（酯）的确切作用是作为次级抗氧化剂，在高浓度（>1000mg/kg）时，它们能降解在烯烃氧化成较稳定的终产品过程中所形成的氢过氧化物，当它们起着这样的作用时，能稳定合成多烯烃。

虽然按允许的水平使用硫代二丙酸（酯）并不能降低食品的过氧化值，但是它们能有效地分解在脂肪氧化中形成的过酸（图11-5）。在传递双键氧化成环氧化合物中过酸是非常有效的酸，当有水存在时，反应中形成的环氧化合物易水解成二醇。当胆固醇参与这些反应时，形成了胆固醇环氧化合物和胆固醇–三醇衍生物，人们普遍认为这些胆固醇氧化物分别是潜在的诱变和致动脉粥样硬化物质。

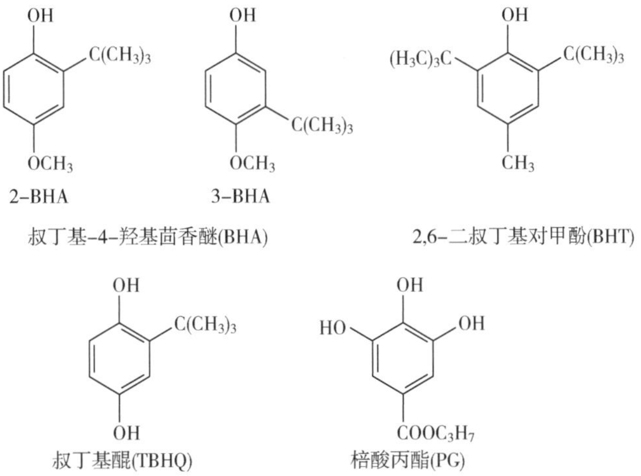

图 11-4　叔丁基-4-羟基茴香醚（BHA）、2, 6-二叔丁基对甲酚（BHT）、叔丁基醌（TBHQ）和棓酸丙酯（PG）

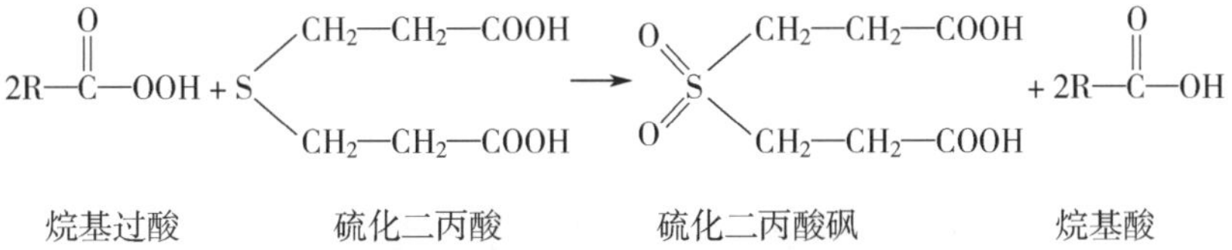

图 11-5　硫化二丙酸降解油脂氧化产物过酸的作用机制

甲硫氨酸的化学结构与硫代二丙酸类似，根据类似的机制可以解释蛋白质所具有的某些抗氧化剂性质。一分子硫化物（如硫醚）与一分子氢过氧化物作用产生一分子亚砜，与两分子氢过氧化物作用产生一分子砜。

第四节　稳定剂和增稠剂

很多亲水胶体（hydrocolloid）物质因具有独特的质构、结构和功能性质而在食品中得到广泛使用，它们能稳定乳状液、悬浮液和泡沫，还具有增稠性。这些物质大部分取自天然来源（有时将它们称为胶），其中有些物质还需经过化学改性以得到理想的特性。很多稳定剂和增稠剂是多糖，如阿拉伯胶、瓜尔豆胶、羧甲基纤维素、卡拉胶、琼脂、淀粉和果胶。明胶是由胶原衍生而成的蛋白质，是非碳水化合物稳定剂中的一种，已在食品中得到广泛使用。所有有效的稳定剂和增稠剂均为亲水物质，它们以胶体分散于溶液中，因此被称为亲水胶体。有效的亲水胶体的共同特性包括在水中有显著的溶解度、具有增加黏度的能力以及在某些场合具有形成凝胶的能力。亲水胶体的某些特殊功能包括改善食品的质构、抑制结晶（糖和冰）生成、稳定乳状液和泡沫、改善焙烤食品的糖霜（降低其对牙齿的黏附）以及风味物质的胶囊化。由于很多亲水胶体的分散性有限，而且在约2%或更低浓度时也具有理想的功能性质，所以亲水胶体常以上述浓度使用。亲水胶体的很多应用效果直接取决于它们增加黏度的能力。例如，正是这种机制，亲水胶体才能稳定水包油乳状液。它们的单个分子并不同时具备较强的亲水性和亲油性，因此，不能作为真正的乳化剂。

第五节　乳化剂

在许多商业化的食品配方中乳化剂是必不可少的组成成分，食品用乳化剂被定义为一种能改善乳化体中各种构成相之间的表面张力，形成均匀分散体或乳化体的物质。食品乳化剂，用于蛋黄酱、冰淇淋或沙拉酱等食品中，可以起到增大体积、稳定等改善食品结构和感官的效果；用于面团时可起到增白、柔软和抗老化等特殊功效，尤其适用于面包生产，乳化剂亦可络合淀粉或蛋白质等其他物质，用于巧克力时，可改良脂肪晶体，改善流变学性质，降低黏度，防止起霜，提高产品口感。

第六节　脂肪代替品

虽然脂肪是一个必需的食物组分，但是食品中太多的脂肪会增加人们患心血管病和某些癌症的危险性。消费者常被忠告食用瘦肉、特别是鱼和去皮的鸡肉及低脂乳品和限制食用油炸食品、高脂焙烤食品、调味汁及沙拉酱。然而，消费者在期望食品中的热量能大幅度降低的同时，又期望这些食品具有传统高脂食品的感官性质。

虽然采用复杂技术所制备食品的上市量愈来愈多，使得在发达国家中食品的脂肪过量，但是也提供了机会去开发为制造和大量销售低脂食品所需要的技术，当然这些食品必须相似于与它们相当的高脂食品。在过去的二十年中，在改性和开发能用于低脂食品的配料方面取得了重大的进展。推荐的可用于各种低脂食品的配料包括多种类型，它们从几类化学物质制得，即碳水化合物、蛋白质、脂类和纯合成化合物。

当从食品中部分或完全除去脂肪时，食品的性质也发生了变化，完全有必要用一些其他的配料或组分取代脂肪。因此，术语"脂肪代用品（Fat replacer）"被用来概括地指明具有这方面功能的配料。如物质能提供与脂肪相同的物理和感官性质，而没有热量，则它们被定义为"脂肪取代物（Fat substitute）"。这些配料一方面在食品中传达类似脂肪的感官性质，另一方面在各种应用如煎炸食品中显示它们的物理性质。

其他不完全具有与脂肪相当功能的配料被称为"脂肪模拟物（Fat mimetics）"，这是因为它们在某些应用中能模仿脂肪所产生的效果。脂肪模拟物的一个实例为模仿由脂肪给予某些高脂肪焙烤产品的假湿性（Pseudo-moistness）。某些物质如特殊改性的淀粉能提供理想的、类似脂肪的性质，后者实际是通过填充和水分保留而造成的感官性质。

一、碳水化合物类脂肪模拟物

与传统脂肪提供约37.6kJ（9kcal）/g的能热量相比，一些碳水化合物脂肪代用品基本上不提供热量（例如胶和纤维素）或仅产生16.7kJ（4kcal）/g以下的热量（例如改性淀粉）。这些物质模仿食品中脂肪的润滑和奶油感主要是通过水分的保留和固形物的填充而实现，后两者有助于产生似脂肪感觉，如在焙烤食品中的润湿感和冰淇淋的质构感。

二、蛋白质类脂肪模拟物

蛋白质配料可应用于取代食品尤其是水包油乳状液中的脂肪，此时，可将脂肪类似物制成各种微粒（直径<3μm），它们通过模拟柔性滚珠轴承从而显示出类似于脂肪的性质。溶液中的蛋白质也提供了增稠、润滑和粘嘴的效果。明胶在低脂、固体产品（如人造奶油）中有着十分显著的功能，提供了在制造中所需的热可逆胶凝作用，尤其是使人造奶油具有稠度。

三、低热量合成甘油三酯类脂肪取代物

采用氢化和直接酯化或酯交换可以合成这种类型的各种甘油三酯，其中之一为中碳链甘油三酯（MCTs），长期以来用于治疗一些脂质代谢紊乱者。MCTs由链长$C_6 \sim C_{12}$的饱和脂肪酸组成，提供约34.7kJ（8.3kcal）/g，而通常的甘油三酯热量值为37.6kJ（9kcal）/g。

将短链饱和脂肪酸（$C_2 \sim C_5$）和长链饱和脂肪酸（$C_{14} \sim C_{24}$）一起并入甘油三酯分子，可显著减少热量。热量减少的部分原因是短链脂肪酸产生的热量比长链脂肪酸少，此外，长链脂肪酸在甘油分子中的位置显著影响长链脂肪酸的吸收。短链和长链饱和脂肪酸结合位置的某些组合可降低长链脂肪酸的吸收率50%以上。

四、合成脂肪代用品

（一）聚葡萄糖

聚葡萄糖（图11-6）可作为低热量的碳水化合物填充剂使用，但也可作为一种脂肪类似物应用。由于聚葡萄糖仅产生4.18kJ（1kcal）/g热量，因此它是一种有吸引力的具有双重功能的食品配料，既能减少热量又能取代脂肪。目前，制造聚葡萄糖（商品名Litesse）方法是随机聚合葡萄

糖（90%以上）、山梨醇（2%以下）和柠檬酸，它含有少量葡萄糖单体和1，6-脱水葡萄糖。为了使产品具有合适的溶解度，应将聚葡萄糖聚合物的相对分子质量控制在22000以下。

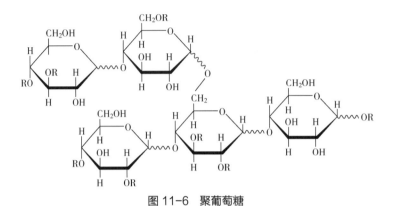

图 11-6　聚葡萄糖

（二）蔗糖聚酯

蔗糖聚酯（图11-7）是由一类由两个或多于八个的可用羟基与蔗糖分子通过酯化作用形成的物质。一些蔗糖聚酯可以在自然界中发现，例如在一些植物叶子的蜡质表层。商业化蔗糖聚酯是由蔗糖和天然脂肪酸酯化合成。蔗糖聚酯的低酯化度使其具有两性特征，使它可作为乳化剂。完全酯化的特别是和长链脂肪酸酯化的蔗糖分子是亲油、不易被消化、不易被吸收的，因而具有普通脂肪的物理和化学性质。

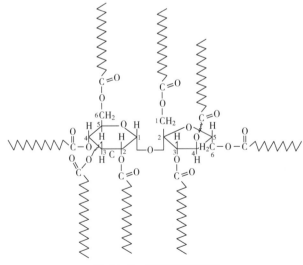

图 11-7　蔗糖聚酯异构体

第七节 无营养甜味剂和低热量甜味剂

无营养甜味剂和低热值甜味剂包括一大类能产生甜味的或能强化甜味感的物质。由于美国禁止使用环己胺基磺酸盐以及对糖精安全性产生的疑问，促使人们寻找低热值甜味剂的替代物，以满足当前对低热值食品和饮料的需要。于是，发现了许多新的具有甜味的分子，具有潜在的商业价值的低热甜味剂日益增多，表11-1所示为这些物质的相对甜度。

表 11-1 一些甜味剂的相对甜度

甜味物质	相对甜味值* （蔗糖=1，按重量计）
安塞蜜（Acesulfamek）	200
天门冬酰丙氨酸酯（Alitame）	2000
L-天冬氨酰-L-苯丙氨酸甲酯（Aspartame）	180 ~ 200
环己胺基磺酸盐（Cyclamate）	30
甘草亭（Glycyrrhizin）	50 ~ 100
莫那灵（Monellin）	3000
新橙皮苷二氢查耳酮（Neoheperitin dihydrochakcone）	1600 ~ 2000
纽甜（Neotame）	7000 ~ 13000
糖精（Saccharin）	300 ~ 400
甜叶菊苷（Stevioside）	300
三氯半乳蔗糖（Sucralose）	600 ~ 800
沙马汀（Thaumatin）	1600 ~ 2000

注：*列出的是常见的相对甜味值；然而，浓度和食品（或饮料）载体能显著地影响甜味剂的实际相对甜味。

一、氨磺胺类甜味剂

氨磺胺类甜味剂是一类结构与磺酸基相关的物质，商品包括安赛蜜、环己胺基磺酸盐和糖精（图11-8）。1949年，环己胺基磺酸盐在美国获得批准可作为食品添加剂使用，然而在1969年末被美国FDA禁止使用。环己胺基磺酸盐的钠盐、钙盐和酸曾被广泛地用作甜味剂。环己胺基磺酸盐比蔗糖甜约30倍，它们的味道很像蔗糖而且不会显著地干扰味感，它们对热稳定。环己胺基磺酸盐的甜味具有缓释特征，甜味持续的时间比蔗糖长。

从早期试验啮齿类动物得到的结果曾推测环己胺基磺酸盐及其水解产物环己胺（图11-9）会导致膀胱癌。然而随后的广泛试验所获得的结果没有支持早期的报告，因此，争取环己胺基磺酸盐能重新作为一种被批准使用的甜味剂的申请已在美国备案。目前已有包括加拿大在内的40个国家允许在低热值食品中使用环己胺基磺酸盐。即使大量实验数据支持有关环己胺基磺酸盐和环己胺不是致癌或有毒的结论，美国FDA仍然借各种理由拒绝再次批准在食品中使用环己胺基磺酸盐。

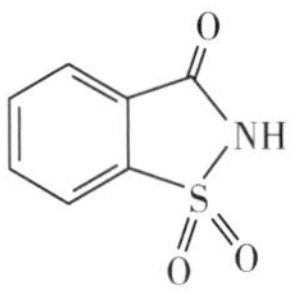

糖精（邻磺酰苯甲酰亚胺）的钙盐、钠盐和游离酸都可以作为非营养性甜味剂使用。按照通常的经验规律，以10%蔗糖溶液为比较标准时，糖精甜度为蔗糖的300倍，但是，随着浓度和食品基质的变化，此范围可进一步扩大200～700倍。糖精略带苦味和金属后味，尤其是对某些人群，当浓度增加时，此反应更为显著。

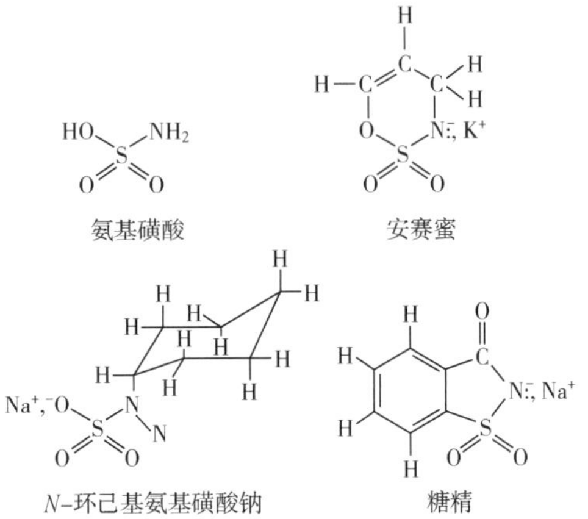

安赛蜜[6-甲基-1，2，3-噁噻嗪-4（3H）-酮-2，2-二氧化钾]发现于德国，1988年在美国首先被批准作为一种非营养甜味剂使用。此甜味剂的化学名称极为复杂，因而人们创造了一个通俗的商品名称Acesulfame K

图 11-8　环己胺基磺酸盐、安赛蜜、甜蜜素和糖精的结构

（AK糖），这个名称表明了在其合成过程中所使用的化合物乙酰乙酸和氨基磺酸的关系，也表明了它是一个钾盐。

以3%蔗糖溶液为比较标准时，AK糖的甜度约为蔗糖的200倍，其甜度介于己胺基磺酸盐和糖精之间。由于AK糖在高浓度时具有一些金属味和苦味，因此它特别适宜和其他低热甜味剂如阿斯巴甜混合使用。AK糖在酸性产品中如碳酸软饮料中也很稳定，在高温下（如焙烤）同样非常稳定。AK糖在体内不能被代谢，因而不产生热量，它通过肾脏不经变化而被排出。广泛的试验证实AK糖对动物不具毒性，在食品应用中特别稳定。

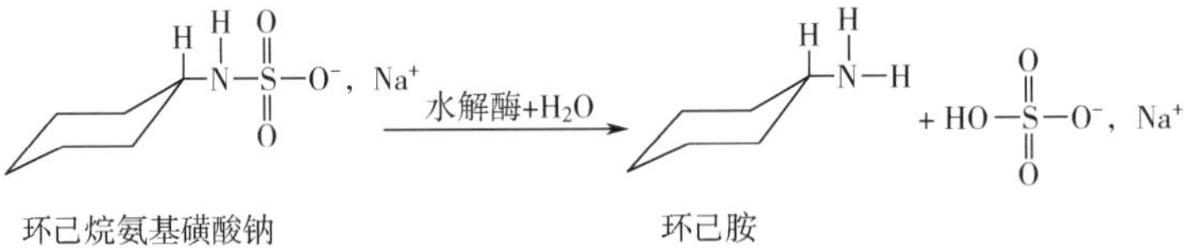

图 11-9　环己胺基磺酸盐经水解生成环己胺

二、肽类甜味剂

肽类甜味剂的主要作用是降低食品和饮料中产生热量成分的比例。尽管组成肽类甜味剂成分的氨基酸在消化过程中也有产生热量的可能，但是它们的高甜度可以使其在很少的用量下达到效

果而不产生显著的热量。在一些国家，阿斯巴甜、纽甜和阿力甜组成了允许在食品中使用的肽类甜味剂。

阿斯巴甜（Aspartame）的甜度是蔗糖的180～200倍，美国在1981年首次批准了阿斯巴甜的使用，目前超过75个国家已批准使用阿斯巴甜并已被用于很多食品中。需要澄清的是，阿斯巴甜的甜味缺乏蔗糖的一些甜味品质。

阿斯巴甜还有其他两个缺点：在酸性条件下不稳定和在高温下快速降解。在酸性条件下如在碳酸软饮料中，甜味的损失率是渐进的并取决于温度和pH。阿斯巴甜的肽本性决定了它易于水解，这一特性使其易于发生其它化学反应，也易于被微生物降解。除了由于苯丙氨酸甲酯的水解或两个氨基酸间肽键断裂而造成甜味的损失外，这个二肽化合物还很易发生分子内的缩合，产生二羰基哌嗪（5-苯基-3，6-二羰基-2-哌嗪乙酸）（图11-10）。中性和碱性pH有利于这个反应的进行，这是因为在这些条件下，有更多的非质子化胺基可以参加反应。同样，碱性pH有利于羰-胺反应，因此，在此条件下，阿斯巴甜很易同葡萄糖和香草醛发生反应。与葡萄糖的反应造成的主要问题是在贮藏过程中阿斯巴甜甜味的损失，而它与香草醛的反应则造成香草醛风味的损失。

虽然阿斯巴甜由天然存在的氨基酸组成，其预计的日摄入量又很小（每人0.8g），但作为食品添加剂，它的安全性仍受到关注。用阿斯巴甜作为甜味剂的食品必须显著标记出苯丙氨酸的含量，以避免苯丙酮尿症患者食用，这些患者体内缺乏参与苯丙氨酸代谢的4-单氧合酶。虽然它的安全受到质疑，但大量的试验表明，来自阿斯巴甜的二羰基哌嗪在食品中的浓度对人体不具危害。

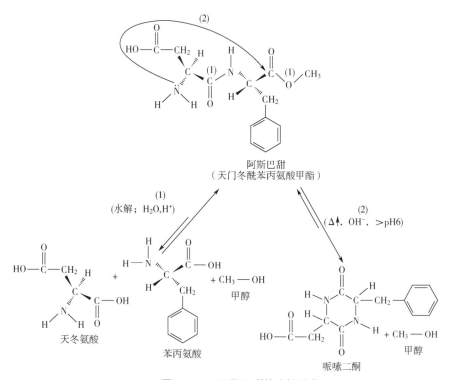

图 11-10　阿斯巴甜的降解反应

纽甜（N–L–苯丙氨酸1–甲酯）的结构与阿斯巴甜相似，2002年在美国批准可被用于食品，纽甜能作为食品配料是因为它能增强食品在制备时的稳定性，以及它的高甜度（相当于蔗糖的7000～13000倍）使其在使用时可以不用为苯酮尿患者贴警告标签。纽甜的高甜度和阿斯巴甜比较，大部分来源于3，3–二甲基丁基取代基与天门冬氨酸的氨基的结合。这个阿斯巴甜的γ辅基有很强的疏水性可促进高甜度。因为很低用量的纽甜常常可以对食品的风味产生有益的作用，因此在市场上它也被作为一种风味促进剂。

阿力甜［L–天冬酰–N–（2，2，4，4–四甲基–3–硫杂环丁基）–D–丙氨酰胺］是一种氨基酸基甜味剂，其甜度相当于蔗糖的2000倍，具有类似于蔗糖的清凉糖味。它极易溶于水，并具有很好的热稳定性和货架期，但是在某些酸性条件下长期贮存会产生不良风味。一般而言，可将阿力甜用于需要加入甜味剂的大多数食品，其中也包括焙烤食品。阿力甜可由氨基酸L–天冬氨酸和D–丙氨酸以及一种新的胺合成得来。阿力甜的丙氨酰胺部分在通过体内时产生最小的代谢变化。大量试验表明，天门冬酰丙氨酸酯对人体消费是安全的，1986年它作为食品添加剂的申请已在美国FDA备案。虽然它在美国暂时没有被批准使用于食品，但是在澳大利亚、新西兰、中国和墨西哥均已获批准。

三、氯代糖类

三氯蔗糖的甜度是蔗糖的600倍，而且具有和蔗糖类似的甜度维持时间，没有苦味或者其他一些令人不愉快的后味。同时它还有很高的结晶度、水溶性和很好的高温稳定性。在碳酸饮料的pH环境下也相当稳定，在一般的处理和贮藏过程中仅会发生有限水解，生成单糖（图11–11）。

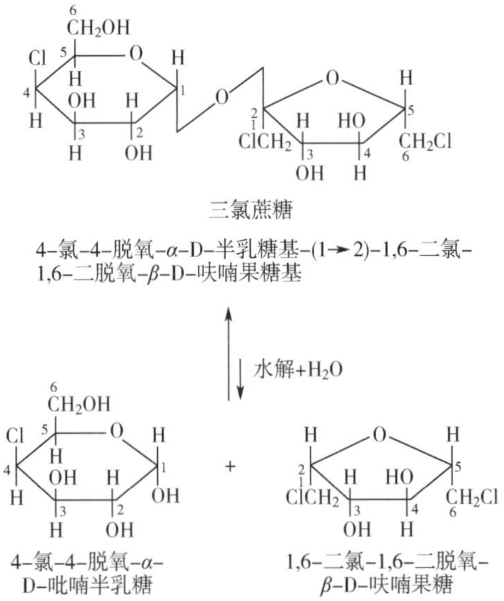

由于三氯蔗糖的分子构象不易被水解酶识别，可抵御消化和水解酶的攻击。与相应的蔗糖和乳糖结构特征相比，三氯蔗糖是前面两种基本结构的结合体，正是这样的特殊结构阻碍了一般的消化和代谢酶的识别。然而，有报道显示，在消化过程中有些三氯蔗糖分子可被水解，这一水解过程或是被酸所催化或是由微生物酶介导。

三氯蔗糖

4–氯–4–脱氧–α–D–半乳糖基–(1→2)–1,6–二氯–1,6–二脱氧–β–D–呋喃果糖基

水解+H₂O

4–氯–4–脱氧–α–D–吡喃半乳糖

1,6–二氯–1,6–二脱氧–β–D–呋喃果糖

图 11–11 三氯蔗糖的水解反应产物

四、其他无营养甜味剂和低热量甜味剂

在过去二十年中，在寻找新甜味剂的大量研究中发现了许多新的甜味剂化合物，对其中的一些化合物正在作进一步的开发和安全研究以确定它们是否适合于商业化生产。甘草亭（甘

草酸）是一种三萜烯皂草苷，存在于甘草根中，比蔗糖甜50～100倍。甘草亭也是一种糖苷，水解时可产生2mol葡萄糖醛酸和1mol甘草亭酸。甘草酸的全胺盐，即甘草亭胺，现已上市，已被批准可作为风味物和表面活性剂使用，但是不能作为甜味剂使用。甘草酸主要被用于烟草产品，也可在某种程度上被用于食品和饮料，但它类似甘草的风味影响了它在某些应用中的适用性。

存在于南美植物甜叶菊（*Stevia rebaudiana Bertoni*）叶中的糖苷混合物是甜叶菊和雷包迪苷（Rebaudiosid）的来源。纯甜叶菊苷的甜味约为蔗糖的300倍。在高浓度时甜叶菊苷有些苦味和不理想的后味，而雷包迪苷A具有该混合物的最佳味感。甜叶菊的提取物已被作为商品甜味剂使用，在日本有着广泛的用途。大量的安全和毒理试验证明该提取物对人体食用安全，但是在美国尚未获得批准。

新橙皮苷二氢查耳酮是一种无营养甜味剂，甜味是蔗糖的1500～2000倍，从柑橘类水果的苦味二氢黄酮制得。新橙皮苷二氢查耳酮呈现甜味缓发和后味逗留的特征，但是它减少了对相伴苦味的感觉。该超甜物质以及它类似的化合物可通过氢化法制取：①柚皮苷氢化产生柚皮苷二氢查耳酮；②新橙皮苷氢化产生新橙皮苷二氢查耳酮；③橙皮柑产生橙皮苷二氢查耳酮4'-O-葡萄糖苷。曾经对新橙皮苷二氢查耳酮的安全性作了广泛的试验，试验结果一般可证实它的安全性。在比利时和阿根廷已获批准使用，而美国FDA还要求做额外的毒理试验。

几种甜味蛋白质即沙马汀或非洲竹芋甜素Ⅰ和Ⅱ（Thaumatins Ⅰ和Ⅱ）已经得到鉴定，它们都是从热带非洲竹芋（*Thaumatococcus daniellii*）中制得。非洲竹芋甜素Ⅰ和Ⅱ均为碱性蛋白质，分子质量约为20000u，它们的甜度约为蔗糖（以质量为基准）的1600～2000倍。在英国非洲竹芋果实提取物以Talin的商品名称出售，在日本和英国已许可作为甜味剂和风味增效剂使用，在美国也被许可作为胶姆糖的风味增效剂使用。Talin具有持久的甜味，但其略带甘草风味，且高成本也限制了它的使用。

另一种甜味蛋白质莫那灵（Monellin）是从锡兰莓为原料制备而成，它的分子质量约为11500u。莫那灵的甜味约为蔗糖（以质量为基准）的3000倍，沸腾会破坏天然莫那灵的甜味。甜味蛋白质的应用受到了某些限制，因为此类化合物价格昂贵、对热不稳定以及在pH低于2的室温条件下会失去甜味。

甜味蛋白Brazzein是一种甜的植物蛋白（由54个氨基酸残基组成），最初在非洲藤本植物的果实（*Pentadiplandra brazzeana*）中被发现。通过基因工程手段使非甜质玉米产生甜蛋白，并从其胚芽中提取出这种甜蛋白从而实现这种甜味剂的商业化：据报道它十分稳定且可同时产生甜味与宜人的口感。

从神秘果（*Richadella dulcifica*）中曾分离得到另一种碱性蛋白质神秘果素（Miraculin）。它本身无味，但具有将酸味转变成甜味的特异性，即它能使柠檬呈甜味。神秘果素是一种相对分子质量为42000的糖蛋白，与其他蛋白质甜味剂相似，它也是热不稳定且在低pH时失活。1μmol/L神秘果素溶液经0.1mol/L柠檬酸诱导产生的甜味相当于0.4mol/L蔗糖溶液的甜味，根据计算，由0.1mol/L柠檬酸诱导产生的甜味是蔗糖溶液的400000倍。神秘果素在口腔中的甜味能持续24h，这一特性限制了它使用的可能性。在20世纪70年代，神秘果素曾被引入美国作为糖尿病患者的甜味辅助物，然而，由于其安全性实验数据不足，后被美国FDA禁止使用。

D-塔格糖是一种天然的低能量填充型甜味剂，属于稀有糖的一种，甜度是蔗糖的92%，甜味与蔗糖相似，不产生不良风味和后味，经实验发现其没有毒性和致癌效应，在食品工业上可以安全使用。与蔗糖相比，D-塔格糖具有抑制高血糖、改善肠道菌群和不致龋齿等多种生理功效。《中华人民共和国食品安全法》和《新食品原料安全性审查管理办法》已将塔格糖批准为新食品原料。

五、多羟基醇

简单的多羟基化合物或多元醇是只含羟基官能团的碳水化合物类似物，因此，简单的糖类和多元醇（糖醇）在结构上也较类似，除了含有醛基或酮基（游离或结合）的糖，内在的醛或酮基尤其是在高温时对它们的化学稳定性不利。

多羟基化合物通常都易溶于水，有吸湿性，它们的高浓度水溶液有中等的粘性，这些化合物的多羟基结构使它们具有与水结合的性质，这种性质在食品中得到了利用。多羟基醇的特殊功能包括对黏度和质构的控制、增加体积、保持湿度、降低水分活度、控制结晶、改善或保持柔软度、改善脱水食品的复水性质以及用作风味化合物的溶剂等。多羟基醇在食品中的很多应用取决于它们与糖、蛋白质、淀粉和树胶的共同作用。

一些简单的多羟基醇天然存在于自然界，但是由于它们的含量有限，通常在食品中不起功能作用。例如，葡萄酒和啤酒都因发酵而含有游离甘油，山梨醇则存在于梨、苹果和洋李中。添加相对较少的多元醇也会对食品的应用产生重要影响（图11-12）。

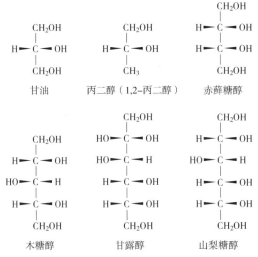

图 11-12　作为食品成分的简单多元醇的结构比较

　　简单多元醇（糖醇）通常带有甜味，但甜度不如蔗糖强烈。短链多羟基醇（如甘油）在高浓度时略具苦味。当使用固体糖醇时，由于它们溶解时吸热，因此会产生令人愉悦的清凉感。

　　木糖醇、山梨糖醇、甘露糖醇和乳糖醇分别由木糖、葡萄糖、甘露糖、麦芽糖和乳糖氢化而成（图11-13）。氢化的淀粉水解物也用作食品配料，尤其是糖果中的应用，它们含有来自葡萄糖的山梨醇、麦芽糖而来的麦芽糖醇和来自低聚糖的各种聚合糖醇（氢化的麦芽糊精）。异麦芽酮糖醇是由蔗糖经过多步加工而得（图11-14）。蔗糖$\alpha-1$，2-糖苷键经酶反应异构成$\alpha-1$，6键，随后该中间化合物氢化生成等摩尔的二糖多元醇混合物。

图 11-13　葡萄糖氢化生成山梨醇反应

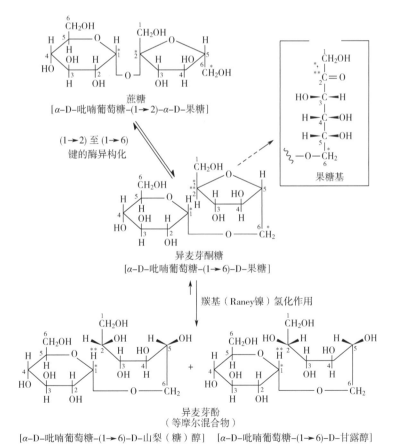

图 11-14　用于制备异麦芽醇糖醇的反应式

简单多元醇也是其他食品配料如乳化剂生产的起始原料，例如用山梨醇作为一个反应物制备司盘（Spans）和吐温（Tweens）（图11-15）。山梨醇先转化成脱水山梨醇，然后与脂肪（硬脂酸）酯化生成两性分子山梨醇单硬脂酸酯（司盘）分子。山梨醇硬脂酸酯上剩余的羟基为进一步与环氧乙烷通过重复醚键制备聚山梨醇乳化剂（吐温）提供作用位点。

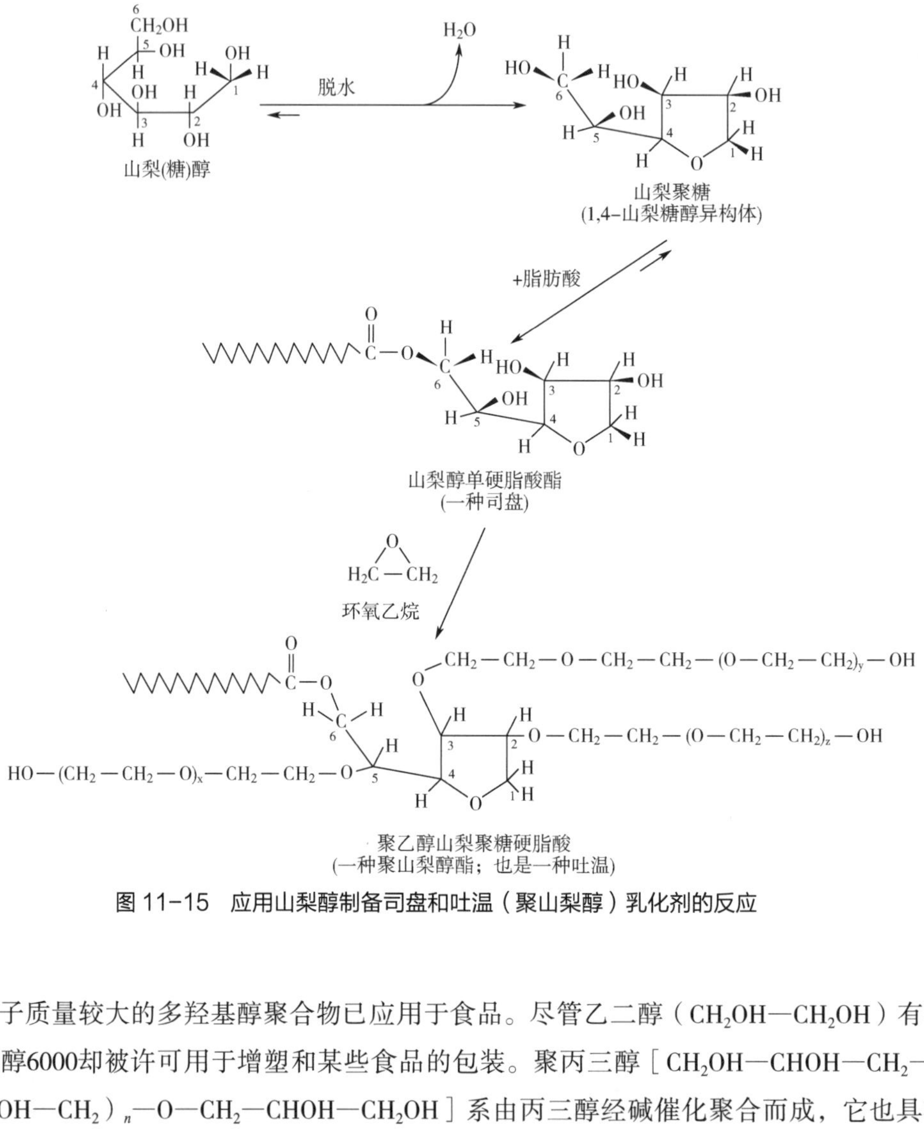

图 11-15　应用山梨醇制备司盘和吐温（聚山梨醇）乳化剂的反应

分子质量较大的多羟基醇聚合物已应用于食品。尽管乙二醇（$CH_2OH—CH_2OH$）有毒，但聚乙二醇6000却被许可用于增塑和某些食品的包装。聚丙三醇［$CH_2OH—CHOH—CH_2—（O—CH_2CHOH—CH_2）_n—O—CH_2—CHOH—CH_2OH$］系由丙三醇经碱催化聚合而成，它也具有一些可取的性质。聚丙三醇可被脂肪酸酯化进一步改性产生具有脂类特性的物质。这些聚丙三醇物质已获准用于食品，因为它们的水解产物甘油和脂肪酸可被正常地代谢。

中等水分食品含有水分15%～30%，无需冷藏而不被微生物败坏，多羟基醇可使中等水分的食品保持稳定。一些我们熟知的食品，包括果干、果酱、果冻、棉花糖、水果蛋糕和牛肉干等就是由于它们的中等水分特性才得以长期保存。其中的某些食品可在食用前先复水，但它们都具有可塑的质构且能直接食用。

表 11–2　一些相对简单多羟基醇和糖的相对甜味和能量值

物质	相对甜味[1] （蔗糖=1，按重量计）	能量值[2] /（kJ/g）
简单多元醇		
赤藓糖醇	0.7	0.84
甘露醇	0.6	6.69
乳糖醇	0.3	8.36
异麦芽糖	0.4 ~ 0.6	8.36
木糖醇	1.0	10.03
山梨醇	0.5	10.87
麦芽醇	0.8	12.54
氢化玉米糖浆	0.3 ~ 0.75	12.54
糖		
木糖	0.7	16.72
葡萄糖	0.5 ~ 0.8	16.72
果糖	1.2 ~ 1.5	16.72
半乳糖	0.6	16.72
甘露糖	0.4	16.72
乳糖	0.2	16.72
麦芽糖	0.5	16.72
蔗糖	1.0	16.72

注：①表中列出的是经常被引用的相对甜味；然而，浓度和食品或饮料载体会显著影响甜味剂的实际甜味；
　　②美国FDA认可的能值；1kcal=4.184kJ。

大部分中等水分食品的水分活度为0.70 ~ 0.85，而那些含保湿剂的中等水分食品的水分含量约每100g固体含20g水（质量分数为82% H_2O）。如果从解吸制备得到中等水分食品的水分活度为0.85，它们仍可能受到霉菌和酵母的侵犯。为了解决这个问题，在制备过程中可加热配料或添加诸如山梨酸这样的抗真菌剂。

为了得到理想的水分活度，常常需要添加保湿剂，它们能与水结合并保持柔软可口的质构。在制备中等水分食品时，只要用较少的物质，主要是丙三醇、蔗糖、葡萄糖、丙二醇和氯化钠，就能有效地降低水分活度而同时保持良好的口感。此外，现代无糖糖果的制备技术也以中等水分食品的原理为基础。

第八节　膨松剂

本节所述的膨松剂主要是指化学发酵剂或化学膨松剂（Chemical leavening agent），它们由一些化合物混合而成，在适当的水分和温度条件下，这些化合物在面团或面糊中发生反应并释放出气体。烘焙时它们释放的气体与面团或面糊中的空气和水蒸气一起膨胀，而使最终产品具有蜂窝状的多孔结物。在自发面粉、调制好的烘焙混合物、家庭用和工业用发粉和冷藏面团制品中都使用了化学膨松剂。

目前所使用的化学膨松剂所产生的唯一气体是二氧化碳，它是由碳酸或碳酸氢盐产生的。虽然有时饼干中也使用碳酸铵 $[(NH_4)_2CO_3]$ 和碳酸氢铵（NH_4HCO_3），但是碳酸氢钠（$NaHCO_3$）还是最常用的膨松盐。与 $NaHCO_3$ 一样，上述的两个铵盐在烘焙温度都发生分解，释出 CO_2。

化学膨松剂产生的 CO_2 的基本反应如下：

$$NaHCO_3 + HX \longrightarrow NaX + CO_2 + H_2O$$

式中HX代表一种酸（酸式盐或经水解能产生 H^+ 的盐），即膨松酸。由于 $NaHCO_3$ 几乎能立即溶于水与膨松酸反应，因此酸的溶解速度决定着 CO_2 从 $NaHCO_3$ 释出的速度。CO_2 必须在制备面糊和面包以及随后的烘焙过程中恰当时刻释放出来，通常膨松剂在烘焙前先释放出部分 CO_2，在烘焙受热时，释放出其余的 CO_2。

现在使用的膨松酸包括酒石酸氢钾、硫酸铝钠、δ–葡萄糖酸内酯、正磷酸盐和焦磷酸盐等。

第九节　水分保持剂（保湿剂）

多羟基醇或多元醇是一大类独特的化学产品，它们被定义为仅含羟基作为官能团的直链有机化合物。由于食品产品的多羟基醇是丙三醇（甘油）、山梨醇、甘露醇和丙二醇，这些物质以单独或相互结合的方式被使用于配制食品，产生许多特殊的效果。本节仅讨论羟基大于或等于两个且不含其他官能团的化合物，因此本节不讨论糖，多羟基醇与糖的主要差别是后者的分子中含有醛基。作为一类化合物，多羟基醇在化学和热方面比糖更加稳定。然而多羟基醇比较昂贵，因此食品工业需要多羟基醇能给予终产品一种理想的性质。

在多羟基醇的各种性质中，与食品应用有关的主要是4种：①黏度；②溶解能力；③味道；④吸湿性。

在一些食品中加入多元醇后，多元醇的软化和增塑效应使食品具有一个柔软的稠密度，这个效应至少部分地与多元醇的保持水分能力有关，因为水是最好的增塑剂之一。可是，为了保持货架稳定性，往往希望将食品的水分含量降到最低。多元醇在含水食品中具有形成氢键的趋势，因此在较低水分含量下的多元醇能产生必要的软化效果。在果汁软糖的配方中加入多元醇，导致在淀粉浇注成型期间水分失去的速度减少，因此多元醇的吸湿性非常重要。

第十节　螯合剂

存在于食品中的游离态金属离子有可能形成不溶解或有色化合物，或催化食品组分的降解，导致沉淀、变色、酸败或营养质量下降。螯合剂能与游离的金属离子形成稳定且一般是水溶的络合物，从而消除这些不良的效应。螯合剂的其他应用是控制金属离子的释放，这是出于营养方面的考虑或为了控制增稠剂的凝胶作用。

抗氧化剂通过中止链反应或者作为氧的清除剂抑制氧化，在这个意义上螯合剂不是抗氧化剂。由于它们可以去除催化氧化反应的金属离子，因此它们是有效的抗氧化剂增效剂。为了利用这种抗氧化剂增效作用而选择螯合剂时，必须考虑它们的溶解性。柠檬酸和柠檬酸酯的丙二醇溶液（20~200mg/kg）能溶于油脂，从而在全脂体系中是有效的增效剂。另一方面，EDTA Na_2H_2 和 EDTA $CaNa_2$ 仅略溶于脂肪，因而不能有效地起作用。然而在乳化体系中，如色拉调味料、蛋黄酱和人造奶油等，EDTA盐（至500mg/kg）却很有效，这是因为它们能在水相中起作用。在罐装海产食品中，人们使用聚磷酸盐和EDTA以防止鸟粪石或磷酸铵镁 $MgNH_4PO_4 \cdot 6H_2O$ 玻璃状结晶的生成。海产食品中含有相当数量的镁离子，在贮藏期间，它们与磷酸铵反应生成结晶，这种结晶很容易使人误认为食品中混入玻璃。螯合剂络合镁离子，因而能减少鸟粪石的生成，螯合剂还能与海产品中的铁、铜和锌结合从而防止产品发生变色反应，特别是防止这些离子与硫化物的反应。

第十一节　抗结剂

某些调节剂（Conditioning agent）可用来保持颗粒状和粉末状吸湿食品的自由流散。它们一般通过下列方式起作用：吸收过量的水分，涂覆在颗粒外使其一定程度地排斥水和提供水不溶的特殊稀释剂。常用硅酸钙（$CaSiO_3 \cdot xH_2O$）来防止发酵粉（高至5%）、食盐（高至2%）和其他食品、食品配料的结块。精制的硅酸钙在吸收本身重量2.5倍的液体后仍能保持分散。除了吸收水外，硅酸钙还能有效地吸收油和其他非极性的有机化合物，这种特性使它在粉末状复杂混合物和某些含有游离精油的香料中很有用。

在食品工业中使用的其他抗结剂包括硬脂酸钙、硅铝酸钠、磷酸三钙、硅酸镁和碳酸镁等。这些抗结剂用于食品时的添加剂量必须符合食品安全国家标准。

思考题
1. 简述食品添加剂的功能和分类。
2. 简述常见的防腐剂及其各自的作用机理及特点。
3. 什么是抗氧化剂的增效作用？
4. 增稠剂在食品中起哪些作用？
5. 哪些物质可作为脂肪替代品？
6. 阿斯巴甜的使用注意事项有哪些？
7. 简述膨松剂的主要作用。

第十二章

食品组分相互作用及食品货架寿命预测

第一节 引 言

如前所述，食品的主要组分有水、蛋白质、碳水化合物、脂质、纤维、维生素和矿物质等，此外还包括许多其它微量组分和添加剂。大多数食品组分具有化学反应活性，或至少含有活性基团（表12-1）。食品组分的相互作用与活性基团的化学性质、组织内部结构的区室化分布以及温度、pH、离子强度、离子类型、水分活度、氧化/还原电位和流体黏度等环境因素密切相关。

表 12-1 食品组分的活性基团

活性基团	来源
—SH，—S—S—	蛋白质、多肽和氨基酸
—NH$_2$，—NH—C（=NH）NH$_2$	蛋白质、氨基酸和其他含氮化合物
—OH，—CHO，R$_2$C=O	蛋白质、碳水化合物和低分子质量羰基
^{1}O$_2$，·O$_2^-$，·OH，H$_2$O$_2$，RO·，ROO·，ROOH，ArO·，ArOO·	脂类氧化产物
—COOH，—O—SO$_3$H，—O—PO$_3$H$_2$	蛋白质、果胶和其他多糖
—CH=CH—，—CH=CH—CH$_2$—CH=CH—	不饱和酯
NO·，NO$_2$·，O=N—OOH，O=N—OO$^-$	添加剂

食品体系组分间发生的物理、化学和生物化学等变化可能会提高食品的品质，也可能会导致食品的品质下降，甚至产生毒素，引起食品安全问题。在食品加工过程中，食品在控制的条件下转变成安全、可贮存和方便食用的形式。在这个过程中，尽管对加工体系的生物、物理和化学参数都进行了严格控制，但希望和不希望的变化都可能发生。

综合前面各章的内容可以发现，食品加工和保藏过程中发生的希望的变化有：

（1）食品色、风味和质构等感官性质的改善　食品感官性质的改变主要是由脂质氧化、美拉德反应、Strecker降解、焦糖化反应和酶催化反应等引起的。氢键、疏水聚集和通过多价离子的交联引起的多聚物化学变化对食品的质构有深远的影响。

（2）食品配料功能性质的改进　例如，通过物理、化学和生物酶对淀粉、纤维素、蛋白质等进行改性，以改善其溶解度、黏度、成膜性、乳化性、起泡性和胶凝性质等。利用化学和酶法制备各种性能更加优良的食品配料和添加剂。例如，利用葡萄糖异构酶将葡萄糖转变成果糖，将蔗糖转变成低聚果糖等。

（3）内源酶的控制　通过热变性、调节pH、添加化学抑制剂、去除氧气等底物或采用改性和掩蔽辅助因子等措施了控制食品原料中的内源酶。例如，果蔬加工的热烫和豆奶生产采用的热磨浆等措施都等都能起到很好的控制食品原料中内源酶的作用，将食品内源酶对食品品质的影响控制在可接受的程度。

（4）加工使食品的消化性能和营养性能得到改善以及抗营养剂的失效　加热、酶解可以提高蛋白质、碳水化合物等食品组分的消耗吸收率，同时可能改善其生物活性。例如，通过控制水解可以将蛋白质水解成具有提高免疫力、抗氧化、降血压等作用的功能肽。通过控制酶解和转苷等措施，可以将淀粉、半纤维素、蔗糖、乳糖、果胶等碳水化合物转变成具有增殖双歧杆菌、提高免疫力、降血脂、抗龋齿等功能的功能性低聚糖等。大豆中含有的能抑制动物对大豆营养物质消化、吸收和利用的胰蛋白酶抑制剂、外源凝集素（lectin）等抗营养因子，加热可以去除大豆中大部分的抗营养因子，如要完全去除，则采用热乙醇萃取法比较合适。

不希望的变化通常包括：

（1）食品色泽、风味和质构的下降　例如，超高温奶的蒸煮味（cooked notes），罐装或脱水蔬菜的叶绿素和质构损失以及冷冻鱼和海产食品肌肉的发硬等。

（2）食品配料的功能性质降低　例如，加热使蛋白质的持水能力、乳化能或起泡能力下降。

（3）营养价值的下降和有毒物质的产生　一些维生素对热不稳定（如维生素C、维生素B_1、维生素B_6、叶酸），或易氧化（如维生素C、维生素D、维生素E、维生素A），或受光降解（如核黄素）等；蛋白质、碳水化合物和脂类所发生一系列的反应。在一定反应条件和存在一定其他成分时，这些反应会导致营养价值下降且产生不希望的副产物，有时还会产生不容忽视的毒性。

上述希望和不希望的反应在加工后的储运过程中仍然会继续发生，反应速率取决于食品内在的性质、包装的类型和贮存及运输的条件。即所有的食品在贮藏期间都会经历不同程度的变质。变质可能包括感官接受性、营养价值和食用安全性的降低等。较高的温度会加速食品的变质，比如说加速脂肪及脂溶性成分的氧化、酶促和非酶褐变；湿度会引起食品吸湿或脱湿，引起食品形态收缩变形；光线可以促进化学反应与食品的色、香、味的变化；氧气会促进脂质、色素等的氧化，从而引起食品品质变化。充填惰性气体可以抑制此类化学反应，从而达到抑制食品品质下降的目的；食品的水溶性成分较高或吸湿时会发生褐变、溶解性及复原性降低，营养成分损失等。脂溶性成分较多时则在氧、光线等条件存在时，脂肪容易氧化发生变色、退色、风味变化、维生素损失等。在酶还没有完全失活的食品中，水分含量较高或吸湿时容易引起酶活化，从而引起食品色、香、味的劣化等。

第二节　食品组分的相互作用

在食品加工过程与贮藏过程中，食品组分间发生的化学作用主要有美拉德反应、焦糖化反应、热降解、醌类与胺和氨基酸反应、氧化反应和蛋白质在碱性条件下发生的反应、脂质水解与氧化等。如前所述，其中有些化学反应的结果是人们所期望的，例如面包皮焦黄色的形成、焙烤咖啡或煎炸洋葱时发生的化学反应。但有些情况下，发生的化学反应可能会对食品的品质产生有害影响，例如炼乳和脱水蔬菜在贮藏期间发生的变化。多数化学反应会产生风味物质，有些是人们所期望的，有些是人们所不期望的，这完全取决于是什么食品。一些不良化学反应还会使食品中的营养成分丢失或形成致突变和致癌化合物，降低食品的营养价值和安全性。因此，全面了解食品组分间发生的物理、化学和生物化学作用对控制和改进产品质量非常重要。图12-1～图12-3所示为食品加工或处理过程中蛋白质、碳水化合物和脂质所发生的主要反应。

图12-1～图12-3总结的蛋白质、碳水化合物和脂质在食品加工与保藏过程中所发生的主要反应大部分在前面的章节中有了详细的介绍。下面就食品复杂体系中蛋白质、多糖、水之间的相互作用做进一步说明。

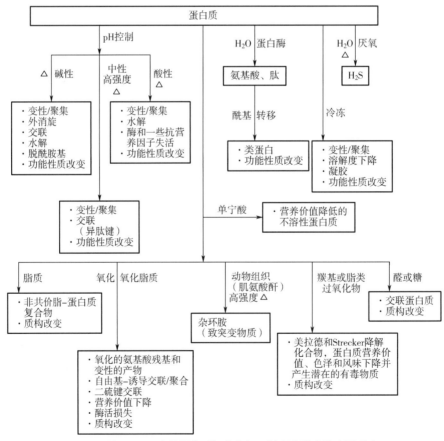

图 12-1　食品蛋白质组分在加工过程中发生的主要反应

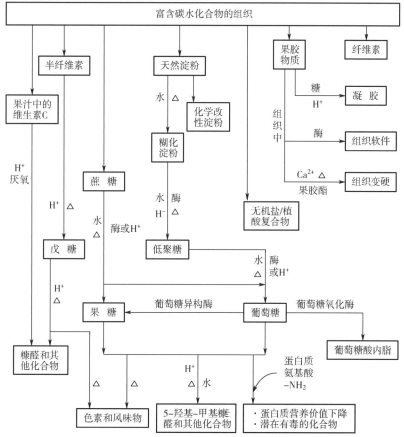

图 12-2 食品碳水化合物组分在加工过程中发生的主要反应

一、水-蛋白质相互作用

在牛肉、猪肉、家禽肉、鱼肉、贝壳和软体动物中，水分含量达到60%~85%，而蛋白质的含量仅为12%~22%。高湿性食品中，蛋白质-水相互作用会影响到蛋白质分子和蛋白质聚集体（例如酪蛋白胶束）的稳定性及食品原料和产品中蛋白质的功能特性。

1. 蛋白质的持水力

在高湿性食品中，水分含量主要是通过组织中的区室化分布和水与蛋白质分子的相互作用来保持的，这些作用使得水不会在重力和一定离心力和机械压力作用下析出。食品的这种持水特性，就是在前面水一章中介绍的"持水力"。添加剂和松弛肌纤维结构的生化过程可提高肌肉的持水力。因此，影响肉产品的持水力和含汁量的因素包括蛋白质的特性、肉的pH、动物宰后代谢物的浓度、添加的盐（主要为有机和无机磷酸盐）以及嫩化、冻藏和加工引起的蛋白质性质变化等。

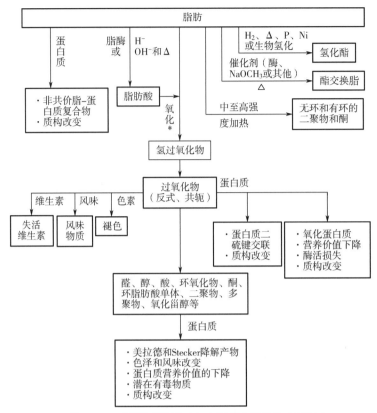

图 12-3 食品脂质组分在加工过程中发生的主要反应

*指由酶、金属离子、肌球蛋白、叶绿素和 / 或辐照催化的氧化反应

2. 蛋白质抑制冰晶生长

一些蛋白质与冰晶中的游离水发生相互作用。这种相互作用使得极地海洋里的鱼在冬天能够存活下来。极地海洋里的鱼和某些昆虫的血液中都含有一些特殊蛋白质，称为抗冻蛋白（Antifreeze proteins, AFPs）和抗冻糖蛋白（Antifreeze glycoprotein，AFGP）。它们可非依数性地降低这些动物血浆冻结点，而且降低程度明显高于依据聚合物溶质的浓度效应的预测值。由于AFP的存在，有些南极鱼类的血浆冻结点比其他鱼类的冻结点低约1.4℃。AFP和AFGP优先同冰晶的晶格结合，从而抑制冰晶生长。AFP在冻藏食品中可抑制冰晶生长和降低冰的重结晶速率，具有潜在的应用价值。

二、蛋白质-蛋白质相互作用

食品含有多种蛋白质。例如，乳中含酪蛋白、α-乳清蛋白、β-乳球蛋白、血清白蛋白、免疫球蛋白和胨蛋白胨；肉中含肌原纤维蛋白、胶原蛋白和肌浆蛋白（主要为酶）；谷物中含有清蛋白、球蛋白、醇溶谷蛋白和谷蛋白。这些蛋白质的结构及其在食品体系中表现出的功能性质不尽相同。蛋白质活性基团间的相互作用会引起蛋白质分子结构发生变化，从而导致蛋白质的水合性、溶解性、黏性、起泡性、胶凝性以及在油-水界面的吸附性能等功能性质发生改变。这部分内容在前面蛋白质一章中已有详细介绍。

三、蛋白质-脂质相互作用

牛奶、奶油、冰淇淋、奶酪、沙拉酱、蛋黄酱、肉糜是常见的水包油型（O/W）乳状液体系。油滴通过与蛋白质、卵磷脂或合成表面活性剂的相互作用得以稳定。冰牛奶在储藏过程中其脂肪球的脂蛋白膜会与血清蛋白发生相互作用，导致蛋白质聚集、絮凝以及脂肪球上浮。相反，冰淇淋在储藏过程中气泡周围脂肪球的聚集有利于保持希望的质构特性。

在油包水型（W/O）乳状液食品体系中，水滴通过与固态脂肪颗粒、甘油一酯、磷脂或聚集在水–油界面处的蛋白质的相互作用得以稳定。水滴的大小和分布对产品的流变性、感官特性和微生物稳定性有影响。

四、多糖-多糖相互作用

食品中多糖之间以及多糖与离子、蛋白质和脂质之间的相互作用会影响食品体系的各种功能性质，如持水力、凝胶性、成膜性、黏性和流体的其他流变性质、冰晶生长的抑制以及泡沫和乳状液的形成与稳定等。

在由不同多糖组成的混合溶液中，聚合物–聚合物间的相互作用往往会使溶液的黏度增加，在某些情况下甚至会形成凝胶。聚合物间的协同作用程度取决于胶体的化学组成和结构。琼脂糖、鹿角菜胶和红藻胶的凝胶性可以通过加入其他非凝胶型多糖来加强。例如，刺槐豆胶、半乳甘露聚糖和葡甘露聚糖都可使κ-角叉（菜）胶体系的凝胶性提高。这种凝胶性加强现象可解释为相互作用的多糖分子间的氢键作用、κ-角叉（菜）胶网络结构中半乳甘露聚糖的自聚集和聚合物间的不相容性引起的排斥体积效应。即使体系中多糖的总浓度仅为0.5%，加入半乳甘露聚糖或葡甘露聚糖也具有协同作用，使黄原胶形成热可逆凝胶。海藻酸盐和高甲氧基果胶的凝胶特性可以通过调整这些聚合物间的协同作用来控制。例如，海藻酸盐在多价阳离子存在下能够形成硬凝胶，但在低pH条件下会沉淀。高甲氧基果胶在无阳离子、低pH和蔗糖浓度达到40%时形成凝胶。另一方面，浓度为0.6%的海藻酸和果胶以体积比为1:1的混合物在低pH和高可溶性固形物含量条件下才形成凝胶。这种协同效应很大程度上与聚集体的链间缔合密切相关；聚古洛糖醛酸（海藻酸）和甲酯化的聚半乳糖醛酸（果胶）组合时会形成平行的双重结晶阵列。淀粉与不同植物胶之间的相互作用也会改变黏度、凝胶形成速率以及形成的凝胶的流变性质。

改性淀粉被广泛用作乳化稳定剂和增稠剂。多糖还经常用作包埋填充剂，用于食品中气体、液体和固体的包埋。

五、多糖-脂质相互作用

多糖-脂质相互作用是由疏水相互作用引起的。一个典型例子是甘油一酯分子会结合到直链淀粉螺旋结构的空腔里。直链淀粉–脂质复合物的结构类似于直链淀粉–碘复合物。面团中的直链淀粉与脂质形成复合物后可以降低淀粉颗粒的溶胀性能，提高淀粉糊化温度。烘焙过程中的加热作用会提高直链淀粉与脂质的结合强度。直链淀粉-脂质复合物具有形成凝胶的能力，形成的凝胶的流变性质与脂质的类型和浓度以及复合物的晶型有关。添加脂质，尤其是磷脂，可以延缓淀粉凝胶的老化，使面包芯保持松软。其机理涉及脂质与淀粉亲水链段间的相互作用。

亲水胶体-脂质间的相互作用是阿拉伯胶具有良好乳化性能的基础。尽管阿拉伯多糖分子质量很大，约为260~160ku，但其溶液的黏度很低。这与阿拉伯胶的独特组成有关。阿拉伯胶由L-阿拉伯糖、L-鼠李糖和D-葡萄糖醛酸组成，主要包括阿拉伯半乳聚糖-蛋白质络合物（AGP）、糖蛋白和阿拉伯半乳聚糖三种成分。在AGP中几个亲水性多糖通过共价键连接到一条大的多肽链上。多肽链上的疏水性氨基酸残基朝向油相使得胶体物质能够被吸附在油-水界面上。阿拉伯胶中的蛋白质部分热变性会降低其乳化性。

可利用多糖-脂质间的相互作用来生产低热值的乳状液食品。当分散体系中的微晶纤维含量达到2%时，其黏度接近于60%的水包油乳状液，这显然是因为形成了三维网状结构。含有1%~1.5%胶态微晶纤维素和0.5%脱水山梨醇单硬脂酸酯聚氧乙烯醚乳化剂的20%大豆油乳化体系的黏度、屈服值、流动性和稳定性与65%的纯油乳状液相似。

六、多糖-蛋白质相互作用

一些亲水性胶体物质与蛋白质也会发生相互作用。在乳制品中，这种相互作用可能会导致乳蛋白失稳和/或阻止不期望的由Ca^{2+}引起的沉淀。不过，中性多糖如刺槐豆胶、瓜尔胶及大多数的聚阴离子聚合物，包括弱酸性的阿拉伯胶与羧甲基纤维素（CMC）、果胶、透明质酸、海藻酸钠、肝素、硫酸软骨素、纤维素硫酸酯和岩藻聚糖硫酸酯，不能阻止Ca^{2+}在pH6.8时对酪蛋白胶束和α_{S1}-酪蛋白的沉淀作用。此外，卡拉胶，尤其是κ-卡拉胶，能够与α_{S1}-酪蛋白形成稳定的络合物。

生物大分子在浓溶液中的互溶性不是很好。正是由于这种热力学上的不相容性使得混有生物大分子的高浓度水溶液分成两相，形成通常所说的水包水型乳状液。相分离的浓度取决于混合的生物大分子类型。球蛋白混合物发生相分离的最低浓度为12%，而蛋白质-多糖混合物在约4%浓度时就会产生相分离。两种生物大分子溶液混合后，如果总浓度低于阈浓度（threshold concentration），所得到的混合物仍是均一的各向同性溶液。但若高于阈浓度，混合溶液就会分成两相：富含一种生物大分子的水相分散到富含另一种生物大分子的连续水相中。由于两相都是水溶液，所以肉眼观察不到相的分离，经静置或离心处理后，这种水包水型乳状液就会分成两层，上层溶液富含其中的一种生物大分子，而下层则富含另一种生物大分子。

图12-4是典型的蛋白质-蛋白质和蛋白质-多糖混合溶液的相图。双结点曲线表示相分离区生物大分子的平衡浓度。例如，假设B浓度的蛋白质1纯溶液与A浓度的蛋白质2（或者多糖）溶液混合，则M点表示混合溶液的组成。经静置或离心处理后，该混合溶液分成两相。D点表示上层溶液的组成，E点表示下层溶液的组成，直线DE为结线。两相的体积比可以用DM/ME表示。

将不同浓度的两种生物大分子溶液混合，分别测定两相的平衡浓度，就可以得到混合溶液的双结点相图。连接两相的平衡组成（所有的D点和E点）就可得到一系列的结线。通过相图可以知道大分子混合溶液在一定浓度范围内是热力学稳定还是不稳定。双结点曲线以下所有浓度的生物大分子混合物都是热力学稳定的，此时溶液不会发生相分离；而在双结点曲线以上浓度的体系是热力学不稳定的，会自发形成两相。曲线上有一个点，在该点生物大分子的总浓度最小。这一点代表特定生物大分子混合溶液的阈浓度（T）。浓度高于该点就会发生相分离。球蛋白-多糖混合物的阈浓度通常在4%左右，而球蛋白-球蛋白混合物的阈浓度高于12%；明胶-多糖混合物的阈浓度范围为2%～4%，具体数值取决于明胶的相对分子质量分布。从相图上还可以得到另一个有用参数——临界点C，它表示两相具有相同的体积和组成。该点为结线中点连线与双结点曲线的交点。连接结线中点（为简便起见，图12-4仅画出一条结线）的线称为密度中线（Rectilinear diameter）。

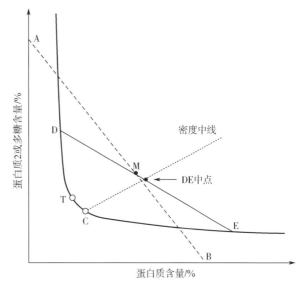

图 12-4 典型的两种生物聚合物水溶液的
二元混合物相图

DE—结线 C—临界点

由于大多数食品都含有蛋白质和多糖混合物，而且其浓度又高于阈浓度，所以经常会发生相分离，影响产品的感官品质。相分离影响凝胶质构特性的过程见图12-5。相分离导致食品中生物大分子非均匀分布，进而引起食品质构的不均匀。当然，这种不均匀是好还是坏则取决于具体的食品体系。

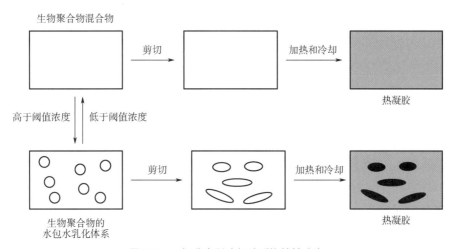

图 12-5 相分离影响凝胶质构特性改变

第三节　食品组分相互作用对食品品质的影响

一、食品色泽

1. 血红素化合物的作用

动物肌肉的红色主要来自肌红蛋白（70%～80%）和血红蛋白（20%～30%）。动物屠宰放血后肌肉色泽的90%是由肌红蛋白产生的。肌红蛋白在猪、小牛肉中的含量为0.1%～0.3%，在成年牛、马肉中的含量为0.5%～1.0%。肌红蛋白的生理功能是在活体动物的肌肉中贮氧。肌红蛋白不携带氧时颜色有些发紫，携带氧时变成氧合肌红蛋白，颜色呈亮丽的樱桃红。这样当新鲜肉被切开时，表面呈紫色，但在空气中暴露时，它的表面迅速变成鲜红色。大块肉的表面可能呈鲜红的颜色，但其内部因缺乏氧而呈暗紫色。氧合肌红蛋白所具有的鲜红颜色是我们所需要的，但是它不能够保持稳定。当在空气中暴露时间过长时，氧合肌红蛋白过度氧化，转变成褐色的高铁肌红蛋白。肌红蛋白在肉品加工与保藏过程中的变化及引起肉的颜色的变化已在色素一章中介绍。

2. 类胡萝卜素的作用

许多蔬菜和水果的颜色都与类胡萝卜素有关。类胡萝卜素暴露在空气和光照时很容易被氧化，但在烹饪温度下还比较稳定。类胡萝卜素在食品贮藏和加工过程中的氧化会使许多产品的特征颜色损失。例如，辣椒红素的氧化导致红辣椒在贮藏过程中变色。类胡萝卜素的进一步氧化还会产生风味化合物。

许多鱼类的表皮和海洋甲壳类动物的外壳都具有鲜艳的色泽——黄色、橙色、红色、紫色、蓝色、银色或绿色，其主要色素是各种类胡萝卜素，如虾青素和角黄素以及与蛋白质、糖蛋白、磷酸化糖蛋白、糖脂蛋白和脂蛋白等形成的非共价复合物。鱼在贮藏时，尤其在直接光照条件下，胡萝卜素蛋白复合物会发生分解和褪色。

龙虾壳内的类胡萝卜素主要是红色虾青素。在活虾体内，虾青素以水溶性的胡萝卜素蛋白——虾青蛋白的形式存在。虾青蛋白呈蓝色，所以新鲜的龙虾为蓝色或蓝灰色。但在蒸煮过程中甲壳类动物体内的蛋白质复合物发生变性，释放出游离的虾青素，因而又呈现出亮红色。

3. 花色苷的作用

水果和花卉中绝大多数色素是由花青素、多羟基糖苷和黄𬭸盐离子的聚甲氧基衍生物构成。它们所表现出的红色、紫色或蓝色取决于其结构和pH。不同植物体内不同花色苷之间的疏水相互作用、氢键和与一些酚酸、生物碱的作用都会影响植物的色泽强度和改变色素的光吸收波长。红葡萄酒成熟过程中颜色的变化主要是花色苷和酚类化合物发生缩合反应以及在与丙酮酸反应中形成了其他花色苷色素引起的。不同的衍生物可能呈蓝色、黄色、橙色、橘红色、红色和褐色。

食品中花色苷的稳定性极差，对酶促降解、光、热、氧、酸及抗坏血酸氧化降解都比较敏感。经巴氏杀菌的果酱在长期的贮藏过程中，由于聚合反应的发生会导致果酱的颜色逐渐褪去或褐变。加工水果中，铝、铁和锡的存在则会导致蓝紫色或灰色色素的形成。

4. 非酶褐变及黑斑生成

美拉德反应在食品加工和保藏过程中普遍存在，并对食品的色泽产生重要影响，其中有些是我们所希望的，而有些是我们不希望的。美拉德反应的前期产物是低分子质量（<1ku）的化合物，基本无色或略带黄色。美拉德反应产物中褐色的大分子聚合物——类黑精，主要由中间产物的聚合和/或与氨基酸残基的活性基团反应产生的。

氧化脂质与蛋白质反应生成的有色化合物与美拉德反应和酶促褐变的产物相类似。脂质过氧化自由基、脂质氢过氧化物或其降解物与游离氨基酸反应生成的产物呈黄色和褐色，与半胱氨酸、甲硫氨酸和色氨酸反应时褐变得特别快。氧化的脂质与蛋白质间也会发生类似的反应。由于不饱和脂肪容易氧化，所以富含多不饱和脂肪酸的鱼肉组织褐变得更快。白色家禽或鱼肉即使在冻藏条件下也可能会产生深色斑点。

酶促反应也会产生褐变甚至黑斑。甲壳类动物（如龙虾、小虾和螃蟹）的外壳和表皮层一旦感染黑变病就会腐败，产生深色或黑色斑点。酶促黑变由内源多酚氧化酶（PPO）引发，接下来是非酶聚合反应。在酶促反应阶段，单酚氧化酶催化酪氨酸氧化生成二羟基苯丙氨酸（DOPA），之后二酚氧化酶催化DOPA氧化，并经聚合反应形成高相对分子质量的黑色素。DOPA还会与蛋白质中的半胱氨酸、酪氨酸及赖氨酸残基发生反应，即聚合反应也涉及蛋白质。酶促褐变大幅度降低了食品的感官品质。

5. 金属离子的作用

在食品贮藏和热处理过程中，可溶性的金属离子会分散在油相和水相中。溶于油相的金属离子，特别是Fe^{2+}、Fe^{3+}和Cu^{2+}等过渡金属离子，会与脂肪酸或磷脂结合，并促进脂类物质的氧化，使得油相的颜色和味道发生变化。溶于水相的金属离子则与酚类物质反应生成有色复合物。例如，Fe^{2+}与邻苯二酚或邻苯三酚衍生物反应生成蓝色或紫色复合物。Fe^{3+}与邻苯二酚或邻苯三酚衍生物反应生成橘色或棕色的类似复合物。

二、食品风味

1. 风味化合物与食品其他组分的作用

食品中的风味物质会被蛋白质、脂质和多糖包埋。这种包埋作用是通过疏水相互作用、氢键、离子键或共价键等作用进行的，具体取决于挥发性化合物与包埋物的结构。包埋限制了风味物质的挥发，因而降低了产品在储藏过程中的风味损失。许多芳香化合物都是疏水的或至少含疏水部分，在食品中会选择性地聚集在脂肪相中。

食品体系中的亲水性胶体也会降低食品中各种风味的感知强度。亲水性胶体对食品风味的束缚程度与亲水性胶体和挥发性化合物的结合程度有关，也可能与亲水性胶体将食品体系的黏度提高和由于聚合物网络的缠结作用使得挥发性化合物扩散速率下降有关，具体取决于风味化合物和亲水胶体的性质。面包中的很多风味化合物都包埋在直链淀粉的螺旋结构中。加热可以释放其中的风味化合物，从而增加面包的香味。

环糊精包埋是一种抑制风味添加剂与食品组分在储藏过程中发生不良反应和阻止添加物在加工过程中蒸发和化学降解的有效方法之一。在微胶囊中，风味化合物的疏水性部分或全部包埋在环糊精的疏水内腔中。包埋复合物的形成受客体分子的浓度和风味化合物与环糊精内腔的立体相容性控制。

蛋白质可以通过疏水相互作用来束缚各种风味物质。这在蛋白质一章已有介绍。

2. 水解作用

食品中蛋白质等大分子的水解作用可以改善或降低食品的风味。肉熟化过程中发生的蛋白质水解作用不仅产生了期望的肉的嫩度，而且增加了肉品的游离氨基酸含量。游离氨基酸含量的增加可以增强烤肉的风味。肉嫩化后游离氨基酸浓度的增加主要是从溶酶体释放出的内源蛋白酶水解蛋白质产生的。电击会加速这些酶的释放，使游离氨基酸含量增加。转氨酶也会促进氨基酸的释放。排酸牛肉中谷氨酸含量的增加是转氨酶催化丙氨酸α-氨基转移到2-酮戊二酸的结果。脂肪很容易发生酸败，风味发生改变。其过程为脂肪在微生物或酶的作用下水解生成脂肪酸，脂肪酸发生β-氧化，生成β-酮酸，β-酮酸脱羧或进一步氧化，生成低级的酮、羧酸。

3. 氧化作用

硝酸盐通常被用作肉制品的腌制剂，在熟肉制品中也起到抗氧化剂作用。硝酸盐的抗氧化作用可能包含几种机制，包括通过络合金属离子来抑制铁催化的氧化反应。研究表明，亚硝酸盐会迅速地与脂质氧化的二级产物——丙二醛发生反应，生成高分子化合物。

脂质氧化产生的化合物，尤其是羰基化合物，会与氨基酸、蛋白质反应，产生令人难以接受的挥发性气味。多不饱和脂肪酸氧化时会产生2，4-二烯烃和共轭二烯烃，并进一步与氨基酸反应产生典型的鱼腥味。

萜烯存在于大多数植物性食品中。萜烯很容易在储藏和加热过程中氧化生成一些芳香化合物。氧化萜烯和氢过氧化物分解产生的中间化合物（包括一些自由基）都可以与氨基酸、蛋白质发生反应，生成多种异味化合物。

三、食品质构和流变性质

1. 蛋白质的冷冻变性

在冻藏鱼中，肌原纤维蛋白质的交联导致所谓的冷冻变性。冷冻变性会使鱼肉产生不希望的硬度，使一些蛋白质功能性质丧失，例如持水性、乳化性、凝胶性和ATP酶活的降低。ATP酶活的降低是蛋白质发生不良变化的一个指示。这些变化的程度与冻藏时间和温度有关。鳕鱼肉中非蛋白氮的主要组分是氧化三甲胺，它在内源氧化三甲胺酶的作用下会分解产生甲醛。甲醛可以与蛋白质的活性基团反应，引起蛋白质的交联。脂质氧化同样可促进蛋白质间的交联。不仅脂质氧化产生的自由基会与蛋白质发生聚合反应，而且它的二级产物——二醛类物质也会与蛋白质上的氨基发生缩合反应。鱼糜的冷冻变性往往十分严重，主要是因为鱼肌肉组织的破坏有利于酶与它的底物作用，加速脂质氧化。

可以采取一些措施来减少上述不良反应的发生，例如，提取出水溶性蛋白质和非蛋白氮类化合物，包括氧化三甲胺、一些色素、强氧化性化合物及一些离子等，也可以去除大部分脂肪。剩下的肌原纤维浓缩蛋白，即鱼糜，不仅具有比原鱼肉更好的功能性质，而且对冷冻变性具有更好的抗性。从植物中提取到的天然抗氧化剂（抗坏血酸除外）可以有效抑制冷藏鱼脂肪发生不良变化。

有一些化合物能够降低冷冻温度，或增加组织液的黏度，或选择性地与蛋白质的氨基酸残基发生相互作用，抑制鱼肌原纤维蛋白间的交联反应。蔗糖、山梨醇、甘露醇、海藻酸盐、多磷酸盐、柠檬酸盐、抗坏血酸盐、氯化钠等配制的混合物是鱼糜加工中常用的鱼糜低温变性保护剂。一些氨基酸、羟基羧酸、分支低聚糖以及腺嘌呤核苷酸在模拟体系和鱼糜中应用的效果也不错。有数据表明，净负电荷高的氨基酸抗鱼肌原纤维蛋白冷冻变性的效果好。

2. 凝胶内的交联作用

食品凝胶是由蛋白质和多糖通过聚合物链上各种功能基团间的非共价键或共价键相互作用形成的。内源或外加的低相对分子质量化合物也可与聚合物链上的功能基团发生作用。这些聚合物间的相互作用可存在于溶液、分散体系、胶束或粉碎的组织结构中。

蛋白质的热胶凝性对熟香肠和凝胶型水产品如鱼糕的期望质构来说至关重要的。不同种类鱼的肌原纤维蛋白的凝胶形成能力主要取决于其内源蛋白酶的活力。在不同种类鱼肉中，例如太平洋白鱼、阿拉斯加鳕鱼、新西兰蓝鳕鱼或细须石首鱼，由于它们的蛋白质在内源蛋白酶作用下过度水解，会发生不期望的鱼糜凝胶强度的降低。添加蛋白酶抑制剂，例如牛血浆蛋白、牛血清蛋白、鸡蛋清、马铃薯蛋白提取物，可以防止这种凝胶劣化现象的发生。

3. 生物可降解膜的形成

在食品加工中，生物可降解膜可用来包装食品配料、抗菌剂和用作酶的载体。生物可降解膜可以由多糖、蛋白质或蛋白质-多聚糖、蛋白质-油脂混合物来制备，其性质取决于组成成分的性质以及多聚物与其他物质间的相互作用。

可食用蛋白质膜的制备包含蛋白质变性和多肽链交联两个步骤。先通过加热、搅打或在空气-水界面的吸附作用使蛋白质分子变性，然后通过溶剂蒸发或搅打等作用，变性蛋白质溶液发生多肽链间的交联，形成蛋白质膜。

导致黏弹性膜形成的相互作用与导致蛋白质和多糖凝胶形成的相互作用相同。制备多组分膜时，聚合物的选择及工艺参数的控制对多组分膜中组分间的相互作用有重要影响。

壳聚糖在弱酸环境中带正电，可以通过静电相互作用与藻酸盐、果胶等其他酸性多糖发生交联作用。由蛋白质混合物形成的膜的抗拉强度和阻隔性能取决于混合物中不同反应基团的数量和pH。在碱性条件下加热，可以增加巯基的数量，从而在干燥过程中形成新的二硫键交联，增加膜的抗拉强度和降低水溶性，并提高膜对氧气、芳香类化合物和油脂的阻隔性能。适当的电离辐射同样会使蛋白质膜发生交联作用，其原因是电离辐射产生的羟基自由基会与酪氨酸残基发生反应。此外，化学或酶交联作用也可以改善膜材料的塑性，提高其在不同湿度和温度条件下的机械强度，保持膜在热水中的低溶解性和使膜具有可控的阻隔性能和生物可降解性。阴离子聚合物膜的性质可以通过添加二价阳离子来修饰。对蛋白质膜的化学法改性，广泛使用能与氨基酸残基的氨基反应的交联剂，主要有各种醛或 N-[3-二甲胺丙基]-N'-乙基碳化二亚胺（EDC）。不过在选择化学交联剂时必须考虑交联剂的毒理学效应。由谷氨酰胺转氨酶催化的交联反应是一种十分有效的酶法选择性改性蛋白质膜方法。鱼明胶和鱼（明）胶-壳聚糖膜通过酶法或EDC处理后，其在沸水和酸性条件下的溶解度显著降低，抗拉强度提高。

4. 面团和焙烤产品内的相互作用

焙烤产品的质量很大程度上取决于焙烤面团中各种蛋白质间的交联以及蛋白质-脂质-多糖之间的相互作用。蛋白质交联一般发生在面粉与水和盐的混合过程及后续的面包烘烤阶段。可以将面团看作是一种具有黏弹性的水合面筋蛋白，其内含有淀粉粒、细胞壁碎片、中性和极性脂质、空气以及发酵产生的气体。

面粉与水的混合会导致面粉颗粒的水化、蛋白质溶解、谷蛋白聚合物解聚和重新定向形成膜状网络结构。能够保留大量小气泡的高伸展性膜形成的重要前提条件就是面筋中含有大量高分子谷蛋白并充分混匀。小气泡的稳定性还与面团水相中具有增黏作用和表面活性的成分有关，例如面粉中的戊聚糖和极性脂质。气泡的稳定使焙烤面包具有多孔性和较大的体积。

肽链间和肽链内的二硫键对于形成所要求的面团和焙烤面包的结构是必需的。当可溶性的低相对分子质量蛋白质和低相对分子质量的硫醇化合物存在时，会发生二硫键交换反应。氧化剂可以促进二硫键交联反应和改善面包质构。焙烤过程中形成的二硫键可进一步提高面包结构的稳定性。抗坏血酸尽管是一种还原剂，但它的添加可以增加面团的弹性和促进气泡的形成，使面包的体积更大，获得更好的质构。此外，其他类型共价键的形成也会影响面团的品质。例如，脱氢抗坏血酸及其热降解产物也会引起交联反应，尤其是丙酮醛、乙二醛、丁二酮和苏丁糖。这些降解物能与蛋白质上的赖氨酸残基发生反应。共价交联还可以由内源二胺氧化酶催化的氧化反应形成的 γ-丁醛与亲核氨基酸残基反应来实现。在水相体系中，面粉蛋白质的非极性氨基酸残基间的疏水相互作用对面团结构也能起到支撑作用。这在面包焙烤时特别明显，因为疏水相互作用随温度的升高而增强。

氢键也会显著地影响面团的结构。淀粉颗粒在氢键和疏水相互作用下发生聚集，形成网络结构。虽然氢键比共价键要弱很多，但是数量很大，因为在谷物蛋白中有大量的谷氨酰胺残基，淀粉和戊聚糖中有大量的羟基。蛋白质与淀粉的相互作用对体系的流变性质也起着重要的作用。在机械压力下，氢键间可以发生相互转变，这对生面团模压应力的释放有利。

静电相互作用（排斥/吸引）也可能发挥一定的作用，但所能起作用不是很大，因为谷物蛋白质中可电离的基团不多。

淀粉颗粒的热液变化也会影响面团和面包的结构。面团中淀粉的吸水溶胀程度取决于可利用水量的多少，面团中亲水的醇溶谷蛋白、谷蛋白、戊聚糖等物质会同淀粉竞争与水结合。若溶胀不充分，面包芯呈粉末状，而溶胀过度又会使面包难以烤透。在60℃左右时，由于面粉蛋白质变性和淀粉结构变化，面团的黏度开始增加。在此温度下，支链淀粉的结晶区变成无定形态。焙烤中空气的膨胀和挥发性发酵产物的变化最终导致了多孔的蛋白质-淀粉结构。在焙烤过程中，面团，可以认为是泡沫体系，由于内部压力的升高使蛋白质膜破裂，最后形成了海绵样的面包芯结构。

脂质在面包结构形成中的主要作用是与面包中的蛋白质和淀粉发生相互作用。脂质在空气-水界面上的扩散是通过脂质与蛋白质的结合来进行的。面粉中的脂质及表面活性剂与直链淀粉和支链淀粉的相互作用见前面有关多糖-脂质相互作用的介绍。

面包在储藏过程中会发生淀粉回生或面包老化，面包芯会逐渐变硬、弹性下降和变干。面包老化在14℃左右时最快，在-5℃和60℃左右时可以忽略。提高面团的蛋白质和戊聚糖含量或添加乳化剂（尤其是单甘油酯）可以延缓面包老化。细菌α-淀粉酶可以水解支链淀粉得到支链低聚糖，支链低聚糖可以阻止结晶结构的形成，因此可有效防止面包的老化。

第四节 食品货架寿命预测方法

食品的品质包括感官品质和内在品质两个方面。感官品质主要指色、香、味、形和质构，内在品质主要指营养品质。在前面的章节及本章的前面部分已经对食品主要组分在加工与保藏过程中发生的物理、化学和生物化学以及这些变化对食品的感官品质、营养特性和安全产生的影响做了较为详细的论述。本节主要以化学反应动力学为基本理论模型，分析讨论食品品质的变化规律和食品成品货架期预测。

一、食品品质函数

大多数食品的质量损失可以用可定量的期望的品质指标A（如营养素或特征风味）的损失或不期望的品质指标B（如异味或褪色）的形成来表示。

$$-\frac{\mathrm{d}[A]}{\mathrm{d}t}=k[A]^{n} \tag{12-1}$$

$$-\frac{\mathrm{d}[B]}{\mathrm{d}t}=k'[B]^{n'} \tag{12-2}$$

式中 k和k'——反应速度常数；

n和n'——反应级数。

A或B经过适当转换可以表示为时间t的线性函数，写成以下形式。

$$\mathrm{F}（A）=kt \tag{12-3}$$

F（A）被称为食品的品质函数。不同反应级数，对应不同的函数表达式（表12-2）。

表 12-2　不同反应级数的食品品质函数的形式

反应级数	0	1	n
品质函授 F（A）	A_0-A	$\ln(A_0/A)$	$\dfrac{1}{n-1}(A^{1-n}-A_0^{1-n})$

这样，根据少数的几个测定值和线性拟合的方法就可求得上述级数，并求得方程中各参数的值，然后通过外推求得货架寿命终端时的品质，也可计算出品质达到任一特定值时的贮藏时间，同样，也可求得任一贮藏时间的品质参数。食品的货架寿命是指从感官和食用安全的角度分析，食品品质保持在消费者可接受程度下的贮藏时间。

在确定合适的表观反应级数和品质参数时应该非常小心。当反应进行的程度不够高时（如低于50%），0级和1级动力学在拟合性上差异不明显。另一方面，若货架寿命终端出现在反应程度未达到20%时，两种模式中的任何一种都适用，但这种情况很常见。要获得一个可靠的速度常数，必须使被监测的品质值有足够大的改变或者有良好的测量精度。食品品质的劣变反应通常具有多变性，许多反应，例如非酶褐变，测量误差大于 ±10%。在这种情况下，采用外推法得到的食品的货架寿命的预测值往往不够正确。由于通常对与食品品质损失有关的反应的检测时间太短（变化程度不够），经常得不到反应速度常数和级数的精确值，因此，已经取得的有关食品品质变坏的数据大多数对货架寿命的准确预测作用有限。

如果食品某种品质的变化是由某种化学反应或微生物生长引起的，那么，用该品质的变化表示的货架寿命大多遵循零级（例如，冷冻食品的整体品质，美拉德褐变）或一级模式（例如，维生素损失，氧化引起的褪色，微生物生长和失活）。

二、食品货架寿命预测方法

货架寿命主要与食品的组成结构、加工条件、包装和贮藏条件四个因素有关。尽管食品体系非常复杂，但通过对食品劣变机制的系统研究还是可以找到确定食品货架寿命的方法。

货架寿命的预测可以通过两种普通的方法来进行。其中最普通的一个方法是把食品置于某种特别恶劣的条件下贮藏，每隔一定时间进行品质检验，共进行多次。品质的检验一般采用感官评定的方法进行。然后，将试验结果外推得到正常贮藏条件下的货架寿命。另一种方法是按照化学动力学原理来进行试验设计，通过试验确定食品品质指标与温度的关系。动力学方法开始时的成本较高，但是有可能得到更为精确的结果。

1. 阿仑尼乌斯（Arrhenius）法

描述货架寿命的动力学方程视食品种类和所处环境条件的变化而变化。一种食品从食品厂被生产出来并包装好后，经过运输到仓库、批发中心、零售商，最后到达消费者手里的全过程，相对于其他因素，如相对湿度、包装内的气体分压、光和机械力等，温度对其质量损失的影响是居首位的，而且是唯一不受食品包装类型影响的因素。

Labuza应用Arrhenius关系式研究了食品腐败变质速率。

$$k = k_A \exp(-\frac{E_a}{RT})$$ （12-4）

式中 k ——速度常数；

k_A——指前因子；

E_a——活化能（品质因子A或B变坏或形成所需要克服的能垒）；

R——气体常数；

T——绝对温度，K。

k_A和E_a都是与反应系统物质本性有关的经验常数。取对数：

$$\ln k = \ln k_A - \frac{E_a}{RT}$$ （12-5）

在求得不同温度下的速度常数后，用$\ln k$对绝对温度的倒数$1/T$作图可得到一条斜率为$-E_a/R$的直线。在某些情况下，如果在食品中存在两种反应速度和活化能不同的关键反应，那么有可能在某一临界温度T_c以上时其中的一种反应占优势，而在此温度以下时另一种反应占优势，如图12-6所示。

应用回归分析方法来计算Arrhenius参数值时，可用统计分析的方法来求得置信度达到95%的Arrhenius参数值。若要获得置信度更高的E_a和k_0，则必须求得更多温度下的k值。建议选取5或6个实验温度，这样可获得最大的精确度与工作量之比。食品中一些典型反应的活化能见表12-3。

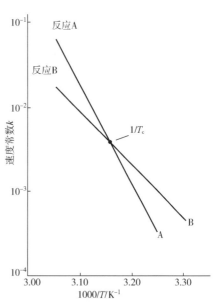

图12-6 两个反应的速度常数对绝对温度倒数的Arrhenius曲线在T_c处相交

表12-3 食品中一些典型反应的活化能

反应类型	活化能/（kcal/mol）	反应类型	活化能/（kcal/mol）
扩散控制	0 ~ 8	非酶褐变	25 ~ 50
酶反应	10 ~ 30	酶钝化	12 ~ 100
水解反应	15	微生物营养细胞破坏	50 ~ 150
脂肪氧化	10 ~ 25	芽孢破坏	53 ~ 83
色泽、组织、风味变化	10 ~ 30	蛋白质变性	80 ~ 120
维生素损失	20 ~ 30		

Arrhenius关系式的主要价值在于：可以在高温（低$1/T$）下收集数据，然后用外推的方法求得在较低温度下的货架寿命，如图12-7所示。

Arrhenius方程在食品质量变化方面的研究已有大量报道。Suh HJ 等研究温度对桑葚汁褪色反应的影响表明，颜色指数的变化遵循0级反应模式。Nourian F等测定了五个不同贮藏温度（4℃、8℃、12℃、16℃、20℃）下马铃薯的感官指标（质地、颜色）、化学指标（抗坏血酸、还原糖、淀粉、总糖、总可溶性固形物、pH）和生理指标（呼吸速率）的变化规律，建立了马铃薯的贮存时间–温度与其质量品质变化的动力学模型，其中多数品质变化反应符合一级反应模式，反应速度常数与温度的关系可以用Arrhenius方程来描述。Mossel B等在研究温度对几种澳大利亚蜂蜜流变学特性的影响时发现，在1～40℃范围内温度对蜂蜜流变学特性的影响符合Arrhenius方程。张丽平研究了板鸭在不同温度下贮藏过程中的感官性质、细菌总数、酸价、水分含量、过氧化值及挥发性盐基氮（TVB-N值）随存放时间的变化规律，建立了酸价、过氧化值与贮藏时间、贮藏温度之间的动力学模型，并求出了酸价变化反应的E_a和k_A分别为

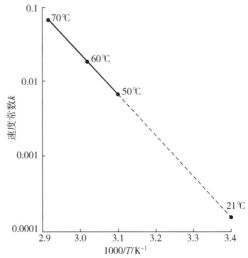

图12-7　将 Arrhenius 图线从高温外推至低温，预测低温时的货架寿命

66.1kJ/mol和2.173×10^{10}，过氧化物生成反应的E_a和k_A分别为103.96kJ/mol和1.016×10^{17}。

Arrhenius理论引起偏差的主要原因有：

（1）随着温度上升，发生相变化，如固态脂肪变成液态油。有机反应物质在液体油中比在固态脂肪中流动性大。因而，应用较高温度下的反应速率来预计在较低贮存温度下的贮存期，往往会估计过短。

（2）不定形态的碳水化合物，在较高温度下会结晶析出，结果为其它反应提供了较多的游离水，但降低了非酶褐变等反应所需的糖量。预测贮存期时的误差将随反应区域中可利用的碳水化合物和水的比例而变。

（3）冷冻时，反应物质被浓缩到尚未冻结的液体中，产生一个较高的反应速率。但在测量k值时往往没有考虑这个因素。于是，在较高贮存温度下测得的值会过高估计在冷藏温度下的贮存期。

（4）关键反应随温度而改变，如图12-6所示。如果具有不同E_a值的两个反应，能在较高温度下引起食品质量损失，则E_a值较高的反应将处于主导地位。但是，第二个反应就可能会导致外推不合理或通过催化或抑制而干扰第一个反应。这种情况已发生在脱水土豆中。低于31℃时，脂肪氧化和脂溶性维生素A的E_a损失占优势，而在高于这一温度时，褐变和赖氨酸损失占优势。此外，连续反应或平行反应也会受到影响，因为每一步都有其特定的k和E_a，其中的限速步骤将占主导地位。各步反应会导致各种不同风味物质的产生。

（5）干燥食品对水的吸收随温度而变。吸水将导致水分活度的提高。水分活度的增加将引起反应速率的上升。

（6）当相平衡破坏后产生新的油相和水相时，反应物质在油和水相之间的分配系数也会变化。各种反应物质的溶解度将随温度上升而变化。

（7）气体的溶解度，特别是水中的氧，温度每上升10℃，其溶解度大约降低25％。这样，如

果氧是某个氧化反应（如维生素A或维生素C或亚油酸的损失）的限定因素的话，则此反应的氧化速率就会降低。

（8）其他反应，如非酶褐变与pH和水分有关，而这两者都与温度有关。

（9）如果试验的温度过高，蛋白质会发生变性。变性蛋白质对化学反应的敏感性取决于其三维结构。

2. WLF（Williams–Landel–Ferry）法

当温度高于玻璃化相变温度T_g时，即处于橡胶态时，Arrhenius曲线的斜率会逐渐改变。WLF（Williams–Landel–Ferry）模型用来描述温度高于玻璃化温度时的无定形食品体系中温度对化学反应速度的影响。

在扩散不受体积大小影响的控制扩散体系中，用WLF方程可将反应速度常数表示为温度的函数。

$$\lg\left(\frac{k_{ref}}{k}\right) = \frac{C_1(T-T_{ref})}{C_2+(T-T_{ref})} \tag{12-6}$$

式中　　k_{ref}——不同参考温度T_{ref}（$T_{ref} > T_g$）下的速度常数；

C_1和C_2——与体系有关的系数。

Williams等通过假设$T_{ref}=T_g$和应用适合于不同聚合物的数据计算出了这两个系数的平均值：$C_1=-17.44$和$C_2=51.6$。在文献中，通常应用这些数据作为平均值来建立可应用的不同系统的WLF方程。

最近，对将Arrhenius方程和WLF方程应用于橡胶态体系（体系温度高于T_g10~100℃）的有效性颇有争议。如果一种食品的品质变化主要受黏度的影响（例如，结晶和质构改变），则这种食品适合应用WLF模型，但化学反应还会受到动力学或（和）扩散的限制。通常，有效反应速度常数可表示为$k/(1+k/\alpha D)$（式中D为扩散系数，α为一个与温度T无关的常数）。在大多数情况下，k反映温度对Arrhenius曲线的影响程度，而D则在许多研究中表示斜率的变化是在T_g温度以下遵循Arrhenius方程，还是在橡胶态和温度高于T_g 10~100℃范围时遵循WLF方程。$k/\alpha D$比值表明k和D的相对影响程度，如果$k/\alpha D<0.1$，品质的劣变反应在一定的温度范围都可以用单一的Arrhenius方程来模拟。另外，根据前面提到的D与温度的关系，有效反应速度常数的Arrhenius图线在T_g会出现变化，斜率可能在温度高于T_g的一段范围内保持不变，也可能逐渐发生变化。对后一种情况，在T_g以上10~100℃的范围内可以应用WLF方程来模拟。对于包含多步反应和多相的复杂食品体系，无论哪一种模型都只能视之为可用于模拟体系变化的可行的工具，而不是视之为实际现象或变化机制的描述。

Hagiwara等研究了甜味剂种类、稳定剂与冰淇淋中冰的重结晶和保藏温度间的关系，研究发现，在T_m至T_g'区冰的重结晶速度有时可以较好符合WLF动力学，冰淇淋的T_g'一般在-43~-30℃之间，而其贮藏温度一般在-18℃左右，即贮藏过程中的冰淇淋大多处于橡胶态。根据玻璃化转变理论，橡胶态下结晶、再结晶速率很大，在此状态下贮藏一定时间后，冰淇淋中将有大量粗冰粒生成，使质地变得粗糙，甚至出现结构塌陷等品质恶化现象。

刘宝林等以草莓为样品进行了食品冻结玻璃化保存的实验研究，用低温显微DSC（差示扫描量热计）测定草莓的玻璃化转变温度值为– 42.5℃。在玻璃态下保存的草莓，其评价指标的各个方面（质地特性、持水能力及感官评定等）均明显优于一般冻藏的草莓，且两者具有非常显著的差异。这说明玻璃态是较理想的草莓保存方法。实验结果表明，仅仅在降温过程中实现玻璃化并不能保证草莓的质量，而必须将其贮藏于玻璃态下才能取得理想的结果。

3. 简单货架寿命曲线法

由品质函数方程［式（12–3）］可知，对一定的变质程度，速度常数反比于达到一定品质损失程度的时间，而且这个规律可一直持续到品质变化到不可接受的时间 t_s（货架寿命），即 $\ln t_s$ 对 $1/T$ 作图可以得到是一条直线，如图12–8所示。而且，如果仅需考虑一个小的温度范围，那么大多数食品的 $\ln t_s$ 对 T 图也是一条直线［图12–8（2）］。这种货架寿命图线的方程为：

$$t_s = t_{s0} \exp(-bT) \tag{12–7}$$

式中　t_s——绝对温度 T 下的货架寿命；

　　　t_{s0}——y 轴截距处的货架寿命；

　　　b——货架寿命图线的斜率。

式（12–7）中的温度也可以使用摄氏（或华氏）温度。但是，在此时应注意选择合适的各参数值，并且应据具体情况作适当的转换。例如，当温度单位采用℃时，斜率 b 与式（12–3）中的相同，t_{s0} 为0℃时的 t_s 值。当温度单位采用℉时，斜率等于 $b/1.8$，t_{s0} 为0℉时的 t_s 值。

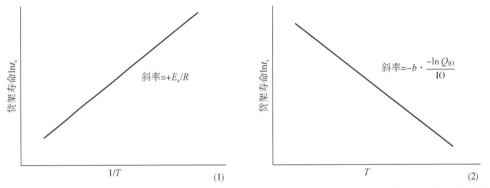

图 12-8　货架寿命的对数随绝对温度的倒数（1）和温度（绝对温度或摄氏温度）（2）变化的曲线

Q_{10} 可以表示温度对反应速度的影响程度。这里 Q_{10} 为温度相差10℃时的两个货架寿命的比值，或者是当食品的温度增加10℃时货架寿命 t_s 的改变量。Q_{10} 法与式（12–3）的货架寿命曲线法是等同的。上述各动力学参数间的关系可用式（12–8）表示：

$$Q_{10} = \frac{t_s(T)}{t_s(T+10)} = \exp(10b) = \exp\left[\frac{E_a}{R} \frac{10}{T(T+10)}\right] \tag{12–8}$$

简单的货架寿命曲线法和 Q_{10} 法仅仅在一个相对较窄的温度范围内才有效。此外，造成Arrhenius曲线出现偏差的因素也会影响货架寿命曲线。从式（12–8）可看出，Q_{10} 随温度的变化而变化，而且活化能较大的反应，反应的温度敏感性更高。表（12–4）所示为温度和 E_a 对 Q_{10} 的影响和具有不同 Q_{10} 和 E_a 值的重要食品中的反应。

表 12-4　温度和 E_a 对 Q_{10} 的影响

E_a/[kJ/mol（kcal/mol）]	Q_{10}（5℃）	Q_{10}（20℃）	Q_{10}（40℃）	典型的食品反应类型
41.8（10）	1.87	1.76	1.64	控制扩散，酶反应，水解反应
83.7（20）	3.51	3.10	2.70	脂类氧化，营养素损失
125.5（30）	6.58	5.47	4.45	营养素损失，非酶褐变
209.2（50）	23.1	20.0	12.0	植物细胞破裂

货架寿命曲线的实际应用见图12-9。假设要获得一种在23℃下至少有18个月货架寿命的食品，那么，可以自曲线上相应于18个月和23℃的点引出一组斜率为不同 Q_{10} 的直线，并作某一温度的垂直线。如图12-9所示，若 Q_{10} 为5时，40℃时的货架寿命为1个月；Q_{10} 为2时40℃时的货架寿命为5.4个月。

Labuza研究发现，罐装食品的 Q_{10} 为1.1～4，脱水食品的 Q_{10} 为1.5～10，冷冻食品的 Q_{10} 大约为3～40。由于 Q_{10} 值的变化范围比较大，因此用平均 Q_{10} 值计算得到货架寿命不够精确。只有通过在两个或更多的温度下进行货架寿命试验来确定 Q_{10} 值的方式才能获得可靠的结果。另外，对于对脱水食品，a_w 会影响脱水食品 Q_{10} 值，因此进行货架寿命时 a_w 要保持不变。

当通过高温加速实验和外推法来预测低温时的货

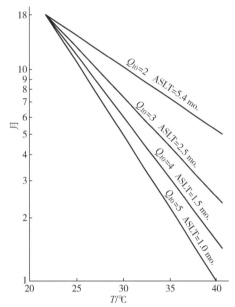

图 12-9　脱水食品的货架寿命曲线

架寿命时，Q_{10} 的微小偏差可能引起结果的较大偏差。在40～50℃范围内，Q_{10} 的0.5偏差会导致 E_a 大约20kJ/mol的偏差（在80kJ/mol的范围内）。

4．Z 值模型法

反映温度对反应速率常数的影响，除了Arrhenius模型，还有一个 Z 值模型。对于以化学反应为主的品质变化，如贮存、加热等过程，常用Arrhenius模型。对于杀菌等操作即以微生物改变为主的过程，常用 Z 值模型。Z 值模型有时也用来评估食品品质的损失。

Fujikawa和Johnsson分别比较了两种不同菌类失活时，采用 Z 值和Arrhenius模型的回归结果，并比较了两者在外推实验温度时预测值的差别。

食品工业中，一级反应动力学模型有广泛应用，如微生物的死亡：

$$N=N_0 \times 10^{-t/D} \tag{12-9}$$

式中　N——t 时的活菌数；

　　　N_0——初始活菌数；

　　　t——时间，s；

　　　D——活菌数减少10倍的时间（Decimal Reduction Time）。

D的物理意义可由式（12–9）变化后得到：

$$D=t/\lg(N_0/N) \qquad\qquad (12–10)$$

即在一定环境和一定温度下杀死90%微生物所需的时间。D值越大，则该菌的耐热性越强。Z值定义为引起D值变化10倍所需改变的温度（℃），其定义式为：

$$Z=\frac{T-T_r}{\lg D_r-\lg D}=\frac{T-T_r}{\lg D_r/D} \qquad\qquad (12–11)$$

式中　　D_r——参考温度下T_r的D值。

Z值越大，因温度上升而获得的杀菌效果增长率就越小。

5. 威布尔危害分析法（Weibull Hazard Analysis）

1975年，Gacula等将失效的概念引入了食品，认为随着时间的推移，食品将发生品质下降的过程，并最终降低到人们不能接受的程度，这种情况称为食品失效（Food failure），失效时间则对应着食品的货架寿命。同时，Gacula等还在理论上验证了食品失效时间的分布服从威布尔模型（Weibull Model），从而提出了一种新的预测食品货架期的方法，即威布尔危险分析方法（Weibull Hazard Analysis，WHA）。随后，WHA方法被应用于预测肉制品、乳制品和其他食品的货架寿命。

相比其他常规方法，WHA不仅可以准确地预测食品货架寿命，而且还能够在统计学上掌握食品随时间发生失效的可能性。然而在目前的研究中，WHA仅能对食品感官试验数据进行处理，而不能对更为客观、准确的理化或微生物检测结果进行分析，因此在应用方面存在一定的局限性，仅适用于货架寿命主要取决于感官性质变化的食品。对于微生物稳定的食品，如饼干、蛋黄酱等，在定义其货架寿命时是依据其感官性质的变化进行的。很多新鲜食品，如酸奶酪、面条等，在相对较长的储藏期内，微生物是安全的，但由于感官质量发生了变化而被消费者拒绝。在进行这些食品的货架寿命研究时主要采用威布尔危害分析法。

三、影响食品货架寿命的其他因素

1. 水分活度

水分含量和水分活度（a_w）是除温度外影响冻结温度以上时食品品质劣变反应的重要因素。水分含量和a_w会影响反应的动力学参数（k，E_a）和反应物的浓度，在有些情况下甚至还会影响表现反应级数。理论上，E_a与a_w的逆变关系（a_w增加，E_a减小，或者相反）可用焓–熵补偿现象来解释。另外，a_w还会影响T_g，因而也会影响化学反应。

2. pH

pH对酶和微生物的活性有很大的影响，每一种酶或微生物都有一个活性最高的pH范围，pH低于或高于这个范围值都会导致它们失活。蛋白质的功能性质和溶解性通常也受pH的影响，在等电点附近时其溶解度往往最小，因此，pH会直接影响蛋白质在反应中的作用。人们在典型的营养、生物化学或食品体系中，对pH对许许多多的微生物、酶和蛋白质反应的影响进行了大量的研究，但大多数的研究都忽视了各因素之间可能的相互作用，其中最重要的是pH和温度的相互影响。一些酸催化反应对食品非常重要，例如非酶促褐变和天冬氨酰苯丙氨酸甲酯（阿斯甜）的分解，它们都受到pH很大的影响。蛋白质的非酶促褐变在pH3～4范围反应最慢，而在强酸和强碱范围内反应迅速。Weissman等阐明了一种针对美拉德褐变反应的加速货架寿命试验方法，在该方法的动力学模型中将温度和pH都作为加速反应的因素来考虑。天冬氨酰苯丙氨酸甲酯的降解速度在pH为4.5时最慢，但它还受体系中缓冲液浓度和离子种类的影响。对温度、水分活度和pH对天冬酰胺降解反应影响的研究结果表明，这些因素都非常重要，而且它们间存在相互影响，如果忽视了它们之间的相互影响，往往难以得到正确的预测结果。

3. 气体组成

气体组成是另外一个影响因素，在一些品质损失反应中起着重要的作用。氧气的存在对氧化反应来说非常重要，对反应速度和反应级数均有影响，其具体影响取决于氧气的浓度。真空包装和充氮气包装就是要通过消除氧气的存在来减慢不希望反应的速度。另外，其他气体，特别是CO_2的存在和含量，也对新鲜肉、鱼、水果和蔬菜中生物和微生物反应有很大的影响。有关CO_2影响的模式目前还未完全搞清楚，但可以肯定，这种影响部分与表面酸化有关。不同产品有不同的对应于最长货架寿命的最适O_2-CO_2-N_2组成，在许多情况下过量的CO_2反而会产生不利的影响。其他重要的气体还有乙烯和CO。Labuza等提出了CAP/MAP体系的动力学模型。

四、食品货架寿命试验设计

根据适用于食品体系的反应动力学原理、食品化学原理以及食品科学中其他领域的知识，可以科学地设计和实施有效的货架寿命试验，以最少的时间、最小的花费获得最大量的信息。这些可以通过应用Schmidl和Labuza提出的加速货架寿命试验（Acclerate shelf-life test，ASLT）方法和按照IEST（英国食品科学技协会）发表的试验步骤来实现。

可按下列步骤来设计有关食品中质量损失的货架寿命试验。

（1）为建议的食品配方和加工确立微生物安全指标和质量参数。

（2）分析食品成分和加工方法，并由此确定可能是引起食品质量损失的主要反应。如果在此阶段已发现重要的潜在问题，应设法改变配方和加工方法。

（3）为货架寿命试验选择合适的包装。冷冻和罐头食品可在其最终包装的容器中进行试验，脱水食品应敞开贮藏于一定相对湿度的试验室中或贮藏于一定湿度和水分活度的密封罐中。

（4）选择合适的贮藏温度（至少两个温度）。通常按表12-5进行选择。

表 12-5　食品贮藏温度的选择

产品	测试温度/℃	对照温度/℃
罐藏食品	25，30，35，40	4
脱水食品	25，30，35，40，45	-18
冷冻食品	-5，-10，-15	< -40

（5）利用图12-9所示的货架寿命曲线，并了解在平均分布温度条件下的货架寿命，由此决定在每个实验温度下必须将产品保持多长时间。若没有Q_{10}的可靠资料，应该选择两个以上的温度来进行试验。

（6）决定应用哪些测试方法以及在每个温度下每隔多长时间进行测试。在低于最高试验温度的任何温度下两次测试之间的时间不应超过。

$$f_2 = f_1 Q_{10}^{\Delta T/10} \tag{12-12}$$

式中　f_1——最高试验温度T_1时，两次测试之间的时间间隔（如天数，周数）；

　　　f_2——较低试验温度T_2时，每两次测试之间的时间间隔；

　　　ΔT——$T_1 - T_2$，℃。

假设一种干制食品在45℃保存时每月必须测一次和$Q_{10}=3$，那么根据上式的计算，在40℃时（$\Delta T=5$）时保存应每隔1.73月测试一次。当然，较频繁测试是期望的，特别是在没有确切知道Q_{10}时更是如此。不必要拉长测试间隔可能会造成货架寿命的测试结果不准确，于是可能使试验毫无意义。为了最大限度地减少统计上的误差，在每个贮藏条件至少要有6个数据点，以使统计误差减少到最小，否则t_s的置信度将显著减少。

（7）将上述各步骤得来的数据作图，以确定反应的级数和决定是否需要增加或减少测试的频率。

（8）从每个贮藏条件试验中计算出k或t_s，绘制出相应的货架寿命曲线，然后预测在期望的（或最终的）贮存条件下可能的货架寿命。当然，也可以再把食品置于期望的（或最终的）贮存条件下来测试它的货架寿命，以检验预测结果的可靠性。

第五节　配送、销售对食品货架寿命的影响

食品真正的货架寿命或有效货架寿命不仅受生产工艺、生产装备和生产环境等的影响，而且与出厂后的流通过程密切相关。Kreisman的研究显示，一种脱水食品（马铃薯泥）在其配送路线中的每一站的停留时间都差不多，但是在最好和最坏的温度条件下其货架寿命损失的变化范围达到50%~300%。

食品在生产后的流通、贮藏和消费过程中，它的质量和有效货架寿命主要受其经历的温度历史的影响。因此，监测和控制食品流通过程中的温度非常重要。时间-温度指示器（Time Temperature Indicator，TTI）是一种结构简单、价格便宜、能够记录时间-温度变化的装置，可以对食品在整个流通、贮藏过程中经历的一些关键参数进行监控和记录，通过时间温度积累效应，指示食品的温度变化历程和剩余货架寿命信息。

起初TTI用在冷冻产品上。最早的TTI装置就是放置在每一箱食品中的冰块，冰块的消失则意味着操作不当。从1933年开始，国际上出现了上百个基于机械学、化学、酶学、微生物学或电子学原理设计的TTI相关专利，其中基于化学反应原理的占大多数。

一、时间-温度指示器类型

根据时间-温度指示器的功能、工作原理和表达信息的不同，可以进行不同的分类。按照工作原理时间温度指示器可以分为物理型、化学型、生物型3 种。其中物理型包括机械型、扩散型、电子型等。在过去的20多年中，科学研究和商品开发所关注的TTI 主要有：扩散型、化学型、酶型、微生物型及其他一些新型的TTI 。

尽管国际上出现了上百个与TTI相关的专利，但只有其中极少数能够商业化。食品生产商不愿采用TTI的原因有价格、可靠性及适用性等因素，但是真正的障碍是适用性问题。适用性的关键在于设计的TTI能否真正反映食品品质的变化情况。目前，已经商业化的TTI包括扩散型、酶型、聚合物型和微生物型。

1. 扩散型 TTI

目前已商业应用的扩散型TTI主要有两种形式。一种是由美国3M公司生产的Monitor Mark indicator。它是利用有色酯质染料（如丁基硬脂酸酯、二甲基邻苯二甲酸盐、辛酸辛酯）在细绳上的扩散原理设计的。酯质的熔点决定着TTI响应的开始，当外界温度未达到酯质的熔点时，酯质不熔化，染料不扩散；当外界温度达到酯质的熔点时，酯质开始熔化，染料扩散，且温度越高，染料扩散速度越快。染料的扩散长度反映了产品经历的时间-温度历史。另一种是3M公司生产的Freshness Check indicator。它是利用无定型粘弹性物质向疏松质轻的多孔基质中迁移，通过影响透光材料透光率而引起颜色的变化。该TTI的迁移速率及其与温度的相关性，通过改变自身结构和无定型物质的浓度及其玻璃态转变温度来控制。

扩散型TTI 还有其他一些形式，如有的利用磁性染料溶液的扩散；有的利用特定的扩散结构，如采用片层之间的扩散、芯吸构件和多孔材料扩散结构等。

2. 化学型 TTI

化学型TTI是一种应用比较广的指示器。它以化学反应为基础，通过化学反应前后颜色的变化而建立指示体系。化学型指示器的优点是可以以固态形式应用于产品，不易受运输环境条件的影响。目前，比较典型的一种化学型TTI是Lifelines公司的Fresh-Check指示器，是基于无色双取代丁二炔单体的聚合生成高度有色的聚合物这一反应来设计的。反应产物使反应体系颜色加深，并且随温度的升高反应加速，颜色随之更快地加深。当颜色比参照色深时，则建议消费者停止使用。为了提高反应精度，有的化学型TTI 采用双化学反应，如采用两个相继发生的化学反应或同时发生的化学反应进行设计。还有一些是利用扩散原理与化学反应相结合的方式等。

3. 酶型 TTI

酶型TTI是通过酶促反应产生酸性物质来降低pH，从而引起酸碱指示剂颜色的变化来指示反应进行的程度。酶型TTI一直是研究热点和重点。早期比较典型的是I-Point公司开发的Vitsab TTI，采用的是脂肪酶。原理是脂类底物在受控条件下被脂肪酶水解，产生的酸性产物导致pH降低，从而引起pH显色剂的颜色变化，动态显示时间-温度积累效应。另外，近年来研究者还开发了其他酶型的TTI，例如基于多酚氧化酶、过氧化物酶、淀粉酶等酶催化反应设计的TTI。

4. 微生物型 TTI

微生物型TI是通过乳酸菌对TTI中的培养基进行酸化（乳酸菌生长和代谢会导致pH的降低）来引起指示剂的颜色变化。在所有类型的TTI中，微生物型TTI超越了其他的TTI，它的响应直接与微生物食品的腐败相关，因为它自身体系就反映了细菌的生长和新陈代谢。目前3种商用微生物型TTI—Traceo，Traceo restauration和eO，都是由法国的Cryolog公司开发的，都是基于专利微生物菌株的生长和代谢活动。2008年，Vaikousi和Biliaderis以沙克乳酸杆菌为研究对象，开发了一种新的微生物型TTI，其终点可以通过改变TTI的生长基质或沙克乳酸杆菌的接种水平来调整。

5. 电子型 TTI

电子型TTI是利用电子元件、电子程序等制作的一种指示器。这种指示器的精度要高于以上所述的任何一种指示器，但其成本也很高，易受到周围环境条件的影响。它不适用于单个产品，适用于冷链运输整体温度的监控。

电子型TTI的相关专利也有不少，如US4，646，066是利用微波或更低范围由RF信号询问的调谐电路。US7，102，526也是一种电子型的时间温度指示器。2005年，我国谷雪莲等也设计、开发了一种电子式时间–温度指示器（CN1657933），该仪器能够实测和记录时间温度的变化，具有预测食品剩余货架期的功能。

6. 其他新型 TTI

（1）基于油/水乳化液相分离的TTI 2008年，Nagata等人利用由大豆卵磷脂、棕榈油、水组成的油/水乳化液在特定温度下出现相分离的现象，开发了一种新的温度历程指示器。其原理是，在某一低温下，该乳化剂是单相的，当温度上升时，出现相分离，能观察到明显分离的两相。利用这种明显的变化可以开发临界温度指示剂。东京农业科技大学的Kentaro MIYA JIMAI等人发现低相对分子质量的酰胺与水组成的水溶液也有类似的相分离现象，利用它也可以开发一种新的简单的低温下的温度历程指示器。

（2）可直接印刷的TTI 这种TTI最大的优点是结构简单、易批量生产且使用方便，因此都到了广泛的关注。2006年，由Ciba 和FreshPoint 公司联合开发的OnVu，在多个国家得到了广泛地应用。使用时用UV激活感光油墨使其颜色变深，随后颜色随时间温度变化逐渐变浅，当它浅于参照色时，食品货架寿命到期。此外，Galagan 等人也开发了一种可直接印刷的基于可褪色油墨的标签，这种油墨的颜色能够在预定的时间内褪色，褪色时间与印刷在其表面的聚丙烯保护层的透氧气率和温度有关。

二、时间–温度指示器的动力学模型

最初，通过TTI反映评估食品品质的方法，是基于冻结食品等一般食品在货架期期间有一个完整的温度相关曲线（或谱带）这样一个假设，目的就是获得具有类似的温度相关曲线的指示卡，不同的时间对应标准曲线上不同的点。事实证明，这种方法并不合理，即使是相同类型的食品，其品质恶化与温度相关性也有很大的差异。因此，必须要利用精确的动力学模型，来全面反映食品货架期内品质的变化规律。

在所有温度下，TTI的工作状况都应与它所监控的具体食品有严格的对应关系，但需要建立无数个TTI模型，这是不切实际的。因此，需要找出一种有实际意义的通用方法，将反映食品品质的状态转化成TTI的反应。

Taoukis等基于Arrhenius方程，提出了一种基于化学反应的系统方法，将经历过相同温度的TTI和同一类食品的质量变化及其剩余货架寿命联系起来。在可知的变化温度$T(t)$下，食品质量函数的变化可以用下式表示。

$$\mathrm{F}(A)_t = \int_0^t k\mathrm{d}t = k_\mathrm{A} \int_0^t \exp\left[\frac{-E_\mathrm{a}}{RT(t)}\right]\mathrm{d}t \tag{12-13}$$

式中　A——食品质量因子；

　$\mathrm{F}(A)_t$——食品的质量函数；

　　k——变温条件下，食品质量变化速度常数，h^{-1}；

　　k_A——指（数）前因子；

　　E_a——反应活化能，J/mol；

　　R——通用气体常数，R=8.314J/（mol·K）。

为了计算时间—温度变化所积累的效应，导入一个等效温度（T_eff）的概念，即在相同时间周期内，销售温度变动引起相同质量变化的一个温度常数。用这个数学模型验证了3种主要的商业化TTI，证实这种方法适合任何类型的食品（冷冻、冷藏食品及货架寿命稳定的食品），但前提是要准确地获取食品的货架寿命数据。Taoukis等对TTI和食品进行了系统模拟，以数学模型说明TTI对食品质量或货架寿命的反应，见式（12-14）和式（12-15）。基于质量因子A，食品的质量函数表达式如下：

$$\mathrm{F}(A)_t = k_\mathrm{A}t = k_\mathrm{ref} \exp\left[\frac{-E_\mathrm{a}}{R}\left(\frac{1}{T_\mathrm{eff}} - \frac{1}{T_\mathrm{ref}}\right)\right]t \tag{12-14}$$

式中　k_ref——参考温度T_ref下食品质量变化的速度常数，h^{-1}；

　　T_ref——参考温度，为273K；

　　T_eff——等效温度，一个与变化的温度$T(t)$产生相同的反应或食品质量变化的温度，K。

利用Ahrrneius方程，对TTI的反应建模：

$$\mathrm{F}(X)_t = k_1 t = k_\mathrm{1ref} \exp\left[\frac{-E_\mathrm{a1}}{R}\left(\frac{1}{T_\mathrm{eff(TTI)}} - \frac{1}{T_\mathrm{ref}}\right)\right]t \tag{12-15}$$

式中　X——TTI的变化值；

　$\mathrm{F}(X)_t$——TTI的响应函数；

　　k_1ref——参考温度T_ref下的TTI变化的反应速率常数；

　　E_a1——TTI的反应活化能，J/mol；

　$T_\mathrm{eff(TTI)}$——TTI的等效温度，一个与TTI经历的变化的温度$T(t)$产生相同TTI变化值的温度，K。

将食品质量函数与Ahrrneius模型结合可以得出：

$$F(A)_t = k_A t = k_A \exp\left(-\frac{E_a}{RT_{eff}}\right)t \tag{12-16}$$

式中　A——食品质量因子；

$F(A)_t$——食品的质量函数；

　　k_A——指前因子，h^{-1}；

　　E_a——质量因子变化的反应活化能，J/mol；

　　T_{eff}——等效温度，一个与变化的温度$T(t)$产生相同的反应或变化的温度，K。

对于TTI，利用Ahrrneius关系的原理有：

$$F(X)_t = k_1 t = k_1 \exp\left(-\frac{E_1}{RT_{eff}}\right)t \tag{12-17}$$

式中　X——TTI 的变化值；

$F(X)_t$——TTI的响应函数；

　　k_1——指前因子，h^{-1}；

　　E_1——TTI反应的活化能，J/mol；

　　T_{eff}——等效温度；

当TTI与它监测的食品处于相同的变化温度$T(t)$时，通过TTI反应量X变化可以知道$F(X)_t$的值，于是可以通过式（12-17）求算出T_{eff}。然后，利用式（12-16），根据T_{eff}和食品质量因子变化的动力学参数k_A和E_a，计算出质量函数$F(A)_t$，从而进一步计算出产品的质量在保藏过程中的损失及剩余货架寿命。

货架期模型的建立必须要选择和测定有效的质量指标，试验设计必须覆盖所有可能范围的等温条件。货架期模型的应用特性还需要经过在波动而不等温的流通链条件下进一步验证。Taoukis等验证了非等温条件下，三种已经商业化的TTI（Monitor Mark®、Lifelines Freshness Monitor®和I–Point®）监测食品质量的可靠性。选择了两种非等温的试验条件：①将食品进行先低温后高温暴露，研究高温历史对食品的影响；②温度呈正弦曲线变化。结果表明，这 3 种TTI的反应与阿伦尼乌斯预测模型相吻合，只有Lifelines Freshness Monitor® TTI在经历较长时间的高温后，低温下腐败反应速率加快，具有明显的温度"历史效应"。这对预测模型的准确度来说具有不利影响，然而，食品的腐败反应中也存在温度"历史效应"，比如脂肪氧化、干燥食品中维生素B_1的损失。高温暴露也可能加速食品中微生物在低温下的生长速率。对这类食品来说，温度"历史效应"是有利因素。

三、时间-温度指示器的应用

1. 监控食品的货架期

TTI还可以用在单个的产品上，作为动态的货架寿命指示器，向消费者直观地提供准确可靠的货架期信息，包括产品的剩余货架期。TTI也可应用在单个包装箱或托盘上，测量选定控制点的温度环境，监测食品从生产到陈列在超市货架上整个流通过程的温度历程。来自TTI的信息可以连续地监控整个流通系统，能够发现并改善运输链中的薄弱环节，也有利于改进物流操作。

在果蔬类方面，叶绿素、还原性抗坏血酸、颜色参数等指标随着贮藏时间的延长会出现线性或非线性变化，通过Origin等软件的拟合对其建立货架期预测模型，在对应的温度下选择与其变化趋势一致的TTI产品，即能够反映果蔬的质量状态。在水产品方面，随着物流过程中水产品贮藏时间的延长，挥发性盐基氮、菌落总数、脂肪氧化和K值等指标会发生一定的变化，通过数理分析找出其变化的规律，并建立货架期预测模型，然后再选择相应的时间和温度下的TTI产品。

目前，TTI已被用于评估包括冷冻蔬菜、乳制品、肉和家禽、新鲜海产品和新鲜蘑菇等食品的质量。TTI的广泛应用，不仅可以降低损耗，而且可以提高食品的安全水平。

2. 优化分配和存货周转

1990年Lazuba和Tauokis提出应用TTI 提供的信息，采用最少货架寿命最先运出（LSFO）的方式来优化销售控制和存货周转系统。LSFO体系能够将销售过程中质量差的产品减少到最少，从而减少了弃置食品的数量并在很大程度上消除消费者的不满意。LSFO可以进一步发展为货架寿命决策系统（Shelf Life Decision System ，SLDS）。它为冷冻链的管理提供了一个有效的工具，能够提高产品在消费过程中的分布质量，大大减少过期产品到达消费者手中的概率。

四、时间-温度指示器的可靠性和适用性

1. 可靠性

TTI的可靠性包括两个方面的内容。一是TTI本身设计的可靠性。这涉及到TTI响应动力学模型的准确性、所确定的动力学参数的可信度以及变温下TTI响应的可变性。另外，TTI与食品的活化能需要进行匹配，它们之间的差异也直接影响TTI的可靠性，它们之间的差值必须小于25 kJ/mol，二是TTI 生产质量的可靠性。对于TTI 的生产，英国标准机构（BSI）于1999年颁布了相关标准（BS790，1999）。相关标准的不断完善，可以进一步提高TTI质量的可靠性。

2. 适用性

适用性问题是TTI使用过程中的最大障碍。建立的TTI方案只能是从总体上反映食品的状态，而不可能完全模拟食品质量的损失情况。另外，TTI在实际应用中还会涉及其他的问题，包括TTI和食品的Arrhenius 关系的偏移，TTI响应与食品质量函数的不同步性（如颜色变化的滞后）、传热、TTI对化学和光的敏感度等。此外，TTI应用于冷冻食品时还要注意其它问题。例如，某些食品如冰淇淋或其他冷冻甜点等在冷冻条件下可能严重地偏离Arrhenius行为，这可能与重结晶、玻璃化现象引起的质量恶化等因素有关。单一响应的TTI不足以精确预测这些食品质量损失。

目前中国对TTI的研究还比较少，主要集中在电子型TTI和酶制剂TTI。谷雪莲等研制出能监测和记录冷藏链时间—温度变化和剩余货架期的指示器，并进行了牛乳在冷藏链中保质问题的研究。也有研究者开展了以脲酶反应为基础的TTI和以碱性脂肪酶反应为基础的TTI的研制，并取得

成功。这两种TTI均通过反应体系中pH的改变进行显色。蔡华伟等开展了淀粉酶型TTI的研制。徐幸莲等研究了一种碱性脂肪酶型时间温度指示方法及产品。此外，吕志业等将酶化学反应和扩散原理结合起来，开发了一种新型的酶扩散型TTI，它可以通过显色圈的大小来判断指示器反应进行的程度，从而可视的表征食品的剩余货架寿命。后来，郑伟洲在这个研究基础上结合固定化酶技术，研制了一种结构简单、储藏方便、易于实际应用的时间温度指示器。

目前，由于TTI的成本、可靠性、适用性等问题，中国还没有实现TTI的商业化。

思考题

1. 食品加工和保藏过程中发生的希望和不希望的变化分别有哪些？

2. 食品加工和贮藏过程中碳水化合物、蛋白质、脂肪等食品组分发生的主要化学反应。

3. 食品加工和贮藏过程中水–蛋白质、蛋白质–蛋白质、蛋白质–脂质、多糖–多糖、多糖–脂质、多糖–蛋白质等食品组分间的相互作用及其对食品品质的影响。

4. 对食品的色泽、风味、质构有重要影响的主要组分和反应或相互作用。

5. 食品的品质指标和品质函数。

6. 预测食品货架寿命的主要方法的原理、主要实施步骤及影响其准确性的因素。

7. 食品货架寿命试验的设计和应用。

8. 配送、销售对食品货架寿命的影响。

9. 时间–温度指示器的种类、原理、动力学模型和应用。

参考文献

1. ［美］S. Damodaran等. 食品化学，江波等译. 北京：中国轻工业出版社，2013.

2. Srinivasan Damodaran, Krik L. Parkin and Owen R. Fennema. Food Chemistry. 4th ed. Boca Raton: CRC Press, 2007.

3. Owen R. Fennema. Food Chemistry. Chapter 2 3rd ed. New York：Marcel Dekker, 1996.

4. 王璋，许时婴，汤坚. 食品化学. 北京：中国轻工出版社，1999.

5. C. C. Akoh and D. B. Min (1997). Food Lipids. Chemistry, Nutrition, and Biotechnology. New York, Marcel Dekker.

6. S. Damodaran and A. Paraf. Food Proteins and Their Applications. New York: Marcel Dekker, 1996.

7. Lance G. Phillips, Dana M. Whitehead and John Kinsella. Structure-Function Properties of Food Proteins. Chapter 6. Academic Press San Diego, 1994.

8. 陈宁. 酶工程. 北京：中国轻工业出版社，2005.

9. 罗贵民. 酶工程. 北京：化学工业出版社，2003.

10. 姜锡瑞主编. 酶制剂应用手册. 北京：中国轻工业出版社，1999.

11. 张晓鸣，夏书芹，贾承胜，华婧. 食品风味化学. 北京：中国轻工业出版社，2009.

12. Sara J. Risch and Chi-Tang Ho. Flavor Chemistry. Industrial and Academic Research. Chapter 1, 2. Washington DC: American Chemical Society, 2000.

13. Gary Reineccius. Flavor Chemistry and Technology. Second Edition. Boca Raton: Taylor & Francis Routledge, 2006.

14. 孙宝国. 食品添加剂（第二版）. 北京：化学工业出版社，2013.

15. Fujikawa H.et al, Thermal inactivation analysis of Mesophiles using the Arrhenius model and Z- value models. Journal of Food. Protection, 1998, 61（7）：910～912.

16. Gacula M.C., The design of experiments for shelf-life study. Journal of Food Science, 1975（40）：399～403.

17. Hagiwara T.et al, Effect of sweetener, stabilizer, and storage temperature on ice recrystallization in ice cream. Journal of Dairy Science, 1996（79）：735～744.

18. Labuza T.P. et al, Accelerated shelf-life testing of foods. Food Technology, 1985, 39（9）：57～62, 64.

19. Ohkuma C et al, Glass transition properties of frozen and freeze-dried surimi products: Effect of sugar

and moisture on the glass transition temperature. Food hydrocolloids, 2008, 22（2）: 255~262.

20. Orlien V et al, The question of high- or low- temperature glass transition in frozen fish. Construction of the supplemented state diagram for tuna muscle by differential scanning calorimetry.Journal of Agricultural and Food Chemistry, 2003（51）: 211~217.

21. Owen R. Fennema. Food Chemistry, 3rd edition. New York: Marcel Dekker Inc. 1996.

22. Srinivasan Damodaran, Owen R. Fennema, Kirk Parkin. Fennema's Food Chemistry, 4rd edition. New York: Marcel Dekker Inc. 2007.

23. Rahman M S et al, State diagram of tuna meat: freezing curve and glass transition. Journal of Food Engineering, 2003（57）: 321~326.

24. Rahman M S. State diagram of foods: Its potential use in food processing and product stability. Trends in Food Science & Technology, 2006, 17:129~141.

25. Rockland L B et al, Influence of water activity on food product quality and stability. Food Technology, 1980（34）: 42~51.

26. Roos, Y. H., Effect of moisture on the thermal behavior of strawberries studied using differential scanning calorimetry. Journal of Food Science, 1987, 52（1）: 146~149.

27. Sablani S S et al, Sorption isotherms and the state diagram for evaluating stability criteria of abalone. Food research International, 2004（37）: 915~924.

28. Sun W Q., Glassy state and seed storage stability: the WLF kinetics of seed viability loss at T>Tg and the plasticization effect of water on storage stability. Annals of Botany, 1997（79）: 291~297.

29. Vanhal I et al, Impact of melting conditions of sucrose on its glass transition temperature. Journal of Agricultural and Food Chemistry.1999（47）: 4285~4290.

30. Wang H Y et al, Glass transition and state diagram for fresh and freeze-dried Chinese gooseberry. Journal of Food Engineering, 2008（84）: 307~31.

31. 贾增芹，卢立新. 商业化时间-温度指示器的研究进展及应用. 食品与机械, 2012, 28（1）: 250~258.

32. 吕志业. 基于酶化学原理的时间—温度指示器研究. 江南大学, 2009.

33. 蔡华伟，任发政. "时间—温度指示卡"的研究与应用. 肉类研究, 2006, 9（2）: 49~52.

34. 田秋实，谢晶. 时间—温度指示器（TTI）的发展现状. 渔业现代化, 2009, 36（6）: 50~53.

35. 李镁娟，潘治利，黄忠民等. 冷餐链用时间—温度指示卡的研究进展. 农产品加工, 2010（6）: 22~25.

36. 吴秋明. 应用脲酶开发货架寿命指示体系的研究. 浙江大学, 2005.

37. Taoukis P S. Labuza T P. Reliability of time-temperature indicators as food quality monitors under nonisothermal conditions. Journal of Food Science.1989, 54（4）: 789~793.

38. Jin Young Han, Min Jung Kim, Soo Dong Shim, et al. Application of fuzzy reasoning to prediction of beef sirloin quality using time-temperature integrators (TTIs). Food Control, 2011, 24（1-2）:

148 ~ 153.

39. Ellouze M, Pichaud M, Bonaiti C, et al. Modelling pH evolution and lactic acid production in the growth medium of a lactic acid bacterium: Application to set a biological TTI. International Journal of Food Microbiology, 2008, 128: 101 ~ 107.

40. Hariklia Vaikousi, Costas G Biliaderis, Konstantinos, et al. Development of a microbial time temperature indicator prototype for monitoring the microbiological quality of chilled foods. Appled And Environmental Microbiology, 2008, 74（10）：3242 ~ 3250.

41. Theofania Tsironi, Efimia Dermesonlouoglou, Maria Giannakourou, et al. Shelf life modeling of frozen shrimp at variable temperature conditions. Food Science and Technology, 2009（42）：664 ~ 671.

42. Els Bobelyn, Maarten L A T M Hertog, Bart M Nicola. Applicability of an enzymatic time temperature integrator as a quality indicator for mushrooms in the distribution chain, Postharvest Biology and Technology, 2006（42）：104 ~ 114.

43. 谷雪莲，杜巍，华泽钊等. 预测牛乳货架期的时间-温度指示器的研制. 农业工程学报，2005，21（10）：142 ~ 146.

44. 吴丹. 碱性脂肪酶货架寿命指示体系的开发. 浙江大学，2005.

45. 蔡华伟，任发政，张恒涛，等. 淀粉酶型时间-温度指示卡的研制. 食品科学，2006，27（11）：60 ~ 62.

46. 徐幸莲. 碱性脂肪酶型时间温度指示方法及产品：中国，200810196092.X［P］. 2009-01-21.